微积分（经济管理）学习辅导

张　伟　汪　赛　朱金艳　编
张　倩　李晓飞　余　俊

机 械 工 业 出 版 社

本书是微积分学习辅导书．全书共11章，分别为函数、极限与连续、导数与微分、微分中值定理与导数的应用、不定积分、定积分及其应用、向量与空间解析几何初步、多元函数微分学、二重积分、微分方程与差分方程、无穷级数．每章分为本章知识结构图、内容精要、练习题与解答、自测题AB卷与答案和本章典型例题分析．

本书可作为学生学习微积分课程的同步学习辅导书，也可作为研究生考试第一轮复习用书，还可供教师和相关人员参考．

图书在版编目（CIP）数据

微积分（经济管理）学习辅导/张伟等编．—北京：机械工业出版社，2013.9

ISBN 978-7-111-43848-9

Ⅰ.①微…　Ⅱ.①张…　Ⅲ.①微积分－高等学校－教学参考资料　Ⅳ.①O172

中国版本图书馆CIP数据核字（2013）第203686号

机械工业出版社（北京市百万庄大街22号　邮政编码100037）
策划编辑：韩效杰　责任编辑：韩效杰　陈崇昱　李　乐
版式设计：常天培　责任校对：张　媛
封面设计：路恩中　责任印制：乔　宇
北京机工印刷厂印刷（三河市南杨庄国丰装订厂装订）
2013年10月第1版第1次印刷
184mm×240mm・28印张・712千字
标准书号：ISBN 978-7-111-43848-9
定价：55.00元

凡购本书，如有缺页、倒页、脱页，由本社发行部调换

电话服务	网络服务
社服务中心：（010）88361066	教材网：http：//www.cmpedu.com
销售一部：（010）68326294	机工官网：http：//www.cmpbook.com
销售二部：（010）88379649	机工官博：http：//weibo.com/cmp1952
读者购书热线：（010）88379203	**封面无防伪标均为盗版**

前　言

本书是微积分辅导书，是为学生同步学习、复习应试和考研而编写的，也可以作为教师的教学参考用书. 本书的理论体系和章节安排与机械工业出版社出版的《微积分(经济管理)》第2版基本相同.

全书共分十一章，每章包括本章知识结构图、内容精要、练习题与解答、自测题AB卷与答案、本章典型例题分析五部分内容.

● 本章知识结构图

搭建本章主要的知识结构网络，知识结构图中以知识点为关键词概括了本章的总体轮廓，让读者清晰地看到本章的主要内容.

● 内容精要

简明扼要地对本章内容做总结归纳，主要是针对一些重要定义和定理的阐述，其中对高等数学中常见的考点做了进一步剖析和注解. 建议读者对本部分内容要做细致的理解，尤其是知识点的注解部分，做到有目的地去学习.

● 练习题与解答

本部分为读者提供了大量的练习题，其特点为题量大，偏基础，题型丰富，容易上手. 其中，练习题有详细的解答，并在每一部分的习题后总结了解决该类问题的方法. 这一部分内容将为读者学好高等数学打下坚实基础.

● 自测题AB卷与答案

本部分提供了两套自测题，并附有详细的解答过程. A卷的难度稍低，和期中、期末考试题难度相当. B卷难度稍高，更接近考研题目水平. 读者可利用这两套题来检验学习效果.

● 本章典型例题分析

本部分以历年考研数学真题为依据，总结每一章的主要考点和方法，每一道例题均含有分析和解答过程. 大部分例题后面还有评注，主要是归纳总结解题方法和解题思路；更值得一提的是，针对读者在学习过程中常出现的错误进行评点并给予订正，让读者尽可能地避免再次出错.

编者得以完成本书要感谢中国矿业大学徐海学院基础教学部高等数学教研组的各位同事，是他们的鼓励和支持使我完成了这项工作.

最后，由于编者水平所限，本书难免存在疏漏和错误，编者真诚地欢迎读者及同行批评指正.

编　者

目　录

前言
第一章　函数 …… 1
本章知识结构图 …… 1
一、内容精要 …… 1
二、练习题与解答 …… 4
三、自测题 AB 卷与答案 …… 8
四、本章典型例题分析 …… 14
第二章　极限与连续 …… 19
本章知识结构图 …… 19
一、内容精要 …… 19
二、练习题与解答 …… 24
三、自测题 AB 卷与答案 …… 40
四、本章典型例题分析 …… 49
第三章　导数与微分 …… 64
本章知识结构图 …… 64
一、内容精要 …… 64
二、练习题与解答 …… 67
三、自测题 AB 卷与答案 …… 84
四、本章典型例题分析 …… 94
第四章　微分中值定理与导数的应用 …… 106
本章知识结构图 …… 106
一、内容精要 …… 106
二、练习题与解答 …… 110
三、自测题 AB 卷与答案 …… 127
四、本章典型例题分析 …… 134
第五章　不定积分 …… 154
本章知识结构图 …… 154
一、内容精要 …… 154
二、练习题与解答 …… 157
三、自测题 AB 卷与答案 …… 173
四、本章典型例题分析 …… 178
第六章　定积分及其应用 …… 186
本章知识结构图 …… 186
一、内容精要 …… 186
二、练习题与解答 …… 191
三、自测题 AB 卷与答案 …… 206
四、本章典型例题分析 …… 214
第七章　向量与空间解析几何初步 …… 245
本章知识结构图 …… 245
一、内容精要 …… 245
二、练习题与解答 …… 252
三、自测题 AB 卷与答案 …… 259
四、本章典型例题分析 …… 264
第八章　多元函数微分学 …… 268
本章知识结构图 …… 268
一、内容精要 …… 268
二、练习题与解答 …… 276
三、自测题 AB 卷与答案 …… 301
四、本章典型例题分析 …… 309
第九章　二重积分 …… 320
本章知识结构图 …… 320
一、内容精要 …… 320
二、练习题与解答 …… 323
三、自测题 AB 卷与答案 …… 332
四、本章典型例题分析 …… 339
第十章　微分方程与差分方程 …… 349
本章知识结构图 …… 349
一、内容精要 …… 350
二、练习题与解答 …… 355
三、自测题 AB 卷与答案 …… 377
四、本章典型例题分析 …… 387
第十一章　无穷级数 …… 396
本章知识结构图 …… 396
一、内容精要 …… 396
二、练习题与解答 …… 402
三、自测题 AB 卷与答案 …… 413
四、本章典型例题分析 …… 424
参考文献 …… 444

第一章　函　　数

本章知识结构图

- 集合
  - 概念：具有某种共同属性事物的全体
  - 区间：一类常用的数集（开区间、闭区间等）
  - 邻域：某点 x_0 处的邻域 $(x_0-\delta, x_0+\delta)\ (\delta>0)$
- 函数的概念与性质
  - 概念：数集到实数上的映射
  - 表示法：解析法、列表法、图示法等
  - 简单性态：有界性、单调性、奇偶性、周期性
  - 反函数：一一映射下存在反函数
- 初等函数
  - 基本初等函数
    - 幂函数：$y=x^{\mu}$（μ 为常数）
    - 指数函数：$y=a^x$（$a>0$ 且 $a\neq1$）
    - 对数函数：$y=\log_a x$（$a>0$ 且 $a\neq1$）
    - 三角函数：$y=\sin x$，$\cos x$，$\tan x$，$\cot x$，$\sec x$，$\csc x$
    - 反三角函数：$y=\arcsin x$，$\arccos x$，$\arctan x$，$\operatorname{arccot} x$
  - 幂指函数：$y=[f(x)]^{g(x)}$，其中 $f(x)$ 与 $g(x)$ 为函数
- 曲线的表示
  - 曲线参数方程表示
  - 极坐标
    - 构成：极点与极轴
    - 点的表示：极径与极角
    - 与直角坐标的转化：$x=\rho\cos\varphi$，$y=\rho\sin\varphi$
    - 曲线的表示：$\rho=\rho(\varphi)$
- 函数关系的建立
  - 方法：找出变量之间的对应关系
  - 经济中的常见函数

一、内容精要

（一）集合

集合是具有某种共同属性事物的全体，在高等数学中，我们研究的是数集，即

$$E=\{x \mid x \text{ 具有性质 } P,\ x\in\mathbf{R}\}.$$

1. 集合运算

并集：$A\cup B=\{x \mid x\in A \text{ 或 } x\in B\}$，表示所有属于集合 A 或属于集合 B 的元素的集合.

交集：$A\cap B=\{x \mid x\in A \text{ 且 } x\in B\}$，表示所有属于集合 A 且属于集合 B 的元素的集合.

集合的运算律：交换律、结合律、分配律和德摩根律，这里不一一列举.

2. 集合的两种重要形式

(1) 区间

集合$\{x \mid a<x<b\}$简记作(a, b)，称为开区间；集合$\{x \mid a \leqslant x \leqslant b\}$简记作$[a, b]$，称为闭区间．类似地，还有$(a, b]$与$[a, b)$称为半开区间；$(-\infty, a)$与$(a, +\infty)$称为半无穷区间；$(-\infty, +\infty)$称为无穷区间.

(2) 邻域

集合$\{x \mid |x-x_0|<\delta\}$称为点$x_0$的$\delta$邻域，通常简记作$U(x_0, \delta)$．集合$\{x \mid 0<|x-x_0|<\delta\}$称为点$x_0$的$\delta$去心邻域，通常简记作$\mathring{U}(x_0, \delta)$.

高等数学中，邻域在极限、导数等定义分析中有着重要的应用.

(二) 函数的概念与性质

1. 概念

设两个实数集D和M，若有对应法则f，使对D内每一个数x，都有唯一的一个数$y \in M$与它相对应，则称f是定义在数集D上的函数，记作$f: D \rightarrow M$，数集D称为函数f的定义域，x所对应的数y，称为f在点x的函数值，常记为$f(x)$.

$W=\{y \mid y=f(x), x \in D\}(\subset M)$称为函数$f$的值域，记为$R_f$.

函数的三要素是确定函数的关键，事实上，两个函数的定义域和对应法则一致时，两个函数就相等.

2. 函数的性态

欲使函数$y=f(x)$的图形清晰显现，掌握函数的相关性质，务必要刻画函数的如下几个性态：有界性、单调性、奇偶性和周期性.

(1) 有界性

设有函数$y=f(x)$，$x \in I$，对于$\forall x \in I$，$\exists M>0$(M为常数)，使得$|f(x)| \leqslant M$，则称函数$f(x)$在I上为有界函数；否则，称函数$f(x)$在I上为无界函数.

(2) 单调性

设有函数$y=f(x)$，$x \in I$，对于$\forall x_1<x_2(x_1, x_2 \in I)$，若$f(x_1) \leqslant f(x_2)$，则称函数$f(x)$在$I$内单调增加；若$f(x_1) \geqslant f(x_2)$，则称函数$f(x)$在$I$内单调减少.

(3) 奇偶性

设函数$f(x)$的定义域D是关于原点对称的区间，对于$\forall x \in D$，若$f(-x)=f(x)$，则称$f(x)$为偶函数；若$f(-x)=-f(x)$，则称$f(x)$为奇函数.

(4) 周期性

设函数$y=f(x)$，如果存在非零常数T，使得定义域内任意一点x，恒有$f(x+T)=f(x)$，则称函数$y=f(x)$为周期函数，常数T称为这个函数的周期.

(三) 初等函数与反函数

1. 基本初等函数

函数	形式
常数函数	$y=C$(C 为常数)
幂函数	$y=x^{\mu}$(μ 为常数)
指数函数	$y=a^x(a>0,\ a\neq1)$
对数函数	$y=\log_a x(a>0,\ a\neq1)$
三角函数	$y=\sin x$, $\cos x$, $\tan x$, $\cot x$, $\sec x$, $\csc x$
反三角函数	$y=\arcsin x$, $\arccos x$, $\arctan x$, $\text{arccot}\, x$

2. 初等函数

由基本初等函数经有限次四则运算或复合而成的函数称为初等函数，其中有一个重要的初等函数为幂指函数，形式为 $y=[f(x)]^{g(x)}$.

3. 反函数

设函数 $y=f(x)$，$x\in D$ 满足：对于值域 $f(D)$ 中的每一个值 y，D 中有且只有一个值 x 使得 $f(x)=y$，则按此对应法则得到一个定义在 $f(D)$ 上的函数，称这个函数为 $y=f(x)$ 的反函数，记作 $y=f^{-1}(x)$，$x\in f(D)$.

(四) 常见的分段函数与经济上的几类函数

1. 常见的分段函数

(1) 绝对值函数：$y=|x|$；

(2) 符号函数：$\text{sgn}\, x=\begin{cases}-1, & x<0,\\ 0, & x=0,\\ 1, & x>0;\end{cases}$

(3) 取整函数：$y=[x]$，表示不超过 x 的最大整数.

2. 经济中常见的几类函数

(1) 总成本函数与平均成本函数

总成本一般用 C 表示，固定成本用 C_0 表示，可变成本用 C_1 表示，C_1 是产量 q 的函数 $C_1=C_1(q)$，于是总成本函数为 $C=C(q)=C_0+C_1(q)$；平均成本就是单位产品的成本，用 $\overline{C}$表示，当产品产量为 q 个单位时，平均成本为$\overline{C}=\overline{C}(q)=\dfrac{C(q)}{q}$.

(2) 需求函数与供给函数

需求函数记为 $Q_{\mathrm{d}}=f(p)$；供给函数记为 $Q_{\mathrm{s}}=g(p)$，其中 p 是商品的价格，Q_{d} 是在价格 p 条件下，消费者购买的商品量(市场吸收量)，即需求量. Q_{s} 是在价格 p 条件下，生产者提供给市场的商品量，即供给量.

(3) 价格函数

需求函数的反函数称为价格函数，即 $p=f^{-1}(Q_{\mathrm{d}})$；实际应用中价格函数常表示为 $p=P(q)$,其中 q 为商品销售量.

(4) 收益函数与平均收益

总收益是生产者出售一定量产品所得到的全部收入，等于商品销售量与价格的乘积，常

用 R 表示，则 $R=R(q)=qP(q)$，其中 q 为销售量，$P(q)$ 为价格函数；平均收益是单位商品的收益，用 $\overline{R}$ 表示，则 $\overline{R}=\overline{R}(q)=\dfrac{R(q)}{q}$.

（5）利润函数

总收益减去总成本的差称为总利润，总利润用 L 表示，则 $L=L(q)=R(q)-C(q)$.

二、练习题与解答

习题 1.1　集合、区间、邻域

1. 已知 $A=\{0,2,4,6,9\}$，$B=\{-3,-2,-1,0,1,2,4\}$，求 $A\cap B$，$A\cup B$.

【解】 $A\cap B=\{0,2,4\}$，$A\cup B=\{-3,-2,-1,0,1,2,4,6,9\}$.

2. 已知 $A=\{x\mid x\geqslant -1\}$，$B=\{x\mid x<3\}$，求 $A\cap B$，$A\cup B$.

【解】 $A\cap B=\{x\mid -1\leqslant x<3\}$，$A\cup B=\{x\mid -\infty<x<+\infty\}$.

3. 把集合 $A=\{x\,\big|\,|x-3|\leqslant 2\}$ 用区间记号表示出来.

【解】 化简不等式 $|x-3|\leqslant 2$ 可得 $1\leqslant x\leqslant 5$，于是集合 A 可表示为 $[1,5]$.

4. 用集合表示出 $U(2,1)$，$U(-1,2)$.

【解】 $U(2,1)=\{x\,\big|\,|x-2|<1\}=\{x\mid 1<x<3\}$；

$$U(-1,2)=\{x\,\big|\,|x+1|<2\}=\{x\mid -3<x<1\}.$$

5. 用区间表示出 $U(2,1)$，$U(-1,2)$.

【解】 由题 4 可得，$U(2,1)$ 可以表示为 $(1,3)$，$U(-1,2)$ 可以表示为 $(-3,1)$.

习题 1.2　函数

1. 求下列函数的定义域：

（1）$y=\sqrt{x-4}$；　　（2）$y=\dfrac{2}{x-1}$；

（3）$y=\ln(x+1)$；　　（4）$y=\dfrac{1}{1-x^2}+\sqrt{2+x}$.

【解】（1）函数中含有根式，故 $x-4\geqslant 0$，解得 $x\geqslant 4$，即函数的定义域为 $\{x\mid x\geqslant 4\}$.

（2）分母不为零，即 $x-1\neq 0$，于是函数的定义域为 $\{x\mid x\neq 1\}$.

（3）对数函数的真数大于零，即 $x+1>0$，于是函数的定义域为 $\{x\mid x>-1\}$.

（4）函数的定义域满足：$\begin{cases}1-x^2\neq 0,\\ 2+x\geqslant 0,\end{cases}$ 解得 $x\geqslant -2$，且 $x\neq \pm 1$，所以函数的定义域为 $[-2,-1)\cup(-1,1)\cup(1,+\infty)$.

2. 设 $f(x)=\begin{cases}3x+5, & x\leqslant 0,\\ x^2, & x>0.\end{cases}$ 求 $f(-1)$，$f(1)$.

【解】　直接求解函数值，$f(-1)=2$，$f(1)=1$.

3. 求下列函数的反函数：

（1）$y=\sqrt[3]{x-1}$；　　（2）$y=\dfrac{1-x}{1+x}$；　　（3）$y=\begin{cases}x-1, & x<0,\\ x^3, & x\geqslant 0.\end{cases}$

【解】　（1）由 $y=\sqrt[3]{x-1}$ 解得 $x=y^3+1$，即反函数为 $y=x^3+1$，$x\in\mathbf{R}$.

（2）由 $y=\dfrac{1-x}{1+x}$ 解得 $x=\dfrac{1-y}{1+y}$，即反函数为 $y=\dfrac{1-x}{1+x}$，$x\neq -1$.

（3）当 $x<0$ 时，$y<-1$，解得 $x=y+1$；当 $x\geqslant 0$ 时，$y\geqslant 0$，解得 $x=\sqrt[3]{y}$，于是反函数为 $y=\begin{cases}x+1, & x<-1,\\ \sqrt[3]{x}, & x\geqslant 0.\end{cases}$

4. 判断下列函数的奇偶性：

（1）$y=x^4(1-x^2)$；　　（2）$y=3x^5-\sin 2x$；

（3）$y=2^x+\dfrac{1}{2^x}$；　　（4）$y=|x-1|+|x+2|$.

【解】　（1）记 $f(x)=x^4(1-x^2)$，可以验证

$$f(-x)=(-x)^4[1-(-x)^2]=x^4(1-x^2)=f(x).$$

于是函数为偶函数.

（2）记 $f(x)=3x^5-\sin 2x$，可以验证 $f(-x)=-f(x)$. 所以函数为奇函数.

（3）记 $f(x)=2^x+\dfrac{1}{2^x}$，可以验证 $f(-x)=f(x)$. 于是函数为偶函数.

（4）记 $f(x)=|x-1|+|x+2|$，此函数既非奇函数又非偶函数.

5. 设 $f(x)$ 为任一函数，证明：

（1）$F(x)=\dfrac{1}{2}[f(x)+f(-x)]$ 是偶函数；

（2）$G(x)=\dfrac{1}{2}[f(x)-f(-x)]$ 是奇函数.

【证】　（1）可以验证 $F(-x)=\dfrac{1}{2}[f(-x)+f(x)]=F(x)$，于是函数 $F(x)$ 为偶函数.

（2）可以验证 $G(-x)=\dfrac{1}{2}[f(-x)-f(x)]=-\dfrac{1}{2}[f(x)-f(-x)]=-G(x)$，于是函数 $G(x)$ 为奇函数.

6. 设 $f(x)$ 是以 a 为周期的周期函数，证明：$f(x+b)$ 也是以 a 为周期的周期函数.

【证】　因为 $f(x)$ 是以 a 为周期的周期函数，于是对于任意 $x\in\mathbf{R}$，有 $f(a+x)=f(x)$ 成立；事实上，$f(x+b+a)=f(x+b)$，于是 $f(x+b)$ 也是以 a 为周期的周期函数.

习题 1.3　基本初等函数与初等函数

1. 设 $f(x)=\arcsin x$，求 $f(0)$，$f(-1)$，$f(1)$，$f\left(-\dfrac{\sqrt{2}}{2}\right)$，$f\left(\dfrac{\sqrt{3}}{2}\right)$.

【解】 $f(0)=0$, $f(-1)=-\frac{\pi}{2}$, $f(1)=\frac{\pi}{2}$, $f\left(-\frac{\sqrt{2}}{2}\right)=-\frac{\pi}{4}$, $f\left(\frac{\sqrt{3}}{2}\right)=\frac{\pi}{3}$.

2. 设 $g(x)=2\arctan\frac{x}{2}$, 求 $g(0)$, $g(2)$, $g(2\sqrt{3})$, $g(-2)$.

【解】 $g(0)=0$, $g(2)=\frac{\pi}{2}$, $g(2\sqrt{3})=\frac{2\pi}{3}$, $g(-2)=-\frac{\pi}{2}$.

3. 求下列函数的定义域:

(1) $y=\arcsin\frac{x-2}{5-x}$; (2) $y=e^{\frac{1}{x}}$; (3) $y=\ln(3-x)+\arctan\frac{1}{x}$.

【解】 (1) 函数自变量满足: $\left|\frac{x-2}{5-x}\right|\leqslant 1$,

即

$$\begin{cases}5-x>0,\\ x-5\leqslant x-2\leqslant 5-x\end{cases} \quad 或者 \quad \begin{cases}5-x<0,\\ 5-x\leqslant x-2\leqslant x-5,\end{cases}$$

解得 $x\leqslant\frac{7}{2}$. 于是函数的定义域为$\left\{x \mid x\leqslant\frac{7}{2}\right\}$.

(2) 函数 $y=e^{\frac{1}{x}}$的定义域为$\{x \mid x\neq 0\}$.

(3) 函数自变量满足: $3-x>0$, 且 $x\neq 0$, 于是函数的定义域为$\{x \mid x<3, 且 x\neq 0\}$.

4. 分解下列复合函数:

(1) $y=\cos(2x+1)$; (2) $y=\ln\tan x$;

(3) $y=e^{\frac{1}{x}}$; (4) $y=\sqrt[3]{\ln\cos x}$;

(5) $y=\arcsin^2\sqrt{1-x^2}$; (6) $y=2^{(x^2+1)^2}$.

【解】 (1) $y=\cos u$, $u=2x+1$; (2) $y=\ln u$, $u=\tan x$;

(3) $y=e^u$, $u=\frac{1}{x}$; (4) $y=\sqrt[3]{u}$, $u=\ln v$, $v=\cos x$;

(5) $y=u^2$, $u=\arcsin v$, $v=\sqrt{w}$, $w=1-x^2$;

(6) $y=2^u$, $u=v^2$, $v=x^2+1$.

5. 设 $\varphi(x+1)=\frac{x+1}{x+5}$, 求 $\varphi(x)$, $\varphi(x-1)$.

【解】 令 $x+1=u$, 则 $x=u-1$, 于是代入函数中得 $\varphi(u)=\frac{u-1+1}{u-1+5}=\frac{u}{u+4}$, 所以

$$\varphi(x)=\frac{x}{x+4},\ \varphi(x-1)=\frac{x-1}{x+3}.$$

6. 设 $F(t)=2t^2+\frac{2}{t^2}+\frac{5}{t}+5t$, 证明: $F(t)=F\left(\frac{1}{t}\right)$.

【证】 $F\left(\frac{1}{t}\right)=\frac{2}{t^2}+2t^2+5t+\frac{5}{t}=F(t)$.

习题 1.4　参数方程和极坐标

1. 将下列已知直角坐标点化为相应的极坐标点.

(1) $A(2,\ 0)$；　　(2) $B(0,\ 2)$；　　(3) $C(-\sqrt{3},\ 1)$.

【解】 (1) 由 $x=2$，$y=0$，知 $r=\sqrt{x^2+y^2}=2$，$\theta=\arctan\dfrac{y}{x}=0$，所以 $A(2,\ 0)$的极坐标为$(2,\ 0)$.

(2) 由 $x=0$，$y=2$，知 $r=\sqrt{x^2+y^2}=2$，$\theta=\arctan\dfrac{y}{x}=\dfrac{\pi}{2}$，所以 $B(0,\ 2)$的极坐标为$\left(2,\ \dfrac{\pi}{2}\right)$.

(3) 由 $x=-\sqrt{3}$，$y=1$，知 $r=\sqrt{x^2+y^2}=2$，$\theta=\arctan\dfrac{y}{x}=\arctan\dfrac{1}{-\sqrt{3}}=-\dfrac{\pi}{6}$，$C$ 点在第二象限，所以$C(-\sqrt{3},\ 1)$的极坐标为$\left(2,\ \dfrac{5}{6}\pi\right)$.

2. 将下列直角坐标方程化为极坐标方程，并在极坐标系中作图.

(1) $x^2+y^2=2ay(a>0)$；　　(2) $x^2+y^2=-2ax(a>0)$；

(3) $x=a(a>0)$；　　(4) $x^2+y^2-4x+2y-4=0$.

【解】 利用变量代换 $x=\rho\cos\theta$，$y=\rho\sin\theta$，将方程进行化简.

(1) $\rho^2=2a\rho\sin\theta$，即 $\rho=2a\sin\theta(a>0)$；

(2) $\rho^2=-2a\rho\cos\theta$，即 $\rho=-2a\cos\theta(a>0)$；

(3) $\rho\cos\theta=a$，即 $\rho=\dfrac{a}{\cos\theta}(a>0)$；

(4) $\rho^2-4\rho\cos\theta+2\rho\sin\theta-4=0$.

图形分别如图 1-1a、b、c、d 所示.

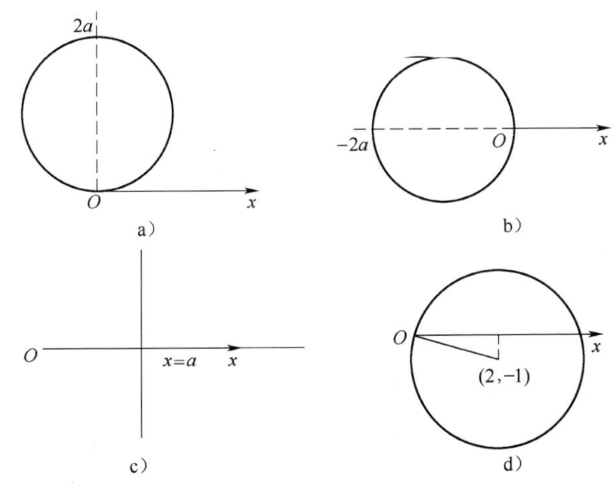

图　1-1

3. 画出下列极坐标方程的图形.

(1) $\rho=4$;　　(2) $\varphi=\frac{\pi}{3}$.

【解】 图形分别如图 1-2a、b 所示 .

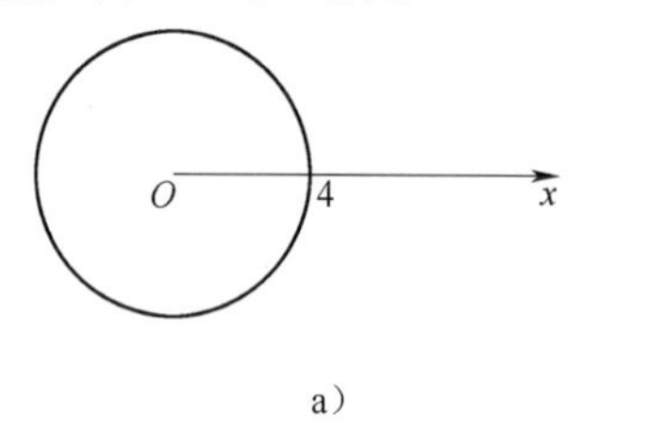

a)

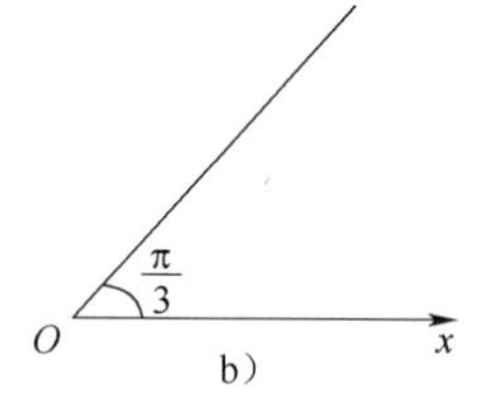

b)

图 1-2

习题 1.5　函数关系的建立

某种毛料出厂价格为 90 元/m，成本为 60 元/m. 为促销起见，决定凡是订购量超过 100m 的，每多订购 1m，降价 0.01 元，但最低价为 75 元/m.

(1) 试将每米实际出厂价 p 表示为订购量 x 的函数；

(2) 将厂方所获取的利润 L 表示为订购量 x 的函数；

(3) 某商家订购 1000m 时，厂方可获利多少?

【解】 (1) 由题意可知，每米实际出厂价 p 的函数为

$$p=\begin{cases}90, & 0\leqslant x\leqslant 100,\\ 90-0.01(x-100), & 100<x<1600,\\ 75, & x\geqslant 1600\end{cases}=\begin{cases}90, & 0\leqslant x\leqslant 100,\\ 91-0.01x, & 100<x<1600,\\ 75, & x\geqslant 1600.\end{cases}$$

(2) 根据(1) 的结论，于是厂方所获取的利润 L 可表示为

$$L=(p-60)x=\begin{cases}30x, & 0\leqslant x\leqslant 100,\\ 31x-0.01x^2, & 100<x<1600,\\ 15x, & x\geqslant 1600.\end{cases}$$

(3) 当商家订购 1000m 时，厂方可获利

$$L=31\times 1000-0.01\times 1000^2=21000(\text{元}).$$

三、自测题 AB 卷与答案

自测题 A

1. 确定下列函数的定义域:

(1) $y=\frac{2-x}{3x^2-x}$;　　(2) $y=\frac{2}{9-x^2}+\lg(2-x)$.

2. 设 $f(x)$ 的定义域为[0, 1]，求 $f(x^2)$，$f(\ln x)$，$f(e^x)$ 的定义域.

3. 设函数$f(x)=\begin{cases}x-1, & x>0,\\ 3+x^2, & x\leqslant 0,\end{cases}$求$f(0)$，$f(2)$，$f(-1)$.

4. 设$f(x)=\dfrac{x}{1-2x}$，求$f(f(x))$.

5. 设$f(x)=\begin{cases}x^2, & 0\leqslant x\leqslant 1,\\ 3x, & 1<x\leqslant 2,\end{cases}$$g(x)=\mathrm{e}^x$，求$f(g(x))$.

6. 判断下列函数的奇偶性：

（1）$y=x\mathrm{e}^{-x^2}$；　　（2）$y=\dfrac{\sin x}{x}$；

（3）$y=\dfrac{\mathrm{e}^x-1}{\mathrm{e}^x+1}$；　　（4）$y=\dfrac{|x|}{x}$；

（5）$y=\dfrac{\mathrm{e}^x+\mathrm{e}^{-x}}{2}$；　　（6）$y=\sqrt{x^2+1}+x$.

7. 求下列函数的反函数：

（1）$y=\left(\dfrac{1}{2}\right)^x$；　　（2）$y=\dfrac{2x+1}{3-x}$；

（3）$y=2\sqrt[3]{x}$.

8. 某厂生产某种产品10000t，当销售量为5000t以内时，定价为150元/t；当销售量超过5000t时，超过5000t的部分按销售定价的9折出售．试将销售总收入表示成销售量的函数.

9. 某厂某产品的年产量为x台，且年产量不超过5000台，单价为2300元，单台产品成本为1000元．当年产量在3000台以内时可全部销售出去；当年产量超过3000台时，产品会有三成销售不出去，经广告宣传后可多销1000台，平均广告费为每台50元，试将本年的销售收益R表示为年产量x的函数.

自测题 B

1. 单项选择题：

（1）函数$y=\sqrt{3-x}+\lg(x+1)$的定义域是

（A）$(-1,3)$；　　（B）$[-1,3)$；　　（C）$(-1,3]$；　　（D）$(3,+\infty)$.　　[　　]

（2）设$f(u)=\begin{cases}u-1, & u<0,\\ u+1, & u\geqslant 0,\end{cases}$$u=\varphi(x)=\ln x$，则$f(\varphi(\mathrm{e}))=$

（A）-1；　　（B）0；　　（C）1；　　（D）2.　　[　　]

（3）下列函数是奇函数的是

（A）$f(x)=\cos\left(x+\dfrac{\pi}{6}\right)$；　　（B）$f(x)=\sin^3 x\cdot\tan x$；

（C）$f(x)=x^3+x^4$；　　（D）$f(x)=\dfrac{\mathrm{e}^x-\mathrm{e}^{-x}}{2}$.　　[　　]

(4) 设函数 $f(x)$ 是奇函数，且 $F(x)=f(x)\left(\frac{1}{2^x+1}-\frac{1}{2}\right)$，则函数 $F(x)$ 是

(A) 偶函数；　　(B) 奇函数；

(C) 非奇非偶函数；　　(D) 不能确定．　　[　　]

(5) 函数 $y=\sin^2(2x+1)$ 的复合过程是

(A) $y=\sin^2 u$，$u=2x+1$；　　(B) $y=u^2$，$u=\sin(2x+1)$；

(C) $y=u^2$，$u=\sin v$，$v=2x+1$；　　(D) $y=\sin u^2$，$u=2x+1$.　　[　　]

2. 填空题：

(1) 设 $f(x)=4x+3$，则 $f(f(x)-2)=$________________.

(2) 设 $f(x)=\frac{1}{x}$，如果 $f(x)+f(y)=f(z)$，则 $z=$________________.

(3) 设 $f(x+1)=x^2+3x+2$，则 $f(x)=$________________.

(4) 设 $y=-\sqrt{x^2-1}\,(x\geqslant 1)$，则其反函数为____________________.

3. 已知 $f(x)=\mathrm{e}^{x^2}$，$f(\varphi(x))=1-x$，且 $\varphi(x)\geqslant 0$，求 $\varphi(x)$.

4. 证明：函数 $f(x)=\frac{ax-b}{cx-a}$ 的反函数就是它自己（$a^2+c^2\neq 0$）.

5. 某种物品从甲地运往乙地的规定费用如下：当物品重量不超过 50kg 时，按 0.15 元/kg 计算；当物品重量超过 50kg 时，超出部分按每千克收费 0.25 元．记物品重量为 x（单位：kg），记运费为 y（单位：元）．求 y 与 x 之间的函数关系．并问物品重量分别为 25 kg 及 60 kg 时运费各为多少？

6. 某型号空调每台售价为 4000 元时，每月可销售 50000 台；每台售价为 3800 元时，每月可多销售 5000 台．若该型号空调的需求量为价格的一次函数，试求该型号空调的每月需求函数.

自测题 A 答案

1.【解】 (1) 函数自变量满足 $3x^2-x\neq 0$，于是函数的定义域为 $\left\{x\,|\,x\neq 0 \text{ 且 } x\neq \frac{1}{3}\right\}$.

(2) 函数自变量满足：$\begin{cases}9-x^2\neq 0,\\ 2-x>0,\end{cases}$ 解得函数的定义域为 $\{x\,|\,x<2 \text{ 且 } x\neq -3\}$，即定义域为 $(-\infty,\ -3)\cup(-3,\ 2)$.

2.【解】 (1) 令 $x^2=u$，于是函数 $f(u)$ 的自变量满足 $0\leqslant u=x^2\leqslant 1$，解得 $-1\leqslant x\leqslant 1$，所以函数 $f(x^2)$ 的定义域为 $[-1,\ 1]$.

(2) 令 $\ln x=u$，于是函数 $f(u)$ 的自变量满足 $0\leqslant \ln x=u\leqslant 1$，解得 $1\leqslant x\leqslant \mathrm{e}$，所以函数 $f(\ln x)$ 的定义域为 $[1,\ \mathrm{e}]$.

(3) 令 $\mathrm{e}^x=u$，于是函数 $f(u)$ 的自变量满足 $0\leqslant u=\mathrm{e}^x\leqslant 1$，解得 $x\leqslant 0$，所以函数 $f(\mathrm{e}^x)$ 的定义域为 $(-\infty,\ 0]$.

3.【解】 $f(0)=3$，$f(2)=1$，$f(-1)=4$.

4.【解】 $f(f(x))=\dfrac{f(x)}{1-2f(x)}=\dfrac{\dfrac{x}{1-2x}}{1-2\cdot\dfrac{x}{1-2x}}=\dfrac{x}{1-4x}.$

5.【解】 $f(g(x))=\begin{cases}[g(x)]^2, & 0\leqslant g(x)\leqslant 1,\\ 3g(x), & 1<g(x)\leqslant 2\end{cases}=\begin{cases}e^{2x}, & 0\leqslant e^x\leqslant 1,\\ 3e^x, & 1<e^x\leqslant 2\end{cases}$

$$=\begin{cases}e^{2x}, & x\leqslant 0,\\ 3e^x, & 0<x\leqslant \ln 2.\end{cases}$$

6.【解】 (1) 令$f(x)=xe^{-x^2}$，因为

$$f(-x)=-xe^{-(-x)^2}=-xe^{-x^2}=-f(x),$$

所以$f(x)=xe^{-x^2}$为奇函数.

(2) 令$f(x)=\dfrac{\sin x}{x}$，因为

$$f(-x)=\frac{\sin(-x)}{-x}=\frac{\sin x}{x}=f(x),$$

所以$f(x)=\dfrac{\sin x}{x}$为偶函数.

(3) 令$f(x)=\dfrac{e^x-1}{e^x+1}$，因为

$$f(-x)=\frac{e^{-x}-1}{e^{-x}+1}=\frac{1-e^x}{1+e^x}=-f(x),$$

所以$f(x)=\dfrac{e^x-1}{e^x+1}$为奇函数.

(4) 令$f(x)=\dfrac{|x|}{x}$，因为

$$f(-x)=\frac{|-x|}{-x}=-\frac{|x|}{x}=-f(x),$$

所以$f(x)=\dfrac{|x|}{x}$为奇函数.

(5) 令$f(x)=\dfrac{e^x+e^{-x}}{2}$，因为

$$f(-x)=\frac{e^{-x}+e^{-(-x)}}{2}=\frac{e^{-x}+e^x}{2}=f(x),$$

所以$f(x)=\dfrac{e^x+e^{-x}}{2}$为偶函数.

(6) 令$f(x)=\sqrt{x^2+1}+x$，因为

$$f(-x)=\sqrt{(-x)^2+1}+(-x)=\sqrt{x^2+1}-x,$$

即

$$f(-x)\neq -f(x),\ f(-x)\neq f(x),$$

所以此函数既非偶函数也非奇函数.

7.【解】 (1) 由 $y=\left(\frac{1}{2}\right)^x$ 解得 $x=\log_{\frac{1}{2}}y$，于是反函数为 $y=\log_{\frac{1}{2}}x$，定义域为$(0, +\infty)$.

(2) 由 $y=\frac{2x+1}{3-x}$ 解得 $x=\frac{3y-1}{y+2}$，于是反函数为 $y=\frac{3x-1}{x+2}$，定义域为$(-\infty, -2)\cup(-2, +\infty)$.

(3) 由 $y=2\sqrt[3]{x}$ 解得 $x=\frac{y^3}{8}$，于是反函数为 $y=\frac{x^3}{8}$，定义域为$(-\infty, +\infty)$.

8.【解】 设 x 为产品的销售量，y 为销售总收入，由题意可知，当销售量 $0\leqslant x<5000$ 时，销售的收入 $y=150x$；当销售量 $5000\leqslant x\leqslant 10000$ 时，销售的收入

$$y=150\times 5000+150\times 0.9\times(x-5000)=135x+75000.$$

于是销售总收入函数为

$$y=\begin{cases}150x, & 0\leqslant x<5000,\\ 135x+75000, & 5000\leqslant x\leqslant 10000.\end{cases}$$

9.【解】 当年产量 $0\leqslant x<3000$ 时，销售收益 $R=(2300-1000)x=1300x$；当年产量 $3000\leqslant x\leqslant 5000$ 时，销售收益为

$$R=(2300-1000)(0.7x+1000)-50x=860x+1300000.$$

于是本年的销售收益为

$$R(x)=\begin{cases}1300x, & 0\leqslant x<3000,\\ 860x+1300000, & 3000\leqslant x\leqslant 5000.\end{cases}$$

自测题 B 答案

1.【解】 (1) 应选(C)

函数自变量满足$\begin{cases}3-x\geqslant 0,\\ x+1>0,\end{cases}$解得 $x\leqslant 3$ 且 $x>-1$，所以 $y=\sqrt{3-x}+\lg(x+1)$ 的定义域为$(-1, 3]$.

(2) 应选(D)

由复合函数的定义可得

$$f(\varphi(x))=\begin{cases}\ln x-1, & \ln x<0,\\ \ln x+1, & \ln x\geqslant 0\end{cases}=\begin{cases}\ln x-1, & 0<x<1,\\ \ln x+1, & x\geqslant 1.\end{cases}$$

所以 $f(\varphi(\mathrm{e}))=\ln\mathrm{e}+1=2$.

(3) 应选(D)

可以检验(A)，(B)，(C) 不是奇函数，对于选项(D)，有

$$f(-x)=\frac{\mathrm{e}^{-x}-\mathrm{e}^{x}}{2}=-\frac{\mathrm{e}^{x}-\mathrm{e}^{-x}}{2}=-f(x),$$

所以 $f(x)=\frac{\mathrm{e}^{x}-\mathrm{e}^{-x}}{2}$ 为奇函数.

(4) 应选(A)

事实上，$F(-x)=f(-x)\left(\frac{1}{2^{-x}+1}-\frac{1}{2}\right)=-f(x)\left(\frac{2^x}{2^x+1}-\frac{1}{2}\right)$,

于是

$$F(x)-F(-x)=f(x)\left(\frac{1}{2^x+1}-\frac{1}{2}\right)+f(x)\left(\frac{2^x}{2^x+1}-\frac{1}{2}\right)$$
$$=f(x)-f(x)=0.$$

所以 $F(x)$为偶函数.

(5) 应选(C)

初等函数是以基本初等函数为基础，经过四则运算和复合而成的，仅有选项(C)的复合过程满足都是基本初等函数的条件.

2.【解】 (1) 应填 $16x+7$

$$f(f(x)-2)=f(4x+3-2)=f(4x+1)$$
$$=4(4x+1)+3=16x+7.$$

(2) 应填$\frac{xy}{x+y}$

根据函数的定义，将方程$f(x)+f(y)=f(z)$化简为$\frac{1}{x}+\frac{1}{y}=\frac{1}{z}$，解得 $z=\frac{xy}{x+y}$.

(3) 应填 x^2+x

令 $t=x+1$，解得 $x=t-1$，于是

$$f(t)=(t-1)^2+3(t-1)+2=t^2+t.$$

即

$$f(x)=x^2+x.$$

(4) 应填 $y=\sqrt{x^2+1}(x\leqslant 0)$

因为 $y=-\sqrt{x^2-1}$，于是解得 $x=\pm\sqrt{y^2+1}$，所以反函数为 $y=\pm\sqrt{x^2+1}$，又反函数的值域为 $y\geqslant 1$，即得反函数为 $y=\sqrt{x^2+1}(x\leqslant 0)$，其中 $y=-\sqrt{x^2+1}$舍去.

3.【解】 因为$f(\varphi(x))=e^{\varphi^2(x)}=1-x$，解得 $\varphi(x)=\pm\sqrt{\ln(1-x)}$，而 $\varphi(x)\geqslant 0$，所以

$$\varphi(x)=\sqrt{\ln(1-x)}(x\leqslant 0).$$

4.【证】 令 $y=\frac{ax-b}{cx-a}$，所以 $ycx-ya=ax-b$，解得 $x=\frac{ay-b}{cy-a}$，于是反函数为

$$y=\frac{ax-b}{cx-a}\left(x\neq\frac{a}{c}\right).$$

5.【解】 当物品重量 $0\leqslant x\leqslant 50$kg 时，运费为 $y=0.15x$(元)；当物品重量 $x>50$kg 时，运费为

$$y=0.15\times 50+(x-50)\times 0.25=0.25x-5(\text{元}).$$

于是运费为

$$y=\begin{cases}0.15x, & 0\leqslant x\leqslant 50,\\ 0.25x-5, & x>50.\end{cases}$$

当物品重量 $x=25$(kg)时，运费为 $y=3.75$(元)；当物品重量 $x=60$(kg)时，运费为 $y=10$(元).

6.【解】 设 P 为空调的价格，Q 为空调的需求量，不妨设需求函数为 $Q=aP+b$；当空调的价格 $P=4000$ 元，需求量 $Q=50000$ 台；当空调的价格 $P=3800$ 元，需求量 $Q=55000$ 台，将(P，Q)两组取值代入函数中得

$$\begin{cases}50000=4000a+b,\\55000=3800a+b,\end{cases}$$

解得 $a=-25$，$b=150000$，所以该型号空调的每月需求函数为 $Q=-25P+150000$.

四、本章典型例题分析

函数是高等数学的研究对象，本章主要考查函数的定义域、函数和反函数的表达式、分段函数的表示及复合、函数性态(有界性、奇偶性、单调性和周期性)和曲线的表示(直角坐标系和极坐标系).

(一) 求解函数的定义域

例 1 求解下列函数的定义域：

(1) $y=\ln\sin x$；　　(2) $y=\dfrac{\arcsin(x-2)}{\sqrt{|x|-1}}$.

【分析】 自变量的取值应使得函数有意义，求解定义域需要掌握基本初等函数的定义域和性质及复合函数的定义.

【详解】 (1) 函数的定义域满足：对数函数的真数大于零，即 $\sin x>0$，解得函数的定义域为 $\{x|2k\pi<x<(2k+1)\pi,\ k\in\mathbf{Z}\}$.

(2) 函数的定义域满足：分子中的反正弦函数定义域绝对值不超过 1，且分母根式中函数大于零，即 $\begin{cases}|x-2|\leqslant1,\\|x|-1>0,\end{cases}$ 解得函数的定义域为 $\{x|1<x\leqslant3\}$.

【典型错误】 ① 基本初等函数的定义域求解有误，如题(1)中 $\sin x>0$ 解得 $x>0$，或是题(2)中 $\arcsin(x-2)$ 的定义域为 $-\dfrac{\pi}{2}\leqslant x-2\leqslant\dfrac{\pi}{2}$；② 定义域求解时没有注意分母不能为零，即题(2)中分母满足 $|x|-1\geqslant0$，致使结果错误.

(二) 求解函数和反函数的表达式

例 2 已知 $f(e^x)=1+x+x^2$，则 $f(x)=$________.

【分析】 已知复合函数的表达式，利用变量代换求解.

【详解】 令 $u=e^x$，解得 $x=\ln u$，且 $u>0$，于是代入函数中得

$$f(u)=1+\ln u+(\ln u)^2,\ u>0.$$

即 $f(x)=1+\ln x+(\ln x)^2$，$x>0$.

【典型错误】 读者往往只关注函数的表达式求解，而漏掉定义域，这样函数就不完整了.

例 3 已知对于任意的 $x\in\mathbf{R}$，满足等式 $f(x)+2f(1-x)=x$，则 $f(x)=$________.

【分析】 通过已知等式的变形，将函数表达式"凑"出来.

【详解】 因为 $f(x)+2f(1-x)=x$，等式两边令 $x=1-t$，于是可得

$$f(1-t)+2f(t)=1-t,$$

即 $f(1-x)+2f(x)=1-x$，联立 $f(x)+2f(1-x)=x$，解得

$$f(x)=-x+\frac{2}{3}.$$

【典型错误】 抽象函数的表达式求解是一个难点，本题的典型错误是没有想到利用换元法，充分利用函数满足的表达式，进而完成函数的表示，部分读者会感觉缺少条件无法求解.

例 4 设函数 $f(x)=\cos x$，$x\in(\pi,\ 2\pi)$，求解反函数 $f^{-1}(x)$.

【分析】 直接利用反余弦函数定义求解.

【详解】 函数 $f(x)=\cos x$，$x\in(0,\ \pi)$，求解得 $f^{-1}(x)=\arccos x$，$x\in(-1,\ 1)$，所以利用余弦函数的周期性可得函数 $f(x)=\cos x$，$x\in(\pi,\ 2\pi)$的反函数为

$$f^{-1}(x)=2\pi-\arccos x.$$

【典型错误】 求解反函数得 $f^{-1}(x)=\arccos x$.

(三) 分段函数的表示和复合

例 5 将函数 $y=5-|2x-1|$用分段函数形式表示，并作出函数的图形.

【分析】 函数中含有绝对值，要分情况讨论求解表达式.

【详解】 当 $x\geqslant\frac{1}{2}$时，$y=5-(2x-1)=-2x+6$;

当 $x<\frac{1}{2}$时，$y=5+(2x-1)=2x+4$.

于是函数的表达式为

$$y=\begin{cases}-2x+6, & x\geqslant\frac{1}{2},\\ 2x+4, & x<\frac{1}{2}.\end{cases}$$

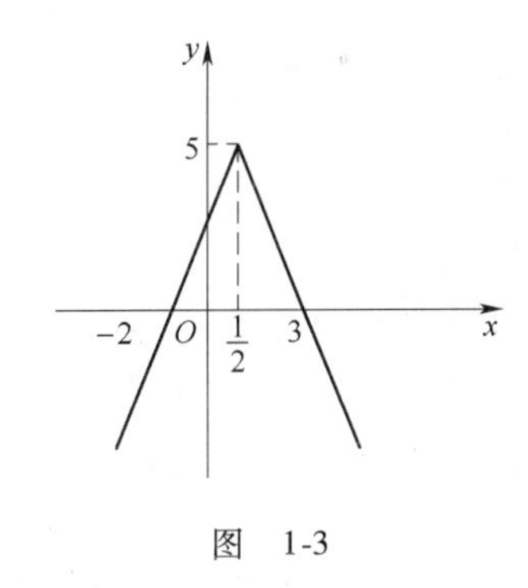

图 1-3

函数的图像如图 1-3 所示.

例 6 将函数 $y=\lim\limits_{n\to\infty}\frac{1-x^{2n}}{1+x^{2n}}x$ 用分段函数形式表示.

【分析】 函数中含有极限，针对自变量的不同取值，分情况讨论极限. 事实上，等比数列$\{q^n\}(n=1,\ 2,\ \cdots)$，有下列结论

$$\lim_{n\to\infty}q^n=\begin{cases}0, & |q|<1,\\ \text{不存在}, & |q|\geqslant 1.\end{cases}$$

【详解】　当 $|x|<1$ 时，$y=\lim\limits_{n\to\infty}\dfrac{1-0}{1+0}x=x$；

当 $|x|=1$ 时，$y=\lim\limits_{n\to\infty}\dfrac{1-1}{1+1}x=0$；

当 $|x|>1$ 时，$y=\lim\limits_{n\to\infty}\dfrac{\left(\dfrac{1}{x}\right)^{2n}-1}{\left(\dfrac{1}{x}\right)^{2n}+1}x=-x.$

于是函数的表达式为

$$y=\begin{cases}x, & |x|<1,\\ 0, & |x|=1,\\ -x, & |x|>1.\end{cases}$$

【典型错误】　没有抓住函数的本质，没有对自变量 x 分情况讨论求解函数表达式.

例 7　设 $f(x)=\begin{cases}1, & |x|\leqslant 1,\\ 0, & |x|>1,\end{cases}$ 则 $f(f(f(x)))=$________.

【分析】　根据复合函数的定义，分别求解 $f(f(x))$，$f(f(f(x)))$.

【详解】　方法一：由于 $f(x)=\begin{cases}1, & |x|\leqslant 1,\\ 0, & |x|>1,\end{cases}$ 于是

当 $|x|\leqslant 1$ 时，$f(x)=1$，则 $f(f(x))=1$；当 $|x|>1$ 时，$f(x)=0$，则 $f(f(x))=1$，即 $f(f(x))=1$，从而可得 $f(f(f(x)))=1$.

方法二：根据复合函数的定义可得

$$f(f(x))=\begin{cases}1, & |f(x)|\leqslant 1,\\ 0, & |f(x)|>1.\end{cases}$$

因为 $f(x)=\begin{cases}1, & |x|\leqslant 1,\\ 0, & |x|>1,\end{cases}$ 所以对于任意的 $x\in\mathbf{R}$，均有 $|f(x)|\leqslant 1$，故 $f(f(x))=1$，最终可得 $f(f(f(x)))=1$.

【典型错误】　方法一中讨论 $f(f(x))$ 时，未分区间讨论函数 $f(x)$ 值，在函数的复合中出错.

【注】　方法二是求解复合函数行之有效的方法，读者需要熟练地掌握，解决该类问题的关键是分段函数的分段区间. 下面例 8 将展示该种方法，希望读者领悟这种方法的精髓.

例 8　设函数 $f(x)=\begin{cases}(x-1)^2, & x\geqslant -1,\\ \dfrac{1}{1+x}, & x<-1,\end{cases}$ 求解复合函数 $f(f(x))$.

【分析】　分段函数的形式比较复杂，但是采用的方法仍是复合函数的定义，复合函数的分段区间通过求解不等式得到.

【详解】　按照函数 $f(x)$ 的定义法则，可以得到复合函数为

$$f(f(x))=\begin{cases}(f(x)-1)^2, & f(x)\geqslant -1,\\ \dfrac{1}{1+f(x)}, & f(x)<-1.\end{cases}$$

于是整理得

$$f(f(x))=\begin{cases}[(x-1)^2-1]^2, & (x-1)^2\geqslant -1,\ x\geqslant -1,\\ \left[\left(\dfrac{1}{1+x}\right)-1\right]^2, & \dfrac{1}{1+x}\geqslant -1,\ x<-1,\\ \dfrac{1}{1+(x-1)^2}, & (x-1)^2<-1,\ x\geqslant -1,\\ \dfrac{1}{1+\dfrac{1}{1+x}}, & \dfrac{1}{1+x}<-1,\ x<-1\end{cases}=\begin{cases}(x^2-2x)^2, & x\geqslant -1,\\ \left(\dfrac{x}{1+x}\right)^2, & x\leqslant -2,\\ \dfrac{1+x}{2+x}, & -2<x<-1.\end{cases}$$

【典型错误】 由于函数的复杂性，在函数的复合过程中表达式或是区间出现错误.

（四）讨论函数的性态

例 9 设函数 $D(x)=\begin{cases}0, & x\in\mathbf{Q}^{\mathrm{C}},\\ 1, & x\in\mathbf{Q}.\end{cases}$ 试讨论函数 $D(x)$ 的有界性、奇偶性、周期性、单调性.

【分析】 逐个验证函数的有界性、奇偶性、周期性、单调性.

【详解】 （1）对于任意的 $x\in\mathbf{R}$，$|D(x)|\leqslant 1$，即函数 $D(x)$ 为有界函数.

（2）设任意的 $x\in\mathbf{Q}$，于是 $-x\in\mathbf{Q}$，所以 $D(-x)=D(x)$；同理可得当 $x\in\mathbf{Q}^{\mathrm{C}}$ 时，满足 $D(-x)=D(x)$，所以函数 $D(x)$ 为偶函数.

（3）设任意的 $x\in\mathbf{Q}$，记 $T\in\mathbf{Q}$ 为一有理数，于是 $x+T\in\mathbf{Q}$，所以 $D(x+T)=D(x)$；另一方面，任取 $x\in\mathbf{Q}^{\mathrm{C}}$，记 $T\in\mathbf{Q}$ 为一有理数，于是 $x+T\in\mathbf{Q}^{\mathrm{C}}$，所以 $D(x+T)=D(x)$，所以函数 $D(x)$ 为周期函数，周期为任意的有理数，且无最小正周期.

（4）函数 $D(x)$ 不是单调函数，事实上，取 $x_1<x_2$，若 $x_1\in\mathbf{Q}$，$x_2\in\mathbf{Q}^{\mathrm{C}}$，则有不等式 $D(x_1)>D(x_2)$ 成立；若 $x_1\in\mathbf{Q}^{\mathrm{C}}$，$x_2\in\mathbf{Q}$，则有不等式 $D(x_1)<D(x_2)$ 成立.

【典型错误】 函数 $D(x)$ 的奇偶性和周期性判断有误.

（五）曲线的极坐标表示

例 10 将极坐标方程 $r=2\cos\theta$ 化为直角坐标方程，并说明它是什么曲线.

【分析】 利用极坐标和直角坐标的联系，即 $x=r\cos\theta$，$y=r\sin\theta$，将极坐标方程化为直角坐标方程.

【详解】 方程两边同时乘以 r，于是方程化为 $r^2=2r\cos\theta$，即得 $x^2+y^2=2x$，所以方程可化为 $(x-1)^2+y^2=1$，则曲线是以 $(1,0)$ 为圆心、半径为 1 的圆.

【注】 几类特殊曲线的极坐标方程：

（1）心形线

$$r=a(1+\cos\theta)\quad(0\leqslant\theta\leqslant 2\pi)$$

其图形如图 1-4 所示.

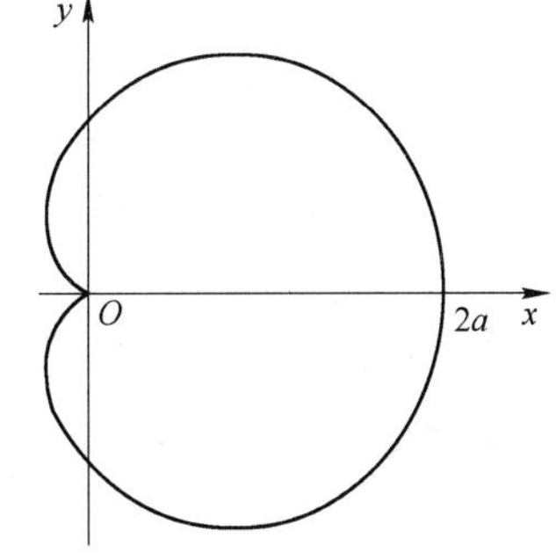

图 1-4

（2）双纽线

$$r^2 = a^2 \cos 2\theta \quad (0 \leqslant \theta \leqslant 2\pi),$$

其图形如图 1-5 所示.

(3) 阿基米德螺旋线

$$r = a\theta \quad (0 \leqslant \theta \leqslant 2\pi),$$

其图形如图 1-6 所示.

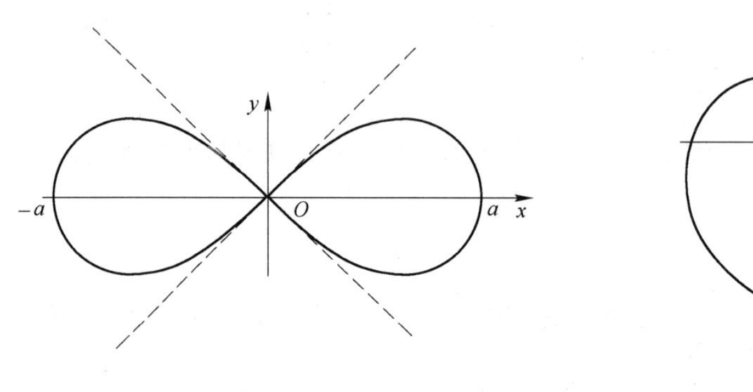

图 1-5

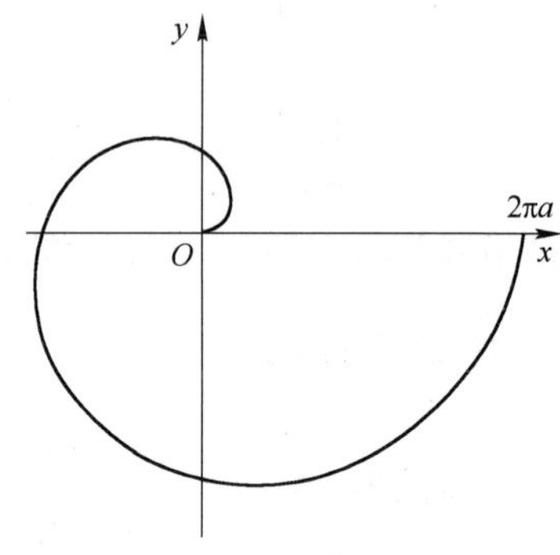

图 1-6

第二章　极限与连续

本章知识结构图

- 数列极限
  - 数列
    - 概念：依一定法则排列无穷个数
    - 性态：有界性、单调性
  - 收敛数列
    - 概念：数列有趋向唯一实数的趋势
    - 性质：唯一性、保号性、有界性
  - 收敛准则
    - 单调有界必收敛
    - 夹逼准则
- 函数极限
  - 概念
    - 自变量的趋势：有限值或是无穷大
    - 因变量的趋势：趋向于某实数(有限值)
  - 性质：唯一性、局部保号性、局部有界性及子列收敛性
- 极限的运算
  - 四则运算
  - 复合运算
- 无穷小量与无穷大量
  - 概念
  - 无穷小的比较
    - 高阶无穷小
    - 同阶无穷小
    - 低阶无穷小
  - 等价无穷小
- 函数的连续性
  - 概念：极限值等于函数值
  - 间断点：
    - 第一类：可去或跳跃(左、右极限存在)
    - 第二类：无穷或振荡
  - 闭区间上连续函数的性质：最值定理、介值定理、零点定理

一、内容精要

(一) 数列极限

1. 数列的概念

按照一定顺序排列的数 x_1，x_2，…，x_n，…，形成数列 $\{x_n\}$ $(n=1, 2, \cdots)$，其中一般项 x_n 为通项.

2. 数列的极限

设数列 $\{x_n\}$ $(n=1, 2, \cdots)$，若存在实数 a，使得当 $n\to\infty$ 时，有 $x_n\to a$，称常数 a 为数列的极限，或称数列收敛于 a，记为 $\lim\limits_{n\to\infty} x_n = a$；否则，数列 $\{x_n\}$ 极限不存在，或称数列

$\{x_n\}$发散.

注：(1) 数列极限的严格定义为：

若$\lim\limits_{n\to\infty} x_n = a$，即对于任意给定的正数$\varepsilon$(不论它多么小)，总存在正数$N$，使得对于$n > N$时的一切$x_n$，不等式$|x_n - a| < \varepsilon$都成立.

读者不仅要了解数列极限的严格定义，还要把握数列的一般项的趋势.

(2) 数列是否收敛取决于数列中自N项后数列的趋向.

3. 收敛数列的性质

(1) 唯一性：若$\lim\limits_{n\to\infty} x_n = a$，$\lim\limits_{n\to\infty} x_n = b$，则$a = b$；

(2) 保号性：若$\lim\limits_{n\to\infty} x_n = a$，$\lim\limits_{n\to\infty} y_n = b$，若$a < b$，则总存在正数$N$，使得对于任意的$n > N$时，有$x_n < y_n$成立；

(3) 有界性：若$\lim\limits_{n\to\infty} x_n = a$，则总存在正数$M$，对于任意的$n \in \mathbf{N}^+$，使得$|x_n| \leqslant M$.

4. 数列收敛法则

(1) 夹逼准则

若数列$\{x_n\}$，$\{y_n\}$，$\{z_n\}$，满足$\lim\limits_{n\to\infty} y_n = a$，$\lim\limits_{n\to\infty} z_n = a$，且$y_n \leqslant x_n \leqslant z_n (n = 1, 2, \cdots)$，则数列$\{x_n\}$收敛，即$\lim\limits_{n\to\infty} x_n = a$.

(2) 单调有界准则

若数列$\{x_n\}$为单调数列，且为有界数列，则数列$\{x_n\}$必收敛.

(二) 函数极限

1. 函数极限的概念

设函数$f(x)$，当自变量$x\to\square$时，存在实数A，使得函数$f(x)\to A$，则称A为函数$f(x)$当$x\to\square$时的极限，记为

$$\lim_{x\to\square} f(x) = A.$$

函数极限的具体形式为：

(1) 自变量趋于有限值

若设函数$f(x)$在$\mathring{U}(x_0, \delta)$内有定义，如果当$x\to x_0$时，$f(x)\to A$，则称常数$A$是函数$f(x)$当$x$趋于$x_0$时的极限，记作$\lim\limits_{x\to x_0} f(x) = A$. 同样可以定义函数的左、右极限，具体如下：

若函数$f(x)$在$(x_0 - \delta, x_0)$内有定义，如果当$x\to x_0^-$时，$f(x)\to A$，则称常数A是函数$f(x)$当x趋于x_0时的左极限，记作$\lim\limits_{x\to x_0^-} f(x) = A$，或$f(x_0 - 0) = A$.

若函数$f(x)$在$(x_0, x_0 + \delta)$内有定义，如果当$x\to x_0^+$时，$f(x)\to A$，则称常数A是函数$f(x)$当x趋于x_0时的右极限，记作$\lim\limits_{x\to x_0^+} f(x) = A$，或$f(x_0 + 0) = A$.

定理 1　若函数$f(x)$在x_0处极限存在的充要条件为$f(x)$在x_0处左、右极限均存在，且

$$f(x_0+0)=f(x_0-0).$$

(2) 自变量趋于无穷值

若设函数$f(x)$在$(X, +\infty)(X>0)$内有定义，如果当$x\to+\infty$时，$f(x)\to A$，则称常数A是函数$f(x)$当x趋于正无穷的极限，记作$\lim\limits_{x\to+\infty}f(x)=A$；

若设函数$f(x)$在$(-\infty, -X)(X>0)$内有定义，如果当$x\to-\infty$时，$f(x)\to A$，则称常数A是函数$f(x)$当x趋于负无穷的极限，记作$\lim\limits_{x\to-\infty}f(x)=A$；

若设函数$f(x)$在$|x|>X(X>0)$内有定义，如果$|x|\to\infty$时，$f(x)\to A$，则称常数A是函数$f(x)$当x趋于无穷的极限，记作$\lim\limits_{x\to\infty}f(x)=A$，即

$$\lim_{x\to-\infty}f(x)=\lim_{x\to+\infty}f(x)=A.$$

2. 函数极限的性质

(1) 唯一性：若$\lim\limits_{x\to x_0}f(x)=A$，$\lim\limits_{x\to x_0}f(x)=B$，则$A=B$.

(2) 局部保号性：若$\lim\limits_{x\to x_0}f(x)=A$，若$A>0$或$(A<0)$，则总存在正数$\delta$和$M$，使得对于任意的$0<|x-x_0|<\delta$时，有$f(x)>0$或$(f(x)<0)$成立.

(3) 局部有界性：若$\lim\limits_{x\to x_0}f(x)=A$，则总存在正数$\delta$和$M$，对于任意的$0<|x-x_0|<\delta$，使得$|f(x)|\leqslant M$.

(4) 若$\lim\limits_{x\to x_0}f(x)=A$，数列$\{x_n\}$收敛于$x_0$，则函数列$f(x_n)$收敛于$A$，即

$$\lim_{n\to\infty}f(x_n)=A.$$

3. 函数极限的四则运算

设$\lim f(x)=A$，$\lim g(x)=B$，则

(1) $\lim[f(x)\pm g(x)]=\lim f(x)\pm\lim g(x)=A\pm B$；

(2) $\lim[f(x)\cdot g(x)]=\lim f(x)\cdot\lim g(x)=A\cdot B$；

(3) $\lim\dfrac{f(x)}{g(x)}=\dfrac{\lim f(x)}{\lim g(x)}=\dfrac{A}{B}(B\neq0)$.

4. 复合函数的极限

对于复合函数$y=f(u)$，$u=\phi(x)$，如果$\lim\limits_{x\to x_0}\phi(x)=u_0$，$\lim\limits_{u\to u_0}f(u)=A$，且$x\neq x_0$时，$u\neq u_0$，则有$\lim\limits_{x\to x_0}f(\phi(x))=\lim\limits_{u\to u_0}f(u)=A$.

5. 函数收敛的夹逼准则

如果当$\mathring{U}(x_0, \delta)$(或$|x|>M$)时，有$g(x)\leqslant f(x)\leqslant h(x)$，且

$$\lim_{\substack{x\to x_0\\(x\to\infty)}}g(x)=A,\quad \lim_{\substack{x\to x_0\\(x\to\infty)}}h(x)=A,$$

那么$\lim\limits_{\substack{x\to x_0\\(x\to\infty)}}f(x)$存在，且$\lim\limits_{\substack{x\to x_0\\(x\to\infty)}}f(x)=A$.

6. 两个重要函数的极限

(1) $\lim\limits_{x \to 0}\dfrac{\sin x}{x}=1$

公式的一般形式为 $\lim\limits_{\phi(x) \to 0}\dfrac{\sin\phi(x)}{\phi(x)}=1$.

(2) $\lim\limits_{x \to \infty}\left(1+\dfrac{1}{x}\right)^{x}=\mathrm{e}$

公式的一般形式为 $\lim\limits_{\phi(x) \to \infty}\left(1+\dfrac{1}{\phi(x)}\right)^{\phi(x)}=\mathrm{e}$ 或 $\lim\limits_{\phi(x) \to 0}(1+\phi(x))^{\frac{1}{\phi(x)}}=\mathrm{e}$.

(三) 无穷小与无穷大

1. 无穷小

(1) 无穷小的概念

设函数 $f(x)$，当自变量 $x\to\square$ 时，函数 $f(x)\to 0$，即 $\lim\limits_{x\to\square}f(x)=0$，称 $f(x)$ 为 $x\to\square$ 时的无穷小量，简称无穷小.

(2) 无穷小的性质

性质 1　在自变量的同一变化趋势下，有限个无穷小的代数和及乘积仍为无穷小.

性质 2　有界函数与无穷小的乘积仍为无穷小.

性质 3　在自变量的同一变化趋势下，有极限的函数与无穷小的乘积仍为无穷小.

(3) 无穷小的比较

设 α，β 是同一过程中的两个无穷小，且 $\alpha\neq 0$.

如果 $\lim\dfrac{\beta}{\alpha}=0$，则称 β 是比 α 高阶的无穷小，记作 $\beta=o(\alpha)$；

如果 $\lim\dfrac{\beta}{\alpha}=\infty$，则称 β 是比 α 低阶的无穷小；

如果 $\lim\dfrac{\beta}{\alpha}=C\neq 0$，则称 β 是 α 的同阶无穷小.

特殊地，如果 $\lim\dfrac{\beta}{\alpha}=1$，则称 β 是 α 的等价无穷小，记作 $\alpha\sim\beta$ 或 $\beta\sim\alpha$.

如果 $\lim\dfrac{\beta}{\alpha^{k}}=C(C\neq 0,\ k>0)$，则称 β 是 α 的 k 阶无穷小.

(4) 几类常见的等价无穷小

当 $x\to 0$ 时，已经证明的常用等价无穷小有：

1) $\sin x\sim x$；　　2) $\tan x\sim x$；

3) $\arcsin x\sim x$；　　4) $\arctan x\sim x$；

5) $\ln(1+x)\sim x$；　　6) $\mathrm{e}^{x}-1\sim x$；

7) $1-\cos x\sim\dfrac{1}{2}x^{2}$；　　8) $\log_{a}(1+x)\sim\dfrac{x}{\ln a}$；

9) $a^x-1\sim x\ln a$;　　　　10) $\sqrt[n]{1+x}-1\sim\frac{1}{n}x$.

(5) 无穷小与极限的关系

若$\lim f(x)=A \Leftrightarrow f(x)=A+\alpha(x)$，其中$\lim\alpha(x)=0$. 以上极限或是无穷小均为自变量同一变化趋势.

2. 无穷大

(1) 无穷大的概念

如果当 $x\to\square$时，对应的函数值$|f(x)|$的绝对值无限增大，就说函数$f(x)$为 $x\to\square$时的无穷大量，简称无穷大.

(2) 无穷大的几何含义

如果 $\lim\limits_{x\to x_0} f(x)=\infty$，则直线 $x=x_0$ 是函数 $y=f(x)$的图形的铅直渐近线.

(3) 无穷大与无穷小的关系

在自变量的同一变化过程中，若 $f(x)$为无穷大，则$\frac{1}{f(x)}$为无穷小；若 $f(x)$为无穷小，且 $f(x)\neq 0$，则$\frac{1}{f(x)}$为无穷大.

(四) 函数的连续性

1. 连续性的概念

定义 1　设函数$f(x)$在 $U(x_0,\delta)$内有定义，如果当自变量的增量 $\Delta x=x-x_0$ 趋向于零时，对应的函数的增量 $\Delta y=f(x)-f(x_0)$也趋向于零，即

$$\lim_{\Delta x\to 0}\Delta y=0 \quad 或 \quad \lim_{\Delta x\to 0}[f(x)-f(x_0)]=0,$$

那么就称函数 $y=f(x)$在点 x_0 连续，x_0 称为函数$f(x)$的连续点.

定义 2　设函数$f(x)$在 $U(x_0,\delta)$内有定义，$x\in U(x_0,\delta)$，如果

$$\lim_{x\to x_0} f(x)=f(x_0),$$

那么就称函数 $y=f(x)$在点 x_0 连续.

可见，函数 $y=f(x)$在点 x_0 连续必须具备下列条件

(1) 函数 $y=f(x)$在点 x_0 有定义，即$f(x_0)$存在；

(2) 极限 $\lim\limits_{x\to x_0} f(x)$存在；

(3) $\lim\limits_{x\to x_0} f(x)=f(x_0)$.

定义 3　设函数$f(x)$在 $U(x_0,\delta)$内有定义，$x\in U(x_0,\delta)$，如果 $\lim\limits_{x\to x_0^-} f(x)=f(x_0)$，那么就称函数 $y=f(x)$在点 x_0 左连续；如果 $\lim\limits_{x\to x_0^+} f(x)=f(x_0)$，那么就称函数 $y=f(x)$在点 x_0 右连续.

定义 4　如果函数$f(x)$在开区间(a,b)内每一点都连续，则称函数$f(x)$在(a,b)内连

续. 如果函数 $f(x)$ 在开区间 (a, b) 内连续，且在左端点 a 右连续，在右端点 b 左连续，即

$$\lim_{x\to a^+} f(x)=f(a),\quad \lim_{x\to b^-} f(x)=f(b),$$

则称函数 $y=f(x)$ 在闭区间 $[a, b]$ 上连续.

定理 2 若 $y=f(x)$ 在点 x_0 连续 $\Leftrightarrow y=f(x)$ 在点 x_0 左、右连续.

2. 函数的间断点

定义 5 设函数 $f(x)$ 在点 x_0 的某一去心邻域 $\mathring{U}(x_0, \delta)$ 内有定义，如果出现下列情形之一：

(1) 函数 $y=f(x)$ 在点 x_0 没有定义，即 $f(x_0)$ 不存在；

(2) 极限 $\lim\limits_{x\to x_0} f(x)$ 不存在；

(3) $\lim\limits_{x\to x_0} f(x)\neq f(x_0)$,

则称函数 $y=f(x)$ 在点 x_0 不连续(或间断)，并称点 x_0 为函数 $f(x)$ 的不连续点(或间断点).

3. 间断点的类型

(1) 第一类间断点

如果 x_0 是函数 $f(x)$ 的间断点，且 $f(x)$ 在点 x_0 处左、右极限都存在，则称点 x_0 为函数 $f(x)$ 的第一类间断点.

若函数 $f(x)$ 在点 x_0 处极限存在，但 $\lim\limits_{x\to x_0} f(x)=A\neq f(x_0)$，或者 $f(x)$ 在点 x_0 处无定义，则称点 x_0 为函数 $f(x)$ 的可去间断点；

若函数 $f(x)$ 在点 x_0 处左、右极限都存在，但 $f(x_0^-)\neq f(x_0^+)$，则称点 x_0 为函数 $f(x)$ 的跳跃间断点.

(2) 第二类间断点

如果函数 $f(x)$ 在点 x_0 处的左、右极限至少有一个不存在，则称 x_0 为函数 $f(x)$ 的第二类间断点，第二类间断点分为无穷间断点和振荡间断点.

4. 闭区间上连续函数的性质

性质 1(最值定理) 在闭区间上连续的函数在该区间上一定有最大值和最小值.

性质 2(介值定理) 设函数 $f(x)$ 在闭区间 $[a, b]$ 上连续，在 $[a, b]$ 上的最大值和最小值分别为 M 与 m，又设 C 是 m 与 M 之间的一个数 $(m<C<M)$，则在开区间 (a, b) 内至少存在一点 ξ，使

$$f(\xi)=C.$$

性质 3(零点定理) 设函数 $f(x)$ 在闭区间 $[a, b]$ 上连续，且 $f(a)f(b)<0$，则至少存在一点 $\xi\in(a, b)$，使 $f(\xi)=0$.

二、练习题与解答

习题 2.1 数列的极限

1. 写出下列数列的一般项，并通过观察指出哪些数列收敛. 若收敛，极限值是多少？

(1) $1, \frac{1}{\sqrt{2}}, \frac{1}{\sqrt{3}}, \frac{1}{\sqrt{4}}, \frac{1}{\sqrt{5}}, \cdots$.

【解】 一般项 $x_n=\frac{1}{\sqrt{n}}$，该数列收敛，$\lim\limits_{n\to\infty}x_n=0$.

(2) $1, \frac{3}{2}, \frac{1}{3}, \frac{5}{4}, \frac{1}{5}, \frac{7}{6}, \cdots$.

【解】 一般项 $x_n=\begin{cases}\frac{1}{n}, & n\text{ 为奇数},\\ \frac{n+1}{n}, & n\text{ 为偶数},\end{cases}$ 该数列发散．事实上，数列 $\lim\limits_{n\to\infty}x_{2n+1}=0$，$\lim\limits_{n\to\infty}x_{2n}=1$，所以此数列为发散数列.

(3) $0, \frac{1}{2}, 0, \frac{1}{4}, 0, \frac{1}{8}, \cdots$.

【解】 一般项 $x_n=\begin{cases}0, & n\text{ 为奇数},\\ \frac{1}{2^{\frac{n}{2}}}, & n\text{ 为偶数},\end{cases}$ 该数列收敛，且 $\lim\limits_{n\to\infty}x_{2n+1}=0$，$\lim\limits_{n\to\infty}x_{2n}=0$，即 $\lim\limits_{n\to\infty}x_n=0$.

(4) $1, -\frac{3}{4}, \frac{3^2}{4^2}, -\frac{3^3}{4^3}, \frac{3^4}{4^4}, -\frac{3^5}{4^5}, \cdots$.

【解】 一般项 $x_n=(-1)^{n-1}\frac{3^{n-1}}{4^{n-1}}$，该数列收敛，且为等比数列，公比为 $-\frac{3}{4}$，且 $\left|-\frac{3}{4}\right|<1$，所以 $\lim\limits_{n\to\infty}x_n=0$.

(5) $0, \frac{3}{2}, \frac{8}{3}, \frac{15}{4}, \frac{24}{5}, \cdots$.

【解】 一般项 $x_n=\frac{n^2-1}{n}$，该数列发散.

【注】 (1) 数列的敛散性可通过一般项的趋势来判定，但这不是求极限的方法，不过对于简单的数列极限它是可行的.

(2) 数列极限存在要求奇次项和偶次项子列极限存在且相等.

(3) 对于等比数列 $\{q^n\}$，其公比若满足 $|q|<1$，则等比数列收敛，且极限值为 0.

2. 通过观察求下列极限.

(1) $\lim\limits_{n\to\infty}\frac{1+(-1)^n}{2n}$.

【解】 数列的一般项为 $x_n=\frac{1+(-1)^n}{2n}$，当 $n\to\infty$ 时，$x_n\to 0$，即 $\lim\limits_{n\to\infty}\frac{1+(-1)^n}{2n}=0$.

(2) $\lim\limits_{n\to\infty}\left[1-\left(\frac{2}{3}\right)^n\right]$.

【解】 数列的一般项为 $x_n=1-\left(\frac{2}{3}\right)^n$，其中一般项中含有等比数列$\left\{\left(\frac{2}{3}\right)^n\right\}$，其公比为$\frac{2}{3}<1$，于是 $\lim\limits_{n\to\infty}\left(\frac{2}{3}\right)^n=0$，即得 $\lim\limits_{n\to\infty}\left[1-\left(\frac{2}{3}\right)^n\right]=1$.

(3) $\lim\limits_{n\to\infty}[\ln(3n+2)-\ln n]$.

【解】 数列的一般项为 $x_n=\ln(3n+2)-\ln n$，化简一般项得 $x_n=\ln\left(3+\frac{2}{n}\right)$，于是可得

$$\lim_{n\to\infty}[\ln(3n+2)-\ln n]=\lim_{n\to\infty}\left(3+\frac{2}{n}\right)=\ln 3.$$

【注】 熟练掌握简单数列极限的计算.

习题 2.2　函数的极限

1. 观察下列极限是否存在？若存在，写出其极限值.

(1) $\lim\limits_{x\to\infty}\cos x$；　(2) $\lim\limits_{x\to+\infty}e^x$；　(3) $\lim\limits_{x\to-\infty}e^x$；　(4) $\lim\limits_{x\to0^-}e^{\frac{1}{x}}$；

(5) $\lim\limits_{x\to0^+}\ln x$；　(6) $\lim\limits_{x\to1}\ln x$；　(7) $\lim\limits_{x\to1^-}\arctan x$；　(8) $\lim\limits_{x\to+\infty}\arctan x$；

(9) $\lim\limits_{x\to-\infty}\arctan x$；　(10) $\lim\limits_{x\to\infty}\frac{1}{2x}$.

【解】 (1) 不存在；　(2) 不存在($+\infty$)；

(3) $\lim\limits_{x\to-\infty}e^x=0$；　(4) $\lim\limits_{x\to0^-}e^{\frac{1}{x}}=0$；

(5) 不存在($-\infty$)；　(6) $\lim\limits_{x\to1}\ln x=0$；

(7) $\lim\limits_{x\to1^-}\arctan x=\frac{\pi}{4}$；　(8) $\lim\limits_{x\to+\infty}\arctan x=\frac{\pi}{2}$；

(9) $\lim\limits_{x\to-\infty}\arctan x=-\frac{\pi}{2}$；　(10) $\lim\limits_{x\to\infty}\frac{1}{2x}=0$.

2. 设 $f(x)=\begin{cases}x-1, & x<0,\\ 0, & x=0,\\ x+1, & x>0,\end{cases}$ 分析观察，当 $x\to0$ 时，$f(x)$ 在 $x_0=0$ 处左、右极限是否存在？极限是否存在？

【解】 根据左、右极限的定义可得

$$f(0^-)=\lim_{x\to0^-}(x-1)=-1,\quad f(0^+)=\lim_{x\to0^+}(x+1)=1,$$

所以函数 $f(x)$ 在 $x_0=0$ 处左、右极限存在；

因为 $f(0^-)\neq f(0^+)$，所以函数 $f(x)$ 在 $x_0=0$ 处极限不存在.

3. 设$f(x)=\begin{cases} x, & 0\leqslant x<1, \\ \dfrac{1}{2}, & 1\leqslant x<2, \\ \dfrac{1}{x}, & 2\leqslant x<3, \end{cases}$分别讨论，当 $x\to 1$ 及 $x\to 2$ 时，$f(x)$的极限是否存在？

【解】　首先，讨论函数$f(x)$在 $x=1$ 处的极限.

因为$f(1^-)=\lim\limits_{x\to 1^-}x=1$，$f(1^+)=\lim\limits_{x\to 1^+}\dfrac{1}{2}=\dfrac{1}{2}$，而$f(1^-)\neq f(1^+)$，所以$f(x)$在 $x=1$ 处的极限不存在.

其次，讨论函数$f(x)$在 $x=2$ 处的极限.

因为$f(2^-)=\lim\limits_{x\to 2^-}\dfrac{1}{2}=\dfrac{1}{2}$，$f(2^+)=\lim\limits_{x\to 2^+}\dfrac{1}{x}=\dfrac{1}{2}$，且$f(2^-)=f(2^+)$，所以$f(x)$在 $x=2$ 处的极限存在，且$\lim\limits_{x\to 2}f(x)=\dfrac{1}{2}$.

【注】　分段函数在间断处的极限通过左、右极限是否存在且相等来判定.

习题 2.3　无穷小与无穷大

1. 观察指出下列函数在给定变化趋势下，哪些是无穷大？哪些是无穷小？

(1) $f(x)=100x$，当 $x\to 0$ 时；　　(2) $f(x)=\dfrac{x+2}{x-1}$，当 $x\to 1$ 时；

(3) $f(x)=\mathrm{e}^{\frac{1}{x}}$，当 $x\to 0^-$ 时；　　(4) $f(x)=\mathrm{e}^{\frac{1}{x}}$，当 $x\to 0^+$ 时；

(5) $f(x)=\lg x$，当 $x\to 0^+$ 时；　　(6) $f(x)=\lg x$，当 $x\to +\infty$时；

(7) $f(x)=\lg x$，当 $x\to 1$ 时；　　(8) $f(x)=\tan x$，当 $x\to \dfrac{\pi}{2}$时；

(9) $f(x)=\dfrac{x^2}{\sqrt{x^3+1}}$，当 $x\to +\infty$时；　　(10) $f(x)=\dfrac{x^2}{x+1}\left(2-\sin\dfrac{1}{x}\right)$，当 $x\to 0$ 时.

【解】　(1) $\lim\limits_{x\to 0}f(x)=0$，即当 $x\to 0$ 时，$f(x)$为无穷小；

(2) $\lim\limits_{x\to 1}f(x)=\infty$，即当 $x\to 1$ 时，$f(x)$为无穷大；

(3) $\lim\limits_{x\to 0^-}f(x)=\lim\limits_{x\to 0^-}\mathrm{e}^{\frac{1}{x}}=0$，即当 $x\to 0^-$时，$f(x)$为无穷小；

(4) $\lim\limits_{x\to 0^+}f(x)=\lim\limits_{x\to 0^+}\mathrm{e}^{\frac{1}{x}}=\infty$，即当 $x\to 0^+$时，$f(x)$为无穷大；

(5) $\lim\limits_{x\to 0^+}f(x)=\lim\limits_{x\to 0^+}\lg x=-\infty$，即当 $x\to 0^+$时，$f(x)$为无穷大；

(6) $\lim\limits_{x\to +\infty}f(x)=\lim\limits_{x\to +\infty}\lg x=+\infty$，即当 $x\to +\infty$时，$f(x)$为无穷大；

(7) $\lim\limits_{x\to 1}f(x)=\lim\limits_{x\to 1}\lg x=0$，即当 $x\to 1$ 时，$f(x)$为无穷小；

(8) $\lim\limits_{x\to \frac{\pi}{2}}f(x)=\lim\limits_{x\to \frac{\pi}{2}}\tan x=\infty$，即当 $x\to \dfrac{\pi}{2}$时，$f(x)$为无穷大；

（9）$\lim\limits_{x\to+\infty} f(x)=\lim\limits_{x\to+\infty}\dfrac{x^2}{\sqrt{x^3+1}}=\infty$，即当 $x\to+\infty$ 时，$f(x)$ 为无穷大；

（10）因为 $\lim\limits_{x\to0}\dfrac{x^2}{x+1}=0$，又 $\left(2-\sin\dfrac{1}{x}\right)$ 为有界量，于是无穷小与有界量的乘积仍为无穷小，即 $\lim\limits_{x\to0} f(x)=\lim\limits_{x\to0}\dfrac{x^2}{x+1}\left(2-\sin\dfrac{1}{x}\right)=0$，即当 $x\to0$ 时，$f(x)$ 为无穷小.

2. 观察分析下列各式，直接写出结果.

（1）$\lim\limits_{x\to5}\dfrac{1}{x-5}$；　（2）$\lim\limits_{x\to0}\dfrac{1}{x}$；

（3）$\lim\limits_{x\to-\infty}\dfrac{1}{x^2}$；　（4）$\lim\limits_{x\to0}(1-e^x)$；

（5）$\lim\limits_{x\to\infty}\dfrac{\sin x}{x^2}$.

【解】（1）$\lim\limits_{x\to5}\dfrac{1}{x-5}=\infty$；　（2）$\lim\limits_{x\to0}\dfrac{1}{x}=\infty$；

（3）$\lim\limits_{x\to-\infty}\dfrac{1}{x^2}=0$；　（4）$\lim\limits_{x\to0}(1-e^x)=0$；

（5）$\lim\limits_{x\to\infty}\dfrac{\sin x}{x^2}=0$.

3. 试问当 $x\to+\infty$ 时，$f(x)=x\sin x$ 是不是无穷大？

【解】 不是. 令 $x_k=2k\pi(k=0,1,2,3,\cdots)$，当 k 充分大时，x_k 可以大于任何正数，但 $f(x_k)=2k\pi\sin2k\pi=0<M$ 有界，说明函数 $f(x)=x\sin x$ 当 $x\to+\infty$ 时不是无穷大.

习题 2.4　极限的运算法则

1. 计算下列极限：

（1）$\lim\limits_{x\to1}(2x^3-x^2+x-3)$.

【解】 $\lim\limits_{x\to1}(2x^3-x^2+x-3)=2\lim\limits_{x\to1}x^3-\lim\limits_{x\to1}x^2+\lim\limits_{x\to1}x-3=2-1+1-3=-1$.

（2）$\lim\limits_{x\to0}\left(2-\dfrac{1}{x-2}\right)$；

【解】 $\lim\limits_{x\to0}\left(2-\dfrac{1}{x-2}\right)=2-\lim\limits_{x\to0}\dfrac{1}{x-2}=2-\dfrac{1}{0-2}=\dfrac{5}{2}$.

（3）$\lim\limits_{x\to1}\dfrac{x^2-3x+2}{1-x^2}$.

【解】 $\lim\limits_{x\to1}\dfrac{x^2-3x+2}{1-x^2}=\lim\limits_{x\to1}\dfrac{-(x-2)(1-x)}{(1-x)(1+x)}=\lim\limits_{x\to1}\dfrac{-(x-2)}{(1+x)}=\dfrac{1}{2}$.

（4）$\lim\limits_{x\to0}\dfrac{2x^3-5x^2+2x}{4x^2+x}$.

【解】 $\lim\limits_{x\to 0}\dfrac{2x^3-5x^2+2x}{4x^2+x}=\lim\limits_{x\to 0}\dfrac{2x^2-5x+2}{4x+1}=\dfrac{2}{1}=2.$

（5） $\lim\limits_{x\to\infty}\left(2-\dfrac{3}{x}+\dfrac{4}{x^2}\right).$

【解】 $\lim\limits_{x\to\infty}\left(2-\dfrac{3}{x}+\dfrac{4}{x^2}\right)=2-\lim\limits_{x\to\infty}\dfrac{3}{x}+\lim\limits_{x\to\infty}\dfrac{4}{x^2}=2.$

（6） $\lim\limits_{x\to+\infty}\left(1-\dfrac{2}{\sqrt{x}+1}\right).$

【解】 $\lim\limits_{x\to+\infty}\left(1-\dfrac{2}{\sqrt{x}+1}\right)=1-\lim\limits_{x\to+\infty}\dfrac{2}{\sqrt{x}+1}=1.$

（7） $\lim\limits_{x\to 1}\left(\dfrac{1}{1-x}-\dfrac{3}{1-x^3}\right).$

【解】 $\lim\limits_{x\to 1}\left(\dfrac{1}{1-x}-\dfrac{3}{1-x^3}\right)=\lim\limits_{x\to 1}\left(\dfrac{1+x+x^2-3}{1-x^3}\right)=\lim\limits_{x\to 1}\dfrac{-(x+2)(1-x)}{(1+x+x^2)(1-x)}$

$$=\lim_{x\to 1}\frac{-(x+2)}{1+x+x^2}=-1.$$

（8） $\lim\limits_{h\to 0}\dfrac{\sqrt{h+x}-\sqrt{x}}{h}.$

【解】 $\lim\limits_{h\to 0}\dfrac{\sqrt{h+x}-\sqrt{x}}{h}=\lim\limits_{h\to 0}\dfrac{h}{h(\sqrt{h+x}+\sqrt{x})}=\dfrac{1}{2\sqrt{x}}.$

（9） $\lim\limits_{x\to\pi}\sin\left(2x+\dfrac{\pi}{3}\right).$

【解】 $\lim\limits_{x\to\pi}\sin\left(2x+\dfrac{\pi}{3}\right)=\sin(2\pi+\dfrac{\pi}{3})=\sin\dfrac{\pi}{3}=\dfrac{\sqrt{3}}{2}.$

（10） $\lim\limits_{x\to 1}\lg(x^2+2x+4).$

【解】 $\lim\limits_{x\to 1}\lg(x^2+2x+4)=\lg(1^2+2\times 1+4)=\lg 7.$

【注】 函数的极限求解方法：① 利用函数极限的四则运算；② 对含有分式的函数的极限，常用通分或是分母(子)有理化等技巧.

2. 计算下列极限：

（1） $\lim\limits_{x\to\infty}\dfrac{9x^2+3x-1}{3x^3-x}.$

【解】 $\lim\limits_{x\to\infty}\dfrac{9x^2+3x-1}{3x^3-x}=\lim\limits_{x\to\infty}\dfrac{\dfrac{9}{x}+\dfrac{3}{x^2}-\dfrac{1}{x^3}}{3-\dfrac{1}{x^2}}=0.$

（2） $\lim\limits_{x\to\infty}\dfrac{2x^4-2x^2+1}{5x^4+x^3-1}.$

【解】 $\lim\limits_{x\to\infty}\dfrac{2x^4-2x^2+1}{5x^4+x^3-1}=\lim\limits_{x\to\infty}\dfrac{2-\dfrac{2}{x^2}+\dfrac{1}{x^4}}{5+\dfrac{1}{x}-\dfrac{1}{x^4}}=\dfrac{2}{5}.$

(3) $\lim\limits_{x\to+\infty}\dfrac{\sqrt{x^2+\sqrt{x-1}}}{x}.$

【解】 $\lim\limits_{x\to+\infty}\dfrac{\sqrt{x^2+\sqrt{x-1}}}{x}=\lim\limits_{x\to+\infty}\dfrac{\sqrt{\dfrac{x^2}{x^2}+\sqrt{\dfrac{x-1}{x^4}}}}{1}=\lim\limits_{x\to+\infty}\sqrt{1+\sqrt{\dfrac{x-1}{x^4}}}=1.$

(4) $\lim\limits_{x\to\infty}\dfrac{(2x+3)^{10}(x-1)^5}{16x^{15}+9x^7-14}.$

【解】 $\lim\limits_{x\to\infty}\dfrac{(2x+3)^{10}(x-1)^5}{16x^{15}+9x^7-14}=\lim\limits_{x\to\infty}\dfrac{\sum\limits_{k=0}^{10}C_{10}^k(2x)^k3^{10-k}\cdot\sum\limits_{k=0}^{5}C_5^kx^k(-1)^{5-k}}{16x^{15}}=\dfrac{2^{10}}{16}=2^6.$

(5) $\lim\limits_{n\to\infty}\dfrac{9^{n+1}+4^{n+1}}{9^n+4^n}.$

【解】 $\lim\limits_{n\to\infty}\dfrac{9^{n+1}+4^{n+1}}{9^n+4^n}=\lim\limits_{n\to\infty}\dfrac{9+4\left(\dfrac{4}{9}\right)^n}{1+\left(\dfrac{4}{9}\right)^n}=9.$

(6) $\lim\limits_{x\to\infty}(\sqrt{x^2+1}-\sqrt{x^2-1}).$

【解】 $\lim\limits_{x\to\infty}(\sqrt{x^2+1}-\sqrt{x^2-1})=\lim\limits_{x\to\infty}\dfrac{2}{\sqrt{x^2+1}+\sqrt{x^2-1}}=0.$

(7) $\lim\limits_{x\to+\infty}(\sqrt{x+2}-\sqrt{x-1}).$

【解】 $\lim\limits_{x\to+\infty}(\sqrt{x+2}-\sqrt{x-1})=\lim\limits_{x\to+\infty}\dfrac{(\sqrt{x+2})^2-(\sqrt{x-1})^2}{\sqrt{x+2}+\sqrt{x-1}}=\lim\limits_{x\to+\infty}\dfrac{3}{\sqrt{x+2}+\sqrt{x-1}}=0.$

(8) $\lim\limits_{n\to\infty}\left(1+\dfrac{1}{3}+\dfrac{1}{3^2}+\cdots+\dfrac{1}{3^n}\right).$

【解】 $\lim\limits_{n\to\infty}\left(1+\dfrac{1}{3}+\dfrac{1}{3^2}+\cdots+\dfrac{1}{3^n}\right)=\lim\limits_{n\to\infty}\dfrac{1-\left(\dfrac{1}{3}\right)^{n+1}}{1-\dfrac{1}{3}}=\dfrac{1}{1-\dfrac{1}{3}}=\dfrac{3}{2}.$

(9) $\lim\limits_{x\to+\infty}x(\sqrt{x^2-1}-x).$

【解】 $\lim\limits_{x\to+\infty}x(\sqrt{x^2-1}-x)=-\lim\limits_{x\to+\infty}\dfrac{x}{\sqrt{x^2-1}+x}=-\dfrac{1}{2}.$

(10) $\lim\limits_{x\to 0}\dfrac{\sqrt{1+x}-\sqrt{1-x}}{x}$.

【解】 $\lim\limits_{x\to 0}\dfrac{\sqrt{1+x}-\sqrt{1-x}}{x}=\lim\limits_{x\to 0}\dfrac{2x}{x(\sqrt{1+x}+\sqrt{1-x})}=1$.

(11) $\lim\limits_{x\to 1}\dfrac{x+x^2+\cdots+x^n-n}{x-1}$.

【解】 $\lim\limits_{x\to 1}\dfrac{x+x^2+\cdots+x^n-n}{x-1}=\lim\limits_{x\to 1}\dfrac{x-1+x^2-1+\cdots+x^n-1}{x-1}$

$$=\lim_{x\to 1}[1+(x+1)+\cdots+(x^{n-1}+x^{n-2}+x^{n-3}+\cdots+1)]$$

$$=1+2+3+\cdots+n=\frac{n(n+1)}{2}.$$

(12) $\lim\limits_{n\to\infty}\left(1+\dfrac{1}{1\cdot 2}+\dfrac{1}{2\cdot 3}+\cdots+\dfrac{1}{(n-1)n}\right)$.

【解】 $\lim\limits_{n\to\infty}\left(1+\dfrac{1}{1\cdot 2}+\dfrac{1}{2\cdot 3}+\cdots+\dfrac{1}{(n-1)n}\right)$

$$=\lim_{n\to\infty}\left[1+\left(\frac{1}{1}-\frac{1}{2}\right)+\left(\frac{1}{2}-\frac{1}{3}\right)+\cdots+\left(\frac{1}{n-1}-\frac{1}{n}\right)\right]$$

$$=\lim_{n\to\infty}\left(2-\frac{1}{n}\right)=2.$$

【注】 当自变量趋向无穷大时，求函数的极限或是数列极限常用“抓大头”方法，即分子和分母先同时除以自变量或是变元 n 的最高次幂，再求解极限.

3. 设$\lim\limits_{x\to 3}\dfrac{x^2-2x+a}{x-3}=b$，求 a，b.

【解】 因为$\lim\limits_{x\to 3}\dfrac{x^2-2x+a}{x-3}$存在，又 $x\to 3$ 时 $x-3\to 0$，必有 $x^2-2x+a\to 0$；否则，$\lim\limits_{x\to 3}\dfrac{x^2-2x+a}{x-3}$不存在. 所以 $3^2-2\times 3+a=0$，即 $a=-3$，从而

$$b=\lim_{x\to 3}\frac{x^2-2x-3}{x-3}=\lim_{x\to 3}\frac{(x-3)(x+1)}{x-3}=\lim_{x\to 3}(x+1)=4.$$

所以 $a=-3$，$b=4$.

4. 设$\lim\limits_{x\to 1}\dfrac{x^2+ax+b}{1-x}=5$，求 a，b.

【解】 当 $x\to 1$ 时，$1-x\to 0$，又$\lim\limits_{x\to 1}\dfrac{x^2+ax+b}{1-x}$存在，知 $x\to 1$ 时必有 $x^2+ax+b\to 0$，即 $a+b+1=0$. 所以

$$5=\lim_{x\to 1}\frac{x^2+ax+b}{1-x}=\lim_{x\to 1}\frac{x^2+ax-(1+a)}{1-x}=\lim_{x\to 1}\frac{[x+(1+a)](x-1)}{1-x}$$

$$=-\lim_{x\to 1}[x+(1+a)]=-(2+a),$$

故 $a=-7$，$b=6$.

5. 试确定常数 a 使 $\lim\limits_{x\to\infty}(\sqrt[3]{1-x^3}-ax)=0$.

【解】 因为

$$\begin{aligned}\lim_{x\to\infty}(\sqrt[3]{1-x^3}-ax)&=\lim_{x\to\infty}\frac{(\sqrt[3]{1-x^3}-ax)[(\sqrt[3]{1-x^3})^2+ax\sqrt[3]{1-x^3}+(ax)^2]}{[(\sqrt[3]{1-x^3})^2+ax\sqrt[3]{1-x^3}+(ax)^2]}\\&=\lim_{x\to\infty}\frac{1-x^3-(ax)^3}{[(\sqrt[3]{1-x^3})^2+ax\sqrt[3]{1-x^3}+(ax)^2]}\\&=\lim_{x\to\infty}\frac{1-(a^3+1)x^3}{[(\sqrt[3]{1-x^3})^2+ax\sqrt[3]{1-x^3}+(ax)^2]}=0,\end{aligned}$$

在上述的分式中，分子为 3 次多项式，分母为 2 次多项式，要使得分式的极限为零，必须满足$a^3+1=0$,否则 $\lim\limits_{x\to\infty}(\sqrt[3]{1-x^3}-ax)=\infty$，与已知矛盾，故 $a=-1$.

【注】 已知极限值求解极限中的未知参数是极限中的重要内容，考查的是极限的逆问题，可以查看本章典型例题分析中的分析.

习题 2.5　夹逼准则与两个重要极限

1. 计算下列极限：

(1) $\lim\limits_{x\to0}\dfrac{\sin x}{3x}$;

(2) $\lim\limits_{x\to0}\dfrac{\tan5x}{x}$;

(3) $\lim\limits_{x\to0}\dfrac{\tan3x}{\sin2x}$;

(4) $\lim\limits_{x\to0}\dfrac{\sin2x}{\sin5x}$;

(5) $\lim\limits_{x\to0}\dfrac{\tan x-\sin x}{x^3}$;

(6) $\lim\limits_{x\to0}\dfrac{1-\cos2x}{x\sin x}$;

(7) $\lim\limits_{x\to0^+}\dfrac{x}{\sqrt{1-\cos x}}$;

(8) $\lim\limits_{x\to0}x\cot2x$;

(9) $\lim\limits_{x\to\pi}\dfrac{\sin3x}{\sin2x}$;

(10) $\lim\limits_{x\to1}\dfrac{\sin(x^2-1)}{x-1}$;

(11) $\lim\limits_{n\to\infty}2^n\sin\dfrac{\pi}{2^n}$;

(12) $\lim\limits_{x\to\infty}x^2\tan\dfrac{2}{x^2}$;

(13) $\lim\limits_{x\to0^+}\dfrac{\sqrt{1-\cos x}}{\sqrt{x}\sin\sqrt{x}}$;

(14) $\lim\limits_{x\to1}(1-x)\tan\dfrac{\pi x}{2}$.

【解】 (1) $\lim\limits_{x\to0}\dfrac{\sin x}{3x}=\dfrac{1}{3}\lim\limits_{x\to0}\dfrac{\sin x}{x}=\dfrac{1}{3}$.

(2) $\lim\limits_{x\to0}\dfrac{\tan5x}{x}=\lim\limits_{x\to0}\dfrac{\tan5x}{5x}\cdot5=5$.

(3) $\lim\limits_{x\to0}\frac{\tan3x}{\sin2x}=\lim\limits_{x\to0}\frac{\tan3x}{3x}\frac{2x}{\sin2x}\frac{3x}{2x}=\frac{3}{2}.$

(4) $\lim\limits_{x\to0}\frac{\sin2x}{\sin5x}=\lim\limits_{x\to0}\frac{\sin2x}{2x}\frac{2x}{5x}\frac{5x}{\sin5x}=\frac{2}{5}.$

(5) $$\lim_{x\to0}\frac{\tan x-\sin x}{x^3}=\lim_{x\to0}\frac{\sin x(1-\cos x)}{x^3\cdot\cos x}=\lim_{x\to0}\frac{(1-\cos x)}{x^2}$$

$$=\lim_{x\to0}\frac{2\sin^2\frac{x}{2}}{x^2}=\lim_{x\to0}\frac{2\sin^2\frac{x}{2}}{\left(\frac{x}{2}\right)^2\cdot4}=\frac{1}{2}.$$

(6) $\lim\limits_{x\to0}\frac{1-\cos2x}{x\sin x}=\lim\limits_{x\to0}\frac{2\sin^2x}{x\sin x}=2.$

或
$$\lim_{x\to0}\frac{1-\cos2x}{x\sin x}=\lim_{x\to0}\frac{\frac{1}{2}(2x)^2}{x^2}=2.$$

(7) $$\lim_{x\to0^+}\frac{x}{\sqrt{1-\cos x}}=\lim_{x\to0^+}\frac{x}{\sqrt{2\sin^2\frac{x}{2}}}=\frac{1}{\sqrt2}\lim_{x\to0^+}\frac{x}{\sin\frac{x}{2}}=\sqrt2.$$

或
$$\lim_{x\to0^+}\frac{x}{\sqrt{1-\cos x}}=\lim_{x\to0^+}\frac{x}{\sqrt{\frac{1}{2}x^2}}=\lim_{x\to0^+}\frac{x}{\frac{1}{\sqrt2}x}=\sqrt2.$$

(8) $\lim\limits_{x\to0}x\cot2x=\lim\limits_{x\to0}\frac{x}{\tan2x}=\frac{1}{2}.$

(9) $$\lim_{x\to\pi}\frac{\sin3x}{\sin2x}=\lim_{x\to\pi}\frac{-\sin(3x-3\pi)}{\sin(2x-2\pi)}$$

$$=-\lim_{x\to\pi}\frac{\sin(3x-3\pi)}{(3x-3\pi)}\frac{(3x-3\pi)}{(2x-2\pi)}\frac{(2x-2\pi)}{\sin(2x-2\pi)}$$

$$=-\frac{3}{2}.$$

(10) $\lim\limits_{x\to1}\frac{\sin(x^2-1)}{x-1}=\lim\limits_{x\to1}\frac{\sin(x^2-1)}{x^2-1}\frac{(x^2-1)}{x-1}=2.$

(11) $$\lim_{n\to\infty}2^n\sin\frac{\pi}{2^n}=\lim_{n\to\infty}\frac{\sin\frac{\pi}{2^n}}{\frac{\pi}{2^n}}\cdot\pi=\pi.$$

(12) $$\lim_{x\to\infty}x^2\tan\frac{2}{x^2}=\lim_{x\to\infty}2\cdot\frac{\tan\frac{2}{x^2}}{\frac{2}{x^2}}=2.$$

(13) $\lim\limits_{x\to 0^+}\dfrac{\sqrt{1-\cos x}}{\sqrt{x}\sin\sqrt{x}}=\lim\limits_{x\to 0^+}\dfrac{\sqrt{2\sin^2\dfrac{x}{2}}}{\sqrt{x}\sin\sqrt{x}}=\sqrt{2}\lim\limits_{x\to 0^+}\dfrac{\sin\dfrac{x}{2}}{\sqrt{x}\sin\sqrt{x}}$

$$=\sqrt{2}\lim_{x\to 0^+}\frac{\sin\frac{x}{2}}{\frac{x}{2}}\frac{\frac{x}{2}}{\sqrt{x}}\frac{\sqrt{x}}{\sin\sqrt{x}}\frac{1}{\sqrt{x}}=\frac{\sqrt{2}}{2}.$$

或
$$\lim_{x\to 0^+}\frac{\sqrt{1-\cos x}}{\sqrt{x}\sin\sqrt{x}}=\lim_{x\to 0^+}\frac{\sqrt{\frac{1}{2}x^2}}{x}=\frac{\sqrt{2}}{2}.$$

(14) $\lim\limits_{x\to 1}(1-x)\tan\dfrac{\pi x}{2}=\lim\limits_{x\to 1}\dfrac{1-x}{\cot\dfrac{\pi x}{2}}=\lim\limits_{x\to 1}\dfrac{1-x}{\tan\left(\dfrac{\pi}{2}-\dfrac{\pi x}{2}\right)}$

$$=\lim_{x\to 1}\frac{(1-x)\frac{\pi}{2}}{\tan\left(\frac{\pi}{2}-\frac{\pi x}{2}\right)}\frac{2}{\pi}=\frac{2}{\pi}.$$

或
$$\lim_{x\to 1}(1-x)\tan\frac{\pi x}{2}=\lim_{x\to 1}\frac{1-x}{\tan\left(\frac{\pi}{2}-\frac{\pi x}{2}\right)}=\lim_{x\to 1}\frac{1-x}{\left(\frac{\pi}{2}-\frac{\pi x}{2}\right)}=\frac{2}{\pi}.$$

【注】 在上述例题中第二种解法是采用等价无穷小替换，在求解极限时十分好用. 读者可以利用它简化求解极限的过程.

2. 计算下列极限：

(1) $\lim\limits_{x\to\infty}\left(1+\dfrac{k}{x}\right)^x$；　　(2) $\lim\limits_{x\to 0}\left(\dfrac{1+2x}{1-2x}\right)^{\frac{1}{x}}$；

(3) $\lim\limits_{x\to 0}(1-2x)^{\frac{2}{x}}$；　　(4) $\lim\limits_{x\to\frac{\pi}{2}}(1+\cos x)^{2\sec x}$；

(5) $\lim\limits_{x\to\infty}\left(\sin\dfrac{1}{x}+\cos\dfrac{1}{x}\right)^x$；　　(6) $\lim\limits_{n\to\infty}\left(1+\dfrac{2}{n}+\dfrac{2}{n^2}\right)^n$；

(7) $\lim\limits_{x\to\infty}\left(1-\dfrac{2}{x}\right)^{\frac{x}{2}-1}$.

【解】 (1) $\lim\limits_{x\to\infty}\left(1+\dfrac{k}{x}\right)^x=\lim\limits_{x\to\infty}\left[\left(1+\dfrac{k}{x}\right)^{\frac{x}{k}}\right]^k=e^k.$

(2) $\lim\limits_{x\to 0}\left(\dfrac{1+2x}{1-2x}\right)^{\frac{1}{x}}=\lim\limits_{x\to 0}\left(\dfrac{1-2x+4x}{1-2x}\right)^{\frac{1}{x}}=\lim\limits_{x\to 0}\left(1+\dfrac{4x}{1-2x}\right)^{\frac{1}{x}}$

$$=\lim_{x\to 0}\left[\left(1+\frac{4x}{1-2x}\right)^{\frac{1-2x}{4x}}\right]^{\frac{4}{1-2x}}=e^4.$$

(3) $\lim\limits_{x\to 0}(1-2x)^{\frac{2}{x}}=\lim\limits_{x\to 0}(1-2x)^{\frac{4}{2x}}=\mathrm{e}^{-4}$.

(4) $\lim\limits_{x\to\frac{\pi}{2}}(1+\cos x)^{2\sec x}=\lim\limits_{x\to\frac{\pi}{2}}(1+\cos x)^{\frac{1}{\cos x}\cdot 2}=\mathrm{e}^{2}$.

(5) $$\lim_{x\to\infty}\left(\sin\frac{1}{x}+\cos\frac{1}{x}\right)^{x}=\lim_{x\to\infty}\left[1+\left(\sin\frac{1}{x}+\cos\frac{1}{x}-1\right)\right]^{x}$$

$$=\lim_{x\to\infty}\left\{\left[1+\left(\sin\frac{1}{x}+\cos\frac{1}{x}-1\right)\right]^{\frac{1}{\sin\frac{1}{x}+\cos\frac{1}{x}-1}}\right\}^{\left(\sin\frac{1}{x}+\cos\frac{1}{x}-1\right)x}.$$

因为

$$\lim_{x\to\infty}\left(\sin\frac{1}{x}+\cos\frac{1}{x}-1\right)x=\lim_{x\to\infty}\frac{\sin\frac{1}{x}+\cos\frac{1}{x}-1}{\frac{1}{x}}$$

$$=\lim_{x\to\infty}\frac{\sin\frac{1}{x}-2\sin^{2}\frac{1}{x}}{\frac{1}{x}}=1,$$

所以

$$\lim_{x\to\infty}\left(\sin\frac{1}{x}+\cos\frac{1}{x}\right)^{x}=\mathrm{e}^{1}=\mathrm{e}.$$

(6) $$\lim_{n\to\infty}\left(1+\frac{2}{n}+\frac{2}{n^{2}}\right)^{n}=\lim_{n\to\infty}\left(1+\frac{2n+2}{n^{2}}\right)^{n}=\lim_{n\to\infty}\left[\left(1+\frac{2n+2}{n^{2}}\right)^{\frac{n^{2}}{2n+2}}\right]^{\frac{2n+2}{n}}=\mathrm{e}^{2}.$$

(7) $$\lim_{x\to\infty}\left(1-\frac{2}{x}\right)^{\frac{x}{2}-1}=\lim_{x\to\infty}\frac{\left(1-\frac{2}{x}\right)^{\frac{x}{2}}}{1-\frac{2}{x}}=\frac{1}{\mathrm{e}}.$$

【注】　本题中涉及的极限都是 1^{∞} 型极限，读者可以采用典型例题中的方法求解.

习题 2.6　无穷小的比较

1. 当 $x\to 0$ 时，$\alpha(x)=x+\sqrt{x}$与 $\beta(x)=x-x^{2}$ 相比，哪一个是高阶无穷小？

【解】　因为

$$\lim_{x\to 0}\frac{\beta(x)}{\alpha(x)}=\lim_{x\to 0}\frac{x-x^{2}}{x+\sqrt{x}}=\lim_{x\to 0}(\sqrt{x}-x)=0,$$

所以当 $x\to 0$ 时，$\beta(x)$是比 $\alpha(x)$高阶的无穷小.

2. 证明：当 $x\to 1$ 时，$\alpha(x)=1-x$ 与 $\beta(x)=\dfrac{1-x^{2}}{1+x^{2}}$是等价无穷小.

【证】　因为

$$\lim_{x\to1}\frac{\beta(x)}{\alpha(x)}=\lim_{x\to1}\frac{\frac{1-x^2}{1+x^2}}{1-x}=\lim_{x\to1}\frac{1+x}{1+x^2}=1,$$

所以当 $x\to1$ 时，$\beta(x)$与 $\alpha(x)$是等价无穷小.

【注】 无穷小的比较是通过极限值实现的.

3. 当 $x\to0$ 时，比较下列无穷小的阶.

(1) x^2 与 $1-\cos x$；　　(2) x 与 $\sqrt{x+1}-1$；

(3) $\sqrt{1+x}-\sqrt{1-x}$与 $3x$；　　(4) $\sqrt[3]{1+x}-1$ 与$\frac{x}{3}$.

【解】 (1) 因为$\lim\limits_{x\to0}\frac{1-\cos x}{x^2}=\lim\limits_{x\to0}\frac{2\sin^2\frac{x}{2}}{x^2}=\frac{1}{2}$，所以 x^2 与 $1-\cos x$ 是同阶无穷小.

(2) 因为$\lim\limits_{x\to0}\frac{x}{\sqrt{x+1}-1}=\lim\limits_{x\to0}\frac{x(\sqrt{x+1}+1)}{x}=2$，所以 x 与 $\sqrt{x+1}-1$ 是同阶无穷小.

(3) 因为

$$\begin{aligned}\lim_{x\to0}\frac{\sqrt{1+x}-\sqrt{1-x}}{3x}&=\lim_{x\to0}\frac{(1+x)-(1-x)}{3x(\sqrt{1+x}+\sqrt{1-x})}\\&=\lim_{x\to0}\frac{2x}{3x(\sqrt{1+x}+\sqrt{1-x})}=\frac{1}{3},\end{aligned}$$

所以 $\sqrt{1+x}-\sqrt{1-x}$与 $3x$ 是同阶无穷小.

(4) 因为

$$\begin{aligned}\lim_{x\to0}\frac{\sqrt[3]{1+x}-1}{\frac{x}{3}}&=\lim_{x\to0}\frac{(\sqrt[3]{1+x}-1)[(\sqrt[3]{1+x})^2+\sqrt[3]{1+x}+1]}{\frac{x}{3}[(\sqrt[3]{1+x})^2+\sqrt[3]{1+x}+1]}\\&=\lim_{x\to0}\frac{x}{\frac{x}{3}[(\sqrt[3]{1+x})^2+\sqrt[3]{1+x}+1]}=1,\end{aligned}$$

所以 $\sqrt[3]{1+x}-1$ 与$\frac{x}{3}$是等价无穷小.

4. 利用等价无穷小替换定理计算下列极限：

(1) $\lim\limits_{x\to0}\frac{\sin2x}{\tan5x}$；　　(2) $\lim\limits_{x\to0}\frac{\sin x^m}{\sin^n x}$($m$，$n$ 为正整数)；

(3) $\lim\limits_{x\to0}\frac{\arctan x}{\arcsin x}$；　　(4) $\lim\limits_{x\to0}\frac{(\arcsin2x)^2}{1-\cos x}$；

(5) $\lim\limits_{x\to0}\frac{1-\cos mx}{x^2}$；　　(6) $\lim\limits_{x\to0}\frac{\sin2x}{\arctan x}$.

【解】 (1) $\lim\limits_{x\to0}\frac{\sin2x}{\tan5x}=\lim\limits_{x\to0}\frac{2x}{5x}=\frac{2}{5}$.

(2) $\lim\limits_{x\to0}\dfrac{\sin x^m}{\sin^n x}=\lim\limits_{x\to0}\dfrac{x^m}{x^n}=\begin{cases}1, & m=n,\\0, & m>n,\\\infty, & m<n.\end{cases}$

(3) $\lim\limits_{x\to0}\dfrac{\arctan x}{\arcsin x}=\lim\limits_{x\to0}\dfrac{x}{x}=1.$

(4) $\lim\limits_{x\to0}\dfrac{(\arcsin 2x)^2}{1-\cos x}=\lim\limits_{x\to0}\dfrac{(2x)^2}{\dfrac{1}{2}x^2}=8.$

(5) $\lim\limits_{x\to0}\dfrac{1-\cos mx}{x^2}=\lim\limits_{x\to0}\dfrac{\dfrac{1}{2}(mx)^2}{x^2}=\dfrac{m^2}{2}.$

(6) $\lim\limits_{x\to0}\dfrac{\sin 2x}{\arctan x}=\lim\limits_{x\to0}\dfrac{2x}{x}=2.$

习题 2.7　函数的连续性

1. 指出下列函数的间断点，并说明是第几类间断点，如果是可去间断点，则补充函数的定义使其连续.

(1) $f(x)=\dfrac{1}{(x-1)^2}$;

(2) $f(x)=\dfrac{x^2-1}{x^2-x-2}$;

(3) $f(x)=\dfrac{x}{\tan x}$;

(4) $f(x)=\arctan\dfrac{1}{x}$;

(5) $f(x)=x\cos^2\dfrac{1}{x}$;

(6) $f(x)=\dfrac{2+e^{\frac{1}{x}}}{1+e^{\frac{2}{x}}}+\dfrac{x}{|x|}$.

【解】 (1) $x=1$ 为间断点.

因为 $\lim\limits_{x\to1}\dfrac{1}{(x-1)^2}=\infty$，所以 $x=1$ 是函数的第二类无穷间断点.

(2) $x=-1$，$x=2$ 为间断点.

当 $x=-1$ 时，

$$\lim_{x\to-1}\frac{x^2-1}{x^2-x-2}=\lim_{x\to-1}\frac{(x-1)(x+1)}{(x-2)(x+1)}=\lim_{x\to-1}\frac{x-1}{x-2}=\frac{2}{3},$$

所以 $x=-1$ 是函数的第一类可去间断点，补充 $f(-1)=\dfrac{2}{3}$，则函数在点 $x=-1$ 处连续.

当 $x=2$ 时，

$$\lim_{x\to2}\frac{x^2-1}{x^2-x-2}=\lim_{x\to2}\frac{(x-1)(x+1)}{(x-2)(x+1)}=\infty,$$

所以 $x=2$ 是函数的第二类无穷间断点.

(3) $x=k\pi+\dfrac{\pi}{2}$，$x=k\pi$（k 是任一整数）为间断点.

当 $x=k\pi+\frac{\pi}{2}$(k 是任一整数)时,

$$\lim_{x\to k\pi+\frac{\pi}{2}}\frac{x}{\tan x}=0,$$

所以 $x=k\pi+\frac{\pi}{2}$是函数的第一类可去间断点，补充 $f\left(k\pi+\frac{\pi}{2}\right)=0$，则函数在点 $x=k\pi+\frac{\pi}{2}$处连续.

当 $x=0$ 时,

$$\lim_{x\to 0}\frac{x}{\tan x}=1,$$

所以 $x=0$ 是函数的第一类可去间断点，补充 $f(0)=1$，则函数在点 $x=0$ 处连续.

当 $x=k\pi$，$k\neq 0$ 时,

$$\lim_{x\to k\pi}\frac{x}{\tan x}=\infty,$$

所以 $x=k\pi$，$k\neq 0$ 是函数的第二类无穷间断点.

(4) $x=0$ 为间断点.

函数 $f(x)$ 在 $x=0$ 处的左极限为

$$f(0^-)=\lim_{x\to 0^-}\arctan\frac{1}{x}=-\frac{\pi}{2}.$$

函数 $f(x)$ 在 $x=0$ 处的右极限为

$$f(0^+)=\lim_{x\to 0^+}\arctan\frac{1}{x}=\frac{\pi}{2}.$$

由于 $f(0^-)\neq f(0^+)$，所以 $x=0$ 是函数 $f(x)$ 的第一类跳跃间断点.

(5) $x=0$ 为间断点.

因为 $\lim\limits_{x\to 0}x\cos^2\frac{1}{x}=0$，所以 $x=0$ 是函数的第一类可去间断点，补充 $f(0)=0$，则函数在点 $x=0$ 处连续.

(6) $x=0$ 为间断点.

函数 $f(x)$ 在 $x=0$ 处的左极限为

$$f(0^-)=\lim_{x\to 0^-}\frac{2+e^{\frac{1}{x}}}{1+e^{\frac{2}{x}}}+\frac{x}{|x|}=\lim_{x\to 0^-}\frac{2+e^{\frac{1}{x}}}{1+e^{\frac{2}{x}}}+\lim_{x\to 0^-}\frac{x}{-x}=2-1=1,$$

函数 $f(x)$ 在 $x=0$ 处的右极限为

$$f(0^+)=\lim_{x\to 0^+}\frac{2+e^{\frac{1}{x}}}{1+e^{\frac{2}{x}}}+\frac{x}{|x|}=\lim_{x\to 0^+}\frac{\frac{2}{e^{\frac{2}{x}}}+\frac{1}{e^{\frac{1}{x}}}}{\frac{1}{e^{\frac{2}{x}}}+1}+\lim_{x\to 0^+}\frac{x}{x}=1,$$

由于 $f(0^-)=f(0^+)$，所以 $x=0$ 是函数的第一类可去间断点，补充 $f(0)=1$，则函数在点

$x=0$处连续.

2. 讨论下列函数在点 x_0 处的连续性：

(1) $f(x)=\begin{cases}3x+1, & x\leqslant 1,\\ 2, & x>1,\end{cases}$ $x_0=1$；

(2) $f(x)=\begin{cases}e^x, & x\leqslant 0,\\ 1+x, & x>0,\end{cases}$ $x_0=0$；

(3) $f(x)=\begin{cases}\dfrac{\sin x}{x}, & x<0,\\ 1, & x=0, x_0=0.\\ x\sin\dfrac{1}{x}, & x>0,\end{cases}$

【解】 (1) 因为$f(1^-)=\lim\limits_{x\to1^-}(3x+1)=4$，$f(1^+)=\lim\limits_{x\to1^+}2=2$，所以$f(1^-)\neq f(1^+)$，所以函数在点 $x_0=1$ 处不连续，且点 $x_0=1$ 为函数的第一类跳跃间断点.

(2) 因为$f(0^-)=\lim\limits_{x\to0^-}e^x=1$，$f(0^+)=\lim\limits_{x\to0^+}(1+x)=1$，且$f(0^-)=f(0^+)=f(0)=1$，所以函数在点 $x_0=0$ 处连续.

(3) 因为$f(0^-)=\lim\limits_{x\to0^-}\dfrac{\sin x}{x}=1$，$f(0^+)=\lim\limits_{x\to0^+}x\sin\dfrac{1}{x}=0$，而$f(0^-)\neq f(0^+)$，所以函数在点$x_0=0$处不连续，且点 $x_0=0$ 为函数的第一类跳跃间断点.

3. 设函数$f(x)=\begin{cases}a+x, & x\leqslant 1,\\ \ln x, & x>1,\end{cases}$应怎样选择 a 可使函数为连续函数？

【解】 因为$f(1^-)=\lim\limits_{x\to1^-}(a+x)=a+1$，$f(1^+)=\lim\limits_{x\to1^+}\ln x=\ln1=0$，要使$f(x)$为连续函数，须使$f(x)$在点 $x=1$ 处连续，即要求$f(1^-)=f(1^+)=f(1)$，解得 $a=-1$.

4. 设函数$f(x)=\begin{cases}x^2-5x+k, & x\geqslant 0,\\ \dfrac{\sin 3x}{2x}, & x<0\end{cases}$ 在定义域内连续，求 k 值.

【解】 因为$f(0^-)=\lim\limits_{x\to0^-}\dfrac{\sin 3x}{2x}=\dfrac{3}{2}$，$f(0^+)=\lim\limits_{x\to0^+}(x^2-5x+k)=k$，要使$f(x)$为连续函数，须使函数$f(x)$在点 $x=0$ 处连续，即要求$f(0^-)=f(0^+)=f(0)$，解得 $k=\dfrac{3}{2}$.

5. 证明方程 $x^5-3x=1$ 在 1 与 2 之间至少有一实根.

【证】 设$f(x)=x^5-3x-1$，显然$f(x)$在闭区间$[1, 2]$上连续，又$f(1)=-3<0$，$f(2)=25>0$，根据零点定理，至少存在一点$\xi\in(1, 2)$，使$f(\xi)=0$，即

$$\xi^5-3\xi=1.$$

原命题得证.

6. 证明曲线 $y=x^4-3x^2+7x-10$ 在 $x=1$ 与 $x=2$ 之间至少与 x 轴有一个交点.

【证】 设$y=f(x)=x^4-3x^2+7x-10$，显然$f(x)$在闭区间$[1, 2]$上连续，又

$$f(1) = -5 < 0, \quad f(2) = 8 > 0,$$

根据零点定理，至少存在一点 $\xi \in (1, 2)$，使 $f(\xi) = 0$，即

$$\xi^4 - 3\xi^2 + 7\xi - 10 = 0.$$

原命题得证.

7. 证明方程 $x = a\sin x + b (a > 0, b > 0)$ 至少有一个正根，并且正根不超过 $a + b$.

【证】 设 $f(x) = x - (a\sin x + b)$，显然 $f(x)$ 在闭区间 $[0, a + b]$ 上连续，又

$$f(0) = -b < 0, f(a + b) = a[1 - \sin(a + b)] \geqslant 0,$$

若 $f(a + b) = 0$，则 $a + b$ 即为 $x = a\sin x + b$ 的一个正根，且不超过 $a + b$；

若 $f(a + b) > 0$，根据零点定理，至少存在一点 $\xi \in (0, a + b)$，使 $f(\xi) = 0$，即

$$\xi = a\sin\xi + b.$$

原命题得证.

8. 设 $f(x) = e^x - 2$，证明：至少有一点 $\xi \in (0, 2)$，使 $e^\xi - 2 = \xi$.

【证】 设 $g(x) = e^x - 2 - x$，显然 $g(x)$ 在闭区间 $[0, 2]$ 上连续，又

$$g(0) = -1 < 0, \quad g(2) = e^2 - 2 - 2 > 2^2 - 2 - 2 = 0,$$

根据零点定理，至少存在一点 $\xi \in (0, 2)$，使 $g(\xi) = 0$，即

$$e^\xi - 2 = \xi.$$

原命题得证.

三、自测题 AB 卷与答案

自测题 A

1. 选择题(正确答案可能不止一个)：

(1) 下列数列收敛的是

(A) $x_n = (-1)^n \frac{n-1}{n}$；　　(B) $x_n = (-1)^n \frac{1}{n}$；

(C) $x_n = \sin \frac{n\pi}{2}$；　　(D) $x_n = 2^n$.　　[　　]

(2) 下列极限存在的有

(A) $\lim\limits_{x \to \infty} \sin x$；　　(B) $\lim\limits_{x \to \infty} \frac{1}{x} \sin x$；

(C) $\lim\limits_{x \to 0} \frac{1}{2^x - 1}$；　　(D) $\lim\limits_{n \to \infty} \frac{1}{2n^2 + 1}$.　　[　　]

(3) 下列极限不正确的是

(A) $\lim\limits_{x \to 1^-} (x + 1) = 2$；　　(B) $\lim\limits_{x \to 0} \frac{1}{x + 1} = 1$；

(C) $\lim\limits_{x \to 2} 4^{\frac{1}{x-2}} = \infty$；　　(D) $\lim\limits_{x \to 0^+} e^{\frac{2}{x}} = +\infty$.　　[　　]

(4) 下列变量在给定的变化过程中，是无穷小的有

(A) $2^{-x}-1 \quad (x\to 0)$；　　(B) $\dfrac{\sin x}{x} \quad (x\to 0)$；

(C) $e^{-x} \quad (x\to +\infty)$；　　(D) $\dfrac{x^2}{x+1}\left(2-\sin\dfrac{1}{x}\right) \quad (x\to 0)$.　　[　　]

(5) 如果函数 $f(x)=\begin{cases}\dfrac{1}{x}\sin x, & x<0,\\ a, & x=0,\\ x\sin\dfrac{1}{x}+b, & x>0\end{cases}$ 在 $x=0$ 处连续，则 a，b 的值为

(A) $a=0$，$b=0$；　　(B) $a=1$，$b=1$；

(C) $a=1$，$b=0$；　　(D) $a=0$，$b=1$.　　[　　]

2. 求下列极限：

(1) $\lim\limits_{x\to 1}(x^3-3x^2+1)$；　　(2) $\lim\limits_{x\to -2}(3x^2+2x-5)$；

(3) $\lim\limits_{x\to 0}\left(1+\dfrac{1}{x-3}\right)$；　　(4) $\lim\limits_{x\to 2}\dfrac{x-3}{x^2+x}$；

(5) $\lim\limits_{x\to 3}\dfrac{x^2-8}{x-3}$；　　(6) $\lim\limits_{x\to 4}\dfrac{x^2-16}{x-4}$；

(7) $\lim\limits_{x\to 1}\dfrac{x^2-1}{2x^2-x-1}$；　　(8) $\lim\limits_{x\to 2}\dfrac{\sqrt{x}-\sqrt{2}}{x-2}$；

(9) $\lim\limits_{x\to \infty}\dfrac{\sqrt{1+x}-1}{x}$；　　(10) $\lim\limits_{x\to \infty}\dfrac{\cos x}{x}$；

(11) $\lim\limits_{x\to \infty}\dfrac{x^3+3x-1}{3x^3-x}$；　　(12) $\lim\limits_{x\to \infty}\dfrac{x^4+3x-1}{5x^4-x}$；

(13) $\lim\limits_{x\to \infty}\dfrac{3x^3+3x-1}{x^4-x}$；　　(14) $\lim\limits_{x\to \infty}\dfrac{9x^3+3x-1}{x^2-1}$；

(15) $\lim\limits_{x\to 0}\dfrac{\sin\dfrac{x}{3}}{3x}$.

3. 设 $f(x)=\begin{cases}2-x, & x<0,\\ 2x^2+1, & 0\leqslant x<1,\\ 3+(x-1)^3, & x\geqslant 1,\end{cases}$ 求 $\lim\limits_{x\to -1}f(x)$，$\lim\limits_{x\to 0}f(x)$，$\lim\limits_{x\to \frac{1}{2}}f(x)$，$\lim\limits_{x\to 3}f(x)$.

4. 证明：$\sqrt{x}+\sin x\sim\sqrt{x}\,(x\to 0^+)$.

5. 求下列函数的连续区间：

(1) $y=\ln(3-x)+\sqrt{9-x^2}$；　　(2) $y=\begin{cases}2x-1, & x<1,\\ x^2+1, & x\geqslant 1.\end{cases}$

6. 证明 $\lim\limits_{x\to 2}\dfrac{x-2}{|x-2|}$ 不存在.

7. 设 $f(x)=\begin{cases} x\sin\dfrac{1}{x}, & -\infty<x<0, \\ \sin\dfrac{1}{x}, & 0<x<+\infty. \end{cases}$ 求 $f(x)$ 在 $x\to0$ 时的左极限，并说明它在 $x\to0$ 时右极限是否存在.

8. 证明 $\lim\limits_{n\to\infty}\left(\dfrac{1}{\sqrt{n^2+1}}+\dfrac{1}{\sqrt{n^2+2}}+\cdots+\dfrac{1}{\sqrt{n^2+n}}\right)$存在并求极限值.

9. 若 $\lim\limits_{x\to\infty}\left(\dfrac{x^2+1}{x+1}-ax-b\right)=0$，求 a，b 的值.

自测题 B

1. 填空题：

（1）$\lim\limits_{n\to\infty}(\sqrt{n^2+n}-n)=$________________.

（2）$\lim\limits_{x\to0}\dfrac{\sqrt{x^3+1}-1}{x}=$________________.

（3）若 $\lim\limits_{x\to\infty}\left(\dfrac{4x^2+3}{x-1}+ax+b\right)=0$，则常数 $a=$__________，$b=$__________.

（4）设 $f(x)=\begin{cases} \dfrac{\tan kx}{x}, & x<0, \\ x+3, & x\geqslant0 \end{cases}$ 在 $x=0$ 处连续，则 $k=$__________.

（5）设 $f(x)$ 在 $x=2$ 处连续，且 $f(2)=3$，$\lim\limits_{x\to2}f(x)\left(\dfrac{1}{x-2}-\dfrac{4}{x^2-4}\right)=$__________.

2. 求下列极限：

（1）$\lim\limits_{x\to1}\sqrt{4x^2+5x+3}$；

（2）$\lim\limits_{x\to0}\dfrac{\arcsin 2x^2}{\ln(1+x^2)}$；

（3）$\lim\limits_{x\to0}x\cos\dfrac{1}{x}$；

（4）$\lim\limits_{x\to1}\dfrac{\sqrt{x+3}-2}{x-1}$；

（5）$\lim\limits_{x\to0}\ln\dfrac{\sin x}{x}$；

（6）$\lim\limits_{x\to2}\left(\dfrac{1}{x-2}-\dfrac{4}{x^2-4}\right)$；

（7）$\lim\limits_{x\to\infty}\left(1+\dfrac{2}{x}\right)^{-x}$；

（8）$\lim\limits_{t\to\infty}t(\mathrm{e}^{\frac{1}{t}}-1)$；

（9）$\lim\limits_{x\to0}(1-3\tan x)^{2\cot x}$；

（10）$\lim\limits_{x\to0}\dfrac{x^2}{\sin^2 4x}$；

（11）$\lim\limits_{x\to\mathrm{e}}\dfrac{\ln x-1}{x-\mathrm{e}}$；

（12）$\lim\limits_{x\to0}\dfrac{\ln(1+2x)}{x}$；

（13）$\lim\limits_{x\to\infty}\left(1-\dfrac{2}{3x}\right)^{2x-1}$；

（14）$\lim\limits_{x\to0}(1-\sin x)^{\frac{3}{\sin x}}$.

3. 设 $\lim\limits_{x\to\infty}(\sqrt[3]{1-x^3}-ax+b)=0$，求 a，b 的值.

4. 求下列函数的间断点，并说明是哪种间断点：

（1）$y=\dfrac{x}{\sin x}$；　　（2）$y=\dfrac{\sin x}{\sqrt{x}}$；

（3）$y=\ln\sin x$；　　（4）$f(x)=\begin{cases}\arctan\dfrac{1}{x}, & x\neq 0,\\ 0, & x=0.\end{cases}$

5. 确定 a，b 的值，使 $f(x)=\dfrac{e^x-b}{(x-a)(x-1)}$ 有无穷间断点 $x=0$ 及可去间断点 $x=1$.

6. 证明方程 $x\cdot 2^x=1$ 至少有一个小于 1 的正根.

自测题 A 答案

1.【解】（1）应选(B)

选项(A)中，当 $n=2k+1(k\in\mathbf{N})$ 时，$x_n\to-1(n\to+\infty)$；当 $n=2k(k\in\mathbf{N}_+)$ 时，$x_n\to 1(n\to+\infty)$，所以 x_n 不收敛.

选项(B)中，$\lim\limits_{n\to+\infty}(-1)^n\dfrac{1}{n}=0$.

选项(C)中，取 $n=4k+1(k\in\mathbf{N})$，当 $n\to+\infty$ 时，$x_n\to 1$；取 $n=2k(k\in\mathbf{N}_+)$，当 $n\to+\infty$ 时，$x_n=0\to 0$，所以 x_n 不收敛.

选项(D)中，当 $n\to+\infty$ 时，$x_n\to\infty$，数列极限不存在.

（2）应选(B)(D)

选项(A)中，$\lim\limits_{x\to\infty}\sin x$ 不存在；

选项(B)中，$\lim\limits_{x\to\infty}\dfrac{1}{x}\sin x=0$；

选项(C)中，$\lim\limits_{x\to 0}\dfrac{1}{2^x-1}=\infty$，极限不存在；

选项(D)中，$\lim\limits_{n\to\infty}\dfrac{1}{2n^2+1}=0$.

（3）应选(C)

选项(C)中，$\lim\limits_{x\to 2^+}4^{\frac{1}{x-2}}=\infty$，$\lim\limits_{x\to 2^-}4^{\frac{1}{x-2}}=0$，所以函数 $\lim\limits_{x\to 2}4^{\frac{1}{x-2}}=\infty$ 不正确.

（4）应选(A)(C)(D)

选项(B)中，$\lim\limits_{x\to 0}\dfrac{\sin x}{x}=1$，所以 $\dfrac{\sin x}{x}(x\to 0)$ 不是无穷小.

（5）应选(B)

由于 $f(0^-)=\lim\limits_{x\to 0^-}\dfrac{\sin x}{x}=1$，$f(0^+)=\lim\limits_{x\to 0^+}\left(x\sin\dfrac{1}{x}+b\right)=b$，因为 $f(x)$ 在 $x=0$ 处连续，

所以$f(0^-)=f(0)=f(0^+)$，所以 $a=1$，$b=1$.

2.【解】 (1) $\lim\limits_{x\to 1}(x^3-3x^2+1)=1^3-3\times 1^2+1=-1$.

(2) $\lim\limits_{x\to -2}(3x^2+2x-5)=3\times(-2)^2+2\times(-2)-5=3$.

(3) $\lim\limits_{x\to 0}\left(1+\dfrac{1}{x-3}\right)=1+\dfrac{1}{0-3}=\dfrac{2}{3}$.

(4) $\lim\limits_{x\to 2}\dfrac{x-3}{x^2+x}=\dfrac{\lim\limits_{x\to 2}(x-3)}{\lim\limits_{x\to 2}(x^2+x)}=\dfrac{2-3}{2^2+2}=-\dfrac{1}{6}$.

(5) 因为$\lim\limits_{x\to 3}\dfrac{x-3}{x^2-8}=\dfrac{0}{1}=0$，所以$\lim\limits_{x\to 3}\dfrac{x^2-8}{x-3}=\infty$.

(6) $\lim\limits_{x\to 4}\dfrac{x^2-16}{x-4}=\lim\limits_{x\to 4}(x+4)=8$.

(7) $\lim\limits_{x\to 1}\dfrac{x^2-1}{2x^2-x-1}=\lim\limits_{x\to 1}\dfrac{(x+1)(x-1)}{(x-1)(2x+1)}=\lim\limits_{x\to 1}\dfrac{x+1}{2x+1}=\dfrac{2}{3}$.

(8) $\lim\limits_{x\to 2}\dfrac{\sqrt{x}-\sqrt{2}}{x-2}=\lim\limits_{x\to 2}\dfrac{1}{\sqrt{x}+\sqrt{2}}=\dfrac{1}{2\sqrt{2}}$.

(9) $\lim\limits_{x\to 0}\dfrac{\sqrt{1+x}-1}{x}=\lim\limits_{x\to 0}\dfrac{x}{x(\sqrt{1+x}+1)}=\dfrac{1}{2}$.

(10) $\lim\limits_{x\to\infty}\dfrac{\cos x}{x}=\lim\limits_{x\to\infty}\dfrac{1}{x}\cos x=0$.

(11) $\lim\limits_{x\to\infty}\dfrac{x^3+3x-1}{3x^3-x}=\lim\limits_{x\to\infty}\dfrac{1+\dfrac{3}{x^2}-\dfrac{1}{x^3}}{3-\dfrac{1}{x^2}}=\dfrac{1}{3}$.

(12) $\lim\limits_{x\to\infty}\dfrac{x^4+3x-1}{5x^4-x}=\dfrac{1}{5}$.

(13) $\lim\limits_{x\to\infty}\dfrac{3x^3+3x-1}{x^4-x}=0$.

(14) $\lim\limits_{x\to\infty}\dfrac{9x^3+3x-1}{x^2-1}=\infty$.

(15) $\lim\limits_{x\to 0}\dfrac{\sin\dfrac{x}{3}}{3x}=\dfrac{1}{9}$.

3.【解】 $\lim\limits_{x\to -1}f(x)=\lim\limits_{x\to -1}(2-x)=2-(-1)=3$；

由于$f(0^-)=\lim\limits_{x\to 0^-}(2-x)=2-0=2$，$f(0^+)=\lim\limits_{x\to 0^+}(2x^2+1)=1$，所以$f(0^-)\neq f(0^+)$，所以$\lim\limits_{x\to 0}f(x)$不存在；

$$\lim_{x \to \frac{1}{2}} f(x) = \lim_{x \to \frac{1}{2}} (2x^2 + 1) = \frac{3}{2};$$

$$\lim_{x \to 3} f(x) = \lim_{x \to 3} [3 + (x-1)^3] = 3 + (3-1)^3 = 11.$$

4.【证】 $\lim\limits_{x \to 0^+} \dfrac{\sqrt{x} + \sin x}{\sqrt{x}} = \lim\limits_{x \to 0^+} \left(1 + \dfrac{\sin x}{x}\sqrt{x}\right) = 1 + 0 = 1.$

5.【解】 (1) $y = \ln(3-x)$的连续区间为$(-\infty, 3)$，$y = \sqrt{9-x^2}$的连续区间为$[-3, 3]$. 所以$y = \ln(3-x) + \sqrt{9-x^2}$的连续区间为$[-3, 3)$.

(2) $y = 2x - 1$在$(-\infty, 1)$连续，$y = x^2 + 1$在$(1, +\infty)$连续，由于

$$y(1^-) = \lim_{x \to 1^-} (2x-1) = 2 - 1 = 1,\ y(1^+) = \lim_{x \to 1^+} (x^2+1) = 2,$$

所以$y(1^-) \neq y(1^+)$，所以$x = 1$为间断点，所以函数的连续区间为$(-\infty, 1) \cup (1, +\infty)$.

6.【证】 记$f(x) = \dfrac{x-2}{|x-2|}$，于是$f(x)$在$x = 2$处的左极限为

$$f(2-0) = \lim_{x \to 2^-} \frac{x-2}{|x-2|} = \lim_{x \to 2^-} \frac{x-2}{-(x-2)} = -1,$$

$f(x)$在$x = 2$处的右极限为

$$f(2+0) = \lim_{x \to 2^+} \frac{x-2}{|x-2|} = \lim_{x \to 2^+} \frac{x-2}{x-2} = 1,$$

由于$\lim\limits_{x \to 2^-} f(2-0) \neq f(2+0)$，所以$\lim\limits_{x \to 2} f(x) = \lim\limits_{x \to 2} \dfrac{x-2}{|x-2|}$不存在.

7.【解】 函数$f(x)$的左极限为

$$f(0^-) = \lim_{x \to 0^-} x\sin\frac{1}{x} = 0;$$

由于$x = 0$为$\sin\dfrac{1}{x}$的振荡间断点，所以$f(x)$在$x \to 0$时的右极限不存在.

8.【证】 因为$\dfrac{1}{\sqrt{n^2+n}} \leqslant \dfrac{1}{\sqrt{n^2+i}} \leqslant \dfrac{1}{\sqrt{n^2+1}} (i = 1, 2, \cdots, n)$，于是

$$\frac{n}{\sqrt{n^2+n}} \leqslant \sum_{i=1}^{n} \frac{1}{\sqrt{n^2+i}} \leqslant \frac{n}{\sqrt{n^2+1}}.$$

又$\lim\limits_{n \to \infty} \dfrac{n}{\sqrt{n^2+n}} = 1$，$\lim\limits_{n \to \infty} \dfrac{n}{\sqrt{n^2+1}} = 1$，所以由夹逼准则可得

$$\lim_{n \to \infty} \left(\frac{1}{\sqrt{n^2+1}} + \frac{1}{\sqrt{n^2+2}} + \cdots + \frac{1}{\sqrt{n^2+n}}\right) = \lim_{n \to \infty} \sum_{i=1}^{n} \frac{1}{\sqrt{n^2+i}} = 1.$$

9.【解】 因为

$$\lim_{x \to \infty} \left(\frac{x^2+1}{x+1} - ax - b\right) = \lim_{x \to \infty} \frac{x^2 + 1 - (ax+b)(x+1)}{x+1}$$

$$=\lim_{x\to\infty}\frac{(1-a)x^2-(a+b)x+(1-b)}{x+1}$$
$$=0,$$

必有 $1-a=0$，即 $a=1$，否则，$\lim\limits_{x\to\infty}\left(\frac{x^2+1}{x+1}-ax-b\right)=\infty$.

又

$$\lim_{x\to\infty}\left(\frac{x^2+1}{x+1}-ax-b\right)=\lim_{x\to\infty}\frac{-(a+b)x+(1-b)}{x+1}=-(a+b),$$

由此得出 $-(a+b)=0$，否则 $\lim\limits_{x\to\infty}\frac{-(a+b)x+(1-b)}{x+1}\neq 0$，所以 $b=-1$.

自测题 B 答案

1.【解】 (1) 应填$\frac{1}{2}$

$$\lim_{n\to\infty}(\sqrt{n^2+n}-n)=\lim_{n\to\infty}\frac{n}{\sqrt{n^2+n}+n}=\lim_{n\to\infty}\frac{1}{\sqrt{1+\frac{1}{n}}+1}=\frac{1}{2}.$$

(2) 应填0

$$\lim_{x\to 0}\frac{\sqrt{x^3+1}-1}{x}=\lim_{x\to 0}\frac{\frac{1}{2}x^3}{x}=0.$$

(3) 应填 -4，-4

$$\lim_{x\to\infty}\left(\frac{4x^2+3}{x-1}+ax+b\right)=\lim_{x\to\infty}\frac{4x^2+3+(ax+b)(x-1)}{x-1}$$
$$=\lim_{x\to\infty}\frac{(a+4)x^2+(b-a)x+(3-b)}{x-1}$$
$$=0,$$

所以 $a+4=0$，$b-a=0$，即 $a=b=-4$.

(4) 应填3

函数 $f(x)$ 在 $x=0$ 处的左极限为

$$\lim_{x\to 0^-}f(x)=\lim_{x\to 0^-}\frac{\tan kx}{x}=k,$$

函数 $f(x)$ 在 $x=0$ 处的右极限为

$$\lim_{x\to 0^+}f(x)=\lim_{x\to 0^+}(x+3)=3,$$

因为 $f(x)$ 在 $x=0$ 处连续，所以 $f(0^-)=f(0)=f(0^+)$，所以 $k=3$.

(5) 应填$\frac{3}{4}$

$$\lim_{x\to 2}f(x)\left(\frac{1}{x-2}-\frac{4}{x^2-4}\right)=\lim_{x\to 2}f(x)\left(\frac{x+2-4}{x^2-4}\right)=\lim_{x\to 2}\frac{f(x)}{x+2}=\frac{3}{4}.$$

2.【解】 (1) $\lim\limits_{x\to1}\sqrt{4x^2+5x+3}=\sqrt{4\times1^2+5\times1+3}=2\sqrt{3}.$

(2) $\lim\limits_{x\to0}\dfrac{\arcsin2x^2}{\ln(1+x^2)}=\lim\limits_{x\to0}\dfrac{2x^2}{x^2}=2.$

(3) $\lim\limits_{x\to0}x\cos\dfrac{1}{x}=0$(无穷小与有界函数的积为无穷小).

(4) $$\lim_{x\to1}\frac{\sqrt{x+3}-2}{x-1}=\lim_{x\to1}\frac{x+3-4}{(x-1)(\sqrt{x+3}+2)}$$
$$=\lim_{x\to1}\frac{x-1}{(x-1)(\sqrt{x+3}+2)}$$
$$=\lim_{x\to1}\frac{1}{\sqrt{x+3}+2}=\frac{1}{4}.$$

(5) $\lim\limits_{x\to0}\ln\dfrac{\sin x}{x}=\ln\left(\lim\limits_{x\to0}\dfrac{\sin x}{x}\right)=\ln1=0.$

(6) $\lim\limits_{x\to2}\left(\dfrac{1}{x-2}-\dfrac{4}{x^2-4}\right)=\lim\limits_{x\to2}\left(\dfrac{x+2-4}{x^2-4}\right)=\lim\limits_{x\to2}\dfrac{1}{x+2}=\dfrac{1}{4}.$

(7) $\lim\limits_{x\to\infty}\left(1+\dfrac{2}{x}\right)^{-x}=\lim\limits_{x\to\infty}\dfrac{1}{\left(1+\dfrac{2}{x}\right)^{x}}=\lim\limits_{x\to\infty}\dfrac{1}{\left[\left(1+\dfrac{2}{x}\right)^{\frac{x}{2}}\right]^2}=\mathrm{e}^{-2}.$

(8) $\lim\limits_{t\to\infty}t(\mathrm{e}^{\frac{1}{t}}-1)=\lim\limits_{t\to\infty}\dfrac{\mathrm{e}^{\frac{1}{t}}-1}{\dfrac{1}{t}}=1.$

(9) $\lim\limits_{x\to0}(1-3\tan x)^{2\cot x}=\lim\limits_{x\to0}(1-3\tan x)^{\frac{6}{3\tan x}}=\mathrm{e}^{-6}.$

(10) $\lim\limits_{x\to0}\dfrac{x^2}{\sin^24x}=\lim\limits_{x\to0}\dfrac{x^2}{(4x)^2}=\dfrac{1}{16}.$

(11) 将原极限化为

$$\lim_{x\to\mathrm{e}}\frac{\ln x-1}{x-\mathrm{e}}=\frac{1}{\mathrm{e}}\lim_{x\to\mathrm{e}}\frac{\ln\dfrac{x}{\mathrm{e}}}{\dfrac{x}{\mathrm{e}}-1}.$$

令 $y=\dfrac{x}{\mathrm{e}}$，则

$$\lim_{x\to\mathrm{e}}\frac{\ln x-1}{x-\mathrm{e}}=\frac{1}{\mathrm{e}}\lim_{y\to1}\frac{\ln y}{y-1},$$

再令 $t=y-1$，则

$$\lim_{x\to\mathrm{e}}\frac{\ln x-1}{x-\mathrm{e}}=\frac{1}{\mathrm{e}}\lim_{t\to0}\frac{\ln(t+1)}{t}=\frac{1}{\mathrm{e}}\lim_{t\to0}\ln(t+1)^{\frac{1}{t}}=\frac{1}{\mathrm{e}}.$$

(12) $\lim\limits_{x\to 0}\dfrac{\ln(1+2x)}{x}=\lim\limits_{x\to 0}\dfrac{2x}{x}=2.$

(13) $\lim\limits_{x\to\infty}\left(1-\dfrac{2}{3x}\right)^{2x-1}=\lim\limits_{x\to\infty}\left(1-\dfrac{2}{3x}\right)^{2x}\left(1-\dfrac{2}{3x}\right)^{-1}=\left[\lim\limits_{x\to\infty}\left(1-\dfrac{2}{3x}\right)^{\frac{3}{2}x}\right]^{\frac{4}{3}}=\mathrm{e}^{-\frac{4}{3}}.$

(14) $\lim\limits_{x\to 0}(1-\sin x)^{\frac{3}{\sin x}}=[\lim\limits_{x\to 0}(1-\sin x)^{\frac{1}{\sin x}}]^3=\mathrm{e}^{-3}.$

3.【解】 因为

$$\lim_{x\to\infty}(\sqrt[3]{1-x^3}-ax+b)=\lim_{x\to\infty}\frac{(\sqrt[3]{1-x^3}-ax+b)[(\sqrt[3]{1-x^3})^2+(ax-b)\sqrt[3]{1-x^3}+(ax-b)^2]}{[(\sqrt[3]{1-x^3})^2+(ax-b)\sqrt[3]{1-x^3}+(ax-b)^2]}$$

$$=\lim_{x\to\infty}\frac{1-x^3-(ax-b)^3}{[(\sqrt[3]{1-x^3})^2+(ax-b)\sqrt[3]{1-x^3}+(ax-b)^2]}$$

$$=\lim_{x\to\infty}\frac{-(a^3+1)x^3+3a^2bx^2-3ab^2x+(b^3+1)}{[(\sqrt[3]{1-x^3})^2+(ax-b)\sqrt[3]{1-x^3}+(ax-b)^2]}=0,$$

必有 $a^3+1=0$，$3a^2b=0$ 成立，否则 $\lim\limits_{x\to\infty}(\sqrt[3]{1-x^3}-ax+b)\neq 0$，与已知矛盾，解得 $a=-1$，$b=0$.

4.【解】 (1) $x=k\pi$(k 是任一整数)为间断点.

当 $k=0$ 时，$\lim\limits_{x\to 0}\dfrac{x}{\sin x}=1$，所以 $x=0$ 是函数的第一类可去间断点 .

当 $k\neq 0$ 时，$\lim\limits_{x\to k\pi}\dfrac{x}{\sin x}=\infty$，所以 $x=k\pi$(k 是整数，且 $k\neq 0$)是第二类无穷间断点.

(2) $x=0$ 是间断点.

由于 $\lim\limits_{x\to 0^+}\dfrac{\sin x}{\sqrt{x}}=\lim\limits_{x\to 0^+}\dfrac{\sin x}{x}\sqrt{x}=0$，而函数$\dfrac{\sin x}{\sqrt{x}}$在 $x=0$ 处的左极限不存在，所以 $x=0$ 是第二类间断点.

(3) $x=k\pi$(k 是整数)是间断点.

由于 $\lim\limits_{x\to k\pi}\ln\sin x=\infty$，所以 $x=k\pi$(k 是整数)是第二类无穷间断点.

(4) $x=0$ 是间断点.

由于$f(0^-)=\lim\limits_{x\to 0^-}\arctan\dfrac{1}{x}=-\dfrac{\pi}{2}$，$f(0^+)=\lim\limits_{x\to 0^+}\arctan\dfrac{1}{x}=\dfrac{\pi}{2}$，于是$f(0^-)\neq f(0^+)$，所以 $x=0$ 是第一类跳跃间断点.

5.【解】 要使 $x=0$ 为无穷间断点，须使$(x-a)(x-1)=0$，即 $a=0$；

要使 $x=1$ 为可去间断点，须使$f(1^-)=f(1^+)$，要求$\lim\limits_{x\to 1}\dfrac{\mathrm{e}^x-b}{x(x-1)}$存在，因为当 $x\to 1$ 时，$x(x-1)\to 0$，故要求 $\mathrm{e}^x-b\to 0$，于是 $\mathrm{e}^1-b=0$，取 $b=\mathrm{e}$ 时即可满足条件.

6.【证】 令$f(x)=x\cdot 2^x-1$，因为

$$f(0)=0\times 2^0-1=-1<0,\ f(1)=1\times 2^1-1=1>0,$$

$f(x)$在$[0,1]$上连续，由零点定理知在$(0,1)$内至少存在一点$\xi\in(0,1)$，使$f(\xi)=0$，即$\xi\cdot 2^{\xi}=1$，所以方程至少有一个小于1的正根.

四、本章典型例题分析

函数极限和连续是高等数学的重要内容。本章主要考查数列极限及函数极限的性质、函数极限的计算、无穷小的比较以及函数连续性等问题.

（一）数列极限及函数极限的性质

考查方式：① 收敛数列具有唯一性、保号性和有界性. 读者要准确理解收敛数列的性质；②函数极限具有唯一性、局部保号性和局部有界性.

例1　若$\lim\limits_{n\to\infty}x_n>\lim\limits_{n\to\infty}y_n$，则下面选项正确的是

（A）$x_n>y_n$；　（B）$\forall n$，$x_n\neq y_n$；

（C）$\exists N$，使得当$n>N$时，$x_n>y_n$；　（D）x_n与y_n大小关系不定．　[　　]

【分析】　利用数列极限的保号性求解.

【详解】　应选(C)

不妨设$\lim\limits_{n\to\infty}x_n=a$，$\lim\limits_{n\to\infty}y_n=b$，则$a>b$. 于是对于给定的$\varepsilon=\dfrac{a-b}{2}$，$\exists N_1$，使得当$n>N_1$时，$|x_n-a|<\dfrac{a-b}{2}$，即$x_n>\dfrac{a+b}{2}$；同理对于给定的$\varepsilon=\dfrac{a-b}{2}$，$\exists N_2$，使得当$n>N_2$时，$|y_n-b|<\dfrac{a-b}{2}$，即$y_n<\dfrac{a+b}{2}$；取$N=\max\{N_1,N_2\}$，则当$n>N$时，$x_n>y_n$.

【典型错误】　$\lim\limits_{n\to\infty}x_n=a$，$\lim\limits_{n\to\infty}y_n=b$，若$a>b$，部分读者得到对于任意的$n$，有$x_n>y_n$的结论成立.

【注】　数列是否有极限与前有限项无关，若对于任意的n，有$x_n>y_n$成立，且数列$\{x_n\}$，$\{y_n\}$极限存在，则有$\lim\limits_{n\to\infty}x_n\geqslant\lim\limits_{n\to\infty}y_n$.

例2　设$\{a_n\}$，$\{b_n\}$，$\{c_n\}$为非负数列，且$\lim\limits_{n\to\infty}a_n=0$，$\lim\limits_{n\to\infty}b_n=1$，$\lim\limits_{n\to\infty}c_n=\infty$，则有

（A）$a_n<b_n$对于任意的n成立；　（B）$b_n<c_n$对于任意的n成立；

（C）极限$\lim\limits_{n\to\infty}a_nc_n$不存在；　（D）极限$\lim\limits_{n\to\infty}b_nc_n$极限不存在．　[　　]

【分析】　利用数列极限的保号性和四则运算逐项判断.

【详解】　应选(D)

由例1可知，选项(A)，(B)为错误的选项，选项(C)中$\lim\limits_{n\to\infty}a_nc_n$极限是否存在是不确定的，即$\lim\limits_{n\to\infty}a_nc_n$可能存在或是不存在，例如：

(1) 若$a_n=\dfrac{1}{n}$，$c_n=n$，则$\lim\limits_{n\to\infty}a_nc_n=\lim\limits_{n\to\infty}\dfrac{1}{n}\cdot n=1$，此时$\lim\limits_{n\to\infty}a_nc_n$存在；

(2) 若 $a_n=\frac{1}{n}$，$c_n=n^2$，则 $\lim\limits_{n\to\infty}a_nc_n=\lim\limits_{n\to\infty}\frac{1}{n}\cdot n^2=\infty$，此时 $\lim\limits_{n\to\infty}a_nc_n$ 不存在.

【典型错误】 部分读者选(C)，将 $\lim\limits_{n\to\infty}a_nc_n$ 理解为 $0\cdot\infty$ 型极限，认为此类极限为零. 事实上，$0\cdot\infty$ 型极限为未定式，即极限可能存在或是不存在.

例 3 函数 $f(x)=\frac{|x|\sin(x-2)}{x(x-1)(x-2)^2}$ 在下列哪一个区间内有界？

(A) $(-1,0)$；　(B) $(0,1)$；　(C) $(1,2)$；　(D) $(2,3)$.

[　　]

【分析】 函数可能无界的边界点为 0，1，2，然后逐个判断各点处极限是否存在，若极限存在，则函数有界.

【详解】 应选(A)

由 $\lim\limits_{x\to1}f(x)=\lim\limits_{x\to1}\frac{|x|\sin(x-2)}{x(x-1)(x-2)^2}=\infty$，所以当 $x=1$ 时，函数 $f(x)$ 无界；

由 $\lim\limits_{x\to2}f(x)=\lim\limits_{x\to2}\frac{|x|\sin(x-2)}{x(x-1)(x-2)^2}=\lim\limits_{x\to2}\frac{x}{x(x-1)(x-2)}=\infty$，所以当 $x=2$ 时，函数 $f(x)$ 无界；

由 $$\lim_{x\to0^+}f(x)=\lim_{x\to0^+}\frac{|x|\sin(x-2)}{x(x-1)(x-2)^2}=\lim_{x\to0^+}\frac{x\sin(x-2)}{x(x-1)(x-2)^2}=\frac{\sin2}{4},$$

$$\lim_{x\to0^-}f(x)=\lim_{x\to0^-}\frac{|x|\sin(x-2)}{x(x-1)(x-2)^2}=\lim_{x\to0^-}\frac{-x\sin(x-2)}{x(x-1)(x-2)^2}=-\frac{\sin2}{4},$$

所以在 $x=0$ 的去心邻域内，函数 $f(x)$ 有界.

【典型错误】 没有将函数的有界性与区间的边界点处极限的存在性联系在一起.

(二) 函数极限的计算

1. 经过恒等变换化简，利用初等数学知识求解

例 4 设 $a\neq0$，$|r|<1$，求 $\lim\limits_{n\to\infty}(a+ar+\cdots+ar^{n-1})$.

【分析】 利用等比数列的部分和求极限.

【详解】 记 $S_n=a+ar+\cdots+ar^{n-1}$，于是 $S_n=\frac{a(1-r^n)}{1-r}$.

事实上，当 $|r|<1$ 时，$\lim\limits_{n\to\infty}r^n=0$，所以

$$\lim_{n\to\infty}(a+ar+\cdots+ar^{n-1})=\lim_{n\to\infty}S_n=\lim_{n\to\infty}\frac{a(1-r^n)}{1-r}=\frac{a}{1-r}.$$

【注】 等比数列的公比 $|r|<1$，则极限 $\lim\limits_{n\to\infty}r^n=0$.

例 5 求 $\lim\limits_{n\to\infty}\frac{3^{n+1}-2^n}{2^{n+1}+3^n}$.

【分析】 分子、分母同时除以 3^{n+1}，再利用结论：当 $|r|<1$ 时，$\lim\limits_{n\to\infty}r^n=0$ 进行求

解.

【详解】　$\lim\limits_{n\to\infty}\dfrac{3^{n+1}-2^n}{2^{n+1}+3^n}=\lim\limits_{n\to\infty}\dfrac{1-\dfrac{1}{3}\left(\dfrac{2}{3}\right)^n}{\left(\dfrac{2}{3}\right)^{n+1}+\dfrac{1}{3}}=3.$

【典型错误】　部分读者利用"抓大头"方法求解极限，错误地将分母 $2^{n+1}+3^n$ 中的 2^{n+1} 认为是主要部分，从而得到极限为$\dfrac{3}{2}$的错误结论.

例 6　设 l 是正整数，求 $\lim\limits_{n\to\infty}\sum\limits_{k=1}^{n}\dfrac{1}{k(k+1)}$.

【分析】　将一般项$\dfrac{1}{k(k+1)}$进行分解，然后对 $\sum\limits_{k=1}^{n}\dfrac{1}{k(k+1)}$ 化简，再求解极限.

【详解】　因为$\dfrac{1}{k(k+1)}=\dfrac{1}{k}-\dfrac{1}{k+1}$，于是

$$\begin{aligned}\sum_{k=1}^{n}\frac{1}{k(k+1)}&=\left(1-\frac{1}{2}\right)+\left(\frac{1}{2}-\frac{1}{3}\right)+\cdots+\left(\frac{1}{n}-\frac{1}{n+1}\right)\\&=1-\frac{1}{n+1},\end{aligned}$$

所以

$$\lim_{n\to\infty}\sum_{k=1}^{n}\frac{1}{k(k+1)}=\lim_{n\to\infty}\left(1-\frac{1}{n+1}\right)=1.$$

【典型错误】　未对一般项进行分解，无法计算和式的极限值.

例 7　求极限 $\lim\limits_{n\to\infty}\cos\dfrac{x}{2}\cos\dfrac{x}{4}\cdots\cos\dfrac{x}{2^n}$.

【分析】　先利用三角函数的公式化简，再求解极限.

【详解】　因为

$$\begin{aligned}\cos\frac{x}{2}\cos\frac{x}{4}\cdots\cos\frac{x}{2^n}&=\frac{\left(\cos\dfrac{x}{2}\cos\dfrac{x}{4}\cdots\cos\dfrac{x}{2^n}\right)\cdot 2^n\sin\dfrac{x}{2^n}}{2^n\sin\dfrac{x}{2^n}}\\&=\frac{\left(\cos\dfrac{x}{2}\cos\dfrac{x}{4}\cdots\cos\dfrac{x}{2^{n-1}}\right)\cdot 2^{n-1}\cdot 2\cos\dfrac{x}{2^n}\sin\dfrac{x}{2^n}}{2^n\sin\dfrac{x}{2^n}}\\&=\frac{\left(\cos\dfrac{x}{2}\cos\dfrac{x}{4}\cdots\cos\dfrac{x}{2^{n-1}}\right)\cdot 2^{n-1}\cdot\sin\dfrac{x}{2^{n-1}}}{2^n\sin\dfrac{x}{2^n}}\end{aligned}$$

$$= \cdots = \frac{\cos\frac{x}{2}\cdot 2\cdot\sin\frac{x}{2}}{2^n\sin\frac{x}{2^n}} = \frac{\sin x}{2^n\sin\frac{x}{2^n}},$$

所以

$$\lim_{n\to\infty}\cos\frac{x}{2}\cos\frac{x}{4}\cdots\cos\frac{x}{2^n} = \lim_{n\to\infty}\frac{\sin x}{2^n\sin\frac{x}{2^n}} = \lim_{n\to\infty}\frac{\sin x}{2^n\cdot\frac{x}{2^n}} = \frac{\sin x}{x}.$$

【典型错误】 未对一般项进行化简直接求解，认为一般项中每一个因子都趋向1，于是极限值为1. 事实上，对于第一个因子 $\cos\frac{x}{2}$，当 $n\to\infty$ 时，$\cos\frac{x}{2}$ 的极限为 $\cos\frac{x}{2}$，这里函数中不含有 n，x 为其中的参数，在求关于 n 的极限中 x 为常数.

2. 利用等价无穷小或是重要极限求解极限

例 8 求极限 $\lim\limits_{x\to\infty}x\sin\frac{2x}{x^2+1}$.

【分析】 利用重要极限或是等价无穷小求解.

【详解】 因为 $\frac{2x}{x^2+1}\to 0$，$x\to\infty$，于是 $\sin\left(\frac{2x}{x^2+1}\right)\sim\frac{2x}{x^2+1}$，$x\to\infty$.

所以

$$\lim_{x\to\infty}x\sin\frac{2x}{x^2+1} = \lim_{x\to\infty}x\cdot\frac{2x}{x^2+1} = 2.$$

【典型错误】 与例2的错误解法一样，将极限理解为 $0\cdot\infty$ 型极限，认为此类极限的极限值为0.

例 9 求极限 $\lim\limits_{x\to 0}(\cos x)^{\frac{1}{\ln(1+x^2)}}$.

【分析】 将此类极限简记为 1^∞ 型极限，首先将其化简为如下一般形式：

$$\lim_{\phi(x)\to\infty}\left(1+\frac{1}{\phi(x)}\right)^{\phi(x)} = \mathrm{e} \quad 或 \quad \lim_{\phi(x)\to 0}(1+\phi(x))^{\frac{1}{\phi(x)}} = \mathrm{e},$$

然后再求解极限.

【详解】 $\lim\limits_{x\to 0}(\cos x)^{\frac{1}{\ln(1+x^2)}} = \lim\limits_{x\to 0}\{[1+(\cos x-1)]^{\frac{1}{\cos x-1}}\}^{\frac{\cos x-1}{\ln(1+x^2)}}$.

此时，极限 $\lim\limits_{x\to 0}\{[1+(\cos x-1)]^{\frac{1}{\cos x-1}}\} = \mathrm{e}$，且有

$$\lim_{x\to 0}\frac{\cos x-1}{\ln(1+x^2)} = \lim_{x\to 0}\frac{-\frac{1}{2}x^2}{x^2} = -\frac{1}{2},$$

所以

$$\lim_{x\to 0}(\cos x)^{\frac{1}{\ln(1+x^2)}} = \mathrm{e}^{-\frac{1}{2}}.$$

【典型错误】 认为此类 1^{∞} 型极限的极限值为 1，事实上 1^{∞} 型极限为未定式，即极限可能存在也可能不存在，而且即使存在也不一定为 1.

【注】 对于幂指函数 $u(x)^{v(x)}$ 而言，若 $\lim u(x)=1$，$\lim v(x)=\infty$（同一过程），记极限 $\lim u(x)^{v(x)}$ 为 1^{∞} 型极限，其极限值求解可简化为

$$\lim u(x)^{v(x)}=\lim\{[1+(u(x)-1)]^{\frac{1}{u(x)-1}}\}^{(u(x)-1)v(x)}=e^{\lambda},$$

其中 $\lambda=\lim(u(x)-1)v(x)$.

例 10 求极限 $\lim\limits_{x\to\infty}\left[\dfrac{x^2}{(x-a)(x+b)}\right]^x$.

【分析】 直接利用上述注解中的方法求解.

【详解】 记 $u(x)=\dfrac{x^2}{(x-a)(x+b)}$，$v(x)=x$，于是此类极限为 1^{∞} 型，所以

$$\begin{aligned}\lambda&=\lim_{x\to\infty}\left[\frac{x^2}{(x-a)(x+b)}-1\right]x\\&=\lim_{x\to\infty}\frac{[(a-b)x+ab]x}{(x-a)(x+b)}=a-b.\end{aligned}$$

所以

$$\lim_{x\to\infty}\left[\frac{x^2}{(x-a)(x+b)}\right]^x=e^{a-b}.$$

例 11 求极限 $\lim\limits_{x\to 0}\dfrac{x\ln(1+x)}{1-\cos x}$.

【分析】 利用等价无穷小求解.

【详解】 $\lim\limits_{x\to 0}\dfrac{x\ln(1+x)}{1-\cos x}=\lim\limits_{x\to 0}\dfrac{x^2}{\frac{1}{2}x^2}=2.$

【注】 等价无穷小适用于因子的替换.

例 12 求极限 $\lim\limits_{x\to 0}\dfrac{e-e^{\cos x}}{\sqrt[3]{1+x^2}-1}$.

【分析】 分子、分母利用等价无穷小替换，从而求解极限.

【详解】 当 $x\to 0$ 时，有 $e^x-1\sim x$，$1-\cos x\sim\dfrac{x^2}{2}$，$\sqrt[3]{1+x^2}-1\sim\dfrac{1}{3}x^2$.

故

$$\begin{aligned}\lim_{x\to 0}\frac{e-e^{\cos x}}{\sqrt[3]{1+x^2}-1}&=\lim_{x\to 0}\frac{e(1-e^{\cos x-1})}{\sqrt[3]{1+x^2}-1}=\lim_{x\to 0}\frac{e(1-\cos x)}{\frac{1}{3}x^2}\\&=\lim_{x\to 0}\frac{3e\cdot\frac{1}{2}x^2}{x^2}=\frac{3}{2}e.\end{aligned}$$

【注】 在求解极限的过程中能先作等价无穷小替换的因子可以先替换，然后再利用求极限的方法求解极限. 这将大大地简化求极限的过程.

例 13　求极限$\lim\limits_{x\to 0}\dfrac{\sin x-\tan x}{x^3}$.

【分析】　先对分子化简，再利用等价无穷小求解极限.

【详解】　$$\lim_{x\to 0}\frac{\sin x-\tan x}{x^3}=\lim_{x\to 0}\frac{\sin x\left(1-\dfrac{1}{\cos x}\right)}{x^3}$$

$$=\lim_{x\to 0}\frac{\sin x(\cos x-1)}{x^3\cos x}$$

$$=\lim_{x\to 0}\left(-\frac{x\cdot\dfrac{1}{2}x^2}{x^3}\right)=-\frac{1}{2}.$$

【典型错误】　当$x\to 0$时，$\sin x\sim x$，$\tan x\sim x$，于是

$$\lim_{x\to 0}\frac{\sin x-\tan x}{x^3}=\lim_{x\to 0}\frac{x-x}{x^3}=0.$$

【注】　等价无穷小一般不能加减，但是读者要理解等价无穷小的真正含义，当$x\to 0$时，$\sin x\sim x$，$\tan x\sim x$，即

$$\sin x=x+o(x),\ \tan x=x+o(x).$$

在一元微分学中，由泰勒公式可得

$$\sin x=x-\frac{1}{6}x^3+o(x^3),\ \tan x=x+\frac{1}{3}x^3+o(x^3),$$

如果按照上述公式，则极限可化为

$$\lim_{x\to 0}\frac{\sin x-\tan x}{x^3}=\lim_{x\to 0}\frac{\left(x-\dfrac{1}{6}x^3+o(x^3)\right)-\left(x+\dfrac{1}{3}x^3+o(x^3)\right)}{x^3}$$

$$=\lim_{x\to 0}\frac{-\dfrac{1}{2}x^3+o(x^3)}{x^3}=-\frac{1}{2}.$$

例 14　求极限$\lim\limits_{x\to 0}\dfrac{\sqrt{1+x}-\sqrt{1-x}}{\sqrt[3]{1+x}-\sqrt[3]{1-x}}$.

【分析】　直接利用等价无穷小求解极限.

【详解】　$$\lim_{x\to 0}\frac{\sqrt{1+x}-\sqrt{1-x}}{\sqrt[3]{1+x}-\sqrt[3]{1-x}}=\lim_{x\to 0}\frac{(\sqrt{1+x}-1)-(\sqrt{1-x}-1)}{(\sqrt[3]{1+x}-1)-(\sqrt[3]{1-x}-1)}$$

$$=\lim_{x\to 0}\frac{\dfrac{1}{2}x-\left(-\dfrac{1}{2}x\right)}{\dfrac{1}{3}x-\left(-\dfrac{1}{3}x\right)}$$

$$=\lim_{x\to 0}\frac{x}{\dfrac{2}{3}x}=\frac{3}{2}.$$

例 15　求极限 $\lim\limits_{x\to 0}\dfrac{\ln(1+x)-x+\dfrac{1}{2}x^2}{x^2}$.

【分析】　当 $x\to 0$ 时，$\ln(1+x)\sim x$，其实质为

$$\ln(1+x)=x-\frac{x^2}{2}+\frac{x^3}{3}+o(x^3),$$

将上述等式代入极限中求解.

【详解】　$\lim\limits_{x\to 0}\dfrac{\ln(1+x)-x+\dfrac{1}{2}x^2}{x^2}=\lim\limits_{x\to 0}\dfrac{\left(x-\dfrac{1}{2}x^2+\dfrac{1}{3}x^3+o(x^3)\right)-x+\dfrac{1}{2}x^2}{x^2}$

$$=\lim_{x\to 0}\frac{\frac{1}{3}x^3+o(x^3)}{x^2}=0.$$

【典型错误】　利用等价无穷小求解极限，即

$$\lim_{x\to 0}\frac{\ln(1+x)-x+\frac{1}{2}x^2}{x^2}=\lim_{x\to 0}\frac{x-x+\frac{1}{2}x^2}{x^2}=\frac{1}{2}.$$

例 16　求极限 $\lim\limits_{x\to 0}\left(\dfrac{\ln(1+x)}{x}\right)^{\frac{1}{e^x-1}}$.

【详解】　记 $u(x)=\dfrac{\ln(1+x)}{x}$，$v(x)=\dfrac{1}{e^x-1}$，于是此类极限为 1^∞ 型，所以

$$\lambda=\lim_{x\to 0}\left(\frac{\ln(1+x)}{x}-1\right)\cdot\frac{1}{e^x-1}=\lim_{x\to 0}\left(\frac{\ln(1+x)-x}{x}\right)\cdot\frac{1}{e^x-1}$$

$$=\lim_{x\to 0}\frac{x-\frac{1}{2}x^2+o(x^2)-x}{x}\cdot\frac{1}{x}=-\frac{1}{2}.$$

所以

$$\lim_{x\to 0}\left(\frac{\ln(1+x)}{x}\right)^{\frac{1}{e^x-1}}=e^{-\frac{1}{2}}.$$

3. 讨论函数的左右极限

例 17　求极限 $\lim\limits_{x\to 0}\left(\dfrac{2+e^{\frac{1}{x}}}{1+e^{\frac{1}{x}}}+\dfrac{\sin x}{|x|}\right)$.

【分析】　考虑到极限中含有绝对值，分别求解 $x\to 0^+$ 和 $x\to 0^-$ 时函数的极限值.

【详解】　一方面，

$$\lim_{x\to 0^+}\left(\frac{2+e^{\frac{1}{x}}}{1+e^{\frac{1}{x}}}+\frac{\sin x}{|x|}\right)=\lim_{x\to 0^+}\left(\frac{2+e^{\frac{1}{x}}}{1+e^{\frac{1}{x}}}+\frac{\sin x}{x}\right)=2;$$

另一方面，

$$\lim_{x\to 0^-}\left(\frac{2+e^{\frac{1}{x}}}{1+e^{\frac{1}{x}}}+\frac{\sin x}{|x|}\right)=\lim_{x\to 0^-}\left(\frac{2+e^{\frac{1}{x}}}{1+e^{\frac{1}{x}}}-\frac{\sin x}{x}\right)=2-1=1.$$

于是 $\lim\limits_{x\to 0}\left(\frac{2+e^{\frac{1}{x}}}{1+e^{\frac{1}{x}}}+\frac{\sin x}{|x|}\right)$ 不存在.

【典型错误】 未讨论自变量 x 在 $x=0$ 处的左、右极限值.

4. 利用夹逼准则求解函数极限或数列极限

例 18 求极限 $\lim\limits_{x\to 0}x\left[\frac{2}{x}\right]$.

【分析】 根据取整函数的性质，利用夹逼准则，分别求解 $x\to 0^+$ 和 $x\to 0^-$ 时，函数的极限.

【详解】 因为

$$\frac{2}{x}-1<\left[\frac{2}{x}\right]\leqslant\frac{2}{x},$$

所以，当 $x<0$ 时，$2-x>x\left[\frac{2}{x}\right]\geqslant 2$，于是

$$\lim_{x\to 0^-}x\left[\frac{2}{x}\right]=2;$$

当 $x>0$ 时，$2-x<x\left[\frac{2}{x}\right]\leqslant 2$，于是

$$\lim_{x\to 0^+}x\left[\frac{2}{x}\right]=2.$$

所以

$$\lim_{x\to 0}x\left[\frac{2}{x}\right]=2.$$

5. 讨论数列的极限

例 19 设数列 $\{x_n\}$ 满足 $0<x_1<\pi$，$x_{n+1}=\sin x_n(n=1,2,\cdots)$.

（1）证明 $\lim\limits_{n\to\infty}x_n$ 存在，并求该极限；

（2）计算 $\lim\limits_{n\to\infty}\left(\frac{x_{n+1}}{x_n}\right)^{\frac{1}{x_n^2}}$.

【分析】 首先利用单调有界收敛原理证明数列 $\{x_n\}$ 极限的存在性；然后再利用重要极限求解第(2)问.

【详解】 (1) 数列 $\{x_n\}$ 满足 $x_{n+1}=\sin x_n(n=1,2,\cdots)$，事实上，有重要的结论：当 $0<x<\pi$ 时，有不等式 $x>\sin x$ 成立. 于是数列

$$x_{n+1}=\sin x_n<x_n,$$

即数列 $\{x_n\}$ 为单调递减数列，又 $0<x_n<\pi(n=1,2,\cdots)$，即数列 $\{x_n\}$ 为有界数列，所以由单调有界收敛原理可得数列 $\{x_n\}$ 为收敛数列.

设数列 $\{x_n\}$ 的极限为 $a(a\geqslant 0)$，即 $\lim\limits_{n\to\infty}x_n=a$，根据等式 $x_{n+1}=\sin x_n$，令 $n\to\infty$，于是

有等式 $a=\sin a$ 成立，方程有唯一的解为 $a=0$.

(2) 因为 $x_{n+1}=\sin x_n$，于是 $\lim\limits_{n\to\infty}\dfrac{x_{n+1}}{x_n}=\lim\limits_{n\to\infty}\dfrac{\sin x_n}{x_n}=1$，极限 $\lim\limits_{n\to\infty}\left(\dfrac{x_{n+1}}{x_n}\right)^{\frac{1}{x_n^2}}$ 为 1^∞ 型极限，其极限值为 $\lim\limits_{n\to\infty}\left(\dfrac{x_{n+1}}{x_n}\right)^{\frac{1}{x_n^2}}=e^\lambda$，其中

$$\lambda=\lim_{n\to\infty}\left(\frac{x_{n+1}-x_n}{x_n}\right)\cdot\frac{1}{x_n^2}=\lim_{n\to\infty}\frac{x_{n+1}-x_n}{x_n^3}=\lim_{n\to\infty}\frac{\sin x_n-x_n}{x_n^3}.$$

由例 13 中的重要结论 $\sin x=x-\dfrac{1}{6}x^3+o(x^3)$ 可得

$$\lambda=\lim_{n\to\infty}\frac{x_n-\dfrac{1}{6}x_n^3+o(x_n^3)-x_n}{x_n^3}=-\frac{1}{6}.$$

所以
$$\lim_{n\to\infty}\left(\frac{x_{n+1}}{x_n}\right)^{\frac{1}{x_n^2}}=e^{-\frac{1}{6}}.$$

例 20　设 $x_1=10$，$x_{n+1}=\sqrt{6+x_n}\,(n=1,2,\cdots)$，试证明数列 $\{x_n\}$ 的极限存在，并求此极限.

【分析】　首先假设数列极限存在，根据迭代式求解数列极限，然后再利用单调有界收敛原理证明极限存在.

【详解】　下面将证明数列极限的存在性.

$$x_{n+1}-3=\sqrt{6+x_n}-3=\frac{6+x_n-9}{\sqrt{6+x_n}+3}=\frac{x_n-3}{\sqrt{6+x_n}+3}.$$

若 $x_n>3$ 时，则有 $x_{n+1}>3$ 成立，而数列的首项为 $x_1=10>3$，则 $x_2>3$，依次类推可得数列是有界的，即 $x_n>3\,(n=1,2,\cdots)$.

$$\begin{aligned}x_{n+1}-x_n&=\sqrt{6+x_n}-x_n=\frac{6+x_n-x_n^2}{\sqrt{6+x_n}+x_n}\\&=\frac{-(x_n-3)(x_n+2)}{\sqrt{6+x_n}+x_n}<0.\end{aligned}$$

综上所述：数列 $\{x_n\}$ 为单调递减数列，且有下界，故数列收敛，设 $\lim\limits_{n\to\infty}x_n=a$，根据等式 $x_{n+1}=\sqrt{6+x_n}\,(n=1,2,\cdots)$，令 $n\to\infty$ 时，则 $a=\sqrt{6+a}$，解得 $a=3$，其中 $a=-2$ 舍去. 即得数列的极限为 $\lim\limits_{n\to\infty}x_n=3$.

【典型错误】　在证明数列为单调有界时出现问题.

$$x_{n+1}-x_n=\sqrt{6+x_n}-x_n=\frac{-(x_n-3)(x_n+2)}{\sqrt{6+x_n}+x_n}$$

部分要证明数列的单调性，未判断 x_n 与 3 的大小.

（三）函数极限的逆问题

1. 已知极限值求解未知参数

例 21　若$\lim\limits_{x\to 0}\dfrac{\sin x}{e^x-a}(\cos x-b)=5$，则 $a=$________，$b=$________.

【分析】　根据极限存在反推函数中的参数.

【详解】　应填 $a=1$，$b=-4$

因为$\lim\limits_{x\to 0}\sin x=0$，$\lim\limits_{x\to 0}(\cos x-b)=1-b$，所以$\lim\limits_{x\to 0}[\sin x(\cos x-b)]=0$，而条件极限存在，且极限为非零值，所以要求函数中分母的极限必然为 0，否则极限不存在，即$\lim\limits_{x\to 0}(e^x-a)=0$，解得 $1-a=0$，所以 $a=1$；另一方面，将 $a=1$ 代入条件极限中可得

$$5=\lim_{x\to 0}\frac{\sin x}{e^x-1}(\cos x-b)=\lim_{x\to 0}\frac{\sin x}{x}(\cos x-b)$$
$$=\lim_{x\to 0}\frac{\sin x}{x}\cdot\lim_{x\to 0}(\cos x-b)$$
$$=1-b,$$

解得 $b=-4$. 所以 $a=1$，$b=-4$.

【典型错误】　未对分子和分母的极限进行讨论，没有抓住极限的本质，对参数的求解一无所获.

例 22　若$\lim\limits_{x\to 0}\left[\dfrac{1}{x}-\left(\dfrac{1}{x}-a\right)e^x\right]=1$，求 a.

【分析】　首先将函数化为分式形式，然后讨论分式中的分子、分母的极限，以函数的极限为已知来求解参数.

【详解】　因为函数可化为

$$\frac{1}{x}-\left(\frac{1}{x}-a\right)e^x=\frac{1-(1-ax)e^x}{x}=\frac{1-e^x+axe^x}{x},$$

又因为函数的极限存在，且分母的极限为 0，所以分子的极限也必然为 0，这一点是显然满足的，根据函数极限的四则运算，于是

$$1=\lim_{x\to 0}\left[\frac{1}{x}-\left(\frac{1}{x}-a\right)e^x\right]=\lim_{x\to 0}\frac{1-e^x+axe^x}{x}$$
$$=\lim_{x\to 0}\frac{1-e^x}{x}+\lim_{x\to 0}ae^x$$
$$=-1+a,$$

解得 $a=2$.

【典型错误】　采用如下做法：

$$\lim_{x\to 0}\left[\frac{1}{x}-\left(\frac{1}{x}-a\right)e^x\right]=\lim_{x\to 0}\left(\frac{1}{x}-\frac{1}{x}e^x+ae^x\right)=\lim_{x\to 0}ae^x=a,$$

于是解得 $a=1$.

2. 已知某些极限求其他极限

例 23　已知 $\lim\limits_{x\to0}\dfrac{f(x)}{1-\cos x}=4$，求 $\lim\limits_{x\to0}\left(1+\dfrac{f(x)}{x}\right)^{\frac{1}{x}}=$________.

【分析】　将欲求的极限化为已知的极限进行求解.

【详解】　应填 e^2

由已知的极限 $\lim\limits_{x\to0}\dfrac{f(x)}{1-\cos x}=\lim\limits_{x\to0}\dfrac{f(x)}{\frac{1}{2}x^2}=4$，可得 $\lim\limits_{x\to0}\dfrac{f(x)}{x^2}=2$，又因为 $\lim\limits_{x\to0}\left(1+\dfrac{f(x)}{x}\right)^{\frac{1}{x}}$ 为 1^∞ 型极限，所以 $\lim\limits_{x\to0}\left(1+\dfrac{f(x)}{x}\right)^{\frac{1}{x}}=\mathrm{e}^\lambda$，其中参数 λ 为

$$\lambda=\lim_{x\to0}\left(1+\frac{f(x)}{x}-1\right)\cdot\frac{1}{x}=\lim_{x\to0}\frac{f(x)}{x^2}=2.$$

故
$$\lim_{x\to0}\left(1+\frac{f(x)}{x}\right)^{\frac{1}{x}}=\mathrm{e}^2.$$

【典型错误】　在凑成重要极限 $\lim\limits_{\varphi(x)\to0}(1+\varphi(x))^{\frac{1}{\varphi(x)}}=\mathrm{e}$ 时出现错误，或干脆直接认为 $\lim\limits_{x\to0}\dfrac{f(x)}{x}=0$，于是 $\lim\limits_{x\to0}\left(1+\dfrac{f(x)}{x}\right)^{\frac{1}{x}}=\lim\limits_{x\to0}(1+0)^{\frac{1}{x}}=1$，未注意到为 1^∞ 型极限.

（四）无穷小的比较

1. 直接利用定义来判断等价无穷小

例 24　当 $x\to0^+$ 时，与 $\sqrt{x}$ 等价的无穷小是

(A) $1-\mathrm{e}^{\sqrt{x}}$　　　　(B) $\ln(1+\sqrt{x})$；

(C) $\sqrt{1+\sqrt{x}}-1$；　　　　(D) $1-\cos\sqrt{x}$.　　　　[　　]

【分析】　将各个选项与 $\sqrt{x}$ 比较后求极限再进行判断.

【详解】　应选(B)

选项(A)，$\lim\limits_{x\to0^+}\dfrac{1-\mathrm{e}^{\sqrt{x}}}{\sqrt{x}}=\lim\limits_{x\to0^+}\dfrac{-\sqrt{x}}{\sqrt{x}}=-1.$

选项(B)，$\lim\limits_{x\to0^+}\dfrac{\ln(1+\sqrt{x})}{\sqrt{x}}=\lim\limits_{x\to0^+}\dfrac{\sqrt{x}}{\sqrt{x}}=1.$

选项(C)，$\lim\limits_{x\to0^+}\dfrac{\sqrt{1+\sqrt{x}}-1}{\sqrt{x}}=\lim\limits_{x\to0^+}\dfrac{\frac{1}{2}\sqrt{x}}{\sqrt{x}}=\dfrac{1}{2}.$

选项(D)，$\lim\limits_{x\to0^+}\dfrac{1-\cos\sqrt{x}}{\sqrt{x}}=\lim\limits_{x\to0^+}\dfrac{\frac{1}{2}x}{\sqrt{x}}=\lim\limits_{x\to0}\dfrac{1}{2}\sqrt{x}=0.$

于是当 $x\to0^+$ 时，$\ln(1+\sqrt{x})$ 与 $\sqrt{x}$ 为等价无穷小.

【典型错误】 在求解上述极限时出现错误，以至于无法判断是等价无穷小的选项.

2. 已知等价无穷小求解函数中的未知参数

例 25 当 $x\to0$ 时，$f(x)=x-\sin ax$ 与 $g(x)=x^2\ln(1-bx)$ 是等价无穷小，则常数 $a=$ ________，$b=$ ________.

【分析】 根据等价无穷小的条件，先将函数进行分解，再求解未知参数.

【详解】 应填 $a=1$，$b=-\dfrac{1}{6}$

当 $x\to0$ 时，有两个重要的结论：

由例 13 中得 $$\sin x=x-\frac{1}{6}x^3+o(x^3),$$

由例 15 中得 $$\ln(1+x)=x-\frac{x^2}{2}+\frac{x^3}{3}+o(x^3).$$

将上述两个结论代入函数中，再利用无穷小的运算可得

$$f(x)=x-\left[ax-\frac{1}{6}(ax)^3+o(x^3)\right]=(1-a)x+\frac{a^3}{6}x^3+o(x^3),$$

$$g(x)=x^2\left[-bx-\frac{1}{2}(-bx)^2+o(x^2)\right]=-bx^3+o(x^3).$$

比较两个函数可得 $1-a=0$，且 $\dfrac{a^3}{6}=-b$，解得 $a=1$，$b=-\dfrac{1}{6}$.

【典型错误】 利用等价无穷小的定义 $\lim\limits_{x\to0}\dfrac{f(x)}{g(x)}=1$，在计算含有参数 a，b 的极限时出现错误，正确的计算极限方法是洛必达法则.

(五) 函数的连续性及间断点的分类

1. 利用定义判断函数的连续性和间断点的类型

例 26 函数 $f(x)=\dfrac{x-x^3}{\sin\pi x}$ 的可去间断点的个数为________________.

【分析】 首先确定间断点的可疑点，然后再逐个验证函数在可疑点处的极限.

【详解】 应填 3

令 $\sin\pi x=0$，于是 $\pi x=k\pi(k\in\mathbf{Z})$，解得 $x=k(k\in\mathbf{Z})$.

当 $x=0$ 时，

$$\lim_{x\to0}f(x)=\lim_{x\to0}\frac{x-x^3}{\sin\pi x}=\lim_{x\to0}\frac{x-x^3}{\pi x}$$
$$=\lim_{x\to0}\frac{1-x^2}{\pi}=\frac{1}{\pi}.$$

所以 $x=0$ 为函数 $f(x)$ 的第一类可去间断点.

当 $x=1$ 时，$\lim\limits_{x\to1}f(x)=\lim\limits_{x\to1}\dfrac{x-x^3}{\sin\pi x}$，令 $t=x-1$，于是原极限化为

$$\lim_{x\to1}f(x)=\lim_{t\to0}\frac{(t+1)-(t+1)^3}{\sin\pi(t+1)}=\lim_{t\to0}\frac{-t^3-3t^2-2t}{-\sin\pi t}$$

$$=\lim_{t\to0}\frac{-t^3-3t^2-2t}{-\pi t}=\frac{2}{\pi}.$$

所以 $x=1$ 为函数 $f(x)$ 的第一类可去间断点.

同理，当 $x=-1$ 时，$\lim\limits_{x\to-1}f(x)=\dfrac{2}{\pi}$. 所以 $x=-1$ 为函数 $f(x)$ 的第一类可去间断点.

当 $x=k(k=\pm2,\ \pm3,\ \cdots)$ 时，$\lim\limits_{x\to k}f(x)=\infty$. 所以 $x=k(k=\pm2,\ \pm3,\ \cdots)$ 为函数 $f(x)$ 的无穷间断点.

【典型错误】 读者只对 $x=0$ 处讨论，而未讨论函数在 $x=\pm1$ 处的极限值.

例 27 设函数 $f(x)$ 在 $(-\infty,\ +\infty)$ 内有定义，$\lim\limits_{x\to\infty}f(x)=a$，$g(x)=\begin{cases}f\left(\dfrac{1}{x}\right), & x\neq0,\\ 0, & x=0,\end{cases}$ 则

(A) $x=0$ 必为 $g(x)$ 的第一类间断点；

(B) $x=0$ 必为 $g(x)$ 的第二类间断点；

(C) $x=0$ 必为 $g(x)$ 的连续点；

(D) $g(x)$ 在点 $x=0$ 处的连续性与 a 的取值有关.　[　　]

【分析】 利用定义判断间断点的类型.

【详解】 应选(D)

函数 $g(x)$ 在点 $x=0$ 处的极限为 $\lim\limits_{x\to0}g(x)=\lim\limits_{x\to0}f\left(\dfrac{1}{x}\right)$，令 $x=\dfrac{1}{t}$，于是

$$\lim_{x\to0}g(x)=\lim_{t\to\infty}f(t)=a.$$

又 $g(0)=0$，当 $a=0$ 时，$g(x)$ 在点 $x=0$ 处连续；当 $a\neq0$ 时，$g(x)$ 在点 $x=0$ 处不连续. 所以 $g(x)$ 在点 $x=0$ 处的连续性与 a 的取值有关.

例 28 设

$$f(x)=\frac{1}{\pi x}+\frac{1}{\sin\pi x}-\frac{1}{\pi(1-x)},\quad x\in\left[\frac{1}{2},\ 1\right).$$

试补充定义 $f(1)$ 使得函数 $f(x)$ 在 $\left[\dfrac{1}{2},\ 1\right]$ 上连续.

【分析】 求解函数 $f(x)$ 在 $x=1$ 处的左极限.

【详解】 因为

$$\lim_{x\to1^-}\left[\frac{1}{\sin\pi x}-\frac{1}{\pi(1-x)}\right]=\lim_{x\to1^-}\frac{\pi(1-x)-\sin\pi x}{\pi(1-x)\sin\pi x},$$

令 $t=1-x$，于是

$$\lim_{x\to1^-}\left[\frac{1}{\sin\pi x}-\frac{1}{\pi(1-x)}\right]=\lim_{t\to0^+}\frac{\pi t-\sin\pi(1-t)}{\pi t\sin\pi(1-t)}$$

$$=\lim_{t\to0^+}\frac{\pi t-\sin\pi t}{\pi t\sin\pi t}$$

$$= \lim_{t \to 0^+} \frac{\pi t - \left[\pi t - \frac{1}{6}(\pi t)^3 + o(t^3)\right]}{\pi t \sin \pi t}$$
$$= 0.$$

所以

$$\lim_{x \to 1^-} f(x) = \lim_{x \to 1^-} \left[\frac{1}{\pi x} + \frac{1}{\sin \pi x} - \frac{1}{\pi(1-x)}\right] = \frac{1}{\pi}.$$

故令 $f(1) = \frac{1}{\pi}$，函数 $f(x)$ 在 $\left[\frac{1}{2}, 1\right]$ 上连续.

【典型错误】 直接求解极限 $\lim\limits_{x \to 1^-} f(x) = \lim\limits_{x \to 1^-} \left[\frac{1}{\pi x} + \frac{1}{\sin \pi x} - \frac{1}{\pi(1-x)}\right]$，没有看出第一项极限存在，若三项一起通分求解极限，困难会比较大.

2. 已知函数的连续性求解未知参数

例 29 设函数 $f(x) = \begin{cases} x^2 + 1, & |x| \leqslant c, \\ \frac{2}{|x|}, & |x| > c \end{cases}$ $(c > 0)$ 在 $(-\infty, +\infty)$ 内连续，则 $c =$ ________.

【分析】 根据函数在 $x = c$ 处连续求解未知参数.

【详解】 应填 $c = 1$

函数在 $x = c$ 处的左极限为

$$f(c-0) = \lim_{x \to c^-} f(x) = \lim_{x \to c^-} (x^2 + 1) = c^2 + 1.$$

函数在 $x = c$ 处的右极限为

$$f(c+0) = \lim_{x \to c^+} f(x) = \lim_{x \to c^+} \frac{2}{|x|} = \frac{2}{c}.$$

又 $f(c) = c^2 + 1$，于是 $f(c-0) = f(c+0) = f(c)$，即 $c^2 + 1 = \frac{2}{c}$，化简得 $c^3 + c - 2 = 0$，分解因式得 $(c-1)(c^2 + c + 2) = 0$，所以 $c = 1$.

3. 闭区间上连续函数的性质

例 30 证明方程 $|x|^{\frac{1}{4}} + |x|^{\frac{1}{2}} = \frac{1}{2}\cos x$ 有且只有两个实根.

【分析】 令函数 $f(x) = |x|^{\frac{1}{4}} + |x|^{\frac{1}{2}} - \frac{1}{2}\cos x$，很明显函数 $f(x)$ 为偶函数，只需证明方程在 $x \geqslant 0$ 时有且只有一个根.

【证】 令 $f(x) = |x|^{\frac{1}{4}} + |x|^{\frac{1}{2}} - \frac{1}{2}\cos x$，因为函数 $f(x)$ 为偶函数，当 $x \geqslant 0$ 时，函数为

$$f(x) = x^{\frac{1}{4}} + x^{\frac{1}{2}} - \frac{1}{2}\cos x,$$

且函数 $f(x)$ 为连续函数，因为

$$\lim_{x\to\infty} f(x) = \lim_{x\to\infty}\left(|x|^{\frac{1}{4}} + |x|^{\frac{1}{2}} - \frac{1}{2}\cos x\right) > 0,\ f(0) = -\frac{1}{2} < 0,$$

且 $f(0)\cdot\lim\limits_{x\to\infty} f(x) < 0$，所以方程 $f(x)=0$ 在 $x\geqslant 0$ 部分至少存在一个根，下面将证明根的唯一性.

当 $0\leqslant x<1$ 时，函数 $f(x)$ 为单调递增函数，且 $f(1)>0$，所以方程 $f(x)=0$ 有唯一的根；当 $x\geqslant 1$ 时，函数 $f(x)>0$，即方程 $f(x)=0$ 没有根．综上所述，方程 $f(x)=0$ 在 $x\geqslant 0$ 时有且只有一个根.

再根据函数 $f(x)$ 为偶函数可得方程 $|x|^{\frac{1}{4}} + |x|^{\frac{1}{2}} = \frac{1}{2}\cos x$ 有且只有两个实根.

【典型错误】 只证明了方程至少有两个根，却没有证明方程有且只有两个根.

第三章　导数与微分

本章知识结构图

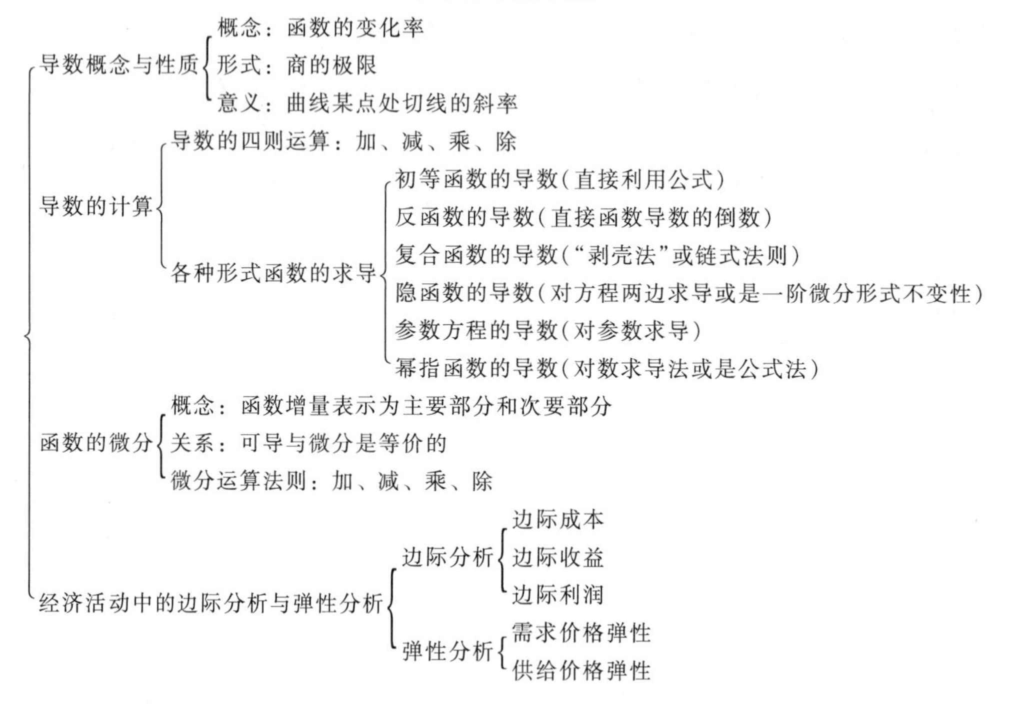

一、内容精要

(一)导数与微分概念

1. 导数的定义

设函数 $y=f(x)$ 在点 x_0 的某邻域内有定义，自变量 x 在 x_0 处有增量 Δx，相应地函数增量 $\Delta y=f(x_0+\Delta x)-f(x_0)$. 如果极限

$$\lim_{\Delta x\to 0}\frac{\Delta y}{\Delta x}=\lim_{\Delta x\to 0}\frac{f(x_0+\Delta x)-f(x_0)}{\Delta x}$$

存在，则称此极限值为函数 $f(x)$ 在 x_0 处的导数(也称微商)，记作 $f'(x_0)$，$y'\big|_{x=x_0}$，$\frac{\mathrm{d}y}{\mathrm{d}x}\Big|_{x=x_0}$ 或 $\frac{\mathrm{d}f(x)}{\mathrm{d}x}\Big|_{x=x_0}$ 等，并称函数 $y=f(x)$ 在点 x_0 处可导. 如果上面的极限不存在，则称

函数 $y=f(x)$ 在点 x_0 处不可导.

导数定义的另一种等价形式，令 $x=x_0+\Delta x$，$\Delta x=x-x_0$，则

$$f'(x_0)=\lim_{x\to x_0}\frac{f(x)-f(x_0)}{x-x_0}.$$

2. 单侧导数概念

（1）右导数：$f'_+(x_0)=\lim\limits_{x\to x_0^+}\dfrac{f(x)-f(x_0)}{x-x_0}=\lim\limits_{\Delta x\to 0^+}\dfrac{f(x_0+\Delta x)-f(x_0)}{\Delta x}$；

（2）左导数：$f'_-(x_0)=\lim\limits_{x\to x_0^-}\dfrac{f(x)-f(x_0)}{x-x_0}=\lim\limits_{\Delta x\to 0^-}\dfrac{f(x_0+\Delta x)-f(x_0)}{\Delta x}$.

定理　$f(x)$ 在点 x_0 处可导 $\Leftrightarrow f(x)$ 在点 x_0 处左、右导数皆存在且相等.

3. 导数的几何意义与物理意义

（1）曲线的切线方程与法线方程

如果函数 $y=f(x)$ 在点 x_0 处的导数 $f'(x_0)$ 存在，则在几何上 $f'(x_0)$ 表示曲线 $y=f(x)$ 在点 $(x_0, f(x_0))$ 处的切线的斜率.

切线方程：$y-f(x_0)=f'(x_0)(x-x_0)$；

法线方程：$y-f(x_0)=-\dfrac{1}{f'(x_0)}(x-x_0)\,(f'(x_0)\neq 0)$.

（2）质点运动的瞬时速度

设物体作直线运动时路程 s 与时间 t 的函数关系为 $s=f(t)$，如果 $f'(t_0)$ 存在，则 $f'(t_0)$ 表示物体在时刻 t_0 时的瞬时速度.

4. 函数的可导性与连续性之间的关系

如果函数 $y=f(x)$ 在点 x_0 处可导，则 $f(x)$ 在点 x_0 处一定连续；反之不然，即函数 $y=f(x)$ 在点 x_0 处连续，却不一定在点 x_0 处可导. 例如，$y=f(x)=|x|$ 在 $x=0$ 处连续，却不可导.

5. 微分的定义

设函数 $y=f(x)$ 在点 x_0 处有增量 Δx 时，如果函数 $f(x)$ 的增量 $\Delta y=f(x_0+\Delta x)-f(x_0)$ 有下面的表达式：

$$\Delta y=A\Delta x+o(\Delta x)\quad(\Delta x\to 0).$$

其中，A 是与 Δx 无关、只与 x_0 有关的常数 $o(\Delta x)$ 是 $\Delta x\to 0$ 时比 Δx 高阶的无穷小，则称 $f(x)$ 在点 x_0 处可微，并把 Δy 中的主要线性部分 $A\Delta x$ 称为 $f(x)$ 在 x_0 处的微分，记作 $\mathrm{d}y\big|_{x=x_0}$ 或 $\mathrm{d}f(x)\big|_{x=x_0}$.

我们定义自变量的微分 $\mathrm{d}x$ 就是 Δx.

6. 微分的几何意义

$\Delta y=f(x_0+\Delta x)-f(x_0)$ 是曲线 $y=f(x)$ 在点 x_0 处相应于自变量增量 Δx 的纵坐标 $f(x_0)$ 的增量，微分 $\mathrm{d}y\big|_{x=x_0}$ 是曲线 $y=f(x)$ 在点 $M_0(x_0, f(x_0))$ 处切线的纵坐标相应的增量（图 3-1）.

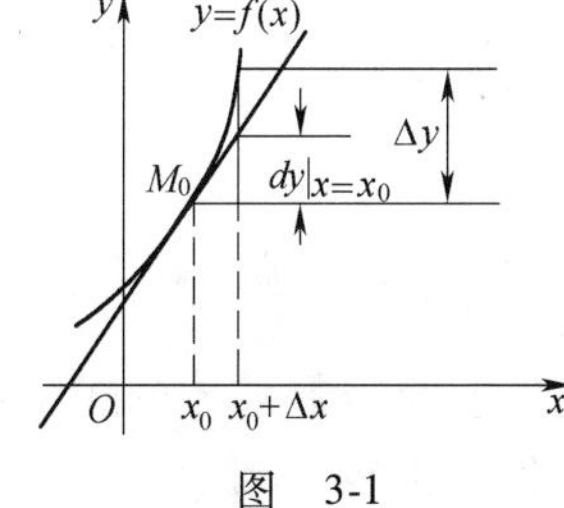

图　3-1

7. 可微与可导的关系

$f(x)$在 x_0 处可微$\Leftrightarrow f(x)$在 x_0 处可导，且 $\mathrm{d}y\big|_{x=x_0}=A\Delta x=f'(x_0)\mathrm{d}x$. 一般地，若 $y=f(x)$,则 $\mathrm{d}y=f'(x)\mathrm{d}x$，所以导数$f'(x)=\dfrac{\mathrm{d}y}{\mathrm{d}x}$也称为微商，就是微分之商的含义.

8. 高阶导数的概念

如果函数 $y=f(x)$的导数 $y'=f'(x)$在点 x_0 处仍是可导的，则把 $y'=f'(x)$在点 x_0 处的导数称为 $y=f(x)$在点 x_0 处的二阶导数，记作 $y''\big|_{x=x_0}$，$f''(x_0)$或$\dfrac{\mathrm{d}^2y}{\mathrm{d}x^2}\Big|_{x=x_0}$等，也称 $f(x)$在点 x_0 处二阶可导. 如果函数 $y=f(x)$的 $n-1$ 阶导数的导数存在，则称其为 $y=f(x)$的 n 阶导数，记作 $y^{(n)}$，$y^{(n)}(x)$或$\dfrac{\mathrm{d}^ny}{\mathrm{d}x^n}$等，这时也称 $y=f(x)$是 n 阶可导.

(二)导数与微分的计算

1. 基本初等函数的导数

(1) $(C)'=0$;

(2) $(x^{\mu})'=\mu x^{\mu-1}$;

(3) $(\sin x)'=\cos x$;

(4) $(\cos x)'=-\sin x$;

(5) $(\tan x)'=\sec^2 x$;

(6) $(\cot x)'=-\csc^2 x$;

(7) $(\sec x)'=\sec x\tan x$;

(8) $(\csc x)'=-\csc x\cot x$;

(9) $(a^x)'=a^x\ln a$;

(10) $(\mathrm{e}^x)'=\mathrm{e}^x$;

(11) $(\log_a x)'=\dfrac{1}{x\ln a}$;

(12) $(\ln x)'=\dfrac{1}{x}$;

(13) $(\arcsin x)'=\dfrac{1}{\sqrt{1-x^2}}$;

(14) $(\arccos x)'=-\dfrac{1}{\sqrt{1-x^2}}$;

(15) $(\arctan x)'=\dfrac{1}{1+x^2}$;

(16) $(\operatorname{arccot} x)'=-\dfrac{1}{1+x^2}$.

2. 导数与微分的运算法则

(1) 四则运算求导和微分公式

设 $u=u(x)$，$v=v(x)$可导，则

1) $(u\pm v)'=u'\pm v'$;

2) $(Cu)'=Cu'$，C 是常数;

3) $(uv)'=u'v+uv'$;

4) $\left(\dfrac{u}{v}\right)'=\dfrac{u'v-uv'}{v^2}$，$v\neq 0$.

或用微分的形式表达为:

1) $\mathrm{d}(u\pm v)=\mathrm{d}u\pm\mathrm{d}v$;

2) $\mathrm{d}(Cu)=C\mathrm{d}u$，$C$ 是常数;

3) $\mathrm{d}(uv)=v\mathrm{d}u+u\mathrm{d}v$;

4) $\mathrm{d}\left(\dfrac{u}{v}\right)=\dfrac{v\mathrm{d}u-u\mathrm{d}v}{v^2}$，$v\neq 0$.

(2) 反函数求导公式

如果函数 $x=\varphi(y)$在某区间 I_y 内单调、可导，且 $\varphi'(y)\neq 0$，那么它的反函数 $y=f(x)$在

对应区间 I_x 内也可导，且有 $f'(x)=\dfrac{1}{\varphi'(y)}$.

简言之，即反函数的导数等于直接函数导数(不等于零)的倒数.

(3) 复合函数求导和微分公式

如果函数 $u=\varphi(x)$ 在点 x 可导，而 $y=f(u)$ 在对应点 $u=\varphi(x)$ 可导，则复合函数 $y=f(\varphi(x))$ 在点 x 可导，且其导数为

$$\frac{\mathrm{d}y}{\mathrm{d}x}=\frac{\mathrm{d}y}{\mathrm{d}u}\cdot\frac{\mathrm{d}u}{\mathrm{d}x}.$$

(4) 隐函数求导法则

隐函数求导法则：将 y 看做中间变量，运用复合函数求导法则将方程两边直接对 x 求导.

(5) 对数求导法

可以先在方程两边取对数，然后利用隐函数的求导方法求出导数．适用范围：函数中含有多个因子乘积或是幂指函数.

(6) 用参数表示函数的求导公式

若函数 $\begin{cases}x=\varphi(t),\\ y=\psi(t)\end{cases}$ 二阶可导，函数 $x=\varphi(t)$ 具有单调连续的反函数 $t=\varphi^{-1}(x)$，则

一阶导数为

$$\frac{\mathrm{d}y}{\mathrm{d}x}=\frac{\dfrac{\mathrm{d}y}{\mathrm{d}t}}{\dfrac{\mathrm{d}x}{\mathrm{d}t}};$$

二阶导数为

$$\frac{\mathrm{d}^2y}{\mathrm{d}x^2}=\frac{\psi''(t)\varphi'(t)-\psi'(t)\varphi''(t)}{\varphi'^3(t)}.$$

二、练习题与解答

习题 3.1　导数的概念

1. 设 $f(x)=2x^2+1$，按导数定义求 $f'(-1)$.

【解】 根据导数的定义

$$\begin{aligned}f'(-1)&=\lim_{x\to-1}\frac{f(x)-f(-1)}{x+1}=\lim_{x\to-1}\frac{2x^2+1-3}{x+1}\\&=\lim_{x\to-1}\frac{2(x+1)(x-1)}{x+1}=\lim_{x\to-1}2(x-1)\\&=-4.\end{aligned}$$

2. 求下列函数的导数：

(1) $y=x^4$；　　(2) $y=\sqrt[4]{x}$；

(3) $y=\frac{1}{\sqrt{x}}$;　　　　(4) $y=\frac{1}{x^2}$;

(5) $y=2^x$;　　　　(6) $y=\log_2 x$.

【解】 直接利用求导公式求解.

(1) $y'=4x^3$;　　　　(2) $y'=(\sqrt[4]{x})'=\frac{1}{4}x^{-\frac{3}{4}}$;

(3) $y'=\left(\frac{1}{\sqrt{x}}\right)'=-\frac{1}{2}x^{-\frac{3}{2}}$;　　　　(4) $y'=\left(\frac{1}{x^2}\right)'=\frac{-2x}{x^4}=-\frac{2}{x^3}$;

(5) $y'=(2^x)'=2^x\ln 2$;　　　　(6) $y'=(\log_2 x)'=\frac{1}{x\ln 2}$.

3. 已知 $f(x)=\begin{cases}x^2, & x<0,\\ -x, & x\geqslant 0,\end{cases}$ 求 $f'_-(0)$, $f'_+(0)$, 并求 $f'(0)$是否存在.

【解】 判断函数在点 $x=0$ 处的左右导数是否相等.

函数 $f(x)$ 为分段函数, 分界点为 $x=0$, 利用定义求解点 $x=0$ 处的左、右导数. 因为 $f(0)=0$,

$$f'_-(0)=\lim_{x\to 0^-}\frac{f(x)-f(0)}{x-0}=\lim_{x\to 0^-}\frac{x^2-0}{x}=\lim_{x\to 0^-}x=0,$$

$$f'_+(0)=\lim_{x\to 0^+}\frac{f(x)-f(0)}{x-0}=\lim_{x\to 0^+}\frac{-x-0}{x}=-1,$$

于是 $f'_+(0)\neq f'_-(0)$, 所以 $f'(0)$不存在.

4. 讨论函数

$$f(x)=\begin{cases}x\sin\frac{1}{x}, & x\neq 0,\\ 0, & x=0\end{cases}$$

在点 $x=0$ 的连续性与可导性.

【解】 利用定义讨论函数 $f(x)$ 在点 $x=0$ 的连续性与可导性.

(1) 讨论函数的连续性

因为 $\lim\limits_{x\to 0}x\sin\frac{1}{x}=0$, 而 $f(0)=0$, 即得 $\lim\limits_{x\to 0}f(x)=f(0)$, 所以函数 $f(x)$ 在点 $x=0$ 处连续;

(2) 讨论函数的可导性

因为 $\lim\limits_{x\to 0}\frac{f(x)-f(0)}{x-0}=\lim\limits_{x\to 0}\frac{x\sin\frac{1}{x}}{x}=\lim\limits_{x\to 0}\sin\frac{1}{x}$, 此时极限不存在, 所以函数 $f(x)$ 在点 $x=0$ 处不可导.

【注】 可导必连续, 利用定义判断函数的连续性和可导性是常见的考查方式. 读者要重视对连续和可导概念的理解.

5. 讨论函数

$$f(x)=\begin{cases}4x-3, & x\leqslant 2,\\ x^2+1, & x>2\end{cases}$$

在点 $x=2$ 的连续性与可导性.

【解】 直接利用定义判断.

(1) 讨论函数的连续性

$$f(2+0)=\lim_{x\to 2^+}f(x)=\lim_{x\to 2^+}x^2+1=5,$$

$$f(2-0)=\lim_{x\to 2^-}f(x)=\lim_{x\to 2^-}4x-3=5,$$

因为 $f(2+0)=f(2-0)=f(2)$，所以函数 $f(x)$ 在点 $x=2$ 处连续；

(2) 讨论函数的可导性

$$f'_+(2)=\lim_{x\to 2^+}\frac{f(x)-f(2)}{x-2}=\lim_{x\to 2^+}\frac{x^2+1-5}{x-2}=\lim_{x\to 2^+}\frac{x^2-4}{x-2}=\lim_{x\to 2^+}(x+2)=4,$$

$$f'_-(2)=\lim_{x\to 2^-}\frac{f(x)-f(2)}{x-2}=\lim_{x\to 2^-}\frac{4x-3-5}{x-2}=4,$$

因为 $f'_+(2)=f'_-(2)$，所以函数 $f(x)$ 在点 $x=2$ 处可导.

6. 为了使函数

$$f(x)=\begin{cases}x^2, & x\leqslant 1,\\ ax+b, & x>1\end{cases}$$

在点 $x=1$ 处既连续又可导，问 a，b 应取什么值?

【解】 根据在点 $x=1$ 处既连续又可导，求解参数值.

因为函数 $f(x)$ 在点 $x=1$ 处连续，于是 $f(1+0)=f(1-0)=f(1)$，即

$$f(1+0)=\lim_{x\to 1^+}f(x)=\lim_{x\to 1^+}(ax+b)=a+b,$$

$$f(1-0)=\lim_{x\to 1^-}f(x)=\lim_{x\to 1^-}x^2=1,$$

所以 $a+b=1$；又因为函数 $f(x)$ 在点 $x=1$ 处可导，于是 $f'_+(1)=f'_-(1)$，即

$$f'_-(1)=\lim_{x\to 1^-}\frac{f(x)-f(1)}{x-1}=\lim_{x\to 1^-}\frac{x^2-1}{x-1}=\lim_{x\to 1^-}(x+1)=2,$$

$$f'_+(1)=\lim_{x\to 1^+}\frac{f(x)-f(1)}{x-1}=\lim_{x\to 1^+}\frac{ax+b-1}{x-1}=\lim_{x\to 1^+}\frac{ax-a}{x-1}=a,$$

所以 $a=2$，解得 $b=-1$.

7. 求曲线 $y=\ln x$ 在点 $M(\mathrm{e},1)$ 的切线方程和法线方程.

【解】 利用导数的几何意义求解切线斜率，然后写出切线方程和法线方程.

$$f'(\mathrm{e})=(\ln x)'\big|_{x=\mathrm{e}}=\frac{1}{\mathrm{e}}.$$

在点 $M(\mathrm{e},1)$ 的切线方程：$y-1=\frac{1}{\mathrm{e}}(x-\mathrm{e})$，整理得 $x-\mathrm{e}y=0$；

在点 $M(\mathrm{e},1)$ 的法线方程：$y-1=-\mathrm{e}(x-\mathrm{e})$，整理得：$\mathrm{e}x+y-1-\mathrm{e}^2=0$.

8. 曲线 $y=x^3$ 上哪一点的切线与直线 $y-12x+1=0$ 平行？并求此切线方程.

【解】 设曲线 $y=x^3$ 在点 x_0 处具有与直线 $y-12x+1=0$ 平行的切线，因为 $y-12x+1=0$ 的斜率为 $k=12$，而曲线 $y=x^3$ 在 x_0 处的斜率为 $y'(x_0)=3x_0^2$，两直线为平行的，所以 $3x_0^2=12$，解得 $x_0=\pm 2$，即曲线 $y=x^3$ 在点 $(2,\ 8)$ 与点 $(-2,\ -8)$ 处的切线与直线 $y-12x+1=0$ 平行，对应的切线方程分别为

$$y=12x-16 \quad 与 \quad y=12x+16.$$

习题 3.2 求导法则与初等函数求导

1. 推导余切函数及余割函数的求导公式：

$$(\cot x)'=-\csc^2 x,\ (\csc x)'=-\csc x\cot x.$$

【证】 利用求导公式 $\left(\dfrac{u}{v}\right)'=\dfrac{u'v-uv'}{v^2}(v\neq 0)$ 推导上述公式.

$$(\cot x)'=\left(\frac{\cos x}{\sin x}\right)'=\frac{-\sin^2 x-\cos^2 x}{\sin^2 x}=-\frac{1}{\sin^2 x}=-\csc^2 x,$$

$$(\csc x)'=\left(\frac{1}{\sin x}\right)'=-\frac{\cos x}{\sin^2 x}=-\frac{1}{\sin x}\cdot\frac{\cos x}{\sin x}=-\csc x\cot x.$$

【注】 读者要熟练掌握导数的四则运算.

2. 求下列函数的导数：

(1) $y=3x^2-\dfrac{2}{x^2}+5$；　　(2) $y=x^2(2+\sqrt{x})$；

(3) $y=x^2\cos x$；　　(4) $y=x\sin x$；

(5) $y=3e^x\ln x$；　　(6) $y=e^x(x^2-3x+1)$；

(7) $y=3a^x-\dfrac{2}{x}$；　　(8) $y=2\tan x+\sec x-1$；

(9) $y=(x-a)(x-b)(x-c)$；　　(10) $y=2\ln x-3\cos x+\sin\dfrac{\pi}{3}$；

(11) $y=\dfrac{x}{1+x^2}$；　　(12) $y=\dfrac{1+x}{1-x}$；

(13) $y=\dfrac{\sin x}{1+\cos x}$；　　(14) $y=\dfrac{2\csc x}{1+x^2}$；

(15) $y=\dfrac{\cos x}{\sqrt{x}}$；　　(16) $y=\dfrac{\arcsin x}{\arccos x}$；

(17) $y=(1+x^2)\operatorname{arccot} x$；　　(18) $y=\dfrac{\arctan x}{e^x}$.

【解】 利用导数的四则运算求解上述各函数的导数.

(1) $y'=6x+\dfrac{4}{x^3}$；

(2) $y'=2x(2+\sqrt{x})+x^2\cdot\dfrac{1}{2}x^{-\frac{1}{2}}=4x+2x^{\frac{3}{2}}+\dfrac{1}{2}x^{\frac{3}{2}}=4x+\dfrac{5}{2}x^{\frac{3}{2}}$；

(3) $y' = 2x\cos x - x^2\sin x$;

(4) $y' = \sin x + x\cos x$;

(5) $y' = 3e^x\ln x + 3e^x \cdot \dfrac{1}{x} = 3e^x\left(\ln x + \dfrac{1}{x}\right)$;

(6) $y' = e^x(x^2 - 3x + 1) + e^x(2x - 3) = e^x(x^2 - 3x + 1 + 2x - 3) = e^x(x^2 - x - 2)$;

(7) $y' = 3a^x\ln a + \dfrac{2}{x^2}$;

(8) $y' = \dfrac{2}{\cos^2 x} + \dfrac{\sin x}{\cos^2 x} = \dfrac{2 + \sin x}{\cos^2 x}$或 $y' = 2\sec^2 x + \sec x\tan x$;

(9) $y' = (x - b)(x - c) + (x - a)(x - c) + (x - a)(x - b)$;

(10) $y' = \dfrac{2}{x} + 3\sin x$;

(11) $y' = \dfrac{(1 + x^2) - x \cdot 2x}{(1 + x^2)^2} = \dfrac{(1 + x^2) - 2x^2}{(1 + x^2)^2} = \dfrac{1 - x^2}{(1 + x^2)^2}$;

(12) $y' = \dfrac{1 - x - (1 + x)(-1)}{(1 - x)^2} = \dfrac{1 - x + 1 + x}{(1 - x)^2} = \dfrac{2}{(1 - x)^2}$;

(13) $y' = \dfrac{\cos x(1 + \cos x) - \sin x(-\sin x)}{(1 + \cos x)^2} = \dfrac{1 + \cos x}{(1 + \cos x)^2} = \dfrac{1}{1 + \cos x}$;

(14) $y' = \dfrac{-2\csc x\cot x \cdot (1 + x^2) - 2\csc x \cdot 2x}{(1 + x^2)^2} = \dfrac{-2\csc x[(1 + x^2)\cot x + 2x]}{(1 + x^2)^2}$;

(15) $y' = \dfrac{-\sin x \cdot \sqrt{x} - \cos x \cdot \dfrac{1}{2}x^{-\frac{1}{2}}}{x} = \dfrac{-2x\sin x - \cos x}{2x^{\frac{3}{2}}}$;

(16) $y' = \dfrac{\dfrac{\arccos x}{\sqrt{1 + x^2}} - \arcsin x\left(-\dfrac{1}{\sqrt{1 + x^2}}\right)}{(\arccos x)^2} = \dfrac{\arccos x + \arcsin x}{(\arccos x)^2\sqrt{1 + x^2}}$

$= \dfrac{\pi}{2(\arccos x)^2\sqrt{1 + x^2}}$;

(17) $y' = 2x\operatorname{arccot} x + (1 + x^2)\dfrac{-1}{1 + x^2} = 2x\operatorname{arccot} x - 1$;

(18) $y' = \dfrac{\dfrac{e^x}{1 + x^2} - \arctan x \cdot e^x}{e^{2x}} = \dfrac{e^x - \arctan x \cdot e^x(1 + x^2)}{e^{2x}(1 + x^2)} = \dfrac{1 - (1 + x^2)\arctan x}{e^x(1 + x^2)}$.

3. 求下列函数在给定点处的导数：

(1) $y = \sin x - \cos x$，求$y'\big|_{x=\frac{\pi}{6}}$及$y'\big|_{x=\frac{\pi}{4}}$;

(2) $y = \dfrac{1 - \sqrt{t}}{1 + \sqrt{t}}$，求 $y'(1)$;

(3) $y=\frac{3}{5-t}+\frac{t^2}{5}$，求 $y'(0)$，$y'(2)$.

【解】 (1) 函数的导数为 $y'=\cos x+\sin x$，于是解得

$$y'\big|_{x=\frac{\pi}{6}}=\cos\frac{\pi}{6}+\sin\frac{\pi}{6}=\frac{\sqrt{3}}{2}+\frac{1}{2}=\frac{1+\sqrt{3}}{2},\ y'\big|_{x=\frac{\pi}{4}}=\sqrt{2};$$

(2) 函数的导数为

$$y'=\frac{-\frac{1}{2}t^{-\frac{1}{2}}(1+\sqrt{t})-(1-\sqrt{t})\frac{1}{2}t^{-\frac{1}{2}}}{(1+\sqrt{t})^2}=\frac{-t^{-\frac{1}{2}}}{(1+\sqrt{t})^2}=-\frac{1}{\sqrt{t}(1+\sqrt{t})^2},$$

于是解得 $y'(1)=-\frac{1}{4}$；

(3) 函数的导数为 $y'=\frac{3}{(5-t)^2}+\frac{2t}{5}$，于是解得

$$y'(0)=\frac{3}{25},\ y'(2)=\frac{3}{9}+\frac{4}{5}=\frac{1}{3}+\frac{4}{5}=\frac{17}{15}.$$

4. 求下列函数的导数：

(1) $y=\arcsin\frac{x}{2}$；

(2) $y=\arctan\frac{1}{x}$；

(3) $y=\cos^2\frac{x}{2}$；

(4) $y=\ln\tan\frac{x}{2}$；

(5) $y=\ln\sqrt{x}+\sqrt{\ln x}$；

(6) $y=\sqrt{1+x^2}+\sqrt{1+x}$；

(7) $y=\sin(1-x^3)$；

(8) $y=\left(\arcsin\frac{x}{2}\right)^2$；

(9) $y=\sin(\sin(\sin x))$；

(10) $y=e^{\frac{1}{x}}+x^{\frac{1}{e}}$；

(11) $y=e^{x^2+2x}$；

(12) $y=\arctan\frac{2x}{1-x^2}$；

(13) $y=2^{\tan\frac{1}{x^2}}$；

(14) $y=e^{\arccos\frac{1}{1+e^x}}$；

(15) $y=e^x\sqrt{1-e^{2x}}+\arccos e^x$.

【解】 利用复合函数的求导法则求解上述各函数的导数.

(1) $y'=\dfrac{\frac{1}{2}}{\sqrt{1-\left(\frac{x}{2}\right)^2}}=\dfrac{1}{\sqrt{4-x^2}}$；

(2) $y'=\dfrac{-\frac{1}{x^2}}{1+\left(\frac{1}{x}\right)^2}=-\dfrac{1}{1+x^2}$；

(3) $y' = 2\cos\frac{x}{2}\left(-\sin\frac{x}{2}\right)\frac{1}{2} = -\frac{1}{2}\sin x$;

(4) $y' = \frac{1}{\tan\frac{x}{2}} \cdot \sec^2\frac{x}{2} \cdot \frac{1}{2} = \frac{1}{\sin x} = \csc x$;

(5) $y' = \frac{1}{2x} + \frac{1}{2}(\ln x)^{-\frac{1}{2}}\frac{1}{x} = \frac{1}{2x} + \frac{1}{2x}(\ln x)^{-\frac{1}{2}}$;

(6) $y' = \frac{1}{2}(1+x^2)^{-\frac{1}{2}} \cdot 2x + \frac{1}{2}(1+x)^{-\frac{1}{2}} = x(1+x^2)^{-\frac{1}{2}} + \frac{1}{2}(1+x)^{-\frac{1}{2}}$;

(7) $y' = \cos(1-x^3) \cdot (-3x^2) = -3x^2\cos(1-x^3)$;

(8) $y' = 2\arcsin\frac{x}{2} \cdot \frac{1}{\sqrt{1-\left(\frac{x}{2}\right)^2}} \cdot \frac{1}{2} = 2\arcsin\frac{x}{2} \cdot \frac{1}{\sqrt{4-x^2}} = \frac{2\arcsin\frac{x}{2}}{\sqrt{4-x^2}}$;

(9) $y' = \cos(\sin(\sin x)) \cdot \cos(\sin x) \cdot \cos x$;

(10) $y' = \mathrm{e}^{\frac{1}{x}} \cdot \left(-\frac{1}{x^2}\right) + \frac{1}{\mathrm{e}}x^{\frac{1}{\mathrm{e}}-1} = -\frac{1}{x^2}\mathrm{e}^{\frac{1}{x}} + \frac{1}{\mathrm{e}}x^{\frac{1}{\mathrm{e}}-1}$;

(11) $y' = \mathrm{e}^{x^2+2x}(2x+2) = 2(x+1)\mathrm{e}^{x^2+2x}$;

(12) $y' = \frac{1}{1+\left(\frac{2x}{1-x^2}\right)^2} \cdot \frac{2(1-x^2)-2x\cdot(-2x)}{(1-x^2)^2} - \frac{2-2x^2+4x^2}{(1-x^2)^2+4x^2} - \frac{2+2x^2}{(1-x^2)^2+4x^2}$

$$= \frac{2+2x^2}{1+x^4-2x^2+4x^2} = \frac{2+2x^2}{(1+x^2)^2} = \frac{2}{1+x^2};$$

(13) $y' = 2^{\tan\frac{1}{x^2}}\ln 2 \cdot \sec^2\left(\frac{1}{x^2}\right) \cdot \left(-\frac{2}{x^3}\right) = -\frac{2^{\tan\frac{1}{x^2}+1}\ln 2}{x^3} \cdot \sec^2\left(\frac{1}{x^2}\right)$;

(14) $y' = \mathrm{e}^{\arccos\frac{1}{1+\mathrm{e}^x}}\left(-\frac{1}{\sqrt{1-\left(\frac{1}{1+\mathrm{e}^x}\right)^2}}\right)\frac{-\mathrm{e}^x}{(1+\mathrm{e}^x)^2}$

$$= \mathrm{e}^{\arccos\frac{1}{1+\mathrm{e}^x}}\frac{\mathrm{e}^x}{(1+\mathrm{e}^x)\sqrt{(1+\mathrm{e}^x)^2-1}}$$

$$= \mathrm{e}^{\arccos\frac{1}{1+\mathrm{e}^x}}\frac{\mathrm{e}^x}{(1+\mathrm{e}^x)\sqrt{\mathrm{e}^{2x}+2\mathrm{e}^x}};$$

(15) $y' = \mathrm{e}^x\sqrt{1-\mathrm{e}^{2x}} + \mathrm{e}^x\frac{1}{2}(1-\mathrm{e}^{2x})^{-\frac{1}{2}}(-2\mathrm{e}^{2x}) + \left(-\frac{\mathrm{e}^x}{\sqrt{1-\mathrm{e}^{2x}}}\right)$

$$= \mathrm{e}^x\sqrt{1-\mathrm{e}^{2x}} - \mathrm{e}^{3x}(1-\mathrm{e}^{2x})^{-\frac{1}{2}} - \frac{\mathrm{e}^x}{\sqrt{1-\mathrm{e}^{2x}}}$$

$$= \frac{\mathrm{e}^x(1-\mathrm{e}^{2x})-\mathrm{e}^{3x}-\mathrm{e}^x}{\sqrt{1-\mathrm{e}^{2x}}} = \frac{\mathrm{e}^x-\mathrm{e}^{3x}-\mathrm{e}^{3x}-\mathrm{e}^x}{\sqrt{1-\mathrm{e}^{2x}}} = \frac{-2\mathrm{e}^{3x}}{\sqrt{1-\mathrm{e}^{2x}}}.$$

5. 求抛物线 $y=ax^2+bx+c$ 上具有水平切线的点.

【解】 抛物线上水平切线的斜率为零，令 $y'=2ax+b=0$，解得 $x=-\dfrac{b}{2a}$，于是代入抛物线方程可得 $y=\dfrac{4ac-b^2}{4a}$，即抛物线上具有水平切线的点为

$$(x,\ y)=\left(-\frac{b}{2a},\ \frac{4ac-b^2}{4a}\right).$$

习题 3.3　高阶导数

1. 求下列函数的一阶、二阶导数：

(1) $y=x^3-2x+5$；　(2) $y=2x^2+\ln x$；

(3) $y=x\cos x$；　(4) $y=\arcsin x$；

(5) $y=xe^{-x^2}$；　(6) $y=\ln(1-x^2)$；

(7) $y=(1+x^2)\arctan x$；　(8) $y=\cos^2 x\ln x$；

(9) $y=\dfrac{e^x}{x}$；　(10) $y=\ln(x+\sqrt{1+x^2})$.

【解】 利用导数的四则运算和复合函数的运算法则求解一阶、二阶导数.

(1) 函数的一阶、二阶导数分别为

$$y'=3x^2-2,\ y''=6x;$$

(2) 函数的一阶、二阶导数分别为

$$y'=4x+\frac{1}{x},\ y''=4-\frac{1}{x^2};$$

(3) 函数的一阶、二阶导数分别为

$$y'=\cos x-x\sin x,\ y''=-\sin x-\sin x-x\cos x=-2\sin x-x\cos x;$$

(4) 函数的一阶、二阶导数分别为

$$y'=\frac{1}{\sqrt{1-x^2}},\ y''=-\frac{1}{2}(1-x^2)^{-\frac{3}{2}}(-2x)=x(1-x^2)^{-\frac{3}{2}};$$

(5) 函数的一阶、二阶导数分别为

$$y'=e^{-x^2}+xe^{-x^2}(-2x)=e^{-x^2}-2x^2e^{-x^2}=e^{-x^2}(1-2x^2),$$

$$y''=-2xe^{-x^2}-4xe^{-x^2}+4x^3e^{-x^2}=(4x^3-6x)e^{-x^2};$$

(6) 函数的一阶、二阶导数分别为

$$y'=-\frac{2x}{1-x^2},$$

$$y''=\frac{-2(1-x^2)-(-2x)(-2x)}{(1-x^2)^2}=\frac{-2+2x^2-4x^2}{(1-x^2)^2}=\frac{-2(1+x^2)}{(1-x^2)^2};$$

(7) 函数的一阶、二阶导数分别为

$$y'=2x\arctan x+1,\ y''=2\arctan x+\frac{2x}{1+x^2};$$

(8) 函数的一阶、二阶导数分别为

$$y'=2\cos x\cdot(-\sin x)\ln x+\frac{\cos^2x}{x}=-\sin2x\cdot\ln x+\frac{\cos^2x}{x},$$

$$y''=-2\cos2x\cdot\ln x-\frac{\sin2x}{x}+\frac{2\cos x\cdot(-\sin x)x-\cos^2x}{x^2}$$

$$=-2\cos2x\cdot\ln x-\frac{\sin2x}{x}-\frac{x\sin2x+\cos^2x}{x^2};$$

(9) 函数的一阶、二阶导数分别为

$$y'=\frac{xe^x-e^x}{x^2}=\frac{e^x(x-1)}{x^2};$$

$$y''=\frac{(e^x+xe^x-e^x)x^2-(xe^x-e^x)\cdot2x}{x^4}$$

$$=\frac{x^3e^x-2x^2e^x+2xe^x}{x^4}=\frac{(x^2-2x+2)e^x}{x^3};$$

(10) 函数的一阶、二阶导数分别为

$$y'=\frac{1+\frac{x}{\sqrt{1+x^2}}}{x+\sqrt{1+x^2}}=\frac{1}{\sqrt{1+x^2}};\quad y''=-\frac{1}{2}(1+x^2)^{-\frac{3}{2}}\cdot2x=-x(1+x^2)^{-\frac{3}{2}}.$$

2. 设 $f(x)=(2x+10)^4$，求 $f'(2)$，$f''(1)$，$f'''(0)$.

【解】 先分别求函数的一阶、二阶和三阶导数，然后再求解各点处导数的值.

因为 $f'(x)=8(2x+10)^3$，$f''(x)=48(2x+10)^2$，$f'''(x)=192(2x+10)$，所以

$$f'(2)=8(2\times2+10)^3=21952,$$

$$f''(1)=48(2+10)^2=6912,$$

$$f'''(0)=192(2\times0+10)=1920.$$

3. 求下列函数的 n 阶导数：

(1) $y=\frac{1-x}{1+x}$;　　(2) $y=\sin^2x$;　　(3) $y=xe^x$.

【解】 利用常见函数的 n 阶导数结论求解上述各函数的 n 阶导数，或是用莱布尼茨公式法求解函数的 n 阶导数.

(1) 事实上，有重要的结论为

$$\left(\frac{1}{1+x}\right)^{(n)}=(-1)^n\frac{n!}{(1+x)^{n+1}};$$

于是函数可化简为 $y=\frac{1-x}{1+x}=-1+\frac{2}{1+x}$，同时两边求解 n 阶导数可得

$$y^{(n)}=\left(-1+\frac{2}{1+x}\right)^{(n)}=2\left(\frac{1}{1+x}\right)^{(n)}=(-1)^n\frac{2n!}{(1+x)^{n+1}}.$$

类似地，有结论为

$$\left(\frac{1}{1-x}\right)^{(n)}=\frac{n!}{(1+x)^{n+1}}.$$

(2) 事实上，有重要的结论为

$$(\cos x)^{(n)}=\cos\left(x+\frac{n\pi}{2}\right);$$

于是函数可化简为 $y=\sin^2 x=\frac{1-\cos 2x}{2}$，所以

$$y^{(n)}=\left(\frac{1-\cos 2x}{2}\right)^{(n)}=-\frac{1}{2}(\cos 2x)^{(n)}$$

$$=-2^{n-1}\cos\left(2x+\frac{n\pi}{2}\right)$$

或

$$y^{(n)}=2^{n-1}\sin\left(2x+\frac{(n-1)\pi}{2}\right).$$

(3) 利用莱布尼茨公式求解，得

$$y^{(n)}=(xe^x)^{(n)}=\sum_{k=0}^{n}C_n^k x^{(k)}(e^x)^{(n-k)}.$$

其中，和式中指数函数 e^x 的任意阶导数存在，且 $(e^x)^{(n)}=e^x$，而函数 x 的二阶或二阶以上的导数为零，所以和式中仅含有两项，其余项全部为零，即得函数的 n 阶导数为

$$y^{(n)}=xe^x+C_n^1e^x=xe^x+ne^x=(x+n)e^x.$$

习题 3.4　隐函数的导数、由参数方程所确定的函数的导数

1. 下列方程确定了 $y=y(x)$，求 y'：

(1) $y^2-2xy+9=0$；　　(2) $x^3+y^3-3xy=0$；

(3) $xy=e^{x+y}$；　　(4) $y=\cos(x+y)$；

(5) $x^{\frac{2}{3}}+y^{\frac{2}{3}}=a^{\frac{2}{3}}$；　　(6) $\arctan\frac{y}{x}=\ln\sqrt{x^2+y^2}$.

【解】 利用隐函数求导法则求解.

(1) 对方程两边同时关于变量 x 求导得

$$2yy'-2y-2xy'=0,$$

整理得导数为 $y'=\frac{y}{y-x}$；

(2) 对方程两边同时关于变量 x 求导得

$$3x^2+3y^2y'-3y-3xy'=0,$$

整理得导数为 $y'=\frac{y-x^2}{y^2-x}$；

(3) 对方程两边同时关于变量 x 求导得

$$y+xy'=e^{x+y}(1+y'),$$

整理得导数为 $y'=\dfrac{e^{x+y}-y}{x-e^{x+y}}$；

（4）对方程两边同时关于变量 x 求导得

$$y'=-\sin(x+y)\cdot(1+y'),$$

整理得导数为 $y'=\dfrac{-\sin(x+y)}{1+\sin(x+y)}$；

（5）对方程两边同时关于变量 x 求导得

$$\frac{2}{3}x^{-\frac{1}{3}}+\frac{2}{3}y^{-\frac{1}{3}}y'=0,$$

整理得导数为 $y'=-\dfrac{x^{-\frac{1}{3}}}{y^{-\frac{1}{3}}}=-\left(\dfrac{y}{x}\right)^{\frac{1}{3}}$；

（6）对方程两边同时关于变量 x 求导得

$$\frac{1}{1+\frac{y^2}{x^2}}\cdot\frac{y'x-y}{x^2}=\frac{1}{2}\cdot\frac{2x+2yy'}{x^2+y^2},$$

整理得导数为 $y'=\dfrac{x+y}{x-y}$.

2. 求由下列方程所确定的隐函数 $y=y(x)$ 的二阶导数：

（1）$x^2-xy+y^2=0$；　　（2）$y=1+xe^y$；　　（3）$y=\sin(x+y)$.

【解】 利用隐函数的求导法则求解隐函数的二阶导数.

（1）方程两边同时关于变量 x 求导得

$$2x-y-xy'+2yy'=0,\tag{1}$$

再对方程(1)两边关于变量 x 求导得

$$2-y'-y'-xy''+2y'^2+2yy''=0.\tag{2}$$

联立方程(1)和方程(2) 可得

$$y''=\frac{-6y^2+6xy-6x^2}{(2y-x)^3}.$$

（2）方程两边同时关于变量 x 求导得

$$y'=e^y+xe^yy',$$

解得 $y'=\dfrac{e^y}{1-xe^y}$，在该方程两边再同时关于变量 x 求导得

$$\begin{aligned}y''&=\frac{e^yy'(1-xe^y)-e^y(-e^y-xe^yy')}{(1-xe^y)^2}\\&=\frac{e^yy'(1-xe^y)+e^{2y}+xe^{2y}y'}{(1-xe^y)^2}\text{（将 }y'\text{代入此式中）}\\&=\frac{(2-xe^y)e^{2y}}{(1-xe^y)^3}.\end{aligned}$$

(3) 方程两边同时关于变量 x 求导得

$$y' = \cos(x+y)\cdot(1+y'),\tag{1}$$

再对方程(1)两边关于变量 x 求导得

$$y'' = -\sin(x+y)\cdot(1+y')^2 + \cos(x+y)\cdot y''.\tag{2}$$

联立方程(1)和方程(2) 可得

$$y'' = -\frac{\sin(x+y)}{[1-\cos(x+y)]^3}.$$

【注】 求隐函数的二阶导数有两种解法：第一种解法如(1)，(3) 题的解法，方程两边关于变量 x 分别求两次导数，然后整理得出函数的二阶导数；第二种解法如(2) 题的解法，先对方程两边同时关于变量 x 求导，整理出一阶导数 y'，然后再对 y'关于变量 x 求导，最后求解出二阶导数.

3. 用对数求导法求下列函数的导数：

(1) $y=\left(\dfrac{x}{1+x}\right)^x$；　　(2) $y=\sin x^{\cos x}$；

(3) $y^x = x^y$；　　(4) $y=\sqrt[5]{\dfrac{x-5}{\sqrt[5]{x^2+2}}}$.

【解】 (1) 对函数取对数得

$$\ln y = x\ln\frac{x}{1+x} = x[\ln x - \ln(1+x)],$$

两边同时关于变量 x 求导得

$$\frac{y'}{y} = \ln x - \ln(1+x) + \frac{1}{1+x},$$

整理得

$$y' = \left(\frac{x}{1+x}\right)^x\left(\ln\frac{x}{1+x} + \frac{1}{1+x}\right).$$

(2) 对函数取对数得

$$\ln y = \cos x\ln\sin x,$$

两边同时关于变量 x 求导得

$$\frac{y'}{y} = -\sin x\ln\sin x + \cos x\cot x,$$

整理得

$$y' = \sin x^{\cos x}(-\sin x\ln\sin x + \cos x\cot x).$$

(3) 对函数取对数得 $x\ln y = y\ln x$，两边同时关于变量 x 求导得

$$\ln y + \frac{xy'}{y} = y'\ln x + \frac{y}{x},$$

整理得 $y' = \dfrac{y^2 - xy\ln y}{x^2 - xy\ln x}$.

(4) 对函数取对数得

$$\ln y=\frac{1}{5}\left[\ln(x-5)-\frac{1}{5}\ln(x^2+2)\right],$$

两边同时关于变量 x 求导得

$$\frac{y'}{y}=\frac{1}{5}\left(\frac{1}{x-5}-\frac{1}{5}\frac{2x}{x^2+2}\right),$$

整理得

$$y'=\frac{1}{5}\left(\frac{1}{x-5}-\frac{2x}{5(x^2+2)}\right)\sqrt[5]{\frac{x-5}{\sqrt[5]{x^2+2}}}.$$

4. 求由下列参数方程所确定的函数 $y=y(x)$ 的一阶导数和二阶导数：

(1) $\begin{cases}x=at^2,\\ y=bt^3\end{cases}$ (a, b 为常数)；　　(2) $\begin{cases}x=2e^t,\\ y=e^{-t};\end{cases}$

(3) $\begin{cases}x=\dfrac{1}{1+t},\\ y=\dfrac{t}{1+t};\end{cases}$　　(4) $\begin{cases}x=a(t-\sin t),\\ y=a(1-\cos t)\end{cases}$ ($a>0$ 为常数).

【解】 利用参数方程求导法则求解.

(1) 一阶导数和二阶导数分别为

$$\frac{dy}{dx}=\frac{3bt^2}{2at}=\frac{3bt}{2a},\ \frac{dy^2}{dx^2}=\frac{d}{dt}\left(\frac{dy}{dx}\right)\cdot\frac{1}{\frac{dx}{dt}}=\frac{\frac{3b}{2a}}{2at}=\frac{3b}{4a^2t}.$$

(2) 一阶导数和二阶导数分别为

$$\frac{dy}{dx}=\frac{-e^{-t}}{2e^t}=-\frac{1}{2}e^{-2t},\ \frac{dy^2}{dx^2}=\frac{d}{dt}\left(\frac{dy}{dx}\right)\cdot\frac{1}{\frac{dx}{dt}}=\frac{e^{-2t}}{2e^t}=\frac{1}{2e^{3t}}.$$

(3) 一阶导数和二阶导数分别为

$$\frac{dy}{dx}=\frac{\frac{1+t-t}{(1+t)^2}}{-\frac{1}{(1+t)^2}}=-1,\ \frac{dy^2}{dx^2}=\frac{d}{dt}\left(\frac{dy}{dx}\right)\cdot\frac{1}{\frac{dx}{dt}}=\frac{0}{-\frac{1}{(1+t)^2}}=0.$$

(4) 一阶导数和二阶导数分别为

$$\frac{dy}{dx}=\frac{a\sin t}{a(1-\cos t)}=\frac{\sin t}{1-\cos t},$$

$$\frac{dy^2}{dx^2}=\frac{d}{dt}\left(\frac{dy}{dx}\right)\cdot\frac{1}{\frac{dx}{dt}}=\frac{\frac{\cos t(1-\cos t)-\sin^2 t}{(1-\cos t)^2}}{a(1-\cos t)}$$

$$=\frac{\frac{\cos t-1}{(1-\cos t)^2}}{a(1-\cos t)}=\frac{\cos t-1}{a(1-\cos t)^3}=-\frac{1}{a(\cos t-1)^2}.$$

【注】 参数方程为$\begin{cases} x=\varphi(t), \\ y=\psi(t), \end{cases}$于是函数的一阶导数和二阶导数分别为

$$\frac{dy}{dx}=\frac{\psi'(t)}{\varphi'(t)},\ \frac{dy^2}{dx^2}=\frac{d}{dt}\left(\frac{dy}{dx}\right)\cdot\frac{1}{\frac{dx}{dt}}=\frac{\psi''(t)\varphi'(t)-\psi'(t)\varphi''(t)}{\varphi'^3(t)}.$$

习题 3.5 微分

1. 已知 $y=(x-1)^2$，计算当 $x=0$，$\Delta x=0.5$ 时的 Δy 及 dy.

【解】 根据微分的定义求解.

因为

$$\begin{aligned}\Delta y&=f(x+\Delta x)-f(x)=(x+\Delta x-1)^2-(x-1)^2\\&=(x+\Delta x-1+x-1)(x+\Delta x-1-x+1)\\&=(2x+\Delta x-2)\Delta x=2(x-1)\Delta x+(\Delta x)^2,\end{aligned}$$

所以

$$\Delta y=2\times(-1)\times0.5+0.5^2=-1+\frac{1}{4}=-\frac{3}{4}.$$

因为 $dy=f'(x)dx$，而 $y'(0)=2(x-1)\big|_{x=0}=-2$，于是

$$dy\big|_{x=0}=-2\times0.5=-1.$$

2. 计算下列函数的微分：

(1) $y=\frac{1}{x}+2\sqrt{x}$；　　(2) $y=x\sin2x$；

(3) $y=e^{-x}\cos(3-x)$；　　(4) $y=\tan^2(1+2x^2)$；

(5) $y=\frac{1}{\sqrt{\sin\sqrt{x}}}$；　　(6) $y=e^{\sqrt{1-x^2}}$.

【解】 利用微分的运算求解上述函数的微分.

(1) 因为函数的导数为

$$\frac{dy}{dx}=-\frac{1}{x^2}+2\cdot\frac{1}{2}x^{-\frac{1}{2}}=-\frac{1}{x^2}+x^{-\frac{1}{2}},$$

于是函数的微分为 $dy=\left(-\frac{1}{x^2}+x^{-\frac{1}{2}}\right)dx$.

(2) 因为函数的导数为

$$\frac{dy}{dx}=\sin2x+2x\cos2x,$$

于是函数的微分为 $dy=(\sin2x+2x\cos2x)dx$.

(3) 因为函数的导数为

$$\frac{dy}{dx}=-e^{-x}\cos(3-x)+e^{-x}[-\sin(3-x)]\cdot(-1),$$

于是函数的微分为 $dy=[-e^{-x}\cos(3-x)+e^{-x}\sin(3-x)]dx$.

（4）因为函数的导数为

$$\frac{\mathrm{d}y}{\mathrm{d}x}=2\tan(1+2x^2)\cdot\sec^2(1+2x^2)\cdot 4x=8x\tan(1+2x^2)\cdot\sec^2(1+2x^2),$$

于是函数的微分为 $\mathrm{d}y=8x\tan(1+2x^2)\cdot\sec^2(1+2x^2)\mathrm{d}x$.

（5）因为函数的导数为

$$\frac{\mathrm{d}y}{\mathrm{d}x}=-\frac{1}{2}(\sin\sqrt{x})^{-\frac{3}{2}}\cos\sqrt{x}\cdot\frac{1}{2}x^{-\frac{1}{2}}=-\frac{1}{4}x^{-\frac{1}{2}}(\sin\sqrt{x})^{-\frac{3}{2}}\cos\sqrt{x},$$

于是函数的微分为 $\mathrm{d}y=\left(-\frac{1}{4}x^{-\frac{1}{2}}(\sin\sqrt{x})^{-\frac{3}{2}}\cos\sqrt{x}\right)\mathrm{d}x$.

（6）因为函数的导数为

$$\frac{\mathrm{d}y}{\mathrm{d}x}=\mathrm{e}^{\sqrt{1-x^2}}\frac{1}{2}(1-x^2)^{-\frac{1}{2}}(-2x)=-x\mathrm{e}^{\sqrt{1-x^2}}(1-x^2)^{-\frac{1}{2}},$$

所以函数的微分为 $\mathrm{d}y=(-x\mathrm{e}^{\sqrt{1-x^2}}(1-x^2)^{-\frac{1}{2}})\mathrm{d}x$.

3. 下列方程确定了 $y=y(x)$，求 $\mathrm{d}y$：

（1）$y=1+x\mathrm{e}^y$；　　（2）$y=\tan(x+y)$；　　（3）$xy=\mathrm{e}^{x+y}$.

【解】 先利用隐函数求导法则求解函数的导数，然后再写出函数的微分.

（1）方程两边同时关于变量 x 求导可得

$$\frac{\mathrm{d}y}{\mathrm{d}x}-\mathrm{e}^y+x\mathrm{e}^y\frac{\mathrm{d}y}{\mathrm{d}x},$$

整理得$\frac{\mathrm{d}y}{\mathrm{d}x}=\frac{\mathrm{e}^y}{1-x\mathrm{e}^y}$，即得 $\mathrm{d}y=\frac{\mathrm{e}^y}{1-x\mathrm{e}^y}\mathrm{d}x$.

（2）方程两边同时关于变量 x 求导可得

$$\frac{\mathrm{d}y}{\mathrm{d}x}=\frac{1}{\cos^2(x+y)}\left(1+\frac{\mathrm{d}y}{\mathrm{d}x}\right),$$

整理得$\frac{\mathrm{d}y}{\mathrm{d}x}=\frac{1}{\cos^2(x+y)-1}$，即得 $\mathrm{d}y=\frac{1}{\cos^2(x+y)-1}\mathrm{d}x=-\csc^2(x+y)\mathrm{d}x$.

（3）方程两边同时关于变量 x 求导可得

$$y+x\frac{\mathrm{d}y}{\mathrm{d}x}=\mathrm{e}^{x+y}\left(1+\frac{\mathrm{d}y}{\mathrm{d}x}\right),$$

整理得$\frac{\mathrm{d}y}{\mathrm{d}x}=\frac{\mathrm{e}^{x+y}-y}{x-\mathrm{e}^{x+y}}$，即得 $\mathrm{d}y=\frac{\mathrm{e}^{x+y}-y}{x-\mathrm{e}^{x+y}}\mathrm{d}x$.

4. 在下列括号内填入适当函数，使等式成立：

（1）$\mathrm{d}(\quad)=2\mathrm{d}x$；　　（2）$\mathrm{d}(\quad)=2x\mathrm{d}x$；

（3）$\mathrm{d}(\quad)=\mathrm{e}^{2x}\mathrm{d}x$；　　（4）$\mathrm{d}(\quad)=\mathrm{e}^{-x}\mathrm{d}x$；

（5）$\mathrm{d}(\quad)=\sin\omega x\mathrm{d}x$；　　（6）$\mathrm{d}(\quad)=\cos(x+2)\mathrm{d}x$；

（7）$\mathrm{d}(\quad)=\frac{1}{1+x}\mathrm{d}x$；　　（8）$\mathrm{d}(\quad)=\frac{1}{\sqrt{x}}\mathrm{d}x$.

【解】（1）$\mathrm{d}(2x+C)=2\mathrm{d}x$；　　（2）$\mathrm{d}(x^2+C)=2x\mathrm{d}x$；

(3) $d\left(\frac{1}{2}e^{2x}+C\right)=e^{2x}dx$;

(4) $d(-e^{-x}+C)=e^{-x}dx$;

(5) $d\left(-\frac{\cos\omega x}{\omega}+C\right)=\sin\omega x dx$;

(6) $d(\sin(x+2)+C)=\cos(x+2)dx$;

(7) $d(\ln(1+x)+C)=\frac{1}{1+x}dx$;

(8) $d(2\sqrt{x}+C)=\frac{1}{\sqrt{x}}dx.$

5. 计算下列各式的近似值：

(1) $\tan 134°$(取四位小数)；

(2) arcsin0.5003(取四位小数)；

(3) $\sqrt[6]{65}$(取四位小数).

【解】 利用微分的近似计算公式进行计算.

(1)
$$\begin{aligned}\tan134° &= \tan\left(\frac{3}{4}\pi-\frac{\pi}{180}\right)\\ &= \tan\left(\frac{3}{4}\pi\right)+\tan'x\big|_{x=\frac{3}{4}\pi}\times\left(-\frac{\pi}{180}\right)\\ &= \tan\left(\frac{3}{4}\pi\right)+\sec^2\left(\frac{3}{4}\pi\right)\times\left(-\frac{\pi}{180}\right)\\ &= -1-2\times\frac{\pi}{180}\approx -1-0.03491\\ &\approx -1.0349.\end{aligned}$$

(2)
$$\begin{aligned}\arcsin0.5003 &= \arcsin(0.5+0.0003)\\ &= \arcsin0.5+\arcsin'(0.5)\times0.0003\\ &= \arcsin0.5+\frac{1}{\sqrt{1-x^2}}\bigg|_{x=0.5}\times0.0003\\ &\approx\frac{\pi}{6}+0.0003464\approx0.5239.\end{aligned}$$

(3)
$$\begin{aligned}\sqrt[6]{65} &= \sqrt[6]{64+1}=\sqrt[6]{64}+(\sqrt[6]{x})'\big|_{x=64}\times1\\ &=2+\frac{1}{6}x^{-\frac{5}{6}}\bigg|_{x=64}\approx2.0052.\end{aligned}$$

习题 3.6　经济活动中的边际分析与弹性分析

1. 某产品生产单位的总成本函数为

$$TC=TC(Q)=1100+\frac{1}{1200}Q^2.$$

求：(1) 生产 900 单位时的总成本和平均单位成本；

(2) 生产 900 ~ 1000 单位时总成本的平均变化率；

(3) 生产 900 单位和 1000 单位时的边际成本.

【解】 (1) 生产 900 单位时，总成本

$$TC(900)=1100+\frac{1}{1200}\times 900^2=1775.$$

生产 900 单位时，平均单位成本

$$AC(900)=\frac{1775}{900}\approx 1.97.$$

（2）生产 900 ~ 1000 单位时，有

$$\Delta Q=1000-900=100,$$

$$\Delta TC=TC(1000)-TC(900)=1100+\frac{1}{1200}\times 1000^2-1775=\frac{475}{3},$$

所以，总成本的平均变化率为

$$\frac{\Delta TC}{\Delta Q}\approx 1.58.$$

（3）边际成本函数 $MC=TC'(Q)=\frac{Q}{600}$，所以

$$MC(900)=\frac{900}{600}=1.5,\ MC(1000)=\frac{1000}{600}\approx 1.67.$$

2. 设某产品的价格与销售量的关系为 $p=30-\frac{Q}{10}$，求销售量为 100 时的总收益、平均收益与边际收益.

【解】 收益函数为 $L(Q)=p\cdot Q=Q\left(30-\frac{Q}{10}\right)$，当销售量为 100 时的总收益为

$$L(100)=100\times\left(30-\frac{100}{10}\right)=2000;$$

平均收益函数为 $AL(Q)=\frac{L(Q)}{Q}=30-\frac{Q}{10}$，所以当销售量为 100 时的平均收益为

$$AL(100)=20;$$

边际收益函数为 $ML(Q)=\frac{\mathrm{d}L(Q)}{\mathrm{d}Q}=30-\frac{Q}{5}$，所以当销售量为 100 时的边际收益为

$$ML(100)=30-\frac{100}{5}=10.$$

3. 设某商品需求量 Q_{d} 与价格 p 的函数关系为 $Q_{\mathrm{d}}=50000\mathrm{e}^{-2p}$，试求需求量 Q_{d} 对价格 p 的弹性.

【解】 因为 $Q_{\mathrm{d}}'=f'(p)=-100000\mathrm{e}^{-2p}$，所以需求量 Q_{d} 对价格 p 的弹性为

$$E_{\mathrm{d}}=f'(p)\cdot\frac{p}{f(p)}=-100000\mathrm{e}^{-2p}\cdot\frac{p}{50000\mathrm{e}^{-2p}}=-2p.$$

4. 设某商品的供给函数 $Q_{\mathrm{s}}=Q(p)=-20+5p$，求供给价格弹性函数及 $p=10$ 时的供给价格弹性.

【解】 因为 $Q'(p)=5$，所以供给价格弹性函数为

$$E_{\mathrm{s}}=Q'(p)\cdot\frac{p}{Q(p)}=\frac{5p}{-20+5p}.$$

当 $p=10$ 时的供给价格弹性为 $E_s|_{p=10}=\dfrac{5\times10}{-20+5\times10}=\dfrac{5}{3}$.

5. 某商品的需求函数为 $Q_d=Q(p)=100-p^2$，求：

(1) $p=5$ 时的边际需求，并说明经济意义；

(2) $p=5$ 时的需求价格弹性，并说明经济意义.

【解】 (1) 边际需求函数为 $MQ_d=Q'(p)=-2p$，即得 $p=5$ 时的边际需求为

$$MQ_d|_{p=5}=Q'(p)|_{p=5}=-2p|_{p=5}=-10.$$

它的经济含义为 $p=5$ 时，每增加一个单位价格，需求量减少 10 个单位商品.

(2) 需求价格弹性为 $E_d=Q'(p)\cdot\dfrac{p}{Q(p)}=\dfrac{-2p^2}{100-p^2}$，即得 $p=5$ 时的需求价格弹性为

$$E_d|_{p=5}=\frac{-2\times25}{100-25}=\frac{-50}{75}=-\frac{2}{3}.$$

它的经济含义为 $p=5$ 时，价格增加 1%，该商品的需求量将下降 $-\dfrac{2}{3}\%$.

三、自测题 AB 卷与答案

自测题 A

1. 填空题：

(1) 设 $f(x)$ 为可导函数，则 $\lim\limits_{\Delta x\to0}\dfrac{f^2(x+\Delta x)-f^2(x)}{\Delta x}=$ ________.

(2) $\lim\limits_{x\to0}\dfrac{(2+\tan x)^{10}-(2-\sin x)^{10}}{\sin x}=$ ________.

(3) 设 $y=2^{\sin x}\cos(\cos x)$，则 $y'=$ ________.

(4) 设函数 $y=y(x)$ 由方程 $\sin(x^2+y^2)+e^x-xy^2=0$ 所确定，则 $\dfrac{dy}{dx}=$ ________.

(5) 设 $y=e^{\sin x^2}$，则 $dy=$ ________.

(6) 已知 $y=\sin2x$，则 $y^{(n)}=$ ________.

(7) 设 $f(x)=\begin{cases}x^\lambda\cos\dfrac{1}{x}, & x\neq0,\\ 0, & x=0,\end{cases}$ 其导数在 $x=0$ 处连续，则 λ 的取值范围是________.

2. 选择题：

(1) 若 $f(x)=\begin{cases}x^2+3, & x<1,\\ ax+b, & x\geqslant1\end{cases}$ 在 $x=1$ 处可导，则

(A) $a=2$，$b=2$；　　(B) $a=-2$，$b=2$；

(C) $a=2$，$b=-2$；　　(D) $a=-2$，$b=-2$.　　[　　]

(2) 设$f'(x_0)=2$，则$\lim\limits_{h\to 0}\dfrac{f(x_0+h)-f(x_0-h)}{h}=$

(A) 不存在；　(B) 2；　(C) 0；　(D) 4.　[　]

(3) 设$f(x^2)=x^3(x>0)$，则$f'(4)=$

(A) 2；　(B) 3；　(C) 4；　(D) 5.　[　]

(4) 设$f(x)$是可导函数，且$\lim\limits_{x\to 0}\dfrac{f(1)-f(1-x)}{2x}=-1$，则曲线$y=f(x)$在点$(1,f(1))$处的切线斜率为

(A) 1；　(B) 0；　(C) -1；　(D) -2.　[　]

(5) 设$f(x)$在$x=0$处可导，$F(x)=f(x)(1+|x|)$，则$f(0)=0$是$F(x)$在$x=0$处可导的

(A) 必要条件但非充分条件；　(B) 既非充分条件又非必要条件；

(C) 充分必要条件；　(D) 充分条件但非必要条件.　[　]

(6) 设$f(x)=\begin{cases}\dfrac{1-\cos x}{\sqrt{x}}, & x>0,\\ x^2g(x), & x\leqslant 0,\end{cases}$其中$g(x)$是有界函数，则$f(x)$在$x=0$处

(A) 极限不存在；　(B) 可导；

(C) 连续但不可导；　(D) 极限存在，但不连续.　[　]

(7) $\sqrt{1.004}$的近似值为

(A) 1.002；　(B) 1.001；　(C) 1.003；　(D) 1.004.　[　]

3. 设$x>1$，求$\mathrm{d}(x^2\arctan\sqrt{x-1})$.

4. 设$f(x)=\begin{cases}-x^2+bx, & x<1,\\ ax^2+1, & x\geqslant 1,\end{cases}$试求常数$a$，$b$的值，使$f(x)$在$x=1$处可导.

5. 试证明：若$f(x)$在$(-\infty,+\infty)$上可导并满足：$f'(x)=f(x)$及$f(0)=1$，则$f(x)=\mathrm{e}^x$.

自测题 B

1. 填空题：

(1) 设$f(0)=0$，$f'(0)=4$，则$\lim\limits_{x\to 0}\dfrac{f(x)}{x}=$________.

(2) $f(x)=x(x-1)(x+2)(x-3)(x+4)\cdots(x+100)$，则$f'(1)=$________.

(3) 设函数$y=y(x)$由方程$\mathrm{e}^{x+y}+\cos(xy)=0$确定，则$\dfrac{\mathrm{d}y}{\mathrm{d}x}=$________.

(4) 已知函数$f(x)=x\mathrm{e}^x$，则$f^{(100)}(x)=$________.

(5) 设$y=f(x^2+f(x^2))$，其中$f(u)$为可导函数，则$\dfrac{\mathrm{d}y}{\mathrm{d}x}=$________.

(6) 设方程$x=y^y$确定y为x的函数，则$\mathrm{d}y=$________.

(7) 已知曲线$f(x)=x^n$在点$(1,1)$处的切线与x轴的交点为$(\xi_n,0)$，则$\lim\limits_{n\to\infty}f(\xi_n)=$

________.

2. 选择题:

(1) 若$f(x)=\begin{cases}x^2, & x\leqslant 1,\\ ax-b, & x>1\end{cases}$在 $x=1$ 处可导，则 a, b 的值为

(A) $a=1$, $b=2$;　　(B) $a=2$, $b=1$;

(C) $a=-1$, $b=2$;　　(D) $a=-2$, $b=1$.　　[　　]

(2) 若$f'(x_0)=-3$，则$\lim\limits_{h\to 0}\dfrac{f(x_0+h)-f(x_0-3h)}{h}=$

(A) -3;　　(B) -6;　　(C) -9;　　(D) -12.　　[　　]

(3) 设函数$f(x)=|x^3-1|\varphi(x)$，其中 $\varphi(x)$在 $x=1$ 处连续，则 $\varphi(1)=0$ 是$f(x)$在 $x=1$ 处可导的

(A) 充分必要条件;　　(B) 必要条件但非充分条件;

(C) 充分条件但非必要条件;　　(D) 既非充分条件也非必要条件.　　[　　]

(4) 设周期函数 $f(x)$在$(-\infty, +\infty)$内可导，周期为 4，又$\lim\limits_{x\to 0}\dfrac{f(1)-f(1-x)}{2x}=-1$，则曲线 $y=f(x)$在$(5, f(5))$处切线的斜率为

(A) $\dfrac{1}{2}$;　　(B) 0;　　(C) -1;　　(D) -2.　　[　　]

(5) 设曲线 $y=x^3+ax$ 与 $y=bx^2+c$ 在点$(-1, 0)$处相切，其中 a, b, c 为常数，则

(A) $a=-1$, $b=-1$, $c=1$;　　(B) $a=-1$, $b=2$, $c=-2$;

(C) $a=1$, $b=-2$, $c=2$;　　(D) $a=1$, $b=-1$, $c=1$.　　[　　]

(6) 设函数$f(x)$在 $x=a$ 处可导，则函数$|f(x)|$在 $x=a$ 处不可导的充分条件是

(A) $f(a)=0$, $f'(a)=0$;　　(B) $f(a)=0$, $f'(a)\neq 0$;

(C) $f(a)>0$, $f'(a)>0$;　　(D) $f(a)<0$, $f'(a)<0$.　　[　　]

(7) $\sin 31°$的近似值为

(A) 0. 5151;　　(B) 0. 4849;　　(C) 0. 5174;　　(D) 0. 5175.　　[　　]

3. 设$f(t)=\lim\limits_{x\to\infty}t\left(\dfrac{x+t}{x-t}\right)^x$，求$f'(t)$.

4. 设 $y=\arctan \mathrm{e}^x-\ln\sqrt{\dfrac{\mathrm{e}^{2x}}{\mathrm{e}^{2x}+1}}$，求$\left.\dfrac{\mathrm{d}y}{\mathrm{d}x}\right|_{x=1}$.

5. 曲线 $y=\dfrac{1}{\sqrt{x}}$的切线与 x 轴和 y 轴围成一个图形，记切点的横坐标为 a. 试求切线方程和这个图形的面积. 当切线沿曲线趋于无穷远时，该面积的变化趋势如何?

自测题 A 答案

1.【解】 (1) 应填 $2f(x)f'(x)$

利用导数定义求解极限.

$$\lim_{\Delta x\to 0}\frac{f^2(x+\Delta x)-f^2(x)}{\Delta x}=\lim_{\Delta x\to 0}\frac{[f(x+\Delta x)+f(x)][f(x+\Delta x)-f(x)]}{\Delta x}$$
$$=\lim_{\Delta x\to 0}[f(x+\Delta x)+f(x)]\frac{[f(x+\Delta x)-f(x)]}{\Delta x}$$
$$=2f(x)f'(x).$$

(2) 应填 10240

利用导数的定义求解极限.

$$\lim_{x\to 0}\frac{(2+\tan x)^{10}-(2-\sin x)^{10}}{\sin x}=\lim_{x\to 0}\left[\frac{(2+\tan x)^{10}-2^{10}}{\sin x}-\frac{(2-\sin x)^{10}-2^{10}}{\sin x}\right]$$
$$=\lim_{x\to 0}\left[\frac{(2+\tan x)^{10}-2^{10}}{\tan x}\cdot\frac{\tan x}{\sin x}+\frac{(2-\sin x)^{10}-2^{10}}{-\sin x}\right]$$
$$=(x^{10})'|_{x=2}+(x^{10})'|_{x=2}=10240.$$

(3) 应填 $2^{\sin x}\ln 2\cdot\cos x\cdot\cos(\cos x)+2^{\sin x}\sin(\cos x)\sin x$

利用复合函数求导法则和导数的四则运算求解.

$$y'=2^{\sin x}\ln 2\cdot\cos x\cdot\cos(\cos x)+2^{\sin x}[-\sin(\cos x)](-\sin x)$$
$$=2^{\sin x}\ln 2\cdot\cos x\cdot\cos(\cos x)+2^{\sin x}\sin(\cos x)\sin x.$$

(4) 应填 $\frac{y^2-e^x-2x\cos(x^2+y^2)}{2y\cos(x^2+y^2)-2xy}$

利用隐函数求导法则求解.

方程两边同时关于 x 求导，得

$$\cos(x^2+y^2)\left(2x+2y\frac{dy}{dx}\right)+e^x-y^2-2xy\frac{dy}{dx}=0,$$

整理得

$$\frac{dy}{dx}=\frac{y^2-e^x-2x\cos(x^2+y^2)}{2y\cos(x^2+y^2)-2xy}.$$

(5) 应填 $2xe^{\sin x^2}\cos x^2 dx$

对函数求导可得 $\frac{dy}{dx}=2xe^{\sin x^2}\cos x^2$，于是函数的微分为

$$dy=2xe^{\sin x^2}\cos x^2 dx.$$

(6) 应填 $2^n\sin\left(2x+\frac{n}{2}\pi\right)$

利用数学归纳法求解函数的 n 阶导数或套用相应的公式进行求解.

(7) 应填 $\lambda>2$

首先求解函数在 $x=0$ 处的导数，即 $f'(0)$ 存在，而

$$f'(0)=\lim_{x\to 0}\frac{f(x)-f(0)}{x}=\lim_{x\to 0}\frac{x^\lambda\cos\frac{1}{x}}{x}=\lim_{x\to 0}x^{\lambda-1}\cos\frac{1}{x},$$

则 $\lambda>1$，且 $f'(0)=0$；另一方面当 $x\neq 0$ 时，导函数为

$$f'(x)=\lambda x^{\lambda-1}\cos\frac{1}{x}+x^{\lambda-2}\sin\frac{1}{x}.$$

若导数在 $x=0$ 处连续，即要求

$$\lim_{x\to 0} f'(x)=\lim_{x\to 0}\left(\lambda x^{\lambda-1}\cos\frac{1}{x}+x^{\lambda-2}\sin\frac{1}{x}\right)=0,$$

于是解得 $\lambda>2$.

综上所述，若函数 $f(x)$ 的导数在 $x=0$ 处连续，则参数 $\lambda>2$.

2.【解】 (1)应选(A)

因为函数 $f(x)$ 在 $x=1$ 处可导，所以 $f(x)$ 在 $x=1$ 处连续，即

$$f(1+0)=f(1-0)=f(1),$$

解得 $a+b=4$；又函数 $f(x)$ 在 $x=1$ 处可导，即 $f'_+(1)=f'_-(1)$，而

$$f'_+(1)=\lim_{x\to 1^+}\frac{f(x)-f(1)}{x-1}=\lim_{x\to 1^+}\frac{ax+b-4}{x-1}=\lim_{x\to 1^+}\frac{ax+(4-a)-4}{x-1}=a;$$

$$f'_-(1)=\lim_{x\to 1^-}\frac{f(x)-f(1)}{x-1}=\lim_{x\to 1^-}\frac{x^2+3-4}{x-1}=2,$$

所以 $a=2$，$b=2$.

(2) 应选(D)

$$\begin{aligned}\lim_{h\to 0}\frac{f(x_0+h)-f(x_0-h)}{h}&=\lim_{h\to 0}\frac{f(x_0+h)-f(h)-f(x_0-h)+f(h)}{h}\\&=\lim_{h\to 0}\frac{[f(x_0+h)-f(h)]-[f(x_0-h)-f(h)]}{h}\\&=\lim_{h\to 0}\left[\frac{f(x_0+h)-f(h)}{h}+\frac{f(x_0-h)-f(h)}{-h}\right]\\&=2f'(x_0)=4.\end{aligned}$$

(3) 应选(B)

令 $x^2=t$，于是 $x=\sqrt{t}$，即 $f(t)=t^{\frac{3}{2}}$，则 $f'(t)=\frac{3}{2}t^{\frac{1}{2}}$，所以 $f'(4)=3$.

(4) 应选(D)

令 $-x=t$，于是

$$\lim_{x\to 0}\frac{f(1)-f(1-x)}{2x}=\frac{1}{2}\lim_{t\to 0}\frac{f(1+t)-f(1)}{t}=\frac{1}{2}f'(1),$$

所以解得 $f'(1)=-2$，即曲线 $y=f(x)$ 在点 $(1,f(1))$ 处的切线斜率为 $f'(1)=-2$.

(5) 应选(C)

首先，验证充分性.

若 $f(x)$ 在 $x=0$ 处可导，且 $f(0)=0$，即 $\lim\limits_{x\to 0}\frac{f(x)}{x}=f'(0)$，则

$$\begin{aligned}F'(0)&=\lim_{x\to 0}\frac{F(x)-F(0)}{x}=\lim_{x\to 0}\frac{f(x)(1+|x|)}{x}\\&=\lim_{x\to 0}\left[\frac{f(x)}{x}+\frac{f(x)|x|}{x}\right].\end{aligned}$$

下面讨论函数 $F(x)$ 在 $x=0$ 处的左、右导数：

$$F'_+(0)=\lim_{x\to0^+}\frac{f(x)}{x}+\lim_{x\to0^+}\frac{xf(x)}{x}=f'(0),$$

$$F'_-(0)=\lim_{x\to0^-}\frac{f(x)}{x}-\lim_{x\to0^-}\frac{xf(x)}{x}=f'(0).$$

由左右导数存在且相等知 $f(0)=0$ 是 $F(x)$ 在 $x=0$ 处可导的充分条件.

其次，验证必要性.

若 $F(x)$ 在 $x=0$ 处可导，则

$$F'(0)=\lim_{x\to0}\frac{F(x)-F(0)}{x}=\lim_{x\to0}\frac{f(x)(1+|x|)-f(0)}{x}$$

$$=\lim_{x\to0}\left[\frac{f(x)-f(0)}{x}+\frac{f(x)|x|}{x}\right].$$

上述极限是存在的，且极限中第一项的极限也是存在的，即 $\lim\limits_{x\to0}\frac{f(x)-f(0)}{x}=f'(0)$，则 $\lim\limits_{x\to0}\frac{f(x)|x|-f(0)}{x}$ 存在，可得 $\lim\limits_{x\to0}[f(x)|x|-f(0)]=0$，因为函数 $f(x)$ 在 $x=0$ 处可导，所以函数 $f(x)$ 在 $x=0$ 处连续，解得 $\lim\limits_{x\to0}[f(x)|x|-f(0)]=-f(0)=0$，即 $f(0)=0$.

所以 $f(0)=0$ 是 $F(x)$ 在 $x=0$ 处可导的必要条件.

(6) 应选(B)

首先，判断函数 $f(x)$ 在 $x=0$ 处的极限是否存在：

$$f(0+0)=\lim_{x\to0^+}f(x)=\lim_{x\to0^+}\frac{1-\cos x}{\sqrt{x}}=\lim_{x\to0^+}\frac{\frac{1}{2}x^2}{\sqrt{x}}=\lim_{x\to0^+}\frac{1}{2}x^{\frac{3}{2}}=0,$$

$f(0-0)=\lim\limits_{x\to0^-}f(x)=\lim\limits_{x\to0^-}x^2g(x)=0$(有界量与无穷小的乘积仍为无穷小)，则 $f(x)$ 在 $x=0$ 处的左、右极限存在且相等，所以函数 $f(x)$ 在 $x=0$ 处的极限为

$$\lim_{x\to0}f(x)=0.$$

其次，讨论函数 $f(x)$ 在 $x=0$ 处的连续性，可以验证：$f(0+0)=f(0-0)=f(0)$. 所以函数 $f(x)$ 在 $x=0$ 处连续.

最后，讨论函数 $f(x)$ 在 $x=0$ 的可导性：

$$f'_-(0)=\lim_{x\to0^-}\frac{f(x)-f(0)}{x}=\lim_{x\to0^-}\frac{x^2g(x)}{x}=\lim_{x\to0^-}xg(x)=0,$$

$$f'_+(0)=\lim_{x\to0^+}\frac{f(x)-f(0)}{x}=\lim_{x\to0^+}\frac{\frac{1-\cos x}{\sqrt{x}}}{x}=\lim_{x\to0^+}\frac{1}{2}\sqrt{x}=0,$$

所以 $f(x)$ 在 $x=0$ 处左、右导数存在且相等，即 $f(x)$ 在 $x=0$ 处可导.

(7)应选(A)

利用微分近似计算该值.

令 $f(x)=\sqrt{x}$，其导函数为 $f'(x)=\frac{1}{2}\frac{1}{\sqrt{x}}$，于是

$$\begin{aligned}f(1.004)&=f(1)+f'(1)\times 0.004\\&=1+\frac{1}{2}\times\frac{1}{\sqrt{1}}\times 0.004\\&=1.002.\end{aligned}$$

3.【解】 直接利用微分运算法则求解.

$$\begin{aligned}\mathrm{d}(x^2\arctan\sqrt{x-1})&=x^2\mathrm{d}(\arctan\sqrt{x-1})+\arctan\sqrt{x-1}\mathrm{d}(x^2)\\&=\frac{x}{2}\left(\frac{1}{\sqrt{x-1}}+4\arctan\sqrt{x-1}\right)\mathrm{d}x.\end{aligned}$$

4.【解】 $f(x)$在 $x=1$ 处可导则必连续，从而有 $f(1+0)=f(1-0)=f(1)$，即

$$f(1-0)=b-1=f(1+0)=a+1;$$

亦即 $b=a+2$；

又

$$\begin{aligned}f'_-(1)&=\lim_{x\to 1^-}\frac{f(x)-f(1)}{x-1}=\lim_{x\to 1^-}\frac{-x^2+bx-(a+1)}{x-1}\\&=\lim_{x\to 1^-}\frac{-x^2+(a+2)x-(a+1)}{x-1}=a,\end{aligned}$$

$$\begin{aligned}f'_+(1)&=\lim_{x\to 1^+}\frac{f(x)-f(1)}{x-1}=\lim_{x\to 1^+}\frac{ax^2+1-(a+1)}{x-1}\\&=\lim_{x\to 1^+}\frac{a(x-1)(x+1)}{x-1}=2a,\end{aligned}$$

因为 $f(x)$在 $x=1$ 处可导，则 $f'_-(1)=f'_+(1)$，从而求得 $a=0$，$b=2$.

5.【证】 令 $F(x)=f(x)\mathrm{e}^{-x}$，则 $F(x)$在$(-\infty,\ +\infty)$内可导，且

$$F'(x)=\mathrm{e}^{-x}[-f(x)+f'(x)]\equiv 0,$$

故 $F(x)\equiv C$，取 $C=F(0)=f(0)\mathrm{e}^{-0}=1$，故 $f(x)\mathrm{e}^{-x}\equiv 1$，即 $f(x)=\mathrm{e}^x$.

自测题 B 答案

1.【解】 (1) 应填 4

$$\lim_{x\to 0}\frac{f(x)}{x}=\lim_{x\to 0}\frac{f(x)-f(0)}{x}=f'(0)=4.$$

(2) 应填 $-\frac{101!}{100}$

记 $f(x)=(x-1)g(x)$，其中 $g(x)=x(x+2)\cdots(x+100)$，所以导函数为

$$f'(x)=g(x)+(x-1)g'(x),$$

则 $f'(1)=g(1)=1\times 3\times(-2)\times 5\times(-4)\times\cdots\times 99\times(-98)\times 101=-\frac{101!}{100}$.

(3) 应填$\dfrac{y\sin(xy)-e^{x+y}}{e^{x+y}-x\sin(xy)}$

方程两边同时关于变量 x 求导得

$$e^{x+y}(1+y')-\sin(xy)(y+xy')=0,$$

整理得

$$y'=\frac{y\sin(xy)-e^{x+y}}{e^{x+y}-x\sin(xy)}.$$

(4) 应填$(100+x)e^x$

见习题3.3第3题第(3)问的解答

$$y^{(n)}=xe^x+C_n^1e^x=xe^x+ne^x=(x+n)e^x.$$

所以

$$f^{(100)}(x)=(100+x)e^x.$$

(5) 应填$2x(1+f'(x^2))f'(x^2+f(x^2))$

直接利用复合函数求导法则求解.

$$\begin{aligned}\frac{dy}{dx}&=f'(x^2+f(x^2))(2x+f'(x^2)2x)\\&=2x(1+f'(x^2))f'(x^2+f(x^2)).\end{aligned}$$

(6) 应填$\dfrac{dx}{x(\ln y+1)}$

首先方程两边同时取对数可得 $\ln x=y\ln y$，再两边同时求导得

$$\frac{1}{x}=\frac{dy}{dx}\ln y+y\frac{1}{y}\frac{dy}{dx},$$

整理得

$$\frac{dy}{dx}=\frac{\frac{1}{x}}{1+\ln y}=\frac{1}{x(1+\ln y)}.$$

(7) 应填 e^{-1}

因为$f'(x)=nx^{n-1}$，$f'(1)=n$，于是曲线$f(x)=x^n$ 在点(1，1)处的切线方程为

$$y=nx+1-n.$$

令 $y=0$，解得 $\xi_n=\dfrac{n-1}{n}$，所以

$$\lim_{n\to\infty}f(\xi_n)=\lim_{n\to\infty}\left(\frac{n-1}{n}\right)^n=\lim_{n\to\infty}\left(1+\frac{-1}{n}\right)^{-n\times(-1)}=e^{-1}.$$

2.【解】 (1) 应选(B)

因为$f(x)$在 $x=1$ 处可导则必连续，从而有$f(1+0)=f(1-0)=f(1)$，即

$$f(1-0)=1=f(1+0)=a-b,$$

解得 $b=a-1$.

又

$$f'_-(1)=\lim_{x\to1^-}\frac{f(x)-f(1)}{x-1}=\lim_{x\to1^-}\frac{x^2-1}{x-1}=2,$$

$$f'_+(1)=\lim_{x\to1^+}\frac{f(x)-f(1)}{x-1}=\lim_{x\to1^+}\frac{ax-b-1}{x-1}=\lim_{x\to1^+}\frac{ax-a}{x-1}=a,$$

因为$f(x)$在$x=1$处可导，则$f'_-(1)=f'_+(1)$，从而解得$a=2$，$b=1$.

(2) 应选(D)

由导数的定义可得

$$\lim_{h\to0}\frac{f(x_0+h)-f(x_0-3h)}{h}=\lim_{h\to0}\left[\frac{f(x_0+h)-f(x_0)}{h}-\frac{f(x_0-3h)-f(x_0)}{h}\right]$$

$$=\lim_{h\to0}\left[\frac{f(x_0+h)-f(x_0)}{h}+3\times\frac{f(x_0-3h)-f(x_0)}{-3h}\right]$$

$$=4f'(x_0)=-12.$$

(3) 应选(A)

首先验证充分性.

若$\varphi(1)=0$，则

$$f'(1)=\lim_{x\to1}\frac{f(x)-f(1)}{x-1}=\lim_{x\to1}\frac{|x^3-1|\varphi(x)}{x-1}=\lim_{x\to1}\frac{|x^3-1|}{x-1}\varphi(x)=0,$$

所以$\varphi(1)=0$是$f(x)$在$x=1$处可导的充分条件.

其次，验证必要性.

若$f(x)$在$x=1$处可导，则下面的极限存在：

$$f'(1)=\lim_{x\to1}\frac{f(x)-f(1)}{x-1}=\lim_{x\to1}\frac{|x^3-1|\varphi(x)}{x-1}=\lim_{x\to1}\frac{|x^3-1|}{x-1}\varphi(x).$$

下面讨论$f(x)$在$x=1$处的左、右导数：

$$f'_-(1)=\lim_{x\to1^-}[-(x^2+x+1)\varphi(x)]=-3\varphi(1-0)=-3\varphi(1),$$

$$f'_+(1)=\lim_{x\to1^+}(x^2+x+1)\varphi(x)=3\varphi(1+0)=3\varphi(1),$$

因为$f(x)$在$x=1$处可导，所以$f'_-(1)=f'_+(1)$，解得$\varphi(1)=0$.

综上所述，$\varphi(1)=0$是$f(x)$在$x=1$处可导的充要条件.

(4) 应选(D)

令$-x=t$，于是

$$\lim_{x\to0}\frac{f(1)-f(1-x)}{2x}=\lim_{t\to0}\frac{f(1+t)-f(1)}{2t}=\frac{1}{2}f'(1)=-1,$$

所以$f'(1)=-2$，又因为函数$y=f(x)$是以4为周期的周期函数，所以$y=f(x)$在$(5,f(5))$处切线的斜率为$f'(5)=f'(1)=-2$.

(5) 应选(A)

因为点$(-1,0)$为曲线的切点，于是可得$a=-1$，$b+c=0$；同时两条曲线在点$(-1,0)$具有相同的切线，即

$$y'=3x^2+a,\ y'|_{x=-1}=3-1=2;\ y'=2bx,\ y'|_{x=-1}=-2b=2,$$

解得$b=-1$，$c=1$.

(6) 应填(B)

本题求解的是一个充分条件，下面将证明选项(B)的正确性.

令 $g(x)=|f(x)|$，选项(B)中 $f(a)=0$，且

$$g'(a)=\lim_{x\to a}\frac{g(x)-g(a)}{x-a}=\lim_{x\to a}\frac{|f(x)|-|f(a)|}{x-a}=\lim_{x\to a}\frac{|f(x)|}{x-a}.$$

因为函数 $f(x)$ 在点 $x=a$ 处可导，即得 $f'(a)=\lim\limits_{x\to a}\dfrac{f(x)-f(a)}{x-a}=\lim\limits_{x\to a}\dfrac{f(x)}{x-a}$，于是函数 $g(x)$ 在点 $x=a$ 处的右导数为

$$g'_{+}(a)=\lim_{x\to a^{+}}\frac{|f(x)|}{x-a}=\lim_{x\to a^{+}}\left|\frac{f(x)}{x-a}\right|=|f'(a)|,$$

函数 $g(x)$ 在点 $x=a$ 处的左导数为

$$g'_{-}(a)=\lim_{x\to a^{-}}\frac{|f(x)|}{x-a}=-\lim_{x\to a^{-}}\left|\frac{f(x)}{x-a}\right|=-|f'(a)|.$$

若 $f'(a)\neq 0$，可以判定 $g'_{+}(a)\neq g'_{-}(a)$，即函数 $|f(x)|$ 在点 $x=a$ 处不可导.

(7) 应选(A)

利用微分近似计算该值.

令 $f(x)=\sin x$，其导函数为 $f'(x)=\cos x$，于是

$$\begin{aligned}f(31°)&=f\left(\frac{\pi}{6}+\frac{\pi}{180}\right)=f\left(\frac{\pi}{6}\right)+f'\left(\frac{\pi}{6}\right)\times\frac{\pi}{180}\\&=\frac{1}{2}+\frac{\sqrt{3}}{2}\times\frac{\pi}{180}=0.5151.\end{aligned}$$

3.【解】 因为

$$f(t)=\lim_{x\to\infty}t\left(\frac{x+t}{x-t}\right)^{x}=\lim_{x\to\infty}t\left(1+\frac{2t}{x-t}\right)^{\frac{x-t}{2t}\frac{2t}{x-t}x}=te^{2t},$$

所以 $f'(t)=e^{2t}+2te^{2t}=(1+2t)e^{2t}$.

4.【解】 利用复合函数求导法则求解.

$$\begin{aligned}y&=\arctan e^{x}-\ln\sqrt{\frac{e^{2x}}{e^{2x}+1}}=\arctan e^{x}-\frac{1}{2}\ln\frac{e^{2x}}{e^{2x}+1}\\&=\arctan e^{x}-x+\frac{1}{2}\ln(e^{2x}+1).\end{aligned}$$

于是导函数为 $\dfrac{dy}{dx}=\dfrac{e^{x}}{1+e^{2x}}-1+\dfrac{e^{2x}}{e^{2x}+1}=\dfrac{e^{x}-1}{1+e^{2x}}$；再令 $x=1$ 得

$$\left.\frac{dy}{dx}\right|_{x=1}=\frac{e-1}{e^{2}+1}.$$

5.【解】 函数 $y=\dfrac{1}{\sqrt{x}}$ 的导函数为 $y'=-\dfrac{1}{2}\dfrac{1}{\sqrt{x^{3}}}$，于是点 $\left(a,\dfrac{1}{\sqrt{a}}\right)$ 处的切线方程为

$$y-\frac{1}{\sqrt{a}}=-\frac{1}{2\sqrt{a^{3}}}(x-a);$$

分别令 $x=0$，解得 $y=\dfrac{3}{2\sqrt{a}}$；令 $y=0$，解得 $x=3a$，所以切线与两个坐标轴围成的面积为

$S=\frac{9}{4}\sqrt{a}$.

当切点沿 x 轴正方向趋于无穷远时，有 $\lim\limits_{a\to+\infty} S=+\infty$；

当切点沿 y 轴正方向趋于无穷远时，有 $\lim\limits_{a\to 0^+} S=0$.

四、本章典型例题分析

(一) 考查导数的定义

1. 利用导数定义判断导数的存在性或是求解极限

方法：导数定义，本质上是求商的极限.

例 1　设 $f(x)=(x-a)g(x)$，其中 $g(x)$ 在 $x=a$ 处连续，求 $f'(a)$.

【分析】　直接利用某点处导数的定义求解.

【详解】　根据导数的定义得

$$f'(a)=\lim_{x\to a}\frac{f(x)-f(a)}{x-a}=\lim_{x\to a}\frac{(x-a)g(x)}{x-a}=\lim_{x\to a}g(x),$$

因为 $g(x)$ 在 $x=a$ 处连续，所以 $\lim\limits_{x\to a}g(x)=g(a)$，即

$$f'(a)=g(a).$$

【典型错误】　读者对于导数的学习偏重于导数的计算，对于导数的定义理解不够，所以利用导数的定义求解导数称为“难点”. 本例中涉及抽象函数的导数，利用定义求解即可，但是部分读者采用如下做法，根据函数的表达式直接求导得

$$f'(x)=g(x)+(x-a)g'(x),$$

所以 $f'(a)=g(a)$. 发现两种做法答案一致，也不去考虑做法的对错，甚至认为是一题多解，这是错误的理解. 事实上，条件中函数 $g(x)$ 仅在 $x=a$ 处连续，而 $g(x)$ 的导数是否存在是不知道的，即 $g'(x)$ 可能不存在，所以 $f'(x)=g(x)+(x-a)g'(x)$ 不一定存在. 读者在求解时应注意条件，不要主观地加上便于做题的条件.

例 2　设函数 $f(x)$ 为可导函数，则 $\lim\limits_{h\to 0}\frac{f(3-h)-f(3)}{h}=$________.

【分析】　利用导数定义直接求解.

【详解】　应填 $-f'(3)$

将欲求极限化为导数极限形式，令 $x=-h$，当 $h\to 0$ 时，$x\to 0$，即

$$\lim_{h\to 0}\frac{f(3-h)-f(3)}{h}=\lim_{x\to 0}\left[-\frac{f(3+x)-f(3)}{x}\right]=-f'(3).$$

【注】　利用导数存在求解极限是一类重要的考题形式，其方法为将极限化为导数形式进而求解.

例 3　设对于任意的 x 恒有 $f(x+1)=f^2(x)$，且 $f(0)=f'(0)=1$，则 $f'(1)=$________.

【分析】　根据定义求解函数 $f(x)$ 在 $x=1$ 处的导数.

【详解】　应填 2

$$f'(1)=\lim_{x\to 0}\frac{f(x+1)-f(1)}{x}=\lim_{x\to 0}\frac{f^2(x)-f^2(0)}{x}$$

$$=\lim_{x\to 0}\frac{f^2(x)-1}{x}=\lim_{x\to 0}\frac{[f(x)+1][f(x)-1]}{x}$$

$$=\lim_{x\to 0}\frac{f(x)-1}{x}\cdot\lim_{x\to 0}[f(x)+1]$$

$$=2\lim_{x\to 0}\frac{f(x)-f(0)}{x}=2f'(0)=2.$$

【典型错误】　对等式 $f(x+1)=f^2(x)$ 两边同时求导可得

$$f'(x+1)=2f(x)f'(x),$$

令 $x=0$ 可得 $f'(1)=2f(0)f'(0)=2$. 这个过程是错误的，原因是函数 $f(x)$ 的导函数不一定存在. 读者发现结果是一样的，于是不去理会，这是做题的“大忌”，也是原则性的问题.

例 4　设 $f(0)=0$，则函数 $f(x)$ 在点 $x=0$ 处可导的充要条件为

(A) $\lim\limits_{h\to 0}\frac{1}{h^2}f(1-\cosh)$ 存在；　　(B) $\lim\limits_{h\to 0}\frac{1}{h}f(1-e^h)$ 存在；

(C) $\lim\limits_{h\to 0}\frac{1}{h^2}f(h-\sinh)$ 存在；　　(D) $\lim\limits_{h\to 0}\frac{1}{h}[f(2h)-f(h)]$ 存在.　　[　　]

【分析】　逐个验证四个选项是否为函数 $f(x)$ 在点 $x=0$ 处可导的充要条件.

【详解】　应选 (B)

若函数 $f(x)$ 在点 $x=0$ 处可导，则

$$f'(0)=\lim_{x\to 0}\frac{f(x)-f(0)}{x}=\lim_{x\to 0}\frac{f(x)}{x},$$

且函数 $f(x)$ 在点 $x=0$ 处的左右导数均存在并相等，即 $f'_-(0)=f'_+(0)=f'(0)$.

可以检验四个选项的极限都是存在的，事实上，

对选项(A)，$\lim\limits_{h\to 0}\frac{1}{h^2}f(1-\cosh)=\lim\limits_{h\to 0}\frac{1-\cosh}{h^2}\cdot\frac{f(1-\cosh)-f(0)}{1-\cosh}$，令 $u=1-\cosh$，当 $h\to 0$ 时，则 $u\to 0^+$，于是

$$\lim_{h\to 0}\frac{1}{h^2}f(1-\cosh)=\lim_{h\to 0}\frac{1-\cosh}{h^2}\cdot\lim_{u\to 0^+}\frac{f(u)-f(0)}{u}=\frac{1}{2}f'(0).$$

同理，对选项(B)，$\lim\limits_{h\to 0}\frac{1}{h}f(1-e^h)=-f'(0)$；对选项(C)，$\lim\limits_{h\to 0}\frac{1}{h^2}f(h-\sinh)=0$，对选项(D)，

$$\lim_{h\to 0}\frac{1}{h}[f(2h)-f(h)]=\lim_{h\to 0}\left[2\cdot\frac{f(2h)-f(0)}{2h}-\frac{f(h)-f(0)}{h}\right]$$

$$=\lim_{h\to 0}\left[2\cdot\frac{f(2h)-f(0)}{2h}\right]-\lim_{h\to 0}\frac{f(h)-f(0)}{h}$$

$$=2f'(0)-f'(0)=f'(0).$$

下面将通过四个选项来验证函数的导数是否存在，利用导数的定义来判定.

选项(A)，若$\lim\limits_{h\to0}\frac{1}{h^2}f(1-\cos h)$存在，即下列极限存在：

$$\lim_{h\to0}\frac{1}{h^2}f(1-\cos h)=\lim_{h\to0}\frac{1-\cos h}{h^2}\cdot\lim_{u\to0^+}\frac{f(u)-f(0)}{u}=\frac{1}{2}\lim_{u\to0^+}\frac{f(u)-f(0)}{u},$$

此极限说明函数$f(x)$在点$x=0$处的右导数存在；

选项(B)，若$\lim\limits_{h\to0}\frac{1}{h}f(1-e^h)$存在，令$u=1-e^h$，当$h\to0$时，则$u\to0$，于是

$$\lim_{h\to0}\frac{1}{h}f(1-e^h)=\lim_{h\to0}\left[\frac{f(1-e^h)-f(0)}{1-e^h}\cdot\frac{1-e^h}{h}\right]=-\lim_{u\to0}\frac{f(u)-f(0)}{u}$$

存在，所以函数$f(x)$在点$x=0$处的导数存在；

选项(C)，若$\lim\limits_{h\to0}\frac{1}{h^2}f(h-\sin h)$存在，令$u=h-\sin h$，当$h\to0$时，则$u\to0$，于是

$$\begin{aligned}\lim_{h\to0}\frac{1}{h^2}f(h-\sin h)&=\lim_{h\to0}\left[\frac{h-\sin h}{h^2}\cdot\frac{f(h-\sin h)-f(0)}{h-\sin h}\right]\\&=\lim_{h\to0}\left[\frac{h-\sin h}{h^2}\cdot\frac{f(u)-f(0)}{u}\right]\end{aligned}$$

存在，此时$\lim\limits_{h\to0}\frac{h-\sin h}{h^2}=0$，而$\lim\limits_{u\to0}\frac{f(u)-f(0)}{u}$未必存在，不能说明函数$f(x)$在点$x=0$处的导数存在；

选项(D)，若$\lim\limits_{h\to0}\frac{1}{h}[f(2h)-f(h)]$存在，即

$$\lim_{h\to0}\frac{1}{h}[f(2h)-f(h)]=\lim_{h\to0}\left[2\cdot\frac{f(2h)-f(0)}{2h}-\frac{f(h)-f(0)}{h}\right]$$

存在，而$\lim\limits_{h\to0}\frac{f(2h)-f(0)}{h}$，$\lim\limits_{h\to0}\frac{f(h)-f(0)}{h}$不一定存在，故而无法说明函数$f(x)$在点$x=0$处的导数存在，这里举出反例让读者品味一下，设$f(x)=\begin{cases}1, & x\neq0,\\0, & x=0.\end{cases}$可以判定极限

$$\lim_{h\to0}\frac{1}{h}[f(2h)-f(h)]=\lim_{h\to0}\frac{1-1}{h}=0,$$

而$\lim\limits_{h\to0}\frac{f(h)-f(0)}{h}=\lim\limits_{h\to0}\frac{1}{h}$不存在，故函数$f(x)$在点$x=0$处不可导.

【典型错误】 很多读者做题时对于充分性的判定常出现错误，本质上还是没有掌握好导数的定义.

【注】 读者要重视导数的定义，同时本例还综合运用了极限的四则运算和性质.

例 5 设$f'(x)$在$[a,b]$上连续，且$f'(a)>0$，$f'(b)<0$，则下列结论中错误的是

(A) 至少存在一点$x_0\in(a,b)$，使得$f(x_0)>f(a)$；

(B) 至少存在一点 $x_0 \in (a, b)$，使得 $f(x_0) > f(b)$；

(C) 至少存在一点 $x_0 \in (a, b)$，使得 $f(x_0) = 0$；

(D) 至少存在一点 $x_0 \in (a, b)$，使得 $f'(x_0) = 0$.　[　]

【分析】 导函数存在且连续，利用导数定义、极限的局部保号性和闭区间上连续函数的介值定理判断.

【详解】 应选(C)

首先，$f'(a) > 0$，存在 $\delta > 0$，使得对于任意的 $x \in (a, a+\delta)$，有

$$f'(a) = \lim_{x \to a^+} \frac{f(x) - f(a)}{x - a} > 0,$$

根据保号性可得 $f(x) > f(a)$，取 $x_0 \in (a, a+\delta)$，则选项(A) 正确；

其次，同理根据 $f'(b) < 0$，可得存在 $\delta > 0$，使得对于任意的 $x \in (b-\delta, b)$，有

$$f'(b) = \lim_{x \to b^-} \frac{f(x) - f(b)}{x - b} < 0,$$

根据保号性可得 $f(x) > f(b)$，取 $x_0 \in (b-\delta, b)$，则选项(B) 正确；

最后，因为导函数 $f'(x)$ 在 $[a, b]$ 上连续，且 $f'(a) > 0$，$f'(b) < 0$，由介值定理可得：至少存在一点 $x_0 \in (a, b)$，使得 $f'(x_0) = 0$，则选项(D)正确.

【注】 导函数的正负仅说明函数的单调性，不是函数的正负.

例 6 设函数 $f(x)$ 在 $x=0$ 处连续，且 $\lim\limits_{h \to 0} \dfrac{f(h^2)}{h^2} = 1$，则

(A) $f(0) = 0$ 且 $f'_-(0)$ 存在；　(B) $f(0) = 1$ 且 $f'_-(0)$ 存在；

(C) $f(0) = 0$ 且 $f'_+(0)$ 存在；　(D) $f(0) = 1$ 且 $f'_+(0)$ 存在.　[　]

【分析】 利用连续性和导数的定义求解.

【详解】 应选(C)

因为 $\lim\limits_{h \to 0} \dfrac{f(h^2)}{h^2} = 1$，所以 $\lim\limits_{h \to 0} f(h^2) = 0$，而函数 $f(x)$ 在 $x=0$ 处连续，根据连续性可得 $\lim\limits_{h \to 0} f(h^2) = f(0)$，即 $f(0) = 0$；另一方面，令 $x = h^2$，当 $h \to 0$ 时，则 $x \to 0^+$，于是

$$\lim_{h \to 0} \frac{f(h^2)}{h^2} = \lim_{h \to 0} \frac{f(h^2) - f(0)}{h^2} = \lim_{x \to 0^+} \frac{f(x) - f(0)}{x} = 1,$$

所以 $f'_+(0)$ 存在且等于 1.

例 7 设函数 $f(x)$ 在 $x=0$ 处连续，下列命题错误的是

(A) 若 $\lim\limits_{x \to 0} \dfrac{f(x)}{x}$ 存在，则 $f(0) = 0$；

(B) 若 $\lim\limits_{x \to 0} \dfrac{f(x) + f(-x)}{x}$ 存在，则 $f(0) = 0$；

(C) 若 $\lim\limits_{x \to 0} \dfrac{f(x)}{x}$ 存在，则 $f'(0)$ 存在；

(D) 若 $\lim\limits_{x \to 0} \dfrac{f(x) - f(-x)}{x}$ 存在，则 $f'(0)$ 存在.　[　]

【分析】 利用连续性和导数的定义等分析求解.

【详解】 应选(D)

函数 $f(x)$ 在 $x=0$ 处连续，若 $\lim\limits_{x\to 0}\dfrac{f(x)}{x}$ 存在，即 $\lim\limits_{x\to 0}f(x)=f(0)=0$，且

$$\lim_{x\to 0}\frac{f(x)}{x}=\lim_{x\to 0}\frac{f(x)-f(0)}{x}=f'(0),$$

即 $f'(0)$ 存在，所以选项(A)、(C) 正确；读者可以直接判断选项(B) 也是正确的；由例 4 选项(D)的分析可知：若 $\lim\limits_{x\to 0}\dfrac{f(x)-f(-x)}{x}$ 存在，则 $f'(0)$ 不一定存在.

2. 已知导数存在为条件，确定函数中的未知参数，求解分段函数的导函数

例 8 设函数 $f(x)=\begin{cases}x^2, & x\leqslant 1,\\ ax+b, & x>1,\end{cases}$ 试确定 a，b 的值，使 $f(x)$ 在点 $x=1$ 处可导.

【分析】 根据导数和连续的条件确定未知参数.

【详解】 因为函数 $f(x)$ 在点 $x=1$ 处可导，所以 $f(x)$ 在点 $x=1$ 处连续，则

$$f(1+0)=f(1-0)=f(1),$$

即 $a+b=1$；另一方面，函数 $f(x)$ 在点 $x=1$ 处可导，即左右导数存在且相等，$f'_+(1)=f'_-(1)$,事实上,

$$f'_+(1)=\lim_{x\to 1^+}\frac{f(x)-f(1)}{x-1}=\lim_{x\to 1^+}\frac{ax+b-1}{x-1}=\lim_{x\to 1^+}\frac{ax-a}{x-1}=a,$$

$$f'_-(1)=\lim_{x\to 1^-}\frac{f(x)-f(1)}{x-1}=\lim_{x\to 1^-}\frac{x^2-1}{x-1}=\lim_{x\to 1^-}(x+1)=2,$$

所以 $a=2$，$b=-1$.

【典型错误】 在讨论 $f(x)$ 在点 $x=1$ 处左右导数时，采用如下过程：

当 $x\leqslant 1$ 时，$f'(x)=2x$；当 $x>1$ 时，$f'(x)=a$，于是

$f'_+(1)=\lim\limits_{x\to 1^+}f'(x)=a$，$f'_-(1)=\lim\limits_{x\to 1^-}f'(x)=\lim\limits_{x\to 1^-}2x=2$，所以 $a=2$.

虽然做出的答案也是正确的，但是过程是错误的，因为这里函数 $f(x)$ 未必在点 $x=1$ 处可导.

【注】 某点的导数务必要用定义求解，千万不要偷懒用导函数的极限求解导数.

例 9 设 $f(x)=\lim\limits_{n\to\infty}\dfrac{x^2\mathrm{e}^{n(x-1)}+ax+b}{\mathrm{e}^{n(x-1)}+1}$，问 a 和 b 为何值时，$f(x)$ 可导？并求 $f'(x)$.

【分析】 首先确定函数的表达式，然后再利用可导性求解未知参数值，进而求解导函数.

【详解】 当 $x>1$ 时，$f(x)=x^2$；当 $x<1$ 时，$f(x)=ax+b$；当 $x=1$ 时，$f(x)=\dfrac{a+b+1}{2}$，即函数 $f(x)=\begin{cases}x^2, & x>1,\\ \dfrac{a+b+1}{2}, & x=1,\\ ax+b, & x<1.\end{cases}$ 采用上述例 8 的方法求解得未知参数：$a=2$，b

$=-1$，且当 $x<1$ 时，$f'(x)=2$；当 $x>1$ 时，$f'(x)=2x$；利用导数的定义求解得 $f(x)$ 在点 $x=1$ 处的导数为

$$f'_-(1)=\lim_{x\to1^-}\frac{f(x)-f(1)}{x-1}=2,\quad f'_+(1)=\lim_{x\to1^+}\frac{f(x)-f(1)}{x-1}=2,$$

所以导函数为

$$f'(x)=\begin{cases}2x, & x\geqslant1,\\ 2, & x<1.\end{cases}$$

【典型错误】 $f(x)$ 在点 $x=1$ 处的导数未用定义求解.

（二）导函数的计算

1. 不同形式函数的导数求解

例 10 已知函数 $f(x)$ 为可导函数，且 $y=f(\ln(1+x))$，则 $y'=$____________.

【分析】 直接利用复合函数的求导法则进行求解.

【详解】 应填 $y'=f'(\ln(1+x))\dfrac{1}{1+x}$.

例 11 设 $f(x)$ 可微，$y=f(\ln x)\cdot e^{f(x)}$，求 dy.

【分析】 直接利用复合函数的求导法则进行求解.

【详解】 $y'=e^{f(x)}\left[f'(x)f(\ln x)+\dfrac{1}{x}f'(\ln x)\right]$，所以

$$dy=e^{f(x)}\left[f'(x)f(\ln x)+\frac{1}{x}f'(\ln x)\right]dx.$$

【注】 求解复合函数的导数时，关键是搞清楚函数的复合关系，然后由外向里一层层地求导.

例 12 设 $y=x^{x^x}(x>0)$，求 $\dfrac{dy}{dx}$.

【分析】 利用复合函数求导法或是对数求导法求导.

【详解】 方法一：利用复合函数求导法.

$y=x^{x^x}=e^{x^x\ln x}$，于是导函数为

$$y'=e^{x^x\ln x}\left(x^x\cdot\frac{1}{x}+(x^x)'\ln x\right).$$

记 $u=x^x=e^{x\ln x}$，于是 $u'=(x^x)'=e^{x\ln x}(\ln x+1)=x^x(\ln x+1)$，所以

$$y'=[x^x(\ln x+1)\ln x+x^{x-1}]x^{x^x}\ (x>0).$$

方法二：利用对数求导法求解

$$\ln(\ln y)=x\ln x+\ln(\ln x),$$

两边同时求导得

$$\frac{1}{\ln y}\cdot\frac{1}{y}\cdot y'=\ln x+1+\frac{1}{\ln x}\cdot\frac{1}{x},$$

化简得

$$y' = \left(\ln x + 1 + \frac{1}{\ln x} \cdot \frac{1}{x}\right) y \ln y = \left(\ln x + 1 + \frac{1}{\ln x} \cdot \frac{1}{x}\right) x^{x^x} x^x \ln x$$
$$= [x^x(\ln x + 1)\ln x + x^{x-1}] x^{x^x} \quad (x > 0).$$

例 13　设$\begin{cases} x = \arctan t, \\ y = \ln(1 + t^2), \end{cases}$求$\frac{dy}{dx}$.

【分析】　利用参数方程求导法求解.

【详解】　$$\frac{dy}{dx} = \frac{\frac{dy}{dt}}{\frac{dx}{dt}} = \frac{\frac{2t}{1+t^2}}{\frac{1}{1+t^2}} = 2t.$$

2. 二阶导数

例 14　设 $y = \ln(x + \sqrt{x^2 + a^2})$，求 y''.

【分析】　直接利用复合函数的求导法则进行求解.

【详解】
$$y' = \frac{1}{x + \sqrt{x^2 + a^2}}\left(1 + \frac{2x}{2\sqrt{x^2 + a^2}}\right) = \frac{1}{\sqrt{x^2 + a^2}},$$
$$y'' = -\frac{1}{x^2 + a^2} \cdot \frac{2x}{2\sqrt{x^2 + a^2}} = -\frac{x}{(x^2 + a^2)^{3/2}}.$$

例 15　设 $y = y(x)$ 由方程 $x^2 + y^2 = 1$ 所确定，求 y''.

【分析】　利用隐函数求导法求二阶导数.

【详解】　方程两边同时关于 x 求导可得
$$2x + 2y \cdot y' = 0,$$
解得 $y' = -\frac{x}{y}$，再对上面方程两边同时关于 x 求导可得
$$2 + 2y' \cdot y' + 2y \cdot y'' = 0,$$
整理得
$$y'' = -\frac{1}{y^3}.$$

例 16　已知函数 $y = y(x)$ 由方程 $e^y + 6xy + x^2 - 1 = 0$ 确定，求 $y''(0)$.

【分析】　利用隐函数求导法求二阶导数.

【详解】　方程两边同时关于 x 求导可得
$$e^y \cdot y' + 6y + 6xy' + 2x = 0,$$
当 $x = 0$ 时，$y = 0$，将其代入上述方程中可得 $y'(0) = 0$；再对上述方程关于 x 求导可得
$$e^y \cdot (y')^2 + e^y \cdot y'' + 6y' + 6y' + 6xy'' + 2 = 0,$$
将 $x = 0$，$y = 0$，$y'(0) = 0$ 值代入求解得 $y''(0) = -2$.

【典型错误】　在两次求导中，隐函数 y 关于变量 x 求导时，未将 y 看成复合函数来求导，进而导致错误的结果，还有部分读者在整理高阶导数时出现错误.

【注】　求解隐函数确定的函数在某点的导数值时不必整理(二阶)导数的表达式，可直

接将函数值代入方程求解.

例 17　设$\begin{cases}x=\arctan t,\\ y=\ln(1+t^2),\end{cases}$求$\left.\dfrac{\mathrm{d}^2y}{\mathrm{d}x^2}\right|_{t=0}$.

【分析】　利用参数方程的求导法则进行求解.

【详解】　根据例 13 可得

$$\frac{\mathrm{d}y}{\mathrm{d}x}=\frac{\frac{\mathrm{d}y}{\mathrm{d}t}}{\frac{\mathrm{d}x}{\mathrm{d}t}}=2t.$$

在此基础上，再求二阶导数，得

$$\frac{\mathrm{d}^2y}{\mathrm{d}x^2}=\frac{\mathrm{d}}{\mathrm{d}x}\left(\frac{\mathrm{d}y}{\mathrm{d}x}\right)=\frac{\mathrm{d}}{\mathrm{d}t}\left(\frac{\mathrm{d}y}{\mathrm{d}x}\right)\cdot\frac{1}{\frac{\mathrm{d}x}{\mathrm{d}t}}=\frac{\mathrm{d}}{\mathrm{d}t}(2t)\cdot\frac{1}{(\arctan t)'}=2(1+t^2).$$

当 $t=0$ 时，

$$\left.\frac{\mathrm{d}^2y}{\mathrm{d}x^2}\right|_{t=0}=2.$$

【典型错误】　求解二阶导数：$\dfrac{\mathrm{d}^2y}{\mathrm{d}x^2}=(2t)'=2$. 事实上，参数方程的参数为 t，二阶导数 $\dfrac{\mathrm{d}^2y}{\mathrm{d}x^2}=\dfrac{\mathrm{d}}{\mathrm{d}x}\left(\dfrac{\mathrm{d}y}{\mathrm{d}x}\right)$是对一阶导数$\dfrac{\mathrm{d}y}{\mathrm{d}x}$关于变量 x 求导，而$\dfrac{\mathrm{d}y}{\mathrm{d}x}$是关于参数 t 的函数，不能直接求导，利用反函数求导法则，有$\dfrac{\mathrm{d}^2y}{\mathrm{d}x^2}=\dfrac{\mathrm{d}}{\mathrm{d}x}\left(\dfrac{\mathrm{d}y}{\mathrm{d}x}\right)=\dfrac{\mathrm{d}}{\mathrm{d}t}\left(\dfrac{\mathrm{d}y}{\mathrm{d}x}\right)\cdot\dfrac{1}{\frac{\mathrm{d}x}{\mathrm{d}t}}$.

例 18　设函数 $f(x)$在 $x=2$ 的某邻域内可导，且 $f'(x)=\mathrm{e}^{f(x)}$，$f(2)=1$，求 $f'''(2)$.

【分析】　直接利用复合函数求导法.

【详解】　当 $x=2$ 时，$f(2)=1$，代入等式 $f'(x)=\mathrm{e}^{f(x)}$ 中可得 $f'(2)=\mathrm{e}$；

对方程 $f'(x)=\mathrm{e}^{f(x)}$ 两边同时关于 x 求导，得

$$f''(x)=\mathrm{e}^{f(x)}\cdot f'(x).$$

因为函数 $f(x)$在 $x=2$ 的某邻域内可导，于是等式右边有意义，于是函数 $f(x)$在 $x=2$ 的某邻域内二阶可导，且将当 $x=2$ 时，$f(2)=1$，$f'(2)=\mathrm{e}$ 代入上述等式中可得 $f''(2)=\mathrm{e}^2$；

再对上述等式两边同时关于 x 求导，得

$$f'''(x)=\mathrm{e}^{f(x)}\cdot[f'(x)]^2+\mathrm{e}^{f(x)}\cdot f''(x).$$

这里可得函数 $f(x)$在 $x=2$ 的某邻域内三阶可导，且可解得 $f'''(2)=2\mathrm{e}^3$.

【注】　读者在做题时需注意对条件的把握，本例中求得函数在点 $x=2$ 处的三阶导数，而条件中未说明函数的三阶导数存在，解题中需根据等式说明三阶导数存在并求解.

例 19　已知 $x=\varphi(y)$是 $y=f(x)$的反函数，$f'(x)\neq0$，求 $\varphi''(y)$.

【分析】　利用反函数求导法.

【详解】　一阶导数为

$$\varphi'(y)=\frac{\mathrm{d}x}{\mathrm{d}y}=\frac{1}{\frac{\mathrm{d}y}{\mathrm{d}x}}=\frac{1}{f'(x)}.$$

将上式再关于变量 y 求导可得

$$\varphi''(y)=\frac{\mathrm{d}}{\mathrm{d}y}\left(\frac{\mathrm{d}x}{\mathrm{d}y}\right)=\frac{\mathrm{d}}{\mathrm{d}x}\left(\frac{\mathrm{d}x}{\mathrm{d}y}\right)\cdot\frac{1}{\frac{\mathrm{d}y}{\mathrm{d}x}}=\frac{\mathrm{d}}{\mathrm{d}x}\left[\frac{1}{f'(x)}\right]\cdot\frac{1}{\frac{\mathrm{d}y}{\mathrm{d}x}}=-\frac{f''(x)}{[f'(x)]^3}.$$

【典型错误】 $\varphi''(y)=\left[\frac{1}{f'(x)}\right]'=-\frac{f''(x)}{[f'(x)]^2}$.

3. n 阶导数

例 20 设 $y=x^k$（k 为正整数），求 $y^{(n)}$（n 为正整数）.

【分析】 直接求导，找出 n 阶导数的规律.

【详解】 $y^{(n)}=\begin{cases}k(k-1)\cdots(k-n+1)x^{k-n}, & n\leqslant k,\\ 0, & n>k.\end{cases}$

【典型错误】 未讨论 n 的取值. 将 n 值与 k 值比较，会得到不同的结果.

【注】 在求解 n 阶导数时，最简单直接的方法就是一阶一阶的求导，找出其规律性的表达式. 下面的例子中也是采用相同的方法求解的.

例 21 设函数 $y=\frac{1}{2x+3}$，求 $y^{(n)}(0)$.

【分析】 直接求导寻求规律.

【详解】 一阶导数为 $y'=-\frac{2}{(2x+3)^2}$；

二阶导数为 $y''=\frac{2^2\cdot 2}{(2x+3)^3}$；

三阶导数为 $y'''=-\frac{2^3\cdot 3\cdot 2}{(2x+3)^4}$，综合上面的导数形式可得

$$y^{(n)}=(-1)^n\frac{2^n\cdot n!}{(2x+3)^{n+1}},$$

于是

$$y^{(n)}(0)=(-1)^n\frac{1}{3}\cdot n!\cdot\left(\frac{2}{3}\right)^n.$$

【注】 函数 $y=\frac{1}{ax+b}$ 的 n 阶导数是要求读者熟练掌握的，还有一些常见函数的 n 阶导数也是需要掌握的，如：

$$(\mathrm{e}^x)^{(n)}=\mathrm{e}^x,\ (\sin x)^{(n)}=\sin\left(x+\frac{n\pi}{2}\right),\ (\cos x)^{(n)}=\cos\left(x+\frac{n\pi}{2}\right).$$

例 22 设 $y=\frac{x^n}{1-x}$，求 $y^{(n)}$（n 为正整数）.

【分析】 先化简函数的形式，再求解 n 阶导数.

【详解】　$y=\frac{x^n-1+1}{1-x}=\frac{1}{1-x}-(1+x+\cdots+x^{n-1})$.

结合例 20、例 21 可得　　$y^{(n)}=\frac{n!}{(1-x)^{n+1}}$.

【典型错误】　部分读者未将函数分解，直接寻求函数的 n 阶导数的规律，而规律性的表达式很难求出. 读者在求解函数的 n 阶导数时，一定要尽可能地化简函数的表达式，最好化为一些容易求解 n 阶导数函数的形式.

例 23　设 $y=x^3\mathrm{e}^{2x}$，求 $y^{(n)}$（n 为正整数）.

【分析】　利用莱布尼茨公式求解.

【详解】　函数 $y=x^3\mathrm{e}^{2x}$ 中 x^3 项的四阶及四阶以上导数全为零，于是

$$\begin{aligned}y^{(n)}&=(\mathrm{e}^{2x})^{(n)}+C_n^1(\mathrm{e}^{2x})^{(n-1)}(x^3)'+C_n^2(\mathrm{e}^{2x})^{(n-2)}(x^3)''+C_n^3(\mathrm{e}^{2x})^{(n-3)}(x^3)'''\\&=2^{n-3}\mathrm{e}^{2x}[8x^3+12nx^2+6n(n-1)x+n(n-1)(n-2)].\end{aligned}$$

【注】　对于两个函数乘积的 n 阶导数往往采用莱布尼茨公式法求解，其突破口为函数中有个因子函数具有有限阶导数或是容易求出 n 阶导数的形式，注意充分利用因子函数的 n 阶导数.

（三）利用导数求曲线的切线方程和法线方程

1. 一般函数形式

例 24　已知曲线 $y=x^3-3a^2x+b$ 与 x 轴相切，求 b^2 与 a 的表达式.

【分析】　利用导数的几何意义求解.

【详解】　$y'=3x^2-3a^2$，令 $y'=0$，解得 $x=\pm a$；于是切点坐标为$(\pm a, 0)$，将切点坐标代入曲线方程可得

$$a^3-3a^3+b=0 \quad 或 \quad -a^3+3a^3+b=0,$$

解得 $b=2a^3$ 或 $b=-2a^3$. 即 $b^2=4a^6$.

例 25　求曲线 $y=\ln x$ 上与直线 $x+y=1$ 垂直的切线方程.

【分析】　利用导数的几何意义求解.

【详解】　$y'=\frac{1}{x}$，设曲线上点(x_0, y_0)处的切线垂直于直线 $x+y=1$，于是曲线 $y=\ln x$ 过点(x_0, y_0)处的切线斜率为$\frac{1}{x_0}$，又因为垂直于直线 $x+y=1$，即得$\frac{1}{x_0}=1$，解得 $x_0=1$，则 $y_0=0$，所以切线方程为 $y=x-1$.

2. 隐函数形式

例 26　求曲线 $\sin(xy)+\ln(y-x)=x$ 在点$(0, 1)$处的切线方程.

【分析】　采用隐函数求导法则和导数的几何意义求解.

【详解】　对曲线方程两边同时关于变量 x 求导可得

$$\cos(xy)(y+xy')+\frac{1}{y-x}(y'-1)=1,$$

将点(0，1)代入上述方程可得 $y'=1$，所以曲线在点(0，1)处的切线方程为 $y=x+1$.

3. 极坐标方程形式

例 27　已知曲线的极坐标方程 $r=1-\cos\theta$，求曲线上对应于 $\theta=\dfrac{\pi}{6}$ 处的切线与法线的直角坐标方程.

【分析】　利用极坐标求导法求解.

【详解】　直角坐标和极坐标的关系为 $\begin{cases} x=r\cos\theta, \\ y=r\sin\theta, \end{cases}$ 于是曲线的参数方程为

$$\begin{cases} x=(1-\cos\theta)\cos\theta, \\ y=(1-\cos\theta)\sin\theta. \end{cases}$$

于是曲线的斜率为

$$\frac{\mathrm{d}y}{\mathrm{d}x}=\frac{\dfrac{\mathrm{d}y}{\mathrm{d}\theta}}{\dfrac{\mathrm{d}x}{\mathrm{d}\theta}}=\frac{[(1-\cos\theta)\sin\theta]'}{[(1-\cos\theta)\cos\theta]'}=\frac{\sin^2\theta+\cos\theta-\cos^2\theta}{2\sin\theta\cos\theta-\sin\theta}.$$

当 $\theta=\dfrac{\pi}{6}$ 时，曲线的切线斜率为 $\left.\dfrac{\mathrm{d}y}{\mathrm{d}x}\right|_{\theta=\frac{\pi}{6}}=1$，所以曲线上对应于 $\theta=\dfrac{\pi}{6}$ 处的切线的直角坐标方程为 $x-y-\dfrac{3}{4}\sqrt{3}+\dfrac{5}{4}=0$，法线的直角坐标方程为 $x+y-\dfrac{1}{4}\sqrt{3}+\dfrac{1}{4}=0$.

4. 利用已知条件求解切线方程

例 28　设 $f(x)$ 为周期是 5 的连续函数，在 $x=0$ 的邻域内，恒有

$$f(1+\sin x)-3f(1-\sin x)=8x+\alpha(x).$$

其中 $\lim\limits_{x\to0}\dfrac{\alpha(x)}{x}=0$，$f(x)$ 在 $x=1$ 处可导，求曲线 $y=f(x)$ 在点(6，$f(6)$)处的切线方程.

【分析】　根据已知条件求解导数值，进而确定曲线的切线方程.

【详解】　因为函数 $f(x)$ 在 $x=0$ 的邻域内，恒有

$$f(1+\sin x)-3f(1-\sin x)=8x+\alpha(x)$$

成立，令 $x\to0$，于是可得 $f(1)=0$，同时

$$\lim_{x\to0}\frac{f(1+\sin x)-3f(1-\sin x)}{x}=\lim_{x\to0}\left(8+\frac{\alpha(x)}{x}\right).$$

上述等式左边可化为

$$\begin{aligned} 左边&=\lim_{x\to0}\left[\frac{f(1+\sin x)-f(1)}{x}-3\cdot\frac{f(1-\sin x)-f(1)}{x}\right] \\ &=\lim_{x\to0}\left[\frac{f(1+\sin x)-f(1)}{\sin x}\cdot\frac{\sin x}{x}+3\cdot\frac{f(1-\sin x)-f(1)}{-\sin x}\cdot\frac{\sin x}{x}\right] \\ &=4f'(1). \end{aligned}$$

而上述等式右边为

$$右边=\lim_{x\to0}\left(8+\frac{\alpha(x)}{x}\right)=8.$$

所以
$$f'(1)=2.$$

又因为函数$f(x)$为周期是5的连续函数，所以曲线$y=f(x)$在点$(6,f(6))$处的斜率与在点$(1,f(1))$处的斜率相等，于是$f(6)=f(1)=0$，$f'(6)=f'(1)=2$.

所以曲线在点$(6,f(6))$处的切线方程为$y-0=2(x-6)$，化简得切线方程为
$$2x-y-12=0.$$

（四）可导、连续与极限的关系

例 29　设函数
$$f(x)=\begin{cases}|x|\sin\left(\dfrac{1}{x^2}\right), & x\neq 0,\\ 0, & x=0,\end{cases}$$
则$f(x)$在点$x=0$处

（A）极限不存在；　　（B）极限存在但不连续；

（C）连续但不可导；　　（D）可导.　　[　　]

【分析】　根据函数连续和可导的定义求解.

【详解】　应选(C)

$\lim\limits_{x\to 0}f(x)=\lim\limits_{x\to 0}|x|\sin\left(\dfrac{1}{x^2}\right)$，此极限为无穷小与有界量的乘积，极限为0，即
$$\lim_{x\to 0}f(x)=\lim_{x\to 0}|x|\sin\left(\frac{1}{x^2}\right)=0,$$
且$f(0)=0$，所以函数$f(x)$在点$x=0$处连续；
$$\lim_{x\to 0}\frac{f(x)-f(0)}{x}=\lim_{x\to 0}\frac{|x|\sin\left(\dfrac{1}{x^2}\right)}{x},$$
此极限不存在，故而函数$f(x)$在点$x=0$处不可导.

【注】　注意区分连续和可导两个概念.

第四章　微分中值定理与导数的应用

本章知识结构图

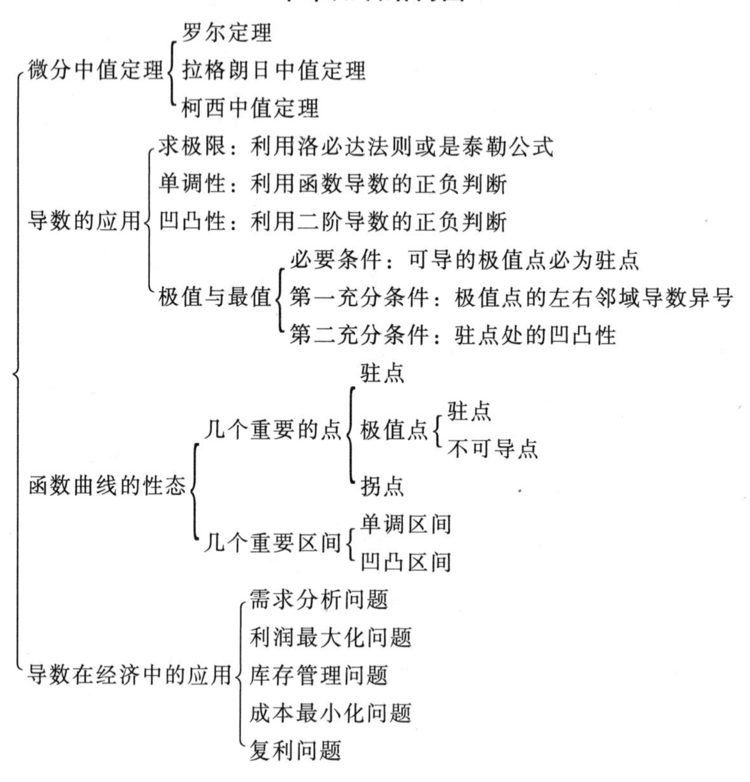

一、内容精要

（一）微分中值定理

1. 费马引理

设函数$f(x)$在$x=x_0$处可导，且在点$x=x_0$的某去心邻域内恒有$f(x)<f(x_0)$（或是$f(x)>f(x_0)$）成立，则$f'(x_0)=0$.

2. 罗尔定理

如果函数$f(x)$在闭区间$[a,b]$上连续，在开区间(a,b)内可导，且在区间端点的函数值相等，即$f(a)=f(b)$，那么在(a,b)内至少有一点$\xi(a<\xi<b)$，使得

$$f'(\xi)=0.$$

【注】 罗尔定理需要满足以下三个条件：

(1) 说明曲线 $y=f(x)$ 在 $A(a, f(a))$ 和 $B(b, f(b))$ 之间是连续曲线，包括点 A 和点 B；

(2) 说明曲线 $y=f(x)$ 在 A，B 之间是光滑曲线，也即每一点都有不垂直于 x 轴的切线，不包括点 A 和点 B；

(3) 说明曲线 $y=f(x)$ 在端点 A 和 B 处的纵坐标相等.

结论说明：曲线 $y=f(x)$ 在点 A 和点 B 之间（不包括点 A 和点 B），至少有一点，它的切线平行于 x 轴.

3. 拉格朗日中值定理

设函数 $f(x)$ 满足：

(1) 在闭区间 $[a, b]$ 上连续；

(2) 在开区间 (a, b) 内可导，

则存在 $\xi\in(a, b)$，使得

$$\frac{f(b)-f(a)}{b-a}=f'(\xi),$$

或写成
$$f(b)-f(a)=f'(\xi)(b-a)(a<\xi<b),$$

有时也写成
$$f(x_0+\Delta x)-f(x_0)=f'(x_0+\theta\Delta x)\cdot\Delta x(0<\theta<1).$$

【注】 拉格朗日中值定理需要满足以下两个条件：

(1) 曲线 $y=f(x)$ 在点 $A(a, f(a))$ 和点 $B(b, f(b))$ 之间（包括点 A 和点 B）是连续曲线；

(2) 曲线 $y=f(x)$（不包括点 A 和点 B）是光滑曲线.

结论说明：曲线 $y=f(x)$ 在 A，B 之间（不包括点 A 和点 B），至少有一点，它的切线与割线 AB 是平行的，如图 4-1 所示.

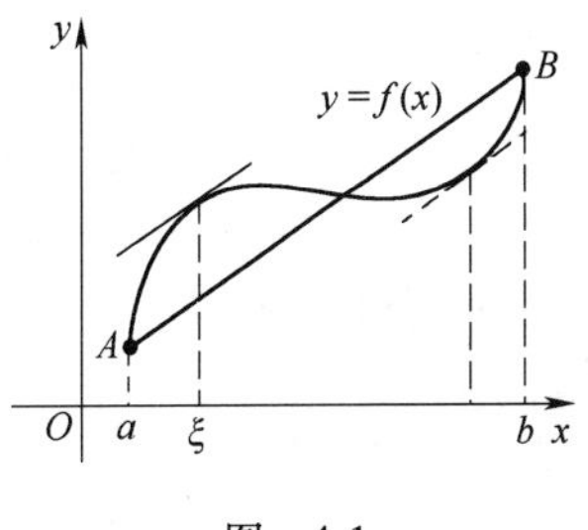

图　4-1

推论 1　若 $f(x)$ 在 (a, b) 内可导，且 $f'(x)\equiv 0$，则 $f(x)$ 在 (a, b) 内恒为常数.

推论 2　若 $f(x)$ 和 $g(x)$ 在 (a, b) 内可导，且 $f'(x)\equiv g'(x)$，则在 (a, b) 内，

$$f(x)=g(x)+C,$$

其中 C 为一个常数.

拉格朗日中值定理为罗尔定理的推广，当 $f(a)=f(b)$ 时的特殊情形，就是罗尔定理.

4. 柯西中值定理

设函数 $f(x)$ 和 $g(x)$ 满足：

(1) 在闭区间 $[a, b]$ 上皆连续；

(2) 在开区间 (a, b) 内皆可导，且 $g'(x)\neq 0$，

则存在 $\xi\in(a, b)$，使得

$$\frac{f(b)-f(a)}{g(b)-g(a)}=\frac{f'(\xi)}{g'(\xi)}(a<\xi<b).$$

【注】 几何意义：考虑曲线 AB 的参数方程 $\begin{cases} x=g(t), \\ y=f(t), \end{cases} t\in[a, b]$.

点 $A(g(a), f(a))$，点 $B(g(b), f(b))$ 在曲线 AB 上，并且曲线 AB 是除端点外的光滑连续曲线，那么在曲线 AB 上至少有一点，它的切线平行于割线 $\overline{AB}$，如图 4-2 所示.

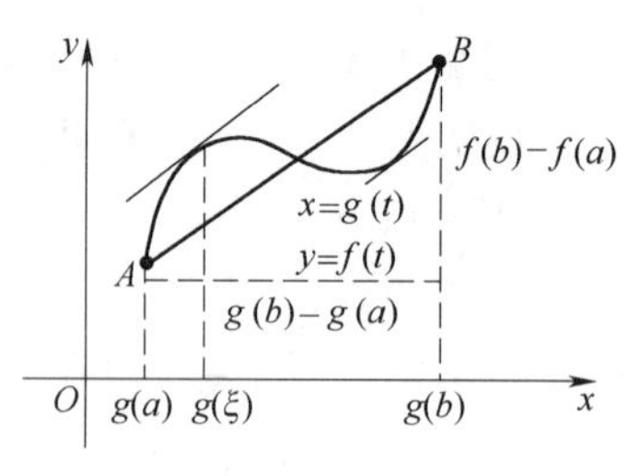

图　4-2

注　柯西中值定理为拉格朗日中值定理的推广，特殊情形 $g(x)=x$ 时，柯西中值定理就是拉格朗日中值定理.

5. 泰勒定理(泰勒公式)

定理 1　(带皮亚诺型余项的 n 阶泰勒公式)设 $f(x)$ 在 x_0 处有 n 阶导数，则有公式当 $x\to x_0$ 时，

$$f(x)=f(x_0)+\frac{f'(x_0)}{1!}(x-x_0)+\frac{f''(x_0)}{2!}(x-x_0)^2+\cdots+\frac{f^{(n)}(x_0)}{n!}(x-x_0)^n+R_n(x),$$

其中 $R_n(x)=o[(x-x_0)^n](x\to x_0)$ 称为皮亚诺型余项.

定理 2　(带拉格朗日型余项的 n 阶泰勒公式)设 $f(x)$ 在包含 x_0 的区间 (a, b) 内有 $n+1$ 阶导数，在 $[a, b]$ 上有 n 阶连续导数，则对 $x\in[a, b]$，有公式

$$f(x)=f(x_0)+\frac{f'(x_0)}{1!}(x-x_0)+\frac{f''(x_0)}{2!}(x-x_0)^2+\cdots+\frac{f^{(n)}(x_0)}{n!}(x-x_0)^n+R_n(x),$$

其中 $R_n(x)=\dfrac{f^{(n+1)}(\xi)}{(n+1)!}(x-x_0)^{n+1}$($\xi$ 在 x_0 与 x 之间)称为拉格朗日型余项.

上面展开式称为以 x_0 为中心的 n 阶泰勒公式. $x_0=0$ 时，也称其为麦克劳林公式.

(二) 函数的极值与最值

1. 极值

设函数 $f(x)$ 在 (a, b) 内有定义，x_0 是 (a, b) 内的某一点，如果点 x_0 存在一个邻域，使得对此邻域内的任一点 $x(x\neq x_0)$，总有 $f(x)<f(x_0)$，则称 $f(x_0)$ 为函数 $f(x)$ 的一个极大值，称 x_0 为函数 $f(x)$ 的一个极大值点；

如果点 x_0 存在一个邻域，使得对此邻域内的任一点 $x(x\neq x_0)$，总有 $f(x)>f(x_0)$，则称 $f(x_0)$ 为函数 $f(x)$ 的一个极小值，称 x_0 为函数 $f(x)$ 的一个极小值点.

函数的极大值与极小值统称极值. 极大值点与极小值点统称极值点.

2. 极值的必要条件

设函数 $f(x)$ 在 x_0 处可导，且 x_0 为 $f(x)$ 的一个极值点，则 $f'(x_0)=0$，我们称满足 $f'(x_0)=0$ 的点 x_0 为 $f(x)$ 的驻点，可导函数的极值点一定是驻点，反之不然.

极值点只能是驻点或不可导点，所以只能从这两种点中进一步去判断.

3. 极值的充分条件

(1) 第一充分条件

设函数$f(x)$在x_0处连续，在$0<|x-x_0|<\delta(\delta>0)$内可导，$f'(x_0)$不存在，或$f'(x_0)=0$，于是可能出现下列三种情况：

1）如果在$(x_0-\delta,\ x_0)$内的任一点x处，有$f'(x)>0$，而在$(x_0,\ x_0+\delta)$内的任一点x处，有$f'(x)<0$，则$f(x_0)$为极大值，x_0为极大值点；

2）如果在$(x_0-\delta,\ x_0)$内的任一点x处，有$f'(x)<0$，而在$(x_0,\ x_0+\delta)$内的任一点x处，有$f'(x)>0$，则$f(x_0)$为极小值，x_0为极小值点；

3）如果在$(x_0-\delta,\ x_0)$内与$(x_0,\ x_0+\delta)$内的任一点x处，$f'(x)$的符号相同，那么$f(x_0)$不是极值，x_0不是极值点.

（2）第二充分条件

设函数$f(x)$在x_0处有二阶导数，且$f'(x_0)=0$，$f''(x_0)\neq 0$，则

1）当$f''(x_0)<0$，$f(x_0)$为极大值，x_0为极大值点；

2）当$f''(x_0)>0$，$f(x_0)$为极小值，x_0为极小值点.

4. 函数的最大值和最小值

（1）求函数$f(x)$在$[a,\ b]$上的最大值和最小值的方法

首先，求出函数$f(x)$在$(a,\ b)$内的所有驻点和不可导点x_1，…，x_k；

其次，计算$f(x_1)$，…，$f(x_k)$，$f(a)$，$f(b)$；

最后，比较$f(x_1)$，…，$f(x_k)$，$f(a)$，$f(b)$，其中最大者就是函数$f(x)$在$[a,\ b]$上的最大值M，最小者就是函数$f(x)$在$[a,\ b]$上的最小值m

（2）最大(小)值的应用问题

首先要列出应用问题中的目标函数及其考虑的区间，然后再求出目标函数在区间内的最大(小)值.

（三）函数的单调性和凹凸性

1. 函数单调性的判断

设函数$f(x)$在区间I上满足：$f'(x)\geqslant 0$(或$f'(x)\leqslant 0$)，且不在任一子区间上取等号，则函数$f(x)$在I上是严格单调增加(减少)的.

2. 函数的凹凸性

（1）定义

设函数$f(x)$在区间I上连续，若对任意不同的两点x_1，x_2，恒有

$$f\left(\frac{x_1+x_2}{2}\right)>\frac{1}{2}[f(x_1)+f(x_2)]\ \left(\text{或} f\left(\frac{x_1+x_2}{2}\right)<\frac{1}{2}[f(x_1)+f(x_2)]\right),$$

则称$f(x)$在I上是凸(凹)的.

（2）判定定理

设函数$f(x)$在区间I上满足：$f''(x)\geqslant 0$(或$f''(x)\leqslant 0$)，且不在任一子区间上取等号，则函数$f(x)$在I上是凸(凹)的.

3. 拐点

（1）定义

曲线上凹与凸的分界点，称为曲线的拐点.

(2) 必要条件

设函数$f(x)$在x_0处二阶可导，且$(x_0, f(x_0))$为$f(x)$的一个拐点，则$f''(x_0)=0$.

(3) 充分条件

设函数$f(x)$在x_0处连续，在$0<|x-x_0|<\delta(\delta>0)$内可导，$f(x)$二阶可导，于是可能出现下列三种情况：

1) 如果在$(x_0-\delta, x_0)$内的任一点x处，有$f''(x)>0$，而在$(x_0, x_0+\delta)$内的任一点x处，有$f''(x)<0$，则$(x_0, f(x_0))$为拐点；

2) 如果在$(x_0-\delta, x_0)$内的任一点x处，有$f''(x)<0$，而在$(x_0, x_0+\delta)$内的任一点x处，有$f''(x)>0$，则$(x_0, f(x_0))$为拐点；

3) 如果在$(x_0-\delta, x_0)$内与$(x_0, x_0+\delta)$内的任一点x处，$f''(x)$的符号相同，那么$(x_0, f(x_0))$不是拐点.

(四) 渐近线

1. 水平渐近线

若$\lim\limits_{x\to+\infty} f(x)=a_1$，则$y=a_1$为函数$f(x)$的一条水平渐近线；

若$\lim\limits_{x\to-\infty} f(x)=a_2$，则$y=a_2$也为函数$f(x)$的一条水平渐近线.

2. 铅直渐近线

若存在x_0，使得$\lim\limits_{x\to x_0^+} f(x)=\infty$(或$\lim\limits_{x\to x_0^-} f(x)=\infty$)，则称$x=x_0$为函数$f(x)$的一条铅直渐近线.

3. 斜渐近线

设$y=ax+b(a\neq0)$是曲线$y=f(x)$的一条渐近线的充分条件为

$$\lim_{x\to+\infty}\frac{f(x)}{x}=a,\quad \lim_{x\to+\infty}[f(x)-ax]=b,$$

则称$y=ax+b$为函数$f(x)$在$x\to+\infty$时的一条斜渐近线，同理$x\to-\infty$时，也可以确定一条渐近线.

二、练习题与解答

习题 4.1 微分中值定理

1. 验证罗尔定理对函数$y=\ln\sin x$在$\left[\frac{\pi}{6}, \frac{5\pi}{6}\right]$上的正确性.

【证】 因为函数$y=f(x)=\ln\sin x$满足如下三个条件：

(1) 函数$f(x)$在$\left[\frac{\pi}{6}, \frac{5\pi}{6}\right]$上连续；

(2) $f(x)$在$\left(\frac{\pi}{6}, \frac{5\pi}{6}\right)$内可导，$y' = f'(x) = \cot x$；

(3) $f(\frac{\pi}{6}) = f(\frac{5\pi}{6}) = -\ln 2$.

所以由罗尔定理可得，至少存在$\xi \in \left(\frac{\pi}{6}, \frac{5\pi}{6}\right)$，使得$f'(\xi) = 0$. 事实上，

$$f'(\xi) = \cot \xi = 0,\ \xi = k\pi + \frac{\pi}{2},\ k \in \mathbf{Z}.$$

确实存在$\frac{\pi}{2} \in \left(\frac{\pi}{6}, \frac{5\pi}{6}\right)$使得$f'\left(\frac{\pi}{2}\right) = 0$，所以罗尔定理成立.

2. 验证罗尔定理对函数$y = 4x^3 - 5x^2 + x - 2$在区间$[0, 1]$上的正确性.

【证】 设$y = f(x) = 4x^3 - 5x^2 + x - 2$满足如下三个条件：

(1) 函数$f(x)$在$[0, 1]$上连续；

(2) $f(x)$在开区间$(0, 1)$内可导，$f'(x) = 12x^2 - 10x + 1$；

(3) $f(0) = f(1) = -2$,

所以由罗尔定理可得，至少存在$\xi \in (0, 1)$，使得$f'(\xi) = 0$. 事实上，由

$$f'(\xi) = 12\xi^2 - 10\xi + 1 = 0,$$

可解得$\xi_1 = \frac{5 - \sqrt{13}}{12}$，$\xi_2 = \frac{5 + \sqrt{13}}{12}$，$0 < \xi_1 < 1$，$0 < \xi_2 < 1$. 所以罗尔定理成立.

3. 已知函数$f(x) = (x-1)(x-3)(x-5)(x-7)$，不求函数的导数，讨论方程$f'(x) = 0$的实根并指出它们所在的区间.

【解】 因为$f(1) = f(3) = f(5) = f(7)$，将函数$f(x)$分别在区间$[1, 3]$，$[3, 5]$，$[5, 7]$上利用罗尔定理，于是存在$\xi_1 \in (1, 3)$，$\xi_2 \in (3, 5)$，$\xi_3 \in (5, 7)$，使得

$$f'(\xi_1) = f'(\xi_2) = f'(\xi_3) = 0.$$

因为$f'(x)$为三次多项式函数，方程$f'(x) = 0$至多含有三个根，所以$f'(x) = 0$的实根分别在$(1, 3)$，$(3, 5)$，$(5, 7)$内.

4. 若方程$a_0x^n + a_1x^{n-1} + \cdots + a_{n-1}x = 0$有一个正根$x = x_0$，证明方程

$$a_0nx^{n-1} + a_1(n-1)x^{n-2} + \cdots + a_{n-1} = 0$$

必有一个小于x_0的正根.

【证】 令函数$f(x) = a_0x^n + a_1x^{n-1} + \cdots + a_{n-1}x$，因为$f(x)$满足$f(0) = f(x_0)$，且$f(x)$在$[0, x_0]$上连续、可导，所以根据罗尔定理，必存在$\xi \in (0, x_0)$，使得$f'(\xi) = 0$，即

$$f'(\xi) = a_0n\xi^{n-1} + a_1(n-1)\xi^{n-2} + \cdots + a_{n-1},$$

故方程$a_0nx^{n-1} + a_1(n-1)x^{n-2} + \cdots + a_{n-1} = 0$必有一个小于$x_0$的正根.

5. 证明下列不等式：

(1) $|\arctan a - \arctan b| \leqslant |a - b|$；

(2) 设$a > b > 0$，则$\frac{a-b}{a} < \ln\frac{a}{b} < \frac{a-b}{b}$；

（3）当 $b>a>0$ 时，$na^{n-1}(b-a)<b^n-a^n<nb^{n-1}(b-a)(n>1)$.

【证】（1）令 $f(x)=\arctan x$，函数 $f(x)$ 在闭区间 $[a,b]$ 上连续，且在开区间 (a,b) 内可导，于是至少存在 $\xi\in(a,b)$，使得 $f(b)-f(a)=f'(\xi)(b-a)$，即

$$\arctan b-\arctan a=\frac{1}{1+\xi^2}(b-a).$$

所以
$$|\arctan a-\arctan b|\leqslant|a-b|.$$

（2）令 $f(x)=\ln x$，函数 $f(x)$ 在闭区间 $[b,a]$ 上连续，且在开区间 (b,a) 内可导，于是至少存在 $\xi\in(b,a)$，使得 $f(a)-f(b)=f'(\xi)(a-b)$，即

$$\ln a-\ln b=\frac{1}{\xi}(a-b).$$

因为 $\xi\in(b,a)$，所以 $\frac{1}{a}<\frac{1}{\xi}<\frac{1}{b}$，故得证.

（3）令 $f(x)=x^n(n>1)$，函数 $f(x)$ 在闭区间 $[a,b]$ 上连续，且在开区间 (a,b) 内可导，于是至少存在 $\xi\in(a,b)$，使得 $f(b)-f(a)=f'(\xi)(b-a)$，即

$$b^n-a^n=n\xi^{n-1}(b-a)(n>1).$$

因为 $\xi\in(a,b)$，所以 $a^{n-1}<\xi^{n-1}<b^{n-1}(n>1)$，故得证.

【注】 利用微分中值定理证明不等式的依据为中值的不确定性，可以对中值 ξ 进行讨论.

习题 4.2　洛必达法则

1. 用洛必达法则求下列极限：

（1）$\lim\limits_{x\to0}\frac{e^x-e^{-x}}{\sin x}$；

（2）$\lim\limits_{x\to a}\frac{\sin x-\sin a}{x-a}$；

（3）$\lim\limits_{x\to\frac{\pi}{2}}\frac{\ln\sin x}{(\pi-2x)^2}$；

（4）$\lim\limits_{x\to+\infty}\frac{\ln\left(1+\frac{1}{x}\right)}{\operatorname{arccot} x}$；

（5）$\lim\limits_{x\to0^+}\frac{\ln\tan 7x}{\ln\tan 2x}$；

（6）$\lim\limits_{x\to1}\frac{x^3-1+\ln x}{e^x-e}$；

（7）$\lim\limits_{x\to0}\frac{\tan x-x}{x-\sin x}$；

（8）$\lim\limits_{x\to0}\frac{\ln\tan\left(\frac{\pi}{4}+ax\right)}{\sin bx}\ (b\neq0)$；

（9）$\lim\limits_{x\to0}\frac{\ln(1+x^2)}{\sin^2x}$；

（10）$\lim\limits_{x\to1}\frac{x^2-1}{\ln x}$；

（11）$\lim\limits_{x\to\pi}\frac{\sin 3x}{\tan 5x}$；

（12）$\lim\limits_{x\to0}\left(\frac{\sin x}{x}\right)^{\frac{1}{x^2}}$；

（13）$\lim\limits_{x\to a}\frac{x^m-a^m}{x^n-a^n}$；

（14）$\lim\limits_{x\to\frac{\pi}{2}}\frac{\tan 3x}{\tan x}$；

(15) $\lim\limits_{x\to\frac{\pi}{2}^+}\dfrac{\ln\left(x-\dfrac{\pi}{2}\right)}{\tan x}$;

(16) $\lim\limits_{x\to 0}\dfrac{x-\arcsin x}{\sin^3 x}$;

(17) $\lim\limits_{x\to 0}x\cot 2x$;

(18) $\lim\limits_{x\to 0}x^2\mathrm{e}^{\frac{1}{x^2}}$;

(19) $\lim\limits_{x\to\infty}x(\mathrm{c}^{\frac{1}{x}}-1)$;

(20) $\lim\limits_{x\to 0}\left(\dfrac{1}{x}-\dfrac{1}{\mathrm{e}^x-1}\right)$;

(21) $\lim\limits_{x\to 1}(1-x)\tan\dfrac{\pi x}{2}$;

(22) $\lim\limits_{x\to 1}\left(\dfrac{2}{x-1}-\dfrac{1}{\ln x}\right)$;

(23) $\lim\limits_{x\to-\infty}x\left(\dfrac{\pi}{2}+\arctan x\right)$;

(24) $\lim\limits_{x\to-1}\left(\dfrac{1}{x+1}-\dfrac{1}{\ln(x+2)}\right)$;

(25) $\lim\limits_{x\to\infty}\left(1+\dfrac{a}{x}\right)^x$;

(26) $\lim\limits_{x\to 0^+}x^{\sin x}$;

(27) $\lim\limits_{x\to 0^+}\left(\dfrac{1}{x}\right)^{\tan x}$;

(28) $\lim\limits_{x\to 0}\dfrac{\mathrm{e}^x+\ln(1-x)-1}{x-\arctan x}$;

(29) $\lim\limits_{x\to 0}(1+\sin x)^{\frac{1}{x}}$;

(30) $\lim\limits_{x\to 0^+}\left(\ln\dfrac{1}{x}\right)^x$;

(31) $\lim\limits_{x\to 0}(\sin x+\mathrm{e}^x)^{\frac{1}{x}}$.

【解】 利用洛必达法则求解上述各函数的极限.

(1) $\lim\limits_{x\to 0}\dfrac{\mathrm{e}^x-\mathrm{e}^{-x}}{\sin x}=\lim\limits_{x\to 0}\dfrac{\mathrm{e}^x+\mathrm{e}^{-x}}{\cos x}=2$;

(2) $\lim\limits_{x\to a}\dfrac{\sin x-\sin a}{x-a}=\lim\limits_{x\to a}\dfrac{\cos x}{1}=\cos a$;

(3) $\lim\limits_{x\to\frac{\pi}{2}}\dfrac{\ln\sin x}{(\pi-2x)^2}=\lim\limits_{x\to\frac{\pi}{2}}\dfrac{\cot x}{(-4)(\pi-2x)}=-\dfrac{1}{4}\lim\limits_{x\to\frac{\pi}{2}}\dfrac{-\csc^2 x}{-2}=-\dfrac{1}{8}$;

(4) $\lim\limits_{x\to+\infty}\dfrac{\ln\left(1+\dfrac{1}{x}\right)}{\operatorname{arccot} x}=\lim\limits_{x\to+\infty}\dfrac{\dfrac{-\dfrac{1}{x^2}}{1+\dfrac{1}{x}}}{-\dfrac{1}{1+x^2}}=\lim\limits_{x\to+\infty}\dfrac{1+x^2}{x^2+x}=1$;

(5) $\lim\limits_{x\to 0^+}\dfrac{\ln\tan 7x}{\ln\tan 2x}=\lim\limits_{x\to 0^+}\dfrac{7}{2}\dfrac{\tan 2x}{\tan 7x}\dfrac{\sec^2 7x}{\sec^2 2x}$

$=\lim\limits_{x\to 0^+}\dfrac{7}{2}\dfrac{\tan 2x}{\tan 7x}\cdot\lim\limits_{x\to 0^+}\dfrac{\sec^2 7x}{\sec^2 2x}=\lim\limits_{x\to 0^+}\dfrac{\sec^2 7x}{\sec^2 2x}=1$;

(6) $\lim\limits_{x\to 1}\dfrac{x^3-1+\ln x}{\mathrm{e}^x-\mathrm{e}}=\lim\limits_{x\to 1}\dfrac{3x^2+\dfrac{1}{x}}{\mathrm{e}^x}=\dfrac{4}{\mathrm{e}}$;

(7) $\lim\limits_{x\to0}\dfrac{\tan x - x}{x-\sin x}=\lim\limits_{x\to0}\dfrac{\sec^2 x-1}{1-\cos x}$

$$=\lim_{x\to0}\frac{\tan^2 x}{1-\cos x}=\lim_{x\to0}\frac{2\tan x\sec^2 x}{\sin x}=2;$$

(8) $\lim\limits_{x\to0}\dfrac{\ln\tan\left(\dfrac{\pi}{4}+ax\right)}{\sin bx}=\lim\limits_{x\to0}\dfrac{\dfrac{\sec^2\left(\dfrac{\pi}{4}+ax\right)}{\tan\left(\dfrac{\pi}{4}+ax\right)}\cdot a}{b\cos bx}=\dfrac{2a}{b};$

(9) $\lim\limits_{x\to0}\dfrac{\ln(1+x^2)}{\sin^2 x}=\lim\limits_{x\to0}\dfrac{\dfrac{2x}{1+x^2}}{2\sin x\cos x}=\lim\limits_{x\to0}\dfrac{1}{(1+x^2)\cos x}\cdot\lim\limits_{x\to0}\dfrac{x}{\sin x}=1,$

或

$$\lim_{x\to0}\frac{\ln(1+x^2)}{\sin^2 x}=\lim_{x\to0}\frac{x^2}{x^2}=1;$$

(10) $\lim\limits_{x\to1}\dfrac{x^2-1}{\ln x}=\lim\limits_{x\to1}\dfrac{2x}{\dfrac{1}{x}}=2;$

(11) $\lim\limits_{x\to\pi}\dfrac{\sin 3x}{\tan 5x}=\lim\limits_{x\to\pi}\dfrac{3\cos 3x}{5\sec^2 5x}=-\dfrac{3}{5};$

(12) $\lim\limits_{x\to0}\left(\dfrac{\sin x}{x}\right)^{\frac{1}{x^2}}=\exp\left\{\lim\limits_{x\to0}\left[\left(\dfrac{\sin x}{x}-1\right)\cdot\dfrac{1}{x^2}\right]\right\}=\exp\left(\lim\limits_{x\to0}\dfrac{\sin x - x}{x^3}\right)$

$$=\exp\left(\lim_{x\to0}\frac{\cos x-1}{3x^2}\right)=e^{-\frac{1}{6}};$$

(13) $\lim\limits_{x\to a}\dfrac{x^m-a^m}{x^n-a^n}=\lim\limits_{x\to a}\dfrac{mx^{m-1}}{nx^{n-1}}=\dfrac{m}{n}a^{m-n};$

(14) $\lim\limits_{x\to\frac{\pi}{2}}\dfrac{\tan 3x}{\tan x}=\lim\limits_{x\to\frac{\pi}{2}}\dfrac{3\sec^2 3x}{\sec^2 x}=\dfrac{1}{3};$

(15) $\lim\limits_{x\to\frac{\pi}{2}^+}\dfrac{\ln\left(x-\dfrac{\pi}{2}\right)}{\tan x}=\lim\limits_{x\to\frac{\pi}{2}^+}\dfrac{\dfrac{1}{x-\dfrac{\pi}{2}}}{\sec^2 x}=\lim\limits_{x\to\frac{\pi}{2}^+}\dfrac{\cos^2 x}{x-\dfrac{\pi}{2}}=\lim\limits_{x\to\frac{\pi}{2}^+}\dfrac{-2\cos x\sin x}{1}=0;$

(16) $\lim\limits_{x\to0}\dfrac{x-\arcsin x}{\sin^3 x}=\lim\limits_{x\to0}\dfrac{1-\dfrac{1}{\sqrt{1-x^2}}}{3\sin^2 x\cos x}=\lim\limits_{x\to0}\dfrac{1-\dfrac{1}{\sqrt{1-x^2}}}{3\sin^2 x}$

$$=\lim_{x\to0}\frac{-\dfrac{2x}{2\sqrt{(1-x^2)^3}}}{6\sin x\cos x}=-\frac{1}{6};$$

(17) $\lim\limits_{x\to0}x\cot 2x=\lim\limits_{x\to0}x\dfrac{\cos 2x}{\sin 2x}=\lim\limits_{x\to0}\dfrac{x}{\sin 2x}=\lim\limits_{x\to0}\dfrac{1}{2\cos 2x}=\dfrac{1}{2};$

(18) 化简原极限可得 $\lim\limits_{x\to0}x^2e^{\frac{1}{x^2}}=\lim\limits_{x\to0}\dfrac{e^{\frac{1}{x^2}}}{\dfrac{1}{x^2}}$，令 $\dfrac{1}{x^2}=y$，$x\to0$ 时，$y\to\infty$，所以

$$\lim_{x\to0}x^2e^{\frac{1}{x^2}}=\lim_{y\to+\infty}\frac{e^y}{y}=\lim_{x\to+\infty}e^y=+\infty;$$

(19) $\lim\limits_{x\to\infty}x(c^{\frac{1}{x}}-1)=\lim\limits_{x\to\infty}\dfrac{e^{\frac{1}{x}}-1}{\dfrac{1}{x}}$，令 $y=\dfrac{1}{x}$，所以

$$原式=\lim_{y\to0}\frac{e^y-1}{y}=\lim_{y\to0}\frac{e^y}{1}=1;$$

(20) $\lim\limits_{x\to0}\left(\dfrac{1}{x}-\dfrac{1}{e^x-1}\right)=\lim\limits_{x\to0}\dfrac{e^x-1-x}{x(e^x-1)}=\lim\limits_{x\to0}\dfrac{e^x-1}{xe^x+e^x-1}=\lim\limits_{x\to0}\dfrac{e^x}{xe^x+e^x+e^x}=\dfrac{1}{2}$;

(21) $\lim\limits_{x\to1}(1-x)\tan\dfrac{\pi x}{2}=\lim\limits_{x\to1}\dfrac{\sin\dfrac{\pi x}{2}\cdot(1-x)}{\cos\dfrac{\pi x}{2}}=\lim\limits_{x\to1}\sin\dfrac{\pi x}{2}\cdot\lim\limits_{x\to1}\dfrac{1-x}{\cos\dfrac{\pi x}{2}}$

$$=\lim_{x\to1}\frac{-1}{-\sin\dfrac{\pi x}{2}\cdot\dfrac{\pi}{2}}=\frac{2}{\pi};$$

(22) $\lim\limits_{x\to1}\left(\dfrac{2}{x-1}-\dfrac{1}{\ln x}\right)=\lim\limits_{x\to1}\dfrac{2\ln x-x+1}{(x-1)\ln x}=\lim\limits_{x\to1}\dfrac{\dfrac{2}{x}-1}{\ln x+\dfrac{x-1}{x}}=\infty$;

(23) $\lim\limits_{x\to-\infty}x\left(\dfrac{\pi}{2}+\arctan x\right)=\lim\limits_{x\to-\infty}\dfrac{\dfrac{\pi}{2}+\arctan x}{\dfrac{1}{x}}=\lim\limits_{x\to-\infty}\dfrac{\dfrac{1}{1+x^2}}{-\dfrac{1}{x^2}}=-1$;

(24) $\lim\limits_{x\to-1}\left(\dfrac{1}{x+1}-\dfrac{1}{\ln(x+2)}\right)=\lim\limits_{x\to-1}\dfrac{\ln(x+2)-x-1}{(x+1)\ln(x+2)}=\lim\limits_{x\to-1}\dfrac{\dfrac{1}{x+2}-1}{\dfrac{x+1}{x+2}+\ln(x+2)}$

$$=\lim_{x\to-1}\frac{\dfrac{-1}{(x+2)^2}}{\dfrac{1}{x+2}+\dfrac{1}{(x+2)^2}}=-\frac{1}{2};$$

(25) $\lim\limits_{x\to\infty}\left(1+\dfrac{a}{x}\right)^x=\exp\left\{\lim\limits_{x\to\infty}\left[\left(1+\dfrac{a}{x}-1\right)\cdot x\right]\right\}=e^a$;

(26) $\lim\limits_{x\to0^+}x^{\sin x}=\exp(\lim\limits_{x\to0^+}\sin x\ln x)=\exp\left(\lim\limits_{x\to0^+}\dfrac{\ln x}{\csc x}\right)$

$$=\exp\left(\lim_{x\to0^+}\frac{\dfrac{1}{x}}{-\csc x\cot x}\right)=\exp[\lim_{x\to0^+}(-\sin x)]=1;$$

(27) $\lim\limits_{x\to0^+}\left(\frac{1}{x}\right)^{\tan x}=\exp\left[\lim\limits_{x\to0^+}\tan x\ln\left(\frac{1}{x}\right)\right]=\exp\left(\lim\limits_{x\to0^+}\frac{-\ln x}{\cot x}\right)$

$$=\exp\left(\lim_{x\to0^+}\frac{\frac{1}{x}}{\csc^2 x}\right)=\exp\left[\lim_{x\to0^+}\left(\frac{\sin^2 x}{x}\right)\right]=1;$$

(28) $\lim\limits_{x\to0}\frac{e^x+\ln(1-x)-1}{x-\arctan x}=\lim\limits_{x\to0}\frac{e^x-\frac{1}{1-x}}{1-\frac{1}{1+x^2}}=\lim\limits_{x\to0}\frac{\frac{(1-x)e^x-1}{1-x}}{\frac{x^2}{1+x^2}}$

$$=\lim_{x\to0}\frac{(1-x)e^x-1}{x^2}=\lim_{x\to0}\frac{-xe^x}{2x}=-\frac{1}{2};$$

(29) $\lim\limits_{x\to0}(1+\sin x)^{\frac{1}{x}}=\exp\left\{\lim\limits_{x\to0}[(1+\sin x)-1]\cdot\frac{1}{x}\right\}=e;$

(30) $\lim\limits_{x\to0^+}\left(\ln\frac{1}{x}\right)^x=\exp[\lim\limits_{x\to0^+}x\ln(-\ln x)]=\exp\left[\lim\limits_{x\to0^+}\frac{\ln(-\ln x)}{\frac{1}{x}}\right]$

$$=\exp\left(\lim_{x\to0^+}\frac{\frac{1}{\ln x}\cdot\frac{1}{x}}{-\frac{1}{x^2}}\right)=\exp\left(\lim_{x\to0^+}\frac{-x}{\ln x}\right)=\exp\left(\lim_{x\to0^+}\frac{-1}{\frac{1}{x}}\right)=1;$$

(31) $\lim\limits_{x\to0}(\sin x+e^x)^{\frac{1}{x}}=\exp\lim\limits_{x\to0}\left\{[(\sin x+e^x)-1]\cdot\frac{1}{x}\right\}=\exp\lim\limits_{x\to0}\frac{(\sin x+e^x)-1}{x}$

$$=\exp\lim_{x\to0}\frac{\cos x+e^x}{1}=e^2.$$

2. 验证极限$\lim\limits_{x\to\infty}\frac{x+\sin x}{x}$存在，但不能用洛必达法则求出.

【证】 $\lim\limits_{x\to\infty}\frac{x+\sin x}{x}=\lim\limits_{x\to\infty}1+\lim\limits_{x\to\infty}\frac{\sin x}{x}=1+0=1$. 事实上，因为$\lim\limits_{x\to\infty}\frac{1+\cos x}{1}$不存在，所以不能用洛必达法则将$\lim\limits_{x\to\infty}\frac{x+\sin x}{x}=\lim\limits_{x\to\infty}\frac{1+\cos x}{1}$求出.

习题 4.3　泰勒公式

1. 应用麦克劳林公式，按 x 的幂展开函数$f(x)=(x^2-3x+1)^3$.

【解】 利用泰勒公式的定义可得

$$f(0)=1,\ f'(0)=-9,\ f''(0)=60,\ f'''(0)=-270,$$
$$f^{(4)}(0)=720,\ f^{(5)}(0)=-1080,$$

$f^{(6)}(0)=720$，$f^{(7)}(x)=0$，所以由麦克劳林公式可得

$$f(x)=f(0)+\frac{f'(0)}{1!}x+\frac{f''(0)}{2!}x^2+\cdots+\frac{f^{(n)}(0)}{n!}x^n+o(x^n)$$

$$=1-9x+30x^2-45x^3+30x^4-9x^5+x^6.$$

2. 按$(x-4)$的幂展开多项式$f(x)=x^4-5x^3+x^2-3x+4$.

【解】 利用泰勒公式的定义可得

$$f'(x)=4x^3-15x^2+2x-3,\ f''(x)=12x^2-30x+2,\ f'''(x)=24x-30,$$
$$f^{(4)}(x)=24,\ f^{(k)}(x)=0(k=5,\ 6,\ \cdots)$$

于是可得

$$f(4)=-56,\ f'(4)=21,\ f''(4)=74,\ f'''(4)=66,$$
$$f^{(4)}(4)=24,\ f^{(k)}(4)=0(k=5,\ 6,\ \cdots),$$

即多项式$f(x)$展开为$(x-4)$的幂级数为

$$f(x)=f(4)+f'(4)(x-4)+\frac{f''(4)}{2!}(x-4)^2+\frac{f'''(4)}{3!}(x-4)^3+\frac{f^{(4)}(4)}{4!}(x-4)^4$$
$$=-56+21(x-4)+37(x-4)^2+11(x-4)^3+(x-4)^4.$$

习题 4.4　函数的单调性

1. 判定函数$f(x)=\arctan x-x$的单调性.

【解】 因为函数$f(x)$的导数为$f'(x)=\dfrac{1}{1+x^2}-1=-\dfrac{x^2}{1+x^2}<0$，所以函数在$\mathbf{R}$上单调递减.

2. 判定函数$f(x)=x+\cos x(0\leqslant x\leqslant 2\pi)$的单调性.

【解】 因为函数$f(x)$的导数为$f'(x)=1-\sin x\geqslant 0$，所以此函数在$[0,\ 2\pi]$上单调递增.

3. 确定下列函数的单调区间：

(1) $y=x^3-3x^2-9x+5$;　　(2) $y=x+\dfrac{4}{x}$;

(3) $y=\ln(x+\sqrt{1+x^2})$;　　(4) $y=(x-1)(x+1)^3$;

(5) $y=2x^2-\ln x$.

【解】 (1) $y'=3x^2-6x-9$，令$y'=0$，得驻点为$x=-1,\ 3$. 所以列表讨论如下：

x	$(-\infty,\ -1)$	-1	$(-1,\ 3)$	3	$(3,\ +\infty)$
y'	+	0	−	0	+
y	单调递增	极大值	单调递减	极小值	单调递增

所以函数在$(-\infty,\ -1)\cup(3,\ +\infty)$上单调递增，在$(-1,\ 3)$上单调递减.

(2) $y'=1-\dfrac{4}{x^2}$，令$y'=0$，得驻点为$x=\pm 2$，列表讨论如下：

x	$(-\infty,\ -2)$	-2	$(-2,\ 0)$	$(0,\ 2)$	2	$(2,\ +\infty)$
y'	+	0	−	−	0	+
y	单调递增	极大值	单调递减	单调递减	极小值	单调递增

所以函数在$(-\infty, -2)\cup(2, +\infty)$上单调递增，在$(-2, 0)\cup(0, 2)$上单调递减.

(3) $y'=\dfrac{1+\dfrac{2x}{2\sqrt{1+x^2}}}{x+\sqrt{1+x^2}}=\dfrac{1}{\sqrt{1+x^2}}>0$，所以函数在**R**上单调递增.

(4) $y'=(x+1)^3+3(x-1)(x+1)^2=(x+1)^2(4x-2)$，令$y'=0$，得驻点为$x=-1$，$\dfrac{1}{2}$，列表讨论如下：

x	$(-\infty, -1)$	-1	$\left(-1, \frac{1}{2}\right)$	$\frac{1}{2}$	$\left(\frac{1}{2}, +\infty\right)$
y'	$-$	0	$-$	0	$+$
y	单调递减	无极值	单调递减	极小值	单调递增

所以函数在$\left(\dfrac{1}{2}, +\infty\right)$上单调递增，在$\left(-\infty, \dfrac{1}{2}\right)$上单调递减.

(5) $y'=4x-\dfrac{1}{x}$，令$y'=0$，得驻点为$x=\dfrac{1}{2}$，列表讨论如下：

x	$\left(0, \frac{1}{2}\right)$	$\frac{1}{2}$	$\left(\frac{1}{2}, +\infty\right)$
y'	$-$	0	$+$
y	单调递减	极小值	单调递增

所以函数在$\left(\dfrac{1}{2}, +\infty\right)$上单调递增，在$\left(0, \dfrac{1}{2}\right)$上单调递减.

4. 证明下列不等式：

(1) 当$x>0$时，$1+\dfrac{1}{2}x>\sqrt{1+x}$；

(2) 当$0<x<\dfrac{\pi}{2}$时，$\sin x+\tan x>2x$；

(3) 当$0<x<\dfrac{\pi}{2}$时，$\tan x>x+\dfrac{1}{3}x^3$；

(4) 当$x>4$时，$2^x>x^2$.

【证】 (1) 令$f(x)=1+\dfrac{x}{2}-\sqrt{1+x}$，则$f'(x)=\dfrac{1}{2}-\dfrac{1}{2\sqrt{1+x}}$.

当$x>0$时，$f'(x)>0$，即当$x>0$时函数$f(x)$单调递增. 又$f(0)=0$，于是$f(x)>0$，得证.

(2) 令$f(x)=\sin x+\tan x-2x$，即得$f(0)=0$，且其导函数为

$$f'(x)=\cos x+\sec^2 x-2,\ f'(0)=0,$$

又因为$f''(x)=-\sin x+2\sec^2 x\tan x=\sin x\left(\dfrac{2}{\cos^3 x}-1\right)>0$，所以当$0<x<\dfrac{\pi}{2}$时，导函数

$f'(x)$为单调递增函数，即得$f'(x)>f'(0)=0$；所以函数$f(x)$为单调递增函数，即得$f(x)>f(0)=0$，得证.

(3) 令$f(x)=\tan x-x-\frac{1}{3}x^3$，$f(0)=0$，且其导函数为

$$f'(x)=\sec^2 x-1-x^2=\tan^2 x-x^2,$$

当$x\in\left(0,\frac{\pi}{2}\right)$时，$\tan x>x$，于是$f'(x)>0$，即当$0<x<\frac{\pi}{2}$时，函数$f(x)$为单调递增函数，即$f(x)>f(0)=0$，得证.

(4) 令$f(x)=2^x-x^2$，$f(4)=2^4-4^2=0$，且其导函数为

$$f'(x)=2^x\ln 2-2x,\ f''(x)=2^x(\ln 2)^2-2,$$

当$x>4$时，$f''(x)>0$，于是导函数$f'(x)$为单调递增函数，又$f'(4)>0$，所以当$x>4$时，有$f(x)>f(4)=0$，得证.

5. 试证方程$\sin x=x$只有一个实根.

【证】 令$f(x)=x-\sin x$，又$f(0)=0$，其导函数为$f'(x)=1-\cos x\geqslant 0$，所以$f(x)$在$(-\infty,+\infty)$上单调递增，所以函数$f(x)$在$(-\infty,+\infty)$上与$x$轴只有一个交点$(0,0)$，即方程$\sin x=x$只有一个实根.

习题 4.5　函数的极值与最值

1. 求下列函数的极值：

(1) $y=x^3-3x^2-9x+1$；　(2) $y=x-\ln(1+x)$；

(3) $y=x+\sqrt{1-x}$；　(4) $y=\frac{x}{1+x^2}$；

(5) $y=x-\sin x$；　(6) $y=x^2e^{-x^2}$；

(7) $y=2-(x-1)^{\frac{2}{3}}$；　(8) $y=2x-\ln(4x)^2$；

(9) $y=2e^x+e^{-x}$；　(10) $y=\frac{\ln^2 x}{x}$；

(11) $y=x+\frac{1}{x}$；　(12) $y=\arctan x-\frac{1}{2}\ln(1+x^2)$.

【解】 (1) 因为$y'=3x^2-6x-9$，令$y'=0$，解得驻点为$x=-1, 3$，又$y''=6(x-1)$，则

$$y''(-1)<0,\ y''(3)>0,$$

于是$x=-1$是极大值点，$x=3$是极小值点，所以极大值为$y(-1)=6$,，极小值为$y(3)=-26$.

(2) 因为$y'=1-\frac{1}{1+x}=\frac{x}{1+x}$，解得驻点为$x=0$，又$y''=\frac{1}{(1+x)^2}$，$y''(0)>0$，于是$x=0$为极小值点，极小值为$y(0)=0$.

(3) 因为$y'=1-\frac{1}{2\sqrt{1-x}}$，令$y'=0$，得驻点为$x=\frac{3}{4}$，又

$$y''=-\frac{1}{4}(1-x)^{-\frac{3}{2}},\quad y''\left(\frac{3}{4}\right)=-2<0,$$

所以 $x=\frac{3}{4}$是极大值点，极大值为 $y\left(\frac{3}{4}\right)=\frac{5}{4}$.

(4) 因为 $y'=\frac{1-x^2}{(1+x^2)^2}$，令 $y'=0$，得驻点 $x=\pm1$，又 $y''=\frac{2x^3-6x}{(1+x^2)^3}$，事实上，$y''(-1)=\frac{1}{2}>0$，于是 $x=-1$ 是极小值点，极小值为 $y(-1)=-\frac{1}{2}$；$y''(1)=-\frac{1}{2}<0$，则 $x=1$ 是极大值点，极大值为 $y(1)=\frac{1}{2}$.

(5) 因为 $y'=1-\cos x$，令 $y'=0$，得驻点 $x=2k\pi(k\in\mathbf{Z})$，又 $y''=\sin x$，$y''(2k\pi)=0$，事实上，$y'=1-\cos x>0$，所以 $2k\pi$ 不是极值点，无极值.

(6) 因为 $y'=2xe^{-x^2}-2x^3e^{-x^2}$，令 $y'=0$，得驻点 $x=-1，0，1$，列表讨论如下：

x	$(-\infty,-1)$	-1	$(-1,0)$	0	$(0,1)$	1	$(1,+\infty)$
y'	+	0	−	0	+	0	−
y	单调递增	极大值	单调递减	极小值	单调递增	极大值	单调递减

于是 $x=-1$ 为极大值点，极大值为 $y(-1)=\frac{1}{e}$；$x=0$ 是极小值点，极小值为 $y(0)=0$；$x=1$ 为极大值点，极大值为 $y(1)=\frac{1}{e}$.

(7) 因为 $y'=-\frac{2}{3}(x-1)^{-\frac{1}{3}}$，当 $x<1$ 时，$y'>0$；当 $x>1$ 时，$y'<0$，所以 $x=1$ 为极大值点，极大值为 $y(1)=2$.

(8) 因为 $y'=2(1-\frac{1}{x})$，令 $y'=0$，得驻点 $x=1$，$y''=\frac{2}{x^2}$，$y''(1)>0$，于是 $x=1$ 为极小值点，极小值为 $y(1)=2-4\ln2$.

(9) 因为 $y'=2e^x-e^{-x}$，令 $y'=0$，得驻点 $x=-\frac{\ln2}{2}$，又

$$y''=2e^x+e^{-x},\quad y''\left(-\frac{\ln2}{2}\right)=2\sqrt{2}>0,$$

于是 $x=-\frac{\ln2}{2}$是极小值点，极小值为 $y\left(-\frac{\ln2}{2}\right)=2\sqrt{2}$.

(10) 因为 $y'=\frac{\ln x(2-\ln x)}{x^2}$，令 $y'=0$，得驻点 $x=1，e^2$，列表讨论如下：

x	$(0,1)$	1	$(1,e^2)$	e^2	$(e^2,+\infty)$
y'	−	0	+	0	−
y	单调递减	极小值	单调递增	极大值	单调递减

于是 $x=1$ 是极小值点，极小值为 $y(1)=0$；$x=\mathrm{e}^2$ 为极大值点，极大值为 $y(\mathrm{e}^2)=\frac{4}{\mathrm{e}^2}$.

（11）因为 $y'=1-\frac{1}{x^2}$，令 $y'=0$，得驻点 $x=\pm1$，$y''=\frac{2}{x^3}$，又 $y''(-1)=-2<0$，于是 $x=-1$为极大值点，极大值为 $y(-1)=-2$；$y''(1)=2>0$，$x=1$ 是极小值点，极小值为 $y(1)=2$.

（12）因为 $y'=\frac{1}{1+x^2}-\frac{1}{2}\cdot\frac{2x}{1+x^2}=\frac{1-x}{1+x^2}$，令 $y'=0$，得驻点 $x=1$，当 $x<1$ 时，$y'>0$，函数为单调递增；当 $x>1$ 时，$y'<0$，函数为单调递减. 于是 $x=1$ 是极大值点，极大值为 $y(1)=\frac{\pi}{4}-\frac{1}{2}\ln2$.

2. 求下列函数的最大值、最小值：

（1）$y=x^4-8x^2+2$，$[1, 3]$；　（2）$y=\sin x+\cos x$，$[0, 2\pi]$；

（3）$y=x+\sqrt{1-x}$，$[-5, 1]$；　（4）$y=\ln(1+x^2)$，$[-1, 2]$；

（5）$y=\frac{x^2}{1+x}$，$\left[-\frac{1}{2}, 1\right]$；　（6）$y=x^{\frac{1}{x}}$，$(0, +\infty)$.

【解】（1）因为 $y'=4x^3-16x$，令 $y'=0$，得驻点 $x=-2, 0, 2$，又

$$y(1)=-5,\quad y(2)=-14,\quad y(3)=11,$$

于是函数的最大值和最小值分别为 11，-14.

（2）因为 $y'=\cos x-\sin x$，令 $y'=0$，得驻点 $x=k\pi+\frac{\pi}{4}$，$k\in\mathbf{Z}$. 又

$$y(0)=1,\quad y(2\pi)=1,\quad y\left(\frac{\pi}{4}\right)=\sqrt{2},\quad y\left(\frac{5\pi}{4}\right)=-\sqrt{2},$$

于是函数的最大值和最小值分别为$\sqrt{2}$，$-\sqrt{2}$.

（3）因为 $y'=1+\frac{-1}{2\sqrt{1-x}}$，令 $y'=0$，得驻点为 $x=\frac{3}{4}$，又

$$y(-5)=-5+\sqrt{6},\quad y(1)=1,\quad y\left(\frac{3}{4}\right)=\frac{5}{4},$$

于是函数的最大值和最小值分别为$\frac{5}{4}$，$-5+\sqrt{6}$.

（4）因为 $y'=\frac{2x}{x^2+1}$，令 $y'=0$，得驻点为 $x=0$，又

$$y(-1)=\ln2,\ y(0)=0,\ y(2)=\ln5,$$

于是函数的最大值和最小值分别为 $\ln5$，0.

（5）因为 $y'=\frac{2x+x^2}{(1+x)^2}$，令 $y'=0$，得驻点为 $x=-2, 0$，又

$$y\left(-\frac{1}{2}\right)=\frac{1}{2},\quad y(1)=\frac{1}{2},\quad y(0)=0,$$

于是函数的最大值和最小值分别为$\frac{1}{2}$，0.

(6) 因为 $y'=x^{\frac{1}{x}}\cdot\frac{1-\ln x}{x^2}$，令 $y'=0$，得驻点为 $x=\mathrm{e}$，列表讨论如下：

x	$(0,\ \mathrm{e})$	e	$(\mathrm{e},\ +\infty)$
y'	+	0	−
y	单调递增	极大值	单调递减

当 $x\to0^+$ 时，$y\to0$；当 $x\to+\infty$时，$y\to1$；于是函数的最大值为 $\mathrm{e}^{\frac{1}{\mathrm{e}}}$，无最小值.

3. 设有一块边长为 a 的正方形铁皮，从 4 个角截去同样的小方块，做成一个无盖的方盒子，问截去小方块的边长为多少时才能使盒子的容积最大？

【解】 设截去的小方块的边长为 x，则盒子的容积为

$$V(x)=x(a-2x)^2.$$

令 $V'(x)=(a-2x)^2-4x(a-2x)=0$，解得驻点为 $x=\frac{a}{2}$，$\frac{a}{6}$，又

$$V''(x)=24x-8a,\qquad V''\left(\frac{a}{2}\right)=4a>0,\qquad V''\left(\frac{a}{6}\right)=-4a<0,$$

故极大值点为$\frac{a}{6}$，所以当截去$\frac{a}{6}$时，盒子的容积最大.

4. 要造一圆柱形油罐，体积为 V，问底半径 r 和高 h 等于多少时，可使表面积最小？

【解】 已知 $V=\pi r^2h$，其表面积为 $S=2\pi rh+2\pi r^2$，则 $S=\frac{2V}{r}+2\pi r^2$，令 $S'=-\frac{2V}{r^2}+4\pi r=0$，解得驻点为

$$r=\sqrt[3]{\frac{V}{2\pi}},\qquad 且\ h=\sqrt[3]{\frac{4V}{\pi}},$$

又 $S''\left(\sqrt[3]{\frac{V}{2\pi}}\right)>0$，所以当 $r=\sqrt[3]{\frac{V}{2\pi}}$，$h=\sqrt[3]{\frac{4V}{\pi}}$时，表面积最小.

习题 4.6　曲线的凹凸性与拐点

求下列函数图形的拐点及凹凸区间：

(1) $y=3x^2-x^3$；　　(2) $y=\sqrt{1+x^2}$；

(3) $y=x+x^{\frac{5}{3}}$；　　(4) $y=\ln(1+x^2)$；

(5) $y=x\mathrm{e}^x$；　　(6) $y=\frac{2x}{1+x^2}$.

【解】 (1) $y'=6x-3x^2$，$y''=6-6x$，令 $y''=0$，解得 $x=1$，$y(1)=2$；于是，当 $x<1$ 时，$y''>0$，函数图形为凹的；当 $x>1$ 时，$y''<0$，函数图形为凸的；所以函数的凹区间为 $(-\infty,\ 1)$，函数的凸区间为 $(1,\ +\infty)$，拐点为 $(1,\ 2)$.

(2) $y'=x(1+x^2)^{-\frac{1}{2}}$，$y''=\frac{1}{\sqrt{(1+x^2)^3}}$，而 $y''>0$，所以函数的凹区间为$(-\infty, +\infty)$，函数的图形无拐点.

(3) $y'=1+\frac{5}{3}x^{\frac{2}{3}}$，$y''=\frac{10}{9}x^{-\frac{1}{3}}$，当 $x<0$ 时，$y''<0$，函数图形为凸的；当 $x>0$ 时，$y''>0$，函数图形为凹的；所以函数的凹区间为$(0, +\infty)$，函数的凸区间为$(-\infty, 0)$，拐点为$(0, 0)$.

(4) $y'=\frac{2x}{1+x^2}$，$y''=\frac{2-2x^2}{(1+x^2)^2}$，令 $y''=0$，解得 $x=\pm1$，$y(1)=y(-1)=\ln2$. 于是，当 $-1<x<1$时，$y''>0$，函数图形为凹的；当 $x>1$ 或 $x<-1$ 时，$y''<0$，函数图形为凸的；所以函数的凹区间为$(-1, 1)$，函数的凸区间为$(-\infty, -1)\cup(1, +\infty)$，拐点为$(-1, \ln2)$和$(1, \ln2)$.

(5) $y'=\mathrm{e}^x+x\mathrm{e}^x$，$y''=(2+x)\mathrm{e}^x$，令 $y''=0$，解得 $x=-2$，$y(-2)=-2\mathrm{e}^{-2}$. 于是，当 $x>-2$ 时，$y''>0$，函数图形为凹的；当 $x<-2$ 时，$y''<0$，函数图形为凸的；所以函数的凹区间为$(-2, +\infty)$,函数的凸区间为$(-\infty, -2)$，拐点为$(-2, -2\mathrm{e}^{-2})$.

(6) $y'=\frac{2-2x^2}{(1+x^2)^2}$，$y''=\frac{4x(x^2-3)}{(1+x^2)^3}$，令 $y''=0$，解得 $x=-\sqrt{3}$，$x=0$，$x=\sqrt{3}$，又

$$y(-\sqrt{3})=\frac{-\sqrt{3}}{2},\quad y(0)=0,\quad y(\sqrt{3})=\frac{\sqrt{3}}{2},$$

当 $-\sqrt{3}<x<0$ 或 $x>\sqrt{3}$时，$y''>0$，函数图形为凹的；当 $0<x<\sqrt{3}$或 $x<-\sqrt{3}$时，$y''<0$，函数图形为凸的；所以函数的凹区间为$(-\sqrt{3}, 0)\cup(\sqrt{3}, +\infty)$，函数的凸区间为$(-\infty, -\sqrt{3})\cup(0, \sqrt{3})$,拐点为$\left(-\sqrt{3}, -\frac{\sqrt{3}}{2}\right)$，$(0, 0)$，$\left(\sqrt{3}, \frac{\sqrt{3}}{2}\right)$.

习题 4.7　函数图形的描绘

1. 求下列函数的渐近线：

(1) $y=\mathrm{e}^{-\frac{1}{x}}$；　　(2) $y=\frac{\mathrm{e}^x}{1+x}$；　　(3) $y=\mathrm{e}^{-x^2}$.

【解】 (1) 因为 $\lim\limits_{x\to\infty}\mathrm{e}^{-\frac{1}{x}}=1$，所以 $y=1$ 为水平渐近线；

又 $\lim\limits_{x\to0^-}\mathrm{e}^{-\frac{1}{x}}=+\infty$，$\lim\limits_{x\to0^+}\mathrm{e}^{-\frac{1}{x}}=-\infty$，所以 $x=0$ 为铅直渐近线.

(2) 因为 $\lim\limits_{x\to-1}\frac{\mathrm{e}^x}{1+x}=\infty$，所以 $x=-1$ 为铅直渐近线；

因为 $\lim\limits_{x\to-\infty}\frac{\mathrm{e}^x}{1+x}=0$，所以 $y=0$ 为水平渐近线；

又 $\lim\limits_{x\to+\infty}\dfrac{e^x}{1+x}=+\infty$，$\lim\limits_{x\to+\infty}\dfrac{\frac{e^x}{1+x}}{x}=+\infty$，所以函数没有斜渐近线.

(3) 因为 $\lim\limits_{x\to\infty}e^{-x^2}=0$，所以 $y=0$ 为水平渐近线.

2. 描绘下列函数的单调性、凹凸性、拐点、极值等性质.

(1) $y=\dfrac{1}{5}(x^4-6x^2+8x+7)$；　　(2) $y=\dfrac{x}{1+x^2}$；

(3) $y=x^2+\dfrac{1}{x}$；　　(4) $y=x\sqrt{3-x}$.

【解】 (1) 函数的定义域为 D：$(-\infty,\ +\infty)$，无奇偶性及周期性. 又

$$y'=\frac{1}{5}(4x^3-12x+8),\qquad y''=\frac{12}{5}(x^2-1),$$

令 $y'=0$，得驻点 $x=1$，$x=-2$；令 $y''=0$，得 $x=\pm1$；又 $\lim\limits_{x\to\infty}y=+\infty$，列表确定函数的升降区间、凹凸区间及极值点与拐点：

x	$(-\infty,\ -2)$	-2	$(-2,\ -1)$	-1	$(-1,\ 1)$	1	$(1,\ +\infty)$
y'	$-$	0	$+$	$\frac{16}{5}$	$+$	0	$+$
y''	$+$	$\frac{36}{5}$	$-$	0	$-$	0	$+$
y	递减，凹	极小值	递增，凹	拐点	递增，凸	拐点	递增，凹

(2) 函数的定义域为 $(-\infty,\ +\infty)$，无周期性.

又 $y(-x)=-y(x)$，函数为奇函数；$\lim\limits_{x\to\infty}y=0$，有水平渐近线 $y=0$，

$$y'=\frac{1-x^2}{(1+x^2)^2},\qquad y''=\frac{2x(x^2-3)}{(1+x^2)^3},$$

令 $y'=0$，得驻点 $x=-1$，$x=1$；令 $y''=0$，得 $x=-\sqrt{3}$，$x=\sqrt{3}$，$x=0$；记

$$A\left(-\sqrt{3},\ -\frac{\sqrt{3}}{4}\right),\quad B\left(-1,\ -\frac{1}{2}\right),\quad C(0,\ 0),\quad D\left(1,\ \frac{1}{2}\right),\quad E\left(\sqrt{3},\ \frac{\sqrt{3}}{4}\right),$$

列表确定函数的升降区间、凹凸区间及极值点与拐点：

x	$(-\infty,-\sqrt{3})$	$-\sqrt{3}$	$(-\sqrt{3},-1)$	-1	$(-1,0)$	0	$(0,1)$	1	$(1,\sqrt{3})$	$\sqrt{3}$	$(\sqrt{3},+\infty)$
y'	$-$		$-$	0	$+$		$+$	0	$-$		$-$
y''	$-$	0	$+$		$+$	0	$-$		$-$	0	$+$
y	递减，凸	拐点	递减，凹	极小值点	递增，凹	拐点	递增，凸	极大值	递减，凸	拐点	递减，凹

(3) 函数的定义域为 $(-\infty,\ 0)\cup(0+\infty)$，无奇偶性及周期性. 又

$$y'=2x-\frac{1}{x^2},\qquad y''=2\left(1+\frac{1}{x^3}\right),$$

令 $y'=0$，得驻点 $x=\sqrt[3]{\frac{1}{2}}$；令 $y''=0$，得 $x=-1$；又

$$\lim_{x\to\infty} y=+\infty,\quad \lim_{x\to 0^-} y=-\infty,\quad \lim_{x\to 0^+} y=+\infty,$$

因此有铅直渐近线 $x=0$；

列表确定函数的升降区间、凹凸区间及极值点与拐点：

x	$(-\infty,-1)$	-1	$(-1,0)$	$\left(0,\sqrt[3]{\frac{1}{2}}\right)$	$\sqrt[3]{\frac{1}{2}}$	$\left(\sqrt[3]{\frac{1}{2}},+\infty\right)$
y'	$-$		$-$	$-$	0	$+$
y''	$+$	0	$-$	$+$		$+$
y	递减，凹	拐点	递减，凸	递减，凹	极小值	递增，凹

（4）函数的定义域为$(-\infty,3]$，无奇偶性及周期性．又

$$y'=\sqrt{3-x}-\frac{x}{2\sqrt{3-x}},\qquad y''=\frac{-x}{4\sqrt{(3-x)^3}},$$

令 $y'=0$，得驻点 $x=2$；令 $y''=0$，得 $x=0$；$\lim\limits_{x\to-\infty} y=-\infty$，记 $A(0,0)$，$B(2,2)$，$C(3,0)$.

列表确定函数的升降区间、凹凸区间及极值点与拐点：

x	$(-\infty,0)$	0	$(0,2)$	2	$(2,3]$
y'	$+$		$+$	0	$-$
y''	$+$	0	$-$		$-$
y	递增，凹	拐点	递增，凸	极小值	递减，凸

习题 4.8　导数在经济管理方面的应用

1. 生产某种商品 Q 单位的利润是

$$L(Q)=Q-0.00001Q^2(\text{元}),$$

问生产多少个单位时所获利润最大？

【解】　因为利润函数为 $L(Q)=Q-0.00001Q^2$，于是其导函数为

$$L'(Q)=1-0.00002Q,$$

令 $L'(Q)=0$，解得 $Q=50000$（单位），$L''(Q)=-0.00002<0$，所以当 $Q=50000$ 时所获利润最大值为

$$L(50000)=50000-0.00001\times 50000^2=25000(\text{元}).$$

2. 某工厂生产甲产品，年产量为 Q（百台），总成本为 C（万元），其中固定成本为 2 万元，每生产 1 百台，成本增加 1 万元，市场上每年可销售此商品 4 百台，其销售收入 R 是 Q 的函数：

$$R=R(Q)=\begin{cases}4Q-\frac{1}{2}Q^2, & 0\leqslant Q\leqslant 4,\\ 8, & Q>4.\end{cases}$$

问每年生产多少台，可使总利润 L 最大？

【解】　利润函数为

$$L(Q)=R-C=R(Q)-(2+Q)=\begin{cases}3Q-\frac{1}{2}Q^2-2, & 0\leqslant Q\leqslant 4\\ 6-Q, & Q>4.\end{cases}$$

令 $L'(Q)=0$，即得当 $0\leqslant Q\leqslant 4$ 时，解得 $Q=3$，而 $L''(Q)=-1<0$，所以当 $Q=3$ 时，总利润 L 最大.

3. 设某商品的总成本函数为 $C=50+2Q$，价格函数 $P=20-\frac{Q}{2}$，其中 P 为该商品单价，Q 为产量．求总利润最大时的产量即最大产量.

【解】 利润函数为

$$L(Q)=PQ-C=\left(20-\frac{Q}{2}\right)Q-(50+2Q)=-\frac{Q^2}{2}+18Q-50.$$

令 $L'(Q)=0$，解得 $Q=18$，而 $L''(Q)=-1<0$，所以当 $Q=18$ 时，总利润最大，且最大利润为 112.

4. 某商品成本函数 $C=15Q-6Q^2+Q^3$，Q 为生产量.

(1) 问生产量为多少时，可使平均成本最小？

(2) 求出边际成本，并验证当平均成本达最小时，边际成本等于平均成本.

【解】 (1) 平均成本函数为

$$\overline{C}(Q)=\frac{C(Q)}{Q}=15-6Q+Q^2,$$

其导函数为 $\overline{C}'(Q)=-6+2Q$，令 $\overline{C}'(Q)=0$，得 $Q=3$，$\overline{C}''(Q)=2>0$，所以当 $Q=3$ 时，平均成本最小，且为 $\overline{C}(3)=6$.

(2) 边际成本为 $MC(Q)=15-12Q+3Q^2$，即当平均成本为 $\overline{C}(3)=6$ 时，

$$MC=15-12\times 3+3\times 3^2=6,$$

得证.

5. 某厂生产某商品，其年销售量为 100 万件，每批生产需增加生产准备费 1000 元，而每件库存费为 0.05 元，如果年销售率是均匀的(此时商品的平均库存量为批量的一半)，问应分几批生产能使生产准备费和库存费之和为最小？

【解】 设应分 n 批生产，则生产准备费和库存费之和的函数为

$$T(n)=\frac{1000000}{n}\times 0.05\times\frac{1}{2}+n\times 1000,$$

其导函数为 $T'(n)=-\frac{1000000}{n^2}\times 0.05\times\frac{1}{2}+1000$，令 $T'(n)=0$，得 $n=5$，$T''(5)>0$，所以应当分 5 批生产时能使生产准备费和库存费之和为最小.

6. 某公司年销售某商品 5000 台，每次进货费用为 40 元，单价为 200 元，年保管费用率为 20%，求最优订购批量.

【解】 设订货批量为 Q，订购的费用函数为

$$C(Q)=\frac{5000}{Q}\times 40+\frac{Q}{2}\times 200\times 20\%=\frac{200000}{Q}+20Q,$$

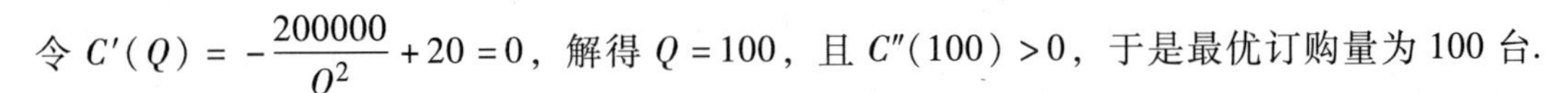
令 $C'(Q) = -\frac{200000}{Q^2} + 20 = 0$，解得 $Q = 100$，且 $C''(100) > 0$，于是最优订购量为 100 台.

7. 某厂全年生产需用甲材料 5170t，每次订购费用为 570 元，每吨甲材料单价及库存保管费用率分别为 600 元，14.2%. 求：

(1) 最优订购批量；　　(2) 最优订购批次；

(3) 最优进货周期；　　(4) 最小总费用.

【解】 设订货批量为 Q，订购的批次为 n 次，订货的周期为 T，订购的费用函数为

$$C(Q) = \frac{5170}{Q} \times 570 + \frac{Q}{2} \times 600 \times 14.2\%.$$

(1) $C'(Q) = -\frac{5170}{Q^2} \times 570 + \frac{1}{2} \times 600 \times 14.2\% = 0$，解得 $Q \approx 263$，且 $C''(263) > 0$，于是最优订购批量 $Q^* = 263\text{t}$；

(2) 最优订购批次为 $n^* = \frac{5170}{263} \approx 19.7$，所以最优的订购批次为 20 次；

(3) 最优进货周期为 $T^* = \frac{365}{20} \approx 18$(天)；

(4) 最小总费用为 $C_{\min}(263) = 22408.7$ 元.

三、自测题 AB 卷与答案

自测题 A

1. 单项选择题：

(1) 在下列函数中，在闭区间[-1, 1]上满足罗尔定理条件的是

(A) e^x；　(B) $\ln x$；　(C) $1 - x^2$；　(D) $\frac{1}{1 - x^2}$.　[　　]

(2) 如果 x_1，x_2 是方程 $f(x) = 0$ 的两个根，又 $f(x)$ 在闭区间 $[x_1, x_2]$ 上连续，在开区间 (x_1, x_2) 内可导，那么方程 $f'(x) = 0$ 在 (x_1, x_2) 内

(A) 只有一个根；　　(B) 至少有一个根；

(C) 没有根；　　(D) 以上结论都不对.　[　　]

(3) 设函数 $f(x)$ 在区间 (a, b) 上恒有 $f'(x) > 0$，$f''(x) < 0$，则曲线 $y = f(x)$ 在 (a, b) 上

(A) 单调上升，上凹；　　(B) 单调上升，上凸；

(C) 单调下降，上凹；　　(D) 单调下降，上凸.　[　　]

(4) 函数 $y = x - \ln(1 + x^2)$ 的极值是

(A) $1 - \ln 2$；　　(B) $-1 - \ln 2$；

(C) 没有极值；　　(D) 0.　[　　]

(5) 曲线 $y = (x - 1)^3$ 的拐点是

（A）$(-1,\ -8)$；　　（B）$(1,\ 0)$；

（C）$(0,\ -1)$；　　（D）$(0,\ 1)$.　　[　　]

2. 填空题：

（1）函数 $f(x)=x^3-3x^2-9x+5$ 在区间________内单调增加.

（2）已知函数 $f(x)=x^3+ax^2+bx$ 在 $x=-1$ 处取得极小值 -2，则 $a=$____，$b=$____.

（3）函数 $f(x)=x^2-\dfrac{1}{x^2}$ 在 $[-3,\ -1]$ 上的最大值为________，最小值为________.

（4）曲线 $f(x)=x^3-3x$ 的拐点为__________.

（5）某商品生产的总成本函数为 $C(x)=300+x+5x^2$，当产量 $x=100$ 时的平均成本为__________，产量为__________时平均成本最低.

3. 计算下列极限：

（1）$\lim\limits_{x\to0}\dfrac{\sin 3x}{3-\sqrt{2x+9}}$；　　（2）$\lim\limits_{x\to0}\dfrac{\tan x-x}{x-\sin x}$；

（3）$\lim\limits_{x\to0^+}(\sin x)^{\sin x}$；　　（4）$\lim\limits_{x\to1}\left(\dfrac{1}{\ln x}-\dfrac{1}{x-1}\right)$.

4. 求函数 $f(x)=2x^3+3x^2-12x$ 的极值与拐点.

5. 设某商品的需求量 Q 是单价 P（单位：元）的函数，$Q=1000-100P$，商品的总成本 C 是需求量 Q 的函数，且 $C=1000+3Q$. 试求使销售利润最大的商品价格和最大利润.

6. 求证：$\ln(x+1)>x-\dfrac{x^2}{2}\quad(x>0)$.

自测题 B

1. 选择题：

（1）函数 $y=k\arctan x-x\,(k>1)$ 在 $(0,\ +\infty)$ 内是

（A）单调增加；　　（B）单调减少；

（C）先减后增；　　（D）先增后减.　　[　　]

（2）函数 $y=f(x)$ 的导数 $y'=f'(x)$ 的图形如图 4-3 所示，则

（A）$x=-1$ 是 $f(x)$ 的驻点，但不是极值点；

（B）$x=-1$ 不是 $f(x)$ 的驻点；

（C）$x=-1$ 是 $f(x)$ 的极小值点；

（D）$x=-1$ 是 $f(x)$ 的极大值点.　　[　　]

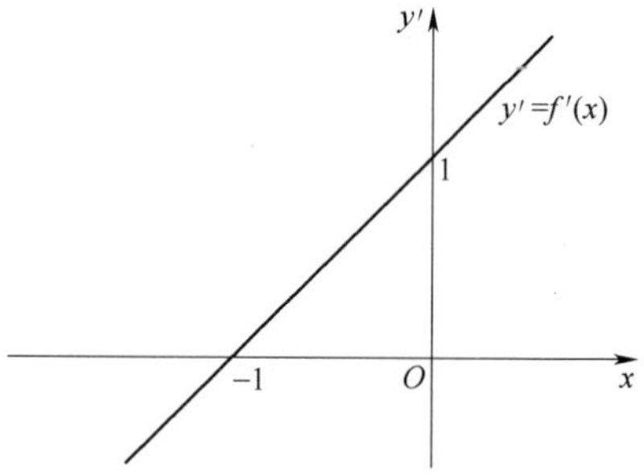

图 4-3

（3）曲线 $y=3x^5-5x^4-10x^3+30x^2-5x+1$ 的拐点是

（A）$(1,\ 14)$；

（B）$(-1,\ 38)$；

（C）$(1,\ 14)$ 和 $(-1,\ 38)$；

（D）没有拐点.　　[　　]

(4)设$f(x)=(x-1)(x-2)(x-3)(x-4)$，则方程$f'(x)=0$在实数范围内根的个数是

(A) 4；　　(B) 3；　　(C) 2；　　(D) 1.　　[　　]

(5) 点(1，2)是曲线$y=ax^3+bx^2$的拐点，则

(A) $a=-1$，$b=3$；　　(B) $a=0$，$b=1$；

(C) a为任意数，$b=3$；　　(D) $a=-1$，b为任意数.　　[　　]

2. 填空题：

(1) 设$f(x)$在$[a,b]$上连续，且$f'(x)<0$，则$f(x)$在$[a,b]$上的最大值为________，最小值为________.

(2) $y=\arctan x+\dfrac{1}{x}$的单调递减区间是________.

(3) 曲线$f(x)=x^3-6x^2+3x+5$的拐点是________.

(4) 曲线$y=\mathrm{e}^x-6x+x^2$在区间________是上凹的.

(5) 设$f''(x)$在$x=1$处连续，且$f(1)=2$，$f'(1)=2$，$f''(1)=4$，则$\lim\limits_{x\to1}\dfrac{f(x)-2x}{(x-1)^2}=$________.

3. 计算下列极限：

(1) $\lim\limits_{x\to1}\dfrac{x-1}{\sqrt[3]{x}-1}$；　　(2) $\lim\limits_{x\to0}\dfrac{\tan x-x}{x^2\sin x}$；

(3) $\lim\limits_{x\to0}(1-\sin x)^{\frac{2}{x}}$；　　(4) $\lim\limits_{x\to0}\dfrac{\mathrm{e}^x+\mathrm{e}^{-x}-2}{x\mathrm{e}^x-\mathrm{e}^x+1}$.

4. 求函数$f(x)=\dfrac{1}{2}(1-\mathrm{e}^{-x^2})$的单调、凹凸区间，极值与拐点.

5. 设某商品的总成本函数为$C(Q)=100Q-180Q^3+120Q^4$，Q为产量，求产量Q为多少时，平均成本最小，并求最小平均成本.

6. 某工厂一年生产某产品1000t，分若干批进行生产，生产每批产品需固定支出1000元. 而每批生产的直接消耗费用(不包括固定支出)与产品数量的二次方成正比，又知每批产品为40t时，直接消耗的生产费用为800元. 试问：每批生产多少吨时，可使全年总费用最少?

7. 证明：$\ln(x+1)\geqslant\dfrac{\arctan x}{1+x}\quad(x\geqslant0)$.

自测题A答案

1.【解】 (1) 应选(C)

选项(A)中，函数不满足$f(-1)=f(1)$，即不满足罗尔定理的条件；

选项(B)中，函数$f(x)$在$[-1,0]$上没有定义；

选项(D)中，函数$f(x)$在$x=\pm1$处没有定义.

(2) 应选(B)

直接利用罗尔定理可得，至少存在一个 ξ，使得$f'(\xi)=0$，即方程$f'(x)=0$在区间(x_1, x_2)内至少存在一个根.

(3) 应选(B)

直接由定义可得.

(4) 应选(C)

因为$y'=1-\frac{2x}{1+x^2}=\frac{1+x^2-2x}{1+x^2}=\frac{(x-1)^2}{1+x^2}$，令$y'=0$，解得驻点$x=1$，于是，当$x<1$时，$y'>0$；当$x>1$时，$y'>0$；所以$y$在$\mathbf{R}$上为单调递增函数，且无极值.

(5) 应选(B)

因为$y'=3(x-1)^2$，$y''=6(x-1)$，令$y''=0$，解得$x=1$，$y(1)=0$. 于是，当$x<1$时，$y''<0$；当$x>1$时，$y''>0$，所以曲线的拐点为$(1, 0)$.

2.【解】 (1) 应填$(-\infty, -1)\cup(3, +\infty)$

因为函数的导函数为$f'(x)=3(x-3)(x+1)$，令$f'(x)=0$，解得$x=-1$，$x=3$，于是当$x\in(-\infty, -1)\cup(3, +\infty)$时，$f'(x)>0$，即得函数的单调递增区间.

(2) 应填4，5

因为导函数为$f'(x)=3x^2+2ax+b$，由题意可知，$f'(-1)=0$，即

$$3-2a+b=0,$$

又函数在$x=-1$处取得极小值，于是$f(-1)=-1+a-b=-2$，联立方程可得$a=4$，$b=5$.

(3) 应填$\frac{80}{9}$，0

因为$f'(x)=2x+\frac{2}{x^3}$，当$x\in[-3, -1]$时，$f'(x)<0$，于是函数在$[-3, -1]$上为单调递减函数，所以函数的最大值为$f(-3)=\frac{80}{9}$，最小值为$f(-1)=0$.

(4) 应填$(0, 0)$

因为导函数为$f'(x)=3x^2-3$，$f''(x)=6x$，令$f''(x)=0$，解得$x=0$，于是当$x<0$时，$f''(x)<0$；当$x>0$时，$f''(x)>0$，又$f(0)=0$，所以拐点为$(0, 0)$.

(5) 504，8

平均成本函数为

$$\overline{C}(x)=\frac{C(x)}{x}=\frac{300+x+5x^2}{x}=\frac{300}{x}+5x+1,$$

所以$\overline{C}(100)=504$，又其导函数为$\overline{C}'(x)=-\frac{300}{x^2}+5$，令$\overline{C}(x)=0$，解得驻点为$x=2\sqrt{15}$，因产量为整数，可取$x=7$或$x=8$，而$\overline{C}(7)>\overline{C}(8)$，所以$x=8$时成本最低.

3.【解】 (1) $\lim\limits_{x\to0}\frac{\sin 3x}{3-\sqrt{2x+9}}=\lim\limits_{x\to0}\frac{3\cos 3x}{-\frac{2}{2\sqrt{2x+9}}}=-9.$

（2）$\lim\limits_{x\to0}\dfrac{\tan x-x}{x-\sin x}=\lim\limits_{x\to0}\dfrac{\sec^2x-1}{1-\cos x}=\lim\limits_{x\to0}\dfrac{\tan^2x}{1-\cos x}=\lim\limits_{x\to0}\dfrac{x^2}{\frac{1}{2}x^2}=2.$

（3）$\lim\limits_{x\to0^+}(\sin x)^{\sin x}=\exp(\lim\limits_{x\to0^+}\sin x\ln\sin x)=\exp\left(\lim\limits_{x\to0^+}\dfrac{\ln\sin x}{\dfrac{1}{\sin x}}\right)$

$$=\exp\left(\lim_{x\to0^+}\frac{\cot x}{-\dfrac{\cos x}{\sin^2x}}\right)=\exp(-\lim_{x\to0^+}\sin x)=1.$$

（4）$\lim\limits_{x\to1}\left(\dfrac{1}{\ln x}-\dfrac{1}{x-1}\right)=\lim\limits_{x\to1}\dfrac{x-1-\ln x}{\ln x\cdot(x-1)}=\lim\limits_{x\to1}\dfrac{1-\dfrac{1}{x}}{\dfrac{x-1}{x}+\ln x}=\lim\limits_{x\to1}\dfrac{1-\dfrac{1}{x}}{1-\dfrac{1}{x}+\ln x}$

$$=\lim_{x\to1}\frac{\dfrac{1}{x^2}}{\dfrac{1}{x^2}+\dfrac{1}{x}}=\frac{1}{2}.$$

4.【解】 导函数为$f'(x)=6x^2+6x-12$，令$f'(x)=0$，解得驻点为$x=-2$，1，而函数的二阶导数为$f''(x)=12x+6$，即

$$f''(-2)=12\times(-2)+6=-18<0,\quad f''(1)=12\times1+6=18>0,$$

所以函数的极大值为$f(-2)=20$，函数的极小值为$f(1)=-7$.

令$f''(x)=0$，解得$x=-\dfrac{1}{2}$，于是，当$x<-\dfrac{1}{2}$时，$f''(x)<0$；当$x>-\dfrac{1}{2}$时，$f''(x)>0$，又$f\left(-\dfrac{1}{2}\right)=\dfrac{13}{2}$，所以拐点为$\left(-\dfrac{1}{2},\dfrac{13}{2}\right)$.

5.【解】 利润函数为

$$L(P)=PQ-C=(1000-100P)\cdot P-(1000+3Q)=-100P^2+1300P-3000,$$

令$L'(P)=-200P+1300=0$，解得$P=6.5$. 又$L''(P)=-200<0$，所以当$P=6.5$时，利润最大，且最大利润为$L(6.5)=1225$.

6.【证】 令$f(x)=\ln(x+1)-x+\dfrac{x^2}{2}$，且$f(0)=0$，其导函数为$f'(x)=\dfrac{1}{1+x}-1+x=\dfrac{x^2}{1+x}$，当$x>0$时，$f'(x)>0$，函数$f(x)$在$(0,+\infty)$上为单调递增函数；所以当$x>0$时，$f(x)>f(0)=0$，即得证.

自测题 B 答案

1.【解】（1）应选(D)

因为$y=k\arctan x-x$，$y'=\dfrac{k}{1+x^2}-1$，其中$k>1$，令$y'=\dfrac{k}{1+x^2}-1=0$，解得$x=$

$\sqrt{k-1}$，于是，当$0<x<\sqrt{k-1}$时，$y'>0$；当$x>\sqrt{k-1}$时，$y'<0$，所以函数在区间$(0,+\infty)$上为先增后减的函数.

(2) 应选(C)

由图4-3知当$y'(-1)=0$，即$x=-1$为驻点，当$x<-1$时，$y'<0$；当$x>-1$时，$y'>0$；所以$x=-1$是极小值点.

(3) 应选(B)

因为$y'=15x^4-20x^3-30x^2+60x-5$，$y''=60(x+1)(x-1)^2$，令$y''=0$，解得$x=\pm1$，当$x<-1$时，$y''<0$；当$x>-1$时，$y''>0$；且$y(-1)=38$，所以$(-1,38)$为曲线的拐点.

当$0<x<1$时，$y''>0$；当$x>1$时，$y''>0$，在点$x=1$处左、右二阶导数的符号没有变，所以不存在拐点.

(4) 应选(B)

因为$f(1)=f(2)=f(3)=f(4)$，将函数$f(x)$分别在区间$[1,2]$，$[2,3]$，$[3,4]$上利用罗尔定理，于是存在$\xi_1\in(1,2)$，$\xi_2\in(2,3)$，$\xi_3\in(3,4)$，使得$f'(\xi_1)=f'(\xi_2)=f'(\xi_3)=0$,因为$f'(x)$为三次多项式函数，方程$f'(x)=0$至多含有三个根，所以$f'(x)=0$的实根分别在$(1,2)$,$(2,3)$，$(3,4)$上，即导函数共有3个实根.

(5) 应选(A)

因为函数的一阶和二阶导数分别为$y'=3ax^2+2bx$，$y''=6ax+2b$，令$y''=0$时，解得$x=-\frac{b}{3a}$,即$-\frac{b}{3a}=1$，又因为$y(1)=a+b=2$，所以联立方程组解得$a=-1$，$b=3$.

2.【解】 (1) 应填$f(a)$，$f(b)$

事实上，函数$f(x)$在闭区间$[a,b]$上为单调递减函数，所以函数的最大值和最小值分别为$f(a)$,$f(b)$.

(2) 应填$(-\infty,0)\cup(0,+\infty)$

因为函数的导数为$y'=\frac{1}{1+x^2}-\frac{1}{x^2}=-\frac{1}{x^2(1+x^2)}<0$，函数的定义域为$(-\infty,0)\cup(0,+\infty)$,所以函数的单调递减区间为$(-\infty,0)\cup(0,+\infty)$.

(3) 应填$(2,-5)$

事实上，函数的一阶和二阶导数分别为

$$f'(x)=3x^2-12x+3,\ f''(x)=6x-12,$$

令$f''(x)=0$，解得$x=2$. 当$x<2$时，$y''<0$；当$x>2$时，$y''>0$，且$f(2)=-5$，所以曲线的拐点为$(2,-5)$.

(4) 应填$(-\infty,+\infty)$.

因为$y'=e^x-6+2x$，$y''=e^x+2>0$，所以函数$f(x)$在$(-\infty,+\infty)$为凹函数.

(5) 应填2

根据条件将欲求的极限化简，即

$$\lim_{x\to1}\frac{f(x)-2x}{(x-1)^2}=\lim_{x\to1}\frac{f'(x)-2}{2(x-1)}=\lim_{x\to1}\frac{f'(x)-f'(1)}{2(x-1)}=\frac{1}{2}f''(1)=2.$$

3.【解】 (1) $\lim\limits_{x\to1}\dfrac{x-1}{\sqrt[3]{x}-1}=\lim\limits_{x\to1}\dfrac{1}{\frac{1}{3}x^{-\frac{2}{3}}}=3$;

(2) $\lim\limits_{x\to0}\dfrac{\tan x-x}{x^2\sin x}=\lim\limits_{x\to0}\dfrac{\tan x-x}{x^3}=\lim\limits_{x\to0}\dfrac{\sec^2x-1}{3x^2}=\lim\limits_{x\to0}\dfrac{\tan^2x}{3x^2}=\lim\limits_{x\to0}\dfrac{x^2}{3x^2}=\dfrac{1}{3}$;

(3) $\lim\limits_{x\to0}(1-\sin x)^{\frac{2}{x}}=\exp\left\{\lim\limits_{x\to0}[(1-\sin x)-1]\cdot\dfrac{2}{x}\right\}=\exp\left[\lim\limits_{x\to0}(-\sin x)\cdot\dfrac{2}{x}\right]=e^{-2}$;

(4) $\lim\limits_{x\to0}\dfrac{e^x+e^{-x}-2}{xe^x-e^x+1}=\lim\limits_{x\to0}\dfrac{e^x-e^{-x}}{xe^x}=\lim\limits_{x\to0}\dfrac{1-e^{-2x}}{x}=-\lim\limits_{x\to0}e^{-2x}\cdot(-2)=2.$

4.【解】 因为$f'(x)=xe^{-x^2}$，且$f''(x)=e^{-x^2}(1-2x^2)$，先令$f'(x)=0$，解得驻点为$x=0$，再令$f''(x)=0$，解得$x=-\dfrac{1}{\sqrt2}$，$\dfrac{1}{\sqrt2}$，于是列表讨论如下：

x	$\left(-\infty,-\frac{1}{\sqrt2}\right)$	$-\frac{1}{\sqrt2}$	$\left(-\frac{1}{\sqrt2},0\right)$	0	$\left(0,\frac{1}{\sqrt2}\right)$	$\frac{1}{\sqrt2}$	$\left(\frac{1}{\sqrt2},+\infty\right)$
y'	−		−	0	+		+
y''	−	0	+		+	0	−
y	递减，凸	拐点	递减，凹	极小值	递增，凹	拐点	递增，凸

$$f(0)=0,\ f\left(-\frac{1}{\sqrt2}\right)=f\left(\frac{1}{\sqrt2}\right)=\frac{1}{2}(1-e^{-\frac{1}{2}}),$$

所以，

(1) $(-\infty,0)$为函数$f(x)$的单调递减区间，$(0,+\infty)$为函数$f(x)$的单调递增区间；

(2) $\left(-\infty,-\dfrac{1}{\sqrt2}\right)\cup\left(\dfrac{1}{\sqrt2},+\infty\right)$为凸区间，$\left(-\dfrac{1}{\sqrt2},\dfrac{1}{\sqrt2}\right)$为凹区间；

(3) 极小值为$f(0)=0$；

(4) 拐点为$\left(-\dfrac{1}{\sqrt2},\dfrac{1}{2}(1-e^{-\frac{1}{2}})\right)$，$\left(\dfrac{1}{\sqrt2},\dfrac{1}{2}(1-e^{-\frac{1}{2}})\right)$.

5.【解】 设平均成本函数为$\overline{C}(x)$，则

$$\overline{C}(x)=\frac{C(Q)}{Q}=\frac{100Q-180Q^3+120Q^4}{Q}=100-180Q^2+120Q^3,$$

令$\overline{C}'(x)=-360Q+360Q^2=0$，解得$Q=1$，其中舍去$Q=0$，于是，当$0<Q<1$时，$\overline{C}'(x)<0$；当$Q>1$时，$\overline{C}'(x)>0$. 所以$Q=1$为极小值点，且最小平均成本为$\overline{C}(1)=40$.

6.【解】 令Q为每批生产的产量数(t)，则全年总费用函数为

$$C(Q)=\frac{1000}{Q}\times1000+KQ^2\ \frac{1000}{Q}(K\text{为比例常数}),$$

又$Q=40$时，$KQ^2=800$，知$K=\dfrac{1}{2}$，所以

$$C(Q)=\frac{1000}{Q}\times1000+\frac{1}{2}Q^2\ \frac{1000}{Q},\ C'(Q)=-\frac{10^6}{Q^2}+500,$$

令 $C'(Q)=0$，得 $Q=20\sqrt{5}$，且 $C''(Q)>0$，所以当 $Q=20\sqrt{5}$时，全年的总费用最少，且为

$$C(20\sqrt{5})=20000\sqrt{5}\approx 44721(\text{元}).$$

7.【证】 令 $f(x)=\ln(x+1)-\dfrac{\arctan x}{1+x}$，又

$$f'(x)=\frac{1}{x+1}-\frac{\dfrac{1}{1+x^2}-\arctan x}{(x+1)^2}=\frac{1}{x+1}-\frac{1}{(1+x^2)(x+1)^2}+\frac{\arctan x}{(x+1)^2},$$

当 $x>0$ 时，$f'(x)>0$；所以当 $x>0$ 时，$f(x)\geqslant f(0)=0$，即得证.

四、本章典型例题分析

单调性、极值、最值、凹凸性和拐点是本章的重要内容，解决该类问题的方法是利用函数的一阶和二阶导数工具；微分中值定理的相关证明和计算是难点，技巧性较大.

（一）函数的性态

1. 讨论函数的单调性

例 1 设函数

$$f(x)=\begin{cases}\dfrac{x+1}{x^2}, & x<0;\\ 0, & x=0;\\ x\ln x, & x>0.\end{cases}$$

求函数的单调区间.

【分析】 对分段函数求导，利用导数的正负来判断函数的单调性.

【详解】 当 $x<0$ 时，

$$f'(x)=\left(\frac{x+1}{x^2}\right)'=-\frac{x+2}{x^3},$$

所以当 $x<-2$ 时，$f'(x)<0$；当 $x=-2$ 时，$f'(x)=0$；当 $-2<x<0$ 时，$f'(x)>0$. 即函数 $f(x)$在$(-\infty,\ -2]$上单调递减，在$[-2,\ 0)$上单调递增；

当 $x>0$ 时，

$$f'(x)=(x\ln x)'=\ln x+1,$$

所以当 $0<x<\dfrac{1}{\mathrm{e}}$时，$f'(x)<0$；当 $x=\dfrac{1}{\mathrm{e}}$时，$f'(x)=0$；当$x>\dfrac{1}{\mathrm{e}}$时，$f'(x)>0$. 即函数 $f(x)$ 在$\left(0,\ \dfrac{1}{\mathrm{e}}\right]$上单调递减，在$\left[\dfrac{1}{\mathrm{e}},\ +\infty\right)$上单调递增.

综上所述，函数 $f(x)$ 的单调递增区间为$[-2,\ 0)$，$\left[\dfrac{1}{\mathrm{e}},\ +\infty\right)$；单调递减区间为$(-\infty,\ -2]$，$\left(0,\ \dfrac{1}{\mathrm{e}}\right]$.

例 2　设函数 $f(x)$ 在定义域内可导，$y=f(x)$ 的图形如图 4-4 所示，则导函数 $y'=f'(x)$ 的图像为

[　　]

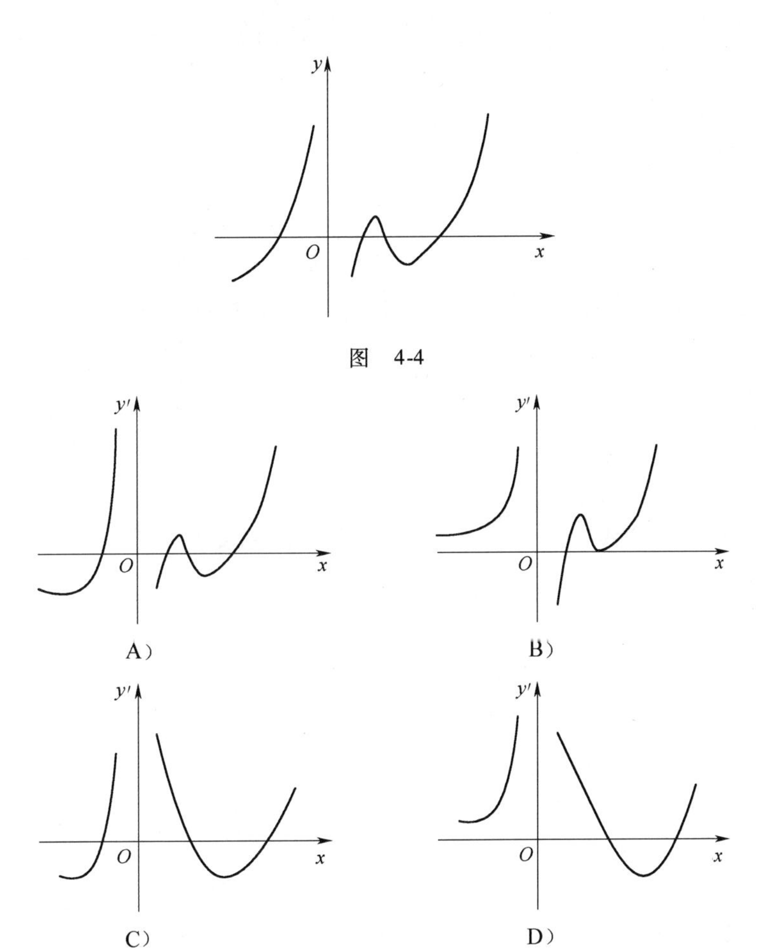

图　4-4

【分析】　根据函数的图像，利用单调性确定导函数的图像.

【详解】　应选(D)

当 $x<0$ 时，函数为单调递增函数，即 $f'(x)>0$；

当 $x>0$ 时，函数随自变量 x 的增加，其单调性是先增后减最后又增加，即随自变量 x 的增加，$f'(x)$ 的符号先为正后为负，最后为正，四个选项中只有选项(D) 满足.

【注】　函数的单调性是由导函数的正负决定的.

例 3　设函数 $f(x)$ 连续，且 $f'(0)>0$，则存在 $\delta>0$，使得

(A) $f(x)$ 在 $(0,\ \delta)$ 内单调增加；

(B) $f(x)$ 在 $(-\delta,\ 0)$ 内单调减少；

(C) 对于任意的 $x\in(0,\ \delta)$，都有 $f(x)>f(0)$；

(D) 对于任意的 $x\in(-\delta,\ 0)$，都有 $f(x)>f(0)$.　　[　　]

【分析】　根据某点处的导数定义判断.

【详解】 应选(C)

已知$f(x)$在某点处的导数正负不能推知函数在该点的某邻域内的单调性，因此不能选(A)，(B)；因为$f'(0)>0$，即$\lim\limits_{x\to 0}\frac{f(x)-f(0)}{x}>0$，根据导数的定义可知：存在$\delta>0$，使得对于任意的$x\in\mathring{U}(0,\delta)$，$\frac{f(x)-f(0)}{x}>0$，所以，对于任意的$x\in(0,\delta)$，都有$f(x)>f(0)$；对于任意的$x\in(-\delta,0)$，都有$f(x)<f(0)$.

【典型错误】 部分读者根据$f'(0)>0$，得出$f(x)$在$(0,\delta)$内单调增加．故而选(A)．读者要注意的是本例中函数$f(x)$是连续函数，故由某点处的导数正负不能推知函数在该点的某邻域内的单调性，但是若函数的导函数$f'(x)$是连续函数，已知$f'(0)>0$，可得存在$\delta>0$，使得对于任意的$x\in\mathring{U}(0,\delta)$，导函数$f'(x)>0$，此时选项(A)为正确的答案.

例 4 设函数$f(x)$，$g(x)$是恒大于零的可导函数，且$f'(x)g(x)-f(x)g'(x)<0$，则当$a<x<b$时，有

(A) $f(x)g(b)>f(b)g(x)$；　　(B) $f(x)g(a)>f(a)g(x)$；

(C) $f(x)g(x)>f(b)g(b)$；　　(D) $f(x)g(x)>f(a)g(a)$.

[　　]

【分析】 根据已知条件构造函数，从而判断选项的正确性.

【详解】 应选(A)

令$F(x)=\frac{f(x)}{g(x)}$，于是$F'(x)=\frac{f'(x)g(x)-f(x)g'(x)}{g^2(x)}$，因为$f'(x)g(x)-f(x)g'(x)<0$，且$f(x)$，$g(x)$为恒大于零，所以$F'(x)<0$，所以函数$F(x)$为单调递减函数，即当$a<x<b$时，有

$$\frac{f(a)}{g(a)}>\frac{f(x)}{g(x)}>\frac{f(b)}{g(b)},$$

所以$f(a)g(x)>f(x)g(a)$，$f(x)g(b)>f(b)g(x)$.

【典型错误】 根据$f'(x)g(x)-f(x)g'(x)<0$得到$f'(x)>0$，$g'(x)>0$，于是

$$f(x)>f(a),\ g(x)>g(a),$$

从而错选(D)．事实上，根据条件无法判断函数$f(x)$，$g(x)$的单调性.

【注】 利用一阶导数来判断函数的单调性，既要注重函数的单调性，又要重视构造函数的单调性．例如，若$f'(x)g(x)+f(x)g'(x)>0$，则函数$F(x)=f(x)g(x)$为单调递增函数，事实上，这是根据条件判断$F'(x)>0$.

2. 讨论函数的极值和最值

例 5 设函数$f(x)$在$(-\infty,+\infty)$内连续，其导函数图形如图 4-5 所示，则$f(x)$有

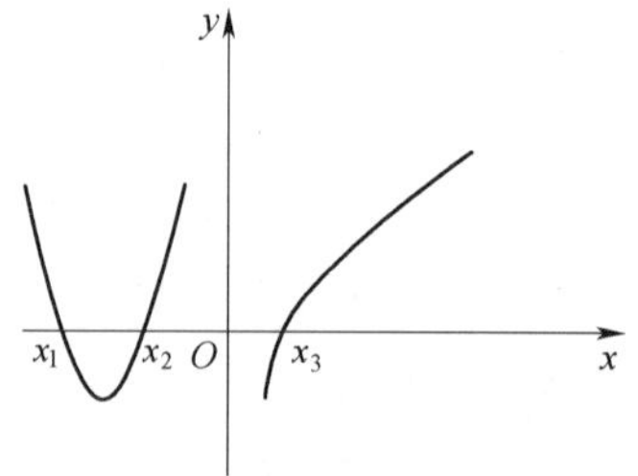

图　4-5

(A) 一个极小值点和两个极大值点；

(B) 两个极小值点和一个极大值点；

(C) 两个极小值点和两个极大值点;

(D) 三个极小值点和一个极大值点. [　　]

【分析】 利用导函数的图像确定极值点.

【详解】 应选(C)

设导函数$f'(x)=0$的三个根分别为$x_1<x_2<x_3$，下面将分别判断三个驻点和$x=0$处左右导数的正负.

由图示可知点$x=x_1$处的左导数为$f'(x)>0$，右导数为$f'(x)<0$，所以点$x=x_1$为极大值点；同理，在点$x=x_2$处的左导数为$f'(x)<0$，右导数为$f'(x)>0$，所以点$x=x_2$为极小值点；在点$x=x_3$处的左导数为$f'(x)<0$，右导数为$f'(x)>0$，所以点$x=x_3$为极小值点；点$x=0$处的左导数为$f'(x)>0$，右导数为$f'(x)<0$，所以点$x=0$为极大值点.

综上所述，$x=x_1$和$x=0$为函数的极大值点；$x=x_2$和$x=x_3$为函数的极小值点.

【典型错误】 部分读者没有考虑到导数不存在的点有可能也为极值点，只是对三个驻点进行判断，错选了(B).

【注】 极值点可能为驻点或是导数不存在的点，这里称这两类点为极值点的可疑点，本例应用极值的第一充分条件，判断可疑点左右两边导数的正负从而来确定其是否为极值点.

例 6 设$f(x)=x\sin x+\cos x$，下列命题正确的是

(A) $f(0)$为极大值，$f\left(\frac{\pi}{2}\right)$为极小值;　(B) $f(0)$为极小值，$f\left(\frac{\pi}{2}\right)$为极大值;

(C) $f(0)$为极大值，$f\left(\frac{\pi}{2}\right)$为极大值;　(D) $f(0)$为极小值，$f\left(\frac{\pi}{2}\right)$为极小值.

[　　]

【分析】 利用极值的第二充分条件判断函数的极值点.

【详解】 应选(B)

因为

$$f'(x)=[x\sin x+\cos x]'=\sin x+x\cos x-\sin x=x\cos x,$$

所以$x=0$和$x=\frac{\pi}{2}$为函数的驻点，又因

$$f''(x)=[x\cos x]'=\cos x-x\sin x,$$

故，当$x=0$时，$f''(0)=1>0$，于是$x=0$为极小值点，所以$f(0)$为极小值;

当$x=\frac{\pi}{2}$时，$f''(\frac{\pi}{2})=-\frac{\pi}{2}<0$，于是$x=\frac{\pi}{2}$为极大值点，所以$f(\frac{\pi}{2})$为极大值.

【注】 判断驻点是否为极值点，往往利用极值的第二充分条件来判断.

例 7 设函数$f(x)$，$g(x)$具有二阶导数，且$g''(x)<0$，若$g(x_0)=a$是$g(x)$的极值，则$f(g(x))$在x_0处取极大值的一个充分条件是

(A) $f'(a)<0$;　(B) $f'(a)>0$;　(C) $f''(a)<0$;　(D) $f''(a)>0$.

[　　]

【分析】 利用复合函数的求导法.

【详解】 应选(B)

因为$[f(g(x))]'=f'(g(x))g'(x)$，即

$$[f(g(x_0))]'=f'(g(x_0))g'(x_0)=f'(a)g'(x_0).$$

又$g(x_0)=a$是$g(x)$的极值，于是$g'(x_0)=0$，所以$[f(g(x_0))]'=0$，$x=x_0$为函数$f(g(x))$的驻点，因为

$$[f(g(x))]''=[f'(g(x))g'(x)]'=f''(g(x))[g'(x)]^2+f'(g(x))g''(x),$$

于是若$f(g(x))$在x_0处取极大值，则要求

$$\begin{aligned}[f(g(x_0))]''&=f''(g(x_0))[g'(x_0)]^2+f'(g(x_0))g''(x_0)\\&=f''(a)[g'(x_0)]^2+f'(a)g''(x_0)\\&=f'(a)g''(x_0)<0,\end{aligned}$$

而$g''(x)<0$，所以$f'(a)>0$.

例 8 设函数$f(x)$在点$x=0$的某一邻域内连续，且满足$\lim\limits_{x\to0}\dfrac{f(x)}{x(1-\cos x)}=-1$，则$x=0$为

(A) 驻点且为极大值点；　　(B) 驻点且为极小值点；

(C) 驻点但非极值点；　　(D) 不是驻点.　　[　　]

【分析】 利用已知极限的条件判断函数在点$x=0$的函数值，以及利用定义判定$x=0$是否为极值点.

【详解】 应选(C)

因为$\lim\limits_{x\to0}\dfrac{f(x)}{x(1-\cos x)}=-1$，分母$\lim\limits_{x\to0}x(1-\cos x)=0$，所以$\lim\limits_{x\to0}f(x)=0$，又函数$f(x)$在点$x=0$的某一邻域内连续，即得$\lim\limits_{x\to0}f(x)=f(0)=0$.

因为$\lim\limits_{x\to0}\dfrac{f(x)}{x(1-\cos x)}=\lim\limits_{x\to0}\dfrac{\frac{f(x)}{x}}{1-\cos x}=-1$，分母$\lim\limits_{x\to0}(1-\cos x)=0$，所以$\lim\limits_{x\to0}\dfrac{f(x)}{x}=0$，化简为

$$f'(0)=\lim_{x\to0}\frac{f(x)}{x}=\lim_{x\to0}\frac{f(x)-f(0)}{x}=0,$$

所以$x=0$为驻点，下面将根据极限的局部保号性，判断函数$f(x)$在$x=0$的左右邻域函数值与$f(0)$的大小，因为$\lim\limits_{x\to0}\dfrac{f(x)}{x(1-\cos x)}=-1$，于是存在$\delta>0$，当$x\in\mathring{U}(0,\delta)$时，$\dfrac{f(x)}{x(1-\cos x)}<0$，且对于任意的$x\in(0,\delta)$，都有$f(x)<0=f(0)$；对于任意的$x\in(-\delta,0)$，都有$f(x)>0=f(0)$.

所以点$x=0$不是函数$f(x)$的极值点.

【注】 以上例5～例7中分别采用极值的第一、第二充分条件进行求解，它们适用的范围有所区别，这里帮助读者总结一下，第一充分条件求解极值更加具有普遍性，第二充分条件常常用来判断驻点是否为极值；本例中采用定义判断极值，读者要学会此种分析方法.

例 9　若$f(-x)=f(x)(-\infty<x<+\infty)$，在$(-\infty,0)$内$f'(x)>0$，且$f''(x)<0$，则在$(0,+\infty)$内有

(A) $f'(x)>0$ 且 $f''(x)<0$；　(B) $f'(x)>0$ 且 $f''(x)>0$；

(C) $f'(x)<0$ 且 $f''(x)<0$；　(D) $f'(x)<0$ 且 $f''(x)>0$.　[　]

【分析】　充分利用偶函数的性质来求解一阶、二阶导数.

【详解】　应选(C)

由题意得函数$f(x)$为偶函数，将$f(-x)=f(x)$两边同时关于x求导得$-f'(-x)=f'(x)$,所以导函数$f'(x)$为奇函数，当$x\in(-\infty,0)$时，$f'(x)>0$，所以当$x\in(0,+\infty)$时，$f'(x)<0$；另一方面，$f''(-x)=f''(x)$，所以二阶导数$f''(x)$为偶函数，且知当$x\in(-\infty,0)$时，$f''(x)<0$，所以当$x\in(0,+\infty)$时，$f''(x)<0$.

【注】　可导的偶函数其导函数为奇函数，二阶导数仍为偶函数；可导的奇函数其导函数为偶函数，二阶导数为奇函数. 可导的偶函数其导函数的一个驻点为$x=0$.

例 10　设函数$y=y(x)$是由方程$2y^3-2y^2+2xy-x^2=1$确定的隐函数，求函数$y=y(x)$的驻点，并判断它是否为极值点.

【分析】　利用隐函数的求导法和极值的判定定理求解.

【详解】　方程两边同时关于x求导，得

$$6y^2\cdot y'-4y\cdot y'+2y+2x\cdot y'-2x=0,$$

令$y'=0$，解得$y=x$，设驻点为(x_0,y_0)，于是将该点代入原方程可得

$$2y_0^3-2y_0^2+2x_0y_0-x_0^2=1,\ 又\ y_0=x_0,$$

解得$2x_0^3-x_0^2=1$，分解得$(x_0-1)(2x_0^2+x_0+1)=0$，即得$x_0=1$；

再对方程两边同时关于x求二阶导数，得

$$12y\cdot(y')^2+6y^2\cdot y''-4(y')^2-4y\cdot y''+2y'+2y'+2x\cdot y''-2=0,$$

将$x_0=1$，$y_0=1$，$y'(1)=0$代入上述方程得$y''(1)=\dfrac{1}{2}>0$，所以驻点$(1,1)$为隐函数的极小值点.

【注】　隐函数的极值问题往往利用极值的第二充分条件求解.

3. 讨论函数的凹凸性和拐点

例 11　设曲线方程$f(x)=(x-1)(x-2)^2(x-3)^3(x-4)^4$，则曲线的拐点为

(A) $(1,0)$；　(B) $(2,0)$；　(C) $(3,0)$；　(D) $(4,0)$.

[　]

【分析】　求曲线方程的二阶导数，进而求解拐点.

【详解】　应选(C)

由$y=f(x)=(x-1)(x-2)^2(x-3)^3(x-4)^4$可知1，2，3，4分别是曲线方程的一、二、三、四重根，故由导数与原函数之间的关系可知

$$y'(1)\neq0,\quad y'(2)=y'(3)=y'(4)=0;$$

另一方面，$y''(2)\neq0$，$y''(3)=y''(4)=0$；$y'''(3)\neq0$；$y'''(4)=0$，故$(3,0)$是一拐点.

例 12　设$f(x)=|x(1-x)|$，则

(A) $x=0$ 是$f(x)$的极值点，但(0，0)不是曲线 $y=f(x)$ 的拐点；

(B) $x=0$ 不是$f(x)$的极值点，但(0，0)是曲线 $y=f(x)$ 的拐点；

(C) $x=0$ 是$f(x)$的极值点，且(0，0)是曲线 $y=f(x)$ 的拐点；

(D) $x=0$ 不是$f(x)$的极值点，(0，0)也不是曲线 $y=f(x)$ 的拐点．　　[　　]

【分析】　首先写出分段函数的表达式，再讨论 $x=0$ 是否为$f(x)$的极值点，以及点(0，0)是否为曲线 $y=f(x)$ 的拐点.

【详解】　应选(C)

函数$f(x)=|x(1-x)|$的表达式为

$$f(x)=\begin{cases}x(1-x), & 0\leqslant x\leqslant 1,\\ -x(1-x), & x<0,\ x>1,\end{cases}$$

其导函数为$f'(x)=\begin{cases}1-2x, & 0\leqslant x\leqslant 1,\\ -1+2x, & x<0,\ x>1,\end{cases}$ 即当 $x<0$ 时，$f'(x)<0$；当 $0<x<\dfrac{1}{2}$时，$f'(x)>0$；所以 $x=0$ 是$f(x)$的极值点.

二阶导函数为$f''(x)=\begin{cases}-2, & 0\leqslant x\leqslant 1,\\ 2, & x<0,\ x>1,\end{cases}$ 即当 $x<0$ 时，$f''(x)=2>0$；当 $0<x<1$ 时，$f''(x)=-2<0$；所以(0，0)点的左右二阶导数异号，故(0，0)点是曲线 $y=f(x)$ 的拐点.

【注】　本例中函数$f(x)$在点 $x=0$ 处的导数不存在，事实上，

$$f'_+(0)=\lim_{x\to 0^+}\frac{f(x)-f(0)}{x}=\lim_{x\to 0^+}\frac{x(1-x)}{x}=1,$$

$$f'_-(0)=\lim_{x\to 0^-}\frac{f(x)-f(0)}{x}=\lim_{x\to 0^-}\frac{-x(1-x)}{x}=-1,$$

所以$f'_+(0)\neq f'_-(0)$，则$f(x)$在点 $x=0$ 处不可导．但导数不存在的点也可能为函数的极值点.

读者要注意的是函数在点 $x=0$ 处的一阶或二阶导数不是判断极值点或拐点的充分条件，而是通过函数在点 $x=0$ 处的左右一阶和二阶导数的正负来判断的.

例 13　若曲线 $y=x^3+ax^2+bx+1$ 有拐点(−1，0)，则 $b=$__________.

【分析】　根据拐点的性质求解未知参数值.

【详解】　应填 3

曲线有拐点(−1，0)，于是将拐点坐标代入曲线方程可得

$$a-b=0, \tag{1}$$

曲线方程为二阶可导函数，于是拐点存在的必要条件为 $y''(-1)=0$，而 $y''=6x+2a$，所以

$$-6+2a=0. \tag{2}$$

联立方程(1)、方程(2)解得 $a=b=3$.

例 14　设函数$f(x)$的导数在 $x=a$ 处连续，又$\lim\limits_{x\to a}\dfrac{f'(x)}{x-a}=-1$，则

(A) $x=a$ 是$f(x)$的极小值点；

(B) $x=a$ 是$f(x)$的极大值点；

(C) $(a, f(a))$是曲线 $y=f(x)$的拐点；

(D) $x=a$ 不是$f(x)$的极值点，$(a, f(a))$也不是曲线 $y=f(x)$的拐点． [ ]

【分析】 根据已知极限的条件确定点 $x=a$ 处的一阶和二阶导数值，从而来判断点 $x=a$ 是否为极值点，然后再讨论点 $x=a$ 的左右邻域二阶导数的正负.

【详解】 应选(B)

因为函数 $f(x)$的导数在 $x=a$ 处连续，所以$\lim\limits_{x\to a}f'(x)=f'(a)$.

又$\lim\limits_{x\to a}\dfrac{f'(x)}{x-a}=-1$，分母极限为零，所以$\lim\limits_{x\to a}f'(x)=0$，即得$f'(a)=0$，$x=a$ 为函数 $f(x)$的驻点，下面验证

$$-1=\lim_{x\to a}\frac{f'(x)}{x-a}=\lim_{x\to a}\frac{f'(x)-f'(a)}{x-a}=f''(a),$$

即$f''(a)<0$，由极值的第二充分条件可得函数 $f(x)$在点 $x=a$ 处取得极大值.

根据已知条件无法判断点 $x=a$ 的左右邻域二阶导数的正负，故而无法判断$(a, f(a))$是否为曲线 $y=f(x)$的拐点.

【注】 判断函数 $f(x)$在点 $x=a$ 处取得极大值的另外一种解法：

因为$\lim\limits_{x\to a}\dfrac{f'(x)}{x-a}=-1$，于是存在 $\delta>0$，当 $x\in\mathring{U}(a, \delta)$时，$\dfrac{f'(x)}{x-a}<0$，且

对于任意的 $x\in(a, \delta)$，都有$f'(x)<f'(a)=0$；

对于任意的 $x\in(-\delta, a)$，都有$f'(x)>f'(a)=0$.

所以点 $x=a$ 是函数 $f(x)$的极大值点.

例 15 设函数 $y=y(x)$是由方程 $y\ln y-x+y=0$ 确定，试判断曲线 $y=y(x)$在点(1, 1)附近的凹凸性.

【分析】 先利用隐函数的求导法求解二阶导数，再讨论在点(1, 1)附近的二阶导数的正负.

【详解】 对曲线方程两边同时关于 x 求导，得

$$y'\ln y+y'-1+y'=0,$$

整理得 $y'\ln y+2y'-1=0$，于是曲线 $y=y(x)$在点(1, 1)的导数值为 $y'(1)=\dfrac{1}{2}$.

再对曲线方程两边同时关于 x 求二阶导数，得

$$y''\ln y+\frac{(y')^2}{y}+2y''=0,$$

整理得 $y''=-\dfrac{(y')^2}{y(\ln y+2)}$，可以判定曲线在点(1, 1)附近 $y''<0$，所以曲线 $y=y(x)$在点(1, 1)附近为凸的.

【注】 关于隐函数的极值和凹凸性问题均为对隐函数的方程进行求导，再利用一阶和二阶导数判断.

4. 讨论函数的渐近线

例 16　求曲线 $y=\dfrac{x^2}{2x+1}$ 的渐近线方程.

【分析】　利用求解斜渐近线的方法进行求解.

【详解】　因为

$$\lim_{x\to\infty}\frac{y}{x}=\lim_{x\to\infty}\frac{x^2}{x(2x+1)}=\frac{1}{2},$$

又

$$\lim_{x\to\infty}\left(y-\frac{1}{2}x\right)=\lim_{x\to\infty}\left(\frac{x^2}{2x+1}-\frac{1}{2}x\right)=\lim_{x\to\infty}\left[\frac{2x^2-x(2x+1)}{2(2x+1)}\right]$$

$$=\lim_{x\to\infty}\left[\frac{-x}{2(2x+1)}\right]=-\frac{1}{4}.$$

所以函数的斜渐近线为
$$y=\frac{1}{2}x-\frac{1}{4}.$$

例 17　求曲线 $y=\dfrac{1}{x}+\ln(1+e^x)$ 的渐近线的条数.

【分析】　根据函数的性质寻求函数的渐近线.

【详解】　当 $x\to 0$ 时，$y\to\infty$，即

$$\lim_{x\to 0}y=\lim_{x\to 0}\left[\frac{1}{x}+\ln(1+e^x)\right]=\infty,$$

所以曲线含有一条铅直渐近线 $x=0$；

当 $x\to-\infty$时，$y\to 0$，即

$$\lim_{x\to-\infty}y=\lim_{x\to-\infty}\left[\frac{1}{x}+\ln(1+e^x)\right]=0,$$

所以曲线含有一条水平渐近线 $y=0$；

当 $x\to+\infty$时，$y\to\infty$，即

$$\lim_{x\to+\infty}\frac{y}{x}=\lim_{x\to+\infty}\left[\frac{\frac{1}{x}+\ln(1+e^x)}{x}\right]=\lim_{x\to+\infty}\left[\frac{1+x\ln(1+e^x)}{x^2}\right]$$

$$=\lim_{x\to+\infty}\left[\frac{\ln(1+e^x)+x\cdot\dfrac{e^x}{1+e^x}}{2x}\right]$$

$$=\lim_{x\to+\infty}\left[\frac{\ln(1+e^x)+x\left(1-\dfrac{1}{1+e^x}\right)}{2x}\right]=1,$$

又

$$\lim_{x\to+\infty}(y-x)=\lim_{x\to+\infty}\left[\frac{1}{x}+\ln(1+e^x)-x\right]=\lim_{x\to+\infty}\left[\frac{1+x\ln(1+e^x)-x^2}{x}\right]$$

$$=\lim_{x\to+\infty}\left[\ln(1+e^x)+x\frac{e^x}{1+e^x}-2x\right]=0.$$

所以曲线含有一条斜渐近线 $y=x$.

综上所述，曲线的渐近线共有 3 条.

(二) 利用洛必达法则或是微分中值定理求极限

1. 利用拉格朗日中值公式、泰勒公式或是洛必达法则求极限

例 18　求极限 $\lim\limits_{x\to 0}\dfrac{e^x+\ln(1-x)-1}{x-\arctan x}$.

【分析】　下面将利用洛必达法则和泰勒公式求解.

【详解】　方法一：洛必达法则

$$\lim_{x\to 0}\frac{e^x+\ln(1-x)-1}{x-\arctan x}=\lim_{x\to 0}\frac{e^x-\dfrac{1}{1-x}}{1-\dfrac{1}{1+x^2}}=\lim_{x\to 0}\frac{\dfrac{(1-x)e^x-1}{1-x}}{\dfrac{x^2}{1+x^2}}$$

$$=\lim_{x\to 0}\frac{(1-x)e^x-1}{x^2}=\lim_{x\to 0}\frac{-e^x+(1-x)e^x}{2x}$$

$$=\lim_{x\to 0}\frac{-xe^x}{2x}=\lim_{x\to 0}\frac{-e^x-xe^x}{2}$$

$$=-\frac{1}{2}.$$

方法二：泰勒公式

极限中的几个常见函数的泰勒公式为

$$e^x=1+x+\frac{x^2}{2!}+\frac{x^3}{3!}+o(x^3),\ x\in(-\infty,\ +\infty),$$

$$\ln(1-x)=(-x)-\frac{1}{2}(-x)^2+\frac{1}{3}(-x)^3+o(x^3),\ x\in[-1,\ 1),$$

$$\arctan x=x-\frac{1}{3}x^3+o(x^3),\ x\in(-1,\ 1),$$

于是

$$\lim_{x\to 0}\frac{e^x+\ln(1-x)-1}{x-\arctan x}=\lim_{x\to 0}\frac{\left[1+x+\dfrac{1}{2!}x^2+\dfrac{1}{3!}x^3+o(x^3)\right]+\left[-x-\dfrac{1}{2}x^2-\dfrac{1}{3}x^3+o(x^3)\right]-1}{x-\left[x-\dfrac{1}{3}x^3+o(x^3)\right]}$$

$$=\lim_{x\to 0}\frac{-\dfrac{1}{6}x^3+o(x^3)}{\dfrac{1}{3}x^3+o(x^3)}=-\frac{1}{2}.$$

例 19　求极限 $\lim\limits_{x\to 0}\dfrac{e^{\tan x}-e^{\sin x}}{x-\sin x}$.

【分析】　利用拉格朗日中值公式求解极限.

【详解】　由拉格朗日中值公式可得

$$e^{\tan x}-e^{\sin x}=e^{\xi}(\tan x-\sin x),\ \xi\in(\sin x,\ \tan x).$$

另一方面：当 $x\to 0$ 时，$\sin x=x-\frac{1}{6}x^3+o(x^3)$，$\tan x=x+\frac{1}{3}x^3+o(x^3)$.

于是化简极限为

$$\lim_{x\to 0}\frac{e^{\tan x}-e^{\sin x}}{x-\sin x}=\lim_{x\to 0}\frac{e^{\xi}(\tan x-\sin x)}{x-\sin x}=\lim_{x\to 0}e^{\xi}\cdot\lim_{x\to 0}\frac{\tan x-\sin x}{x-\sin x}$$

$$=\lim_{x\to 0}\frac{\frac{1}{2}x^3+o(x^3)}{\frac{1}{6}x^3+o(x^3)}=3.$$

2. 利用含佩亚诺型余项的泰勒公式讨论无穷小的阶

例 20　当 $x\to 0$ 时，函数 $1-\cos x\cos 2x$ 与 ax^n 为等价无穷小，则 $a=$____，$n=$____.

【分析】　先利用泰勒公式将 $1-\cos x\cos 2x$ 化为麦克劳林公式的形式，再比较无穷小的阶数.

【详解】　$\cos x=\sum_{n=0}^{\infty}(-1)^n\frac{x^{2n}}{(2n)!}=1-\frac{x^2}{2}+o(x^2)$，

$$\cos 2x=\sum_{n=0}^{\infty}(-1)^n\frac{(2x)^{2n}}{(2n)!}=1-\frac{(2x)^2}{2}+o(x^2)=1-2x^2+o(x^2),$$

于是当 $x\to 0$ 时，

$$1-\cos x\cos 2x=1-\left(1-\frac{1}{2}x^2+o(x^2)\right)(1-2x^2+o(x^2))$$

$$=1-\left(1-\frac{5}{2}x^2+o(x^2)\right)$$

$$=\frac{5}{2}x^2+o(x^2),$$

由题知，当 $x\to 0$ 时，函数 $1-\cos x\cos 2x$ 与 ax^n 为等价无穷小，即得 $a=\frac{5}{2}$，$n=2$.

【注】　泰勒公式是比较等价无穷小的一种重要的方法，读者要掌握更多常见函数的泰勒公式.

例 21　设 $y=f(x)$ 在 $(-1,\ 1)$ 内具有二阶连续导数且 $f''(x)\neq 0$，试证：

（1）对于 $(-1,\ 1)$ 内的任一 $x\neq 0$，存在唯一的 $\theta(x)\in(0,\ 1)$，使得

$$f(x)=f(0)+xf'(\theta(x)x)$$

成立；

（2）$\lim_{x\to 0}\theta(x)=\frac{1}{2}$.

【分析】　（1）根据拉格朗日中值定理证明，这里利用单调性求解中值存在的唯一性；（2）利用导数的定义将 $\lim_{x\to 0}\theta(x)$ 的形式凑出来，进而求解.

【证】　（1）任取 $x\in(-1,\ 1)$，于是在 $(0,\ x)$ 内利用拉格朗日中值公式可得

$$f(x)=f(0)+xf'(\theta(x)x).$$

因为 $f''(x)$ 在区间 $(-1,1)$ 内连续，且 $f''(x)\neq 0$，所以 $f''(x)$ 不变号，不妨设 $f''(x)>0$，则 $f'(x)$ 在 $(-1,1)$ 内为严格单调递增函数，所以 $\theta(x)$ 为唯一的.

（2）方法一：任取 $x\in(-1,1)$，由问题(1)可知

$$f(x)=f(0)+xf'(\theta(x)x)\quad(0<\theta(x)<1).$$

于是

$$\frac{f'(\theta(x)x)-f'(0)}{x}=\frac{f(x)-f(0)-f'(0)x}{x^2}\quad(0<\theta(x)<1).$$

上式两边同时求极限可得

等式左边：

$$\lim_{x\to 0}\frac{f'(\theta(x)x)-f'(0)}{x}=\lim_{x\to 0}\frac{f'(\theta(x)x)-f'(0)}{\theta(x)x}\cdot\theta(x)=f''(0)\cdot\lim_{x\to 0}\theta(x),$$

等式右边：

$$\lim_{x\to 0}\frac{f(x)-f(0)-f'(0)x}{x^2}=\lim_{x\to 0}\frac{f'(x)-f'(0)}{2x}=\frac{1}{2}f''(0).$$

所以

$$\lim_{x\to 0}\theta(x)=\frac{1}{2}.$$

方法二：由泰勒公式可得

$$f(x)=f(0)+xf'(0)+\frac{1}{2}f''(\xi)x^2\quad(0<\xi<x).$$

由问题(1) 可知

$$xf'(\theta(x)x)=f(x)-f(0)=x'f(0)+\frac{1}{2}f''(\xi)x^2,$$

整理得

$$\theta(x)\cdot\frac{f'(\theta(x)x)-f'(0)}{\theta(x)x}=\frac{1}{2}f''(\xi),$$

上式两边同时求极限可得

$$\lim_{x\to 0}\theta(x)\cdot\frac{f'(\theta(x)x)-f'(0)}{\theta(x)x}=\frac{1}{2}\lim_{x\to 0}f''(\xi)=\frac{1}{2}f''(0).$$

上述等式左边化简为

$$\begin{aligned}\lim_{x\to 0}\theta(x)\cdot\frac{f'(\theta(x)x)-f'(0)}{\theta(x)x}&=\lim_{x\to 0}\theta(x)\cdot\lim_{x\to 0}\frac{f'(\theta(x)x)-f'(0)}{\theta(x)x}\\&=f''(0)\cdot\lim_{x\to 0}\theta(x),\end{aligned}$$

所以

$$\lim_{x\to 0}\theta(x)=\frac{1}{2}.$$

【注】 一般来说，函数若二阶可导，首先考虑利用泰勒公式将函数展开后再进行求解.

(三) 微分中值定理的综合应用

例 22　设函数$f(x)$在区间$[0,1]$上连续，在$(0,1)$内可导，$f(0)=f(1)=0$，$f\left(\frac{1}{2}\right)=1$.

试证：(1) 存在$\eta\in\left(\frac{1}{2},1\right)$，使得$f(\eta)=\eta$；

(2) 对于任意的实数λ，必存在$\xi\in(0,\eta)$，使得$f'(\xi)-\lambda[f(\xi)-\xi]=1$.

【分析】　(1) 利用零点定理证明；(2) 构造函数，利用罗尔定理证明.

【证】　(1) 令$F(x)=f(x)-x$，函数$F(x)$在区间$\left[\frac{1}{2},1\right]$上连续，且

$$F\left(\frac{1}{2}\right)=f\left(\frac{1}{2}\right)-\frac{1}{2}=1-\frac{1}{2}=\frac{1}{2}>0,\quad F(1)=f(1)-1=-1<0,$$

于是由零点定理可得，至少存在$\eta\in(\frac{1}{2},1)$，使得$F(\eta)=f(\eta)-\eta=0$，即

$$f(\eta)=\eta.$$

(2) 令$G(x)=[f(x)-x]\mathrm{e}^{-\lambda x}$，由问题(1)可知，$G(\eta)=0$，且$G(0)=0$，即函数$G(x)$在区间$[0,\eta]$上满足罗尔定理的条件，故存在$\xi\in(0,\eta)$，使得$G'(\xi)=0$，即

$$f'(\xi)-\lambda[f(\xi)-\xi]=1.$$

【注】　利用罗尔定理进行证明的难点在于构造函数，问题(2)中构造函数的方法称为原函数法或是微分方程法，事实上，欲求的等式为$f'(\xi)-\lambda[f(\xi)-\xi]=1$，将其中的$\xi$化为$x$得到方程

$$f'(x)-\lambda[f(x)-x]=1,$$

再化简得

$$[f(x)-x]'=\lambda[f(x)-x],$$

再变形为

$$\frac{\mathrm{d}[f(x)-x]}{f(x)-x}=\lambda\,\mathrm{d}x,$$

两边同时积分得

$$f(x)-x=C\mathrm{e}^{\lambda x},$$

分离未知常数得

$$[f(x)-x]\mathrm{e}^{-\lambda x}=C.$$

所以辅助函数为　$$G(x)=[f(x)-x]\mathrm{e}^{-\lambda x}.$$

例 23　设函数$f(x)$在$[0,3]$上连续，在$(0,3)$内可导，且$f(0)+f(1)+f(2)=3$，$f(3)=1$,试证：必存在$\xi\in(0,3)$，使得$f'(\xi)=0$.

【分析】　寻求函数满足罗尔定理的条件进而利用它证明.

【证】　设函数$f(x)$在$[0,2]$上存在最大值M和最小值m，于是

$$m\leqslant f(0)\leqslant M,$$

$$m \leqslant f(1) \leqslant M,$$
$$m \leqslant f(2) \leqslant M,$$

所以

$$m \leqslant \frac{f(0)+f(1)+f(2)}{3}=1 \leqslant M.$$

由闭区间上连续函数的介值定理可知，存在 $\eta \in (0, 2)$，使得 $f(\eta)=1$，又因为 $f(3)=1$，并根据题意可知，函数 $f(x)$ 在区间 $[\eta, 3]$ 上满足罗尔定理的条件，故必存在 $\xi \in (\eta, 3) \subset (0, 3)$，使得 $f'(\xi)=0$.

【注】 利用罗尔定理进行证明时，要注重对条件的分析.

例 24 设函数 $f(x)$，$g(x)$ 在 $[a, b]$ 上连续，在 (a, b) 内二阶可导且存在相等的最大值，又 $f(a)=g(a)$，$f(b)=g(b)$，证明：

(1) 存在 $\eta \in (a, b)$，使得 $f(\eta)=g(\eta)$；

(2) 存在 $\xi \in (a, b)$，使得 $f''(\xi)=g''(\xi)$.

【分析】 首先构造函数 $F(x)=f(x)-g(x)$，对于(1)问，利用零点定理证明；对于(2)问，应用罗尔定理证明.

【证】 (1) 因为 $f(x)$，$g(x)$ 在 (a, b) 内二阶可导且存在相等的最大值，不妨设最大值为 M，则对于任意的 $x \in (a, b)$，

$$f(x) \leqslant M, \quad g(x) \leqslant M.$$

又设存在两点 x_1，$x_2 \in (a, b)$，使得 $f(x_1)=M$，$g(x_2)=M$.

令 $F(x)=f(x)-g(x)$，函数 $F(x)$ 在区间 $[a, b]$ 上为连续函数，且

$$F(x_1)=f(x_1)-g(x_1)=M-g(x_1) \geqslant 0,$$
$$F(x_2)=f(x_2)-g(x_2)=f(x_2)-M \leqslant 0,$$

于是利用零点定理可得，函数 $F(x)$ 在区间 $[x_1, x_2]$ 上存在 $\eta \in (x_1, x_2) \subset (a, b)$，使得 $F(\eta)=0$，即 $f(\eta)=g(\eta)$.

(2) 由题意可知 $F(a)=f(a)-g(a)=0$，$F(b)=f(b)-g(b)=0$，且 $F(\eta)=0$，于是函数 $F(x)$ 在区间 $[a, \eta]$ 与 $[\eta, b]$ 上分别应用罗尔定理可得，存在 $\xi_1 \in (a, \eta)$ 与 $\xi_2 \in (\eta, b)$，使得

$$f'(\xi_1)=f'(\xi_2)=0.$$

再根据上述的结论，函数 $F(x)$ 在区间 $[\xi_1, \xi_2]$ 上应用罗尔定理可得，存在 $\xi \in (\xi_1, \xi_2)$ 使得 $F''(\xi)=0$，即 $f''(\xi)=g''(\xi)$.

【注】 在证明关于高阶导数的命题时，读者要注重多次使用罗尔定理，难点在于寻求函数满足罗尔定理的条件.

例 25 (1) 证明拉格朗日中值定理：若函数 $f(x)$ 在 $[a, b]$ 上连续，在 (a, b) 内可导，则存在 $\xi \in (a, b)$，使得 $f(b)-f(a)=f'(\xi)(b-a)$.

(2) 证明：若函数 $f(x)$ 在 $x=0$ 处连续，在 $(0, \delta)(\delta>0)$ 内可导，且 $\lim\limits_{x \to 0^+} f'(x)=A$，则 $f'_+(0)$ 存在，且 $f'_+(0)=A$.

【分析】 (1) 问证明的难点在于构造函数，本题是教材上的例题；(2) 问的证明需利用(1) 问的结果，即利用拉格朗日中值定理和右导数的定义来证明.

【证】 (1) 设 $F(x)=f(x)-f(a)-\frac{f(b)-f(a)}{b-a}(x-a)$，可以验证函数 $F(x)$满足罗尔定理的条件：$F(x)$在区间$[a,b]$上连续，在(a,b)内可导，且 $F(a)=F(b)=0$，于是存在$\xi\in(a,b)$，使得 $F'(\xi)=0$，即$f(b)-f(a)=f'(\xi)(b-a)$.

(2) 任取 $x\in(0,\delta)(\delta>0)$，函数$f(x)$在$[0,x]$上连续，在$(0,x)$内可导，于是由拉格朗日中值定理可得，存在$\xi\in(0,x)$，使得

$$f(x)-f(0)=f'(\xi)\cdot x.$$

因为$f'_+(0)$存在，所以$f'_+(0)=\lim\limits_{x\to0^+}\frac{f(x)-f(0)}{x}$存在，并且当 $x\to0^+$时，$\xi\to0^+$，故将上述中值公式代入极限中可得

$$f'_+(0)=\lim_{x\to0^+}\frac{f(x)-f(0)}{x}=\lim_{x\to0^+}\frac{f'(\xi)x}{x}=\lim_{\xi\to0^+}f'(\xi)=A.$$

例 26 已知函数$f(x)$在区间$[0,1]$上连续，在$(0,1)$内可导，$f(0)=0$，$f(1)=1$，试证：

(1) 存在$\xi\in(0,1)$，使得$f(\xi)=1-\xi$；

(2) 存在两个不同的点 η，$\zeta\in(0,1)$，使得$f'(\eta)f'(\zeta)=1$.

【分析】 构造函数 $F(x)=f(x)-1+x$，(1) 问利用零点定理证明；(2) 问利用拉格朗日中值定理证明.

【证】 (1) 令 $F(x)=f(x)-1+x$，函数 $F(x)$在区间$[0,1]$上连续，且

$$F(0)=f(0)-1=-1<0,\ F(1)=f(1)-1+1=1>0,$$

由闭区间上连续函数的性质可得，存在$\xi\in(0,1)$，使得 $F(\xi)=0$，即 $f(\xi)=1-\xi$.

(2) 由(1) 问可知存在 $\xi\in(0,1)$，使得 $f(\xi)=1-\xi$，于是对函数 $f(x)$分别在区间$[0,\xi]$与区间$[\xi,1]$上利用拉格朗日中值公式可得

$$f(\xi)-f(0)=f'(\eta)\cdot\xi\quad(0<\eta<\xi),\tag{1}$$

$$f(1)-f(\xi)=f'(\zeta)\cdot(1-\xi)\quad(\xi<\zeta<1),\tag{2}$$

整理式(1)可得

$$f'(\eta)=\frac{f(\xi)-f(0)}{\xi}=\frac{1-\xi}{\xi}\quad(0<\eta<\xi),$$

整理式(2)可得

$$f'(\zeta)=\frac{f(1)-f(\xi)}{1-\xi}=\frac{\xi}{1-\xi}\quad(\xi<\zeta<1),$$

所以存在两个不同的点 η，$\zeta\in(0,1)$，使得$f'(\eta)f'(\zeta)=1$.

【注】 利用拉格朗日中值定理证明的难点在于寻求该定理的区间，常见的几种取法为：一是题目中给定的区间；二是将题目中给定的区间分解为两个子区间，分界点为一些特殊点，如中点、最值点或是(1) 问中找出的特殊点等.

例 27 已知$f(x)$在$(-\infty, +\infty)$内可导，且$\lim\limits_{x\to\infty}f'(x)=e$，以及

$$\lim_{x\to\infty}\left(\frac{x+c}{x-c}\right)^x=\lim_{x\to\infty}[f(x)-f(x-1)],$$

求c的值.

【分析】 分别将等式两边极限化简，左边极限为1^∞型极限，右边将采用拉格朗日中值公式化简，然后再进行求解.

【详解】 等式左边极限化简为

$$\lim_{x\to\infty}\left(\frac{x+c}{x-c}\right)^x=e^{\lim\limits_{x\to\infty}\left(\frac{x+c}{x-c}-1\right)\cdot x}=e^{\lim\limits_{x\to\infty}\frac{2cx}{x-c}}=e^{2c}.$$

等式右边极限化简为

$$\lim_{x\to\infty}[f(x)-f(x-1)]=\lim_{x\to\infty}f'(\xi)\quad(x-1<\xi<x),$$

当$x\to\infty$时，$\xi\to\infty$，所以$\lim\limits_{x\to\infty}[f(x)-f(x-1)]=\lim\limits_{\xi\to\infty}f'(\xi)=e$，对比等式两边极限可得$c=\dfrac{1}{2}$.

例 28 设函数$f(x)$在$[a, b]$上有定义，在开区间(a, b)内可导，则

(A) 当$f(a)f(b)<0$时，存在$\xi\in(a, b)$使得$f(\xi)=0$;

(B) 对于任意$\xi\in(a, b)$，有$\lim\limits_{x\to\xi}[f(x)-f(\xi)]=0$;

(C) 当$f(a)=f(b)$时，存在$\xi\in(a, b)$使得$f'(\xi)=0$;

(D) 存在$\xi\in(a, b)$使得$f(b)-f(a)=f'(\xi)(b-a)$. [ ]

【分析】 本题考查的是零点定理、罗尔定理及拉格朗日中值定理，在应用这些定理时一定要求满足定理的条件.

【详解】 应选(B)

(A)，(C)，(D)三个选项中均缺少了连续的条件，故均为错误的. 选项(B)其本质是考查了函数的连续性，因为函数$f(x)$在开区间(a, b)内可导，所以在开区间(a, b)上连续，所以对于任意$\xi\in(a, b)$，有$\lim\limits_{x\to\xi}f(x)=f(\xi)$. 即$\lim\limits_{x\to\xi}[f(x)-f(\xi)]=0$.

【典型错误】 读者未注意零点定理、罗尔定理及拉格朗日中值定理的条件，没有讨论函数的连续性，故而导致错误的结果.

例 29 以下四个命题正确的是

(A) 若$f'(x)$在$(0, 1)$内连续，则$f(x)$在$(0, 1)$内有界;

(B) 若$f(x)$在$(0, 1)$内连续，则$f(x)$在$(0, 1)$内有界;

(C) 若$f'(x)$在$(0, 1)$内有界，则$f(x)$在$(0, 1)$内有界;

(D) 若$f(x)$在$(0, 1)$内有界，则$f'(x)$在$(0, 1)$内有界. [ ]

【分析】 利用举反例方法排除错误的选项.

【详解】 应选(C)

对于选项(A)，设函数$f(x)=\dfrac{1}{x}$，其导函数为$f'(x)=-\dfrac{1}{x^2}$，$f'(x)$在$(0, 1)$内连续，但

是 $f(x)=\frac{1}{x}$ 在(0, 1)内无界.

对于选项(B)，设函数 $f(x)=\frac{1}{x}$，$f(x)$ 在(0, 1)内连续，但 $f(x)$ 在(0, 1)内无界.

对于选项(D)，设函数 $f(x)=\sqrt{x}$，其导函数为 $f'(x)=\frac{1}{2\sqrt{x}}$，所以 $f(x)$ 在(0, 1)内有界，但 $f'(x)$ 在(0, 1)内无界.

对于选项(C)，任取 $x_0\in(0, 1)$，于是利用拉格朗日中值公式可得

$$f(x)-f(x_0)=f'(\xi)(x-x_0),$$

即 $f(x)=f'(\xi)(x-x_0)+f(x_0)$，所以

$$|f(x)|\leqslant|f'(\xi)||x-x_0|+|f(x_0)|.$$

若函数 $f'(x)$ 有界，设 $|f'(x)|\leqslant M$，故 $|f(x)|\leqslant M+|f(x_0)|$，即 $f(x)$ 在(0, 1)内有界.

(四) 讨论方程的根

例 30　求方程 $k\arctan x-x=0$ 不同实根的个数，其中 k 为参数.

【分析】　本例求关于方程根的个数的问题，我们首先构建函数，利用导数的工具，描述函数的性态，进而判断函数零点的个数.

【详解】　设 $f(x)=k\arctan x-x$，由于函数为偶函数，则函数关于 y 轴对称，且 $f(0)=0$，最终的问题转化为函数的利用当 $x>0$ 时导函数

$$f'(x)=\frac{k}{1+x^2}-1$$

的正负来判断单调性，其中难点环节为若 $k>0$ 时，判断 $f'(x)$ 的符号，事实上 k 为参数，随着自变量 x 取值不断增大，导函数 $f'(x)$ 的符号先正后负，函数 $f(x)$ 为先增后减，当 $x\to+\infty$, $f(x)\to-\infty$，应用上述函数的性质，可得当 $x>0$ 时函数 $f(x)$ 存在唯一的零点.

例 31　方程 $3xe^x+1=0$ 在 $(-\infty, +\infty)$ 内实根的个数为

(A)0;　　(B)1;　　(C)2;　　(D)不少于3.　　[　　]

【分析】　利用导数的工具来判断方程根的个数.

【详解】　应选(C)

令 $f(x)=3xe^x+1$，于是导函数为 $f'(x)=3(x+1)e^x$，令 $f'(x)=0$，解得 $x=-1$，所以函数有两个单调子区间 $(-\infty, -1)$，$(-1, +\infty)$.

当 $x\in(-\infty, -1)$ 时，$f'(x)<0$；当 $x\in(-1, +\infty)$ 时，$f'(x)>0$，

且

$$\lim_{x\to+\infty}f(x)=+\infty,\quad \lim_{x\to-\infty}f(x)=1,\ f(-1)=-3e^{-1}+1<0,$$

所以函数具有两个零点，即 $3xe^x+1=0$ 有两个根.

(五) 利用导数证明不等式

例 32　证明：当 $0<a<b<\pi$ 时，

$$b\sin b+2\cos b+\pi b>a\sin a+2\cos a+\pi a.$$

【分析】 将不等式两边看成是函数$f(x)=x\sin x+2\cos x+\pi x$在$x=a$和$x=b$处的取值，利用函数的单调性证明.

【证】 令$f(x)=x\sin x+2\cos x+\pi x$，其导函数为

$$f'(x)=\sin x+x\cos x-2\sin x+\pi=x\cos x-\sin x+\pi.$$

可以验证得$f'(\pi)=0$，再对函数关于x求二阶导数得

$$f''(x)=\cos x-x\sin x-\cos x=-x\sin x,$$

当$0<x<\pi$时，$f''(x)<0$，所以$f'(x)$为单调递减函数，结合$f'(\pi)=0$，于是可得$f'(x)>0$，即函数$f(x)$为单调递增函数，当$0<a<b<\pi$时，$f(a)<f(b)$，整理得

$$b\sin b+2\cos b+\pi b>a\sin a+2\cos a+\pi a.$$

例 33 试证：当$x>0$时，$(x^2-1)\ln x\geqslant(x-1)^2$.

【分析】 对不等式的证明关键在于构造函数，将不等式的右端移至左边从而构造函数；或是先对不等式进行化简，再进行证明.

【证】 方法一：构造函数法

令$f(x)=(x^2-1)\ln x-(x-1)^2$，可以验证得$f(1)=0$，求导可得

$$f'(x)=2x\ln x+x-\frac{1}{x}-2(x-1)=2x\ln x-x-\frac{1}{x}+2,$$

可以验证$f'(1)=0$，再对函数关于x求二阶导数可得

$$f''(x)=2\ln x+1+\frac{1}{x^2},\quad f''(1)=2>0,$$

函数$f(x)$的三阶导数为$f'''(x)=\dfrac{2}{x}-\dfrac{2}{x^3}=\dfrac{2(x^2-1)}{x^3}$，于是当$0<x<1$时，$f'''(x)<0$；当$1<x<+\infty$时，$f'''(x)>0$，又$f''(1)=2>0$，所以对于任意$x>0$时，$f''(x)\geqslant f''(1)=2>0$.

又因为$f'(1)=0$，所以当$0<x<1$时，$f'(x)<f'(1)=0$；当$1<x<+\infty$时，$f'(x)>f'(1)=0$；又$f(1)=0$，当$0<x<1$时，$f(x)>f(1)=0$；当$1<x<+\infty$时，$f(x)>f(1)=0$，所以当$x>0$时，$f(x)>0$，即$(x^2-1)\ln x\geqslant(x-1)^2$.

方法二：先化简要证明不等式

原不等式可以化为

当$0<x<1$时，$\ln x\leqslant\dfrac{x-1}{x+1}$；当$1<x<+\infty$时，$\ln x\geqslant\dfrac{x-1}{x+1}$.

令$f(x)=\ln x-\dfrac{x-1}{x+1}$，其导函数为

$$f'(x)=\frac{1}{x}-\frac{2}{(x+1)^2}=\frac{x^2+1}{x(x+1)^2}>0,$$

又因为$f(1)=0$，所以当$0<x<1$时，$f(x)<f(1)=0$；当$1<x<+\infty$时，$f(x)>f(1)=0$，即得证.

【注】 当利用函数的单调性证明不等式时，若无法判断一阶导数的正负号，这时需要

通过求解函数二阶或是二阶以上的导数来证明不等式.

例 34　设 $e<a<b<e^2$，证明：

$$\ln^2 b-\ln^2 a>\frac{4}{e^2}(b-a).$$

【分析】　利用拉格朗日中值公式证明或是转化为利用函数的单调性来证明.

【证】　方法一：令 $f(x)=\ln^2 x$，考察函数 $f(x)$ 在区间 $(a,\ b)$ 上的拉格朗日中值公式，即

$$f(b)-f(a)=f'(\xi)(b-a),\quad a<\xi<b,$$

化简得

$$\ln^2 b-\ln^2 a=f'(\xi)(b-a)=\frac{2\ln\xi}{\xi}(b-a).$$

欲证明不等式成立，即证明 $\frac{\ln\xi}{\xi}>\frac{2}{e^2}$，设 $g(x)=\frac{\ln x}{x}$，其导函数为 $g'(x)=\frac{1-\ln x}{x^2}$，当 $x>e$ 时，$g'(x)<0$，所以函数 $g(x)=\frac{\ln x}{x}$ 为单调递减函数，当 $e<x<e^2$ 时，

$$g(e^2)<g(x)<g(e),$$

即 $\frac{\ln x}{x}>\frac{2}{e^2}$，所以得证.

方法二：将欲求的不等式转化为 $\ln^2 b-\frac{4}{e^2}\cdot b>\ln^2 a-\frac{4}{e^2}\cdot a$，于是将不等式两边看成函数 $f(x)=\ln^2 x-\frac{4}{e^2}x$ 在 $x=a$ 和 $x=b$ 处的取值，再证明函数 $f(x)$ 为单调递增函数.

函数的一阶和二阶导数分别为

$$f'(x)=\frac{2\ln x}{x}-\frac{4}{e^2},\quad f''(x)=\frac{2(1-\ln x)}{x^2},$$

所以当 $e<x<e^2$ 时，$f''(x)<0$，$f'(x)$ 为单调递减函数，即得 $f'(x)>f'(e^2)=0$，故函数 $f(x)$ 为单调递增函数，得证.

（六）导数在经济上的应用

例 35　设生产函数为 $Q=AL^{\alpha}K^{\beta}$，其中 Q 是产出量，L 是劳动投入量，K 是资本投入量，而 A，α，β 均为大于零的参数，则当 $Q=1$ 时 K 关于 L 的弹性为________.

【分析】　先将 K 关于 L 的函数表达式求解出来，然后再求弹性.

【详解】　应填 $-\frac{\alpha}{\beta}$

根据生产函数 $Q=AL^{\alpha}K^{\beta}$，求解得

$$K=Q^{\frac{1}{\beta}}A^{-\frac{1}{\beta}}L^{-\frac{\alpha}{\beta}}.$$

当 $Q=1$ 时，$K=A^{-\frac{1}{\beta}}L^{-\frac{\alpha}{\beta}}$，于是 K 关于 L 的弹性为

$$E = L\frac{K'(L)}{K(L)} = L\frac{A^{-\frac{1}{\beta}}\left(-\frac{\alpha}{\beta}\right)L^{-\frac{\alpha}{\beta}-1}}{A^{-\frac{1}{\beta}}L^{-\frac{\alpha}{\beta}}} = -\frac{\alpha}{\beta}.$$

例 36　设某商品的需求函数 $Q = Q(P)$，其对价格的弹性 $E_P = 0.2$，求当需求量为 10000 件时，价格增加 1 元会使产品收益增加________元.

【详解】　应填 8000

设收益函数为 R，则 $R = QP$，所以

$$\frac{\mathrm{d}R}{\mathrm{d}P} = Q + P\frac{\mathrm{d}Q}{\mathrm{d}P} = Q\left(1 + \frac{P}{Q}\cdot\frac{\mathrm{d}Q}{\mathrm{d}P}\right) = Q(1 - E_P).$$

所以当 $Q = 10000$ 件时，收益增加 8000 元.

第五章　不定积分

本章知识结构图

- 原函数的概念与性质
  - 概念
  - 性质：原函数之间相差一个常数
- 不定积分
  - 概念：原函数的全体
  - 与微分的关系：互逆运算
  - 线性性质
- 不定积分的计算
  - 初等函数的积分
  - 换元积分法
    - 第一类换元法：凑微分
    - 第二类换元法
  - 分部积分法
  - 有理函数的积分法

一、内容精要

（一）不定积分的概念与性质

1. 不定积分的概念

设函数$f(x)$和$F(x)$在区间I上有定义，若$F'(x)=f(x)$在区间I上成立，则称$F(x)$为$f(x)$在区间I上的原函数，$f(x)$在区间I上的全体原函数称为$f(x)$在区间I上的不定积分，记为$\int f(x)\mathrm{d}x$. 其中，$\int$称为积分号，x称为积分变量，$f(x)$称为被积函数，$f(x)\mathrm{d}x$称为被积表达式.

2. 不定积分的性质

设$\int f(x)\mathrm{d}x=F(x)+C$，其中$F(x)$为$f(x)$的一个原函数，$C$为任意常数，则

（1）$\int F'(x)\mathrm{d}x=F(x)+C$或$\int \mathrm{d}F(x)=F(x)+C$；

（2）$\left[\int f(x)\mathrm{d}x\right]'=f(x)$或$\mathrm{d}\left(\int f(x)\mathrm{d}x\right)=f(x)\mathrm{d}x$；

（3）$\int kf(x)\mathrm{d}x=k\int f(x)\mathrm{d}x$；

（4）$\int[f(x)\pm g(x)]\mathrm{d}x=\int f(x)\mathrm{d}x\pm\int g(x)\mathrm{d}x$.

3. 原函数的存在性

设 $f(x)$ 在区间 I 上连续，则 $f(x)$ 在区间 I 上的原函数一定存在.

注　初等函数的原函数不一定是初等函数，例如 $\int \sin(x^2)\mathrm{d}x$，$\int \cos(x^2)\mathrm{d}x$，$\int \frac{\sin x}{x}\mathrm{d}x$，$\int \frac{\cos x}{x}\mathrm{d}x$，$\int \frac{\mathrm{d}x}{\ln x}$，$\int \mathrm{e}^{-x^2}\mathrm{d}x$ 等被积函数有原函数，但不能用初等函数表示，故这些不定积分均称为积不出来.

（二）基本积分表

(1) $\int k\mathrm{d}x = kx + C$　（k 是常数）；

(2) $\int x^{\mu}\mathrm{d}x = \frac{x^{\mu+1}}{\mu+1} + C$　$(\mu \neq -1)$；

(3) $\int \frac{\mathrm{d}x}{x} = \ln|x| + C$；

(4) $\int \frac{1}{1+x^2}\mathrm{d}x = \arctan x + C$；

(5) $\int \frac{1}{\sqrt{1-x^2}}\mathrm{d}x = \arcsin x + C$；

(6) $\int \cos x\mathrm{d}x = \sin x + C$；

(7) $\int \sin x\mathrm{d}x = -\cos x + C$；

(8) $\int \frac{\mathrm{d}x}{\cos^2 x} = \int \sec^2 x\mathrm{d}x = \tan x + C$；

(9) $\int \frac{\mathrm{d}x}{\sin^2 x} = \int \csc^2 x\mathrm{d}x = -\cot x + C$；

(10) $\int \sec x\tan x\mathrm{d}x = \sec x + C$；

(11) $\int \csc x\cot x\mathrm{d}x = -\csc x + C$；

(12) $\int \mathrm{e}^x\mathrm{d}x = \mathrm{e}^x + C$；

(13) $\int a^x\mathrm{d}x = \frac{a^x}{\ln a} + C$；

(14) $\int \sinh x\mathrm{d}x = \cosh x + C$；

(15) $\int \cosh x\mathrm{d}x = \sinh x + C$；

(16) $\int \tan x\mathrm{d}x = -\ln\cos x + C$；

(17) $\int \cot x\mathrm{d}x = \ln|\sin x| + C$；

(18) $\int \sec x\mathrm{d}x = \ln|\sec x + \tan x| + C$；

(19) $\int \csc x\mathrm{d}x = \ln|\csc x - \cot x| + C$；

(20) $\int \frac{1}{a^2+x^2}\mathrm{d}x = \frac{1}{a}\arctan\frac{x}{a} + C$；

(21) $\int \frac{1}{x^2-a^2}\mathrm{d}x = \frac{1}{2a}\ln\left|\frac{x-a}{x+a}\right| + C$；

(22) $\int \frac{1}{a^2-x^2}\mathrm{d}x = \frac{1}{2a}\ln\left|\frac{a+x}{a-x}\right| + C$；

(23) $\int \frac{1}{\sqrt{a^2-x^2}}\mathrm{d}x = \arcsin\frac{x}{a} + C$；

(24) $\int \frac{1}{\sqrt{x^2 \pm a^2}}\mathrm{d}x = \left|\ln x + \sqrt{x^2 \pm a^2}\right| + C$.

（三）不定积分的计算方法

1. 第一类换元积分法（凑微分法）

设 $\int f(u)\mathrm{d}u = F(u) + C$，又 $\varphi(x)$ 可导，则

$$\int f(\varphi(x))\varphi'(x)\mathrm{d}x = \int f(\varphi(x))\mathrm{d}(\varphi(x)).$$

设$\int f(u)\mathrm{d}u = F(u) + C = F(\varphi(x)) + C$,这里要求读者对常用的微分公式要“倒背如流”,也就是非常熟练地凑出微分.

2. 第二类换元积分法

设 $x = \varphi(t)$ 可导,且 $\varphi'(t) \neq 0$,若$\int f(\varphi(t))\varphi'(t)\mathrm{d}t = G(t) + C$,则

$$\int f(x)\mathrm{d}x = \int f(\varphi(t))\varphi'(t)\mathrm{d}t = G(\varphi^{-1}(x)) + C.$$

其中 $t = \varphi^{-1}(x)$ 为 $x = \varphi(t)$ 的反函数.

3. 分部积分法

设 $u(x)$,$v(x)$ 均有连续的导数,则

$$\int u(x)\mathrm{d}v(x) = u(x)v(x) - \int v(x)\mathrm{d}u(x)$$

或

$$\int u(x)v'(x)\mathrm{d}x = u(x)v(x) - \int v(x)u'(x)\mathrm{d}x.$$

(四)有理函数的积分

1. 有理函数积分的方法

所谓有理函数,是指两个多项式的商表示的函数. 即

$$\frac{P(x)}{Q(x)} = \frac{a_0x^n + a_1x^{n-1} + \cdots + a_{n-1}x + a_n}{b_0x^m + b_1x^{m-1} + \cdots + b_{m-1}x + b_m},$$

其中 m, n 都是非负整数;a_0, a_1, $\cdots$, a_n 及 b_0, b_1, $\cdots$, b_m 都是实数,并且 $a_0 \neq 0$, $b_0 \neq 0$. 若$n < m$,称此有理函数是真分式;若 $n \geqslant m$,称此有理函数是假分式;利用多项式除法,假分式可以化成一个多项式和一个真分式之和.

下列四种类型的有理真分式称为**最简分式**,其中 n 为不小于 2 的正整数,A, M, N, a, p, q 均为常数,且 $p^2 - 4q < 0$:

(1) $\dfrac{A}{x-a}$;　(2) $\dfrac{A}{(x-a)^k}$;　(3) $\dfrac{Mx+N}{x^2+px+q}$;　(4) $\dfrac{Mx+N}{(x^2+px+q)^k}$.

由代数学知识,有理函数有下列性质:

(1) 一个有理假分式可以表示成一个多项式与一个有理真分式之和;

(2) 一个有理真分式可以分解成有限个最简分式之和.

由于多项式的积分我们已经会求,所以,有理函数的积分就归结为有理真分式的积分,而有理真分式的积分问题又归结为最简分式的积分问题.

2. 含有三角函数的积分(可化为有理函数的积分)

由三角函数和常数经过有限次四则运算构成的函数称为三角有理函数,记为 $R(\sin x, \cos x)$. 三角函数有理式的积分方法的基本思想是通过适当的变换,将三角函数的积分化为有理函数的积分. 这里主要使用的是三角函数“万能公式”:

$$\sin x = 2\sin\frac{x}{2}\cos\frac{x}{2} = \frac{2\tan\frac{x}{2}}{\sec^2\frac{x}{2}} = \frac{2\tan\frac{x}{2}}{1+\tan^2\frac{x}{2}},$$

$$\cos x = \cos^2\frac{x}{2} - \sin^2\frac{x}{2} = \frac{1-\tan^2\frac{x}{2}}{\sec^2\frac{x}{2}} = \frac{1-\tan^2\frac{x}{2}}{1+\tan^2\frac{x}{2}},$$

可以令 $u = \tan\frac{x}{2}, x = 2\arctan u$(万能置换公式),从而有

$$\sin x = \frac{2u}{1+u^2},\ \cos x = \frac{1-u^2}{1+u^2},\ \mathrm{d}x = \frac{2}{1+u^2}\mathrm{d}u,$$

$$\int R(\sin x,\cos x)\,\mathrm{d}x = \int R\left(\frac{2u}{1+u^2},\frac{1-u^2}{1+u^2}\right)\frac{2}{1+u^2}\mathrm{d}u.$$

从而利用有理函数的积分求解.

二、练习题与解答

习题 5.1　不定积分的概念与性质

1. 求下列不定积分:

(1) $\int\frac{\mathrm{d}x}{x^3}$;　(2) $\int x\sqrt{x}\,\mathrm{d}x$;

(3) $\int x^3(1+x)^2\mathrm{d}x$;　(4) $\int(x^2-5x+6)\,\mathrm{d}x$;

(5) $\int(x^2+1)^2\mathrm{d}x$;　(6) $\int(\sqrt{x}+1)(\sqrt{x^3}-1)\,\mathrm{d}x$;

(7) $\int\frac{\mathrm{d}x}{x^2\sqrt{x}}$;　(8) $\int\left(\sqrt[3]{x}-\frac{1}{\sqrt{x}}\right)\mathrm{d}x$;

(9) $\int(2^x+x^2)\,\mathrm{d}x$;　(10) $\int\sqrt{x}(x-3)\,\mathrm{d}x$;

(11) $\int\frac{3x^4+3x^2+1}{x^2+1}\mathrm{d}x$;　(12) $\int\frac{x^2}{1+x^2}\mathrm{d}x$;

(13) $\int\left(\frac{x}{2}-\frac{1}{x}+\frac{1}{x^3}-\frac{4}{x^4}\right)\mathrm{d}x$;　(14) $\int\frac{(1-x)^2}{\sqrt{x}}\mathrm{d}x$;

(15) $\int\mathrm{e}^x\left(1-\frac{\mathrm{e}^{-x}}{\sqrt{x}}\right)\mathrm{d}x$;　(16) $\int\sqrt{x\sqrt{x\sqrt{x}}}\,\mathrm{d}x$;

(17) $\int\frac{\mathrm{d}x}{x^2(1+x^2)}$;　(18) $\int\frac{\mathrm{e}^{2t}-1}{\mathrm{e}^t-1}\mathrm{d}t$;

(19) $\int 3^x e^x dx$;　　(20) $\int \cot^2 x dx$;

(21) $\int \sec x(\sec x - \tan x) dx$;　　(22) $\int \cos^2 \frac{x}{2} dx$;

(23) $\int \frac{1}{\sin^2 \frac{x}{2} \cos^2 \frac{x}{2}} dx$;　　(24) $\int \frac{\cos 2x}{\cos x - \sin x} dx$.

【解】 (1) $\int \frac{dx}{x^3} = \int x^{-3} dx = -\frac{1}{2}x^{-2} + C$.

(2) $\int x\sqrt{x} dx = \int x \cdot x^{\frac{1}{2}} dx = \int x^{\frac{3}{2}} dx = \frac{2}{5}x^{\frac{5}{2}} + C$.

(3) $\int x^3 (1+x)^2 dx = \int x^3 (1 + 2x + x^2) dx = \int (x^3 + 2x^4 + x^5) dx$

$= \int x^3 dx + \int 2x^4 dx + \int x^5 dx = \frac{1}{4}x^4 + \frac{2}{5}x^5 + \frac{1}{6}x^6 + C$.

(4) $\int (x^2 - 5x + 6) dx = \int x^2 dx - 5\int x dx + 6\int dx = \frac{1}{3}x^3 - \frac{5}{2}x^2 + 6x + C$.

(5) $\int (x^2 + 1)^2 dx = \int (x^4 + 2x^2 + 1) dx = \int x^4 dx + 2\int x^2 dx + \int dx$

$= \frac{1}{5}x^5 + \frac{2}{3}x^3 + x + C$.

(6) $\int (\sqrt{x} + 1)(\sqrt{x^3} - 1) dx = \int (x^2 - \sqrt{x} + \sqrt{x^3} - 1) dx$

$= \int x^2 dx - \int \sqrt{x} dx + \int \sqrt{x^3} dx - \int dx$

$= \frac{1}{3}x^3 - \frac{2}{3}x^{\frac{3}{2}} + \frac{2}{5}x^{\frac{5}{2}} - x + C$.

(7) $\int \frac{dx}{x^2\sqrt{x}} = \int \frac{dx}{x^2 \cdot x^{\frac{1}{2}}} = \int x^{-\frac{5}{2}} dx = -\frac{2}{3}x^{-\frac{3}{2}} + C$.

(8) $\int \left(\sqrt[3]{x} - \frac{1}{\sqrt{x}}\right) dx = \int \sqrt[3]{x} dx - \int \frac{1}{\sqrt{x}} dx = \frac{3}{4}x^{\frac{4}{3}} - 2x^{\frac{1}{2}} + C$.

(9) $\int (2^x + x^2) dx = \int 2^x dx + \int x^2 dx = \frac{1}{\ln 2}2^x + \frac{1}{3}x^3 + C$.

(10) $\int \sqrt{x}(x - 3) dx = \int x^{\frac{3}{2}} dx - 3\int x^{\frac{1}{2}} dx = \frac{2}{5}x^{\frac{5}{2}} - 2x^{\frac{3}{2}} + C$.

(11) $\int \frac{3x^4 + 3x^2 + 1}{x^2 + 1} dx = \int \frac{3x^2(x^2 + 1) + 1}{x^2 + 1} dx$

$= \int 3x^2 dx + \int \frac{1}{x^2 + 1} dx = x^3 + \arctan x + C$.

(12) $\int \frac{x^2}{1 + x^2} dx = \int \frac{1 + x^2 - 1}{1 + x^2} dx = \int \left(1 - \frac{1}{1 + x^2}\right) dx = x - \arctan x + C$.

(13) $\int\left(\frac{x}{2}-\frac{1}{x}+\frac{1}{x^3}-\frac{4}{x^4}\right)dx=\int\frac{x}{2}dx-\int\frac{1}{x}dx+\int\frac{1}{x^3}dx-\int\frac{4}{x^4}dx$

$$=\frac{1}{4}x^2-\ln|x|-\frac{1}{2}x^{-2}+\frac{4}{3}x^{-3}+C.$$

(14) $\int\frac{(1-x)^2}{\sqrt{x}}dx=\int\frac{1-2x+x^2}{\sqrt{x}}dx=\int\frac{1}{\sqrt{x}}dx-2\int\sqrt{x}dx+\int x^{\frac{3}{2}}dx$

$$=2x^{\frac{1}{2}}-\frac{4}{3}x^{\frac{3}{2}}+\frac{2}{5}x^{\frac{5}{2}}+C.$$

(15) $\int e^x\left(1-\frac{e^{-x}}{\sqrt{x}}\right)dx=\int e^x dx-\int\frac{1}{\sqrt{x}}dx=e^x-2x^{\frac{1}{2}}+C.$

(16) $\int\sqrt{x\sqrt{x\sqrt{x}}}dx=\int\sqrt{x\sqrt{x\cdot x^{\frac{1}{2}}}}dx=\int\sqrt{x\cdot x^{\frac{3}{4}}}dx=\int x^{\frac{7}{8}}dx=\frac{8}{15}x^{\frac{15}{8}}+C.$

(17) $\int\frac{dx}{x^2(1+x^2)}=\int\left(\frac{1}{x^2}-\frac{1}{1+x^2}\right)dx=-\frac{1}{x}-\arctan x+C.$

(18) $\int\frac{e^{2t}-1}{e^t-1}dt=\int\frac{(e^t-1)(e^t+1)}{e^t-1}dt=\int(e^t+1)dt=e^t+t+C.$

(19) $\int 3^x e^x dx=\int(3e)^x dx=(3e)^x\cdot\frac{1}{1+\ln 3}+C.$

(20) $\int\cot^2 x dx=\int(\csc^2 x-1)dx=-\cot x-x+C.$

(21) $\int\sec x(\sec x-\tan x)dx=\int(\sec^2 x-\sec x\tan x)dx=\tan x-\sec x+C.$

(22) $\int\cos^2\frac{x}{2}dx=\int\frac{1+\cos x}{2}dx=\frac{1}{2}\int dx+\frac{1}{2}\int\cos x dx=\frac{1}{2}x+\frac{1}{2}\sin x+C.$

(23) $\int\frac{1}{\sin^2\frac{x}{2}\cos^2\frac{x}{2}}dx=\int\frac{\sin^2\frac{x}{2}+\cos^2\frac{x}{2}}{\sin^2\frac{x}{2}\cos^2\frac{x}{2}}dx=\int\frac{1}{\cos^2\frac{x}{2}}dx+\int\frac{1}{\sin^2\frac{x}{2}}dx$

$$=2\int\sec^2\left(\frac{x}{2}\right)d\left(\frac{x}{2}\right)+2\int\csc^2\left(\frac{x}{2}\right)d\left(\frac{x}{2}\right)$$

$$=2\tan\left(\frac{x}{2}\right)-2\cot\left(\frac{x}{2}\right)+C.$$

(24) $\int\frac{\cos 2x}{\cos x-\sin x}dx=\int\frac{(\cos x+\sin x)(\cos x-\sin x)}{\cos x-\sin x}dx=\int(\cos x+\sin x)dx$

$$=\int\cos x dx+\int\sin x dx=\sin x-\cos x+C.$$

2. 一曲线通过点$(e^2, 3)$，且在任一点处的切线的斜率等于该点横坐标的倒数，求该曲线的方程.

【解】 设曲线方程为 $y=f(x)$，根据题意知

$$\frac{dy}{dx}=\frac{1}{x},$$

即 $f(x)$ 是 $\frac{1}{x}$ 的一个原函数．因为

$$\int\frac{1}{x}dx=\ln|x|+C,$$

所以必有某个常数 C 使 $f(x)=\ln|x|+C$，由曲线通过点 $(e^2,3)$，故 $3=\ln e^2+C$，即

$$3=2+C\Rightarrow C=1,$$

于是，所求曲线方程为

$$f(x)=\ln|x|+1.$$

3. 已知边际收益函数为 $R'(Q)=100-0.01Q$，其中 Q 为产量，求收益函数 $R(Q)$．

【解】 边际收益函数为 $R'(Q)=100-0.01Q$，故收益函数 $R(Q)$ 为

$$R(Q)=\int(100-0.01Q)dQ=100Q-0.005Q^2+C.$$

4. 某商品的需求量 Q 为价格 P 的函数，该商品的最大需求量为1000（即 $P=0$ 时，$Q=100$），已知需求量的变化率函数为 $Q'(P)=-1000\ln 3\cdot\left(\frac{1}{3}\right)^P$，求该商品的需求函数 $Q(P)$．

【解】 由需求量的变化率函数为 $Q'(P)=-1000\ln 3\cdot\left(\frac{1}{3}\right)^P$，故该商品的需求函数为

$$Q(P)=-1000\ln 3\int\left(\frac{1}{3}\right)^P dP=-1000\ln 3\cdot\left(\frac{1}{3}\right)^P\cdot\frac{1}{\ln\left(\frac{1}{3}\right)}+C=1000\left(\frac{1}{3}\right)^P+C.$$

由该商品的最大需求量为1000，即 $P=0$ 时，$Q=1000$，则有 $C=0$，即该商品的需求函数为

$$Q(P)=1000\left(\frac{1}{3}\right)^P.$$

习题 5.2　换元积分法

1. 求下列不定积分：

(1) $\int e^{5x}dx$；　　(2) $\int(3-2x)^2dx$；

(3) $\int\frac{dx}{1-2x}$；　　(4) $\int\frac{dx}{\sqrt[3]{2-3x}}$；

(5) $\int(\sin ax-e^{\frac{x}{b}})dx$；　　(6) $\int\frac{\sin\sqrt{t}}{\sqrt{t}}dt$；

(7) $\int\tan^{10}x\sec^2x dx$；　　(8) $\int\frac{dx}{x\cdot\ln x\cdot\ln\ln x}$；

(9) $\int xe^{-x^2}dx$　　(10) $\int\frac{dx}{\sin x\cos x}$；

(11) $\int \frac{dx}{e^x + e^{-x}}$;　　(12) $\int x\cos(x^2)dx$;

(13) $\int \frac{xdx}{\sqrt{2-3x^2}}$;　　(14) $\int \cos^2(\omega x)\sin(\omega x)dx$;

(15) $\int \frac{3x^3}{1-x^4}dx$;　　(16) $\int \frac{\sin x}{\cos^3 x}dx$;

(17) $\int \frac{\sin x + \cos x}{(\sin x - \cos x)^3}dx$;　　(18) $\int \frac{1-x}{\sqrt{9-4x^2}}dx$;

(19) $\int \frac{x^3}{\sqrt{9+x^2}}dx$;　　(20) $\int \frac{dx}{2x^2-1}$;

(21) $\int \frac{dx}{(x+1)(x-2)}$;　　(22) $\int \cos^3 xdx$;

(23) $\int \sin 2x\cos 3xdx$;　　(24) $\int \sin 5x\sin 7xdx$;

(25) $\int \tan^3 x\sec xdx$;　　(26) $\int \frac{10^{\arcsin x}}{\sqrt{1-x^2}}dx$;

(27) $\int \frac{dx}{(\arcsin x)^2\sqrt{1-x^2}}$;　　(28) $\int \frac{\arctan\sqrt{x}}{\sqrt{x}(1+x)}dx$;

(29) $\int \frac{1+\ln x}{(x\ln x)^2}dx$;　　(30) $\int \frac{x^2dx}{\sqrt{a^2-x^2}}$;

(31) $\int \frac{dx}{\sqrt{(x^2+1)^3}}$;　　(32) $\int \frac{\sqrt{x^2-9}}{x}dx$;

(33) $\int \frac{1}{1+\sqrt{2x}}dx$;　　(34) $\int \frac{dx}{1+\sqrt{1-x^2}}$;

(35) $\int \frac{dx}{x+\sqrt{1-x^2}}$.

【解】　(1) $\int e^{5x}dx = \frac{1}{5}\int e^{5x}d(5x) = \frac{1}{5}e^{5x} + C$.

(2) $\int (3-2x)^2dx = -\frac{1}{2}\int (3-2x)^2d(3-2x) = -\frac{1}{6}(3-2x)^3 + C$.

(3) $\int \frac{dx}{1-2x} = -\frac{1}{2}\int \frac{d(1-2x)}{1-2x} = -\frac{1}{2}\ln|1-2x| + C$.

(4) $\int \frac{dx}{\sqrt[3]{2-3x}} = -\frac{1}{3}\int \frac{d(2-3x)}{\sqrt[3]{2-3x}} = -\frac{1}{2}(2-3x)^{\frac{2}{3}} + C$.

(5) $\int (\sin ax - e^{\frac{x}{b}})dx = \int \sin axdx - \int e^{\frac{x}{b}}dx = \frac{1}{a}\int \sin axd(ax) - b\int e^{\frac{x}{b}}d\left(\frac{x}{b}\right)$

$$= -\frac{1}{a}\cos ax - be^{\frac{x}{b}} + C.$$

(6) $\int \frac{\sin\sqrt{t}}{\sqrt{t}}\mathrm{d}t = 2\int \sin\sqrt{t}\mathrm{d}(\sqrt{t}) = -2\cos\sqrt{t} + C.$

(7) $\int \tan^{10}x\sec^2 x\mathrm{d}x = \int \tan^{10}x\mathrm{d}(\tan x) = \frac{1}{11}\tan^{11}x + C.$

(8) $\int \frac{\mathrm{d}x}{x\cdot\ln x\cdot\ln\ln x} = \int \frac{1}{\ln\ln x}\mathrm{d}(\ln\ln x) = \ln|\ln\ln x| + C.$

(9) $\int x\mathrm{e}^{-x^2}\mathrm{d}x = -\frac{1}{2}\int \mathrm{e}^{-x^2}\mathrm{d}(-x^2) = -\frac{1}{2}\mathrm{e}^{-x^2} + C.$

(10) $\int \frac{\mathrm{d}x}{\sin x\cos x} = \int \frac{\sin^2 x + \cos^2 x}{\sin x\cos x}\mathrm{d}x = \int \frac{\sin^2 x}{\sin x\cos x}\mathrm{d}x + \int \frac{\cos^2 x}{\sin x\cos x}\mathrm{d}x$

$$= \int \frac{\sin x}{\cos x}\mathrm{d}x + \int \frac{\cos x}{\sin x}\mathrm{d}x = -\int \frac{1}{\cos x}\mathrm{d}(\cos x) + \int \frac{1}{\sin x}\mathrm{d}(\sin x)$$

$$= -\ln|\cos x| + \ln|\sin x| + C = \ln|\tan x| + C.$$

(11) $\int \frac{\mathrm{d}x}{\mathrm{e}^x + \mathrm{e}^{-x}} = \int \frac{\mathrm{e}^x}{\mathrm{e}^x(\mathrm{e}^x + \mathrm{e}^{-x})}\mathrm{d}x = \int \frac{\mathrm{e}^x}{\mathrm{e}^{2x} + 1}\mathrm{d}x = \int \frac{\mathrm{d}(\mathrm{e}^x)}{(\mathrm{e}^x)^2 + 1} = \arctan \mathrm{e}^x + C.$

(12) $\int x\cos(x^2)\mathrm{d}x = \frac{1}{2}\int \cos(x^2)\mathrm{d}(x^2) = \frac{1}{2}\sin(x^2) + C.$

(13) $\int \frac{x\mathrm{d}x}{\sqrt{2-3x^2}} = -\frac{1}{6}\int (2-3x^2)^{-\frac{1}{2}}\mathrm{d}(2-3x^2) = -\frac{1}{3}(2-3x^2)^{\frac{1}{2}} + C.$

(14) $\int \cos^2(\omega x)\sin(\omega x)\mathrm{d}x = -\frac{1}{\omega}\int \cos^2(\omega x)\mathrm{d}[\cos(\omega x)] = -\frac{1}{3\omega}\cos^3(\omega x) + C.$

(15) $\int \frac{3x^3}{1-x^4}\mathrm{d}x = -\frac{3}{4}\int \frac{1}{1-x^4}\mathrm{d}(1-x^4) = -\frac{3}{4}\ln|1-x^4| + C.$

(16) $\int \frac{\sin x}{\cos^3 x}\mathrm{d}x = -\int \frac{1}{\cos^3 x}\mathrm{d}(\cos x) = \frac{1}{2}\cos^{-2}x + C.$

(17) $\int \frac{\sin x + \cos x}{(\sin x - \cos x)^3}\mathrm{d}x = \int \frac{\mathrm{d}(\sin x - \cos x)}{(\sin x - \cos x)^3} = -\frac{1}{2}(\sin x - \cos x)^{-2} + C.$

(18) 设$\frac{2}{3}x = \sin t$ 则 $x = \frac{3}{2}\sin t$, $\mathrm{d}x = \frac{3}{2}\cos t\mathrm{d}t$,从而有

$$\int \frac{1-x}{\sqrt{9-4x^2}}\mathrm{d}x = \int \frac{1-\frac{3}{2}\sin t}{3\cos t}\cdot\frac{3}{2}\cos t\mathrm{d}t = \frac{1}{2}\int\left(1-\frac{3}{2}\sin t\right)\mathrm{d}t$$

$$= \frac{1}{2}\left(t + \frac{3}{2}\cos t\right) + C = \frac{1}{2}\arcsin\frac{2}{3}x + \frac{3}{4}\sqrt{1-\frac{4}{9}x^2} + C$$

$$= \frac{1}{2}\arcsin\frac{3}{2}x + \frac{1}{4}\sqrt{9-4x^2} + C.$$

(19) 设 $x = 3\tan t$,则 $\mathrm{d}x = 3\sec^2 t\mathrm{d}t$,

$$\int \frac{x^3}{\sqrt{9+x^2}}\mathrm{d}x = \int \frac{27\tan^3 t}{3\sec t}\cdot 3\sec^2 t\mathrm{d}t$$

$$= 27\int \frac{\sin^3 t}{\cos^4 t}\mathrm{d}t = 27\int \frac{\sin t(1-\cos^2 t)}{\cos^4 t}\mathrm{d}t$$

$$= 27\int\left(\frac{\sin t}{\cos^4 t} - \frac{\sin t}{\cos^2 t}\right)\mathrm{d}t$$

$$= \frac{9}{\cos^3 t} - \frac{27}{\cos t} + C$$

$$= \frac{\sqrt{x^2+9}}{3}(x^2 - 18) + C.$$

(20) $\int \frac{\mathrm{d}x}{2x^2-1} = \frac{1}{2}\int\left(\frac{1}{\sqrt{2}x-1} - \frac{1}{\sqrt{2}x+1}\right)\mathrm{d}x$

$$= \frac{1}{2\sqrt{2}}\int \frac{1}{\sqrt{2}x-1}\mathrm{d}(\sqrt{2}x-1) - \frac{1}{2\sqrt{2}}\int \frac{1}{\sqrt{2}x+1}\mathrm{d}(\sqrt{2}x+1)$$

$$= \frac{1}{2\sqrt{2}}\ln\left|\frac{\sqrt{2}x-1}{\sqrt{2}x+1}\right| + C.$$

(21) $\int \frac{\mathrm{d}x}{(x+1)(x-2)} = \frac{1}{3}\int\left(\frac{1}{x-2} - \frac{1}{x+1}\right)\mathrm{d}x = \frac{1}{3}\ln\left|\frac{x-2}{x+1}\right| + C.$

(22) $\int \cos^3 x\mathrm{d}x = \int \cos x\cdot(1-\sin^2 x)\mathrm{d}x = \int(1-\sin^2 x)\mathrm{d}(\sin x)$

$$= \sin x - \frac{1}{3}\sin^3 x + C.$$

(23) $\int \sin 2x\cos 3x\mathrm{d}x = \frac{1}{2}\int(\sin 5x - \sin x)\mathrm{d}x = -\frac{1}{10}\cos 5x + \frac{1}{2}\cos x + C.$

(24) $\int \sin 5x\sin 7x\mathrm{d}x = \frac{1}{2}\int(\cos 2x - \cos 12x)\mathrm{d}x = \frac{1}{4}\sin 2x - \frac{1}{24}\sin 12x + C.$

(25) $\int \tan^3 x\sec x\mathrm{d}x = \int \tan^2 x\mathrm{d}(\sec x) = \int(\sec^2 x - 1)\mathrm{d}(\sec x)$

$$= \frac{1}{3}\sec^3 x - \sec x + C.$$

(26) $\int \frac{10^{\arcsin x}}{\sqrt{1-x^2}}\mathrm{d}x = \int 10^{\arcsin x}\mathrm{d}(\arcsin x) = \frac{10^{\arcsin x}}{\ln 10} + C.$

(27) $\int \frac{\mathrm{d}x}{(\arcsin x)^2\sqrt{1-x^2}} = \int \frac{1}{(\arcsin x)^2}\mathrm{d}(\arcsin x) = -\frac{1}{\arcsin x} + C.$

(28) $\int \frac{\arctan\sqrt{x}}{\sqrt{x}(1+x)}\mathrm{d}x = 2\int \arctan\sqrt{x}\mathrm{d}(\arctan\sqrt{x}) = (\arctan\sqrt{x})^2 + C.$

(29) $\int \frac{1+\ln x}{(x\ln x)^2}\mathrm{d}x = \int \frac{1}{(x\ln x)^2}\mathrm{d}(x\ln x) = -\frac{1}{x\ln x} + C.$

(30) 设 $x = a\sin t$,则 $\mathrm{d}x = a\cos t\mathrm{d}t$,从而有

$$\int \frac{x^2\mathrm{d}x}{\sqrt{a^2-x^2}} = \int \frac{a^2\sin^2 t}{a\cos t}\cdot a\cos t\mathrm{d}t = \int a^2\sin^2 t\mathrm{d}t = \frac{a^2}{2}\int(1-\cos 2t)\mathrm{d}t$$

$$= \frac{a^2}{2}\left(t - \frac{1}{2}\sin 2t\right) + C = \frac{a^2}{2}\left(\arcsin \frac{x}{a} - \frac{x}{a^2}\sqrt{a^2 - x^2}\right) + C$$

$$= \frac{a^2}{2}\arcsin \frac{x}{a} - \frac{x}{2}\sqrt{a^2 - x^2} + C.$$

(31) 设 $x = \tan t$,则 $\mathrm{d}x = \frac{1}{\cos^2 t}\mathrm{d}t$,从而有

$$\int \frac{\mathrm{d}x}{\sqrt{(x^2+1)^3}} = \int \frac{1}{\sec^3 t} \cdot \frac{1}{\cos^2 t}\mathrm{d}t = \int \cos t\mathrm{d}t = \sin t + C = \frac{x}{\sqrt{1+x^2}} + C.$$

(32) 设 $x = 3\sec t$, 则 $\mathrm{d}x = 3\sec t\tan t\mathrm{d}t$,从而有

$$\int \frac{\sqrt{x^2-9}}{x}\mathrm{d}x = \int \frac{3\tan t}{3\sec t} \cdot 3\sec t\tan t\mathrm{d}t$$

$$= 3\int \tan^2 t\mathrm{d}t = 3\int (\sec^2 t - 1)\mathrm{d}t$$

$$= 3\tan t - 3t + C$$

$$= \sqrt{x^2-9} - 3\arccos \frac{3}{x} + C.$$

(33) 设 $\sqrt{2x} = t$,则 $x = \frac{t^2}{2}$ $\mathrm{d}x = t\mathrm{d}t$,从而有

$$\int \frac{1}{1+\sqrt{2x}}\mathrm{d}x = \int \frac{t}{1+t}\mathrm{d}t = \int \left(1 - \frac{1}{1+t}\right)\mathrm{d}t = t - \ln|1+t| + C$$

$$= \sqrt{2x} - \ln(1+\sqrt{2x}) + C.$$

(34) 设 $x = \sin t$,则 $\mathrm{d}x = \cos t\mathrm{d}t$,从而有

$$\int \frac{\mathrm{d}x}{1+\sqrt{1-x^2}} = \int \frac{1}{1+\cos t} \cdot \cos t\mathrm{d}t = \int \left(1 - \frac{1}{1+\cos t}\right)\mathrm{d}t$$

$$= \int \mathrm{d}t - \int \frac{1}{2\cos^2 \frac{t}{2}}\mathrm{d}t = t - \tan \frac{t}{2} + C$$

$$= \arcsin x - \frac{x}{1+\sqrt{1-x^2}} + C.$$

(35) 设 $x = \sin t$,则 $\mathrm{d}x = \cos t\mathrm{d}t$,从而有

$$\int \frac{\mathrm{d}x}{x+\sqrt{1-x^2}} = \int \frac{1}{\sin t + \cos t} \cdot \cos t\mathrm{d}t$$

$$= \frac{1}{2}\int \frac{\cos t + \sin t + (\cos t - \sin t)}{\sin t + \cos t}\mathrm{d}t$$

$$= \frac{1}{2}\int \left(1 + \frac{\cos t - \sin t}{\sin t + \cos t}\right)\mathrm{d}t$$

$$= \frac{1}{2}t + \frac{1}{2}\ln|\sin t + \cos t| + C$$

$$= \frac{1}{2}\arcsin x + \frac{1}{2}\ln\left|x + \sqrt{1-x^2}\right| + C.$$

2. 求下列不定积分:

(1) $\int \frac{dx}{x\sqrt{4-x^2}}$;　　(2) $\int \frac{x+2}{x^2\sqrt{1-x^2}}dx$;

(3) $\int \sqrt{5-4x-x^2}dx$;　　(4) $\int \frac{dx}{(x-3)\sqrt{1+x}}$.

【解】 利用换元法求解上述各不定积分.

(1) 设 $x = 2\sin t$,则 $dx = 2\cos t dt$,于是

$$\int \frac{dx}{x\sqrt{4-x^2}} = \int \frac{2\cos t}{2\sin t \cdot 2\cos t}dt = \frac{1}{2}\int \frac{1}{\sin t}dt = \frac{1}{2}\ln\left|\tan\frac{t}{2}\right| + C$$

$$= \frac{1}{2}\ln\left|\frac{\frac{x}{2}}{1+\sqrt{1-\frac{x^2}{4}}}\right| + C = \frac{1}{2}\ln\left|\frac{x}{2+\sqrt{4-x^2}}\right| + C.$$

(2) 设 $x = \sin t$,则 $dx = \cos t dt$,于是

$$\int \frac{x+2}{x^2\sqrt{1-x^2}}dx = \int \frac{\sin t + 2}{\sin^2 t \cdot \cos t} \cdot \cos t dt = \int\left(\frac{1}{\sin t} + \frac{2}{\sin^2 t}\right)dt$$

$$= \ln\left|\csc t - \cot t\right| - 2\cot t + C$$

$$= \ln\left|\frac{1}{x} - \frac{\sqrt{1-x^2}}{x}\right| - 2\frac{\sqrt{1-x^2}}{x} + C.$$

(3) 设 $x + 2 = 3\sin t$, 则 $dx = 3\cos t dt$,于是

$$\int \sqrt{5-4x-x^2}dx = \int \sqrt{9-(x+2)^2}dx = \int 3\cos t \cdot 3\cos t dt$$

$$= \frac{9}{2}\int(1+\cos 2t)dt = \frac{9}{2}\left(t + \frac{1}{2}\sin 2t\right) + C$$

$$= \frac{9}{2}\arcsin\frac{x+2}{3} + \frac{x+2}{2}\sqrt{5-4x-x^2} + C.$$

(4) 设 $t = \sqrt{1+x}, x = t^2 - 1$,即 $dx = 2t dt$,于是

$$\int \frac{dx}{(x-3)\sqrt{1+x}} = \int \frac{2t}{(t^2-4)t}dt = \int \frac{2}{t^2-4}dt = \frac{1}{2}\ln\left|\frac{t-2}{t+2}\right| + C$$

$$= \frac{1}{2}\ln\left|\frac{\sqrt{1+x}-2}{\sqrt{1+x}+2}\right| + C.$$

习题 5.3 分部积分法

求下列不定积分:

(1) $\int x\ln x dx$.

【解】 $\int x\ln x\mathrm{d}x = \ln x \cdot \frac{1}{2}x^2 - \int \frac{1}{x} \cdot \frac{1}{2}x^2\mathrm{d}x = \frac{1}{2}x^2\ln x - \frac{1}{2}\int x\mathrm{d}x$

$$= \frac{1}{2}x^2\ln x - \frac{1}{4}x^2 + C.$$

(2) $\int \frac{\ln x}{x^n}\mathrm{d}x(n \neq 1)$.

【解】 $\int \frac{\ln x}{x^n}\mathrm{d}x(n \neq 1) = \frac{1}{-n+1}x^{-n+1}\ln x + \int \frac{1}{-n+1}x^{-n+1} \cdot \frac{1}{x}\mathrm{d}x$

$$= \frac{1}{-n+1}x^{-n+1}\ln x + \int \frac{1}{-n+1}x^{-n}\mathrm{d}x$$

$$= \frac{1}{1-n}x^{1-n}\ln x + \frac{1}{(1-n)^2}x^{1-n} + C.$$

(3) $\int x^2\mathrm{e}^{-x}\mathrm{d}x$.

【解】 $\int x^2\mathrm{e}^{-x}\mathrm{d}x = -\mathrm{e}^{-x}x^2 + \int 2x\mathrm{e}^{-x}\mathrm{d}x = -\mathrm{e}^{-x}x^2 + 2\left(-\mathrm{e}^{-x}x + \int \mathrm{e}^{-x}\mathrm{d}x\right)$

$$= -\mathrm{e}^{-x}x^2 - 2\mathrm{e}^{-x}x - 2\mathrm{e}^{-x} + C$$

$$= -(x^2 + x + 2)\mathrm{e}^{-x} + C.$$

(4) $\int x\sin x\mathrm{d}x$.

【解】 $\int x\sin x\mathrm{d}x = -x\cos x + \int \cos x\mathrm{d}x = -x\cos x + \sin x + C.$

(5) $\int x^3\cos 3x\mathrm{d}x$.

【解】 $\int x^3\cos 3x\mathrm{d}x = \frac{1}{3}x^3\sin 3x - \int x^2\sin 3x\mathrm{d}x$

$$= \frac{1}{3}x^3\sin 3x - \left(-\frac{1}{3}x^2\cos 3x + \int \frac{2}{3}x\cos 3x\mathrm{d}x\right)$$

$$= \frac{1}{3}x^3\sin 3x + \frac{1}{3}x^2\cos 3x - \int \frac{2}{3}x\cos 3x\mathrm{d}x$$

$$= \frac{1}{3}x^3\sin 3x + \frac{1}{3}x^2\cos 3x - \frac{2}{3}\left(\frac{1}{3}x\sin 3x - \frac{1}{3}\int \sin 3x\mathrm{d}x\right)$$

$$= \frac{1}{3}x^3\sin 3x + \frac{1}{3}x^2\cos 3x - \frac{2}{9}x\sin 3x - \frac{2}{27}\cos 3x + C.$$

(6) $\int x\csc^2 x\mathrm{d}x$.

【解】 $\int x\csc^2 x\mathrm{d}x = \int x\frac{1}{\sin^2 x}\mathrm{d}x = -x\cot x + \int \cot x\mathrm{d}x = -x\cot x + \int \frac{\cos x}{\sin x}\mathrm{d}x$

$$= -x\cot x + \ln|\sin x| + C.$$

(7) $\int x\cos\frac{x}{2}\mathrm{d}x$.

【解】 $\int x\cos\frac{x}{2}\mathrm{d}x = 2x\sin\frac{x}{2} - 2\int\sin\frac{x}{2}\mathrm{d}x = 2x\sin\frac{x}{2} + 4\cos\frac{x}{2} + C.$

(8) $\int te^{-2t}\mathrm{d}t.$

【解】 $\int te^{-2t}\mathrm{d}t = -\frac{1}{2}te^{-2t} + \frac{1}{2}\int e^{-2t}\mathrm{d}t = -\frac{1}{2}te^{-2t} - \frac{1}{4}e^{-2t} + C.$

(9) $\int(x^2-1)\sin 2x\mathrm{d}x.$

【解】
$$\begin{aligned}\int(x^2-1)\sin 2x\mathrm{d}x &= \int x^2\sin 2x\mathrm{d}x - \int\sin 2x\mathrm{d}x\\ &= -\frac{1}{2}x^2\cos 2x + \int x\cos 2x\mathrm{d}x + \frac{1}{2}\cos 2x\\ &= -\frac{1}{2}x^2\cos 2x + \frac{1}{2}\cos 2x + \frac{1}{2}x\sin 2x - \frac{1}{2}\int\sin 2x\mathrm{d}x\\ &= -\frac{1}{2}x^2\cos 2x + \frac{1}{2}\cos 2x + \frac{1}{2}x\sin 2x + \frac{1}{4}\cos 2x + C\\ &= -\frac{1}{2}x^2\cos 2x + \frac{1}{2}x\sin 2x + \frac{3}{4}\cos 2x + C.\end{aligned}$$

(10) $\int x\sin x\cos x\mathrm{d}x.$

【解】
$$\begin{aligned}\int x\sin x\cos x\mathrm{d}x &= \frac{1}{2}\int x\sin 2x\mathrm{d}x = \frac{1}{2}\left(-\frac{1}{2}x\cos 2x + \int\frac{1}{2}\cos 2x\mathrm{d}x\right)\\ &= -\frac{1}{4}x\cos 2x + \frac{1}{4}\int\cos 2x\mathrm{d}x\\ &= -\frac{1}{4}x\cos 2x + \frac{1}{8}\sin 2x + C.\end{aligned}$$

(11) $\int e^{\sqrt[3]{x}}\mathrm{d}x.$

【解】 设$\sqrt[3]{x} = t$，则 $x = t^3$，$\mathrm{d}x = 3t^2\mathrm{d}t$，于是
$$\begin{aligned}\int e^{\sqrt[3]{x}}\mathrm{d}x &= \int e^t\cdot 3t^2\mathrm{d}t = 3\left(t^2e^t - \int 2te^t\mathrm{d}t\right) = 3t^2e^t - 6\int te^t\mathrm{d}t\\ &= 3t^2e^t - 6(te^t - e^t) + C = 3t^2e^t - 6te^t + 6e^t + C\\ &= 3e^{\sqrt[3]{x}}(\sqrt[3]{x^2} - 2\sqrt[3]{x} + 2) + C.\end{aligned}$$

(12) $\int e^{-2x}\sin\frac{x}{2}\mathrm{d}x.$

【解】
$$\begin{aligned}\int e^{-2x}\sin\frac{x}{2}\mathrm{d}x &= -\frac{1}{2}e^{-2x}\sin\frac{x}{2} + \frac{1}{4}\int e^{-2x}\cos\frac{x}{2}\mathrm{d}x\\ &= -\frac{1}{2}e^{-2x}\sin\frac{x}{2} + \frac{1}{4}\left(-\frac{1}{2}e^{-2x}\cos\frac{x}{2} - \frac{1}{4}\int e^{-2x}\sin\frac{x}{2}\mathrm{d}x\right)\\ &= -\frac{1}{2}e^{-2x}\sin\frac{x}{2} - \frac{1}{8}e^{-2x}\cos\frac{x}{2} - \frac{1}{16}\int e^{-2x}\sin\frac{x}{2}\mathrm{d}x,\end{aligned}$$

移项,得

$$\frac{17}{16}\int e^{-2x}\sin\frac{x}{2}dx=-\frac{1}{2}e^{-2x}\sin\frac{x}{2}-\frac{1}{8}e^{-2x}\cos\frac{x}{2}+C_1,$$

所以有
$$\int e^{-2x}\sin\frac{x}{2}dx=-\frac{8}{17}e^{-2x}\sin\frac{x}{2}-\frac{2}{17}e^{-2x}\cos\frac{x}{2}+C.$$

(13) $\int\arcsin x dx$.

【解】
$$\begin{aligned}\int\arcsin x dx&=x\arcsin x-\int\frac{x}{\sqrt{1-x^2}}dx\\&=x\arcsin x+\frac{1}{2}\int\frac{1}{\sqrt{1-x^2}}d(1-x^2)\\&=x\arcsin x+\sqrt{1-x^2}+C.\end{aligned}$$

(14) $\int\arctan\sqrt{x}dx$.

【解】
$$\begin{aligned}\int\arctan\sqrt{x}dx&=x\arctan\sqrt{x}-\int\frac{x}{2\sqrt{x}(1+x)}dx\\&=x\arctan\sqrt{x}-\int\frac{\sqrt{x}}{2(1+x)}dx.\end{aligned}$$

设$\sqrt{x}=t$,则$x=t^2$,$dx=2tdt$,于是

$$\begin{aligned}\int\frac{\sqrt{x}}{2(1+x)}dx&=\int\frac{t}{2(1+t^2)}\cdot 2tdt=\int\frac{t^2}{1+t^2}dt\\&=\int\left(1-\frac{1}{1+t^2}\right)dt=t-\arctan t+C\\&=\sqrt{x}-\arctan\sqrt{x}+C.\end{aligned}$$

所以有
$$\int\arctan\sqrt{x}dx=(x+1)\arctan\sqrt{x}-\sqrt{x}+C.$$

(15) $\int(\arcsin x)^2dx$.

【解】
$$\begin{aligned}\int(\arcsin x)^2dx&=x(\arcsin x)^2-\int 2x\arcsin x\cdot\frac{1}{\sqrt{1-x^2}}dx\\&=x(\arcsin x)^2+\int\frac{\arcsin x}{\sqrt{1-x^2}}d(1-x^2)\\&=x(\arcsin x)^2+2\sqrt{1-x^2}\arcsin x-\int 2\sqrt{1-x^2}\cdot\frac{1}{\sqrt{1-x^2}}dx\\&=x(\arcsin x)^2+2\sqrt{1-x^2}\arcsin x-2x+C.\end{aligned}$$

(16) $\int e^{-t}\sin t dt$.

【解】 $\int e^{-t}\sin t\mathrm{d}t = -e^{-t}\sin t + \int e^{-t}\cos t\mathrm{d}t = -e^{-t}\sin t - e^{-t}\cos t - \int e^{-t}\sin t\mathrm{d}t$，

移项，得

$$2\int e^{-t}\sin t\mathrm{d}t = -e^{-t}\sin t - e^{-t}\cos t + C_1,$$

所以有

$$\int e^{-t}\sin t\mathrm{d}t = \frac{-e^{-t}(\sin t + \cos t)}{2} + C.$$

(17) $\int \ln(x + \sqrt{1+x^2})\mathrm{d}x$.

【解】

$$\begin{aligned}\int \ln(x + \sqrt{1+x^2})\mathrm{d}x &= x\ln(x + \sqrt{1+x^2}) - \int x\cdot\frac{1 + \frac{x}{\sqrt{1+x^2}}}{x + \sqrt{1+x^2}}\mathrm{d}x \\ &= x\ln(x + \sqrt{1+x^2}) - \int \frac{x}{x + \sqrt{1+x^2}}\cdot\frac{x + \sqrt{1+x^2}}{\sqrt{1+x^2}}\mathrm{d}x \\ &= x\ln(x + \sqrt{1+x^2}) - \int \frac{x}{\sqrt{1+x^2}}\mathrm{d}x \\ &= x\ln(x + \sqrt{1+x^2}) - \frac{1}{2}\int \frac{1}{\sqrt{1+x^2}}\mathrm{d}(1+x^2) \\ &= x\ln(x + \sqrt{1+x^2}) - \sqrt{1+x^2} + C.\end{aligned}$$

(18) $\int \frac{\arcsin\sqrt{x}}{\sqrt{1-x}}\mathrm{d}x$.

【解】

$$\begin{aligned}\int \frac{\arcsin\sqrt{x}}{\sqrt{1-x}}\mathrm{d}x &= -\int \frac{\arcsin\sqrt{x}}{\sqrt{1-x}}\mathrm{d}(1-x) \\ &= -2\sqrt{1-x}\arcsin\sqrt{x} - \int 2\sqrt{1-x}\cdot\frac{1}{\sqrt{1-x}}\cdot\frac{1}{2\sqrt{x}}\mathrm{d}x \\ &= -2\sqrt{1-x}\arcsin\sqrt{x} + \int \frac{1}{\sqrt{x}}\mathrm{d}x \\ &= -2\sqrt{1-x}\arcsin\sqrt{x} + 2\sqrt{x} + C.\end{aligned}$$

习题 5.4　有理函数的积分

1. 求下列不定积分：

(1) $\int \frac{3}{x^3+1}\mathrm{d}x$；　(2) $\int \frac{x+1}{(x-1)^3}\mathrm{d}x$；

(3) $\int \frac{3x+2}{x(x+1)^3}\mathrm{d}x$；　(4) $\int \frac{x\mathrm{d}x}{(x+2)(x+3)^2}$；

(5) $\int \frac{x\mathrm{d}x}{(x^2+1)(x^2+4)^2}$；　(6) $\int \frac{x\mathrm{d}x}{(x+1)(x+2)(x+3)}$；

(7) $\int \frac{x^2+1}{(x+1)^2(x-1)}dx$;　　(8) $\int \frac{1}{x(x^2+1)}dx$.

【解】 (1) $\int \frac{3}{x^3+1}dx = \int \frac{3}{(x+1)(x^2-x+1)}dx = 3\int\left(\frac{-\frac{1}{3}}{x+1} - \frac{-\frac{1}{3}x+\frac{2}{3}}{x^2-x+1}\right)dx$

$$= \int\left(\frac{-1}{x+1} - \frac{-x+2}{x^2-x+1}\right)dx = -\int \frac{dx}{x+1} + \int \frac{x-2}{x^2-x+1}dx$$

$$= -\ln|x+1| + \frac{1}{2}\int \frac{2x-1-3}{x^2-x+1}dx$$

$$= -\ln|x+1| + \frac{1}{2}\ln|x^2-x+1| - \frac{3}{2}\int \frac{dx}{x^2-x+1}$$

$$= -\ln|x+1| + \frac{1}{2}\ln|x^2-x+1| - \sqrt{3}\int \frac{d\frac{2}{\sqrt{3}}\left(x-\frac{1}{2}\right)}{\left[\frac{2}{\sqrt{3}}\left(x-\frac{1}{2}\right)\right]^2+1}$$

$$= -\ln|x+1| + \frac{1}{2}\ln|x^2-x+1| - \sqrt{3}\arctan\frac{2}{\sqrt{3}}\left(x-\frac{1}{2}\right) + C.$$

(2) $\int \frac{x+1}{(x-1)^3}dx = \int \frac{x-1+2}{(x-1)^3}dx = \int \frac{dx}{(x-1)^2} + \int \frac{2}{(x-1)^3}dx$

$$= -\frac{1}{x-1} - \frac{1}{(x-1)^2} + C.$$

(3) $\int \frac{3x+2}{x(x+1)^3}dx = \int\left[\frac{2}{x} - \frac{2x^2+6x+3}{(x+1)^3}\right]dx$

$$= \int \frac{2}{x}dx - \int \frac{2(x+1)^2+2x+1}{(x+1)^3}dx$$

$$= \int \frac{2}{x}dx - \int \frac{2}{x+1}dx - \int \frac{2(x+1)-1}{(x+1)^3}dx$$

$$= 2\ln|x| - 2\ln|x+1| + \frac{2}{x+1} - \frac{1}{2(x+1)^2} + C$$

$$= 2\ln\left|\frac{x}{x+1}\right| + \frac{2}{x+1} - \frac{1}{2(x+1)^2} + C.$$

(4) $\int \frac{xdx}{(x+2)(x+3)^2} = \int\left[\frac{2x+9}{(x+3)^2} - \frac{2}{x+2}\right]dx$

$$= \int \frac{2(x+3)+3}{(x+3)^2}dx - \int \frac{2}{x+2}dx$$

$$= \int \frac{2}{x+3}dx + \int \frac{3}{(x+3)^2}dx - \int \frac{2}{x+2}dx$$

$$= 2\ln|x+3| - \frac{3}{x+3} - 2\ln|x+2| + C$$

$$= 2\ln\left|\frac{x+3}{x+2}\right| - \frac{3}{x+3} + C.$$

(5) $$\int\frac{x\mathrm{d}x}{(x^2+1)(x^2+4)^2} = \int\left[\frac{\frac{1}{9}x}{x^2+1} - \frac{\frac{1}{9}x^3+\frac{7}{9}x}{(x^2+4)^2}\right]\mathrm{d}x$$

$$= \frac{1}{9}\int\frac{x}{x^2+1}\mathrm{d}x - \frac{1}{9}\int\frac{x^3+7x}{(x^2+4)^2}\mathrm{d}x$$

$$= \frac{1}{18}\int\frac{1}{x^2+1}\mathrm{d}(x^2+1) - \frac{1}{9}\int\frac{x(x^2+4+3)}{(x^2+4)^2}\mathrm{d}x$$

$$= \frac{1}{18}\int\frac{1}{x^2+1}\mathrm{d}(x^2+1) - \frac{1}{9}\int\frac{x}{x^2+4}\mathrm{d}x - \frac{1}{9}\int\frac{3x}{(x^2+4)^2}\mathrm{d}x$$

$$= \frac{1}{18}\ln(x^2+1) - \frac{1}{18}\ln(x^2+4) + \frac{1}{6}\frac{1}{x^2+4} + C$$

$$= \frac{1}{18}\ln\left(\frac{x^2+1}{x^2+4}\right) + \frac{1}{6(x^2+4)} + C.$$

(6) $$\int\frac{x\mathrm{d}x}{(x+1)(x+2)(x+3)} = \int\left(\frac{-\frac{1}{2}}{x+1} + \frac{2}{x+2} + \frac{-\frac{3}{2}}{x+3}\right)\mathrm{d}x$$

$$= -\frac{1}{2}\ln|x+1| + 2\ln|x+2| - \frac{3}{2}\ln|x+3| + C.$$

(7) $$\int\frac{x^2+1}{(x+1)^2(x-1)}\mathrm{d}x = \int\left[\frac{\frac{1}{2}x-\frac{1}{2}}{(x+1)^2} + \frac{\frac{1}{2}}{x-1}\right]\mathrm{d}x$$

$$= \frac{1}{2}\int\frac{x+1-2}{(x+1)^2}\mathrm{d}x + \frac{1}{2}\int\frac{1}{x-1}\mathrm{d}x$$

$$= \frac{1}{2}\ln|x+1| + \frac{1}{x+1} + \frac{1}{2}\ln|x-1| + C.$$

(8) $$\int\frac{1}{x(x^2+1)}\mathrm{d}x = \int\left(\frac{1}{x} - \frac{x}{x^2+1}\right)\mathrm{d}x = \int\frac{1}{x}\mathrm{d}x - \frac{1}{2}\int\frac{1}{x^2+1}\mathrm{d}(x^2+1)$$

$$= \ln|x| - \frac{1}{2}\ln(x^2+1) + C.$$

2. 求下列不定积分：

(1) $\int\frac{\mathrm{d}x}{3+\sin^2 x}$；　(2) $\int\frac{1}{3+\cos x}\mathrm{d}x$；

(3) $\int\frac{1}{2+\sin x}\mathrm{d}x$；　(4) $\int\frac{1}{1+\tan x}\mathrm{d}x$；

(5) $\int\frac{\mathrm{d}x}{1+\sin x+\cos x}$；　(6) $\int\frac{\mathrm{d}x}{2\sin x-\cos x+5}$.

【解】（1）首先化简不定积分得

$$\int \frac{\mathrm{d}x}{3+\sin^2 x} = \int \frac{\mathrm{d}x}{3+\frac{1-\cos 2x}{2}} = \int \frac{2}{7-\cos 2x}\mathrm{d}x.$$

设 $t=\tan x$,即 $\mathrm{d}x=\frac{1}{1+t^2}\mathrm{d}t$,于是

$$\int \frac{2}{7-\cos 2x}\mathrm{d}x = \int \frac{2}{7-\frac{1-t^2}{1+t^2}}\frac{1}{1+t^2}\mathrm{d}t = \int \frac{\mathrm{d}t}{4t^2+3}$$

$$= \frac{\sqrt{3}}{6}\int \frac{\mathrm{d}\left(\frac{2}{\sqrt{3}}t\right)}{1+\left(\frac{2}{\sqrt{3}}t\right)^2} = \frac{\sqrt{3}}{6}\arctan \frac{2}{\sqrt{3}}t + C$$

$$= \frac{\sqrt{3}}{6}\arctan\left(\frac{2}{\sqrt{3}}\tan x\right) + C.$$

(2) 设 $t=\tan\frac{x}{2}$ 即 $\mathrm{d}x=\frac{2}{1+t^2}\mathrm{d}t$,于是

$$\int \frac{1}{3+\cos x}\mathrm{d}x = \int \frac{1}{3+\frac{1-t^2}{1+t^2}}\frac{2}{1+t^2}\mathrm{d}t = \int \frac{\mathrm{d}t}{t^2+2}$$

$$= \frac{\sqrt{2}}{2}\arctan\left(\frac{\tan\frac{x}{2}}{\sqrt{2}}\right) + C.$$

(3) 设 $t=\tan\frac{x}{2}$,即 $\mathrm{d}x=\frac{2}{1+t^2}\mathrm{d}t$,于是

$$\int \frac{1}{2+\sin x}\mathrm{d}x = \int \frac{1}{2+\frac{2t}{1+t^2}}\frac{2}{1+t^2}\mathrm{d}t = \int \frac{\mathrm{d}t}{t^2+t+1}$$

$$= \int \frac{\mathrm{d}t}{\left(t+\frac{1}{2}\right)^2+\frac{3}{4}} = \frac{2\sqrt{3}}{3}\arctan \frac{2}{\sqrt{3}}\left(t+\frac{1}{2}\right) + C$$

$$= \frac{2\sqrt{3}}{3}\arctan \frac{2}{\sqrt{3}}\left(\tan\frac{x}{2}+\frac{1}{2}\right) + C.$$

(4) $\int \frac{1}{1+\tan x}\mathrm{d}x = \int \frac{\mathrm{d}x}{1+\frac{\sin x}{\cos x}} = \int \frac{\cos x}{\sin x+\cos x}\mathrm{d}x$

$$= \frac{1}{2}\int \frac{\sin x+\cos x+(\cos x-\sin x)}{\sin x+\cos x}\mathrm{d}x$$

$$= \frac{1}{2}\int\left(1+\frac{\cos x-\sin x}{\sin x+\cos x}\right)\mathrm{d}x = \frac{1}{2}x+\frac{1}{2}\ln|\sin x+\cos x| + C.$$

(5) 设 $t=\tan\frac{x}{2}$，即 $dx=\frac{2}{1+t^2}dt$，于是

$$\int\frac{dx}{1+\sin x+\cos x}=\int\frac{1}{1+\frac{2t}{1+t^2}+\frac{1-t^2}{1+t^2}}\frac{2}{1+t^2}dt$$

$$=\int\frac{dt}{1+t}=\ln|1+t|+C$$

$$=\ln\left|1+\tan\frac{x}{2}\right|+C.$$

(6) 设 $t=\tan\frac{x}{2}$，即 $dx=\frac{2}{1+t^2}dt$，于是

$$\int\frac{dx}{2\sin x-\cos x+5}=\int\frac{1}{2\cdot\frac{2t}{1+t^2}-\frac{1-t^2}{1+t^2}+5}\frac{2}{1+t^2}dt$$

$$=\int\frac{1}{3t^2+2t+2}dt=\frac{\sqrt{5}}{5}\int\frac{d\left[\frac{3}{\sqrt{5}}\left(t+\frac{1}{3}\right)\right]}{1+\left[\frac{3}{\sqrt{5}}\left(t+\frac{1}{3}\right)\right]^2}$$

$$=\frac{\sqrt{5}}{5}\arctan\frac{3}{\sqrt{5}}\left(t+\frac{1}{3}\right)+C$$

$$=\frac{\sqrt{5}}{5}\arctan\frac{3}{\sqrt{5}}\left(\tan\frac{x}{2}+\frac{1}{3}\right)+C.$$

三、自测题 AB 卷与答案

自测题 A

1. 单项选择题：

(1) 函数 $2(e^{2x}-e^{-2x})$ 的原函数有

(A) $2(e^x-e^{-x})$；　　(B) $(e^x-e^{-x})^2$；

(C) e^x+e^{-x}；　　(D) $4(e^{2x}+e^{-2x})$.　　[　　]

(2) $\int a^x dx\quad(a>0,a\neq1)$ 的结果是

(A) $a^x\ln a+C$；　　(B) $\int a^x dx+C$；

(C) $\frac{a^x}{\ln a}+C$；　　(D) $a^x+\ln a+C$.　　[　　]

(3) 设 $f(x)$ 有连续的导函数，且 $a\neq0,1$，则下列命题正确的是

(A) $\int f'(ax)\mathrm{d}x = \frac{1}{a}f(ax) + C$; (B) $\int f'(ax)\mathrm{d}x = f(ax) + C$;

(C) $\left(\int f'(ax)\mathrm{d}x\right)' = af(ax)$; (D) $\int f'(ax)\mathrm{d}x = f(x) + C$. [ ]

(4) $\int f(x)\mathrm{d}x = 3\mathrm{e}^{\frac{x}{3}} + C$，则 $f(x)$ 是

(A) $3\mathrm{e}^{\frac{x}{3}}$; (B) $9\mathrm{e}^{\frac{x}{3}}$;

(C) $\mathrm{e}^{\frac{x}{3}} + C$; (D) $\mathrm{e}^{\frac{x}{3}}$. [ ]

(5) $\int \frac{\mathrm{e}^{\sqrt{x}}}{\sqrt{x}}\mathrm{d}x$ 的结果是

(A) $\mathrm{e}^{\sqrt{x}} + C$; (B) $\frac{1}{2}\mathrm{e}^{\sqrt{x}} + C$;

(C) $2\mathrm{e}^{\sqrt{x}} + C$; (D) $2\mathrm{e}^{x} + C$. [ ]

2. 求下列不定积分：

(1) $\int \tan^2 x\mathrm{d}x$; (2) $\int \cos^3 x\sin x\mathrm{d}x$;

(3) $\int x^2\ln x\mathrm{d}x$; (4) $\int \frac{x^2}{\sqrt{1-x^2}}\mathrm{d}x$;

(5) $\int \frac{5x-1}{x^2-x-2}\mathrm{d}x$; (6) $\int \frac{\sin x\mathrm{d}x}{\sin x + \cos x}$;

(7) $\int \frac{\arcsin x}{\sqrt{1-x^2}}\mathrm{d}x$.

3. 生产某产品 Q 个单位的总成本 C 为产量 Q 的函数．已知边际成本函数为 $MC = 15 - 12Q + 3Q^2$，固定成本为 10000 元，试求总成本 C 与产量 Q 的函数关系.

自测题 B

1. 单项选择题：

(1) 若 $\int f(x)\mathrm{d}x = x^2\mathrm{e}^{2x} + C$，则 $f(x)$ 是

(A) $2x\mathrm{e}^{2x}$; (B) $2x^2\mathrm{e}^{2x}$;

(C) $x\mathrm{e}^{2x}$; (D) $2x\mathrm{e}^{2x}(1+x)$. [ ]

(2) $\int \mathrm{e}^{x}\mathrm{d}(\mathrm{e}^{-\frac{x}{2}})$ 的结果是

(A) $-\frac{1}{2}\mathrm{e}^{2x} + C$; (B) $-\mathrm{e}^{\frac{x}{2}} + C$;

(C) $\int_{-1}^{1}(x + \sin x)\mathrm{d}x$; (D) $\int_{-1}^{1}(x + \mathrm{e}^{x})\mathrm{d}x$. [ ]

(3) 若 $\int f(x)\mathrm{d}x = x^2 + C$，则 $\int xf(1-x^2)\mathrm{d}x$ 是

(A) $2(1-x^2)^2+C$;　　(B) $-2(1-x^2)^2+C$;

(C) $\frac{1}{2}(1-x^2)^2+C$;　　(D) $-\frac{1}{2}(1-x^2)^2+C$.　　[　　]

(4) $\int f'(ax+b)\mathrm{d}x$ 的结果是

(A) $f(x)+C$;　　(B) $f(ax+b)+C$;

(C) $\frac{1}{b}f(ax+b)+C$;　　(D) $\frac{1}{a}f(ax+b)+C$.　　[　　]

(5) 设 e^x 是 $f(x)$ 的一个原函数,则 $\int xf(x)\mathrm{d}x$ 的结果是

(A) $\mathrm{e}^x(1-x)+C$;　　(B) $\mathrm{e}^x(1+x)+C$;

(C) $\mathrm{e}^x(x-1)+C$;　　(D) $-\mathrm{e}^x(1+x)+C$.　　[　　]

2. 求下列不定积分:

(1) $\int \frac{1+\ln x}{1+(x\ln x)^2}\mathrm{d}x$;　　(2) $\int \frac{\ln x}{x}\mathrm{d}x$;

(3) $\int \frac{1}{\sqrt{(x^2-1)^3}}\mathrm{d}x$;　　(4) $\int \frac{1}{x^2\sqrt{4x^2-1}}\mathrm{d}x \quad (x>0)$;

(5) $\int \cos\sqrt{x}\mathrm{d}x$;　　(6) $\int \frac{x+3}{(x+1)^2}\mathrm{d}x$;

(7) $\int \frac{1}{\sqrt[3]{(1+x)^2}\sqrt{1+x}}\mathrm{d}x$.

3. 某商品的需求量 Q 为价格 P 的函数，该商品的最大需求量为1000(即 $P=0$ 时，$Q=1000$)，已知需求量的变化率函数为 $Q'(P)=2(P-100)$，求该商品的需求函数 $Q(P)$.

自测题 A 答案

1.【解】 (1) 应选(B)

$$\int 2(\mathrm{e}^{2x}-\mathrm{e}^{-2x})\mathrm{d}x=\mathrm{e}^{2x}+\mathrm{e}^{-2x}+C.$$

(2) 应选(C)

$$\int a^x\mathrm{d}x=\frac{a^x}{\ln a}+C \quad (a>0,a\neq 1).$$

(3) 应选(A)

(4) 应选(D)

将 $\int f(x)\mathrm{d}x=3\mathrm{e}^{\frac{x}{3}}+C$ 两边求导得 $f(x)=\mathrm{e}^{\frac{x}{3}}$.

(5) 应选(C)

$$\int \frac{\mathrm{e}^{\sqrt{x}}}{\sqrt{x}}\mathrm{d}x=2\int \mathrm{e}^{\sqrt{x}}\mathrm{d}(\sqrt{x})=2\mathrm{e}^{\sqrt{x}}+C.$$

2.【解】 (1) $\int \tan^2 x\mathrm{d}x = \int \frac{\sin^2 x}{\cos^2 x}\mathrm{d}x = \int \frac{1-\cos^2 x}{\cos^2 x}\mathrm{d}x = \tan x - x + C.$

(2) $\int \cos^3 x\sin x\mathrm{d}x = -\int \cos^3 x\mathrm{d}(\cos x) = -\frac{1}{4}\cos^4 x + C.$

(3) $\int x^2\ln x\mathrm{d}x = \frac{x^3}{3}\ln x - \int \frac{x^3}{3}\frac{1}{x}\mathrm{d}x = \frac{x^3}{3}\ln x - \frac{1}{3}\int x^2\mathrm{d}x = \frac{x^3}{3}\ln x - \frac{1}{9}x^3 + C.$

(4) 设 $x = \sin t$,则 $\mathrm{d}x = \cos t\mathrm{d}t$,于是

$$\begin{aligned}\int \frac{x^2}{\sqrt{1-x^2}}\mathrm{d}x &= \int \frac{\sin^2 t}{\cos t}\cos t\mathrm{d}t = \int \sin^2 t\mathrm{d}t = \int \frac{1-\cos 2t}{2}\mathrm{d}t\\ &= \frac{1}{2}t - \frac{1}{4}\sin 2t + C\\ &= \frac{1}{2}\arcsin x - \frac{1}{2}x\sqrt{1-x^2} + C.\end{aligned}$$

(5) $\int \frac{5x-1}{x^2-x-2}\mathrm{d}x = \int\left(\frac{3}{x-2}+\frac{2}{x+1}\right)\mathrm{d}x = 3\ln|x-2| + 2\ln|x+1| + C.$

(6) $$\begin{aligned}\int \frac{\sin x\mathrm{d}x}{\sin x+\cos x} &= \frac{1}{2}\int \frac{\sin x+\cos x-(\cos x-\sin x)}{\sin x+\cos x}\mathrm{d}x\\ &= \frac{1}{2}x - \frac{1}{2}\ln|\sin x+\cos x| + C.\end{aligned}$$

(7) $\int \frac{\arcsin x}{\sqrt{1-x^2}}\mathrm{d}x = \int \arcsin x\mathrm{d}(\arcsin x) = \frac{1}{2}(\arcsin x)^2 + C.$

3.【解】 由边际成本函数为 $MC = C'(Q) = 15 - 12Q + 3Q^2$,故总成本函数为

$$C(Q) = \int(15 - 12Q + 3Q^2)\mathrm{d}Q = 15Q - 6Q^2 + Q^3 + C.$$

由已知固定成本为 10000 元,即 $C|_{Q=0} = 10000$,得 $C = 10000$. 故所求成本函数为

$$C(Q) = 15Q - 6Q^2 + Q^3 + 10000.$$

自测题 B 答案

1.【解】 (1) 应选(D)

将 $\int f(x)\mathrm{d}x = x^2\mathrm{e}^{2x} + C$ 两边求导得 $f(x) = 2x\mathrm{e}^{2x}(1+x)$.

(2) 应选(B)

$$\int \mathrm{e}^x\mathrm{d}(\mathrm{e}^{-\frac{x}{2}}) = -\frac{1}{2}\int \mathrm{e}^x\mathrm{e}^{-\frac{x}{2}}\mathrm{d}x = -\frac{1}{2}\int \mathrm{e}^{\frac{x}{2}}\mathrm{d}x = -\mathrm{e}^{\frac{x}{2}} + C.$$

(3) 应选(D)

$$\int xf(1-x^2)\mathrm{d}x = -\frac{1}{2}\int f(1-x^2)\mathrm{d}(1-x^2) = -\frac{1}{2}(1-x^2)^2 + C.$$

(4) 应选(D)

$$\int f'(ax+b)\mathrm{d}x = \frac{1}{a}\int f'(ax+b)\mathrm{d}(ax+b) = \frac{1}{a}f(ax+b)+C.$$

(5) 应选(C)

$$\int xf(x)\mathrm{d}x = x\mathrm{e}^x - \int \mathrm{e}^x\mathrm{d}x = x\mathrm{e}^x - \mathrm{e}^x + C = \mathrm{e}^x(x-1)+C.$$

2.【解】 (1) $\int \frac{1+\ln x}{1+(x\ln x)^2}\mathrm{d}x = \int \frac{1}{1+(x\ln x)^2}\mathrm{d}(x\ln x) = \arctan(x\ln x)+C.$

(2) $\int \frac{\ln x}{x}\mathrm{d}x = \int \ln x\mathrm{d}(\ln x) = \frac{1}{2}(\ln x)^2 + C.$

(3) 设 $x = \sec t$,则 $\mathrm{d}x = \frac{\sin t}{\cos^2 t}\mathrm{d}t$,于是

$$\int \frac{1}{\sqrt{(x^2-1)^3}}\mathrm{d}x = \int \frac{1}{\tan^3 t}\frac{\sin t}{\cos^2 t}\mathrm{d}t = \int \frac{\cos t}{\sin^2 t}\mathrm{d}t = -\frac{1}{\sin t}+C$$

$$= -\frac{x}{\sqrt{x^2-1}}+C.$$

(4) 设 $2x = \sec t$, 则 $\mathrm{d}x = \frac{\sin t}{2\cos^2 t}\mathrm{d}t$,于是

$$\int \frac{1}{x^2\sqrt{4x^2-1}}\mathrm{d}x = \int \frac{4}{\sec^2 t\cdot\tan t}\frac{\sin t}{2\cos^2 t}\mathrm{d}t = 2\int \cos t\mathrm{d}t = 2\sin t + C$$

$$= \frac{\sqrt{4x^2-1}}{x}+C.$$

(5) 设 $\sqrt{x} = t$, 则 $x = t^2$, $\mathrm{d}x = 2t\mathrm{d}t$,于是

$$\int \cos\sqrt{x}\mathrm{d}x = \int \cos t\cdot 2t\mathrm{d}t = 2\left(t\sin t - \int \sin t\mathrm{d}t\right)$$

$$= 2t\sin t + 2\cos t + C$$

$$= 2\sqrt{x}\sin\sqrt{x} + 2\cos\sqrt{x} + C.$$

(6) $\int \frac{x+3}{(x+1)^2}\mathrm{d}x = \int \frac{(x+1)+2}{(x+1)^2}\mathrm{d}x = \int \frac{\mathrm{d}x}{x+1} + 2\int \frac{\mathrm{d}x}{(x+1)^2}$

$$= \ln|x+1| - 2\frac{1}{x+1}+C.$$

(7) 设 $1+x = t^6$,则 $\mathrm{d}x = 6t^5\mathrm{d}t$,于是

$$\int \frac{1}{\sqrt[3]{(1+x)^2}\sqrt{1+x}}\mathrm{d}x = \int \frac{1}{t^4\cdot t^3}6t^5\mathrm{d}t = 6\int \frac{1}{t^2}\mathrm{d}t$$

$$= -\frac{6}{t}+C = -\frac{6}{\sqrt[6]{1+x}}+C.$$

3.【解】 由需求量的变化率函数为 $Q'(P) = 2(P-100)$,故该商品的需求函数为

$$Q(P) = \int 2(P-100)\mathrm{d}P = P^2 - 200P + C.$$

由该商品的最大需求量为1000(即 $P=0$ 时，$Q=1000$)，则有 $C=1000$，即

$$Q(P)=P^2-200P+1000.$$

四、本章典型例题分析

不定积分是导数的逆问题，本章主要考查原函数和不定积分的计算.

(一) 求原函数

考查方式：已知导函数直接求解原函数；已知含有导函数和函数的关系式或是方程，求解方程得出函数的表达式.

例 1　设 $f'(\sin^2 x)=\cos 2x+\tan^2 x, 0<x<1$,试求 $f(x)$.

【分析】　先利用三角函数的计算公式化简方程,求解出导函数的表达式,再利用不定积分进行求解.

【详解】　由于 $\cos 2x=1-2\sin^2 x, \tan^2 x=\dfrac{\sin^2 x}{1-\sin^2 x}$,令$\sin^2 x=t$,则

$$f'(t)=1-2t+\frac{t}{1-t}=-2t-\frac{1}{t-1},$$

积分得

$$f(t)=-t^2-\ln|t-1|+C.$$

由于 $0<x<1$,所以 $0<t<1$,于是

$$f(x)=-x^2-\ln(1-x)+C.$$

【典型错误】　三角函数的计算公式不熟练,无法化简出 $f'(x)$ 的表达式.

例 2　已知定义于 **R** 上的函数 $f(x)$ 满足 $f'(\ln x)=\begin{cases}1, & x\in(0,1]\\ x, & x\in(1,+\infty),\end{cases}$ 又 $f(0)=1$,则 $f(x)=$ ________.

【分析】　先分段求出函数 $f(x)$ 的导函数,然后利用不定积分求解分段函数,分段函数的不定积分在间断点处根据初值条件进行求解.

【详解】　令 $\ln x=t$,则

$$f'(t)=\begin{cases}1, & -\infty<t\leqslant 0,\\ e^t, & t>0,\end{cases}$$

积分得

$$f(t)=\begin{cases}t+C_1, & -\infty<t\leqslant 0,\\ e^t+C_2, & t>0.\end{cases}$$

令 $t=0$,得 $f(0)=1=C_1=1+C_2$,故 $C_1=1, C_2=0$,于是

$$f(x)=\begin{cases}x+1, & -\infty<x\leqslant 0,\\ e^x, & x>0.\end{cases}$$

【典型错误】　在求解分段函数的不定积分时,没有根据初值条件 $f(0)=1$ 确定不同区间上的未知参数 C_1, C_2.

例 3　设 $F'(x)=f(x)$,当 $x\geqslant 0$ 时,$f(x)F(x)=\dfrac{xe^x}{2(1+x)^2}$,又 $F(0)=1$,$F(x)>0$,求当 $x\geqslant 0$ 时,函数 $F(x)$.

【分析】　利用原函数和函数之间的关系化简方程,再利用不定积分和初值条件求解函数的表达式.

【详解】　因为 $F(x)$ 为 $f(x)$ 的原函数,即 $F'(x)=f(x)$,于是等式

$$f(x)F(x)=\frac{xe^x}{2(1+x)^2}.$$

可化为

$$f(x)F(x)=F'(x)F(x)=\frac{1}{2}[F^2(x)]'=\frac{xe^x}{2(1+x)^2},$$

即 $[F^2(x)]'=\dfrac{xe^x}{(1+x)^2}$,两边同时积分可得

$$F^2(x)=\int\frac{xe^x}{(1+x)^2}dx=\int d\left(\frac{e^x}{1+x}\right)=\frac{e^x}{1+x}+C.$$

又 $F(0)=1$,于是解得 $C=0$. 所以 $F^2(x)=\dfrac{e^x}{1+x}$,又 $F(x)>0$,$x\geqslant 0$ 从而解得

$$F(x)=\frac{e^{\frac{x}{2}}}{\sqrt{1+x}}(x\geqslant 0).$$

【典型错误】　在将等式 $f(x)F(x)=\dfrac{xe^x}{2(1+x)^2}$ 化简为 $[F^2(x)]'=\dfrac{xe^x}{(1+x)^2}$ 后,但对 $\displaystyle\int\frac{xe^x}{(1+x)^2}dx$ 积分时,未用凑微分法求解,从而无法得出最后的结果.

(二) 求不定积分

考查方式:直接求不定积分,同学们需要熟练掌握不定积分的计算方法,要做到以下 3 点:

(1) 掌握一些常见函数的不定积分,包括内容精要中的基本积分表;

(2) 熟练不定积分的计算方法:换元法、分部积分法、有理函数(无理、三角)积分法;

(3) 抽象不定积分题型,快速准确选用正确的计算方法.

例 4　求 $\displaystyle\int\cos x\cos\frac{x}{2}dx$.

【分析】　利用三角函数关系式 $\cos\alpha\cos\beta=\dfrac{1}{2}[\cos(\alpha+\beta)+\cos(\alpha-\beta)]$.

【详解】

$$\int\cos x\cos\frac{x}{2}dx=\frac{1}{2}\int\left(\cos\frac{3}{2}x+\cos\frac{1}{2}x\right)dx$$

$$=\frac{1}{3}\sin\frac{3}{2}x+\sin\frac{1}{2}x+C.$$

【典型错误】 $\int\cos x\cos\frac{x}{2}\mathrm{d}x=\int\cos x\mathrm{d}x\cdot\int\cos\frac{x}{2}\mathrm{d}x=\sin x\cdot\frac{1}{2}\sin\frac{x}{2}+C.$

例 5 求$\int\frac{1}{x(1+2\ln x)}\mathrm{d}x.$

【分析】 本例选用凑微分法的积分方法,再利用常见函数$\int\frac{1}{u}\mathrm{d}u=\ln|u|+C$求解.

【详解】 由于$\mathrm{d}(\ln x)=\frac{1}{x}\mathrm{d}x$,于是

$$\int\frac{1}{x(1+2\ln x)}\mathrm{d}x=\int\frac{1}{1+2\ln x}\mathrm{d}(\ln x)=\frac{1}{2}\int\frac{1}{1+2\ln x}\mathrm{d}(1+2\ln x)$$
$$=\frac{1}{2}\int\frac{1}{u}\mathrm{d}u\ (令\ u=1+2\ln x)$$
$$=\frac{1}{2}\ln|u|+C=\frac{1}{2}\ln|1+2\ln x|+C(回代).$$

【典型错误】 未采用凑微分法,也即未利用整体替换的思想求解常见函数的不定积分.

例 6 求$\int\frac{1+x}{x(1+x\mathrm{e}^x)}\mathrm{d}x.$

【分析】 被积函数的分子和分母同时乘以 e^x,再利用凑微分法将分子凑成函数 $x\mathrm{e}^x$ 的微分形式,然后利用第二类换元法求解不定积分.

【详解】 因 $\mathrm{d}(x\mathrm{e}^x)=\mathrm{e}^x(x+1)\mathrm{d}x$,令 $x\mathrm{e}^x=t$,则

$$\int\frac{1+x}{x(1+x\mathrm{e}^x)}\mathrm{d}x=\int\frac{\mathrm{e}^x(1+x)}{x\mathrm{e}^x(1+x\mathrm{e}^x)}\mathrm{d}x=\int\frac{1}{t(1+t)}\mathrm{d}t=\int\left(\frac{1}{t}-\frac{1}{1+t}\right)\mathrm{d}t$$
$$=\ln\left|\frac{t}{1+t}\right|+C=\ln\left|\frac{x\mathrm{e}^x}{1+x\mathrm{e}^x}\right|+C.$$

【典型错误】 未对被积函数的分子和分母同时乘以 e^x,将分子凑成 $x\mathrm{e}^x$ 的微分形式.

例 7 $\int\frac{x+\sin x\cos x}{(\cos x-x\sin x)^2}\mathrm{d}x=$ ________.

【分析】 分子和分母同时除以$(\cos x)^2$,将被积函数进行化简,再利用凑微分法求解.

【详解】 应填$\frac{1}{1-x\tan x}+C$

因为 $\mathrm{d}(x\tan x)=(x\sec^2x+\tan x)\mathrm{d}x$,所以

$$\int\frac{x+\sin x\cos x}{(\cos x-x\sin x)^2}\mathrm{d}x=\int\frac{x\sec^2x+\tan x}{(1-x\tan x)^2}\mathrm{d}x=\int\frac{1}{(x\tan x-1)^2}\mathrm{d}(x\tan x)$$
$$=\int\frac{1}{(x\tan x-1)^2}\mathrm{d}(x\tan x-1)$$
$$=-\frac{1}{x\tan x-1}+C=\frac{1}{1-x\tan x}+C.$$

【典型错误】 利用三角函数的万能公式,想将不定积分化为有理函数的积分进行处理,这样的处理是无法求解的;或是因为凑不出某函数的微分而无法求解.

例 8　$\int \frac{\mathrm{e}^x(x-1)}{(x-\mathrm{e}^x)^2}\mathrm{d}x =$ ________.

【分析】　将分母提取 x^2,将被积函数的部分项凑成函数$\frac{\mathrm{e}^x}{x}$的微分形式,从而进行求解.

【详解】　因为 $\mathrm{d}\left(\frac{\mathrm{e}^x}{x}\right)=\frac{\mathrm{e}^x(x-1)}{x^2}\mathrm{d}x$,所以

$$原式=\int \frac{\mathrm{e}^x(x-1)}{x^2(1-\mathrm{e}^x x^{-1})^2}\mathrm{d}x=\int \frac{1}{\left(\frac{\mathrm{e}^x}{x}-1\right)^2}\mathrm{d}\left(\frac{\mathrm{c}^x}{x}\right)$$

$$=-\frac{1}{\frac{\mathrm{e}^x}{x}-1}+C=\frac{x}{x-\mathrm{e}^x}+C.$$

【典型错误】　利用分部积分法求此积分,但是却一无所获.

【注】　在上述的例 5 ~ 例 8 中,都是利用凑微分法求解的,而该方法是非常巧妙的方法,在做题过程中最大的难点在于凑成某函数的微分,读者要细细品味其中凑微分法的“味道”.

例 9　$\int \frac{1}{x\sqrt{x^2-1}}\mathrm{d}x =$ ________.

【分析】　可以利用凑微分法求解,也可以利用三角代换求解.

【详解】　方法一:将被积函数提取因子$\frac{1}{x^2}$,再利用 $\mathrm{d}\left(\frac{1}{x}\right)=-\frac{1}{x^2}\mathrm{d}x$,其具体解题过程为

$$\int \frac{1}{x\sqrt{x^2-1}}\mathrm{d}x=\int \frac{1}{x^2\sqrt{1-\left(\frac{1}{x}\right)^2}}\mathrm{d}x=-\int \frac{1}{\sqrt{1-\left(\frac{1}{x}\right)^2}}\mathrm{d}\left(\frac{1}{x}\right)$$

$$=\arccos\left(\frac{1}{x}\right)+C \text{ 或 } -\arcsin\left(\frac{1}{x}\right)+C.$$

方法二:利用换元法求解,令 $x=\sec t, t\in\left(0,\frac{\pi}{2}\right)$, $\mathrm{d}x=\sec t\cdot\tan t\mathrm{d}t$,于是

$$\int \frac{1}{x\sqrt{x^2-1}}\mathrm{d}x=\int \frac{1}{\sec t\cdot\tan t}\sec t\cdot\tan t\mathrm{d}t=t+C.$$

下面将变量 t 代换为关于 x 的表达式,即 $\cos t=\frac{1}{x}$,解得 $t=\arccos\left(\frac{1}{x}\right)$,所以

$$\int \frac{1}{x\sqrt{x^2-1}}\mathrm{d}x=\arccos\left(\frac{1}{x}\right)+C.$$

【典型错误】　在方法二中利用换元法求解不定积分时,解出变量 t 的表达式,部分读者就此结束不定积分的计算,未将变量 t 代换为关于 x 的表达式. 而方法一部分读者不容易想到,凑微分法技巧性较大.

例 10　求$\int \frac{1}{\sqrt{x^2-a^2}}\mathrm{d}x\quad(a>0)$.

【分析】 利用三角代换化简被积函数，再求解不定积分，最后再换元.

【详解】 这个积分中含有根式 $\sqrt{x^2-a^2}$，利用三角代换中的正割代换来消去根式.

令 $x=a\sec t, \mathrm{d}x=a\sec t\tan t\mathrm{d}t, t\in\left(0,\frac{\pi}{2}\right)$，于是

$$\int\frac{1}{\sqrt{x^2-a^2}}\mathrm{d}x=\int\frac{a\sec t\cdot\tan t}{a\tan t}\mathrm{d}t=\int\sec t\mathrm{d}t$$

$$=\ln\left(\sec t+\tan t\right)+C.$$

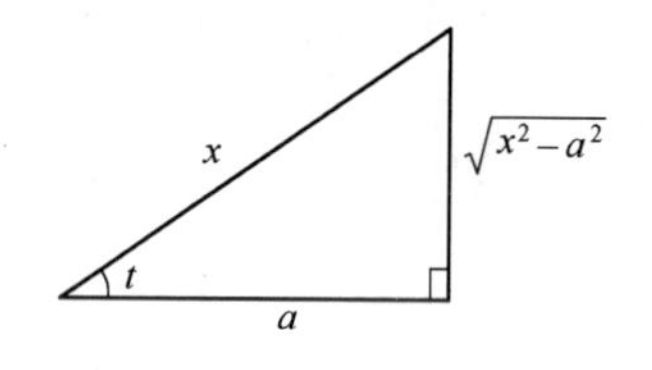

图　5-1

作辅助三角形如图 5-1 所示，得 $\sec t=\frac{x}{a}, \tan t=\frac{\sqrt{x^2-a^2}}{a}$，代入上式得

$$\int\frac{1}{\sqrt{x^2-a^2}}\mathrm{d}x=\ln\left(\frac{x}{a}+\frac{\sqrt{x^2-a^2}}{a}\right)+C.$$

【典型错误】 在三角代换中未设置三角函数的定义域，从而在积分过程中出现两个结果的形式或是在最后一步将反函数代入结果中时，不能保证三角函数的反函数一定存在，故而无法计算最终的结果.

【注】 三角代换是解决被积函数中含有根式的有效的方法，其一般规律如下：当被积函数中含有

（1）$\sqrt{a^2-x^2}$，可令 $x=a\sin t$；

（2）$\sqrt{a^2+x^2}$，可令 $x=a\tan t$；

（3）$\sqrt{x^2-a^2}$，可令 $x=a\sec t$.

另外，在三角代换中，要利用三角形的关系求解各个三角函数之间的联系和具体的表达式，这也是三角换元法的重要内容. 本例中令 $x=a\sec t$，原积分的结果中含有 $\tan t$，于是根据直角三角形的各边关系可得 $\tan t=\frac{\sqrt{x^2-a^2}}{a}$，读者需要熟练这种技巧.

例 11 $\int\frac{\mathrm{d}x}{x+\sqrt{1-x^2}}$.

【分析】 先利用三角代换 $x=\sin t$，再求解不定积分.

【详解】 设 $x=\sin t, t\in\left(-\frac{\pi}{2},\frac{\pi}{2}\right)$，则 $\mathrm{d}x=\cos t\mathrm{d}t$，于是

$$\int\frac{\mathrm{d}x}{x+\sqrt{1-x^2}}=\int\frac{1}{\sin t+\cos t}\cdot\cos t\mathrm{d}t$$

$$=\frac{1}{2}\int\frac{\cos t+\sin t+\left(\cos t-\sin t\right)}{\sin t+\cos t}\mathrm{d}t$$

$$=\frac{1}{2}t+\frac{1}{2}\ln\left|\sin t+\cos t\right|+C$$

$$= \frac{1}{2}\arcsin x + \frac{1}{2}\ln\left|x + \sqrt{1-x^2}\right| + C.$$

【典型错误】 利用三角代换将原不定积分化为$\int \frac{\cos t}{\sin t + \cos t}dt$,部分读者利用“万能公式”求解,过程将会很复杂,计算中容易出现错误.

【注】 本例的解法利用凑微分法,技巧性较大,读者需要体会.

例 12 $\int \frac{x^{14}}{x^5+1}dx =$ ________.

【分析】 将分母进行整体替换,然后求解不定积分.

【详解】 方法一:令 $x^5+1=t, x=\sqrt[5]{t-1}$,则 $5x^4dx=dt$,于是

$$\int \frac{x^{14}}{x^5+1}dx = \int \frac{x^{10}}{x^5+1}\cdot x^4dx = \frac{1}{5}\int \frac{x^{10}}{x^5+1}d(x^5+1)$$

$$= \frac{1}{5}\int \frac{(t-1)^2}{t}dt = \frac{1}{5}\int\left(t-2+\frac{1}{t}\right)dt$$

$$= \frac{1}{5}\left(\frac{t^2}{2}-2t+\ln|t|\right)+C$$

$$= \frac{1}{10}(x^5+1)^2 - \frac{2}{5}(x^5+1) + \frac{1}{5}\ln(x^5+1) + C$$

$$= \frac{1}{10}x^{10} - \frac{1}{5}x^5 - \frac{3}{10} + \frac{1}{5}\ln(x^5+1) + C.$$

方法二:由于$\int \frac{x^{14}}{x^5+1}dx = \frac{1}{15}\int \frac{1}{x^5+1}d(x^{15})$,令 $x^5=t$,于是原积分可化为

$$原式 = \frac{1}{15}\int \frac{1}{t+1}d(t^3) = \frac{1}{5}\int \frac{t^2}{t+1}dt$$

$$= \frac{1}{5}\int \frac{t^2-1+1}{t+1}dt = \frac{1}{5}\int\left(t-1+\frac{1}{t+1}\right)dt$$

$$= \frac{1}{5}\left[\frac{t^2}{2}-t+\ln|t+1|\right]+C$$

$$= \frac{1}{5}\left[\frac{x^{10}}{2}-x^5+\ln(x^5+1)\right]+C.$$

【注】 上述两种方法相差了常数,这不影响结果.

例 13 求不定积分$\int \frac{dx}{\sqrt{x}+\sqrt[3]{x}}$.

【分析】 首先确定利用根式代换求解,其具体过程如下.

【详解】 令 $t=\sqrt[6]{x}$,即 $x=t^6, dx=6t^5dt$,于是

$$\int \frac{dx}{\sqrt{x}+\sqrt[3]{x}} = \int \frac{6t^5}{t^3+t^2}dt = \int \frac{6t^3}{t+1}dt$$

$$= 6\int \frac{t^3+1-1}{t+1}dt = 6\int\left[(t^2-t+1)-\frac{1}{t+1}\right]dt$$

$$= 6\left[\frac{t^3}{3} - \frac{t^2}{2} + t - \ln(t+1)\right] + C$$

$$= 2\sqrt{x} - 3\sqrt[3]{x} + 6\sqrt[6]{x} - 6\ln(\sqrt[6]{x} + 1) + C.$$

【典型错误】 采用 $t = \sqrt[6]{x}$ 的换元法,求解过程中出现不定积分 $\int \frac{t^3}{t+1}dt$,部分读者对此积分处理有误. 本质上,$\int \frac{t^3}{t+1}dt$ 为有理函数的不定积分,应先将被积函数化为真分式的最简形式,然后逐个求解不定积分.

【注】 采用根式换元法时,根式的次数为两者的最小公倍数,然后再进行求解.

例 14 求不定积分 $\int \frac{1}{x(x^7+2)}dx$.

【分析】 利用倒数代换求解,其过程如下.

【详解】 令 $x = \frac{1}{t}$,则有 $dx = -\frac{1}{t^2}dt$,于是

$$\int \frac{1}{x(x^7+2)}dx = \int \frac{t}{\left(\frac{1}{t}\right)^7 + 2} \cdot \left(-\frac{1}{t^2}\right)dt$$

$$= -\int \frac{t^6}{1+2t^7}dt = -\frac{1}{14}\ln|1+2t^7| + C$$

$$= -\frac{1}{14}\ln|2+x^7| + \frac{1}{2}\ln|x| + C.$$

【典型错误】 利用有理函数的积分方法求解,首先分解被积函数,然后逐个积分. 事实上,被积函数有时很难分解,注意与上例中 $\int \frac{t^3}{t+1}dt$ 的区别.

【注】 一般地,被积函数为有理函数,且分母的次数高于分子的次数时,常常使用的是倒数代换求解.

例 8 ~ 例 12 题中是利用第二类换元法求解不定积分的,读者注意总结当被积函数满足何种性质时,应采用何种常用的换元法,这样在应用第二类换元法时就会做到有的放矢.

例 15 $\int(\arcsin x - \arccos x)dx =$ ________.

【分析】 利用分部积分法求解.

【详解】 应填 $x(\arcsin x - \arccos x) + 2\sqrt{1-x^2} + C$

由分部积分法可得

$$\int(\arcsin x - \arccos x)dx = x(\arcsin x - \arccos x) - \int x\left(\frac{2}{\sqrt{1-x^2}}\right)dx$$

$$= x(\arcsin x - \arccos x) + 2\sqrt{1-x^2} + C.$$

例 16 $\int|\ln x|dx =$ ________.

【分析】　对自变量进行讨论，将被积函数去掉绝对值，然后再利用分部积分法求解.

【详解】　应填$\int|\ln x|\mathrm{d}x=\begin{cases}x(\ln x-1)+C, & x\geqslant 1,\\ x(1-\ln x)+C-2, & 0<x<1\end{cases}$

当$x>1$时，应用分部积分法，有

$$\int|\ln x|\mathrm{d}x=\int\ln x\mathrm{d}x=x\ln x-\int\mathrm{d}x=x(\ln x-1)+C.$$

当$0<x<1$时，应用分部积分法，有

$$\int|\ln x|\mathrm{d}x=-\int\ln x\mathrm{d}x=-x(\ln x-1)+C_1.$$

在两式中令$x=1$得$-1+C=1+C_1$，故$C_1=C-2$，于是

$$\int|\ln x|\mathrm{d}x=\begin{cases}x(\ln x-1)+C, & x\geqslant 1,\\ x(1-\ln x)+C-2, & 0<x<1.\end{cases}$$

【典型错误】　未讨论被积函数的绝对值，直接将绝对值忽略求解. 还有部分读者，讨论了$x>1$和$0<x<1$两个区间上的不定积分，但是忽视了不定积分中仅含有一个任意的常数，未对两个参数进行整合.

例 17　已知$f''(x)$连续，$f'(x)\neq 0$，求$\int\left[\frac{f(x)}{f'(x)}-\frac{f^2(x)f''(x)}{[f'(x)]^3}\right]\mathrm{d}x$.

【分析】　化简被积函数，直接利用凑微分法求解.

【详解】　$\int\left[\frac{f(x)}{f'(x)}-\frac{f^2(x)f''(x)}{[f'(x)]^3}\right]\mathrm{d}x=\int\left[\frac{f(x)[f'(x)]^2-f^2(x)f''(x)}{[f'(x)]^3}\right]\mathrm{d}x$

$$=\frac{1}{2}\int\mathrm{d}\left(\frac{f^2(x)}{[f'(x)]^2}\right)=\frac{f^2(x)}{2[f'(x)]^2}+C.$$

第六章　定积分及其应用

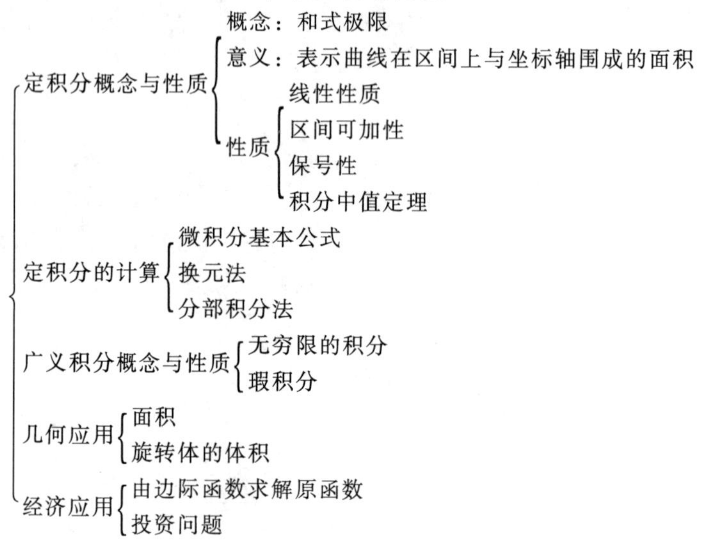

一、内容精要

（一）定积分的概念与性质

1. 概念

设函数$f(x)$在$[a, b]$上有界，在$[a, b]$中任意插入若干个分点

$$a = x_0 < x_1 < x_2 < \cdots < x_{n-1} < x_n = b,$$

把区间$[a, b]$分成n个小区间，各小区间的长度依次为$\Delta x_i = x_i - x_{i-1}(i=1, 2, \cdots)$，在各小区间上任取一点$\xi_i(\xi_i \in [x_{i-1}, x_i])$，作乘积$f(\xi_i)\Delta x_i(i=1, 2, \cdots)$并作和

$$S = \sum_{i=1}^{n} f(\xi_i)\Delta x_i,$$

记$\lambda = \max\{\Delta x_1, \Delta x_2, \cdots, \Delta x_n\}$，如果不论对$[a, b]$怎样的分法，也不论在小区间$[x_{i-1}, x_i]$上点$\xi_i$怎样的取法，只要当$\lambda \to 0$时，和$S$总趋于确定的极限$I$，我们称这个极限$I$为函数$f(x)$在区间$[a, b]$上的定积分，记为

$$\int_a^b f(x)\,\mathrm{d}x = \lim_{\lambda \to 0} \sum_{i=1}^{n} f(\xi_i)\Delta x_i,$$

其中，函数$f(x)$称为被积函数；$f(x)\mathrm{d}x$称为被积表达式；x称为积分变量；a称为积分下限；b称为积分上限；$[a,b]$称为积分区间.

2. 性质

性质1 $\int_a^b [f(x) \pm g(x)]\mathrm{d}x = \int_a^b f(x)\mathrm{d}x \pm \int_a^b g(x)\mathrm{d}x$.

性质2 $\int_a^b kf(x)\mathrm{d}x = k\int_a^b f(x)\mathrm{d}x$（$k$为常数）.

性质3 $\int_a^b f(x)\mathrm{d}x = \int_a^c f(x)\mathrm{d}x + \int_c^b f(x)\mathrm{d}x$.

性质4 $\int_a^b 1\cdot\mathrm{d}x = \int_a^b \mathrm{d}x = b - a$.

性质5 如果在区间$[a,b]$上$f(x)\geqslant 0$，则$\int_a^b f(x)\mathrm{d}x \geqslant 0(a<b)$.

推论1 如果在区间$[a,b]$上$f(x)\leqslant g(x)$，则$\int_a^b f(x)\mathrm{d}x \leqslant \int_a^b g(x)\mathrm{d}x(a<b)$.

推论2 $\left|\int_a^b f(x)\mathrm{d}x\right| \leqslant \int_a^b |f(x)|\mathrm{d}x(a<b)$.

性质6 设M及m分别是函数$f(x)$在区间$[a,b]$上的最大值及最小值，则

$$m(b-a) \leqslant \int_a^b f(x)\mathrm{d}x \leqslant M(b-a).$$

性质7（定积分中值定理）　如果函数$f(x)$在闭区间$[a,b]$上连续，则在积分区间$[a,b]$上至少存在一个点ξ，使$\int_a^b f(x)\mathrm{d}x = f(\xi)(b-a)(a\leqslant\xi\leqslant b)$.

（二）积分上限函数概念与性质

1. 概念

称函数$\Phi(x) = \int_a^x f(t)\mathrm{d}t$为积分上限函数（或变上限积分）.

【注】 如果$f(x)$在$[a,b]$上连续，则积分上限的函数$\Phi(x) = \int_a^x f(t)\mathrm{d}t$就是$f(x)$在$[a,b]$上的一个原函数.

2. 导数

定理1 设$f(x)$在$[a,b]$上连续，则积分上限的函数

$\Phi(x) = \int_a^x f(t)\mathrm{d}t \quad (a\leqslant x\leqslant b)$在$[a,b]$上可导，且它的导数是

$$\Phi'(x) = \frac{\mathrm{d}}{\mathrm{d}x}\int_a^x f(t)\mathrm{d}t = f(x)(a\leqslant x\leqslant b).$$

定理2 如果$f(t)$连续，$a(x)$和$b(x)$可导，则$F(x) = \int_{a(x)}^{b(x)} f(t)\mathrm{d}t$的导数$F'(x)$为

$$F'(x) = \frac{\mathrm{d}}{\mathrm{d}x}\int_{a(x)}^{b(x)} f(t)\mathrm{d}t = f(b(x))b'(x) - f(a(x))a'(x).$$

（三）牛顿 - 莱布尼茨公式

定理3（微积分基本公式）　如果 $F(x)$ 是连续函数 $f(x)$ 在区间 $[a,b]$ 上的一个原函数，则

$$\int_a^b f(x)\mathrm{d}x = F(b) - F(a).$$

上式称为牛顿 - 莱布尼茨公式.

（四）定积分的计算方法

1. 换元法

设函数 $f(x)$ 在 $[a,b]$ 上连续，函数 $x = \varphi(t)$ 满足条件：

(1) $\varphi(t)$ 在 $[\alpha,\beta]$（或 $[\beta,\alpha]$）上是单值的且有连续导数；

(2) 当 t 在区间 $[\alpha,\beta]$（或 $[\beta,\alpha]$）上变化时，$x = \varphi(t)$ 的值在 $[a,b]$ 上变化，且 $\varphi(\alpha) = a$，$\varphi(\beta) = b$. 则有

$$\int_a^b f(x)\mathrm{d}x = \int_\alpha^\beta f(\varphi(t))\varphi'(t)\mathrm{d}t.$$

2. 分部积分法

设函数 $u(x)$、$v(x)$ 在区间 $[a,b]$ 上具有连续导数，则有定积分的分部积分公式

$$\int_a^b u\mathrm{d}v = [uv]_a^b - \int_a^b v\mathrm{d}u.$$

（五）广义积分

1. 无穷限的广义积分

设函数 $f(x)$ 在区间 $[a,+\infty)$ 上连续，取 $b > a$，如果极限

$$\lim_{b\to+\infty}\int_a^b f(x)\mathrm{d}x$$

存在，则称此极限为函数 $f(x)$ 在无穷区间 $[a,+\infty)$ 上的广义积分，记作 $\int_a^{+\infty} f(x)\mathrm{d}x$. 即

$$\int_a^{+\infty} f(x)\mathrm{d}x = \lim_{b\to+\infty}\int_a^b f(x)\mathrm{d}x.$$

此时称广义积分 $\int_a^{+\infty} f(x)\mathrm{d}x$ 收敛；如果极限 $\lim\limits_{b\to+\infty}\int_a^b f(x)\mathrm{d}x$ 不存在，称广义积分 $\int_a^{+\infty} f(x)\mathrm{d}x$ 发散.

类似地，设函数 $f(x)$ 在区间 $(-\infty,b]$ 上连续，取 $a < b$，如果极限

$$\lim_{a\to-\infty}\int_a^b f(x)\mathrm{d}x$$

存在，则称此极限为函数 $f(x)$ 在无穷区间 $(-\infty,b]$ 上的广义积分，记作 $\int_{-\infty}^b f(x)\mathrm{d}x$. 即

$$\int_{-\infty}^b f(x)\mathrm{d}x = \lim_{a\to-\infty}\int_a^b f(x)\mathrm{d}x.$$

当极限存在时,称广义积分收敛;当极限不存在时,称广义积分发散.

2. 瑕积分

设函数 $f(x)$ 在区间 $(a,b]$ 上连续,而在点 a 的右邻域内无界. 取 $\varepsilon>0$,如果极限

$$\lim_{\varepsilon\to0^+}\int_{a+\varepsilon}^{b}f(x)\,\mathrm{d}x$$

存在,则称此极限为函数 $f(x)$ 在区间 $(a,b]$ 上的广义积分,记作 $\int_a^b f(x)\,\mathrm{d}x$. 即

$$\int_a^b f(x)\,\mathrm{d}x=\lim_{\varepsilon\to0^+}\int_{a+\varepsilon}^{b}f(x)\,\mathrm{d}x.$$

当极限存在时,称广义积分 $\int_a^b f(x)\,\mathrm{d}x$ 收敛;当极限不存在时,称广义积分 $\int_a^b f(x)\,\mathrm{d}x$ 发散.

类似地,设函数 $f(x)$ 在区间 $[a,b)$ 上连续,而在点 b 的左邻域内无界. 取 $\varepsilon>0$,如果极限

$$\lim_{\varepsilon\to0^+}\int_{a}^{b-\varepsilon}f(x)\,\mathrm{d}x$$

存在,则称此极限为函数 $f(x)$ 在区间 $[a,b)$ 上的广义积分,记作

$$\int_a^b f(x)\,\mathrm{d}x=\lim_{\varepsilon\to0^+}\int_{a}^{b-\varepsilon}f(x)\,\mathrm{d}x.$$

当极限存在时,称广义积分 $\int_a^b f(x)\,\mathrm{d}x$ 收敛;当极限不存在时,称广义积分 $\int_a^b f(x)\,\mathrm{d}x$ 发散.

设函数 $f(x)$ 在区间 $[a,b]$ 上除点 $c(a<c<b)$ 外连续,而在点 c 的邻域内无界. 如果两个广义积分 $\int_a^c f(x)\,\mathrm{d}x$ 和 $\int_c^b f(x)\,\mathrm{d}x$ 都收敛,则定义

$$\int_a^b f(x)\,\mathrm{d}x=\int_a^c f(x)\,\mathrm{d}x+\int_c^b f(x)\,\mathrm{d}x=\lim_{\varepsilon\to0^+}\int_a^{c-\varepsilon}f(x)\,\mathrm{d}x+\lim_{\varepsilon'\to0^+}\int_{c+\varepsilon'}^{b}f(x)\,\mathrm{d}x.$$

当上式右端两个极限都存在时,称广义积分 $\int_a^b f(x)\,\mathrm{d}x$ 收敛;否则,称广义积分 $\int_a^b f(x)\,\mathrm{d}x$ 发散.

$$\int_0^1\frac{1}{x^q}\mathrm{d}x\begin{cases}收敛, q<1,\\ 发散, q\geqslant1.\end{cases}$$

(六) 平面图形的面积

1. 直角坐标系

模型 Ⅰ　$S_1=\int_a^b[y_2(x)-y_1(x)]\,\mathrm{d}x$,其中,$y_2(x)\geqslant y_1(x)$,$x\in[a,b]$.

模型 Ⅱ　$S_2=\int_c^d[x_2(y)-x_1(y)]\,\mathrm{d}y$,其中,$x_2(y)\geqslant x_1(y)$,$y\in[c,d]$.

【注】　复杂图形分割为若干个小图形,使其中每一个符合模型 Ⅰ 或模型 Ⅱ 加以计算,然后再相加.

2. 极坐标系

模型 Ⅰ　$S_1=\frac{1}{2}\int_\alpha^\beta r^2(\theta)\,\mathrm{d}\theta$(见图 6-1).

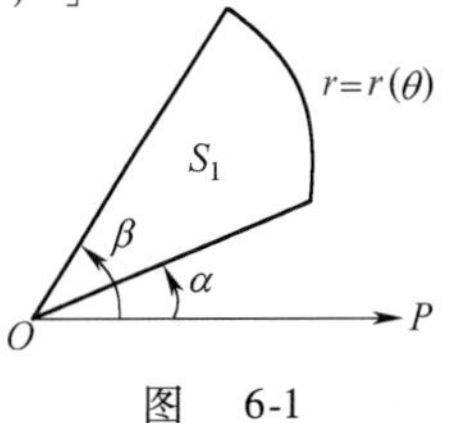

图　6-1

模型 Ⅱ　$S_2 = \frac{1}{2}\int_{\alpha}^{\beta}[r_2^2(\theta) - r_1^2(\theta)]\mathrm{d}\theta$(见图 6-2).

3. 参数形式表示的曲线所围成的面积

设曲线 C 的参数方程为$\begin{cases} x = \varphi(t), \\ y = \psi(t), \end{cases}(\alpha \leqslant t \leqslant \beta)$,$\varphi(\alpha) = a$,$\varphi(\beta) = b$,$\varphi(t)$ 在$[\alpha,\beta]$(或$[\beta,\alpha]$)上有连续导数,$\varphi'(t)$ 不变号,且 $\varphi(t) \geqslant 0$ 连续.

则曲边梯形面积(曲线 C 与直线 $x = a$,$x = b$ 和 x 轴所围成)

$$S = \int_a^b y\mathrm{d}x = \int_{\alpha}^{\beta}\varphi(t)\varphi'(t)\mathrm{d}t.$$

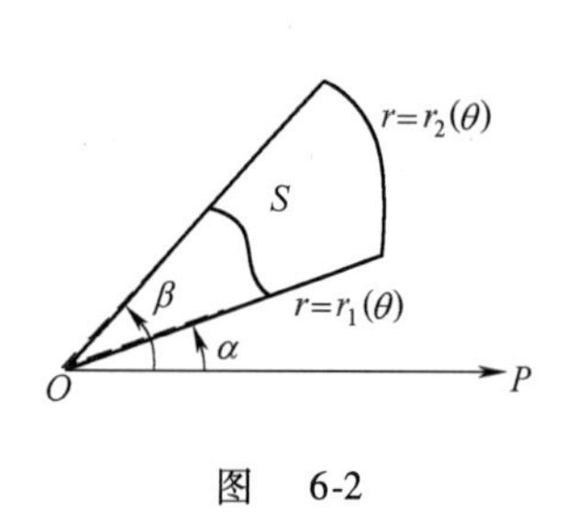

图　6-2

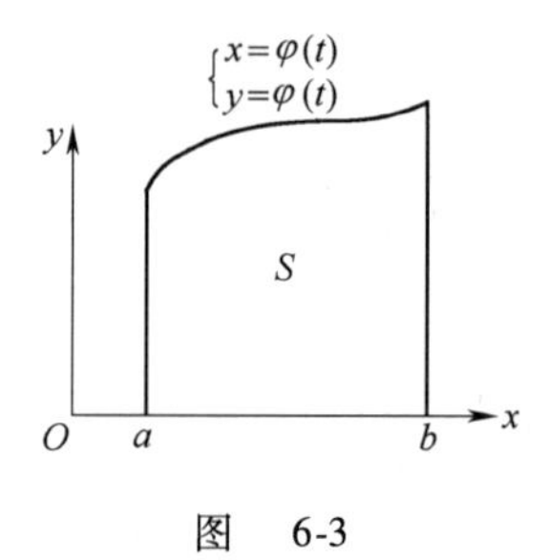

图　6-3

(七) 绕坐标轴旋转的旋转体的体积

1. 模型 1

如图 6-4 所示,平面图形由曲线 $y = f(x)(\geqslant 0)$ 与直线 $x = a$,$x = b$ 和 x 轴围成绕 x 轴旋转一周的体积

$$V_x = \pi\int_a^b f^2(x)\mathrm{d}x.$$

绕 y 轴旋转一周的体积

$$V_y = 2\pi\int_a^b xf(x)\mathrm{d}x.$$

2. 模型 2

如图 6-5 所示,平面图形由曲线 $x = g(y)(\geqslant 0)$ 与直线 $y = c$,$y = d$ 和 y 轴围成绕 y 轴旋转一周的体积

$$V_y = \pi\int_c^d g^2(y)\mathrm{d}y.$$

绕 x 轴旋转一周的体积

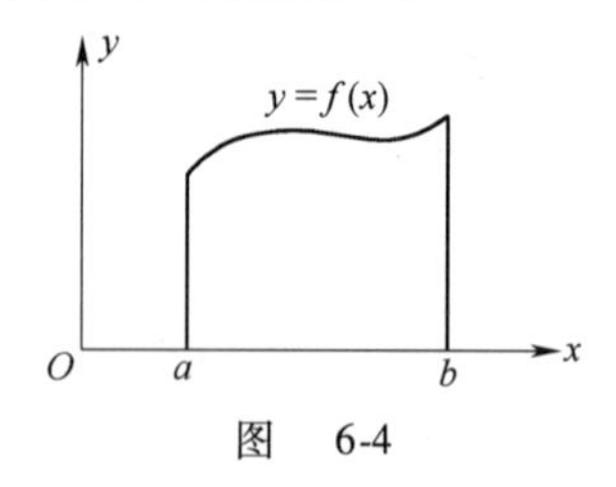

图　6-4

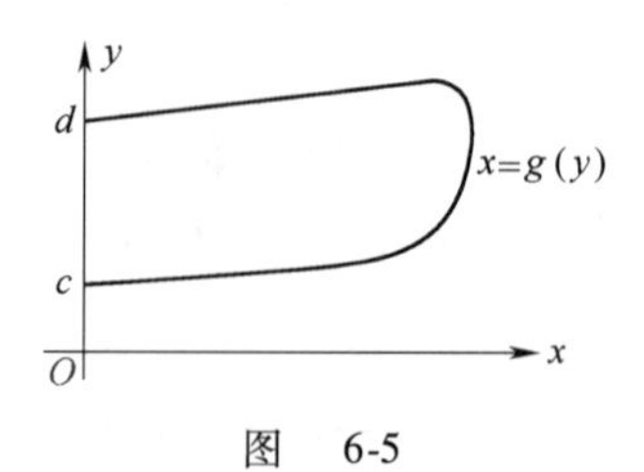

图　6-5

$$V_x = 2\pi\int_c^d yg(y)\mathrm{d}y.$$

二、练习题与解答

习题 6.1　定积分的概念

1. 利用定积分的定义计算下列积分.

(1) $\int_a^b x\mathrm{d}x \quad (a < b)$;　　(2) $\int_0^1 \mathrm{e}^x\mathrm{d}x$.

【解】　(1) 将区间$[a,b]$$n$等分,令$h = \dfrac{b-a}{n}$,分点为$x_i = a + ih \quad (i = 1,2,\cdots,n)$,取$\xi_i = x_i,(i = 1,2,\cdots,n)$,则$\int_a^b x\mathrm{d}x = \lim\limits_{n\to\infty}\sum\limits_{k=1}^n (a + kh)h$.

$$\begin{aligned}\sum_{k=1}^n (a + kh)h &= han + h^2\frac{n(n+1)}{2} \\ &= \frac{b-a}{n}an + \left(\frac{b-a}{n}\right)^2\frac{n(n+1)}{2} \\ &= (b-a)a + \frac{(b-a)^2}{2}\frac{n(n+1)}{n^2},\end{aligned}$$

所以$\int_a^b x\mathrm{d}x = \lim\limits_{n\to\infty}\left[(b-a)a + \dfrac{(b-a)^2}{2}\dfrac{n(n+1)}{n^2}\right] = (b-a)a + \dfrac{(b-a)^2}{2} = \dfrac{b^2-a^2}{2}$;

(2) 将区间$[0,1]$$n$等分,令$h = \dfrac{b-a}{n}$,分点为$x_i = ih \quad (i = 1,2,\cdots,n)$,取$\xi_i = x_i,(i = 1,2,\cdots,n)$,则$\int_0^1 \mathrm{e}^x\mathrm{d}x = \lim\limits_{n\to\infty}\sum\limits_{k=1}^n \mathrm{e}^{kh}h$,而$\sum\limits_{k=1}^n \mathrm{e}^{kh}h = h\dfrac{\mathrm{e}^h - \mathrm{e}^{1+h}}{1-\mathrm{e}^h}$　(其中,$nh = 1$),所以有

$$\int_0^1 \mathrm{e}^x\mathrm{d}x = \lim_{n\to\infty} h\frac{\mathrm{e}^h - \mathrm{e}^{1+h}}{1-\mathrm{e}^h} = \lim_{h\to 0} h\frac{1-\mathrm{e}^{1+h}}{1-\mathrm{e}^h} = \lim_{h\to 0}\frac{h}{1-\mathrm{e}^h}(1-\mathrm{e}^{1+h}) = \mathrm{e} - 1.$$

2. 利用定积分的几何意义,证明下列等式.

(1) $\int_0^1 2x\mathrm{d}x = 1$;　　(2) $\int_0^1 \sqrt{1-x^2}\mathrm{d}x = \dfrac{\pi}{4}$;

(3) $\int_{-\pi}^{\pi}\sin x\mathrm{d}x = 0$;　　(4) $\int_{-\frac{\pi}{2}}^{\frac{\pi}{2}}\cos x\mathrm{d}x = 2\int_0^{\frac{\pi}{2}}\cos x\mathrm{d}x$.

【解】　(1) 令$y = 2x, y(0) = 0, y(1) = 2$,几何图形为$y = 2x$与$x = 1, y = 0$组成的一个直角三角形. 所以$\int_0^1 2x\mathrm{d}x = \dfrac{1}{2}\times 2\times 1 = 1$;

(2) 令$y = \sqrt{1-x^2}$,几何图形为$y = \sqrt{1-x^2}$与$x = 0, y = 0$组成的一个$\dfrac{1}{4}$单位圆;所

以$\int_0^1 \sqrt{1-x^2}\mathrm{d}x = \frac{1}{4}\pi \times 1^2 = \frac{\pi}{4}$;

(3) 令 $y = \sin x$ 为奇函数,在$[-\pi,\pi]$上关于原点对称,所以$\int_{-\pi}^{\pi}\sin x\mathrm{d}x = 0$;

(4) 令 $y = \cos x$ 为偶函数,在$\left[-\frac{\pi}{2},\frac{\pi}{2}\right]$上关于 y 轴对称,所以

$$\int_{-\frac{\pi}{2}}^{\frac{\pi}{2}}\cos x\mathrm{d}x = 2\int_0^{\frac{\pi}{2}}\cos x\mathrm{d}x.$$

习题 6.2　定积分的基本性质

1. 不计算定积分值,直接比较下列各组积分值的大小.

(1) $\int_0^1 x\mathrm{d}x$ 与$\int_0^1 x^2\mathrm{d}x$;　　(2) $\int_2^4 x\mathrm{d}x$ 与$\int_2^4 x^2\mathrm{d}x$;

(3) $\int_0^1 \mathrm{e}^x\mathrm{d}x$ 与$\int_0^1 \mathrm{e}^{x^2}\mathrm{d}x$;　　(4) $\int_{-\frac{\pi}{2}}^0 \sin x\mathrm{d}x$ 与$\int_0^{\frac{\pi}{2}}\sin x\mathrm{d}x$;

(5) $\int_0^{\frac{\pi}{2}} x\mathrm{d}x$ 与$\int_0^{\frac{\pi}{2}}\sin x\mathrm{d}x$;　　(6) $\int_0^1 \mathrm{e}^x\mathrm{d}x$ 与$\int_0^1 (1+x)\mathrm{d}x$.

【解】 (1) 在$[0,1]$上 $x > x^2$,所以$\int_0^1 x\mathrm{d}x > \int_0^1 x^2\mathrm{d}x$;

(2) 在$[2,4]$上 $x < x^2$,所以$\int_2^4 x\mathrm{d}x < \int_2^4 x^2\mathrm{d}x$;

(3) 在$[0,1]$上 $\mathrm{e}^x > \mathrm{e}^{x^2}$,所以$\int_0^1 \mathrm{e}^x\mathrm{d}x > \int_0^1 \mathrm{e}^{x^2}\mathrm{d}x$;

(4) $\int_{-\frac{\pi}{2}}^0 \sin x\mathrm{d}x$ 为负值,$\int_0^{\frac{\pi}{2}}\sin x\mathrm{d}x$ 为正值,所以$\int_{-\frac{\pi}{2}}^0 \sin x\mathrm{d}x < \int_0^{\frac{\pi}{2}}\sin x\mathrm{d}x$;

(5) 在$\left[0,\frac{\pi}{2}\right]$上 $x > \sin x$,所以$\int_0^{\frac{\pi}{2}} x\mathrm{d}x > \int_0^{\frac{\pi}{2}}\sin x\mathrm{d}x$;

(6) 在$[0,1]$上 $\mathrm{e}^x > 1+x$,所以$\int_0^1 \mathrm{e}^x\mathrm{d}x > \int_0^1 (1+x)\mathrm{d}x$.

2. 估计下列积分的值.

(1) $\int_1^4 (x^2+1)\mathrm{d}x$;　　(2) $\int_{\frac{\pi}{4}}^{\frac{5\pi}{4}} (1+\sin^2 x)\mathrm{d}x$;

(3) $\int_{\frac{1}{\sqrt{3}}}^{\sqrt{3}} x\arctan x\mathrm{d}x$;　　(4) $\int_2^0 \mathrm{e}^{x^2-x}\mathrm{d}x$;

(5) $\int_1^2 \frac{x}{1+x^2}\mathrm{d}x$;　　(6) $\int_0^{-2} x\mathrm{e}^x\mathrm{d}x$.

【解】 (1) 在$[1,4]$上 x^2+1 单调增加,故 $2 = 1^2+1 < x^2+1 < 4^2+1 = 17$,所以,$2 \times (4-1) \leqslant \int_1^4 (x^2+1)\mathrm{d}x \leqslant 17 \times (4-1)$,

即 $6 \leqslant \int_1^4 (x^2+1)\mathrm{d}x \leqslant 51$；

（2）在 $\left[\frac{\pi}{4},\frac{5\pi}{4}\right]$ 上，$1 \leqslant 1+\sin^2 x \leqslant 2$，

所以 $1\times\left(\frac{5\pi}{4}-\frac{\pi}{4}\right) \leqslant \int_{\frac{\pi}{4}}^{\frac{5\pi}{4}}(1+\sin^2 x)\mathrm{d}x \leqslant 2\times\left(\frac{5\pi}{4}-\frac{\pi}{4}\right)$，

即 $\pi \leqslant \int_{\frac{\pi}{4}}^{\frac{5\pi}{4}}(1+\sin^2 x)\mathrm{d}x \leqslant 2\pi$；

（3）在 $\left[\frac{1}{\sqrt{3}},\sqrt{3}\right]$ 上 $x\arctan x$ 单调增加，且 $\frac{1}{\sqrt{3}}\times\frac{\pi}{6} \leqslant x\arctan x \leqslant \sqrt{3}\times\frac{\pi}{3}$，

所以 $\left(\sqrt{3}-\frac{1}{\sqrt{3}}\right)\times\frac{1}{\sqrt{3}}\times\frac{\pi}{6} \leqslant \int_{\frac{1}{\sqrt{3}}}^{\sqrt{3}} x\arctan x\mathrm{d}x \leqslant \sqrt{3}\times\frac{\pi}{3}\times\left(\sqrt{3}-\frac{1}{\sqrt{3}}\right)$，

即 $\frac{\pi}{9} \leqslant \int_{\frac{1}{\sqrt{3}}}^{\sqrt{3}} x\arctan x\mathrm{d}x \leqslant \frac{2\pi}{3}$；

（4）令 $y=\mathrm{e}^{x^2-x}$，则 $y'=\mathrm{e}^{x^2-x}(2x-1)$，

令 $y'=0$ 得 $x=\frac{1}{2}$，有 $y(0)=1, y\left(\frac{1}{2}\right)=\mathrm{e}^{-\frac{1}{4}}, y(2)=\mathrm{e}^2$，

所以在 $[0,2]$ 上 $\mathrm{e}^{-\frac{1}{4}} \leqslant \mathrm{e}^{x^2-x} \leqslant \mathrm{e}^2$，

从而 $-2\mathrm{e}^2 \leqslant \int_2^0 \mathrm{e}^{x^2-x}\mathrm{d}x \leqslant -2\mathrm{e}^{-\frac{1}{4}}$；

（5）令 $y=\frac{x}{1+x^2}$，则 $y'=\frac{1-x^2}{(1+x^2)^2}$，令 $y'=0$ 得 $x=\pm 1$，

当 $-1<x<1$ 时，$y'>0$；当 $x>1$ 时 $y'<0$，

所以 y 在 $[1,2]$ 上单调递减，$\frac{2}{5} \leqslant \frac{x}{1+x^2} \leqslant \frac{1}{2}$，

从而 $(2-1)\times\frac{2}{5} \leqslant \int_1^2 \frac{x}{1+x^2}\mathrm{d}x \leqslant \frac{1}{2}\times(2-1)$，即 $\frac{2}{5} \leqslant \int_1^2 \frac{x}{1+x^2}\mathrm{d}x \leqslant \frac{1}{2}$；

（6）令 $y=x\mathrm{e}^x$，则 $y'=(x+1)\mathrm{e}^x$，令 $y'=0$ 得 $x=-1$，

当 $x<-1$ 时，$y'<0$；当 $x>-1$ 时，$y'>0$，

又 $y(-2)=-2\mathrm{e}^{-2}, y(-1)=-\mathrm{e}^{-1}, y(0)=0$，所以在 $[-2,0]$ 上 $-\mathrm{e}^{-1} \leqslant y \leqslant 0$，

从而 $-\mathrm{e}^{-1}\times[0-(-2)] \leqslant \int_{-2}^0 x\mathrm{e}^x\mathrm{d}x \leqslant 0\times[0-(-2)]$，即 $0 \leqslant \int_0^{-2} x\mathrm{e}^x\mathrm{d}x \leqslant \frac{2}{\mathrm{e}}$.

3. 证明
$$\frac{1}{2} \leqslant \int_0^2 \frac{1}{2+x}\mathrm{d}x \leqslant 1.$$

【证明】　在区间 $[0,2]$ 上 $\frac{1}{2+x}$ 单调减少，故 $\frac{1}{4}=\frac{1}{2+2}<\frac{1}{2+x}<\frac{1}{2+0}=\frac{1}{2}$，

所以，$\frac{1}{4}\times(2-0) \leqslant \int_0^2 \frac{1}{2+x}\mathrm{d}x \leqslant \frac{1}{2}\times(2-0)$，

即$\frac{1}{2} \leqslant \int_0^2 \frac{1}{2+x}dx \leqslant 1$.

习题 6.3 微积分学基本定理

1. 设 $y = \int_0^x \sin t dt$,求 $y'(0)$,$y'\left(\frac{\pi}{4}\right)$.

【解】 $y = \int_0^x \sin t dt, y' = \sin x$,所以 $y'(0) = \sin 0 = 0, y'\left(\frac{\pi}{4}\right) = \sin\frac{\pi}{4} = \frac{\sqrt{2}}{2}$.

2. 计算下列导数.

(1) $\frac{d}{dx}\int_0^{x^2} \sqrt{1+t^2}dt$;　　(2) $\frac{d}{dx}\int_{x^2}^{x^3} \frac{dt}{\sqrt{1+t^4}}$;

(3) $\frac{d}{dx}\int_{\sin x}^{\cos x} \cos(\pi t^2)dt$;　　(4) $\frac{d}{dx}\int_{\sqrt{x}}^{x^2} \frac{\sin t}{t}dt$.

【解】 (1) $\frac{d}{dx}\int_0^{x^2} \sqrt{1+t^2}dt = \frac{d}{dx^2}\int_0^{x^2} \sqrt{1+t^2}dt \cdot \frac{dx^2}{dx} = 2x\sqrt{1+x^4}$;

(2) $\frac{d}{dx}\int_{x^2}^{x^3} \frac{dt}{\sqrt{1+t^4}} = \frac{d}{dx}\left(-\int_0^{x^2} \frac{dt}{\sqrt{1+t^4}} + \int_0^{x^3} \frac{dt}{\sqrt{1+t^4}}\right) = \frac{-2x}{\sqrt{1+x^8}} + \frac{3x^2}{\sqrt{1+x^{12}}}$;

(3) $\frac{d}{dx}\int_{\sin x}^{\cos x} \cos(\pi t^2)dt = \frac{d}{dx}\left[-\int_0^{\sin x} \cos(\pi t^2)dt + \int_0^{\cos x} \cos(\pi t^2)dt\right]$

$= -\cos(\pi\sin^2 x)\cdot\cos x - \cos(\pi\cos^2 x)\cdot\sin x$;

(4) $\frac{d}{dx}\int_{\sqrt{x}}^{x^2} \frac{\sin t}{t}dt = \frac{d}{dx}\left(-\int_0^{\sqrt{x}} \frac{\sin t}{t}dt + \int_0^{x^2} \frac{\sin t}{t}dt\right)$

$= -\frac{\sin\sqrt{x}}{\sqrt{x}}\frac{1}{2\sqrt{x}} + \frac{\sin x^2}{x^2}2x$

$= \frac{2\sin x^2}{x} - \frac{\sin\sqrt{x}}{2x}$.

3. 求下列极限.

(1) $\lim\limits_{x\to 0}\frac{\int_0^x \cos t^2 dt}{x}$;　　(2) $\lim\limits_{x\to 0}\frac{\int_0^x \arctan t dt}{x^2}$;

(3) $\lim\limits_{x\to 0}\frac{\int_0^{x^2} \sqrt{1+t^2}dt}{x^2}$;　　(4) $\lim\limits_{x\to 0}\frac{\left(\int_0^x e^{t^2}dt\right)^2}{\int_0^x te^{2t^2}dt}$.

【解】 (1) $\lim\limits_{x\to 0}\frac{\int_0^x \cos t^2 dt}{x} = \lim\limits_{x\to 0}\frac{\cos x^2}{1} = 1$;

(2) $\lim\limits_{x\to 0}\frac{\int_0^x \arctan t dt}{x^2} = \lim\limits_{x\to 0}\frac{\arctan x}{2x} = \frac{1}{2}$;

(3) $\lim\limits_{x\to0}\dfrac{\int_0^{x^2}\sqrt{1+t^2}\mathrm{d}t}{x^2}=\lim\limits_{x\to0}\dfrac{\sqrt{1+x^4}\cdot2x}{2x}=1$;

(4) $\lim\limits_{x\to0}\dfrac{\left(\int_0^x\mathrm{e}^{t^2}\mathrm{d}t\right)^2}{\int_0^x t\mathrm{e}^{2t^2}\mathrm{d}t}=\lim\limits_{x\to0}\dfrac{2\int_0^x\mathrm{e}^{t^2}\mathrm{d}t\cdot\mathrm{e}^{x^2}}{x\mathrm{e}^{2x^2}}=\lim\limits_{x\to0}\dfrac{2\int_0^x\mathrm{e}^{t^2}\mathrm{d}t}{x\mathrm{e}^{x^2}}=\lim\limits_{x\to0}\dfrac{2\mathrm{e}^{x^2}}{2x^2\mathrm{e}^{x^2}+\mathrm{e}^{x^2}}=2.$

4. 求函数 $F(x)=\int_0^x t(t-4)\mathrm{d}t$ 在 $[-1,5]$ 上的最大值和最小值.

【解】 $F'(x)=x(x-4)$,令 $F'(x)=0$,得 $x=0$ 或 $x=4$,
$F''(x)=2x-4$,$F''(0)=-4<0$,0 为极大点;$F''(4)=4>0$,4 为极大点,
又 $0,4\in[-1,5]$,所以 $\underset{\max}{F}(x)=0$, $\underset{\min}{F}(x)=-\dfrac{32}{3}$.

5. 计算下列定积分.

(1) $\int_1^2\left(x^2+\dfrac{1}{x^4}\right)\mathrm{d}x$;　　(2) $\int_4^9\sqrt{x}(1+\sqrt{x})\mathrm{d}x$;

(3) $\int_0^{\sqrt{3}a}\dfrac{\mathrm{d}x}{a^2+x^2}$;　　(4) $\int_{-\frac{1}{2}}^{\frac{1}{2}}\dfrac{\mathrm{d}x}{\sqrt{1-x^2}}$;

(5) $\int_{-1}^0\dfrac{3x^4+3x^2+1}{x^2+1}\mathrm{d}x$;　　(6) $\int_0^{\frac{\pi}{4}}\tan^2\theta\mathrm{d}\theta$;

(7) $\int_0^{\pi}\cos^2\left(\dfrac{x}{2}\right)\mathrm{d}x$;　　(8) $\int_{-1}^2|2x|\mathrm{d}x$;

(9) $\int_0^{2\pi}|\sin x|\mathrm{d}x$;　　(10) $\int_0^{\frac{3\pi}{4}}\sqrt{1+\cos2x}\mathrm{d}x$;

(11) $\int_0^2 f(x)\mathrm{d}x$,其中,$f(x)=\begin{cases}x+1, & 0\leqslant x\leqslant1,\\ \dfrac{1}{2}x^2, & 1<x\leqslant2.\end{cases}$

【解】 (1) $\int_1^2\left(x^2+\dfrac{1}{x^4}\right)\mathrm{d}x=\dfrac{x^3}{3}\Big|_1^2+\dfrac{x^{-4+1}}{-4+1}\Big|_1^2=2\dfrac{5}{8}$;

(2) $\int_4^9\sqrt{x}(1+\sqrt{x})\mathrm{d}x=\int_4^9\sqrt{x}\mathrm{d}x+\int_4^9 x\mathrm{d}x=\dfrac{1}{\dfrac{1}{2}+1}x^{\frac{1}{2}+1}\Bigg|_4^9+\dfrac{x^2}{2}\Big|_4^9=45\dfrac{1}{6}$;

(3) $\int_0^{\sqrt{3}a}\dfrac{\mathrm{d}x}{a^2+x^2}=\dfrac{1}{a^2}\int_0^{\sqrt{3}a}\dfrac{\mathrm{d}x}{1+\dfrac{x^2}{a^2}}=\dfrac{1}{a}\int_0^{\sqrt{3}a}\dfrac{\mathrm{d}\left(\dfrac{x}{a}\right)}{1+\dfrac{x^2}{a^2}}=\dfrac{1}{a}\arctan\dfrac{x}{a}\Big|_0^{\sqrt{3}a}=\dfrac{\pi}{3a}$;

(4) $\int_{-\frac{1}{2}}^{\frac{1}{2}}\dfrac{\mathrm{d}x}{\sqrt{1-x^2}}=\arcsin x\Big|_{-\frac{1}{2}}^{\frac{1}{2}}=\dfrac{\pi}{3}$;

(5) $\int_{-1}^{0}\frac{3x^4+3x^2+1}{x^2+1}dx=\int_{-1}^{0}3x^2dx+\int_{-1}^{0}\frac{1}{x^2+1}dx=x^3\Big|_{-1}^{0}+\arctan x\Big|_{-1}^{0}=1+\frac{\pi}{4}$;

(6) $\int_0^{\frac{\pi}{4}}\tan^2\theta d\theta=\int_0^{\frac{\pi}{4}}(\sec^2\theta-1)d\theta=\tan\theta\Big|_0^{\frac{\pi}{4}}-\theta\Big|_0^{\frac{\pi}{4}}=1-\frac{\pi}{4}$;

(7) $\int_0^{\pi}\cos^2\left(\frac{x}{2}\right)dx=\int_0^{\pi}\frac{1+\cos x}{2}dx=\frac{x+\sin x}{2}\Big|_0^{\pi}=\frac{\pi}{2}$;

(8) $\int_{-1}^{2}|2x|dx=\int_{-1}^{0}-2xdx+\int_0^2 2xdx=-x^2\Big|_{-1}^{0}+x^2\Big|_0^2=5$;

(9) $\int_0^{2\pi}|\sin x|dx=\int_0^{2\pi}\sin xdx+\int_0^{2\pi}(-\sin x)dx=-\cos x\Big|_0^{\pi}+\cos x\Big|_{\pi}^{2\pi}=4$;

(10) $\int_0^{\frac{3\pi}{4}}\sqrt{1+\cos 2x}dx=\sqrt{2}\int_0^{\frac{3\pi}{4}}\sqrt{\cos^2x}dx=\sqrt{2}\int_0^{\frac{3\pi}{4}}|\cos x|dx=2\sqrt{2}-1$;

(11) $\int_0^2 f(x)dx=\int_0^1(x+1)dx+\int_1^2\frac{x^2}{2}dx=\left(\frac{x^2}{2}+x\right)\Big|_0^1+\frac{1}{6}x^3\Big|_1^2=\frac{8}{3}$.

习题 6.4　定积分的换元积分法和分部积分法

1. 用定积分的换元法计算下列定积分.

(1) $\int_1^5\frac{\sqrt{x-1}}{x}dx$;　　(2) $\int_0^4\frac{du}{1+\sqrt{u}}$;

(3) $\int_0^1\frac{x^2}{(1+x^2)^3}dx$;　　(4) $\int_0^2\frac{dx}{\sqrt{x+1}+\sqrt{(x+1)^3}}$;

(5) $\int_{-2}^{-1}\frac{1}{x\sqrt{x^2-1}}dx$;　　(6) $\int_0^a x^2\sqrt{a^2-x^2}dx$;

(7) $\int_0^1(1+x^2)^{-\frac{3}{2}}dx$;　　(8) $\int_1^2\frac{\sqrt{x^2-1}}{x}dx$;

(9) $\int_{\frac{\pi}{6}}^{\frac{\pi}{2}}\cos^2udu$;　　(10) $\int_1^2\frac{e^{1/x}}{x^2}dx$;

(11) $\int_1^{e^2}\frac{dx}{x\sqrt{1+\ln x}}$;　　(12) $\int_{-\frac{\pi}{2}}^{\frac{\pi}{2}}\sin x\cos 2xdx$;

(13) $\int_{-\frac{\pi}{2}}^{\frac{\pi}{2}}\sqrt{\cos x-\cos^3x}dx$;　　(14) $\int_{-1}^{1}\frac{xdx}{\sqrt{5-4x}}$;

(15) $\int_{\frac{3}{4}}^{1}\frac{dx}{\sqrt{1-x}-1}$;　　(16) $\int_0^1\frac{\sqrt{x}}{2-\sqrt{x}}dx$;

(17) $\int_{\sqrt{e}}^{e}\frac{dx}{x\sqrt{\ln x(1-\ln x)}}$.

【解】　(1) 令 $y=\sqrt{x-1}$,则 $x=y^2+1,dx=2ydy$,

所以$\int_1^5 \frac{\sqrt{x-1}}{x}dx = \int_0^2 \frac{2y^2}{y^2+1}dy = \int_0^2 2dy - \int_0^2 \frac{2}{y^2+1}dy = 4 - 2\arctan 2$;

(2) 令$v=\sqrt{u}$,则$u=v^2$,$du=2vdv$,

所以$\int_0^4 \frac{du}{1+\sqrt{u}} = \int_0^2 \frac{2vdv}{1+v} = \int_0^2 2dv - 2\int_0^2 \frac{dv}{1+v} = 4-2\ln 3$;

(3) 令$x=\tan\theta$,则$dx=\sec^2\theta d\theta$.

所以

$$\int_0^1 \frac{x^2}{(1+x^2)^3}dx = \int_0^{\frac{\pi}{4}} \frac{\tan^2\theta}{(\sec^2\theta)^3}\sec^2\theta d\theta = \int_0^{\frac{\pi}{4}} \frac{\sec^2\theta-1}{\sec^4\theta}d\theta = \int_0^{\frac{\pi}{4}}\cos^2\theta d\theta - \int_0^{\frac{\pi}{4}}\cos^4\theta d\theta$$

$$= \int_0^{\frac{\pi}{4}} \frac{1+\cos 2\theta}{2}d\theta - \int_0^{\frac{\pi}{4}}\left(\frac{3}{8}+\frac{\cos 4\theta}{8}+\frac{\cos 2\theta}{2}\right)d\theta = \frac{\pi}{32};$$

(4) 令$y=\sqrt{x+1}$,则$x=y^2-1$,$dx=2ydy$,

所以$\int_0^2 \frac{dx}{\sqrt{x+1}+\sqrt{(x+1)^3}} = \int_1^{\sqrt{3}} \frac{2ydy}{y+y^3} = \int_1^{\sqrt{3}} \frac{2dy}{1+y^2} = 2\arctan y\Big|_1^{\sqrt{3}} = \frac{\pi}{6}$;

(5) 令$x=\sec\theta,\theta\in\left[\frac{2}{3}\pi,\pi\right]$,则$dx=\tan\theta\sec\theta d\theta$,

所以$\int_{-2}^{1} \frac{1}{x\sqrt{x^2-1}}dx = \int_{\frac{2}{3}\pi}^{\pi} \frac{\tan\theta\sec\theta d\theta}{\sec\theta(-\tan)\theta} = -\theta\Big|_{\frac{2}{3}\pi}^{\pi} = -\frac{\pi}{3}$;

(6) 令$x=a\sin\theta,\theta\in\left[0,\frac{\pi}{2}\right]$,则$dx=a\cos\theta d\theta$,

$$所以\int_0^a x^2\sqrt{a^2-x^2}dx = \int_0^{\frac{\pi}{2}} a^2\sin^2\theta a^2\cos^2\theta d\theta$$

$$= \frac{a^4}{4}\int_0^{\frac{\pi}{2}}\sin^2 2\theta d\theta = \frac{a^4}{4}\int_0^{\frac{\pi}{2}}\frac{1-\cos 4\theta}{2}d\theta = \frac{\pi a^4}{16};$$

(7) 令$x=\tan\theta,\theta\in\left[0,\frac{\pi}{4}\right]$,则$dx=\sec^2\theta d\theta$,

所以$\int_0^1 (1+x^2)^{-\frac{3}{2}}dx = \int_0^{\frac{\pi}{4}}\cos^3\theta\sec^2\theta d\theta = \int_0^{\frac{\pi}{4}}\cos\theta d\theta = \sin\theta\Big|_0^{\frac{\pi}{4}} = \frac{\sqrt{2}}{2}$;

(8) 令$x=\sec\theta,\theta\in\left[0,\frac{\pi}{3}\right]$,则$dx=\tan\theta\sec\theta d\theta$,

所以$\int_1^2 \frac{\sqrt{x^2-1}}{x}dx = \int_0^{\frac{\pi}{3}} \frac{\tan\theta}{\sec\theta}\tan\theta\sec\theta d\theta = \int_0^{\frac{\pi}{3}}(\sec^2\theta-1)d\theta = \sqrt{3}-\frac{\pi}{3}$;

(9) $\int_{\frac{\pi}{6}}^{\frac{\pi}{2}}\cos^2 udu = \int_{\frac{\pi}{6}}^{\frac{\pi}{2}}\frac{1+\cos 2u}{2}du = \frac{\pi}{6}-\frac{\sqrt{3}}{8}$;

(10) 令$y=\frac{1}{x}$,则$x=\frac{1}{y}$,$dx=-\frac{dy}{y^2}$,

所以$\int_1^2 \frac{e^{1/x}}{x^2}dx = \int_1^{\frac{1}{2}} \frac{e^y}{\frac{1}{y^2}}\left(-\frac{dy}{y^2}\right) = -\int_1^{\frac{1}{2}} e^y dy = e - e^{\frac{1}{2}}$;

(11) 令 $y = \sqrt{1+\ln x}$,则 $x = e^{y^2-1}$,$dx = e^{y^2-1}2ydy$,

所以$\int_1^{e^2} \frac{dx}{x\sqrt{1+\ln x}} = \int_1^{\sqrt{3}} \frac{2ye^{y^2-1}dy}{ye^{y^2-1}} = 2y\Big|_1^{\sqrt{3}} = 2(\sqrt{3}-1)$;

(12) $\int_{-\frac{\pi}{2}}^{\frac{\pi}{2}} \sin x\cos 2x dx = -\int_{-\frac{\pi}{2}}^{\frac{\pi}{2}} (2\cos^2 x - 1)d(\cos x)$

$$= -2\int_{-\frac{\pi}{2}}^{\frac{\pi}{2}} \cos^2 x d(\cos x) + \int_{-\frac{\pi}{2}}^{\frac{\pi}{2}} d(\cos x) = 0;$$

(13) $\int_{-\frac{\pi}{2}}^{\frac{\pi}{2}} \sqrt{\cos x - \cos^3 x}dx = 2\int_0^{\frac{\pi}{2}} \sqrt{\cos x - \cos^3 x}dx = 2\int_0^{\frac{\pi}{2}} \sqrt{\cos x(1-\cos^2 x)}dx$

$$= 2\int_0^{\frac{\pi}{2}} \sin x\sqrt{\cos x}dx = -2\int_0^{\frac{\pi}{2}} \sqrt{\cos x}d(\cos x) = \frac{4}{3};$$

(14) 令 $y = \sqrt{5-4x}$,则 $x = \frac{1}{4}(5-y^2)$,$dx = -\frac{y}{2}dy$,

所以$\int_{-1}^1 \frac{xdx}{\sqrt{5-4x}} = \int_3^1 \frac{(5-y^2)}{4y}\left(-\frac{y}{2}\right)dy = \frac{1}{6}$;

(15) 令 $y = \sqrt{1-x}$,则 $x = 1-y^2$,$dx = -2ydy$,

所以$\int_{\frac{3}{4}}^1 \frac{dx}{\sqrt{1-x}-1} = \int_{\frac{1}{2}}^0 \frac{-2ydy}{y-1} = 2\int_0^{\frac{1}{2}} \frac{ydy}{y-1} = 1 - 2\ln 2$;

(16) 令$\sqrt{x} = y$,则 $x = y^2$,$dx = 2ydy$,

所以$\int_0^1 \frac{\sqrt{x}}{2-\sqrt{x}}dx = \int_0^1 \frac{y}{2-y}2ydy = [-y^2 - 4y - 8\ln|2-y|]_0^1 = -5 + 8\ln 2$;

(17) 令 $\ln x = y$,则 $x = e^y$,$dx = e^y dy$,

故$\int_{\sqrt{e}}^{e} \frac{dx}{x\sqrt{\ln x(1-\ln x)}} = \int_{\frac{1}{2}}^1 \frac{e^y dy}{e^y\sqrt{y(y-1)}} = \int_{\frac{1}{2}}^1 \frac{dy}{\sqrt{y(y-1)}} = \int_{\frac{1}{2}}^1 \frac{2dy}{\sqrt{1-(2y-1)^2}}$,

再令 $2y-1 = \sin\theta$,$\theta \in \left[0,\frac{\pi}{2}\right]$,则 $dy = \frac{1}{2}\cos\theta d\theta$,

所以原积分 $= \int_0^{\frac{\pi}{2}} \frac{\cos\theta d\theta}{\cos\theta} = \frac{\pi}{2}$.

2. 用分部积分法计算下列定积分.

(1) $\int_0^1 xe^{-x}dx$;　　(2) $\int_1^e x\ln x dx$;

(3) $\int_0^1 x\arctan x dx$;　　(4) $\int_1^e \sin(\ln x)dx$;

(5) $\int_0^{\frac{\pi}{2}} x\sin 2x\mathrm{d}x$;　　(6) $\int_0^{2\pi} x\cos^2 x\mathrm{d}x$;

(7) $\int_{\frac{1}{2}}^1 \mathrm{e}^{\sqrt{2x-1}}\mathrm{d}x$;　　(8) $\int_0^{\pi} (x\sin x)^2\mathrm{d}x$;

(9) $\int_1^4 \frac{\ln x}{\sqrt{x}}\mathrm{d}x$;　　(10) $\int_{\frac{\pi}{4}}^{\frac{\pi}{3}} \frac{x}{\sin^2 x}\mathrm{d}x$;

(11) $\int_{\frac{1}{\mathrm{e}}}^{\mathrm{e}} |\ln x|\mathrm{d}x$;　　(12) $\int_0^{\sqrt{\ln 2}} x^3\mathrm{e}^{x^2}\mathrm{d}x$;

(13) $\int_0^{\frac{\pi}{4}} \frac{x\sec^2 x}{(1+\tan^2 x)^2}\mathrm{d}x$;　　(14) $\int_0^{\frac{\pi}{2}} \mathrm{e}^{2x}\cos x\mathrm{d}x$;

(15) $\int_0^2 \ln(x+\sqrt{x^2+1})\mathrm{d}x$;　　(16) $\int_0^1 \frac{\ln(1+x)}{(2-x)^2}\mathrm{d}x$.

【解】 (1) $\int_0^1 x\mathrm{e}^{-x}\mathrm{d}x = -x\mathrm{e}^{-x}\Big|_0^1 + \int_0^1 \mathrm{e}^{-x}\mathrm{d}x = -\mathrm{e}^{-1} + (-\mathrm{e}^{-x})\Big|_0^1 = 1-2\mathrm{e}^{-1}$;

(2) $\int_1^{\mathrm{e}} x\ln x\mathrm{d}x = \frac{x^2}{2}\ln x\Big|_1^{\mathrm{e}} - \int_1^{\mathrm{e}} \frac{x^2}{2}\frac{1}{x}\mathrm{d}x = \frac{\mathrm{e}^2}{2} - \frac{x^2}{4}\Big|_1^{\mathrm{e}} = \frac{\mathrm{e}^2+1}{4}$;

(3)
$$\int_0^1 x\arctan x\mathrm{d}x = \frac{x^2}{2}\arctan x\Big|_0^1 - \int_0^1 \frac{x^2}{2}\frac{1}{1+x^2}\mathrm{d}x$$
$$= \frac{x^2}{2}\arctan x\Big|_0^1 - \frac{1}{2}\int_0^1\left(1-\frac{1}{1+x^2}\right)\mathrm{d}x = \frac{\pi}{4}-\frac{1}{2};$$

(4)
$$\int_1^{\mathrm{e}} \sin(\ln x)\mathrm{d}x = x\sin(\ln x)\Big|_1^{\mathrm{e}} - \int_1^{\mathrm{e}} x\cos(\ln x)\frac{1}{x}\mathrm{d}x$$
$$= \mathrm{e}\sin 1 - \left[x\cos(\ln x)\Big|_1^{\mathrm{e}} + \int_1^{\mathrm{e}} x\sin(\ln x)\frac{1}{x}\mathrm{d}x\right]$$
$$\Rightarrow 2\int_1^{\mathrm{e}} \sin(\ln x)\mathrm{d}x = \mathrm{e}\sin 1 - \mathrm{e}\cos 1 + 1$$
$$\Rightarrow \int_1^{\mathrm{e}} \sin(\ln x)\mathrm{d}x = \frac{1}{2}(\mathrm{e}\sin 1 - \mathrm{e}\cos 1 + 1);$$

(5) $\int_0^{\frac{\pi}{2}} x\sin 2x\mathrm{d}x = -x\frac{\cos 2x}{2}\Big|_0^{\frac{\pi}{2}} + \frac{1}{2}\int_0^{\frac{\pi}{2}} \cos 2x\mathrm{d}x = \frac{\pi}{4}$;

(6)
$$\int_0^{2\pi} x\cos^2 x\mathrm{d}x = \int_0^{2\pi} x\frac{1+\cos 2x}{2}\mathrm{d}x = \int_0^{2\pi}\frac{x}{2}\mathrm{d}x + \frac{1}{2}\int_0^{2\pi} x\cos 2x\mathrm{d}x$$
$$= \frac{x^2}{4}\Big|_0^{2\pi} + \frac{1}{2}\left(\frac{x}{2}\sin 2x + \frac{1}{4}\cos 2x\right)\Big|_0^{2\pi} = \pi^2;$$

(7) 令 $y=\sqrt{2x-1}$,则 $\mathrm{d}x=\mathrm{d}y$,所以 $\int_{\frac{1}{2}}^1 \mathrm{e}^{\sqrt{2x-1}}\mathrm{d}x = \int_0^1 \mathrm{e}^y y\mathrm{d}y = (y\mathrm{e}^y - \mathrm{e}^y)\Big|_0^1 = 1$;

(8) $\int_0^{\pi} (x\sin x)^2\mathrm{d}x = \int_0^{\pi} x^2\frac{1-\cos 2x}{2}\mathrm{d}x = \int_0^{\pi}\frac{x^2}{2}\mathrm{d}x - \int_0^{\pi}\frac{x^2\cos 2x}{2}\mathrm{d}x$

$$= \frac{x^3}{6}\Big|_0^{\pi} - \frac{1}{2}\left(\frac{x^2}{2}\sin 2x + \frac{x\cos 2x}{2} - \frac{1}{4}\sin 2x\right)\Big|_0^{\pi} = \frac{\pi^3}{6} - \frac{\pi}{4};$$

(9) $\int_1^4 \frac{\ln x}{\sqrt{x}}dx = 2\sqrt{x}\ln x\Big|_1^4 - \int_1^4 \frac{2\sqrt{x}}{x}dx = 8\ln 2 - 4;$

(10) $\int_{\frac{\pi}{4}}^{\frac{\pi}{3}} \frac{x}{\sin^2 x}dx = \int_{\frac{\pi}{4}}^{\frac{\pi}{3}} x\csc^2 x dx = -x\cot x\Big|_{\frac{\pi}{4}}^{\frac{\pi}{3}} + \int_{\frac{\pi}{4}}^{\frac{\pi}{3}} \cot x dx$

$$= -x\cot x\Big|_{\frac{\pi}{4}}^{\frac{\pi}{3}} + \ln\sin x\Big|_{\frac{\pi}{4}}^{\frac{\pi}{3}} = \left(\frac{1}{4} - \frac{\sqrt{3}}{9}\right)\pi + \frac{1}{2}\ln\frac{3}{2};$$

(11) $\int_{\frac{1}{e}}^{e} |\ln x| dx = \int_{\frac{1}{e}}^{1}(-\ln x)dx + \int_1^e \ln x dx = (x - x\ln x)\Big|_{\frac{1}{e}}^{1} + (x\ln x - x)\Big|_1^e = 2 - \frac{2}{e};$

(12) $\int_0^{\sqrt{\ln 2}} x^3 e^{x^2} dx = \int_0^{\sqrt{\ln 2}} \frac{x^2}{2}de^{x^2} = \frac{x^2}{2}e^{x^2}\Big|_0^{\sqrt{\ln 2}} - \int_0^{\sqrt{\ln 2}} xe^{x^2}dx$

$$= \frac{x^2}{2}e^{x^2}\Big|_0^{\sqrt{\ln 2}} - \frac{1}{2}e^{x^2}\Big|_0^{\sqrt{\ln 2}} = \ln 2 - \frac{1}{2};$$

(13) $\int_0^{\frac{\pi}{4}} \frac{x\sec^2 x}{(1+\tan^2 x)^2}dx = \int_0^{\frac{\pi}{4}} \frac{x}{\sec^2 x}dx = \int_0^{\frac{\pi}{4}} x\cos^2 x dx$

$$= \int_0^{\frac{\pi}{4}} x\frac{1+\cos 2x}{2}dx = \frac{\pi^2}{64} + \frac{\pi}{16} - \frac{1}{8};$$

(14) $\int_0^{\pi/2} e^{2x}\cos x dx = e^{2x}\sin x\Big|_0^{\pi/2} - 2\int_0^{\pi/2} e^{2x}\sin x dx$

$$= e^{2x}\sin x\Big|_0^{\pi/2} - 2\left(-\cos x e^{2x}\Big|_0^{\pi/2} + 2\int_0^{\pi/2} e^{2x}\cos x dx\right)$$

$$= e^{\pi} - 2 - 4\int_0^{\pi/2} e^{2x}\cos x dx$$

$$\Rightarrow \int_0^{\pi/2} e^{2x}\cos x dx = \frac{1}{5}(e^{\pi} - 2);$$

(15) $\int_0^2 \ln(x + \sqrt{x^2+1})dx = x\ln(x + \sqrt{x^2+1})\Big|_0^2 - \int_0^2 \frac{x\left(1 + \frac{2x}{2\sqrt{x^2+1}}\right)}{x + \sqrt{x^2+1}}dx$

$$= x\ln(x + \sqrt{x^2+1})\Big|_0^2 - \int_0^2 \frac{x}{\sqrt{x^2+1}}dx$$

$$= 2\ln(2+\sqrt{5}) - \sqrt{5} + 1;$$

(16) $\int_0^1 \frac{\ln(1+x)}{(2-x)^2}dx = \ln(1+x)(2-x)^{-1}\Big|_0^1 - \int_0^1 \frac{1}{(2-x)(1+x)}dx$

$$= \ln(1+x)(2-x)^{-1}\Big|_0^1 - \left[-\frac{1}{3}\ln(2-x) + \frac{1}{3}\ln(1+x)\right]_0^1$$

$$= \frac{1}{3}\ln 2.$$

3. 计算下列定积分.

(1) $\int_{-\pi}^{\pi} x^4 \sin x \mathrm{d}x$；　(2) $\int_{-\frac{\pi}{2}}^{\frac{\pi}{2}} 4\cos^4 x \mathrm{d}x$；

(3) $\int_{-\frac{1}{2}}^{\frac{1}{2}} \frac{(\arcsin x)^2}{\sqrt{1-x^2}} \mathrm{d}x$；　(4) $\int_{-5}^{5} \frac{x^3 \sin^2 x \mathrm{d}x}{x^4+2x^2+1}$；

(5) $\int_{-\sqrt{3}}^{\sqrt{3}} |\arctan x| \mathrm{d}x$；　(6) $\int_{-2}^{2} \frac{x+|x|}{2+x^2} \mathrm{d}x$.

【解】　(1) 因为 $y = x^4 \sin x$ 在 $[-\pi, \pi]$ 上为奇函数，

所以 $\int_{-\pi}^{\pi} x^4 \sin x \mathrm{d}x = 0$；

(2) $\int_{-\frac{\pi}{2}}^{\frac{\pi}{2}} 4\cos^4 x \mathrm{d}x = 8\int_0^{\frac{\pi}{2}} \cos^4 x \mathrm{d}x = 8\int_0^{\frac{\pi}{2}} \left(\frac{1}{8}\cos 4x + \frac{1}{2}\cos 2x + \frac{3}{8}\right) \mathrm{d}x = \frac{3}{2}\pi$；

(3) $\int_{-\frac{1}{2}}^{\frac{1}{2}} \frac{(\arcsin x)^2}{\sqrt{1-x^2}} \mathrm{d}x = \int_{-\frac{1}{2}}^{\frac{1}{2}} (\arcsin x)^2 \mathrm{d}(\arcsin x) = \frac{1}{3}(\arcsin x)^3 \Big|_{-\frac{1}{2}}^{\frac{1}{2}} = \frac{\pi^3}{324}$；

(4) 因为 $y = \frac{x^3 \sin^2 x}{x^4+2x^2+1}$ 在 $[-5, 5]$ 上为奇函数，

所以 $\int_{-5}^{5} \frac{x^3 \sin^2 x \mathrm{d}x}{x^4+2x^2+1} = 0$；

(5) $\int_{-\sqrt{3}}^{\sqrt{3}} |\arctan x| \mathrm{d}x = 2\int_0^{\sqrt{3}} \arctan x \mathrm{d}x = 2x\arctan x \Big|_0^{\sqrt{3}} - 2\int_0^{\sqrt{3}} \frac{x}{1+x^2} \mathrm{d}x$

$$= 2x\arctan x \Big|_0^{\sqrt{3}} - \ln(1+x^2) \Big|_0^{\sqrt{3}} = \frac{2\sqrt{3}}{3}\pi - 2\ln 2;$$

(6) $\int_{-2}^{2} \frac{x+|x|}{2+x^2} \mathrm{d}x = \int_{-2}^{0} 0 \mathrm{d}x + \int_0^2 \frac{2x}{2+x^2} \mathrm{d}x = \ln(2+x^2) \Big|_0^2 = \ln 3.$

习题 6.5　广义积分

1. 求下列广义积分.

(1) $\int_1^{+\infty} \frac{1}{\sqrt{x}} \mathrm{d}x$；　(2) $\int_0^{+\infty} x e^{-x} \mathrm{d}x$；

(3) $\int_2^{+\infty} \frac{1}{x(\ln x)^k} \mathrm{d}x \quad (k > 1)$；(4) $\int_0^{+\infty} e^{-\sqrt{x}} \mathrm{d}x$；

(5) $\int_2^{+\infty} \frac{1}{x^2+x-2} \mathrm{d}x$.

【解】　(1) $\int_1^{+\infty} \frac{1}{\sqrt{x}} \mathrm{d}x = \lim\limits_{p \to +\infty} 2\sqrt{x} \Big|_1^p = +\infty$，广义积分发散；

(2) $\int_0^{+\infty} xe^{-x}dx = -xe^{-x}\Big|_0^{+\infty} + \int_0^{+\infty} e^{-x}dx = 0 + e^0 = 1$;

(3) $\int_2^{+\infty} \frac{1}{x(\ln x)^k}dx = \int_2^{+\infty} \frac{1}{(\ln x)^k}d(\ln x) = \frac{(\ln x)^{1-k}}{1-k}\Big|_2^{+\infty}$

$= \frac{(\ln 2)^{1-k}}{k-1}(k > 1)$;

(4) 令 $y = \sqrt{x}$,则 $x = y^2, dx = 2ydy$,

所以$\int_0^{+\infty} e^{-\sqrt{x}}dx = \int_0^{+\infty} 2ye^{-y}dy = -e^{-y}2y\Big|_0^{+\infty} + 2\int_0^{+\infty} e^{-y}dy = 2$;

(5) $\int_2^{+\infty} \frac{1}{x^2+x-2}dx = \int_2^{+\infty} \frac{1}{(x+2)(x-1)}dx = -\frac{1}{3}\int_2^{+\infty}\left(\frac{1}{x+2} - \frac{1}{x-1}\right)dx = \frac{2}{3}\ln 2$.

2. 判断下列广义积分的敛散性:

(1) $\int_1^{+\infty} \frac{e^x}{x}dx$;　　(2) $\int_0^{+\infty} \frac{1}{1+x^3}dx$;

(3) $\int_1^{+\infty} \frac{1}{x^3\sqrt{x^2+1}}dx$;　　(4) $\int_2^{+\infty} \frac{1-\ln x}{x^2}dx$.

【解】 (1) 当 $\lambda \leqslant 1$ 时,$x^\lambda \frac{e^x}{x} \to +\infty \quad (x \to +\infty)$,

所以,此广义积分发散;

(2) 当 $3 > \lambda > 1$ 时, $\lim\limits_{x \to +\infty} x^\lambda \frac{1}{1+x^3} = 0$,

所以广义积分收敛;

(3) 当 $\lambda = 3$ 时, $\lim\limits_{x \to +\infty} x^\lambda \frac{1}{x^3\sqrt{x^2+1}} = 0$,

所以广义积分收敛;

(4) 当 $\lambda = \frac{3}{2}$ 时, $\lim\limits_{x \to +\infty} x^\lambda \frac{1-\ln x}{x^2} = 0$,

所以广义积分收敛.

3. 计算下列广义积分.

(1) $\int_0^1 \frac{1}{\sqrt{1-x}}dx$;　　(2) $\int_{-1}^1 \frac{1}{\sqrt{1-x^2}}dx$;

(3) $\int_0^1 \ln\left(\frac{1}{1-x^2}\right)dx$;　　(4) $\int_0^1 \frac{\arcsin x}{\sqrt{1-x^2}}dx$.

【解】 (1) $\int_0^1 \frac{1}{\sqrt{1-x}}dx = -2\sqrt{1-x}\Big|_0^1 = 2$;

(2) $\int_{-1}^1 \frac{1}{\sqrt{1-x^2}}dx = \arcsin x\Big|_{-1}^1 = \pi$;

(3) $\int_0^1 \ln\left(\frac{1}{1-x^2}\right)dx = -\int_0^1 \ln(1-x^2)dx = -\int_0^1 \ln(1-x)dx - \int_0^1 \ln(1+x)dx = 2(1-\ln 2)$;

(4) $\int_0^1 \frac{\arcsin x}{\sqrt{1-x^2}}dx = \int_0^1 \arcsin x d(\arcsin x) = \frac{1}{2}(\arcsin x)^2 \Big|_0^1 = \frac{\pi^2}{8}$.

4. 讨论广义积分$\int_1^2 \frac{1}{(x-1)^\alpha}dx(\alpha > 0)$的敛散性,若收敛,试求其值.

【解】 令$x-1=t$,于是化简原积分可得$\int_0^1 \frac{1}{t^\alpha}dt$,所以当$0<\alpha<1$时,此时广义积分收敛,且收敛于$\frac{1}{1-\alpha}$;当$\alpha \geqslant 1$时,此时广义积分发散.

习题 6.6　定积分的几何应用

1. 求下列平面图形的面积.

(1) 三次抛物线$y=x^3$与直线$y=2x$所围成的平面图形;

(2) 曲线$xy=1$及直线$y=x$和$y=2$所围成的平面图形;

(3) 曲线$y=|\lg x|$与直线$x=0.1$, $x=10$和x轴所围成的平面图形;

(4) 曲线$y=\cos x$在$[0, 2\pi]$内与x轴、y轴及直线$x=2\pi$所围成的平面图形.

【解】 (1) 建立方程$\begin{cases} y=x^3, \\ y=2x, \end{cases}$

得交点$(-\sqrt{2}, -2\sqrt{2})$, $(0, 0)$, $(\sqrt{2}, 2\sqrt{2})$,

图形是点对称图形,

所以面积$S = 2\int_0^{\sqrt{2}}(2x-x^3)dx = 2\left(x^2 - \frac{x^4}{4}\right)\Big|_0^{\sqrt{2}} = 2$;

(2) 建立方程$\begin{cases} y=x, \\ xy=1, \end{cases}$,得交点$(-1, -1)$,$(1,1)$,

建立方程$\begin{cases} y=2, \\ y=x, \end{cases}$,得交点$(2,2)$,

建立方程$\begin{cases} y=2, \\ xy=1, \end{cases}$,得交点$\left(\frac{1}{2},2\right)$,

所以面积$S = \int_{\frac{1}{2}}^1\left(2-\frac{1}{x}\right)dx + \int_1^2(2-x)dx = (2x-\ln x)\Big|_{\frac{1}{2}}^1 + \left(2x-\frac{x^2}{2}\right)\Big|_1^2 = \frac{3}{2} - \ln 2$;

(3) 面积$S = \int_{0.1}^{10}|\lg x|dx = \int_{0.1}^1(-\lg x)dx + \int_1^{10}\lg x dx = \frac{1}{\ln 10}\left(-\int_{0.1}^1 \ln x dx + \int_1^{10}\ln x dx\right)$

$$= \frac{1}{\ln 10}\left[(x - x\ln x)\Big|_{0.1}^1 + (x\ln x - x)\Big|_1^{10}\right]$$

$$= \frac{1}{\ln 10}(9.9\ln 10 - 8.1) \approx 6.38;$$

(4) $S = \int_0^{2\pi} |\cos x| \mathrm{d}x = 2\int_{\frac{\pi}{2}}^{\frac{3\pi}{2}} (-\cos x)\mathrm{d}x = -2\sin x \Big|_{\frac{\pi}{2}}^{\frac{3\pi}{2}} = 4.$

2. 求下列旋转体的体积.

(1) 曲线 $y = \sqrt{x}$ 与直线 $x = 1, x = 4$ 和 x 轴所围成的平面图形分别绕 x 轴和 y 轴旋转而得的旋转体;

(2) 曲线 $y = \mathrm{e}^{-x}$ 与直线 $y = 0$ 之间位于第一象限内的平面图形绕 x 轴旋转而得的旋转体;

(3) 曲线 $y = \sin x$ 和 $y = \cos x$ 与 x 轴在区间 $\left[0, \frac{\pi}{2}\right]$ 上所围成的平面图形绕 x 轴旋转而得的旋转体;

(4) 曲线 $y = x^2$ 与 $x = y^2$ 所围成的平面图形分别绕 x 轴和 y 轴旋转而得的旋转体.

【解】 (1) 绕 x 轴旋转时,

$$V_x = \int_1^4 \pi(\sqrt{x})^2 \mathrm{d}x = \pi\frac{x^2}{2}\Big|_1^4 = \frac{15}{2}\pi,$$

绕 y 轴旋转时,由 $y = \sqrt{x}$,得 $x = y^2$,
当 $x = 1$ 时,$y = 1$;当 $x = 4$ 时,$y = 2$,

$$V_1 = \int_1^2 \pi y^2 \mathrm{d}y = \pi\frac{y^3}{3}\Big|_1^2 = \frac{7}{3}\pi, V_2 = \pi \times 4^2 \times 2 - \pi \times 1^2 \times 2 = 30\pi,$$

所以 $V_y = V_2 - V_1 = \frac{83}{3}\pi$;

(2) 绕 x 轴旋转时,

$$V_x = \int_0^{+\infty} \pi(\mathrm{e}^{-x})^2 \mathrm{d}x = \pi\frac{\mathrm{e}^{-2x}}{-2}\Big|_0^{+\infty} = \frac{\pi}{2};$$

(3) 建立方程 $\begin{cases} y = \sin x, \\ y = \cos x, \end{cases}$ 得 $x = k\pi + \frac{\pi}{4}$,在 $\left[0, \frac{\pi}{2}\right]$ 内取 $x = \frac{\pi}{4}$,

所以 $V = \int_0^{\frac{\pi}{4}} \pi\sin^2 x \mathrm{d}x + \int_{\frac{\pi}{4}}^{\frac{\pi}{2}} \pi\cos^2 x \mathrm{d}x = \pi\left(\frac{\pi}{4} - \frac{1}{2}\right)$;

(4) 建立方程 $\begin{cases} y = x^2, \\ x = y^2, \end{cases}$ 得交点$(1,1)$,于是可得

$$V_x = \int_0^1 [\pi(\sqrt{x})^2 - \pi(x^2)^2] \mathrm{d}x = \frac{2}{10}\pi,$$

$$V_y = \int_0^1 [\pi(\sqrt{y})^2 - \pi(y^2)^2] \mathrm{d}y = \frac{3}{10}\pi.$$

3. 计算底面半径为 R 的圆,而垂直于底面上一条固定直径的所有截面都是等边三角形的立体体积.

【解】 不妨设圆心在原点,固定的直径与 x 轴重合,当 x 点取定时,垂直于 x 轴的平面与立体的截面为等边三角形,其高为 $\sqrt{3}(\sqrt{R^2 - x^2})$,

所以 $$V=\int_{-R}^{R}\sqrt{3}\cdot\sqrt{R^2-x^2}\cdot 2\cdot\frac{1}{2}\cdot\sqrt{R^2-x^2}\,\mathrm{d}x=\frac{4\sqrt{3}}{3}R^3.$$

习题 6.7　定积分在经济管理方面的应用

1. 设某产品产量的变化率 $f(t)=at-b$，其中，t 为时间，a，b 为常数，试求在时间区间[2，4]内该产品的产量.

【解】　产量为 $\int_2^4 f(t)\,\mathrm{d}t=\int_2^4(at-b)\,\mathrm{d}t=\left(\frac{at^2}{2}-bt\right)\Big|_2^4=6a-2b.$

2. 已知某产品总产量的变化率是时间 t(年) 的函数, $f(t)=2t+6\geqslant 0$. 求第一个五年和第二个五年的总产量各为多少?

【解】　第一个五年为

$$\int_0^5 f(t)\,\mathrm{d}t=\int_0^5(2t+6)\,\mathrm{d}t=(t^2+6t)\Big|_0^5=55,$$

第二个五年为

$$\int_5^{10} f(t)\,\mathrm{d}t=\int_5^{10}(2t+6)\,\mathrm{d}t=(t^2+6t)\Big|_5^{10}=105.$$

3. 已知某产品生产 Q 个单位时,边际收益为

$$R_M(Q)=200-\frac{Q}{100}\quad(Q\geqslant 0).$$

(1) 求生产了 50 个单位时的总收益 R_T;

(2) 如果已经生产了 50 个单位,求如果再生产 50 个单位总收益将是多少?

【解】　(1) $R_T=\int_0^{50}R_M(Q)\,\mathrm{d}Q=\int_0^{50}\left(200-\frac{Q}{100}\right)\mathrm{d}Q=\left(200Q-\frac{Q^2}{200}\right)_0^{50}=9987.5,$

(2) $R_T=\int_{50}^{100}R_M(Q)\,\mathrm{d}Q=\int_{50}^{100}\left(200-\frac{Q}{100}\right)\mathrm{d}Q=\left(200Q-\frac{Q^2}{200}\right)_{50}^{100}=9962.5;$

4. 设某商店售出 x 台录像机时的边际利润(百元/台)为

$$L'(x)=12.5-\frac{x}{80}\quad(x\geqslant 0),$$

且已知 $L(0)=0$,试求:

(1) 售出 40 台时的总利润 L;

(2) 售出 60 台时,前 30 台的平均利润和后 30 台的平均利润.

【解】　(1) $L=\int_0^{40}L'(x)\,\mathrm{d}x=\int_0^{40}\left(12.5-\frac{x}{80}\right)\mathrm{d}x=12.5x-\frac{x^2}{160}\Big|_0^{40}=490$(百元),

(2) $\overline{L}_1=\dfrac{\int_0^{30}L'(x)\,\mathrm{d}x}{30}=12.31$(百元/台); $\overline{L}_2=\dfrac{\int_{30}^{60}L'(x)\,\mathrm{d}x}{30}=11.94$(百元/台).

5. 某工厂生产某产品 Q 百台时的总成本 $C_T(Q)$(单位：万元)的边际成本为 $C_M(Q)=2$

(单位：万元/百台，设固定成本为零)，总收入(单位：万元)的边际收入为 $R_M(Q)=7-2Q$(单位：万元/百台)，求：

(1) 生产量 Q 为多少时总利润为最大？

(2) 在利润最大的生产量基础上又生产了 50 台，则总利润减少了多少？

【解】 (1) $C_T(Q)=\int_0^Q C_M(Q)\mathrm{d}Q=2Q$,

$$R_T(Q)=\int_0^Q R_M(Q)\mathrm{d}Q=\int_0^Q(7-2Q)\mathrm{d}Q=7Q-Q^2,$$

令总利润为 $\quad I(Q)=R_T(Q)-C_T(Q)=5Q-Q^2$，$I'(Q)=5-2Q$,

令 $I'(Q)=0$，得 $Q=2.5$(百台)，则 $I(2.5)=6.25$(万元)；

(2) $I(3)=6$，所以 $I(2.5)-I(3)=0.25$(万元).

6. 设某商品的需求函数是 $D=\dfrac{1}{5}(28-P)$，其中，D 是需求量，P 是价格，总成本函数是 $C_T(D)=D^2+4D$，且设产量即为销量，问生产多少单位的产品时利润最大？

【解】 生产 D 单位的产品时利润函数为

$$L(D)=P\cdot D-C_T(D)=(28-5D)D-(D^2+4D)=24D-6D^2,$$

$L'(D)=24-12D$，令 $L'(D)=0$，得 $D=2$,

所以 $\underset{\max}{L}(D)=24\times2-6\times4=24$.

三、自测题 AB 卷与答案

自测题 A

1. 选择题：

(1) 下列等式正确的是

(A) $\dfrac{\mathrm{d}}{\mathrm{d}x}\int_a^b f(x)\mathrm{d}x=f(x)$；　　(B) $\dfrac{\mathrm{d}}{\mathrm{d}x}\int f(x)\mathrm{d}x=f(x)+C$；

(C) $\dfrac{\mathrm{d}}{\mathrm{d}x}\int_a^x f(x)\mathrm{d}x=f(x)$；　　(D) $\dfrac{\mathrm{d}}{\mathrm{d}x}\int f'(x)\mathrm{d}x=f(x)$.　　[　　]

(2) $\int_0^1 f'(2x)\mathrm{d}x=$

(A) $2[f(2)-f(0)]$；　　(B) $2[f(1)-f(0)]$；

(C) $\dfrac{1}{2}[f(2)-f(0)]$；　　(D) $\dfrac{1}{2}[f(1)-f(0)]$.　　[　　]

(3) 下列定积分的值为负的是

(A) $\int_0^{\frac{\pi}{2}}\sin x\mathrm{d}x$；　　(B) $\int_{-\frac{\pi}{2}}^0\cos x\mathrm{d}x$；

(C) $\int_{-3}^{-2} x^3 dx$;　　(D) $\int_{-5}^{-2} x^2 dx$.　　[　　]

(4) 设函数 $f(x)$ 是区间 $[a,b]$ 上的连续函数,则下列论断不正确的是

(A) $\int_a^b f(x)dx$ 是 $f(x)$ 的一个原函数;

(B) $\int_a^x f(t)dt$ 在 (a,b) 内是 $f(x)$ 的一个原函数;

(C) $\int_x^b f(t)dt$ 在 (a,b) 内是 $-f(x)$ 的一个原函数;

(D) $f(x)$ 在 $[a,b]$ 上可积.　　[　　]

(5) 下列广义积分发散的是

(A) $\int_1^{+\infty} \frac{1}{x^2}dx$;　　(B) $\int_1^{+\infty} \frac{1}{x\ln^2 x}dx$;

(C) $\int_{+\infty}^0 e^x dx$;　　(D) $\int_{+\infty}^0 e^{-x} dx$.　　[　　]

2. 填空题:

(1) $\frac{d}{dx}\int_0^x \ln(1+\sin t)dt =$ ________.

(2) 设 $f(x)=\begin{cases} x, x\geqslant 0, \\ 1, x<0, \end{cases}$ 则 $\int_{-1}^2 f(x)dx =$ ________.

(3) $\int_{-\frac{\pi}{2}}^{\frac{\pi}{2}} \cos^3 x dx =$ ________.

(4) 两曲线 $y=x^2$ 与 $y=Cx^3$ $(C>0)$ 围成的图形面积为 $\frac{2}{3}$,则 $C=$ ________.

(5) 曲线 $y=x^2$ 与 $x=y^2$ 所围平面图形绕 x 轴旋转所得旋转体的体积为________.

3. 求极限 $\lim\limits_{x\to 0}\frac{\int_0^x \ln(1+t)dt}{x^2}$.

4. 计算下列定积分:

(1) $\int_0^{\frac{1}{2}} \frac{1+x}{\sqrt{1-x^2}}dx$;　　(2) $\int_1^{e^2} \frac{dx}{x\sqrt{1+\ln x}}$;

(3) $\int_1^3 \arctan\sqrt{x}dx$;　　(4) $\int_{\frac{1}{2}}^1 e^{\sqrt{2x-1}}dx$;

(5) $\int_{-\infty}^{+\infty} \frac{2xdx}{1+x^2}$;　　(6) $\int_0^{+\infty} x^2 e^{-x}dx$.

5. 计算 $\int_{-2}^2 f(x)dx$,其中,$f(x)=\begin{cases} 1, & |x|\leqslant 1, \\ x^2, & |x|>1. \end{cases}$

6. 求由曲线 $y=x^2$ 与直线 $y=x, y=2x$ 所围成的图形的面积.

7. 求由曲线 $y=x^2+1, y=x+1$ 所围成的图形分别绕 x 轴、y 轴旋转所得旋转体的体积.

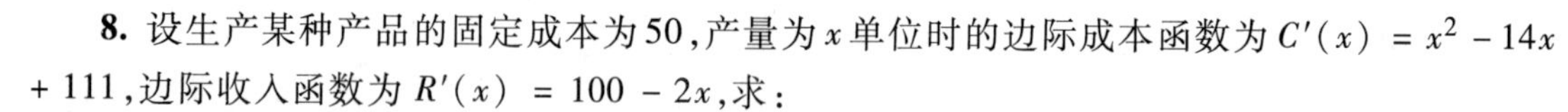

8. 设生产某种产品的固定成本为50,产量为x单位时的边际成本函数为$C'(x)=x^2-14x+111$,边际收入函数为$R'(x)=100-2x$,求:

(1) 总利润函数;

(2) 产量为多少时,总利润最大?

自测题 B

1. 选择题:

(1) 函数$f(x)$在区间$[a,b]$上连续,则$\left(\int_x^b f(t)\,dt\right)'=$

(A) $f(x)$;　　(B) $-f(x)$;

(C) $f(b)-f(x)$;　　(D) $f(b)+f(x)$.　　[　　]

(2) 设$y=\int_0^x (t-1)(t-2)\,dt$,则$y'(0)=$

(A) -2;　　(B) -1;　　C. 1;　　D. 2　　[　　]

(3) 设$f(x)$在区间$[a,b]$上连续,则下列各式中不成立的是

(A) $\int_a^b f(x)\,dx=\int_a^b f(t)\,dt$;　　(B) $\int_a^b f(x)\,dx=-\int_b^a f(x)\,dx$;

(C) $\int_a^a f(x)\,dx=0$;　　(D) 若$\int_a^b f(x)\,dx=0$,则$f(x)=0$.　　[　　]

(4) $\int_{-a}^{a} x[f(x)+f(-x)]\,dx=$

(A) $4\int_0^a f(x)\,dx$;　　(B) $2\int_0^a x[f(x)+f(-x)]\,dx$;

(C) 0;　　(D) 以上都不正确.　　[　　]

(5) 下列广义积分收敛的是

(A) $\int_0^{+\infty} e^x\,dx$;　　(B) $\int_e^{+\infty}\frac{1}{x\ln x}\,dx$;

(C) $\int_1^{+\infty}\frac{1}{\sqrt{x}}\,dx$;　　(D) $\int_1^{+\infty} x^{-\frac{3}{2}}\,dx$.

2. 填空题:

(1) 已知函数$y=\int_0^x te^t\,dt$,则$y''(0)=$________.

(2) $\lim\limits_{x\to 0}\frac{\int_0^x \sin t\,dt}{x^2}=$________.

(3) 曲线$y=\frac{1}{x}$与直线$y=x,x=2$围成的图形的面积为________.

(4) 曲线$y=\sqrt{x}$与直线$x=1,x=4$和x轴所围成的图形绕x轴旋转所得旋转体的体积为________.

(5) 若$\int_0^{+\infty} e^{-kx}dx = 2$,则 $k =$ ________.

3. 求极限$\lim\limits_{x\to\frac{\pi}{2}} \dfrac{\int_{-\frac{\pi}{2}}^{x}\sin^2 t\mathrm{d}t}{x-\frac{\pi}{2}}$.

4. 计算下列定积分.

(1) $\int_0^1 \dfrac{dx}{1+e^x}$;　　(2) $\int_4^7 \dfrac{x}{\sqrt{x-3}}dx$;

(3) $\int_0^2 \sqrt{4-x^2}dx$;　　(4) $\int_{-\pi}^{\pi} x^2\cos 2x dx$;

(5) $\int_0^{+\infty} e^{-\sqrt{x}}dx$;　　(6) $\int_1^{+\infty} \dfrac{dx}{x(1+\ln^2 x)}$.

5. 计算$\int_0^2 f(x-1)dx$,其中,$f(x) = \begin{cases} \dfrac{1}{1+x}, & x\geqslant 0, \\ 1+e^x, & x<0. \end{cases}$

6. 求由曲线 $y = \sqrt{1-x}$ 与 x 轴、y 轴所围成的图形的面积.

7. 求由 $y = \ln x, y = 0, x = e$ 所围成的图形分别绕 x 轴、y 轴旋转所得旋转体的体积.

8. 某产品在产量为 x(百台)时的边际成本 $C'(x) = 2 + 0.4x$(万元/百台),固定成本为3万元,若该产品的售价 $P = 10 - \dfrac{x}{5}$,且产品可以全部售出,求:

(1) 总成本函数;

(2) 产量为多少时,总利润最大?最大利润为多少?

自测题 A 答案

1.【解】(1) 应选(C)

由常数的导数等于0知A、B错;D中$\int f'(x)dx = f(x) + C$,$\dfrac{d}{dx}\int f'(x)dx = f'(x)$,所以D不对;C中令 $F(x) = \int_a^x f(x)dx$,由原函数定义知$\dfrac{d}{dx}F(x) = \dfrac{d}{dx}\int_a^x f(x)dx = f(x)$.

(2) 应选(C)

因为$\int_0^1 f'(2x)dx = \dfrac{1}{2}\int_0^1 f'(2x)d(2x) = \dfrac{1}{2}f(2x)\Big|_0^1 = \dfrac{1}{2}[f(2)-f(0)]$,故选C.

(3) 应选(C)

A中 $\sin x$ 在$\left[0,\dfrac{\pi}{2}\right]$上为非负数,所以积分值非负;B中 $\cos x$ 在$\left[-\dfrac{\pi}{2},0\right]$上为非负数,所以积分值非负;C中 x^3 在$[-3,-2]$上为负数,所以积分值为负;D中 x^2 在$[-5,-2]$上为非负数,所以积分值为非负.

(4) 应选(A)

选项 A 中,$\left[\int_a^b f(x)\,dx\right]'=0$,所以 A 是错误的,其余选项为正确的命题.

(5) 应选(BC)

A 中$\int_1^{+\infty}\frac{1}{x^2}dx=-\frac{1}{x}\bigg|_1^{+\infty}=1$,广义积分收敛;

B 中$\int_1^{+\infty}\frac{1}{x\ln^2x}dx=\int_1^{+\infty}\frac{1}{\ln^2x}d\ln x=-(\ln x)^{-1}\bigg|_1^{+\infty}=+\infty$,广义积分发散;

C 中$\int_{+\infty}^0 e^x dx=e^x\bigg|_{+\infty}^0=-\infty$,广义积分发散;

D 中$\int_{+\infty}^0 e^{-x}dx=-e^{-x}\bigg|_{+\infty}^0=-1$,广义积分收敛.

2.【解】 (1) 应填 $\ln(1+\sin x)$

$$\frac{d}{dx}\int_0^x\ln(1+\sin t)\,dt=\ln(1+\sin x);$$

(2) 应填 3

$$\int_{-1}^2 f(x)\,dx=\int_{-1}^0 dx+\int_0^2 x\,dx=1+2=3;$$

(3) 应填$\frac{4}{3}$

$$\int_{-\frac{\pi}{2}}^{\frac{\pi}{2}}\cos^3x\,dx=\int_{-\frac{\pi}{2}}^{\frac{\pi}{2}}(1-\sin^2x)\cos x\,dx=\frac{4}{3};$$

(4) 应填$\frac{1}{2}$

建立方程$\begin{cases}y=x^2,\\y=Cx^3,\end{cases}$得交点$(0,0)$,$\left(\frac{1}{C},\frac{1}{C^2}\right)$,从而

$$\int_0^{\frac{1}{C}}(x^2-Cx^3)\,dx=\left(\frac{x^3}{3}-\frac{Cx^4}{4}\right)\bigg|_0^{\frac{1}{C}}=\frac{1}{12C^3}=\frac{2}{3},\text{所以 }C=\frac{1}{2};$$

(5) 应填$\frac{3\pi}{10}$

建立方程$\begin{cases}y=x^2,\\y=\sqrt{x},\end{cases}$得交点$(0,0)$,$(1,1)$ 所以

$$V=\int_0^1\pi(\sqrt{x})^2dx-\int_0^1\pi(x^2)^2dx=\pi\frac{x^2}{2}\bigg|_0^1-\pi\frac{x^5}{5}\bigg|_0^1=\frac{3\pi}{10}.$$

3.【解】 $$\lim_{x\to0}\frac{\int_0^x\ln(1+t)\,dt}{x^2}=\lim_{x\to0}\frac{\ln(1+x)}{2x}=\frac{1}{2}\lim_{x\to0}\frac{1}{1+x}=\frac{1}{2}.$$

4.【解】 (1) $$\int_0^{\frac{1}{2}}\frac{1+x}{\sqrt{1-x^2}}dx=\int_0^{\frac{1}{2}}\frac{1}{\sqrt{1-x^2}}dx+\int_0^{\frac{1}{2}}\frac{x}{\sqrt{1-x^2}}dx$$

$$=\arcsin x\bigg|_0^{\frac{1}{2}}-\frac{1}{2}\int_0^{\frac{1}{2}}\frac{1}{\sqrt{1-x^2}}d(1-x^2)$$

$$= \frac{\pi}{6} - \sqrt{1-x^2}\Big|_0^{\frac{1}{2}} = \frac{\pi}{6} - \frac{\sqrt{3}}{2} + 1;$$

(2) $\int_1^{e^2} \frac{dx}{x\sqrt{1+\ln x}} = \int_1^{e^2} \frac{d(1+\ln x)}{\sqrt{1+\ln x}} = 2\sqrt{1+\ln x}\Big|_1^{e^2} = 2(\sqrt{3}-1)$;

(3) 令$\sqrt{x} = y$,有 $dx = 2ydy$,又

$$\int y\arctan y dy = \frac{y^2}{2}\arctan y - \int \frac{y^2}{2} \cdot \frac{1}{1+y^2}dy = \frac{y^2}{2}\arctan y - \frac{y}{2} + \frac{1}{2}\arctan y,$$

所以$\int_1^3 \arctan\sqrt{x}dx = \int_1^{\sqrt{3}} 2y\arctan y dy = (y^2\arctan y - y + \arctan y)\Big|_1^{\sqrt{3}} = \frac{5}{6}\pi - \sqrt{3} + 1$;

(4) 令 $\sqrt{2x-1} = y$,则 $dx = ydy$,

所以$\int_{\frac{1}{2}}^1 e^{\sqrt{2x-1}}dx = \int_0^1 ye^y dy = ye^y\Big|_0^1 - \int_0^1 e^y dy = 1$;

(5) 因为$\int_{-\infty}^{+\infty} \frac{2xdx}{1+x^2} = \int_{-\infty}^0 \frac{2xdx}{1+x^2} + \int_0^{+\infty} \frac{2xdx}{1+x^2} = I_1 + I_2$,其中

$$I_1 = \int_{-\infty}^0 \frac{2xdx}{1+x^2} = \ln(1+x^2)\Big|_{-\infty}^0 = -\lim_{x\to-\infty}\ln(1+x^2) = -\infty,$$

即 I_1 为发散的,同理可得 I_2 为发散的,所以该积分发散.

(6) $\int_0^{+\infty} x^2e^{-x}dx = -e^{-x}x^2\Big|_0^{+\infty} + \int_0^{+\infty} 2xe^{-x}dx$

$$= -2xe^{-x}\Big|_0^{+\infty} + 2\int_0^{+\infty} e^{-x}dx = 2(-e^{-x})\Big|_0^{+\infty} = 2.$$

5.【解】 $\int_{-2}^2 f(x)dx = \int_{-2}^{-1} x^2dx + \int_{-1}^1 dx + \int_1^2 x^2dx = \frac{20}{3}.$

6.【解】 建立方程$\begin{cases} y = x^2, \\ y = x, \end{cases}$得交点(0,0),(1,1) 建立方程$\begin{cases} y = x^2, \\ y = 2x, \end{cases}$得交点(0,0),(2,4)从而 $S = \int_0^1 (2x-x)dx + \int_1^2 (2x-x^2)dx = \frac{7}{6}.$

7.【解】 建立方程$\begin{cases} y = x^2+1, \\ y = x+1, \end{cases}$得交点(0,1),(1,2),所以

$$V_x = \int_0^1 \pi(x+1)^2dx - \int_0^1 \pi(x^2+1)^2dx = \frac{7}{15}\pi,$$

$$V_y = \int_1^2 \pi(\sqrt{y-1})^2dy - \int_1^2 \pi(y-1)^2dy = \frac{1}{6}\pi.$$

8.【解】 (1)$L(S) = \int_0^s R'(x)dx - \int_0^s C'(x)dx - 50$

$$= \int_0^s (100-2x)dx - \int_0^s (x^2-14x+111)dx - 50$$

$$= 6s^2 - \frac{s^3}{3} - 11s - 50;$$

(2) $L'(s) = 12s - s^2 - 1$,令 $L'(S) = 0$,得 $s = 6 \pm \sqrt{35}$,

而 $L''(s) = -2s + 12$,$L''(6-\sqrt{35}) > 0$,$L''(6+\sqrt{35}) < 0$,

所以当产量为 $6+\sqrt{35}$单位时，总利润最大.

自测题 B 答案

1.【解】 (1) 应选(B)

$$\left(\int_x^b f(t)\mathrm{d}t\right)' = \left(\int_b^x -f(t)\mathrm{d}t\right)' = -f(x).$$

(2) 应选(D)

$$y'(x) = (x-1)(x-2), y'(0) = 2.$$

(3) 应选(D)

A、B、C 显然成立. D 中若 $a = -b$,$f(x)$ 为$[a,b]$上的任一奇函数,则都有$\int_a^b f(x)\mathrm{d}x = 0$,但 $f(x) \equiv 0$ 不成立.

(4) 应选(C)

令 $F(x) = x[f(x) + f(-x)]$,$F(-x) = -x[f(-x) + f(-(-x))] = -F(x)$,

所以 $F(x)$ 为$[-a,a]$上的奇函数,$\int_{-a}^a x[f(x) + f(-x)]\mathrm{d}x = 0$.

(5) 应选(D)

A、B、C 皆发散,D 中 $\lim\limits_{x\to+\infty} x^{-\frac{3}{2}}x^{\frac{3}{2}} = 1$,所以广义积分收敛.

2.【解】 (1) 应填 1

因为 $y' = xe^x$,$y'' = xe^x + e^x$,所以 $y''(0) = 1$.

(2) 应填$\frac{1}{2}$

$$\lim_{x\to0}\frac{\int_0^x \sin t\mathrm{d}t}{x^2} = \lim_{x\to0}\frac{\sin x}{2x} = \frac{1}{2}.$$

(3) 应填$\frac{3}{2} - \ln2$

建立方程$\begin{cases} y = \frac{1}{x}, \\ y = x, \end{cases}$得交点(1,1),(-1,-1)(去掉第三象限交点),于是

$$S = \int_1^2\left(x - \frac{1}{x}\right)\mathrm{d}x = \frac{3}{2} - \ln2.$$

(4) 应填$\frac{15\pi}{2}$

$$V_x = \int_1^4 \pi(\sqrt{x})^2\mathrm{d}x = \frac{15\pi}{2}.$$

（5）应填$\frac{1}{2}$

由于$\int_0^{+\infty} e^{-kx}dx = -\frac{1}{k}e^{-kx}\Big|_0^{+\infty} = \frac{1}{k} = 2$，所以$k = \frac{1}{2}$.

3.【解】　令$y = x - \frac{\pi}{2}$，则当$x \to \frac{\pi}{2}$时，$y \to 0$，故在

$\int_{-\frac{\pi}{2}}^{x}\sin^2 t dt$中换元，令$s = t - \frac{\pi}{2}$，则$\int_{-\frac{\pi}{2}}^{x}\sin^2 t dt = \int_0^{x-\frac{\pi}{2}}\sin^2\left(s + \frac{\pi}{2}\right)ds$，

所以$\lim\limits_{x\to\frac{\pi}{2}}\dfrac{\int_{-\frac{\pi}{2}}^{x}\sin^2 t dt}{x - \frac{\pi}{2}} = \lim\limits_{y\to 0}\dfrac{\int_0^{y}\sin^2\left(\frac{\pi}{2} + s\right)ds}{y} = \lim\limits_{y\to 0}\dfrac{\sin^2\left(\frac{\pi}{2} + y\right)}{1} = 1.$

4.【解】　（1）$\int_0^1\frac{dx}{1 + e^x} = \int_0^1 1dx - \int_0^1\frac{e^x}{1 + e^x}dx = 1 - \ln(1 + e^x)\Big|_0^1 = 1 - \ln(1 + e) + \ln 2$；

（2）$\int_4^7\frac{x}{\sqrt{x - 3}}dx = \int_4^7\frac{x - 3 + 3}{\sqrt{x - 3}}dx = \int_4^7\sqrt{x - 3}dx + \int_4^7\frac{3}{\sqrt{x - 3}}dx = \frac{32}{3}$；

（3）令$x = 2\sin\theta$，则$\theta \in \left[0, \frac{\pi}{2}\right]$，有

$$\begin{aligned}\int_0^2\sqrt{4 - x^2}dx &= \int_0^{\frac{\pi}{2}}\sqrt{4 - 4\sin^2\theta}\cdot 2\cos\theta d\theta \\ &= \int_0^{\frac{\pi}{2}}4\cos^2\theta d\theta = 2\int_0^{\frac{\pi}{2}}(1 + \cos 2\theta)d\theta = \pi;\end{aligned}$$

（4）$$\begin{aligned}\int_{-\pi}^{\pi}x^2\cos 2x dx &= \frac{x^2}{2}\sin 2x\Big|_{-\pi}^{\pi} - \int_{-\pi}^{\pi}x\sin 2x dx \\ &= \frac{x^2}{2}\sin 2x\Big|_{-\pi}^{\pi} - \left(-\frac{x}{2}\cos 2x\Big|_{-\pi}^{\pi} + \int_{-\pi}^{\pi}\frac{1}{2}\cos 2x dx\right) = \pi;\end{aligned}$$

（5）令$\sqrt{x} = y$，则$dx = 2ydy$，所以

$$\int_0^{+\infty}e^{-\sqrt{x}}dx = 2\int_0^{+\infty}ye^{-y}dy = 2\left(-ye^{-y}\Big|_0^{+\infty} + \int_0^{+\infty}e^{-y}dy\right) = 2;$$

（6）令$\ln x = y$，则$e^y = x$，$dx = e^y dy$，所以

$$\int_1^{+\infty}\frac{dx}{x(1 + \ln^2 x)} = \int_0^{+\infty}\frac{e^y dy}{e^y(1 + y^2)} = \int_0^{+\infty}\frac{dy}{1 + y^2} = \frac{\pi}{2}.$$

5.【解】　$\int_0^2 f(x - 1)dx = \int_0^1 f(x - 1)dx + \int_1^2 f(x - 1)dx = \int_0^1(1 + e^{x-1})dx + \int_1^2\frac{1}{x}dx$

$$= x + e^{x-1}\Big|_0^1 + \ln x\Big|_1^2 = 2 + \ln 2 - \frac{1}{e}.$$

6.【解】　令$x = 0$得$y = 1$，令$y = 0$得$x = 1$，所以，

$$S=\int_0^1\sqrt{1-x}\mathrm{d}x=-\frac{2}{3}(1-x)^{\frac{3}{2}}\Big|_0^1=\frac{2}{3}.$$

7.【解】 由 $y=\ln x$ 知 $x=\mathrm{e}^y$,

$$V_x=\int_1^{\mathrm{e}}\pi(\ln x)^2\mathrm{d}x=\pi(x\ln^2x-2x\ln x+2x)\Big|_1^{\mathrm{e}}=\pi(\mathrm{e}-2),$$

$$V_y=\int_0^1\pi\mathrm{e}^2\mathrm{d}y-\int_0^1\pi\mathrm{e}^{2y}\mathrm{d}y=\frac{\pi\mathrm{e}^2}{2}+\frac{\pi}{2}.$$

8.【解】 (1) 总成本函数为 $D(x)=2x+0.2x^2+3$;

(2) 总利润函数为 $L(x)=P(x)\cdot x-D(x)=\left(10-\frac{x}{5}\right)x-(2x+0.2x^2+3)=8x-\frac{2}{5}x^2+3$, $L'(x)=8-\frac{4}{5}x$, 令 $L'(x)=0$, 得 $x=10$(百台), 所以 $L_{\max}(x)=L(10)=43$(万元).

四、本章典型例题分析

(一) 定积分的基本概念与性质

1. 求解和式极限

直接将和式极限化为定积分的形式，利用定积分来求解；利用放缩法将和式极限夹逼于两个其他和式之间，利用定积分来求解两端的和式极限，再由夹逼法可得.

例 1 求 $\lim\limits_{n\to\infty}\left(\frac{n}{n^2+1}+\frac{n}{n^2+4}+\cdots+\frac{n}{n^2+n^2}\right)$.

【分析】 将欲求极限转化为定积分的极限形式.

【详解】 化为定积分计算，有

$$\text{原式}=\lim_{n\to\infty}\left[\frac{1}{1+\left(\frac{1}{n}\right)^2}+\frac{1}{1+\left(\frac{2}{n}\right)^2}+\cdots+\frac{1}{1+\left(\frac{n}{n}\right)^2}\right]\cdot\frac{1}{n}$$

$$=\int_0^1\frac{1}{1+x^2}\mathrm{d}x=\arctan x\Big|_0^1=\frac{\pi}{4}.$$

例 2 已知 $f(x)=a^{x^3}$, 求 $\lim\limits_{n\to\infty}\frac{1}{n^4}\ln(f(1)f(2)\cdots f(n))$.

【分析】 将对数乘积转化为和式形式,然后利用定积分的定义求解.

【详解】 化为定积分求极限,则

$$\text{原式}=\lim_{n\to\infty}\ln a\cdot\sum_{i=1}^n\left(\frac{i}{n}\right)^3\cdot\frac{1}{n}=\ln a\cdot\int_0^1x^3\mathrm{d}x$$

$$=\ln a\cdot\frac{1}{4}x^4\Big|_0^1=\frac{1}{4}\ln a.$$

例 3　求 $\lim\limits_{n\to\infty}\left(\dfrac{2^{\frac{1}{n}}}{n+1}+\dfrac{2^{\frac{2}{n}}}{n+\frac{1}{2}}+\cdots+\dfrac{2^{\frac{n}{n}}}{n+\frac{1}{n}}\right)$.

【分析】　利用放缩法和定积分的定义求解极限,再利用夹逼原理求解极限.

【详解】　记 $x_n=\dfrac{2^{\frac{1}{n}}}{n+1}+\dfrac{2^{\frac{2}{n}}}{n+\frac{1}{2}}+\cdots+\dfrac{2^{\frac{n}{n}}}{n+\frac{1}{n}}$,利用放缩法可得

$$\frac{2^{\frac{1}{n}}}{n+1}+\frac{2^{\frac{2}{n}}}{n+1}+\cdots+\frac{2^{\frac{n}{n}}}{n+1}\leqslant x_n\leqslant\frac{2^{\frac{1}{n}}}{n}+\frac{2^{\frac{2}{n}}}{n}+\cdots+\frac{2^{\frac{n}{n}}}{n}$$

不等式左边

$$\frac{2^{\frac{1}{n}}}{n+1}+\frac{2^{\frac{2}{n}}}{n+1}+\cdots+\frac{2^{\frac{n}{n}}}{n+1}=\frac{n}{n+1}\cdot\frac{1}{n}\sum_{k=1}^{n}2^{\frac{k}{n}}.$$

当 $n\to\infty$ 时,

$$\lim_{n\to\infty}\left(\frac{2^{\frac{1}{n}}}{n+1}+\frac{2^{\frac{2}{n}}}{n+1}+\cdots+\frac{2^{\frac{n}{n}}}{n+1}\right)=\lim_{n\to\infty}\frac{n}{n+1}\cdot\frac{1}{n}\sum_{k=1}^{n}2^{\frac{k}{n}}$$

$$=\int_0^1 2^x\mathrm{d}x=\frac{1}{\ln 2}\cdot 2^x\Big|_0^1=\frac{1}{\ln 2}.$$

不等式右边,当 $n\to\infty$ 时,

$$\lim_{n\to\infty}\left(\frac{2^{\frac{1}{n}}}{n}+\frac{2^{\frac{2}{n}}}{n}+\cdots+\frac{2^{\frac{n}{n}}}{n}\right)=\int_0^1 2^x\mathrm{d}x=\frac{1}{\ln 2}.$$

所以 $\lim\limits_{n\to\infty}x_n=\dfrac{1}{\ln 2}$.

例 4　$f(x)=\begin{cases}\lim\limits_{n\to\infty}\left(1+\dfrac{2nx+x^2}{2n^2}\right)^{-n}, & x\neq 0,\\ \lim\limits_{n\to\infty}2\left[\dfrac{n}{(n+1)^2}+\dfrac{n}{(n+2)^2}+\cdots+\dfrac{n}{(n+n)^2}\right], & x=0,\end{cases}$

则 $f'(0)=$ ________.

【分析】　将上述分段函数的极限形式表示出来,再利用导数的定义求解.

【详解】　应填 -1

当 $x=0$ 时,

$$f(0)=\lim_{n\to\infty}2\left[\frac{n}{(n+1)^2}+\frac{n}{(n+2)^2}+\cdots+\frac{n}{(n+n)^2}\right]$$

$$=\lim_{n\to\infty}2\cdot\frac{n}{n}\cdot\left[\frac{1}{\left(1+\frac{1}{n}\right)^2}+\frac{1}{\left(1+\frac{2}{n}\right)^2}+\cdots+\frac{1}{\left(1+\frac{n}{n}\right)^2}\right]$$

$$=2\int_0^1\frac{1}{(1+x)^2}\mathrm{d}x=-\frac{2}{1+x}\Big|_0^1=1.$$

当 $x \neq 0$ 时,

$$f(x) = \lim_{n\to\infty}\left(1+\frac{2nx+x^2}{2n^2}\right)^{-n} = e^{\lim\limits_{n\to\infty}\frac{2nx+x^2}{2n^2}(-n)} = e^{-x}.$$

所以函数为 $f(x) = \begin{cases} e^{-x}, x \neq 0, \\ 1, \quad x = 0. \end{cases}$

由导数的定义可得

$$f'(0) = \lim_{n\to 0}\frac{f(x)-f(0)}{x} = \lim_{x\to 0}\frac{e^{-x}-1}{x} = -1.$$

【典型错误】 对 $\left(1+\frac{2nx+x^2}{2n^2}\right)^{-n}$ 中的变量 x 求导,这样的做法肯定是错误的.

【注】 极限是函数的一种重要的表示形式,解决该类问题的方法是将函数显化,先将极限化简,然后再根据题目要求解决相关的问题.

2. 利用关于定积分表达式计算定积分或是考查定积分的几何意义

例 5 $\int_0^1 \sqrt{2x-x^2}\mathrm{d}x =$ ________.

【分析】 利用导数的几何意义求解.

【详解】 应填$\frac{\pi}{4}$

被积函数 $f(x) = \sqrt{2x-x^2}$,将此积分看成被积函数 $y = \sqrt{2x-x^2}$ 在区间[0,1]上与 x 轴所围成的面积,$y = \sqrt{2x-x^2}$ 是以(1,0)为圆心,1为半径的圆,即原积分为圆面积的$\frac{1}{4}$,所以 $\int_0^1 \sqrt{2x-x^2}\mathrm{d}x = \frac{\pi}{4}$.

【典型错误】 部分读者在求解积分时,利用换元积分求解,令 $x = 1+\cos\theta$,于是原积分化为

$$\int_0^1 \sqrt{2x-x^2}\mathrm{d}x = \int_0^{\frac{\pi}{2}} \sqrt{2(1+\cos\theta)-(1+\cos\theta)^2}\mathrm{d}(1+\cos\theta)$$

$$= -\int_0^{\frac{\pi}{2}} \sin^2\theta \mathrm{d}\theta = -\frac{\pi}{4}.$$

导致错误的原因:当 $x = 0$ 时,$\theta = \pi$;当 $x = 1$ 时,$\theta = \frac{\pi}{2}$;所以

$$\int_0^1 \sqrt{2x-x^2}\mathrm{d}x = \int_\pi^{\frac{\pi}{2}} \sqrt{2(1+\cos\theta)-(1+\cos\theta)^2}\mathrm{d}(1+\cos\theta)$$

$$= \int_{\frac{\pi}{2}}^{\pi} \sin^2\theta \mathrm{d}\theta = \int_{\frac{\pi}{2}}^{\pi} \frac{1-\cos 2\theta}{2}\mathrm{d}\theta = \frac{\pi}{4}.$$

例 6 如图 6-6 所示,曲线 C 方程为 $y = f(x)$,点(3,2)是一个拐点,直线 l_1 与 l_2 分别是曲线 C 在点(0,0),(3,2)处的切线,其交点为(2,4),设函数 $y = f(x)$ 具有三阶连续导数,计算

定积分$\int_0^3 (x^2+x)f'''(x)\,dx$.

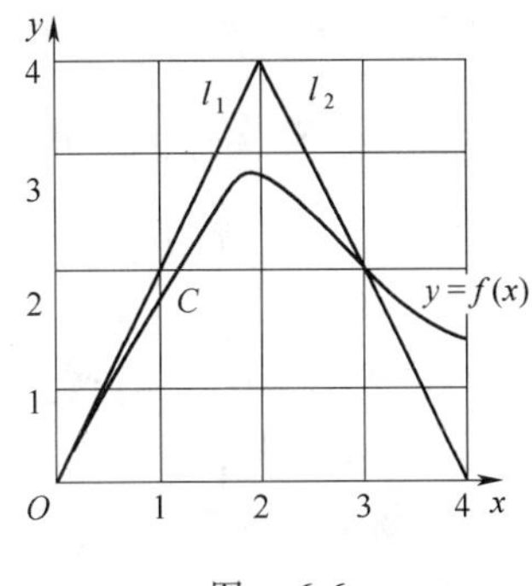

图　6-6

【分析】　根据函数的几何图形,结合分部积分法求解积分.

【详解】　利用分部积分法可得

$$
\begin{aligned}
\int_0^3 (x^2+x)f'''(x)\,dx &= \int_0^3 (x^2+x)\,d[f''(x)] \\
&= (x^2+x)f''(x)\Big|_0^3 - \int_0^3 f''(x)(2x+1)\,dx \\
&= 12f''(3) - \int_0^3 (2x+1)\,d[f'(x)] \\
&= 12f''(3) - (2x+1)f'(x)\Big|_0^3 + 2\int_0^3 f'(x)\,dx \\
&= 12f''(3) - 7f'(3) + f'(0) + 2\int_0^3 d[f(x)] \\
&= 12f''(3) - 7f'(3) + f'(0) + 2f(x)\Big|_0^3 \\
&= 12f''(3) - 7f'(3) + f'(0) + 2f(3) - 2f(0)
\end{aligned}
$$

由函数的图形可知,$f(0)=0, f'(0)=2, f(3)=2, f'(3)=-2, f''(3)=0$, 所以

$$\int_0^3 (x^2+x)f'''(x)\,dx = 20.$$

例 7　如图6-7所示,设曲线段方程为$y=f(x)$,函数$f(x)$在区间$[0,a]$上有连续的导数,则定积分$\int_0^a xf'(x)\,dx$等于

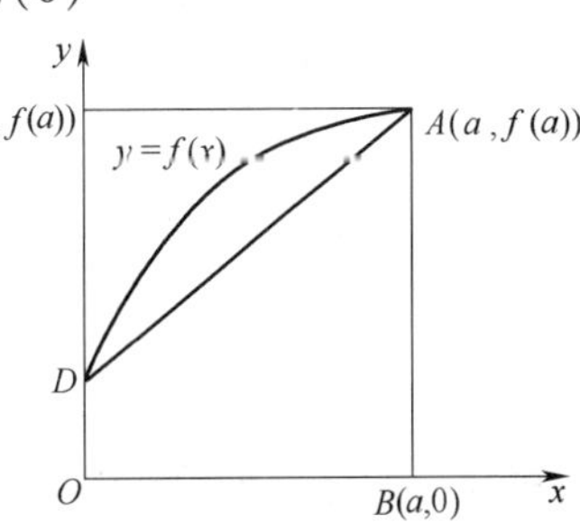

图　6-7

(A) 曲边梯形 $ABOD$ 的面积;

(B) 梯形 $ABOD$ 的面积;

(C) 曲边三角形 ACD 的面积;

(D) 三角形 ACD 的面积.　　[　　]

【分析】　利用分部积分化简定积分,再结合积分的几何意义求解.

【详解】　应选(C)

由分部积分法可得

$$
\begin{aligned}
\int_0^a xf'(x)\,dx &= \int_0^a x\,d[f(x)] = xf(x)\Big|_0^a - \int_0^a f(x)\,dx \\
&= af(a) - \int_0^a f(x)\,dx,
\end{aligned}
$$

其中,矩形$ABOC$的面积为$S_{ABOC}=af(a)$,又曲边梯形$ABOD$的面积为$\int_0^a f(x)\,dx$,所以由图6-7可知$\int_0^a xf'(x)\,dx$为曲边三角形ACD的面积.

3. 定积分的保号性和积分中值定理

例 8　设在区间$[a,b]$上$f(x)>0,f'(x)<0,f''(x)>0$,记

$$S_1=\int_a^b f(x)\mathrm{d}x, S_2=f(b)(b-a), S_3=\frac{1}{2}[f(b)+f(a)](b-a),$$

则下列比较式正确的是

(A) $S_1<S_2<S_3$;　　(B) $S_2<S_1<S_3$;

(C) $S_3<S_1<S_2$;　　(D) $S_2<S_3<S_1$.　　[　　]

【分析】　根据函数及其导函数的正负、函数的单调性和凹凸性判断大小.

【详解】　应选(B)

首先,$f(x)>0$,且$f'(x)<0$,所以函数$f(x)$为严格单调递减函数,于是

$$f(b)<f(x)<f(a).$$

下面将比较S_1,S_2大小,利用积分中值定理,存在$\xi\in(a,b)$,使得

$$S_1=\int_a^b f(x)\mathrm{d}x=f(\xi)(b-a),$$

此时$f(b)<f(\xi)$,所以$S_1=f(\xi)(b-a)>f(b)(b-a)=S_2$. 另一方面,

$$S_3=\frac{1}{2}[f(b)+f(a)](b-a)>\frac{1}{2}[f(b)+f(b)](b-a)=f(b)(b-a)=S_2.$$

其次,再比较S_1,S_3的大小,因为函数的二阶导数$f''(x)>0$,于是

$$\frac{f(x)-f(a)}{x-a}<\frac{f(b)-f(a)}{b-a}\quad(a<x<b),$$

整理得

$$f(x)<f(a)+\frac{f(b)-f(a)}{b-a}(x-a),$$

利用积分的保号性可得

$$\begin{aligned}\int_a^b f(x)\mathrm{d}x&<\int_a^b\left[f(a)+\frac{f(b)-f(a)}{b-a}(x-a)\right]\mathrm{d}x\\&=\left[f(a)\cdot x+\frac{f(b)-f(a)}{b-a}\cdot\frac{(x-a)^2}{2}\right]_a^b\\&=\frac{1}{2}[f(a)+f(b)](b-a),\end{aligned}$$

即$S_1<S_3$,综上所述,$S_2<S_1<S_3$.

例 9　(1) 比较$\int_0^1|\ln t|[\ln(1+t)]^n\mathrm{d}t$与$\int_0^1 t^n|\ln t|\mathrm{d}t(n=1,2,3,\cdots)$的大小,说明理由.

(2) 记$u_n=\int_0^1|\ln t|[\ln(1+t)]^n\mathrm{d}t(n=1,2,3,\cdots)$,求极限$\lim\limits_{n\to\infty}u_n$.

【分析】　(1) 问比较被积函数的大小,利用定积分的的保号性证明;(2) 问,利用(1) 问的结果,根据放缩法求解极限.

【详解】　(1) 要比较两个积分$\int_0^1\left|\ln t\right|[\ln(1+t)]^n\mathrm{d}t$与$\int_0^1 t^n\left|\ln t\right|\mathrm{d}t$的大小,即比较被积函数的大小,事实上,$\ln(1+t)<t\quad(0<t<1)$,令$f(t)=\ln(1+t)-t$,且$f(0)=0$,其导函数

$$f'(t)=\frac{1}{1+t}-1=-\frac{t}{1+t}<0,$$

所以函数 $f(t)$ 为单调递减函数，即当 $0<t<1$ 时，$f(t)<f(0)=0$，即 $\ln(1+t)<t$.

利用定积分的保号性可得，$\int_0^1|\ln t|[\ln(1+t)]^n\mathrm{d}t<\int_0^1 t^n|\ln t|\mathrm{d}t.$

(2)由(1)问有

$$0<u_n=\int_0^1|\ln t|\cdot[\ln(1+t)]^n\mathrm{d}t<\int_0^1|\ln t|\cdot t^n\mathrm{d}t, \qquad (*)$$

不等式右边可化为

$$\begin{aligned}\int_0^1|\ln t|\cdot t^n\mathrm{d}t&=-\int_0^1\ln t\cdot t^n\mathrm{d}t=-\frac{1}{n+1}\int_0^1\ln t\mathrm{d}t^{n+1}\\&=-\frac{1}{n+1}\left(\ln t\cdot t^{n+1}\Big|_0^1-\int_0^1 t^{n+1}\cdot\frac{1}{t}\cdot\mathrm{d}t\right)\\&=-\frac{1}{n+1}\cdot\ln t\cdot t^{n+1}\Big|_0^1+\frac{1}{(n+1)^2}\cdot t^{n+1}\Big|_0^1\\&=-\frac{1}{n+1}\cdot\left[0-\lim_{t\to 0}\ln t\cdot t^{n+1}\right]+\frac{1}{(n+1)^2},\end{aligned}$$

上式中极限

$$\lim_{t\to 0^+}\ln t\cdot t^{n+1}=\lim_{t\to 0^+}\frac{\ln t}{t^{-(n+1)}}=\lim_{t\to 0^+}\frac{t}{-(n+1)t^{-(n+2)}}=\lim_{t\to 0^+}\frac{1}{-(n+1)}t^{(n+1)}=0,$$

即得

$$\int_0^1|\ln t|\cdot t^n\mathrm{d}t=\frac{1}{(n+1)^2}.$$

对式(*)两边同时求极限，

$$0<\lim_{n\to\infty}u_n<\int_0^1|\ln t|\cdot t^n\mathrm{d}t=\lim_{n\to\infty}\frac{1}{(n+1)^2}=0.$$

利用夹逼法可得 $\lim\limits_{n\to\infty}u_n=0$.

例 10　$I=\int_0^{\frac{\pi}{4}}\ln\sin x\mathrm{d}x, J=\int_0^{\frac{\pi}{4}}\ln\cot x\mathrm{d}x, K=\int_0^{\frac{\pi}{4}}\ln\cos x\mathrm{d}x$，比较三个积分值之间的大小关系.

【分析】　比较被积函数的大小即能判断出三个积分值的大小.

【详解】　当 $0<x<\frac{\pi}{4}$ 时，$\sin x<\cos x<\cot x$，所以

$$\ln\sin x<\ln\cos x<\ln\cot x,$$

利用定积分的保号性可得

$$\int_0^{\frac{\pi}{4}}\ln\sin x\mathrm{d}x<\int_0^{\frac{\pi}{4}}\ln\cos x\mathrm{d}x<\int_0^{\frac{\pi}{4}}\ln\cot x\mathrm{d}x,$$

即 $I<K<J$.

例 10′ 比较 $I_1 = \int_0^{\pi} e^{-x^2}\cos^2 x dx$ 与 $I_2 = \int_{\pi}^{2\pi} e^{-x^2}\cos^2 x dx$ 的大小.

【分析】 将定积分的上、下限划归同一区间，再讨论被积函数的大小.

【详解】 针对定积分 $I_2 = \int_{\pi}^{2\pi} e^{-x^2}\cos^2 x dx$,令 $x = u + \pi$,于是

$$I_2 = \int_{\pi}^{2\pi} e^{-x^2}\cos^2 x dx = \int_0^{\pi} e^{-(u+\pi)^2}\cos^2(u+\pi) du$$

$$= \int_0^{\pi} e^{-(u+\pi)^2}\cos^2 u du = \int_0^{\pi} e^{-(x+\pi)^2}\cos^2 x dx.$$

事实上，$e^{-(x+\pi)^2} \leqslant e^{-x^2}$，所以 $I_1 \geqslant I_2$.

【典型错误】 部分读者仅考虑到被积函数相同，所以认为定积分的 $I_1 = I_2$.

【注】 比较定积分的大小，一方面，如例 9、例 10 所示，若比较的几个定积分的上、下限相同，则仅需比较被积函数的大小即可，其本质就是比较函数的大小；另一方面，若比较的几个定积分的上、下限不同时，需将这几个定积分化为同一区间上，然后再比较被积函数的大小，进而比较定积分的大小.

（二）积分上限函数

1. 考查积分上限函数定义

例 11 如图 6-8 所示，设连续函数 $y = f(x)$ 在区间 $[-3, 2]$，$[2, 3]$ 上的图形分别是直径为 1 的上、下半圆周，在区间 $[-2, 0]$，$[0, 2]$ 上的图形分别为直径为 2 的下、上半圆周. 设 $F(x) = \int_0^x f(t)dt$，则下列结论正确的是

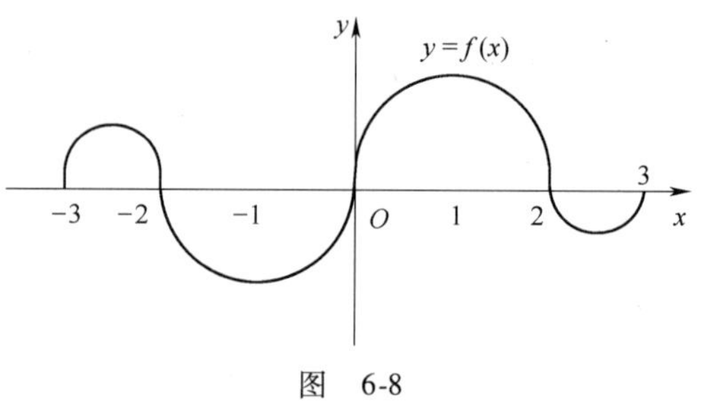

图 6-8

(A) $F(3) = -\frac{3}{4}F(-2)$;

(B) $F(3) = \frac{5}{4}F(2)$;

(C) $F(-3) = \frac{3}{4}F(2)$;

(D) $F(-3) = -\frac{5}{4}F(-2)$. [ ]

【分析】 利用积分上限函数的定义和几何意义求解.

【详解】 应选(C)

根据定积分的几何含义，设函数 $y = f(x)$ 在区间 $[0, 2]$，$[-2, 0]$ 上与 x 轴所围成的面积为 S_1，S_2，且 $S_1 = S_2 = \frac{\pi}{2}$，函数 $y = f(x)$ 在区间 $[2, 3]$，$[-3, -2]$ 上与 x 轴所围成的面积为 S_3，S_4，且 $S_1 = S_2 = \frac{\pi}{8}$，于是由积分上限函数的定义可得

$$F(2)=\int_0^2 f(x)\,\mathrm{d}x=S_1=\frac{\pi}{2},F(3)=\int_0^3 f(x)\,\mathrm{d}x=S_1-S_3=\frac{\pi}{2}-\frac{\pi}{8}=\frac{3}{8}\pi.$$

又

$$F(-2)=\int_0^{-2} f(x)\,\mathrm{d}x=-\int_{-2}^{0} f(x)\,\mathrm{d}x=-(-S_2)=S_2=\frac{\pi}{2};$$

$$F(-3)=\int_0^{-3} f(x)\,\mathrm{d}x=-\int_{-3}^{0} f(x)\,\mathrm{d}x=-(S_4-S_2)=-\left(\frac{\pi}{8}-\frac{\pi}{2}\right)=\frac{3\pi}{8}.$$

综上所述可得 $F(-3)=\frac{3}{4}F(2)$.

【典型错误】 将 $F(-2)$ 理解为函数 $y=f(x)$ 在区间 $[-2, 0]$ 上与 x 轴所围成面积的相反数，即 $F(-2)=-\frac{\pi}{2}$，进而选择了 (A).

事实上，积分上限函数 $F(-2)=\int_0^{-2} f(x)\,\mathrm{d}x=-\int_{-2}^{0} f(x)\,\mathrm{d}x$，这里定积分 $\int_{-2}^{0} f(x)\,\mathrm{d}x$ 为函数 $y=f(x)$ 在区间 $[-2, 0]$ 上与 x 轴所围成的面积的相反数.

y　y=f(x)　2　1　−1　O　1　2　x　−1

图　6-9

例 12　设函数 $y=f(x)$ 在区间 $[-1, 3]$ 上的图形如图 6-9 所示，则函数 $F(x)=\int_0^x f(t)\,\mathrm{d}t$ 的图形为______.

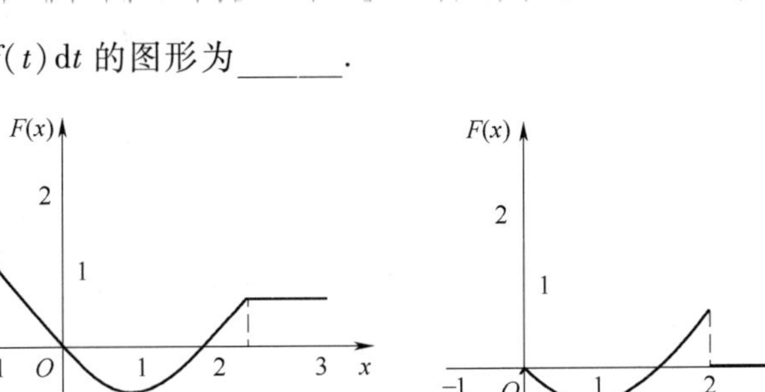

(A)　　(B)

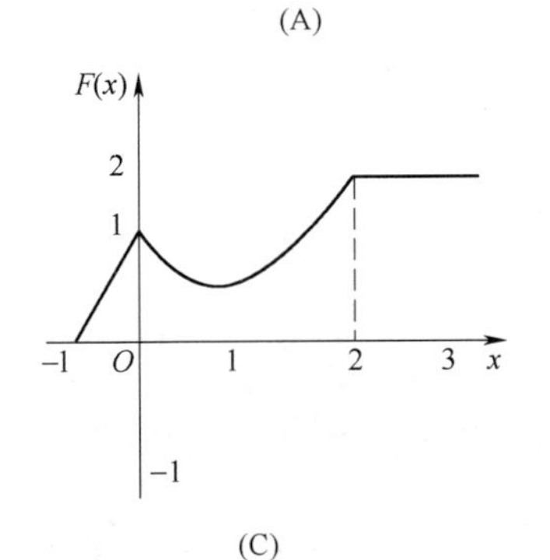

(C)

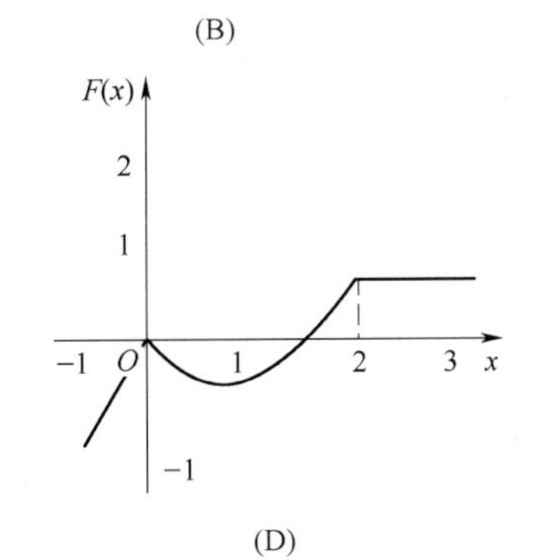

(D)

【分析】 根据函数的单调性和积分上限函数的定义求解.

【详解】 应选(B)

首先，当 $-1<x<0$ 时，$F(x)=\int_0^x f(t)\,\mathrm{d}t=-\int_x^0 f(t)\,\mathrm{d}t$，其中，$\int_x^0 f(t)\,\mathrm{d}t$ 为函数 $f(x)$ 在 $t=x$ 和 $t=0$ 以及 x 轴所围成的面积，所以 $F(x)<0$.

其次，当 $x>2$ 时，$F(x)=\int_0^x f(t)\,\mathrm{d}t$，由于函数在区间[0，2]上关于点(1，0)对称，所以 $F(x)=\int_0^x f(t)\,\mathrm{d}t$ 为函数 $f(x)$ 在区间 $(0,x)$ 上与 x 轴所围成的面积，即 $F(x)=0$.

【典型错误】 在讨论当 $x>2$ 时，$F(x)$ 为函数 $f(x)$ 在 $t=x$ 左侧面积和，即 $F(x)=1$.

2. 讨论含积分上限函数的极限，采用洛必达法则求解

例 13 $\lim\limits_{x\to 0}\int_0^x \frac{1}{x^3}(\mathrm{e}^{-t^2}-1)\,\mathrm{d}t=$ ________.

【分析】 此极限为 $\frac{0}{0}$ 型的，可以利用洛必达法则求解.

【详解】 应填 $-\frac{1}{3}$

应用洛必达法则，有

$$\text{原式}=\lim_{x\to 0}\frac{\int_0^x(\mathrm{e}^{-t^2}-1)\,\mathrm{d}t}{x^3}=\lim_{x\to 0}\frac{\mathrm{e}^{-x^2}-1}{3x^2}=\lim_{x\to 0}\frac{-x^2}{3x^2}=-\frac{1}{3}.$$

例 14 $\lim\limits_{x\to 0}\frac{1}{x^2}\int_0^x(\sqrt{1+t^2}-\mathrm{e}^t)\,\mathrm{d}t=$ ________.

【分析】 此极限为 $\frac{0}{0}$ 型的，可以利用洛必达法则求解 .

【详解】 应填 $-\frac{1}{2}$

应用洛必达法则，有

$$\lim_{x\to 0}\frac{1}{x^2}\int_0^x(\sqrt{1+t^2}-\mathrm{e}^t)\,\mathrm{d}t=\lim_{x\to 0}\frac{\sqrt{1+x^2}-\mathrm{e}^x}{2x}$$

$$=\lim_{x\to 0}\frac{\frac{x}{\sqrt{1+x^2}}-\mathrm{e}^x}{2}=-\frac{1}{2}.$$

例 15 若 $a>0$ 时，有 $\lim\limits_{x\to 0}\frac{1}{x-\sin x}\int_0^x\frac{t^2}{\sqrt{a+t}}\mathrm{d}t=\lim\limits_{x\to\frac{\pi}{6}}\left[\sin\left(\frac{\pi}{6}-x\right)\tan 3x\right]$，则 $a=$ ____.

【分析】 对等式两边极限进行化简，进而求解参数值.

【详解】 应填 36

上式左端应用洛必达法则求极限，有

$$\lim_{x\to0}\frac{1}{x-\sin x}\cdot\int_0^x\frac{t^2}{\sqrt{a+t}}\mathrm{d}t=\lim_{x\to0}\frac{1}{1-\cos x}\cdot\frac{x^2}{\sqrt{a+x}}$$

$$=\lim_{x\to0}\frac{x^2}{\frac{1}{2}x^2\cdot\sqrt{a}}=\frac{2}{\sqrt{a}}.$$

等式右端应用洛必达法则求极限,有

$$\lim_{x\to\frac{\pi}{6}}\left[\sin\left(\frac{\pi}{6}-x\right)\tan3x\right]=\lim_{x\to\frac{\pi}{6}}\frac{\sin\left(\frac{\pi}{6}-x\right)\sin3x}{\cos 3x}$$

$$=\lim_{x\to\frac{\pi}{6}}\frac{\sin\left(\frac{\pi}{6}-x\right)}{\cos 3x}$$

$$=\lim_{x\to\frac{\pi}{6}}\frac{-\cos\left(\frac{\pi}{6}-x\right)}{-3\sin3x}=\frac{1}{3}.$$

所以,故 $a=36$.

例 16　设 $f'(x)$ 连续, $f(0)=0, f'(0)=0$,求 $\lim\limits_{x\to0}\dfrac{\int_0^{x^2}f(t)\,\mathrm{d}t}{x^2\int_0^x f(t)\,\mathrm{d}t}$.

【分析】　利用积分上限函数求导方法求解极限.

【详解】　应用洛必达法则与变上限积分求导公式,则

$$原式=\lim_{x\to0}\frac{2xf(x^2)}{2x\int_0^x f(t)\,\mathrm{d}t+x^2f(x)}=\lim_{x\to0}\frac{2f(x^2)}{2\int_0^x f(t)\,\mathrm{d}t+xf(x)}$$

$$=\lim_{x\to0}\frac{4xf'(x^2)}{3f(x)+xf'(x)}=\lim_{x\to0}\frac{4f'(x^2)}{\frac{3[f(x)-f(0)]}{x}+f'(x)}$$

$$=\lim_{x\to0}\frac{4f'(0)}{3f'(0)+f'(0)}=1.$$

3. 求解含有积分上限函数的极限或是导数

例 17　设 $F(x)=\int_x^{x+2\pi}\mathrm{e}^{\sin t}\sin t\mathrm{d}t$,则 $F(x)$

(A) 为正数;　　　　(B) 为负常数;

(C) 恒为零;　　　　(D) 不为常数.　　　　[　　]

【分析】　利用导数工具判断函数为常数函数,然后判断 $x=0$ 时函数值的大小.

【详解】　应选(A)

导函数 $F'(x)=\mathrm{e}^{\sin(x+2\pi)}\sin(x+2\pi)-\mathrm{e}^{\sin x}\sin x=0$, 所以函数 $F(x)$恒为常数,

当 $x=0$ 时,

$$F(0)=\int_0^{2\pi}\mathrm{e}^{\sin t}\sin t\mathrm{d}t=\int_0^{\pi}\mathrm{e}^{\sin t}\sin t\mathrm{d}t+\int_{\pi}^{2\pi}\mathrm{e}^{\sin t}\sin t\mathrm{d}t=I_1+I_2,$$

其中, $I_2=\int_{\pi}^{2\pi}\mathrm{e}^{\sin t}\sin t\mathrm{d}t$,令 $t=\pi+x$, 于是

$$I_2=\int_{\pi}^{2\pi}\mathrm{e}^{\sin t}\sin t\mathrm{d}t=\int_0^{\pi}\mathrm{e}^{\sin(\pi+x)}\sin(\pi+x)\mathrm{d}x$$
$$=-\int_0^{\pi}\mathrm{e}^{-\sin x}\sin x\mathrm{d}x,$$

所以

$$F(0)=I_1+I_2=\int_0^{\pi}\sin x(\mathrm{e}^{\sin x}-\mathrm{e}^{-\sin x})\mathrm{d}x=\int_0^{\pi}\sin x\cdot\mathrm{e}^{-\sin x}(\mathrm{e}^{2\sin x}-1)\mathrm{d}x.$$

上式积分当 $0<x<\pi$ 时, $\sin x\cdot\mathrm{e}^{-\sin x}(\mathrm{e}^{2\sin x}-1)>0$, 所以 $F(0)>0$, 即 $F(x)$ 恒为正数.

例 18 使不等式 $\int_1^x\frac{\sin t}{t}\mathrm{d}t>\ln x$ 成立的 x 的范围是

(A) $(0,1)$; (B) $\left(1,\frac{\pi}{2}\right)$; (C) $\left(\frac{\pi}{2},\pi\right)$; (D) $(\pi,+\infty)$ [ ]

【分析】 将不等式右边的函数移至左边,然后构造函数,通过单调性确定不等式成立的自变量范围.

【详解】 应选(A)

令 $f(x)=\int_1^x\frac{\sin t}{t}\mathrm{d}t-\ln x$,且 $f(1)=0$, 当 $x>0$ 时,其导函数为

$$f'(x)=\frac{\sin x}{x}-\frac{1}{x}=\frac{\sin x-1}{x}<0,$$

所以函数 $f(x)$ 为单调递减函数,于是

当 $0<x<1$ 时, $f(x)>f(1)=0$, 即得 $\int_1^x\frac{\sin t}{t}\mathrm{d}t>\ln x$;

当 $x>1$ 时, $f(x)<f(1)=0$, 即得 $\int_1^x\frac{\sin t}{t}\mathrm{d}t<\ln x$.

例 19 设函数 $f(x)=\int_0^{x^2}\ln(2+t)\mathrm{d}t$,则 $f'(x)$ 的零点个数________.

【分析】 本例考查的是积分上限函数导数的零点问题,首先求解积分上限函数的导函数,再确定零点的个数.

【详解】 应填 1

因为导函数为 $f'(x)=2x\cdot\ln(2+x^2)$, 令 $f'(x)=0$, 解得 $x=0$, 所以导函数 $f'(x)$ 有且只有一个零点.

例 20 已知两曲线 $y=f(x)$ 与 $y=\int_0^{\arctan x}\mathrm{e}^{-t^2}\mathrm{d}t$ 在点(0, 0)处的切线相同,写出此切线

方程，并求极限 $\lim\limits_{n\to\infty} n f\left(\dfrac{2}{n}\right)$.

【分析】 根据条件确定函数 $y=f(x)$ 在点 $x=0$ 处的函数值与导数值，再利用导数定义求解欲求的极限.

【详解】 因为曲线 $y=f(x)$ 与 $y=\int_0^{\arctan x} e^{-t^2}dt$ 在点(0，0)处的切线相同，所以

$$f'(0)=e^{-\arctan^2 x}\cdot\frac{1}{1+x^2}\bigg|_{x=0}=1,\text{ 且 } f(0)=0,$$

于是切线方程为 $y=x$,

$$\lim_{n\to\infty} n f\left(\frac{2}{n}\right)=\lim_{n\to\infty}2\cdot\frac{f\left(\frac{2}{n}\right)-f(0)}{\frac{2}{n}}=2f'(0)=2.$$

例 21 设 $g(x)=\int_0^x f(u)du$, 其中, $f(x)=\begin{cases}\dfrac{1}{2}(x^2+1), & 0\leqslant x<1,\\ \dfrac{1}{3}(x-1), & 1\leqslant x\leqslant 2,\end{cases}$ 则函数 $g(x)$ 在区间(0，2)内

(A)无界； (B)递减；

(C)不连续； (D)连续． [　　]

【分析】 利用定义求解积分上限函数的表达式，再判断函数的性质.

【详解】 应选(D)

当 $0\leqslant x<1$ 时,

$$g(x)=\int_0^x f(u)du=\int_0^x\frac{1}{2}(t^2+1)dt=\left[\frac{1}{6}t^3+\frac{1}{2}t\right]_0^x=\frac{1}{6}x^3+\frac{1}{2}x;$$

当 $1\leqslant x<2$ 时,

$$g(x)=\int_0^x f(u)du=\int_0^1\frac{1}{2}(t^2+1)dt+\int_1^x\frac{1}{3}(t-1)dt$$

$$=\frac{2}{3}+\left[\frac{1}{6}t^2-\frac{1}{3}t\right]_1^x=\frac{5}{6}+\frac{1}{6}x^2-\frac{1}{3}x.$$

可以判定函数 $g(x)$ 为连续函数，故而选(D).

例 22 当 $x\to 0$ 时, $F(x)=\int_0^x(x^2-t^2)f'(t)dt$ 的导数与 x^2 为等价无穷小，求 $f'(0)$.

【分析】 利用等价无穷小的条件，根据导数的定义求解 $f'(0)$.

【详解】 因为 $F(x)=x^2\int_0^x f'(t)dt-\int_0^x t^2 f'(t)dt$，所以

$$F'(x)=2x\int_0^x f'(t)dt+x^2f'(x)-x^2f'(x)=2x[f(x)-f(0)].$$

因为它与 x^2 为等价无穷小, $\lim\limits_{x\to 0}\dfrac{F'(x)}{x^2}=1$，将上述等式代入极限得

$$1=\lim_{x\to 0}\frac{F'(x)}{x^2}=\lim_{x\to 0}\frac{2[f(x)-f(0)]}{x}=2f'(0),$$

所以$f'(0)=\frac{1}{2}$.

【典型错误】 在求解 $F(x)$的导数时，$F'(x)=(x^2-x^2)\cdot f'(x)=0$.

【注】 含有参变量积分上限函数求导时，要将参数和变量区分开来，

例 23 把 $x\to 0^+$ 时的无穷小量

$$\alpha=\int_0^x \cos^2 t\mathrm{d}t,\quad \beta=\int_0^{x^2}\tan\sqrt{t}\mathrm{d}t,\quad \gamma=\int_0^{\sqrt{x}}\sin^3 t\mathrm{d}t$$

排列起来，使排在后面的是前一个的高阶无穷小，则排列顺序为__________.

【分析】 通过两两比较，求解分式极限进而判断无穷小的级数.

【详解】 应填α，γ，β

$$\lim_{x\to 0}\frac{\beta}{\alpha}=\lim_{x\to 0}\frac{\int_0^{x^2}\tan\sqrt{t}\mathrm{d}t}{\int_0^x\cos^2 t\mathrm{d}t}=\lim_{x\to 0}\frac{2x\cdot\tan x}{\cos^2 x}=0,$$

所以β为α的高阶无穷小；

$$\lim_{x\to 0}\frac{\gamma}{\alpha}=\lim_{x\to 0}\frac{\int_0^{\sqrt{x}}\sin^3 t\mathrm{d}t}{\int_0^x\cos^2 t\mathrm{d}t}=\lim_{x\to 0}\frac{\sin^3\sqrt{x}}{\cos^2 x\cdot 2\sqrt{x}}=\lim_{x\to 0}\frac{x^{\frac{3}{2}}}{\cos^2 x\cdot 2\sqrt{x}}=0,$$

所以γ为α的高阶无穷小；

$$\lim_{x\to 0}\frac{\gamma}{\beta}=\lim_{x\to 0}\frac{\int_0^{\sqrt{x}}\sin^3 t\mathrm{d}t}{\int_0^{x^2}\tan\sqrt{t}\mathrm{d}t}=\lim_{x\to 0}\frac{\sin^3\sqrt{x}}{2x\cdot\tan x}=\lim_{x\to 0}\frac{x^{\frac{3}{2}}}{2x^2}=\infty,$$

所以β为γ的高阶无穷小；

综上所述，当 $x\to 0^+$ 时，排列顺序为α，γ，β.

(三)定积分的计算

1. 利用积分的性质和几何意义求解定积分

例 24 已知函数$f(x)=x+\int_0^a f(x)\mathrm{d}x$,则$\int_0^a f(x)\mathrm{d}x=$________

【分析】 定积分为一个数值，两边同时取定积分，然后求解定积分.

【详解】 应填$\frac{a^2}{2(1-a)}$

令$\int_0^a f(x)\mathrm{d}x=A$,则$f(x)=x+A$，于是在两边取定积分可得

$$A=\int_0^a f(x)\mathrm{d}x=\int_0^a(x+A)\mathrm{d}x=\left[\frac{x^2}{2}+Ax\right]_0^a=\frac{a^2}{2}+Aa,$$

于是整理得

$$\int_0^a f(x)\,dx = A = \frac{a^2}{2(1-a)}.$$

例 25　设连续函数$f(x)$满足

$$f(x) = x + x^2\int_0^1 f(x)\,dx + x^3\int_0^2 f(x)\,dx,$$

则$f(x) =$ ________.

【分析】　将等式中的两个定积分看成常数，然后等式两边同时做区间[0，1]，[0，2]的定积分，再解方程组求解出两个定积分，最后整理出函数的表达式.

【详解】　应填$f(x)=x+\frac{3}{8}x^2-x^3$

记$\int_0^1 f(x)\,dx = A, \int_0^2 f(x)\,dx = B$，所以

$$f(x)=x+Ax^2+Bx^3.$$

等式两边同时在区间[0，1]上取定积分，即得

$$A = \int_0^1 x\,dx + A\int_0^1 x^2\,dx + B\int_0^1 x^3\,dx = \frac{1}{2}+\frac{A}{3}+\frac{B}{4};$$

等式两边同时在区间[0，2]上做定积分，即得

$$B = \int_0^2 x\,dx + A\int_0^2 x^2\,dx + B\int_0^2 x^3\,dx = 2+\frac{8}{3}A+4B;$$

联立上述等式可得$A=\frac{3}{8}$，$B=-1$，于是整理得$f(x)=x+\frac{3}{8}x^2-x^3$.

2. 利用对称区间函数的奇偶性求解定积分

例 26　已知$f(x)$为连续函数，求$\int_{-1}^1 [x^2+x^3f(x^2)]\,dx$.

【分析】　定积分的积分区间为对称区间，考虑到被积函数的奇偶性，利用偶倍奇零的性质进行求解.

【详解】　由于奇函数在对称区间上的积分值为0，这里$x^3f(x^2)$为奇函数，所以

$$\int_{-1}^1 [x^2+x^3f(x^2)]\,dx = 2\int_0^1 x^2\,dx = \frac{2}{3}x^3\Big|_0^1 = \frac{2}{3}.$$

例 27　计算定积分$\int_{-2}^2 x\ln(1+e^x)\,dx$.

【分析】　将被积函数构造为一个奇函数和一个偶函数和的形式，定积分转化为易求函数的定积分.

【详解】　设$f(x) = x\ln(1+e^x)$，于是函数

$$f(x)=\frac{1}{2}[f(x)+f(-x)]+\frac{1}{2}[f(x)-f(-x)].$$

记$H(x)=\frac{1}{2}[f(x)+f(-x)]$，$G(x)=\frac{1}{2}[f(x)-f(-x)]$，可以验证$H(-x)=H(x)$，即函

数$H(x)$为偶函数，又因为 $G(-x)=-G(x)$，即函数 $G(x)$为奇函数，所以

$$\int_{-2}^{2} x\ln(1+e^{x})dx=\int_{-2}^{2}[H(x)+G(x)]dx=\int_{-2}^{2}H(x)dx=2\int_{0}^{2}H(x)dx.$$

这里

$$H(x)=\frac{1}{2}[f(x)+f(-x)]=\frac{1}{2}[x\ln(1+e^{x})-x\ln(1+e^{-x})]$$

$$=\frac{1}{2}\left[x\ln(1+e^{x})-x\ln\frac{e^{x}+1}{e^{x}}\right]=\frac{1}{2}x^{2},$$

即

$$\int_{-2}^{2} x\ln(1+e^{x})dx=2\int_{0}^{2}\frac{1}{2}x^{2}dx=\frac{x^{3}}{3}\bigg|_{0}^{2}=\frac{8}{3}.$$

3. 含有分段函数或是绝对值函数等特殊函数的定积分

解决该类问题的主要方法为：分区间讨论定积分，利用区间可加性逐个区间求解定积分.

例 28　设$f(x)=\begin{cases}\dfrac{1}{1+x}, & x\geqslant 0,\\ \dfrac{1}{1+e^{x}}, & x<0,\end{cases}$ 求 $\int_{0}^{2}f(x-1)dx$.

【分析】　利用换元法将定积分化简，然后再利用区间可加性求解定积分.

【详解】　令 $t=x-1$，于是原积分化为

$$\int_{0}^{2}f(x-1)dx=\int_{-1}^{1}f(t)dt=\int_{-1}^{1}f(t)dx$$

$$=\int_{-1}^{0}\frac{1}{1+e^{x}}dx+\int_{0}^{1}\frac{1}{1+x}dx$$

$$=\int_{-1}^{0}\frac{1+e^{x}-e^{x}}{1+e^{x}}dx+\ln(1+x)\bigg|_{0}^{1}$$

$$=\int_{-1}^{0}\left(1-\frac{e^{x}}{1+e^{x}}\right)dx+\ln 2$$

$$=[x-\ln(1+e^{x})]_{-1}^{0}+\ln 2$$

$$=1+\ln(1+e^{-1})=\ln(1+e).$$

例 29　$\int_{0}^{\pi}\max\{\sin x,\cos x\}dx=$ ____________.

【分析】　利用区间可加性，将定积分化为$\left[0,\frac{\pi}{2}\right]$和$\left[\frac{\pi}{2},\pi\right]$两个区间，然后将最值函数表示出来，进而求解定积分.

【详解】　应填 $1+\sqrt{2}$

当$0\leqslant x\leqslant\frac{\pi}{4}$时 $\cos x\geqslant\sin x$；当$\frac{\pi}{4}\leqslant x\leqslant\pi$ 时，$\sin x\geqslant\cos x$，于是

$$\int_0^{\pi}\max\{\sin x,\cos x\}\mathrm{d}x = \int_0^{\frac{\pi}{4}}\cos x\mathrm{d}x + \int_{\frac{\pi}{4}}^{\pi}\sin x\mathrm{d}x = \sin x\Big|_0^{\frac{\pi}{4}} - \cos x\Big|_{\frac{\pi}{4}}^{\pi} = 1+\sqrt{2}.$$

例 30　计算 $\int_0^{\mathrm{e}}x|x-a|\mathrm{d}x$.

【分析】　分区间讨论去除被积函数的中的绝对值，然后再求解定积分.

【详解】　(1)当 $a\leqslant 0$ 时，

$$原式 = \int_0^{\mathrm{e}}x(x-a)\mathrm{d}x = \left[\frac{1}{3}x^3 - a\frac{1}{2}x^2\right]_0^{\mathrm{e}} = \frac{1}{6}\mathrm{e}^2(2\mathrm{e}-3a);$$

(2)当 $0<a<\mathrm{e}$ 时，

$$\begin{aligned}原式 &= \int_0^{a}x(a-x)\mathrm{d}x + \int_a^{\mathrm{e}}x(x-a)\mathrm{d}x \\ &= \left[\frac{1}{2}ax^2 - \frac{1}{3}x^3\right]_0^{a} + \left[\frac{1}{3}x^3 - \frac{1}{2}ax^2\right]_a^{\mathrm{e}} \\ &= \frac{1}{6}a^3 + \frac{1}{6}\mathrm{e}^2(2\mathrm{e}-3a) + \frac{1}{6}a^3 \\ &= \frac{1}{3}a^3 + \frac{1}{6}\mathrm{e}^3(2\mathrm{e}-3a);\end{aligned}$$

(3)当 $a\geqslant \mathrm{e}$ 时，

$$原式 = \int_a^{\mathrm{e}}x(a-x)\mathrm{d}x = \left[\frac{a}{2}x^2 - \frac{1}{3}x^3\right]_a^{\mathrm{e}} = \frac{1}{6}\mathrm{e}^2(3a-2\mathrm{e}) + \frac{1}{6}a^3.$$

4. 利用积分的换元法或分部积分法求解定积分

例 31　求 $\int_1^{\mathrm{e}}\frac{1+2\ln x}{x}\mathrm{d}x$.

【分析】　利用凑微分法求解.

【详解】　原式 $= \int_1^{\mathrm{e}}\frac{1+2\ln x}{x}\mathrm{d}x = \int_1^{\mathrm{e}}(1+2\ln x)\mathrm{d}(\ln x)$

$$= (\ln x + \ln^2 x)\Big|_1^{\mathrm{e}} = 2.$$

例 32　$\int_1^2\frac{1}{x^3}\mathrm{e}^{\frac{1}{x}}\mathrm{d}x =$ ________.

【分析】　首先利用凑微分法将定积分化简，然后再利用分部积分法进行求解.

【详解】　应填 $\frac{1}{2}\sqrt{\mathrm{e}}$

$\int_1^2\frac{1}{x^3}\mathrm{e}^{\frac{1}{x}}\mathrm{d}x = -\int_1^2\frac{1}{x}\mathrm{e}^{\frac{1}{x}}\mathrm{d}\left(\frac{1}{x}\right)$，令 $t=\frac{1}{x}$，于是原积分化为

$$\begin{aligned}原式 &= -\int_1^{\frac{1}{2}}t\mathrm{e}^t\mathrm{d}t = \int_{\frac{1}{2}}^1 t\mathrm{d}(\mathrm{e}^t) = t\mathrm{e}^t\Big|_{\frac{1}{2}}^1 - \int_{\frac{1}{2}}^1\mathrm{e}^t\mathrm{d}t \\ &= t\mathrm{e}^t\Big|_{\frac{1}{2}}^1 - \int_{\frac{1}{2}}^1\mathrm{e}^t\mathrm{d}t = \mathrm{e} - \frac{1}{2}\sqrt{\mathrm{e}} - \mathrm{e}^t\Big|_{\frac{1}{2}}^1 = \frac{1}{2}\sqrt{\mathrm{e}}.\end{aligned}$$

例 33　$\int_0^{\frac{\pi}{2}} \sin^2 x\cos^3 x\mathrm{d}x =$ ________.

【分析】　被积函数中的三角函数 $\cos x$ 的幂次为奇数，于是将其中 $\cos x\mathrm{d}x$ 凑成 $\mathrm{d}(\sin x)$，然后再进行积分.

【详解】　应填$\frac{2}{15}$

$$\int_0^{\frac{\pi}{2}} \sin^2 x\cos^3 x\mathrm{d}x = \int_0^{\frac{\pi}{2}} \sin^2 x\cos^2 x\mathrm{d}(\sin x) = \int_0^{\frac{\pi}{2}} \sin^2 x(1 - \sin^2 x)\mathrm{d}(\sin x).$$

令 $\sin x = t$ 则

$$\text{原式} = \int_0^1 t^2(1 - t^2)\mathrm{d}t = \left[\frac{1}{3}t^2 - \frac{1}{5}t^5\right]_0^1 = \frac{2}{15}.$$

例 33′　$\int_0^{\frac{\pi}{2}} \sin^2 x\cos^4 x\mathrm{d}x =$ ________.

【分析】　被积函数中的三角函数的幂次均为偶数，这里宜采用三个函数的倍角公式和降幂公式化简被积函数，然后再求解定积分.

【详解】　应填$\frac{1}{32}\pi$

由三角函数的降幂公式为 $\cos^2 x = \frac{1 + \cos 2x}{2}$，$\sin^2 x = \frac{1 - \cos 2x}{2}$，倍角公式为 $\sin 2x = 2\sin x\cos x$，于是被积函数化为

$$\sin^2 x\cos^4 x = \sin^2 x\cos^2 x \cdot \cos^2 x = \frac{1}{4}(\sin 2x)^2 \cdot \frac{1 + \cos 2x}{2},$$

所以

$$\begin{aligned}\text{原式} &= \frac{1}{4}\int_0^{\frac{\pi}{2}} (\sin 2x)^2 \cdot \frac{1 + \cos 2x}{2}\mathrm{d}x \\ &= \frac{1}{8}\int_0^{\frac{\pi}{2}} (\sin 2x)^2\mathrm{d}x + \frac{1}{8}\int_0^{\frac{\pi}{2}} (\sin 2x)^2\cos 2x\mathrm{d}x \\ &= \frac{1}{8}\int_0^{\frac{\pi}{2}} \frac{1 - \cos 4x}{2}\mathrm{d}x + \frac{1}{16}\int_0^{\frac{\pi}{2}} (\sin 2x)^2\mathrm{d}(\sin 2x) \\ &= \frac{1}{8}\left[\frac{x}{2} - \frac{\sin 4x}{8}\right]_0^{\frac{\pi}{2}} + \frac{1}{16} \cdot \frac{1}{3}(\sin 2x)^3\Big|_0^{\frac{\pi}{2}} \\ &= \frac{1}{32}\pi.\end{aligned}$$

例 34　$\int_0^{\frac{\pi}{2}} \frac{x}{1 + \cos x}\mathrm{d}x =$ ____________.

【分析】　首先将分母部分凑成微分的形式，再利用分部积分法求解.

【详解】 应填$\frac{1}{2}\pi-\ln 2$

因为$\frac{1}{1+\cos x}=\frac{1}{2\cos^2\frac{x}{2}}=\frac{1}{2}\sec^2\frac{x}{2}$，所以$\frac{1}{1+\cos x}\mathrm{d}x=\mathrm{d}\left(\tan\frac{x}{2}\right)$，于是

$$\text{原式}=\int_0^{\frac{\pi}{2}}x\mathrm{d}\tan\left(\frac{x}{2}\right)=x\tan\left(\frac{x}{2}\right)\Big|_0^{\frac{\pi}{2}}-\int_0^{\frac{\pi}{2}}\tan\left(\frac{x}{2}\right)\mathrm{d}x$$

$$=\frac{\pi}{2}+2\ln\left|\cos\frac{x}{2}\right|\Big|_0^{\frac{\pi}{2}}=\frac{\pi}{2}-\ln 2.$$

例 35 求$\int_0^4 \mathrm{e}^{\sqrt{x}}\mathrm{d}x$.

【分析】 利用根式代换求解.

【详解】 令$t=\sqrt{x}$，则

$$\int_0^4 \mathrm{e}^{\sqrt{x}}\mathrm{d}x=\int_0^2 2t\mathrm{e}^t\mathrm{d}t=2\int_0^2 t\mathrm{d}\mathrm{e}^t=2\left[t\mathrm{e}^t\Big|_0^2-\int_0^2\mathrm{e}^t\mathrm{d}t\right]$$

$$=4\mathrm{e}^2-2\mathrm{e}^t\Big|_0^2=2\mathrm{e}^2+2=2(\mathrm{e}^2+1).$$

例 36 求$\int_0^1\frac{\arctan x}{(1+x)^2}\mathrm{d}x$.

【分析】 首先，利用凑微分法：$\frac{1}{(1+x)^2}\mathrm{d}x=-\mathrm{d}\left(\frac{1}{1+x}\right)$，然后再利用分部积分法化简定积分，最后利用有理函数积分求解.

【详解】 原式$=-\int_0^1\arctan x\mathrm{d}\left(\frac{1}{1+x}\right)$

$$=-\left[\frac{\arctan x}{1+x}\Big|_0^1-\int_0^1\frac{1}{1+x}\mathrm{d}(\arctan x)\right]$$

$$=-\frac{\pi}{8}+\int_0^1\frac{1}{1+x}\cdot\frac{1}{1+x^2}\mathrm{d}x,$$

其中，$\frac{1}{(1+x)(1+x^2)}=\frac{A}{1+x}+\frac{Bx+C}{1+x^2}$，利用待定系数法求出$A=\frac{1}{2}$，$B=-\frac{1}{2}$，$C=\frac{1}{2}$，于是

$$\int_0^1\frac{1}{1+x}\cdot\frac{1}{1+x^2}\mathrm{d}x=\int_0^1\left[\frac{1}{2(1+x)}-\frac{x-1}{2(1+x^2)}\right]\mathrm{d}x$$

$$=\left[\frac{1}{2}\ln(1+x)-\frac{1}{4}\ln(1+x^2)+\frac{1}{2}\arctan x\right]_0^1$$

$$=\frac{1}{4}\ln 2+\frac{\pi}{8}.$$

所以原式 $=\frac{1}{4}\ln 2$.

例 37 求 $\int_0^{\frac{\pi}{2}} e^x \frac{1+\sin x}{1+\cos x}dx =$ ________.

【分析】 化简三角函数部分，利用分部积分法求解.

【详解】 应填 $e^{\frac{\pi}{2}}$

因为$\frac{1+\sin x}{1+\cos x}=\frac{\left[\sin\left(\frac{x}{2}\right)+\cos\left(\frac{x}{2}\right)\right]^2}{2\cos^2\left(\frac{x}{2}\right)}=\frac{1}{2}\left[1+\tan\left(\frac{x}{2}\right)\right]^2$，于是

$$
\begin{aligned}
\int_0^{\frac{\pi}{2}} e^x \cdot \frac{1+\sin x}{1+\cos x}dx &= \frac{1}{2}\int_0^{\frac{\pi}{2}} e^x\left[1+\tan\left(\frac{x}{2}\right)\right]^2 dx \\
&= \frac{1}{2}\int_0^{\frac{\pi}{2}} e^x \sec^2\left(\frac{x}{2}\right)dx + \int_0^{\frac{\pi}{2}} e^x \tan\left(\frac{x}{2}\right)dx \\
&= \int_0^{\frac{\pi}{2}} e^x d\tan\left(\frac{x}{2}\right) + \int_0^{\frac{\pi}{2}} e^x \tan\left(\frac{x}{2}\right)dx \\
&= e^x\tan\left(\frac{x}{2}\right)\Big|_0^{\frac{\pi}{2}} - \int_0^{\frac{\pi}{2}} \tan\left(\frac{x}{2}\right)e^x dx + \int_0^{\frac{\pi}{2}} e^x\tan\left(\frac{x}{2}\right)dx \\
&= e^{\frac{\pi}{2}}.
\end{aligned}
$$

【注】 在上面的积分中，对 $\int_0^{\frac{\pi}{2}} e^x d\tan\left(\frac{x}{2}\right)$ 利用分部积分法时，恰好产生了 $\int_0^{\frac{\pi}{2}} e^x\tan\left(\frac{x}{2}\right)dx$ 这样一项，它与后面的定积分相互抵消，从而无须求解定积分 $\int_0^{\frac{\pi}{2}} e^x\tan\left(\frac{x}{2}\right)dx$.

例 38 计算下列定积分：

(1) $I=\int_0^{\frac{\pi}{2}} \frac{f(\sin x)}{f(\sin x)+f(\cos x)}dx$($f$ 为连续函数,$f(\sin x)+f(\cos x)\neq 0$)；

(2) $I=\int_0^{\frac{\pi}{4}} \ln(1+\tan x)dx$；

(3) $I=\int_0^{\frac{\pi}{2}} \frac{dx}{1+(\tan x)^{\alpha}}$($\alpha$ 为常数，$(\tan x)^{\alpha}\neq -1$)；

(4) $I=\int_2^4 \frac{\sqrt{\ln(9-x)}}{\sqrt{\ln(9-x)}+\sqrt{\ln(x+3)}}dx$.

【分析】 利用换元法，通过讨论被积函数的轮换对称性，进而求解定积分.

(1)令 $x=\frac{\pi}{2}-t$，则

$$I=\int_0^{\frac{\pi}{2}}\frac{f(\sin x)}{f(\sin x)+f(\cos x)}\mathrm{d}x=-\int_{\frac{\pi}{2}}^{0}\frac{f(\cos t)}{f(\cos t)+f(\sin t)}\mathrm{d}t$$

$$=\int_0^{\frac{\pi}{2}}\frac{f(\sin x)}{f(\sin x)+f(\cos x)}\mathrm{d}x=I,$$

于是整理得：$2I=\int_0^{\frac{\pi}{2}}\mathrm{d}x=\frac{\pi}{2}$,所以解得 $I=\frac{\pi}{4}$.

(2)令 $x=\frac{\pi}{4}-t$，则

$$I=-\int_{\frac{\pi}{4}}^{0}\ln\left(1+\tan\left(\frac{\pi}{4}-t\right)\right)\mathrm{d}t=\int_0^{\frac{\pi}{4}}\ln\left(1+\frac{1-\tan t}{1+\tan t}\right)\mathrm{d}t$$

$$=\int_0^{\frac{\pi}{4}}\ln\left(\frac{2}{1+\tan t}\right)\mathrm{d}t=\int_0^{\frac{\pi}{4}}(\ln2-\ln(1+\tan t))\mathrm{d}t$$

$$-\frac{\pi}{4}\cdot\ln2-\int_0^{\frac{\pi}{4}}\ln(1+\tan t)\mathrm{d}t-\frac{\pi}{4}\cdot\ln2-I.$$

于是整理得：$2I=\frac{\pi}{4}\cdot\ln2$，所以解得 $I=\frac{\pi}{8}\cdot\ln2$.

(3)令 $x=\frac{\pi}{2}-t$，则

$$I=\int_0^{\frac{\pi}{2}}\frac{\mathrm{d}x}{1+(\tan x)^{\alpha}}=-\int_{\frac{\pi}{2}}^{0}\frac{\mathrm{d}t}{1+(\cot t)^{\alpha}}=\int_0^{\frac{\pi}{2}}\frac{(\tan t)^{\alpha}\mathrm{d}t}{1+(\tan t)^{\alpha}},$$

于是

$$2I=\int_0^{\frac{\pi}{2}}\frac{\mathrm{d}x}{1+(\tan x)^{\alpha}}+\int_0^{\frac{\pi}{2}}\frac{(\tan t)^{\alpha}\mathrm{d}t}{1+(\tan t)^{\alpha}}=\int_0^{\frac{\pi}{2}}\mathrm{d}x=\frac{\pi}{2},$$

所以 $I=\frac{\pi}{4}$.

(4) 令 $9-x=t+3$ 时，

$$I=-\int_4^2\frac{\sqrt{\ln(3+t)}}{\sqrt{\ln(3+t)}+\sqrt{\ln(9-t)}}\mathrm{d}t=\int_2^4\frac{\sqrt{\ln(3+x)}}{\sqrt{\ln(3+x)}+\sqrt{\ln(9-x)}}\mathrm{d}x,$$

于是

$$2I=\int_2^4\frac{\sqrt{\ln(3+x)}}{\sqrt{\ln(3+x)}+\sqrt{\ln(9-x)}}\mathrm{d}x+\int_2^4\frac{\sqrt{\ln(9-x)}}{\sqrt{\ln(3+x)}+\sqrt{\ln(9-x)}}\mathrm{d}x=\int_2^4\mathrm{d}x=2,$$

所以 $I=1$,

5. 含有积分上限函数的定积分求解，利用分部积分法化简较为简单易求的定积分

例 39 已知$f(x)=\int_1^{x^2}\frac{\sin t}{t}\mathrm{d}t$,求$\int_0^1 xf(x)\mathrm{d}x$.

【分析】 先将被积函数中除变上限函数外的函数凑成某函数的全微分形式，再利用分部积分法将原定积分转化为含有积分上限函数导函数的积分.

【详解】 因为$f'(x)=\frac{2\sin x^2}{x}$，且$f(1)=0$，于是

$$\begin{aligned}\int_0^1 xf(x)\mathrm{d}x &= \int_0^1 f(x)\mathrm{d}\left(\frac{x^2}{2}\right)=\frac{x^2}{2}f(x)\Big|_0^1-\int_0^1\frac{x^2}{2}f'(x)\mathrm{d}x\\ &=-\int_0^1\frac{x^2}{2}\cdot\frac{2\sin x^2}{x}\mathrm{d}x=-\int_0^1 x\cdot\sin x^2\mathrm{d}x\\ &=\frac{1}{2}\cos x^2\Big|_0^1=\frac{1}{2}(\cos 1-1).\end{aligned}$$

【注】 在计算含有积分上限函数的定积分时，想方设法要出现积分上限函数的导数，这种解决问题的途径，读者要体会到，所以解决积分上限函数的相关问题时，根本途径就是对函数进行求导.

例 40 设$f(t)=\int_1^t \mathrm{e}^{-x^2}\mathrm{d}x$,求$\int_0^1 t^2 f(t)\mathrm{d}t$.

【分析】 同例 39 解法.

【详解】 $f'(t)=\mathrm{e}^{-t^2}$，且$f(1)=0$，于是

$$\begin{aligned}\int_0^1 t^2 f(t)\mathrm{d}t &= \int_0^1 f(t)\mathrm{d}\left(\frac{t^3}{3}\right)=\frac{1}{3}t^3 f(t)\Big|_0^1-\int_0^1\frac{t^3}{3}f'(t)\mathrm{d}t\\ &=-\int_0^1\frac{t^3}{3}\mathrm{e}^{-t^2}\mathrm{d}t=-\frac{1}{6}\int_0^1 t^2\mathrm{e}^{-t^2}\mathrm{d}(t^2).\end{aligned}$$

令 $u=t^2$，于是有

$$\int_0^1 u\mathrm{e}^{-u}\mathrm{d}u=-\int_0^1 u\mathrm{d}(\mathrm{e}^{-u})=-\left[u\mathrm{e}^{-u}\Big|_0^1-\int_0^1\mathrm{e}^{-u}\mathrm{d}u\right]=-\mathrm{e}^{-1}-\mathrm{e}^{-u}\Big|_0^1=1-2\mathrm{e}^{-1}.$$

综上所述，$\int_0^1 t^2 f(t)\mathrm{d}t=\frac{1}{3\mathrm{e}}-\frac{1}{6}$.

6. 利用换元法将原积分化为简单易求的积分

例 41 若 $f(u)$ 是连续函数，证明 $\int_0^\pi xf(\sin x)\mathrm{d}x=\frac{\pi}{2}\int_0^\pi f(\sin x)\mathrm{d}x$，并求定积分 $\int_0^\pi\frac{x\sin x}{3\sin^2 x+4\cos^2 x}\mathrm{d}x$.

【分析】 首先，利用换元法证明等式；然后，将欲求定积分化为更加简单的定积分.

【证明】 作积分变换，令 $x=\pi-t$，则

$$\int_0^\pi xf(\sin x)\mathrm{d}x=-\int_\pi^0(\pi-t)f(\sin(\pi-t))\mathrm{d}t$$

$$= \int_0^{\pi} (\pi - t) f(\sin t) \mathrm{d}t$$

$$= \pi \int_0^{\pi} f(\sin t) \mathrm{d}t - \int_0^{\pi} t f(\sin t) \mathrm{d}t$$

$$= \pi \int_0^{\pi} f(\sin x) \mathrm{d}x - \int_0^{\pi} x f(\sin x) \mathrm{d}x.$$

移项整理得

$$\int_0^{\pi} x f(\sin x) \mathrm{d}x = \frac{\pi}{2} \int_0^{\pi} f(\sin x) \mathrm{d}x .$$

应用此公式，则

$$\int_0^{\pi} \frac{x\sin x}{3\sin^2 x + 4\cos^2 x} \mathrm{d}x = \frac{\pi}{2} \int_0^{\pi} \frac{\sin x}{3 + \cos^2 x} \mathrm{d}x = -\frac{\pi}{2} \int_0^{\pi} \frac{\mathrm{d}\cos x}{3 + \cos^2 x}$$

$$= \frac{-\pi}{2\sqrt{3}} \arctan \frac{\cos x}{\sqrt{3}} \Bigg|_0^{\pi} = \frac{\sqrt{3}}{18} \pi^2.$$

(四)定积分的证明

1. 积分中值定理的有关证明

例 42　设函数 $f(x)$ 在 $[0, 3]$ 上连续，在 $(0, 3)$ 内二阶可导，且

$$2f(0) = \int_0^2 f(x) \mathrm{d}x = f(2) + f(3).$$

(1) 证明存在 $\eta \in (0, 2)$，使得 $f(\eta) = f(0)$；

(2) 证明存在 $\xi \in (0, 3)$，使得 $f''(\xi) = 0$.

【分析】　(1)问中利用积分中值定理证明；(2)问在(1)问的基础上，利用两次罗尔中值定理.

【证明】　(1)因为函数 $f(x)$ 在 $[0, 2]$ 上连续，且存在 $\eta \in (0, 2)$，使得 $\int_0^2 f(x) \mathrm{d}x = 2f(\eta)$，根据题意可得 $f(\eta) = f(0)$；

(2)因为函数 $f(x)$ 在 $[2, 3]$ 上连续，设在该区间上的最大值和最小值分别为 M，m，于是 $m \leqslant f(2) \leqslant M$，$m \leqslant f(3) \leqslant M$，即 $m \leqslant \frac{f(2) + f(3)}{2} \leqslant M$，因为 $f(0) = \frac{f(2) + f(3)}{2}$，由介值定理可得，存在 $\zeta \in (2, 3)$，使得 $f(\zeta) = f(0)$.

设函数 $f(x)$ 在 $[0, \eta]$ 和 $[\eta, \zeta]$ 上连续，且在 $(0, \eta)$ 和 (η, ζ) 内可导，$f(\eta) = f(\zeta) = f(0)$，利用罗尔定理可得，存在 $\xi_1 \in (0, \eta)$ 和 $\xi_2 \in (\eta, \zeta)$，使得

$$f'(\xi_1) = f'(\xi_2) = 0,$$

在区间 $[\xi_1, \xi_2]$ 再次利用罗尔定理可得，存在 $\xi \in (0, 3)$，使得 $f''(\xi) = 0$.

例 43　设 $f(x)$，$g(x)$ 在 $[a, b]$ 上连续，且 $g(x) > 0$. 利用闭区间上连续函数的性质证明：存在一点 $\xi \in [a, b]$，使得

$$\int_a^b f(x)g(x)\,dx = f(\xi)\int_a^b g(x)\,dx.$$

【分析】 利用定积分的保号性和介值定理证明.

【证明】 因为设$f(x)$在$[a, b]$上连续，记函数在该区间上的最大值和最小值分别为M，m，即$m\leqslant f(x)\leqslant M$，又函数$g(x)>0$，所以

$$mg(x)\leqslant f(x)g(x)\leqslant Mg(x).$$

两边同时积分可得

$$m\int_a^b g(x)\,dx \leqslant \int_a^b f(x)g(x)\,dx \leqslant M\int_a^b g(x)\,dx,$$

整理可得

$$m \leqslant \frac{\int_a^b f(x)g(x)\,dx}{\int_a^b g(x)\,dx} \leqslant M.$$

由介值定理可得，存在$\xi\in(a, b)$，使得$f(\xi) = \dfrac{\int_a^b f(x)g(x)\,dx}{\int_a^b g(x)\,dx}$，得证.

例 44 设函数$f(x)$是连续函数

（1）利用定义证明函数$F(x) = \int_0^x f(t)\,dt$可导，且$F'(x)=f(x)$；

（2）当$f(x)$是以 2 为周期的周期函数时，证明对任意的t，有$\int_t^{t+2} f(x)\,dx = \int_0^2 f(x)\,dx$；

（3）当$f(x)$是以 2 为周期的周期函数时，证明函数$G(x) = 2\int_0^x f(t)\,dt - x\int_0^2 f(t)\,dt$都是以 2 为周期的周期函数.

【证明】 (1)
$$\begin{aligned}F'(x) &= \lim_{h\to0}\frac{F(x+h)-F(x)}{h}\\ &= \lim_{h\to0}\frac{\int_0^{x+h} f(t)\,dt - \int_0^x f(t)\,dt}{h}\\ &= \lim_{h\to0}\frac{\int_x^{x+h} f(t)\,dt}{h},\end{aligned}$$

因为函数$f(x)$是连续函数，所以存在$\xi\in(x, x+h)$，使得

$$\int_x^{x+h} f(t)\,dt = f(\xi)\cdot h \quad (x<\xi<x+h)$$

即得$F'(x) = \lim\limits_{h\to0}\dfrac{f(\xi)\cdot h}{h} = \lim\limits_{h\to0} f(\xi) = f(x)$.

（2）令$F(t) = \int_t^{t+2} f(x)\,dx$，于是$F'(t)=f(t+2)-f(t)$，因为$f(x)$是以 2 为周期的周期

函数，所以 $F'(t)\equiv 0$，即函数 $F(t)$ 为常数函数，$F(t)\equiv F(0)=\int_0^2 f(x)\,\mathrm{d}x$.

(3) 由 (2) 问可得

$$G(x+2)-G(x)=\left[2\int_0^{x+2}f(t)\,\mathrm{d}t-(x+2)\int_0^2 f(t)\,\mathrm{d}t\right]-\left[2\int_0^x f(t)\,\mathrm{d}t-x\int_0^2 f(t)\,\mathrm{d}t\right]$$

$$=2\int_x^{x+2}f(t)\,\mathrm{d}t-2\int_0^2 f(t)\,\mathrm{d}t=0.$$

例 45　已知函数 $f(x)$ 在 $[a,\ b]$ 上连续 $(a>0)$，且 $\int_a^b f(x)\,\mathrm{d}x=0$，求证：存在 $\xi\in(a,\ b)$，使得 $\int_a^{\xi} f(x)\,\mathrm{d}x=\xi f(\xi)$.

【分析】　构造函数利用罗尔中值定理证明.

【证明】　令 $F(x)=\dfrac{\int_a^x f(t)\,\mathrm{d}t}{x}$，其导函数为 $F'(x)=\dfrac{\int_a^x f(t)\,\mathrm{d}t-xf(x)}{x^2}$. 因为函数 $f(x)$ 在 $[a,\ b]$ 上连续，所以函数 $F(x)$ 为连续函数，在 $(a,\ b)$ 上可导，且 $F(a)=F(b)=0$，利用罗尔中值定理可得，存在 $\xi\in(a,\ b)$，使得 $F'(\xi)=0$，又 $a>0$，即 $\int_a^{\xi} f(x)\,\mathrm{d}x=\xi f(\xi)$.

【注】　此题涉及积分上限函数的罗尔中值定理，难点在于构造函数.

2. 有关零点的问题

例 46　设函数 $f(x)$ 在 $[0,\ \pi]$ 上连续，且 $\int_0^{\pi} f(x)\,\mathrm{d}x=0$，$\int_0^{\pi} f(x)\cos x\,\mathrm{d}x=0$，试证明：函数 $f(x)$ 在 $(0,\ \pi)$ 内至少存在两个不同的点 ξ_1，ξ_2，使得 $f(\xi_1)=f(\xi_2)=0$.

【分析】　本题将提供两种证明的方法，其一，构造积分上限函数，利用两次罗尔定理证明；其二，利用反证法证明.

【证明】　证法一

记 $F(x)=\int_0^x f(t)\,\mathrm{d}t$，由题意可知：$F(0)=F(\pi)=0$，另一方面，

$$0=\int_0^{\pi} f(x)\cos x\,\mathrm{d}x=\int_0^{\pi}\cos x\,\mathrm{d}[F(x)]$$

$$=F(x)\cos x\Big|_0^{\pi}+\int_0^{\pi}F(x)\sin x\,\mathrm{d}x$$

$$=\int_0^{\pi}F(x)\sin x\,\mathrm{d}x.$$

由积分中值定理可得，存在 $\xi\in(0,\ \pi)$，使得 $F(\xi)\sin\xi=0$，因为 $\sin\xi>0$，所以可得 $F(\xi)=0$；

分别在区间 $[0,\ \xi][\xi,\ \pi]$ 利用罗尔中值定理可得，存在 $\xi_1\in(0,\ \xi)$，$\xi_2\in(\xi,\ \pi)$，使得

$$F'(\xi_1)=F'(\xi_2)=0.$$

得证.

证法二　利用反证法证明

因为函数$f(x)$在$[0,\ \pi]$上连续，又$\int_0^{\pi} f(x)\mathrm{d}x=0$，由积分中值定理可知，存在$\xi\in(0,\ \pi)$，使得$f(\xi)=0$；假设若函数$f(x)$在$(0,\ \pi)$内有且只有一个零点，即$f(\xi)=0$，即函数$f(x)$在$(0,\ \xi)$与$(\xi,\ \pi)$上异号，不妨设$x\in(0,\ \xi)$时，$f(x)>0$；当$x\in(\xi,\ \pi)$时，$f(x)<0$，下面将讨论定积分$\int_0^{\pi} f(x)(\cos x-\cos\xi)\mathrm{d}x$，一方面

$$\begin{aligned}\int_0^{\pi} f(x)(\cos x-\cos\xi)\mathrm{d}x&=\int_0^{\pi} f(x)\cos x\mathrm{d}x-\int_0^{\pi} f(x)\cos\xi\mathrm{d}x\\&=\int_0^{\pi} f(x)\cos x\mathrm{d}x-\cos\xi\int_0^{\pi} f(x)\mathrm{d}x=0,\end{aligned}$$

另一方面，

$$\int_0^{\pi} f(x)(\cos x-\cos\xi)\mathrm{d}x=\int_0^{\xi} f(x)(\cos x-\cos\xi)\mathrm{d}x+\int_{\xi}^{\pi} f(x)(\cos x-\cos\xi)\mathrm{d}x.$$

分别记$I_1=\int_0^{\xi} f(x)(\cos x-\cos\xi)\mathrm{d}x, I_2=\int_{\xi}^{\pi} f(x)(\cos x-\cos\xi)\mathrm{d}x$，于是当$x\in(0,\ \xi)$时，$f(x)>0$，且$\cos x>\cos\xi$，由保号性可得，$I_1>0$；当$x\in(\xi,\ \pi)$时，$f(x)<0$，且$\cos x<\cos\xi$，再次利用保号性可知$I_2>0$，所以上述积分

$$\int_0^{\pi} f(x)(\cos x-\cos\xi)\mathrm{d}x=I_1+I_2>0,$$

这与$\int_0^{\pi} f(x)(\cos x-\cos\xi)\mathrm{d}x=0$相矛盾，所以假设不成立，函数$f(x)$在$(0,\ \pi)$内至少存在两个不同的点$\xi_1$，$\xi_2$，使得$f(\xi_1)=f(\xi_2)=0$.

【注】　上述证明都是比较经典的，思路各有优势，希望读者不要拘泥于某一种做法，要打开思路. 这里不妨再举出类似的例子让读者用上述两种方法证明：设函数$f(x)$在$[a,\ b]$上连续，$\int_a^b f(x)\mathrm{d}x=\int_a^b f(x)\mathrm{e}^x\mathrm{d}x=0$，求证：$f(x)$在$(a,\ b)$内至少有两个零点.

3. 利用积分上限函数证明

例 47　设$f(x)$，$g(x)$在$[a,\ b]$上连续，且满足

$$\int_a^x f(t)\mathrm{d}t\geqslant\int_a^x g(t)\mathrm{d}t, x\in[a,b), \int_a^b f(x)\mathrm{d}x<\int_a^b g(x)\mathrm{d}x,$$

证明：$\int_a^b xf(x)\mathrm{d}x\leqslant\int_a^b xg(x)\mathrm{d}x$.

【分析】　首先，将不等式整理，化为一个定积分，然后借助积分上限函数化简定积分，再利用分部积分法和定积分的保号性证明.

【证明】　设积分上限函数$F(x)=\int_a^x f(t)\mathrm{d}t, G(x)=\int_a^x g(t)\mathrm{d}t$，由题意可知

当$x\in[a,\ b)$时，$F(x)\geqslant G(x)$，$F(a)=G(a)=0$，且$F(b)<G(b)$，

于是定积分

$$\begin{aligned}\int_a^b x[f(x)-g(x)]\mathrm{d}x &= \int_a^b x\mathrm{d}[F(x)-G(x)]\\ &= x[F(x)-G(x)]_a^b - \int_a^b [F(x)-G(x)]\mathrm{d}x\\ &= b[F(b)-G(b)] - \int_a^b [F(x)-G(x)]\mathrm{d}x\end{aligned}$$

因为 $F(b)-G(b)<0$，定积分 $\int_a^b [F(x)-G(x)]\mathrm{d}x$ 中当 $x\subset[a,b)$ 时，$F(x)\geqslant G(x)$，即被积函数 $F(x)-G(x)\geqslant 0$，由定积分的保号性可知 $\int_a^b [F(x)-G(x)]\mathrm{d}x>0$，所以

$$\int_a^b x[f(x)-g(x)]\mathrm{d}x \leqslant 0.$$

即 $\int_a^b xf(x)\mathrm{d}x \leqslant \int_a^b xg(x)\mathrm{d}x.$

【注】 利用积分上限函数证明是定积分证明中十分重要的方法，其主要思路就是将定积分化为原函数的积分，然后根据原函数的相关性质进行证明.

例 48 设 $f(x)$，$g(x)$ 在 $[0,1]$ 上导函数连续，且 $f(0)=0$，$f'(x)\geqslant 0$，$g'(x)\geqslant 0$. 证明：对于任意 $a\in[0,1]$ 有

$$\int_0^a g(x)f'(x)\mathrm{d}x + \int_0^1 f(x)g'(x)\mathrm{d}x \geqslant f(a)g(1).$$

【分析】 下面将给出两种证明的方法，其一为将欲求不等式转化为函数不等式；其二为利用分部积分法结合定积分的性质进行讨论.

【证明】 证法一

设 $F(x)=\int_0^x g(t)f'(t)\mathrm{d}t + \int_0^1 f(t)g'(t)\mathrm{d}t - f(x)g(1)$，则

$$F(1)=\int_0^1 g(x)f'(x)\mathrm{d}x + \int_0^1 f(x)g'(x)\mathrm{d}x - f(1)g(1),$$

事实上，

$$\begin{aligned}\int_0^1 g(x)f'(x)\mathrm{d}x &= \int_0^1 g(x)\mathrm{d}[f(x)]\\ &= f(x)g(x)\Big|_0^1 - \int_0^1 g'(x)f(x)\mathrm{d}x\\ &= f(1)g(1) - \int_0^1 g'(x)f(x)\mathrm{d}x.\end{aligned}$$

所以 $F(1)=0$，下面讨论函数 $F(x)$ 的单调性，

$$F'(x)=g(x)f'(x)-f'(x)g(1)=f'(x)[g(x)-g(1)].$$

因为 $g'(x)\geqslant 0$，所以函数 $g(x)$ 为单调递增函数，对于任何 $x\in[0,1]$ 有 $g(x)\leqslant g(1)$，即 $F'(x)<0$，函数 $F(x)$ 为单调递减函数，$F(x)\geqslant F(1)$，得证.

证法二

$$\int_0^a g(x)f'(x)\mathrm{d}x = \int_0^a g(x)\mathrm{d}[f(x)]$$

$$= g(x)f(x)\Big|_0^a - \int_0^a f(x)g'(x)\mathrm{d}x$$

$$= g(a)f(a) - \int_0^a f(x)g'(x)\mathrm{d}x,$$

于是不等式左边可化为

$$\int_0^a g(x)f'(x)\mathrm{d}x + \int_0^1 f(x)g'(x)\mathrm{d}x = g(a)f(a) - \int_0^a f(x)g'(x)\mathrm{d}x + \int_0^1 f(x)g'(x)\mathrm{d}x$$

$$= g(a)f(a) + \int_a^1 f(x)g'(x)\mathrm{d}x.$$

因为 $x\in[a,1]$，函数 $f'(x)\geqslant 0$ 且 $f(0)=0$，所以 $f(x)\geqslant f(a)$，上式中的定积分

$$\int_a^1 f(x)g'(x)\mathrm{d}x \geqslant \int_a^1 f(a)g'(x)\mathrm{d}x = f(a)\int_a^1 g'(x)\mathrm{d}x$$

$$= f(a)\cdot g(x)\Big|_a^1 = f(a)g(1) - f(a)g(a),$$

综上所述，可以证明

$$\int_0^a g(x)f'(x)\mathrm{d}x + \int_0^1 f(x)g'(x)\mathrm{d}x \geqslant f(a)g(1).$$

例 49 设函数 $f(x)$ 在 $[0,+\infty)$ 上导函数连续，$f(0)=0$，$\left|f(x)-f'(x)\right|\leqslant 1$，求证：

$$|f(x)|\leqslant \mathrm{e}^x-1,\ x\in[0,+\infty).$$

【分析】 构造函数，利用函数的导数与积分的联系证明.

【证明】 令 $F(x)=\mathrm{e}^{-x}f(x)$，其中，$F(0)=0$，其导函数为

$$F'(x)=\mathrm{e}^{-x}[f'(x)-f(x)],$$

下面利用导数与积分的关系建立等式

$$F(x) = \int_0^x F'(t)\mathrm{d}t = \int_0^x \mathrm{e}^{-t}[f'(t)-f(t)]\mathrm{d}t.$$

利用定积分的性质可得

$$|F(x)| = \left|\int_0^x \mathrm{e}^{-t}[f'(t)-f(t)]\mathrm{d}t\right|$$

$$\leqslant \int_0^x \mathrm{e}^{-t}|f'(t)-f(t)|\mathrm{d}t$$

$$\leqslant \int_0^x \mathrm{e}^{-t}\mathrm{d}t = 1-\mathrm{e}^{-x}.$$

不等式两边同时乘以 e^x，于是可得 $|f(x)|\leqslant \mathrm{e}^x-1$，$x\in[0,+\infty)$.

(五)定积分的应用

例 50 现过点 $(1,5)$ 作曲线 Γ：$y=x^3$ 的切线 L.

(1)求 L 的方程；(2)求 Γ 与 L 所围成平面图形 D 的面积；(3)求图形 D 的 $x\geqslant 0$ 的部分绕 x 轴旋转一周而得的立体的体积.

【详解】 (1)设切点为 (x_0,x_0^3)，$y'(x_0)=3x_0^2$，所以 L 的方程为

$$y - x_0^3 = 3x_0^2(x - x_0).$$

令 $x=1$，$y=5$ 代入得 $2x_0^3 - 3x_0^2 + 5 = 0$，整理 $(x_0+1)(2x_0^2 - 5x_0 + 5) = 0$，有唯一实根 $x_0 = -1$，故切点为 $(-1, -1)$，切线 L 的方程为 $y = 3x + 2$.

(2)由 $\begin{cases} y = x^3, \\ y = 3x + 2 \end{cases}$ 解得 $x = -1, 2$，所求 D 的面积为

$$S = \int_{-1}^{2}(3x + 2 - x^3)\mathrm{d}x = \left(\frac{3}{2}x^2 + 2x - \frac{x^4}{4}\right)\Bigg|_{-1}^{2} = \frac{27}{4}.$$

(3)所求体积为

$$V = \pi\int_0^2[(3x+2)^2 - (x^3)^2]\mathrm{d}x = \pi\int_0^2(9x^2 + 12x + 4 - x^6)\mathrm{d}x$$

$$= \pi\left(3x^3 + 6x^2 + 4x - \frac{1}{7}x^7\right)\Bigg|_0^2 = \frac{264}{7}\pi.$$

例 51　求由曲线 $x = \ln(1+y^2)$ 与直线 $x = \ln 2$ 所围成平面图形的面积.

【分析】　利用定积分求解面积

【详解】　因为曲线 $x = \ln(1+y^2)$ 关于坐标轴 x 对称，且曲线过点 $(0, 0)$，由曲线方程 $x = \ln(1+y^2)$ 得 $y = \pm\sqrt{\mathrm{e}^x - 1}$，它与 $x = \ln 2$ 所围成区域 D，其面积为

$$S = 2\int_0^{\ln 2}\sqrt{\mathrm{e}^x - 1}\,\mathrm{d}x.$$

令 $\sqrt{\mathrm{e}^x - 1} = t$，则

$$S = 2\int_0^1 t\cdot\frac{2t}{1+t^2}\mathrm{d}t = 4\int_0^1\frac{1+t^2-1}{1+t^2}\mathrm{d}t$$

$$= 4[t - \arctan t]_0^1 = 4 - \pi.$$

例 52　过抛物线 $y = x^2$ 上一点 (a, a^2) 作切线，问 a 取何值时所作切线与抛物线 $y = -x^2 + 4x - 1$ 所围成的图形面积最小?

【分析】　首先建立围成区域面积函数，然后利用导数工具来求解最值.

【详解】　由题意可得抛物线 $y = x^2$ 在 (a, a^2) 的切线方程为

$$y - a^2 = 2a(x - a),$$

即 $y = 2ax - a^2$，令

$$\begin{cases} y = 2ax - a^2, \\ y = -x^2 + 4x - 1 \end{cases} \Rightarrow x^2 + 2(a-2)x + 1 - a^2 = 0.$$

设此方程的两个解为 x_1，x_2 $(x_1 < x_2)$，则

$$x_1 \cdot x_2 = 1 - a^2,$$

$$x_1 + x_2 = 2(2 - a),$$

$$x_2 - x_1 = 2\sqrt{2a^2 - 4a + 3}.$$

设抛物线 $y = -x^2 + 4x - 1$ 下方、切线上方图形的面积为 S，则

$$\begin{aligned} S &= \int_{x_1}^{x_2} (-x^2 + 4x - 1 - 2ax + a^2)\,\mathrm{d}x \\ &= (x_2 - x_1)\left\{-\frac{1}{3}[(x_1 + x_2)^2 - x_1x_2] + (2 - a)(x_1 + x_2) + a^2 - 1\right\} \\ &= (x_2 - x_1)\frac{2}{3}(2a^2 - 4a + 3) \\ &= \frac{4}{3}(2a^2 - 4a + 3)^{\frac{3}{2}}, \end{aligned}$$

$$S' = 2(2a^2 - 4a + 3)^{\frac{1}{2}}(4a - 4).$$

令 $S' = 0$，解得唯一驻点 $a = 1$，且 $a < 1$ 时 $S' < 0$；当 $a > 1$ 时 $S' > 0$，所以 $a = 1$ 为极小值点，即最小值点，于是 $a = 1$ 时切线与抛物线所围面积最小.

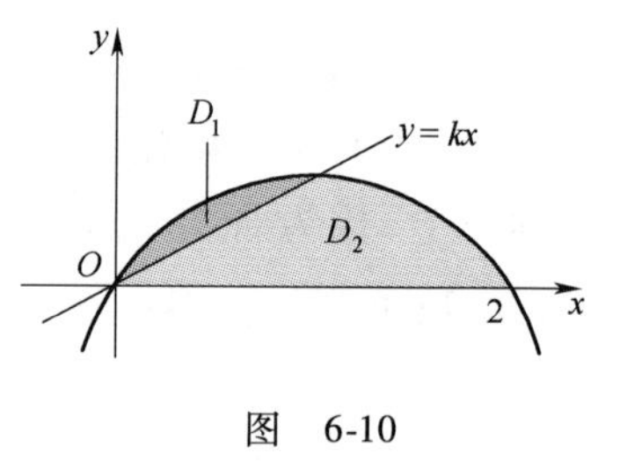

图　6-10

例 53　设 D 是由 $y = 2x - x^2$ 与 x 轴所围的平面图形，直线 $y = kx$ 将 D 分成两部分(如图 6-10 所示)，若 D_1 与 D_2 的面积分别为 S_1 与 S_2，$S_1 : S_2 = 1 : 7$，求平面图形 D_1 的周长以及 D_1 绕 y 轴旋转一周的旋转体体积.

【详解】　曲线 $y = 2x - x^2$ 与直线 $y = kx$ 的交点为 $O(0, 0)$，$A(2 - k, k(2 - k))$　$(0 < k < 2)$，于是

$$S_1 = \int_0^{2-k} (2x - x^2 - kx)\,\mathrm{d}x = \frac{1}{6}(2 - k)^3,$$

$$S_1 + S_2 = \int_0^2 (2x - x^2)\,\mathrm{d}x = \frac{4}{3},$$

$$S_2 = (S_1 + S_2) - S_1 = \frac{4}{3} - \frac{1}{6}(2 - k)^3,$$

由 $S_1 : S_2 = 1 : 7$，所以 $S_2 = 7S_1$，即

$$\frac{4}{3} - \frac{1}{6}(2 - k)^3 = \frac{7}{6}(2 - k)^3.$$

由此解得 $k = 1$，于是点 A 的坐标为$(1, 1)$

区域 D_1 的周长为

$$\begin{aligned} l &= \sqrt{2} + \int_0^1 \sqrt{1 + (y')^2}\,\mathrm{d}x = \sqrt{2} + \int_0^1 \sqrt{1 + 4(1 - x)^2}\,\mathrm{d}x \\ &= \sqrt{2} + \frac{1}{2}\int_0^2 \sqrt{1 + t^2}\,\mathrm{d}t \quad (\text{设 } t = 2(1 - x)), \end{aligned}$$

因为

$$I = \int_0^2 \sqrt{1+t^2}\mathrm{d}t = t\sqrt{1+t^2}\Big|_0^2 - \int_0^2 \frac{1+t^2-1}{\sqrt{1+t^2}}\mathrm{d}t$$

$$= 2\sqrt{5} - \int_0^2 \sqrt{1+t^2}\mathrm{d}t + \int_0^2 \frac{1}{\sqrt{1+t^2}}\mathrm{d}t$$

$$= 2\sqrt{5} - I + \ln(t+\sqrt{1+t^2})\Big|_0^2$$

$$= 2\sqrt{5} - I + \ln(2+\sqrt{5}),$$

所以

$$I = \sqrt{5} + \frac{1}{2}\ln(2+\sqrt{5}),$$

于是

$$l = \sqrt{2} + \frac{1}{2}\sqrt{5} + \frac{1}{4}\ln(2+\sqrt{5}).$$

区域 D_1 绕 y 轴旋转一周所得立体的体积为

$$V = \frac{1}{3}(\pi\cdot 1^2)\cdot 1 - \pi\int_0^1 x^2\mathrm{d}y$$

$$= \frac{\pi}{3} - \pi\int_0^1 (1-\sqrt{1-y})^2\mathrm{d}y$$

$$= \frac{\pi}{3} - \pi\int_0^1 [1-2\sqrt{1-y}+1-y]\mathrm{d}y$$

$$= \frac{\pi}{3} - \pi\left[2y + \frac{4}{3}(1-y)^{\frac{3}{2}} - \frac{1}{2}y^2\right]\Big|_0^1 = \frac{\pi}{6}.$$

例 54　设 D：$y^2 - x^2 \leqslant 4$，$y \geqslant x$，$x+y \geqslant 2$，$x+y \leqslant 4$. 在 D 的边界 $y=x$ 上任取点 P，设 P 到原点的距离为 t，作 PQ 垂直于 $y=x$，交 D 的边界 $y^2-x^2=4$ 于 Q.

(1)试将 P，Q 的距离 $|PQ|$ 表示为 t 的函数；

(2)求 D 绕 $y=x$ 旋转一周的旋转体体积.

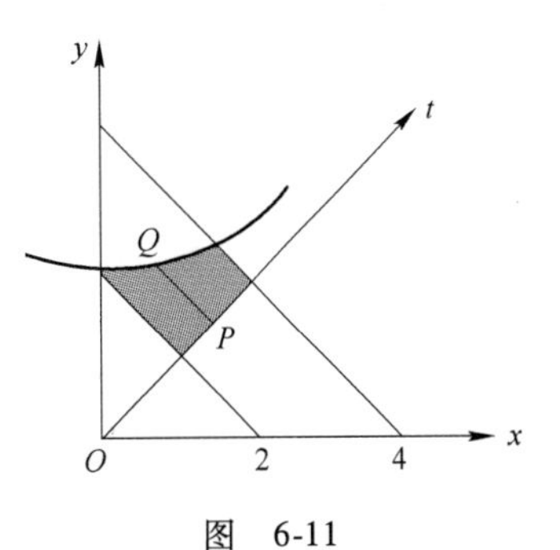

图　6-11

【详解】　(1)如图 6-11 所示，沿 $y=x$ 作坐标轴 t，原点在 O，则 P 在 t 轴上的坐标为 t，在 xOy 面上点 P 的坐标为 $\left(\frac{t}{\sqrt{2}}, \frac{t}{\sqrt{2}}\right)$，所以直线 PQ 的方程为

$$y = -x + \sqrt{2}t \quad (\sqrt{2} \leqslant t \leqslant 2\sqrt{2}).$$

由$\begin{cases} y = -x+\sqrt{2}t, \\ y^2 - x^2 = 4 \end{cases}$解得点 Q 的横坐标为 $x_0 = \dfrac{t}{\sqrt{2}} - \dfrac{\sqrt{2}}{t}$，

所以

$$|PQ| = \sqrt{2}\left(\frac{t}{\sqrt{2}} - x_0\right) = \frac{2}{t}.$$

（2）所求旋转体体积为

$$V = \pi\int_{\sqrt{2}}^{2\sqrt{2}} |PQ|^2 \mathrm{d}t = \pi\int_{\sqrt{2}}^{2\sqrt{2}} \frac{4}{t^2}\mathrm{d}t = 4\pi\left(-\frac{1}{t}\right)\Bigg|_{\sqrt{2}}^{2\sqrt{2}} = \sqrt{2}\pi.$$

第七章　向量与空间解析几何初步

本章知识结构图

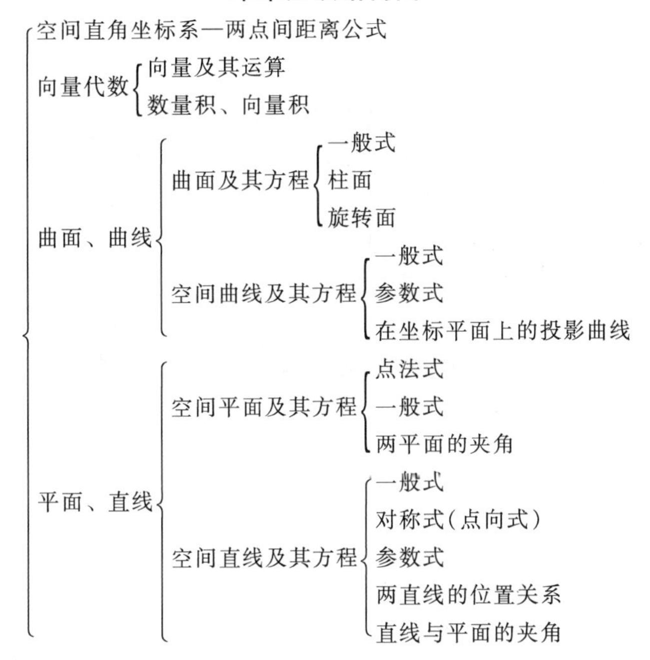

一、内容精要

(一) 空间直角坐标系

1. 空间点的坐标

建立了空间直角坐标系以后，三维空间中的点 M 就与有序实数对 (x, y, z) 之间有了一一对应的关系，这个有序实数对就称为点 M 的坐标.

特殊位置点的坐标：

xOy 面：$(x, y, 0)$，yOz 面：$(0, y, z)$，xOz 面：$(x, 0, z)$；

x 轴：$(x, 0, 0)$，y 轴：$(0, y, 0)$，z 轴：$(0, 0, z)$.

2. 两点间距离公式

空间直角坐标系中的两点间距离计算公式是平面直角坐标系中的两点距离公式的推广，假设空间中两点 $M_1(x_1, y_1, z_1)$，$M_2(x_2, y_2, z_2)$，则两点之间的距离为

$$|M_1M_2| = \sqrt{(x_2 - x_1)^2 + (y_2 - y_1)^2 + (z_2 - z_1)^2}.$$

(二) 向量的基本概念及其坐标表示

1. 向量的概念及坐标表示

既有大小又有方向的量称为向量(矢量)，通常用 $\boldsymbol{a}$，$\boldsymbol{b}$，$\overrightarrow{AB}$等形式表示向量，在建立空间直角坐标系后，若向量 $\boldsymbol{a}=\overrightarrow{OM}$，点 M 的坐标就称为向量 $\boldsymbol{a}$ 的坐标，且有向量 $\boldsymbol{a}=x\boldsymbol{i}+y\boldsymbol{j}+z\boldsymbol{k}$，通常记为$\{x, y, z\}$，其中，$\boldsymbol{i}$，$\boldsymbol{j}$，$\boldsymbol{k}$ 分别表示 x 轴、y 轴和 z 轴上分别取方向与坐标轴正向一致的单位向量.

2. 向径

起点是坐标原点 O，终点是 M 的向量$\overrightarrow{OM}$称为点 M 的向径，注意向径的终点坐标在数值上和向径的坐标一样，但是意义不一样.

3. 向量的模

向量 $\boldsymbol{a}$ 的大小(长度)称为向量的模，记作 $|\boldsymbol{a}|$；若 $\boldsymbol{a}=a_x\boldsymbol{i}+a_y\boldsymbol{j}+a_z\boldsymbol{k}$，

则 $|\boldsymbol{a}|=\sqrt{a_x^2+a_y^2+a_z^2}$，模为 1 的向量称为单位向量记作 $\boldsymbol{a}^0$.

4. 方向角与方向余弦

设向量 $\boldsymbol{a}$ 与三个坐标轴正向间的夹角分别为 α，β，γ，则称角 α，β，γ 为向量 $\boldsymbol{a}$ 的方向角，它们的余弦 $\cos\alpha$，$\cos\beta$，$\cos\gamma$ 称为向量 $\boldsymbol{a}$ 的方向余弦，若 $\boldsymbol{a}=a_x\boldsymbol{i}+a_y\boldsymbol{j}+a_z\boldsymbol{k}$，则

$$\cos\alpha=\frac{a_x}{|\boldsymbol{a}|}=\frac{a_x}{\sqrt{a_x^2+a_y^2+a_z^2}},\ \cos\beta=\frac{a_y}{|\boldsymbol{a}|}=\frac{a_y}{\sqrt{a_x^2+a_y^2+a_z^2}},$$

$$\cos\gamma=\frac{a_z}{|\boldsymbol{a}|}=\frac{a_z}{\sqrt{a_x^2+a_y^2+a_z^2}},\ \cos^2\alpha+\cos^2\beta+\cos^2\gamma=1.$$

与 $\boldsymbol{a}$ 向量方向一致的单位向量为$\{\cos\alpha, \cos\beta, \cos\gamma\}$.

(三) 向量的计算

设 $\boldsymbol{a}=a_x\boldsymbol{i}+a_y\boldsymbol{j}+a_z\boldsymbol{k}=\{a_x, a_y, a_z\}$，$\boldsymbol{b}=b_x\boldsymbol{i}+b_y\boldsymbol{j}+b_z\boldsymbol{k}=\{b_x, b_y, b_z\}$.

1. 加法

由平行四边形法则或三角形法则给出，用坐标表示则有

$$\boldsymbol{a}+\boldsymbol{b}=\{a_x+b_x, a_y+b_y, a_z+b_z\}.$$

2. 数乘向量

$\lambda\boldsymbol{a}$ 是一个向量，模 $|\lambda\boldsymbol{a}|=|\lambda|\,|\boldsymbol{a}|$，而方向规定为：若 $\lambda>0$，则 $\lambda\boldsymbol{a}$ 与 $\boldsymbol{a}$ 同向，若 $\lambda<0$，则 $\lambda\boldsymbol{a}$ 与 $\boldsymbol{a}$ 反向. 用坐标计算为：$\lambda\boldsymbol{a}=\{\lambda a_x, \lambda a_y, \lambda a_z\}$.

【注】 $\lambda\boldsymbol{0}=\boldsymbol{0}$，$0\boldsymbol{a}=\boldsymbol{0}$.

3. 向量的数量积(点积、内积)

$\boldsymbol{a}\cdot\boldsymbol{b}$ 是一个数，规定为 $\boldsymbol{a}\cdot\boldsymbol{b}=|\boldsymbol{a}|\,|\boldsymbol{b}|\cos\theta$，$\theta$ 是 $\boldsymbol{a}$ 与 $\boldsymbol{b}$ 之间的夹角. 用坐标计算则有

$$\boldsymbol{a}\cdot\boldsymbol{b}=a_xb_x+a_yb_y+a_zb_z.$$

两个向量的夹角是指不超过 π 的那个角.

4. 向量的向量积(叉积，外积)

$\boldsymbol{a}\times\boldsymbol{b}$ 是一个向量，其模 $|\boldsymbol{a}\times\boldsymbol{b}|=|\boldsymbol{a}||\boldsymbol{b}|\sin\theta$，$\theta$ 是 $\boldsymbol{a}$ 与 $\boldsymbol{b}$ 之间的夹角，其方向规定为与 $\boldsymbol{a}$，$\boldsymbol{b}$ 都垂直，且 $\boldsymbol{a}$，$\boldsymbol{b}$，$\boldsymbol{a}\times\boldsymbol{b}$ 符合右手系. 用坐标作运算为

$$\boldsymbol{a}\times\boldsymbol{b}=\begin{vmatrix}\boldsymbol{i} & \boldsymbol{j} & \boldsymbol{k}\\ a_x & a_y & a_z\\ b_x & b_y & b_z\end{vmatrix}.$$

(四) 运算法则

1. 加法与数乘

$$\boldsymbol{a}+\boldsymbol{b}=\boldsymbol{b}+\boldsymbol{a},\ (\boldsymbol{a}+\boldsymbol{b})+\boldsymbol{c}=\boldsymbol{a}+(\boldsymbol{b}+\boldsymbol{c}),$$

$$\lambda(\mu\boldsymbol{a})=(\lambda\mu)\boldsymbol{a},(\lambda+\mu)\boldsymbol{a}=\lambda\boldsymbol{a}+\mu\boldsymbol{a},$$

$$\lambda(\boldsymbol{a}+\boldsymbol{b})=\lambda\boldsymbol{a}+\lambda\boldsymbol{b}.$$

2. 数量积

$$\boldsymbol{a}\cdot\boldsymbol{b}=\boldsymbol{b}\cdot\boldsymbol{a},\ (\boldsymbol{a}+\boldsymbol{b})\cdot\boldsymbol{c}=\boldsymbol{a}\cdot\boldsymbol{c}+\boldsymbol{b}\cdot\boldsymbol{c},\ (\lambda\boldsymbol{a})\cdot\boldsymbol{b}=\lambda(\boldsymbol{a}\cdot\boldsymbol{b}).$$

3. 向量积

$$\boldsymbol{a}\times\boldsymbol{b}=-\boldsymbol{b}\times\boldsymbol{a},\ (\lambda\boldsymbol{a})\times\boldsymbol{b}=\lambda(\boldsymbol{a}\times\boldsymbol{b}),$$

$$(\boldsymbol{a}+\boldsymbol{b})\times\boldsymbol{c}=\boldsymbol{a}\times\boldsymbol{c}+\boldsymbol{b}\times\boldsymbol{c},\ \boldsymbol{a}\times\boldsymbol{a}=\boldsymbol{0}.$$

(五) 曲面及其方程

1. 曲面方程

空间直角坐标系中，曲面 S 可由三元方程 $F(x,\ y,\ z)=0$ 表示.

2. 几种特殊曲面的方程

球面：球心在点 $M_0(x_0,\ y_0,\ z_0)$、半径为 R 的球面方程为

$$(x-x_0)^2+(y-y_0)^2+(z-z_0)^2=R^2.$$

特殊地，球心在原点时方程为 $x^2+y^2+z^2=R^2$.

柱面：平行于定直线并沿定曲线 C 移动的直线 L 所形成的点的轨迹叫做柱面，柱面的一般式方程如下.

$F(x,\ y)=0$ 表示以 xOy 面上曲线 C 为准线，母线平行于 z 轴的柱面；

$G(y,\ z)=0$ 表示以 yOz 面上曲线 C 为准线，母线平行于 x 轴的柱面；

$H(y,\ z)=0$ 表示以 xOz 面上曲线 C 为准线，母线平行于 y 轴的柱面.

【注】 缺少一个变量的方程在空间里表示柱面，而要说明其表示某一坐标面的曲线，应该表示成方程组的形式，比如 xOy 面上曲线应表示为 $\begin{cases}F(x,\ y)=0,\\ z=0.\end{cases}$

旋转面：一条平面曲线 C 绕其所在平面上的一条定直线旋转一周所成的曲面叫做旋转

曲面，这条定直线叫做旋转曲面的轴.

曲线$\begin{cases}F(x,\ y)=0,\\ z=0\end{cases}$绕 x 轴旋转的曲面方程为 $F(x,\ \pm\sqrt{y^2+z^2})=0$. 同理，一条坐标平面上的曲线也可以绕该坐标平面中的其他坐标轴旋转，如绕 y 轴旋转的曲面方程为 $F(\pm\sqrt{x^2+z^2},\ y)=0$.

几种常见的二次曲面(见下表)：

曲面名称	方　程	备　注
椭球面	$\frac{x^2}{a^2}+\frac{y^2}{b^2}+\frac{z^2}{c^2}=1$	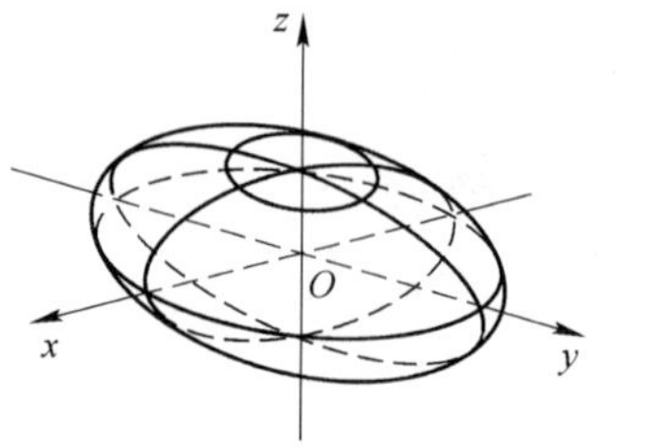
单叶双曲面	$\frac{x^2}{a^2}+\frac{y^2}{b^2}-\frac{z^2}{c^2}=1$	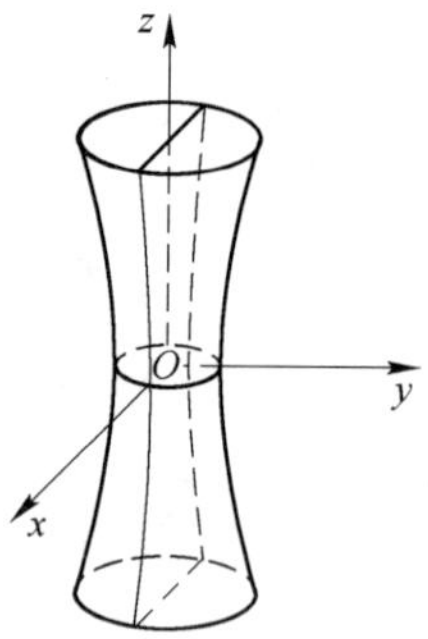
双叶双曲面	$-\frac{x^2}{a^2}+\frac{y^2}{b^2}-\frac{z^2}{c^2}=1$	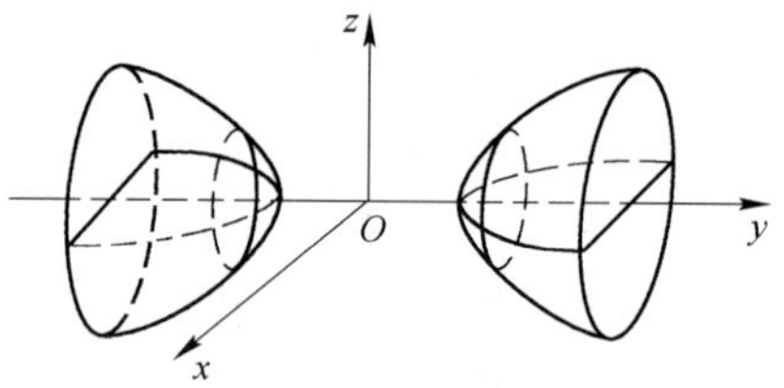
椭圆平抛物面	$\frac{x^2}{a^2}+\frac{y^2}{b^2}=z$	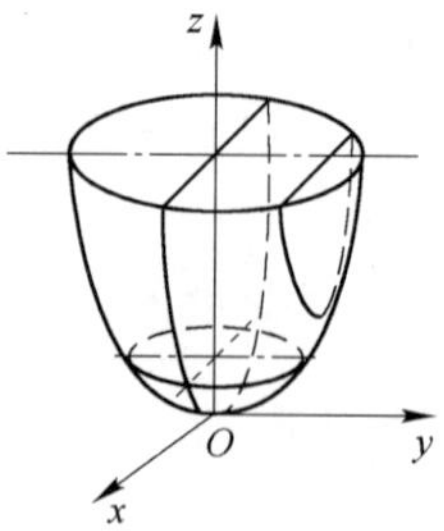

（续）

曲面名称	方　　程	备　　注
圆柱面	$x^2+y^2=R^2$	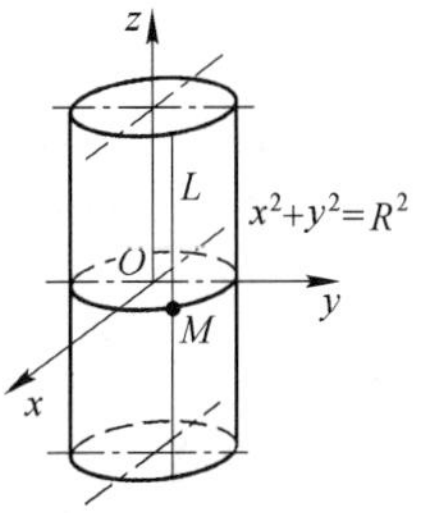

（六）空间曲线及其方程

1. 空间曲线的一般式方程

空间曲线可看做空间两曲面的交线，方程组$\begin{cases}F(x,\ y,\ z)=0,\\G(x,\ y,\ z)=0\end{cases}$为空间曲线的一般式方程.

比如方程组$\begin{cases}x=0,\\y=0\end{cases}$表示 z 轴，方程组$\begin{cases}\dfrac{x^2}{a^2}+\dfrac{y^2}{b^2}+\dfrac{z^2}{c^2}=1,\\z=0\end{cases}$表示 xOy 面上的椭圆周.

2. 空间曲线的参数方程

将曲线上的点的直角坐标 x，y，z 分别表示为 t 的函数，其一般形式为

$$\begin{cases}x=x(t),\\y=y(t),\\z=z(t),\end{cases}$$

这个方程组称为空间曲线的参数方程.

3. 空间曲线的投影

空间曲线 C：$\begin{cases}F(x,\ y,\ z)=0,\\G(x,\ y,\ z)=0\end{cases}$消去变量 z 后，得$\begin{cases}H(x,\ y)=0,\\z=0,\end{cases}$称为空间曲线 C 在 xOy 面上的投影（曲线）.

【注】 求空间曲线在坐标面的投影只要在空间曲线的一般式方程中消去其中的一个变量，然后联立坐标面的方程即可.

（七）空间平面及其方程

1. 点法式

已知平面 Π 过点 $M_0(x_0,\ y_0,\ z_0)$，$\boldsymbol{n}=\{A,\ B,\ C\}$ 为该平面的法向量，则该平面的方程为

$$A(x-x_0)+B(y-y_0)+C(z-z_0)=0.$$

【注】 确定点法式方程的关键是找到平面的法向量和平面上一点.

2. 一般式

三元一次方程 $Ax+By+Cz+D=0$ 称为平面的一般方程，其法向量为 $\boldsymbol{n}=\{A, B, C\}$.

【注】 平面一般方程的几种特殊情况：

(1) $D=0$，平面通过坐标原点；

(2) 若 $A=0$，平面平行于 x 轴；

(3) $A=B=0$，平面平行于 xOy 坐标面.

3. 平面的截距式方程

$$\frac{x}{a}+\frac{y}{b}+\frac{z}{c}=1,$$

其中，a 表示平面在 x 轴上截距，b 表示平面在 y 轴上截距，c 表示平面在 z 轴上截距.

4. 点到平面的距离

点 $M_1(x_0, y_0, z_0)$ 到面 $Ax+By+Cz+D=0$ 的距离为

$$d=\frac{|Ax_0+By_0+Cz_0+D|}{\sqrt{A^2+B^2+C^2}}.$$

5. 两平面的夹角

两平面的夹角通常指的是锐角，设 $\pi_1: A_1x+B_1y+C_1z=0$，$\pi_2: A_2x+B_2y+C_2z=0$，则 π_1，π_2 的夹角可由 $\cos\theta=\dfrac{|A_1A_2+B_1B_2+C_1C_2|}{\sqrt{A_1^2+B_1^2+C_1^2}\cdot\sqrt{A_2^2+B_2^2+C_2^2}}$确定.

特别地，π_1 垂直于 $\pi_2 \Leftrightarrow A_1A_2+B_1B_2+C_1C_2=0$；

π_1 平行于 $\pi_2 \Leftrightarrow \dfrac{A_1}{A_2}=\dfrac{B_1}{B_2}=\dfrac{C_1}{C_2}$.

(八) 空间直线及其方程

1. 一般式方程

空间直线可看成两平面的交线，满足方程组

$$\begin{cases}A_1x+B_1y+C_1z+D_1=0,\\A_2x+B_2y+C_2z+D_2=0,\end{cases}$$

称为空间直线的一般方程.

【注】 空间直线的一般式方程不唯一，例如$\begin{cases}x=0,\\y=0\end{cases}$和$\begin{cases}x+y=0,\\x-y=0\end{cases}$均表示 z 轴.

2. 对称式方程

直线 L 通过点 $M_0(x_0, y_0, z_0)$，向量 $\boldsymbol{s}=\{m, n, p\}$ 为该直线的方向向量，则

$$\frac{x-x_0}{m}=\frac{y-y_0}{n}=\frac{z-z_0}{p}$$

称为直线的对称式方程

【注】（1）直线的方向向量不唯一，但所有的方向向量之间是相互平行的.

（2）确定直线的对称式方程的关键是找通过直线的一点和直线的方向向量.

3. 参数式方程

令$\frac{x-x_0}{m}=\frac{y-y_0}{n}=\frac{z-z_0}{p}=t$，得$\begin{cases}x=x_0+mt,\\ y=y_0+nt,\\ z=z_0+pt,\end{cases}$该方程称为直线的参数式方程.

4. 两直线的位置关系

两直线的方向向量的夹角叫做两直线的夹角（通常指锐角）.

设直线 L_1 与 L_2 的方向向量分别为 $\boldsymbol{s}_1=\{m_1,\ n_1,\ p_1\}$ 与 $\boldsymbol{s}_2=\{m_2,\ n_2,\ p_2\}$，则直线 L_1 与 L_2 的夹角 θ 可由 $\cos\theta=\frac{|m_1m_2+n_1n_2+p_1p_2|}{\sqrt{m_1^2+n_1^2+p_1^2}\cdot\sqrt{m_2^2+n_2^2+p_2^2}}$来确定.

【注】（1）两条直线互相垂直$\Leftrightarrow m_1m_2+n_1n_2+p_1p_2=0$；

（2）两条直线互相平行$\Leftrightarrow\frac{m_1}{m_2}=\frac{n_1}{n_2}=\frac{p_1}{p_2}$.

5. 直线和平面的位置关系

当直线 L 与平面 π 不平行时，过 L 作与平面 π 垂直的平面 π'，两平面 π 与 π' 的交线 L' 叫做直线 L 在平面 π 上的投影直线. 直线 L 和它在平面 π 上的投影直线 L' 的夹角 φ $\left(0\leqslant\varphi\leqslant\frac{\pi}{2}\right)$称为直线与平面的夹角. 如图 7-1 所示.

直线 L 的方向向量为 $\boldsymbol{s}=\{m,\ n,\ p\}$，平面 π 的法向量为 $\boldsymbol{n}=\{A,\ B,\ C\}$，

$$\begin{aligned}\sin\varphi&=\cos\left(\frac{\pi}{2}-\varphi\right)\\&=\left|\cos\left(\frac{\pi}{2}-\varphi\right)\right|\\&=\frac{|Am+Bn+Cp|}{\sqrt{A^2+B^2+C^2}\cdot\sqrt{m^2+n^2+p^2}}.\end{aligned}$$

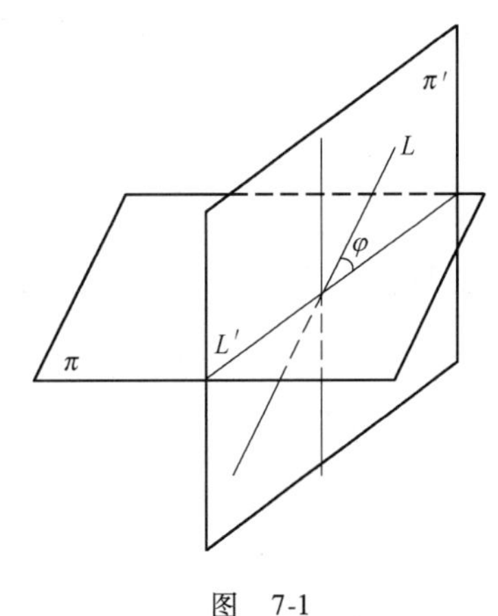

图　7-1

【注】（1）直线与平面平行$\Leftrightarrow Am+Bn+Cp=0$；

（2）直线与平面垂直$\Leftrightarrow\frac{A}{m}=\frac{B}{n}=\frac{C}{p}$.

二、练习题与解答

习题 7.1　空间直角坐标系

1. 求点(4, −3, 5)到各坐标轴的距离.

【解】 点(4, −3, 5)到 x 轴的距离 $d_x=\sqrt{(-3)^2+5^2}=\sqrt{34}$,

点(4, −3, 5)到 y 轴的距离 $d_y=\sqrt{4^2+5^2}=\sqrt{41}$,

点(4, −3, 5)到 z 轴的距离 $d_z=\sqrt{(-3)^2+4^2}=5$.

【注】 一般地，点(x, y, z)到 x 轴的距离为 $d_x=\sqrt{y^2+z^2}$，到 y 轴的距离为 $d_y=\sqrt{x^2+z^2}$，到 z 轴的距离为 $d_z=\sqrt{x^2+y^2}$.

2. 在 yOz 平面上，求与三个已知点(3, 1, 2), 4, −2, −2), (0, 5, 1)等距离的点.

【分析】 利用两点间距离公式. 已知两点 $P(x_1, y_1, z_1)$, $Q(x_2, y_2, z_2)$，则此两点间的距离为

$$|PQ|=\sqrt{(x_1-x_2)^2+(y_1-y_2)^2+(z_1-z_2)^2}.$$

【解】 设 $P(0, y, z)$满足题意，则

$$\begin{cases}\sqrt{3^2+(1-y)^2+(2-z)^2}=\sqrt{4^2+(-2-y)^2+(-2-z)^2},\\ \sqrt{3^2+(1-y)^2+(2-z)^2}=\sqrt{0^2+(5-y)^2+(1-z)^2},\end{cases}$$

解之，得 $y=1$, $z=-2$，所以所求点为(0, 1, −2).

3. 一动点与两定点(2, 3, 1)和(4, 5, 6)等距离，求该动点的轨迹方程.

【解】 设动点坐标 $P(x, y, z)$，则

$$\sqrt{(x-2)^2+(y-3)^2+(z-1)^2}=\sqrt{(x-4)^2+(y-5)^2+(z-6)^2},$$

化简，得 $4x+4y+10y=63$.

习题 7.2　向量及其运算

1. 已知三点 A, B, C 的坐标分别为(1, 0, 0), (1, 1, 0), (1, 1, 1)，求 D 点的坐标，使 $ABCD$ 成一平行四边形.

【解】 设 D 点坐标为(x, y, z)，AC 的中点为 $E\left(\frac{1+1}{2}, \frac{0+1}{2}, \frac{0+1}{2}\right)$，即 $E\left(1, \frac{1}{2}, \frac{1}{2}\right)$，$E$ 也是 BD 的中点，所以

$$1=\frac{1+x}{2},\quad \frac{1}{2}=\frac{1+y}{2},\quad \frac{1}{2}=\frac{0+z}{2},$$

解得 $x=1$, $y=0$, $z=1$，所以 D 点坐标为(1, 0, 1).

【注】　已知两点 $P(x_1, y_1, z_1)$，$Q(x_2, y_2, z_2)$，则 PQ 的中点坐标为 $\left(\frac{x_1+x_2}{2}, \frac{y_1+y_2}{2}, \frac{z_1+z_2}{2}\right)$.

2. 设 $\boldsymbol{a}=\boldsymbol{i}+2\boldsymbol{j}+3\boldsymbol{k}$，$\boldsymbol{b}=2\boldsymbol{i}-2\boldsymbol{j}+3\boldsymbol{k}$，求(1)$\boldsymbol{a}+\boldsymbol{b}$；(2)$\boldsymbol{a}-\boldsymbol{b}$；(3)$2\boldsymbol{a}-3\boldsymbol{b}$.

【解】　(1) $\boldsymbol{a}+\boldsymbol{b}=3\boldsymbol{i}+6\boldsymbol{k}$；

(2) $\boldsymbol{a}-\boldsymbol{b}=-\boldsymbol{i}+4\boldsymbol{j}$；

(3) $2\boldsymbol{a}-3\boldsymbol{b}=2\boldsymbol{i}+4\boldsymbol{j}+6\boldsymbol{k}-(6\boldsymbol{i}-6\boldsymbol{j}+9\boldsymbol{k})=-4\boldsymbol{i}+10\boldsymbol{j}-3\boldsymbol{k}$.

【注】　已知 $\boldsymbol{a}=x_1\boldsymbol{i}+y_1\boldsymbol{j}+z_1\boldsymbol{k}$，$\boldsymbol{b}=x_2\boldsymbol{i}-y_2\boldsymbol{j}+z_2\boldsymbol{k}$，$\lambda$，$\mu$ 为常数，则

$$\lambda\boldsymbol{a}+\mu\boldsymbol{b}=(\lambda x_1+\mu x_2)\boldsymbol{i}+(\lambda y_1+\mu y_2)\boldsymbol{j}+(\lambda z_1+\mu z_2)\boldsymbol{k}.$$

3. 设点 $A(1, -1, 2)$，$B(4, 1, 3)$，求

(1) $\overrightarrow{AB}$在三个坐标轴上的坐标和分向量；(2) $\overrightarrow{AB}$的方向余弦.

【解】　(1) $\overrightarrow{AB}=\{4, 1, 3\}-\{1, -1, 2\}=\{3, 2, 1\}$，在 x 轴上的坐标和分向量为 3，在 y 轴上的坐标和分向量为 2，在 z 轴上的坐标和分向量为 1；

(2) $|\overrightarrow{AB}|=\sqrt{3^2+2^2+1^2}=\sqrt{14}$，故 $\cos\alpha=\frac{3}{\sqrt{14}}$，$\cos\beta=\frac{2}{\sqrt{14}}$，$\cos\gamma=\frac{1}{\sqrt{14}}$.

4. 设$\overrightarrow{AB}$为一单位向量，它在 x 轴和 y 轴上的投影(即 x 轴上，y 轴上坐标)分别为 $-\frac{1}{2}$，$\frac{1}{2}$，求$\overrightarrow{AB}$与 z 轴正向的夹角.

【解】　令$\overrightarrow{AB}$在 z 轴上坐标为 z，有$\overrightarrow{AB}=\left\{-\frac{1}{2}, \frac{1}{2}, z\right\}$，$|\overrightarrow{AB}|=\sqrt{\frac{1}{4}+\frac{1}{4}+z^2}=1$，

解得 $z=\pm\frac{\sqrt{2}}{2}$，故 $\overrightarrow{AB}=\left\{-\frac{1}{2},\frac{1}{2}, \pm\frac{\sqrt{2}}{2}\right\}$，$\cos\gamma=\frac{\overrightarrow{AB}\cdot\boldsymbol{k}}{|\overrightarrow{AB}||\boldsymbol{k}|}=\frac{\pm\frac{\sqrt{2}}{2}}{1\times1}$，

从而 $\cos\gamma=\pm\frac{\sqrt{2}}{2}$，有 $\gamma=\frac{\pi}{4}$或$\frac{3\pi}{4}$.

5. 求与$\overrightarrow{AB}=\{1, -2, 3\}$平行且$\overrightarrow{AB}\cdot\boldsymbol{b}=28$ 的向量 $\boldsymbol{b}$.

【分析】　两向量相互平行时两向量的对应坐标的比值相等．

【解】　令 $\boldsymbol{b}=\{x, y, z\}$，由$\overrightarrow{AB}$与 $\boldsymbol{b}$ 相互平行，可得$\frac{x}{1}=\frac{y}{-2}=\frac{z}{3}=k$，

从而 $x=k$，$y=-2k$，$z=3k$，于是由 $x-2y+3z=28$，可得

$$k-2(-2k)+3(3k)=14k=28，即 k=2.$$

6. 计算(1)$(2\boldsymbol{i}-\boldsymbol{j})\cdot\boldsymbol{j}$；(2)$(2\boldsymbol{i}+3\boldsymbol{j}+4\boldsymbol{k})\cdot\boldsymbol{k}$；(3)$(\boldsymbol{i}+5\boldsymbol{j})\cdot\boldsymbol{i}$.

【解】　(1) $(2\boldsymbol{i}-\boldsymbol{j})\cdot\boldsymbol{j}=2\boldsymbol{i}\cdot\boldsymbol{j}-\boldsymbol{j}^2=-1$；

(2) $(2\boldsymbol{i}+3\boldsymbol{j}+4\boldsymbol{k})\cdot\boldsymbol{k}=4$；

(3) $(\boldsymbol{i}+5\boldsymbol{j})\cdot\boldsymbol{i}=1$.

【注】 利用 $\boldsymbol{i}\cdot\boldsymbol{i}=1$，$\boldsymbol{j}\cdot\boldsymbol{j}=1$，$\boldsymbol{k}\cdot\boldsymbol{k}=1$，$\boldsymbol{i}\cdot\boldsymbol{j}=0$，$\boldsymbol{k}\cdot\boldsymbol{i}=0$，$\boldsymbol{j}\cdot\boldsymbol{k}=0$ 化简整理.

7. 验证 $\boldsymbol{a}=\boldsymbol{i}+3\boldsymbol{j}-\boldsymbol{k}$ 与 $\boldsymbol{b}=2\boldsymbol{i}-\boldsymbol{j}-\boldsymbol{k}$ 垂直.

【分析】 利用 $\boldsymbol{a}\perp\boldsymbol{b}\Leftrightarrow\boldsymbol{a}\cdot\boldsymbol{b}=0$.

【解】 因为 $\boldsymbol{a}\cdot\boldsymbol{b}=(\boldsymbol{i}+3\boldsymbol{j}-\boldsymbol{k})\cdot(2\boldsymbol{i}-\boldsymbol{j}-\boldsymbol{k})=2-3+1=0$，故垂直.

8. 设 $\boldsymbol{a}=\{3,\ 5,\ -2\}$，$\boldsymbol{b}=\{2,\ 1,\ 4\}$，问 λ 与 μ 有怎样的关系，能使得 $\lambda\boldsymbol{a}+\mu\boldsymbol{b}$ 与 $\boldsymbol{k}$ 垂直?

【解】 $\lambda\boldsymbol{a}=\{3\lambda,\ 5\lambda,\ -2\lambda\}$，$\mu\boldsymbol{b}=\{2\mu,\ \mu,\ 4\mu\}$，$(\lambda\boldsymbol{a}+\mu\boldsymbol{b})=\{3\lambda+2\mu,\ 5\lambda+\mu,\ -2\lambda+4\mu\}$，由两向量垂直等价于两向量的数量积为零，知

$$(\lambda\boldsymbol{a}+\mu\boldsymbol{b})\cdot\boldsymbol{k}=\{3\lambda+2\mu,5\lambda+\mu,-2\lambda+4\mu\}\cdot\{0,0,1\}=-2\lambda+4\mu=0,$$

化简得 $\lambda=2\mu$，故当 $\lambda=2\mu$ 时，$\lambda\boldsymbol{a}+\mu\boldsymbol{b}$ 与 $\boldsymbol{k}$ 垂直.

9. 求同时垂直于两向量 $\boldsymbol{a}=2\boldsymbol{i}-\boldsymbol{j}+\boldsymbol{k}$ 及 $\boldsymbol{b}=\boldsymbol{i}+2\boldsymbol{j}-\boldsymbol{k}$ 的单位向量.

【解】 设 $\boldsymbol{c}=\{x,\ y,\ x\}$ 为所求向量，由题意有 $\boldsymbol{a}\cdot\boldsymbol{c}=0$，$\boldsymbol{b}\cdot\boldsymbol{c}=0$，$|\boldsymbol{c}|=1$，

从而 $\begin{cases}2x-y+z=0,\\ x+2y-z=0,\\ x^2+y^2+z^2=1\end{cases}$ 由前两个方程得 $y=-3x$，$z=-5x$，代入第三个方程有

$$x^2+9x^2+25x^2=1,\text{即 } x^2=\frac{1}{35},x=\pm\frac{1}{\sqrt{35}},\text{故 } \boldsymbol{c}=\pm\frac{1}{\sqrt{35}}\{1,\ -3,\ -5\}.$$

习题 7.3　曲面及其方程

1. 画出下列各方程所表示的曲面.

(1) $\left(x-\dfrac{a}{2}\right)^2+y^2=\dfrac{a^2}{4}$;　　(2) $-\dfrac{x^2}{4}+\dfrac{y^2}{9}=1$;

(3) $y^2-z=0$;　　(4) $z=2-x^2$.

【分析】 当曲面的方程缺少变量时曲面就是柱面，且缺少哪一个变量，曲面的母线就平行于哪一变量对应的坐标轴.

【解】 上述的曲面图形为

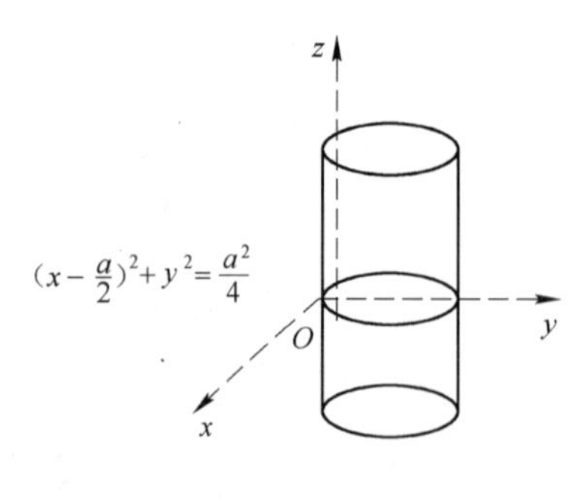

(1)

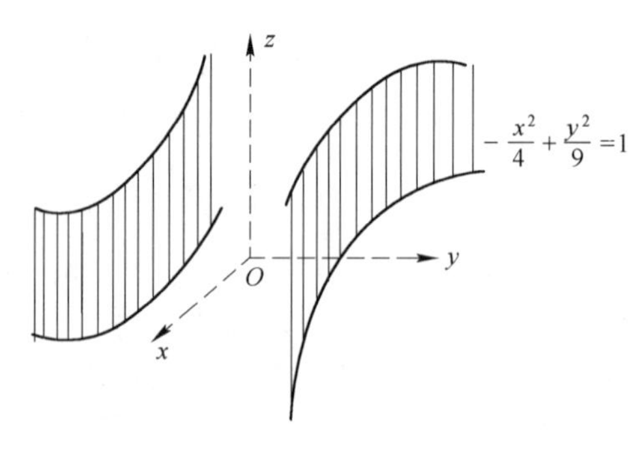

(2)

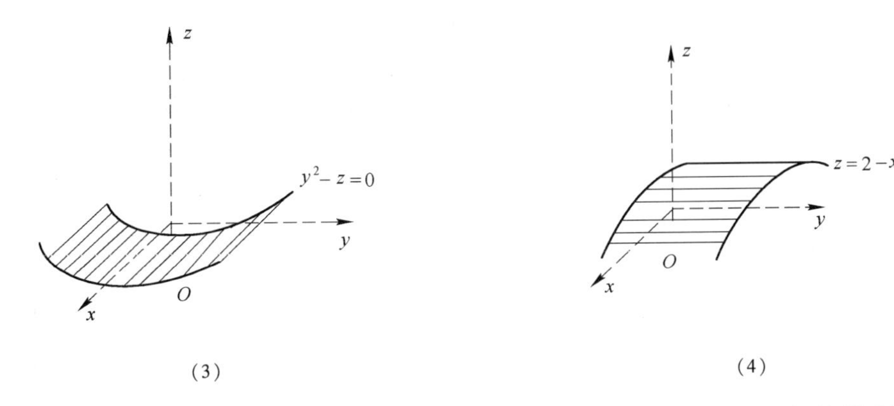

(3)　　　　　　(4)

2. 将 xOy 坐标面上的抛物线 $y^2=5x$ 绕 x 轴旋转一周，求所生成的旋转曲面的方程.

【分析】 曲线$\begin{cases}F(x,\ y)=0,\\ z=0\end{cases}$绕 x 轴旋转的曲面方程为 $F(x,\ \pm\sqrt{y^2+z^2})=0$.

【解】 $(\pm\sqrt{y^2+z^2})^2=5x$，即 $y^2+z^2=5x$.

3. 将 xOz 坐标面上的圆 $x^2+z^2=9$ 绕 z 轴旋转一周，求所生成的旋转曲面的方程.

【分析】 曲线$\begin{cases}F(x,\ z)=0,\\ z=0\end{cases}$绕 z 轴旋转的曲面方程为 $F(\pm\sqrt{x^2+y^2},\ z)=0$.

【解】 $(\pm\sqrt{x^2+y^2})^2+z^2=9$，即 $x^2+y^2+z^2=9$.

4. 将 xOy 坐标面上的双曲线 $4x^2-9y^2=36$ 分别绕 x 轴及 y 轴旋转一周，求所生成的旋转曲面的方程.

【解】 绕 x 轴：

$$4x^2-9(\pm\sqrt{y^2+z^2})^2=36,\text{即}\ 4x^2-9(y^2+z^2)=36.$$

绕 y 轴：

$$4(\pm\sqrt{x^2+z^2})^2-9y^2=36,\text{即}\ 4(x^2+z^2)-9y^2=36.$$

习题 7.4　平面及其方程

1. 一平面过点(5，-7，4)且在各坐标轴上截距相等，试求该平面方程.

【解】 设平面在坐标轴上的截距为 a，所求平面方程为$\dfrac{x}{a}+\dfrac{y}{a}+\dfrac{z}{a}=1$，即 $x+y+z=a$，将点(5，-7，4)代入平面方程有 $5-7+4=a$，解得 $a=2$，故所求平面方程为 $x+y+z=2$.

【注】 题中出现平面的截距时，一般都会用平面的截距式方程$\dfrac{x}{a}+\dfrac{y}{b}+\dfrac{z}{c}=1$，其中，$a$，$b$，$c$ 分别为平面在 x 轴、y 轴、z 轴上的截距.

2. 求下列平面方程：

(1) 过 z 轴和点(-3，1，-2)；

(2) 平行于 x 轴且过两点(4, 0, −2), (5, 1, 7);

(3) 垂直于平面 $x-4y+5z-1=0$ 且过原点和点(−2, 7, 3).

【分析】 一般地，若题目中没有出现平面在坐标轴上的截距或向量等信息，都可以利用平面的一般式方程求解.

【解】 (1) 设平面方程为 $Ax+By+Cz+D=0$，由过 z 轴，

知 $C=0$，$D=0$，因此 $Ax+By=0$，又过点(−3, 1, −2)，知

$-3A+B=0$，即 $B=3A$，从而可得 $x+3y=0$.

(2) 设平面方程为 $Ax+By+Cz+D=0$，由平行于 x 轴，知 $A=0$，有 $By+Cz+D=0$，又平面过两点(4, 0, −2), (5, 1, 7)，故

$$\begin{cases}-2C+D=0,\\B+7C+D=0,\end{cases}\text{解得 } D=2C, B=-9C,$$

于是平面的方程为 $-9y+z+2=0$.

(3) 设平面方程为 $Ax+By+Cz+D=0$，由过原点，知 $D=0$，从而 $Ax+By+Cz=0$，设其法向量为 $\{A, B, C\}$，已知平面的法向量为 $\{1, -4, 5\}$，由题意可知

$$\begin{cases}A-4B+5C=0,\\-2A+7B+3C=0,\end{cases}\text{解得}\begin{cases}A=47C,\\B=13C,\end{cases}$$

从而所求平面方程为 $47x+13y+z=0$.

【注】 平面的一般式方程 $Ax+By+Cz+D=0$ 中，若 $A=0$，则平面和 x 轴平行；若 $B=0$，则平面和 y 轴平行；若 $C=0$，则平面和 z 轴平行；若 $D=0$，则平面通过坐标原点.

3. 求平面 $x+3y+z-1=0$，$2x-y-z=0$，$-x+2y+2z=3$ 的交点.

【分析】 两平面相交为一直线，三平面相交为一点.

【解】 将三平面方程联立方程组，有

$$\begin{cases}x+3y+z-1=0,\\2x-y-z=0,\\-x+2y+2z=3,\end{cases}\text{解得}\begin{cases}x=1,\\y=-1,\\z=3,\end{cases}$$

因此所求交点为(1, −1, 3).

习题 7.5　空间曲线及其方程

1. 求曲线 $\begin{cases}y^2+z^2-2x=0,\\z=3\end{cases}$ 在 xOy 面上的投影曲线方程，并指出原曲线是什么曲线.

【分析】 空间曲线 C：$\begin{cases}F(x, y, z)=0,\\G(x, y, z)=0,\end{cases}$ 消去变量 z 后得 $\begin{cases}H(x, y)=0,\\z=0\end{cases}$ 即为空间曲线 C 在 xOy 面上的投影曲线.

【解】 将 $z=3$ 代入到 $y^2+z^2-2x=0$ 中，即得曲线的投影曲线

$\begin{cases}y^2+9-2x=0,\\z=0,\end{cases}$ 原曲线是抛物线.

2. 求曲线$\begin{cases} z=2-x^2-y^2, \\ z=(x-1)^2+(y-1)^2 \end{cases}$在三个坐标面上的投影曲线的方程.

【解】 (1) 求对 xOy 面的投影柱面方程，需消去 z，得投影柱面方程

$$2-x^2-y^2=(x-1)^2+(y-1)^2=x^2+y^2-2x-2y+2,$$

故得在 xOy 面上的投影曲线$\begin{cases} x^2+y^2-x-y=0, \\ z=0. \end{cases}$

(2) 求对 yOz 面上的投影柱面方程，需消去 x.

第一个方程变形为 $x^2=2-y^2-z$，第二个方程变形为 $z=x^2+y^2-2x-2y+2$，两式相减得 $2z=4-2x-2y$，即 $x=2-y-z$，将 $x=2-y-z$ 代入到 $x^2=2-y^2-z$，得投影柱面方程 $2y^2+2yz+z^2-4y-3z+2=0$，故得在 yOz 面上的投影曲线

$$\begin{cases} 2y^2+2yz+z^2-4y-3z+2=0, \\ x=0. \end{cases}$$

(3) 要求在 xOz 面上的投影曲线，需消去方程组中的 y.

由 $z=-x^2-y^2+2$ 得 $y^2=2-x^2-z$，与方程 $z=x^2+y^2-2x-2y+2$ 相减得 $y=2-x-z$，将 $y=2-x-z$ 代入到 $y^2=2-x^2-z$，得投影柱面方程 $2x^2+2xz+z^2-4x-3z+2=0$，故得在 zOx 面上的投影曲线

$$\begin{cases} 2x^2+2xz+z^2-4x-3z+2=0, \\ y=0. \end{cases}$$

【注】 有时对曲线方程的方程组消去某一变量不能通过直接两式作差获得，此时可作差得到一个更为简单的方程，将要消去的变量用其他变量表示，再代入原来的任一方程.

习题 7.6　空间直线及其方程

1. 求过点(1，1，1)且平行于直线$\frac{x-1}{2}=y+2=\frac{z-2}{\sqrt{2}}$的直线方程.

【分析】 由直线的点向式方程容易获得. 若直线 L 通过点 $M_0(x_0, y_0, z_0)$，向量 $\boldsymbol{s}=\{m, n, p\}$为直线的方向向量，则直线的点向式方程为$\frac{x-x_0}{m}=\frac{y-y_0}{n}=\frac{z-z_0}{p}$.

【解】 设所求直线方程为$\frac{x-1}{A}=\frac{y-1}{B}=\frac{z-1}{C}$，其方向向量为 $\boldsymbol{n}_1=\{A, B, C\}$，已知直线的方向向量为$\{2, 1, \sqrt{2}\}$，则两直线的方向向量平行，有

$\frac{A}{2}=\frac{B}{1}=\frac{C}{\sqrt{2}}$，从而 $A=\sqrt{2}C$，$B=\frac{\sqrt{2}}{2}C$，故得 $\boldsymbol{n}_1=C\left\{\sqrt{2}, \frac{\sqrt{2}}{2}, 1\right\}$，

因此所求直线方程为$\frac{x-1}{\sqrt{2}}=\frac{y-1}{\frac{\sqrt{2}}{2}}=\frac{z-1}{1}$.

2. 用对称式方程表示直线$\begin{cases} x-y+z=1, \\ 2x+y+z=4. \end{cases}$

【分析】 先求得直线上一点，再求出直线的方向向量，用直线的点向式方程.

【解】 令 $z=0$，得$\begin{cases}x-y=1,\\2x+y=4,\end{cases}$求解知 $x=\dfrac{5}{3}$，$y=\dfrac{2}{3}$.

直线的方向向量为$\{1,\ -1,\ 1\}\times\{2,\ 1,\ 1\}=\{-2,\ 1,\ 3\}$，

因此直线的对称式方程为$\dfrac{x-\dfrac{5}{3}}{-2}=\dfrac{y-\dfrac{2}{3}}{1}=\dfrac{z}{3}$.

3. 求过点$(2,\ 0,\ -3)$且与直线$\begin{cases}x-2y+4z-7=0,\\3x+5y-2z+1=0\end{cases}$垂直的平面方程.

【分析】 直线的方向向量可充当平面的法向量.

【解】 直线的方向向量为$\{1,\ -2,\ 4\}\times\{3,\ 5,\ -2\}=\{-16,\ 14,\ 11\}$，用平面的点法式方程得

$$-16(x-2)+14y+11(z+3)=0,\text{ 即 }-16x+14y+11z+65=0.$$

4. 求过点$(3,\ 1,\ -2)$且通过直线$\dfrac{x-4}{5}=\dfrac{y+3}{2}=\dfrac{z}{1}$的平面方程.

【分析】 平面通过一直线时会通过直线上任一点，直线的方向向量与平面平行.

【解】 设平面方程为 $Ax+By+Cz+D=0$，且过直线上点$(4,\ -3,\ 0)$，又过点$(3,\ 1,\ -2)$，过此两点的向量为$(1,\ -4,\ 2)$，则平面法向量既与$(1,\ -4,\ 2)$垂直，又与直线的方向向量垂直，有

$$\begin{cases}5A+2B+C=0,\\A-4B+2C=0\end{cases}\text{可得 }A=-\frac{4}{11}C,\ B=\frac{9}{22}C,\ D=\frac{59}{22}C,$$

所以所求平面方程为 $-8x+9y+22z+59=0$.

5. 确定下列各组中的直线和平面的关系：

(1) $\dfrac{x+3}{-2}=\dfrac{y+4}{-7}=\dfrac{z}{3}$和 $4x-2y-2z=3$；

(2) $\dfrac{x}{3}=\dfrac{y}{-2}=\dfrac{z}{7}$和 $3x-2y+7z=8$；

(3) $\dfrac{x-2}{3}=\dfrac{y+2}{1}=\dfrac{z-3}{-4}$和 $x+y+z=3$.

【分析】 只要判别直线的方向向量和平面的法向量位置关系即可.

【解】 (1) 因为$\{-2,\ -7,\ 3\}\cdot\{4,\ -2,\ -2\}=-8+14-6=0$，所以平行；

(2) 平面的法向量等于直线的方向向量，所以垂直；

(3) 因为$\{3,\ 1,\ -4\}\cdot\{1,\ 1,\ 1\}=3+1-4=0$，所以平行，又由于点$(2,\ -2,\ 3)$在平面 $x+y+z=3$ 上，故直线在平面上.

三、自测题 AB 卷与答案

自测题 A

1. 选择题：

(1) 已知向量$\overrightarrow{PQ}=\{4,\ -4,\ 7\}$的终点为$Q(2,\ -1,\ 7)$，则起点$P$的坐标为

(A) $(-2,\ 3,\ 0)$；　　(B) $(2,\ -3,\ 0)$；

(C) $(4,\ -5,\ 14)$；　　(D) $(-4,\ 5,\ 14)$.　　[　　]

(2) 通过点$M(-5,\ 2,\ -1)$，且平行于yOz平面的平面方程为

(A) $x+5=0$；　　(B) $y-2=0$；

(C) $z+1=0$；　　(D) $x-1=0$.　　[　　]

(3) 曲面$z=\sqrt{x}+y^2$的图形关于

(A) yOz平面对称；　　(B) xOy平面对称；

(C) xOz平面对称；　　(D) 原点对称.　　[　　]

(4) 零向量的方向

(A) 是一定的；　　(B) 是任意的；

(C) 与坐标轴间的夹角相等；　　(D) 以上结论都不对.　　[　　]

(5) $2x+3y+4z=1$在x，y，z轴上的截距分别为

(A) 2，3，4；　　(B) $\frac{1}{2}$，$\frac{1}{3}$，$\frac{1}{4}$；

(C) 1，$\frac{3}{2}$，2；　　(D) $\frac{1}{2}$，$\frac{1}{5}$，$\frac{1}{4}$.　　[　　]

2. 填空题：

(1) 设向量$\boldsymbol{a}=2\boldsymbol{i}-\boldsymbol{j}+\boldsymbol{k}$，$\boldsymbol{b}=4\boldsymbol{i}-2\boldsymbol{j}+\lambda\boldsymbol{k}$，当$\lambda=$________时，$\boldsymbol{a}$与$\boldsymbol{b}$相互垂直.

(2) 曲线L：$\begin{cases}x^2+y^2+z^2=1,\\ z^2=3(x^2+y^2)\end{cases}$在$xOy$平面上的投影曲线方程为__________.

(3) 旋转曲面$z=2-\sqrt{x^2+y^2}$是由曲线__________或__________绕z轴旋转一周而得.

(4) 已知$|\boldsymbol{a}|=3$，$|\boldsymbol{b}|=5$，$|\boldsymbol{a}+\boldsymbol{b}|=6$，则$|\boldsymbol{a}-\boldsymbol{b}|=$__________.

(5) 柱面$y=2x^2$的母线与__________轴平行，其准线为_______________.

3. 计算题：

(1) 已知向量$\boldsymbol{a}=x\boldsymbol{i}+2\boldsymbol{j}-\boldsymbol{k}$与$\boldsymbol{b}=\boldsymbol{i}+\boldsymbol{j}+z\boldsymbol{k}$相互垂直，且$|\boldsymbol{a}|=3$，求$x$，$z$.

(2) 求经过点$(2,\ -3,\ 5)$且垂直于平面$9x-4y+2z-11=0$的直线方程.

(3) 求经过点$(2,\ -3,\ 5)$且与直线$\frac{x+2}{3}=\frac{y-4}{-1}=\frac{z-1}{5}$平行的直线方程.

(4) 求球面$x^2+y^2+z^2=9$与平面$x+z=1$的交线在xOy面上的投影的方程.

自测题 B

1. 选择题：

（1）设向量 $\boldsymbol{a}$ 与 $\boldsymbol{b}$ 平行但方向相反，且 $|\boldsymbol{a}|>|\boldsymbol{b}|>0$，则下列式子正确的是

（A）$|\boldsymbol{a}+\boldsymbol{b}|<|\boldsymbol{a}|-|\boldsymbol{b}|$；　（B）$|\boldsymbol{a}+\boldsymbol{b}|>|\boldsymbol{a}|-|\boldsymbol{b}|$；

（C）$|\boldsymbol{a}+\boldsymbol{b}|=|\boldsymbol{a}|+|\boldsymbol{b}|$；　（D）$|\boldsymbol{a}+\boldsymbol{b}|=|\boldsymbol{a}|-|\boldsymbol{b}|$.　[　　]

（2）设球面方程为 $x^2+(y-1)^2+(z+2)^2=2$，则下列点在球面内部的是

（A）(1，2，3)；　（B）(0，1，−1)；

（C）(0，1，1)；　（D）(1，1，1).　[　　]

（3）在空间直角坐标系下，方程 $3x+5y=0$ 的图形为

（A）通过原点的直线；　（B）垂直于 z 轴的直线；

（C）垂直于 z 轴的平面；　（D）通过 z 轴的平面.　[　　]

（4）$\boldsymbol{a}=\{a_x, a_y, a_z\}$，$\boldsymbol{b}=\{b_x, b_y, b_z\}$，若 $\boldsymbol{a}/\!/\boldsymbol{b}$，则

（A）$a_xb_x+a_yb_y+a_zb_z=0$；

（B）$\dfrac{a_x}{b_x}=\dfrac{a_y}{b_y}=\dfrac{a_z}{b_z}$；

（C）$a_x=\lambda_1b_x$，$a_y=\lambda_2b_y$，$a_z=\lambda_3b_z(\lambda_1\neq\lambda_2\neq\lambda_3)$；

（D）$\lambda_1a_xb_x+\lambda_2a_yb_y+\lambda_3a_zb_z=0$.　[　　]

（5）方程 $\begin{cases}x=1,\\y=2\end{cases}$ 在空间直角坐标系里表示

（A）一个点；　（B）两条直线；

（C）两个平面的交线，即直线；　（D）两个点.　[　　]

2. 填空题：

（1）设向量 $\boldsymbol{a}=2\boldsymbol{i}-\boldsymbol{j}+\boldsymbol{k}$，$\boldsymbol{b}=4\boldsymbol{i}-2\boldsymbol{j}+\lambda\boldsymbol{k}$，当 $\lambda=$________时，$\boldsymbol{a}$ 与 $\boldsymbol{b}$ 相互平行.

（2）已知曲面 $x^2+y^2+z^2=2$ 和 $z=x^2+y^2$ 它们的交线在 xOy 平面上的投影曲线方程为________.

（3）当直线 $2x=3y=z-1$ 平行于平面 $4x+\lambda y+z=0$ 时，$\lambda=$________.

（4）xOy 平面上的曲线 $\begin{cases}y=\mathrm{e}^x,\\z=0\end{cases}$ 绕 x 轴旋转的旋转面方程为________.

（5）曲面 $y=x^2+z^2$ 是 yOz 平面上的曲线________绕________轴旋转的旋转曲面.

3. 计算题：

（1）若向量 $\boldsymbol{a}$ 与 $\boldsymbol{b}=2\boldsymbol{i}-\boldsymbol{j}+2\boldsymbol{k}$ 共线，且满足 $\boldsymbol{a}\cdot\boldsymbol{b}=18$，求向量 $\boldsymbol{a}$.

（2）在 y 轴上求与点 $A(1, -3, 7)$ 和点 $B(5, 7, -5)$ 等距离的点.

（3）求过直线 L_1：$\dfrac{x-3}{2}=\dfrac{y+1}{-2}=\dfrac{z}{1}$ 且平行于直线 L_2：$\begin{cases}x-3y+1=0,\\2x-y+z=6\end{cases}$ 的平面方程.

(4) 求曲线$\begin{cases}6x-6y-z+16=0,\\2x+5y+2z+3=0\end{cases}$在三个坐标面上的投影方程.

自测题 A 答案

1.【解】 (1) 应选(A)

设 $P(x, y, z)$，则$\overrightarrow{PQ}=\{2-x, -1-y, 7-z\}=\{4, -4, 7\}$，

得 $2-x=4$，$-1-y=-4$，$7-z=7$，

故 $x=-2$，$y=3$，$z=0$.

(2) 应选(A)

平面平行于 y 轴，又平行于 z 轴，所以可设方程为 $Ax+D=0$，代入 $M(-5, 2, -1)$，得 $x+5=0$.

(3) 应选(C)

若(x, y, z)在曲面上，则$(x, -y, z)$也在曲面上，所以图形关于 xOz 坐标面对称.

(4) 应选(B)

(5) 应选(B)

令 $x=0$，$y=0$，得 $z=\frac{1}{4}$；

令 $z=0$，$y=0$，得 $x=\frac{1}{2}$；

令 $z=0$，$x=0$，得 $y=\frac{1}{3}$.

2.【解】 (1) 应填 -10

已知 $\boldsymbol{a}=\{2, -1, 1\}$，$\boldsymbol{b}=\{4, -2, \lambda\}$，要使 $\boldsymbol{a}$ 与 $\boldsymbol{b}$ 相互垂直，必须满足

$$\boldsymbol{a}\cdot\boldsymbol{b}=8+2+\lambda=0，解得\ \lambda=-10.$$

(2) 应填$\begin{cases}x^2+y^2=\frac{1}{4},\\z=0\end{cases}$

将方程组 L：$\begin{cases}x^2+y^2+z^2=1,\\z^2=3(x^2+y^2)\end{cases}$消去变量 z，有

$$x^2+y^2+3x^2+3y^2=1,$$

从而得投影曲线为 $x^2+y^2=\frac{1}{4}$，$z=0$.

(3) 应填$\begin{cases}z=2-x,\\y=0\end{cases}$或$\begin{cases}z=2-y,\\x=0\end{cases}$

(4) 应填 $4\sqrt{2}$

由 $|\boldsymbol{a}+\boldsymbol{b}|=6$，知 $|\boldsymbol{a}+\boldsymbol{b}|^2=36$，

而 $|\boldsymbol{a}+\boldsymbol{b}|^2=(\boldsymbol{a}+\boldsymbol{b})\cdot(\boldsymbol{a}+\boldsymbol{b})=\boldsymbol{a}^2+2\boldsymbol{a}\cdot\boldsymbol{b}+\boldsymbol{b}^2=34+2\boldsymbol{a}\cdot\boldsymbol{b}$，得 $\boldsymbol{a}\cdot\boldsymbol{b}=1$，

又 $|\boldsymbol{a}-\boldsymbol{b}|^2=(\boldsymbol{a}-\boldsymbol{b})\cdot(\boldsymbol{a}-\boldsymbol{b})=\boldsymbol{a}^2-2\boldsymbol{a}\cdot\boldsymbol{b}+\boldsymbol{b}^2=34-2\boldsymbol{a}\cdot\boldsymbol{b}=32$,

所以 $|\boldsymbol{a}-\boldsymbol{b}|=\sqrt{32}=4\sqrt{2}$.

(5) 应填 z, $\begin{cases} y=2x^2, \\ z=0 \end{cases}$

柱面 $y=2x^2$ 缺少变量 z，故柱面的母线与 z 轴平行.

3. (1)已知向量 $\boldsymbol{a}=x\boldsymbol{i}+2\boldsymbol{j}-\boldsymbol{k}$ 与 $\boldsymbol{b}=\boldsymbol{i}+\boldsymbol{j}+z\boldsymbol{k}$ 相互垂直，且 $|\boldsymbol{a}|=3$，求 x，z.

【解】 因为 $\boldsymbol{a}$ 与 $\boldsymbol{b}$ 相互垂直，得 $\boldsymbol{a}\cdot\boldsymbol{b}=0$，有 $x+2-z=0$，即 $x-z=-2$，

又由 $|\boldsymbol{a}|=3$ 得 $x^2+4+1=9$，有 $x=\pm2$，知 $z=4$ 或 $z=0$.

(2) 求经过点(2，-3，5)且垂直于平面 $9x-4y+2z-11=0$ 的直线方程.

【解】 可取平面的法向量(9，-4，2)充当直线的一个方向向量，所以所求直线的方程为

$$\frac{x-2}{9}=\frac{y+3}{-4}=\frac{z-5}{2}.$$

(3) 求经过点(2，-3，5)且与直线 $\frac{x+2}{3}=\frac{y-4}{-1}=\frac{z-1}{5}$ 平行的直线方程.

【解】 所求直线的一个方向向量为(3，-1，5)，故所求直线为

$$\frac{x-2}{3}=\frac{y+3}{-1}=\frac{z-5}{5}.$$

(4) 求球面 $x^2+y^2+z^2=9$ 与平面 $x+z=1$ 的交线在 xOy 面上的投影的方程.

【解】 对方程组 $\begin{cases} x^2+y^2+z^2=9, \\ x+z=1 \end{cases}$ 消去 z，得 $2x^2-2x+y^2=8$，故所求投影方程

$$\begin{cases} 2x^2-2x+y^2=8, \\ z=0. \end{cases}$$

自测题 B 答案

1.【解】 (1) 应选(D)

由向量 $\boldsymbol{a}$ 与 $\boldsymbol{b}$ 平行知，存在唯一实数 λ，使得 $\boldsymbol{b}=\lambda\boldsymbol{a}$；而 $\boldsymbol{a}$ 与 $\boldsymbol{b}$ 方向相反，且 $|\boldsymbol{a}|>|\boldsymbol{b}|>0$，故 λ 取负数，且 $0<-\lambda<1$；有 $\boldsymbol{a}+\boldsymbol{b}=(1+\lambda)\boldsymbol{a}$，$|\boldsymbol{a}+\boldsymbol{b}|=(1+\lambda)|\boldsymbol{a}|$，而 $|\boldsymbol{a}|-|\boldsymbol{b}|=|\boldsymbol{a}|-|\lambda\boldsymbol{a}|=|\boldsymbol{a}|-(-\lambda)|\boldsymbol{a}|=(1+\lambda)|\boldsymbol{a}|$，所以 $|\boldsymbol{a}+\boldsymbol{b}|=|\boldsymbol{a}|-|\boldsymbol{b}|$.

(2) 应选(B)

验证 $P(x, y, z)$ 是否在球面内，只要验证能否满足 $x^2+(y-1)^2+(z+2)^2<2$，

经验证(0，1，-1)满足. 故选 B.

(3) 应选(D)

一次方程 $3x+5y=0$ 表示的是平面方程；方程中，$C=0$，说明平面和 z 轴平行；$D=0$，说明平面通过坐标原点；因此综合上述，平面通过 z 轴.

(4) 应选(B)

两向量平行等价于两向量的对应坐标的比值相等，故选 B.

（5）应选（C）

2.【解】（1）应填 2

由 $\boldsymbol{a}$ 与 $\boldsymbol{b}$ 相互平行，得 $\frac{2}{4}=\frac{-1}{-2}=\frac{1}{\lambda}$，故 $\lambda=2$.

（2）应填 $\begin{cases}x^2+y^2=1,\\ z=0\end{cases}$

对方程组 $\begin{cases}x^2+y^2+z^2=2,\\ z=x^2+y^2\end{cases}$ 消去 z，得 $x^2+y^2+(x^2+y^2)^2=2$，

即 $(x^2+y^2)^2+(x^2+y^2)-2=0$，化简为 $(x^2+y^2-1)(x^2+y^2+2)=0$，从而得投影曲线 $\begin{cases}x^2+y^2=1,\\ z=0.\end{cases}$

（3）应填 -9

直线与平面平行时，直线的方向向量与平面的法向量相互垂直；直线的方向向量为 $\left\{\frac{1}{2},\frac{1}{3},1\right\}$，平面的法向量为 $\{4,\lambda,1\}$，有 $\left\{\frac{1}{2},\frac{1}{3},1\right\}\cdot\{4,\lambda,1\}=2+\frac{\lambda}{3}+1=0$，化简得 $\lambda=-9$.

（4）应填 $\mathrm{e}^x=\sqrt{y^2+z^2}$

（5）应填 $\begin{cases}y=z^2,\\ x=0,\end{cases}$ y

3.（1）若向量 $\boldsymbol{a}$ 与 $\boldsymbol{b}=2\boldsymbol{i}-\boldsymbol{j}+2\boldsymbol{k}$ 共线，且满足 $\boldsymbol{a}\cdot\boldsymbol{b}=18$，求向量 $\boldsymbol{a}$.

【解】 由向量 $\boldsymbol{a}$ 与 $\boldsymbol{b}=2\boldsymbol{i}-\boldsymbol{j}+2\boldsymbol{k}$ 共线，可知存在唯一实数 λ，使得

$\boldsymbol{a}=\lambda\boldsymbol{b}=\{2\lambda,-\lambda,2\lambda\}$，即 $\boldsymbol{a}\cdot\boldsymbol{b}=4\lambda+\lambda+4\lambda=18$，解得 $\lambda=2$，所以 $\boldsymbol{a}=\{4,-2,4\}$.

（2）在 y 轴上求与点 $A(1,-3,7)$ 和点 $B(5,7,-5)$ 等距离的点.

【解】 设所求点为 $C(0,y,0)$，则 $|\overrightarrow{AC}|=|\overrightarrow{BC}|$.

$\sqrt{1^2+(y+3)^2+(-7)^2}=\sqrt{5^2+(y-7)^2+5^2}$，解得 $y=2$.

（3）求过直线 L_1：$\frac{x-3}{2}=\frac{y+1}{-2}=\frac{z}{1}$ 且平行于直线 L_2：$\begin{cases}x-3y+1=0,\\ 2x-y+z=6\end{cases}$ 的平面方程.

【解】 $x-3y+1=0$ 的法向量为 $\{1,-3,0\}$，$2x-y+z=6$ 的法向量为 $\{2,-1,1\}$，

则直线 L_2 的方向向量为 $\begin{vmatrix}\boldsymbol{i}&\boldsymbol{j}&\boldsymbol{k}\\1&-3&0\\2&-1&1\end{vmatrix}=-3\boldsymbol{i}-\boldsymbol{j}+5\boldsymbol{k}$，设平面方程为 $Ax+By+Cz+D=0$，其法向量为 (A,B,C)，直线 L_1 过点 $(3,-1,0)$，则 (A,B,C) 同时垂直于 L_1，L_2，

有$\begin{cases}2A-2B+C=0\\-3A-B+5C=0\\3A-B+D=0\end{cases}$，可得$\begin{cases}A=-\dfrac{9}{4}C\\B=-\dfrac{7}{4}C\\D=5C\end{cases}$，所以所求平面为$9x+7y-4z-20=0$.

（4）求曲线$\begin{cases}6x-6y-z+16=0,\\2x+5y+2z+3=0\end{cases}$在三个坐标面上的投影方程.

【解】（ⅰ）在 yOz 面上的投影方程为

$\begin{cases}6x-6y-z+16=0,\\6x+15y+6z+9=0\end{cases}$消去变量 x，可得$\begin{cases}3y+z-1=0,\\x=0;\end{cases}$

（ⅱ）在 zOx 面上的投影方程为

$\begin{cases}30x-30y-5z+80=0,\\12x+30y+12z+18=0\end{cases}$消去变量 y，可得$\begin{cases}6x+z+14=0,\\y=0;\end{cases}$

（ⅲ）在 xOy 面上的投影方程为

$\begin{cases}12x-12y-2z+32=0,\\2x+5y+2z+3=0\end{cases}$消去变量 z，可得$\begin{cases}2x-y+5=0,\\z=0.\end{cases}$

四、本章典型例题分析

本章由两个部分组成，向量代数的重点是向量的运算：加法、数乘、数量积与向量积，应能熟练地用于直线与平面的问题；空间解析几何的重点是建立平面、直线方程，以及直线与直线、平面与平面、直线与平面直线之间的各种关系，对于二次方程应当知道各种方程表示什么曲面，会求柱面、旋转面方程.

例 1 已知 $\boldsymbol{a}=\{1,2,-3\}$，$\boldsymbol{b}=\{2,-3,x\}$，$\boldsymbol{c}=\{-2,x,6\}$.

(1) 若 $\boldsymbol{a}\perp\boldsymbol{b}$，求 x；(2) 若 $\boldsymbol{a}/\!/\boldsymbol{c}$，求 x；(3)若 $\boldsymbol{a}$，$\boldsymbol{b}$，$\boldsymbol{c}$ 共面，求 x.

【分析】 主要考察向量的相互关系：垂直、平行与共面.

【详解】（1）$\boldsymbol{a}\perp\boldsymbol{b}\Leftrightarrow\boldsymbol{a}\cdot\boldsymbol{b}=0$，故 $1\cdot2+2\cdot(-3)+(-3)\cdot x=0$，得 $x=-\dfrac{4}{3}$；

（2）$\boldsymbol{a}/\!/\boldsymbol{c}\Leftrightarrow$坐标对应成比例，故$\dfrac{1}{-2}=\dfrac{2}{x}=\dfrac{-3}{6}$，得 $x=-4$；

（3）$\boldsymbol{a}$，$\boldsymbol{b}$，$\boldsymbol{c}$ 共面$\Leftrightarrow\begin{vmatrix}1&2&-3\\2&-3&x\\-2&x&6\end{vmatrix}=0$，得 $x=-4$ 或 $x=-6$.

【注】 若 $\boldsymbol{a}=\{a_x,a_y,a_z\}$，$\boldsymbol{b}=\{b_x,b_y,b_z\}$，$\boldsymbol{c}=\{c_x,c_y,c_z\}$ 共面 $\Leftrightarrow$ $\begin{vmatrix}a_x&a_y&a_z\\b_x&b_y&b_z\\c_x&c_y&c_z\end{vmatrix}=0$.

例 2　设 $\boldsymbol{a}+3\boldsymbol{b}\perp 7\boldsymbol{a}-5\boldsymbol{b}$，$\boldsymbol{a}-4\boldsymbol{b}\perp 7\boldsymbol{a}-2\boldsymbol{b}$，求 $\boldsymbol{a}$ 与 $\boldsymbol{b}$ 的夹角 $(\boldsymbol{a},\ \boldsymbol{b})$.

【分析】　主要考察向量线性运算、数量积定义及运算性质.

【详解】　由题意得 $\begin{cases}(\boldsymbol{a}+3\boldsymbol{b})\cdot(7\boldsymbol{a}-5\boldsymbol{b})=0,\\(\boldsymbol{a}-4\boldsymbol{b})\cdot(7\boldsymbol{a}-2\boldsymbol{b})=0,\end{cases}$ 即

$$\begin{cases}7|\boldsymbol{a}|^2+16\boldsymbol{a}\cdot\boldsymbol{b}-15|\boldsymbol{b}|^2=0, & ①\\7|\boldsymbol{a}|^2-30\boldsymbol{a}\cdot\boldsymbol{b}+8|\boldsymbol{b}|^2=0. & ②\end{cases}$$

设 $(\boldsymbol{a},\ \boldsymbol{b})=\theta$，式① - 式②得

$$46|\boldsymbol{a}||\boldsymbol{b}|\cos\theta-23|\boldsymbol{b}|^2=0,$$

化简得：$2|\boldsymbol{a}|\cos\theta=|\boldsymbol{b}|$.

又① × 15 + ② × 8 得

$$6|\boldsymbol{a}|^2-6|\boldsymbol{b}|^2=0,$$

即 $|\boldsymbol{a}|=|\boldsymbol{b}|$.

所以 $2\cos\theta=1\Rightarrow\theta=\dfrac{\pi}{3}$.

例 3　求与 $\boldsymbol{a}=\{1,\ 2,\ 3\}$，$\boldsymbol{b}=\{1,\ -3,\ -2\}$ 都垂直的单位向量.

【分析】　与两个向量都垂直的向量可以取两个向量的向量积，然后再进行单位化.

【详解】　因为 $\boldsymbol{a}\times\boldsymbol{b}$ 按定义与 $\boldsymbol{a}$，$\boldsymbol{b}$ 都垂直，又

$$a\times b=\begin{vmatrix}\boldsymbol{i} & \boldsymbol{j} & \boldsymbol{k}\\1 & 2 & 3\\1 & -3 & -2\end{vmatrix}=5\boldsymbol{i}+5\boldsymbol{j}-5\boldsymbol{k},$$

可见与 $\boldsymbol{a}$，$\boldsymbol{b}$ 都垂直的向量是 $\boldsymbol{c}=l(\boldsymbol{i}+\boldsymbol{j}-\boldsymbol{k})$（$l$ 为任意常数）. 再将其单位化得

$$\frac{\boldsymbol{c}}{|\boldsymbol{c}|}=\pm\frac{1}{\sqrt{3}}\{1,1,\ -1\}.$$

例 4　化直线的一般方程

$$\begin{cases}16x-2y-z+5=0,\\20x+y-3z+15=0\end{cases}$$

为对称式方程.

【分析】　确定直线的对称式方程的关键是找直线的一个方向向量和直线上一点.

【详解】　先找出直线上的一个点.

取 $x=0$ 代入题设方程组，解得 $y=0$，$z=5$，即 $(0,\ 0,\ 5)$ 为所求直线上的一个点，再求出所求直线的方向向量. 因为题设的两个平面的法向量 $\boldsymbol{n}_1=(16,\ -2,\ -1)$，$\boldsymbol{n}_2=(20,\ 1,\ -3)$ 不平行，所以可取

$$\boldsymbol{s}=\boldsymbol{n}_1\times\boldsymbol{n}_2=\begin{vmatrix}\boldsymbol{i} & \boldsymbol{j} & \boldsymbol{k}\\16 & -2 & -1\\20 & 1 & -3\end{vmatrix}=7\boldsymbol{i}+28\boldsymbol{j}+56\boldsymbol{k},$$

于是，所求直线的对称式方程为 $\dfrac{x}{7}=\dfrac{y}{28}=\dfrac{z-5}{56}$ 或

$$\frac{x}{1}=\frac{y}{4}=\frac{z-5}{8}.$$

例 5　求与直线 $L_1:\begin{cases}x=1,\\y=-1+t,\\z=2+t\end{cases}$ 及直线 $L_2:\frac{x+1}{1}=\frac{y+2}{2}=\frac{z+1}{1}$ 都平行且经过坐标原点的平面方程.

【分析】　求平面方程的关键是找平面的一个法向量和平面通过的一点，此题根据直线和平面的位置关系，平面的法向量与 L_1、L_2 的方向向量均垂直，可取平面的法向量为两直线方向向量的向量积

【详解】　平面的法向量为 $\boldsymbol{n}=\boldsymbol{s}_1\times\boldsymbol{s}_2=\begin{vmatrix}\boldsymbol{i}&\boldsymbol{j}&\boldsymbol{k}\\0&1&1\\1&2&1\end{vmatrix}=-\boldsymbol{i}+\boldsymbol{j}-\boldsymbol{k}$,

又平面通过坐标原点，故由平面的点法式方程得

$$-1\cdot(x-0)+1\cdot(y-0)-1\cdot(z-0)=0,$$

即 $x-y+z=0$.

例 6　求经过两个平面 π_1：$x+y+1=0$，π_2：$x+2y+2z=0$ 的交线，并且与平面 π_3：$2x-y-z=0$ 垂直的平面方程.

【分析】　此题可采用平面束方程，即通过直线 L：$\begin{cases}A_1x+B_1y+C_1z+D_1=0,\\A_2x+B_2y+C_2z+D_2=0\end{cases}$ 的平面束方程是 $\lambda(A_1x+B_1y+C_1z+D_1)+\mu(A_2x+B_2y+C_2z+D_2)=0$，其中，$\lambda$，$\mu$ 是不同时为零的任意常数.

【详解】　设所求平面 π 的方程是

$$\lambda(x+y+1)+\mu(x+2y+2z)=0,$$

整理得 $(\lambda+\mu)x+(\lambda+2\mu)y+2\mu z+\lambda=0$,

由于 $\pi\perp\pi_3$，故 $\boldsymbol{n}\perp\boldsymbol{n}_3\Rightarrow\boldsymbol{n}\cdot\boldsymbol{n}_3=0$，即 $2(\lambda+\mu)-(\lambda+2\mu)-2\mu=0$，取 $\lambda=2$，$\mu=1$ 代入 π 的方程，得 $3x+4y+2z+2=0$ 为所求.

【注】　求平面方程的基本思路应清晰，常见的基本题型有：过一定点且与一定直线垂直的平面；过一定点且通过一条定直线的平面；过一定点且与两给定直线平行的平面；通过一条定直线且垂直一定平面的平面等.

例 7　直线过点 $(-3,5,-9)$ 且与两直线

$$L_1:\begin{cases}y=3x+5,\\z=2x-3,\end{cases}\quad L_2:\begin{cases}y=4x-7,\\z=5x+10\end{cases}$$

相交，求此直线方程.

【分析】　已知直线过某点，求该直线方程的方法是写出直线的参数方程，根据条件找出直线方向向量参数之间的关系.

【详解】 设过点$(-3,5,-9)$的直线方程为

$$\frac{x+3}{l}=\frac{y-5}{m}=\frac{z+9}{n},$$

设$\frac{x+3}{l}=\frac{y-5}{m}=\frac{z+9}{n}=t_1$，则$\begin{cases}x=-3+lt_1\\ y=5+mt_1,\\ z=-9+nt_1,\end{cases}$

代入L_1方程有$\begin{cases}(m-3l)t_1=-9,\\ n=2l.\end{cases}$　　①

设$\frac{x+3}{l}=\frac{y-5}{m}=\frac{z+9}{n}=t_2$，则$\begin{cases}x=-3+lt_2,\\ y=5+mt_2,\\ z=-9+nt_2,\end{cases}$

代入L_2方程有$\begin{cases}(m-4l)t_2=-24,\\ (n-5l)t_2=4.\end{cases}$　　②

联立①，②得到l，m，n的关系$n=2l$，$m=22l$，

故所求直线的方程为

$$x+3=\frac{y-5}{22}=\frac{z+9}{2}.$$

例 8 求点$(-1,2,0)$在平面$x+2y-z+1=0$上的投影.

【分析】 此题是确定过点与已知平面垂直的直线方程问题，将直线化为参数方程代入到平面方程即得该点在平面上的投影.

【详解】 点$(-1,2,0)$垂直于平面$x+2y-z+1=0$的直线方程为

$$\frac{x+1}{1}=\frac{y-2}{2}=\frac{z}{-1},$$

化为参数式

$$\begin{cases}x=t-1,\\ y=2t+2,\\ z=-t,\end{cases}$$

代入平面方程得

$$(t-1)+2(2t+2)-(-t)+1=0,$$

解得$t=-\frac{2}{3}$，故所求投影为$\left(-\frac{5}{3},\frac{2}{3},\frac{2}{3}\right)$.

第八章　多元函数微分学

本章知识结构图

- 变化域、多元函数及图形
- 基本概念
  - 极限、连续
  - 偏导数
  - 全微分
- 连续性、偏导数与全微分之间的关系
- 闭区域上连续函数的性质
- 微分法
  - 复合函数的偏导数
  - 隐函数
    - 一个方程
    - 方程组
- 应用
  - 极值
    - 必要条件
    - 充分条件
    - 条件极值：拉格朗日乘数法
  - 几何应用
    - 空间的切线与法平面
    - 空间曲线的切平面与法线
  - 经济应用
    - 利润最大值
    - 采购数量最大值
    - 成本最小化
    - 费用最小化

一、内容精要

（一）多元函数的概念

1. 二元函数的定义

设 D 是平面上的一个点集，如果对每个点 $P(x, y)\in D$，按照某一对应规则 f，变量 z 都有一个值与之对应，则称 z 是变量 x，y 的二元函数，记为 $z=f(x, y)$，或 $z=f(P)$，点集 D 称为定义域，数集 $Z=\{z \mid z=f(x, y), (x, y)\in D\}$ 称为该函数的值域 .

2. 二元函数的几何意义

空间点集 $\{(x, y, z) \mid z=f(x, y), (x, y)\in D\}$ 为二元函数 $z=f(x, y)$ 的图形，通常它是一张曲面 .

【注】 一元函数与多元函数的联系和区别.

（1）一元函数是二元函数的特殊情形：让一个自变量变动，另一个自变量固定，二元函数就转化为一元函数．

（2）一元函数中，自变量 x 代表直线上的点，只有两个变动方向，而二元函数中，自变量(x, y)代表平面上的点，它有无数个变动方向．

（二）二元函数的极限

设二元函数 $z=f(x, y)$在点 $P_0(x_0, y_0)$的某一空心邻域内有定义，点 $P(x, y)$为该空心邻域中异于 P_0 的任意一点，当$(x, y)\to(x_0, y_0)$，即 $P\to P_0$ 时，若函数$f(x, y)$无限趋于某个常数 A，则称常数 A 为函数$f(x, y)$当 $x\to x_0$，$y\to y_0$ 时的极限．记为：

$$\lim_{\substack{x\to x_0\\ y\to y_0}} f(x,y) = A \text{ 或 } \lim_{P\to P_0} f(x,y) = A.$$

【注】 关于二元函数极限的几点说明.

（1）这里的极限过程是点 $P(x, y)$ 在 D 内沿任何路径和以任何方式趋近于点 $P_0(x_0, y_0)$.

（2）二元函数与一元函数有相同的极限运算法则与极限性质．

（3）二元函数 $z=f(x, y)$极限的不存在问题，证明二元函数极限不存在的方法：当 $P(x, y)$沿不同的路径趋于 $P_0(x_0, y_0)$时，$f(x, y)$趋于不同的值；或 $P(x, y)$沿某路径趋于 $P_0(x_0, y_0)$时，$f(x, y)$的极限不存在，则 $\lim\limits_{\substack{x\to x_0\\ y\to y_0}} f(x, y)$不存在．

（三）多元函数的连续性

1. 二元函数连续性定义

设二元函数 $z=f(x, y)$定义在区域 D 上，$P_0(x_0, y_0)\in D$ 是 D 内一点或其边界点．若 $\lim\limits_{(x,y)\to(x_0,y_0)} f(x, y)=f(x_0, y_0)$，则称$f(x, y)$在点 P_0 连续；若$f(x, y)$在 D 上每一点连续，则称$f(x, y)$在 D 上连续．

2. 判断二元函数的连续性与一元函数有相同的方法

3. 二元连续函数与一元函数有类似的性质

（1）（有界性定理）设$f(x, y)$在有界闭区域 D 上连续，则$f(x, y)$在 D 上一定有界．

（2）（最大值最小值定理）设$f(x, y)$在有界闭区域 D 上连续，则$f(x, y)$在 D 上一定取到最大值和最小值．

（3）（介值定理）设$f(x, y)$在闭区域 D 上连续，M 为最大值，m 为最小值．若 $m\leqslant C\leqslant M$，则存在$(x_0, y_0)\in D$，使得$f(x_0, y_0)=C$.

（四）多元函数的偏导数与全微分

1. 偏导数的定义

设有二元函数 $z=f(x, y)$，若$\left.\dfrac{\mathrm{d}}{\mathrm{d}x}f(x, y_0)\right|_{x=x_0}$$\left(\left.\dfrac{\mathrm{d}}{\mathrm{d}y}f(x_0, y)\right|_{y=y_0}\right)$存在，则称它为 z

$=f(x, y)$在(x_0, y_0)处对x(对y)的偏导数，记为

$$f_x(x_0,y_0),\left.\frac{\partial z}{\partial x}\right|_{(x_0,y_0)},\left.\frac{\partial f}{\partial x}\right|_{(x_0,y_0)},z_x\big|_{(x_0,y_0)}\left(f_y(x_0,y_0),\left.\frac{\partial z}{\partial y}\right|_{(x_0,y_0)},\left.\frac{\partial f}{\partial y}\right|_{(x_0,y_0)},z_y\big|_{(x_0,y_0)}\right)$$

按定义有

$$f_x(x_0,y_0)=\lim_{\Delta x\to 0}\frac{f(x_0+\Delta x,y_0)-f(x_0,y_0)}{\Delta x},$$

$$f_y(x_0,y_0)=\lim_{\Delta y\to 0}\frac{f(x_0,y_0+\Delta y)-f(x_0,y_0)}{\Delta y}.$$

2. 偏导数的几何意义

$f_x(x_0, y_0)$表示空间曲线$\begin{cases}z=f(x, y),\\ y=y_0\end{cases}$在点$M_0(x_0, y_0, f(x_0, y_0))$处切线对$x$轴的斜率；

$f_y(x_0, y_0)$表示空间曲线$\begin{cases}z=f(x, y),\\ x=x_0\end{cases}$在点$M_0(x_0, y_0, f(x_0, y_0))$处切线对$y$轴的斜率.

3. 偏导数的计算

（1）求偏导数，归结为求一元函数的导数.

（2）求$f(x, y)=\begin{cases}h(x, y), & (x, y)\neq(x_0, y_0),\\ A, & (x, y)=(x_0, y_0)\end{cases}$在$(x_0, y_0)$处偏导数的方法：

$$f_x(x_0,y_0)=\lim_{\Delta x\to 0}\frac{f(x_0+\Delta x,y_0)-f(x_0,y_0)}{\Delta x}=\lim_{\Delta x\to 0}\frac{h(x_0+\Delta x,y_0)-A}{\Delta x}.$$

类似地求$f_y(x_0, y_0)$.

4. 可微性，全微分及其几何意义

（1）可微性与全微分的定义.

如果函数$z=f(x_0, y_0)$在点(x_0, y_0)的全增量$\Delta z=f(x_0+\Delta x, y_0+\Delta y)-f(x_0, y_0)$可以表示为$\Delta z=A\Delta x+B\Delta y+o(\rho)\quad(\rho\to 0)$，其中，$A$，$B$不依赖于$\Delta x$，$\Delta y$而仅与$x_0$，$y_0$有关，$\rho=\sqrt{(\Delta x)^2+(\Delta y)^2}$，则称函数$z=f(x, y)$在点$(x_0, y_0)$可微，$A\Delta x+B\Delta y$称为函数$z=f(x, y)$在点$(x_0, y_0)$的全微分，记为$\mathrm{d}z\big|_{(x_0,y_0)}$，$\mathrm{d}f\big|_{(x_0,y_0)}$.

当$z=f(x, y)$在点(x_0, y_0)可微时，

$$\mathrm{d}z\big|_{(x_0,y_0)}=f_x(x_0,y_0)\Delta x+f_y(x_0,y_0)\Delta y=f_x(x_0,y_0)\mathrm{d}x+f_y(x_0,y_0)\mathrm{d}y,$$

其中，规定自变量x与y的微分$\mathrm{d}x=\Delta x$，$\mathrm{d}y=\Delta y$.

（2）全微分的几何意义.

$z=f(x, y)$在点(x_0, y_0)的全微分在几何上表示曲面$z=f(x, y)$在点$(x_0, y_0, f(x_0, y_0))$处切平面上点的竖坐标的增量.

5. 偏导数的连续性、函数可微性、偏导数与函数连续性之间的关系

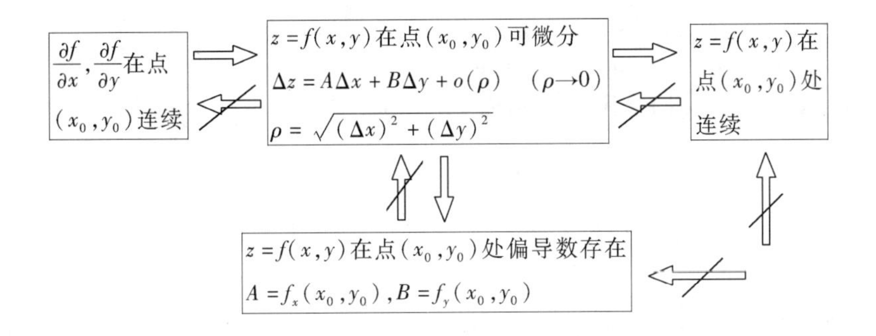

6. 高阶偏导数、混合偏导数与求导次序无关问题

设 $z=f(x,\ y)$在区域 D 内有偏导数：$f_x(x,\ y)$和$f_y(x,\ y)$，它们在 D 内都是 x，y 的函数．如果这两函数的偏导数也存在，那么称它们是 $z=f(x,\ y)$的二阶偏导数．

按对自变量求导次序的不同，有下列 4 个二阶偏导数：

$$\frac{\partial}{\partial x}\left(\frac{\partial z}{\partial x}\right)=\frac{\partial^2 z}{\partial x^2}=f_{xx}(x,y)；\quad \frac{\partial}{\partial y}\left(\frac{\partial z}{\partial x}\right)=\frac{\partial^2 z}{\partial x\partial y}=f_{xy}(x,y)；$$

$$\frac{\partial}{\partial x}\left(\frac{\partial z}{\partial y}\right)=\frac{\partial^2 z}{\partial y\partial x}=f_{yx}(x,y)；\quad \frac{\partial}{\partial y}\left(\frac{\partial z}{\partial y}\right)=\frac{\partial^2 z}{\partial y^2}=f_{yy}(x,y).$$

其中，$\frac{\partial^2 z}{\partial x\partial y}$与$\frac{\partial^2 z}{\partial y\partial x}$称为混合偏导数．

【注】 若$\frac{\partial^2 z}{\partial x\partial y},\frac{\partial^2 z}{\partial y\partial x}$在$(x,y)$处连续，则$\frac{\partial^2 z}{\partial x\partial y}=\frac{\partial^2 z}{\partial y\partial x}$，即混合偏导数与求导的次序无关．

（五）多元复合函数的求导法则

由于多元复合函数的情形是多样的，所以复合函数求导法则的形式也多种多样．

1. 多元函数与一元函数复合

如果函数 $u=\varphi(t)$，$v=\psi(t)$都在点 t 可导，函数 $z=f(u,\ v)$在对应$(u,\ v)$具有连续偏导数，则复合函数 $z=f(\varphi(t),\ \psi(t))$在点 t 可导，且有

$$\frac{\mathrm{d}z}{\mathrm{d}t}=\frac{\partial z}{\partial u}\frac{\mathrm{d}u}{\mathrm{d}t}+\frac{\partial z}{\partial v}\frac{\mathrm{d}v}{\mathrm{d}t}.$$

2. 多元函数与多元函数复合

如果函数 $u=\varphi(x,\ y)$，$v=\psi(x,\ y)$在点$(x,\ y)$有偏导数，函数 $z=f(u,\ v)$在对应点$(u,\ v)$具有连续偏导数，则复合函数 $z=f(\varphi(x,\ y),\ \psi(x,\ y))$在点$(x,\ y)$有对 x 及 y 的偏导数存在，且有

$$\frac{\partial z}{\partial x}=\frac{\partial z}{\partial u}\frac{\partial u}{\partial x}+\frac{\partial z}{\partial v}\frac{\partial v}{\partial x},$$

$$\frac{\partial z}{\partial y}=\frac{\partial z}{\partial u}\frac{\partial u}{\partial y}+\frac{\partial z}{\partial v}\frac{\partial v}{\partial y}.$$

类似地，设 $z=f(u,\ v,\ w)$，$u=u(x,\ y)$，$v=v(x,\ y)$，$w=w(x,\ y)$，则它们的复合函数 $z=f(u(x,\ y),\ v(x,\ y),\ w(x,\ y))$在$(x,\ y)$的偏导数为

$$\frac{\partial z}{\partial x}=\frac{\partial z}{\partial u}\frac{\partial u}{\partial x}+\frac{\partial z}{\partial v}\frac{\partial v}{\partial x}+\frac{\partial z}{\partial w}\frac{\partial w}{\partial x},\ \frac{\partial z}{\partial y}=\frac{\partial z}{\partial u}\frac{\partial u}{\partial y}+\frac{\partial z}{\partial v}\frac{\partial v}{\partial y}+\frac{\partial z}{\partial w}\frac{\partial w}{\partial y}.$$

设 $z=f(u,\ v,\ w)$，我们常用 f_1' 表示 $f(u,\ v,\ w)$ 对第一个变量 u 的偏导数，类似地 $f_2'=\frac{\partial f}{\partial v}$, $f_3'=\frac{\partial f}{\partial w}$, $f_{11}''=\frac{\partial^2 f}{\partial u^2}$, $f_{12}''=\frac{\partial^2 f}{\partial u\partial v}$, $f_{23}''=\frac{\partial^2 f}{\partial v\partial w}$,等等.

【注】 多元复合函数求导法则有许多种形式，关键是搞清楚变量之间的复合关系及求导符号的应用，下面通过一个具体的例子来说明下.

【典型问题举例】 设 $z=f(u,\ v,\ x)$，$u=\varphi(x,\ y)$，$v=\psi(y)$ 都是可微函数，求复合函数 $z=f(\varphi(x,\ y),\ \psi(y),\ x)$ 的偏导数 $\frac{\partial z}{\partial x}$ 与 $\frac{\partial z}{\partial y}$.

【分析】 此题是多元复合函数的求导问题，此题的变量 x 的特殊性在于既充当了中间变量的角色又充当了自变量的角色，在求导过程中符号的选取很重要.

【详解】 由复合函数求导法则可得

$$\frac{\partial z}{\partial x}=f_1'\frac{\partial \varphi}{\partial x}+f_2'\frac{\partial \psi}{\partial x}+f_3'=f_1'\frac{\partial \varphi}{\partial x}+f_3',$$

$$\frac{\partial z}{\partial y}=f_1'\frac{\partial \varphi}{\partial y}+f_2'\psi'(y).$$

这里省略了 f，φ，ψ 满足的条件，后面的例题中也常有这种情形.

【注】 (1) 此题情况下，记号 $\frac{\partial f}{\partial x}$ 的含义是不清楚的. $f(u,\ v,\ x)$ 作为 u，v，x 的三元函数求 $\frac{\partial f(u,v,x)}{\partial x}$,与 $f(\varphi(x,y),\psi(y),x)$ 作为 x,y 的二元函数求 $\frac{\partial f(\varphi(x,y),\psi(y),x)}{\partial x}$ 的含意是不一样的,因此,这里要避免使用符号 $\frac{\partial f}{\partial x}$ 或要加以说明.

(2) 复合函数求导公式中，函数对中间变量的偏导数仍然是中间变量的函数，如：$z=f(u,\ v)$，$u=\varphi(x,\ y)$，$v=\psi(x,\ y)$，则 $\frac{\partial z}{\partial x}=\frac{\partial f}{\partial u}\frac{\partial u}{\partial x}+\frac{\partial f}{\partial v}\frac{\partial v}{\partial x}$. 这里 $\frac{\partial f}{\partial u}$, $\frac{\partial f}{\partial v}$ 均是 u，v 的函数，而 $u=\varphi(x,\ y)$，$v=\psi(x,\ y)$，它们的复合仍是 x，y 的函数，求高阶偏导数时要特别注意这一点，**特别提醒：**求 $\frac{\partial}{\partial x}\left(\frac{\partial f}{\partial u}\right)$ 与 $\frac{\partial}{\partial x}(f)$ 时, $\frac{\partial f}{\partial u}$ 与 f 的地位是相同的，理解这一点，对求复合函数的二阶偏导数尤其重要，下面的一个例子将充分说明这一点.

3. 复合函数的二阶偏导数

【典型问题举例】 设 $z=f(u,\ v)$，$u=\varphi(x,\ y)$，$v=\psi(x,\ y)$ 具有二阶连续偏导数，求复合函数 $z=f(\varphi(x,\ y),\ \psi(x,\ y))$ 的二阶偏导数 $\frac{\partial^2 z}{\partial x^2}$.

【详解】 由复合函数求导法则可得

$$\frac{\partial z}{\partial x}=\frac{\partial f}{\partial u}\frac{\partial u}{\partial x}+\frac{\partial f}{\partial v}\frac{\partial v}{\partial x}.$$

将此式再对 x 求导,应用乘法公式得

$$\frac{\partial^2 z}{\partial x^2}=\frac{\partial}{\partial x}\left(\frac{\partial f}{\partial u}\right)\frac{\partial u}{\partial x}+\frac{\partial f}{\partial u}\frac{\partial^2 u}{\partial x^2}+\frac{\partial}{\partial x}\left(\frac{\partial f}{\partial v}\right)\frac{\partial v}{\partial x}+\frac{\partial f}{\partial v}\frac{\partial^2 v}{\partial x^2}. \quad ①$$

再求$\frac{\partial}{\partial x}\left(\frac{\partial f}{\partial u}\right)$，$\frac{\partial}{\partial x}\left(\frac{\partial f}{\partial v}\right)$时必须再用复合函数求导法则

$$\frac{\partial}{\partial x}\left(\frac{\partial f}{\partial u}\right)=\frac{\partial}{\partial u}\left(\frac{\partial f}{\partial u}\right)\frac{\partial u}{\partial x}+\frac{\partial}{\partial v}\left(\frac{\partial f}{\partial u}\right)\frac{\partial v}{\partial x}=\frac{\partial^2 f}{\partial u^2}\frac{\partial u}{\partial x}+\frac{\partial^2 f}{\partial u\partial v}\frac{\partial v}{\partial x}=f''_{11}(u,v)\frac{\partial u}{\partial x}+f''_{12}(u,v)\frac{\partial v}{\partial x},$$

$$\frac{\partial}{\partial x}\left(\frac{\partial f}{\partial v}\right)=\frac{\partial}{\partial u}\left(\frac{\partial f}{\partial v}\right)\frac{\partial u}{\partial x}+\frac{\partial}{\partial v}\left(\frac{\partial f}{\partial v}\right)\frac{\partial v}{\partial x}=\frac{\partial^2 f}{\partial v\partial u}\frac{\partial u}{\partial x}+\frac{\partial^2 f}{\partial v^2}\frac{\partial v}{\partial x}=f''_{21}(u,v)\frac{\partial u}{\partial x}+f''_{22}(u,v)\frac{\partial v}{\partial x},$$

代入式①得

$$\frac{\partial^2 z}{\partial x^2}=\frac{\partial^2 f}{\partial u^2}\left(\frac{\partial u}{\partial x}\right)^2+2\frac{\partial^2 f}{\partial u\partial v}\frac{\partial u}{\partial x}\frac{\partial v}{\partial x}+\frac{\partial^2 f}{\partial v^2}\left(\frac{\partial v}{\partial x}\right)^2+\frac{\partial f}{\partial u}\frac{\partial^2 u}{\partial x^2}+\frac{\partial f}{\partial v}\frac{\partial^2 v}{\partial x^2},$$

或可以表示为

$$\frac{\partial^2 z}{\partial x^2}=f''_{11}\left(\frac{\partial u}{\partial x}\right)^2+2f''_{12}\frac{\partial u}{\partial x}\frac{\partial v}{\partial x}+f''_{22}\left(\frac{\partial v}{\partial x}\right)^2+f'_1\frac{\partial^2 u}{\partial x^2}+f'_2\frac{\partial^2 v}{\partial x^2}.$$

（六）隐函数的求导公式

隐函数求导公式是复合函数求导法的应用，求一个方程所确定的隐函数或者方程组所确定的隐函数的导数有两种方法：隐函数求导公式和隐函数求导法.

1. 隐函数求导公式——将隐函数求导问题转化为多元函数的偏导数问题

定理 1　设函数 $F(x, y)$ 在点 $P(x_0, y_0)$ 的某一邻域内具有连续的偏导数，且 $F(x_0, y_0)=0$，$F_y(x_0, y_0)\neq 0$，则方程 $F(x, y)=0$ 在点 $P(x_0, y_0)$ 的某一邻域内恒能唯一确定一个单值连续且具有连续导数的函数 $y=f(x)$，它满足条件 $y_0=f(x_0)$，并有

$$\frac{\mathrm{d}y}{\mathrm{d}x}=-\frac{F_x}{F_y}. \quad ①$$

定理 2　设函数 $F(x, y, z)$ 在点 $P(x_0, y_0, z_0)$ 的某一邻域内有连续的偏导数，且 $F(x_0, y_0, z_0)=0$，$F_z(x_0, y_0, z_0)\neq 0$，则方程 $F(x, y, z)=0$ 在点 $P(x_0, y_0, z_0)$ 的某一邻域内恒能唯一确定一个单值连续且具有连续偏导数的函数 $z=f(x, y)$，它满足条件 $z_0=f(x_0, y_0)$，并有

$$\frac{\partial z}{\partial x}=-\frac{F_x}{F_z}, \frac{\partial z}{\partial y}=-\frac{F_y}{F_z}, \quad ②$$

由式①和式②称为隐函数求导公式，可以类似推出三元和四元隐含数求导公式.

2. 隐函数求导法——搞清方程里变量之间的关系，即哪个是因变量，哪些是自变量，在对一个自变量求导（偏导数）时，剩下的自变量均视为常数. 这种求隐函数导数的方法称为隐函数求导法，实际上是一元隐函数求导法的推广，具有普遍的意义.

【典型问题举例】　设 $x+2y+z-2\sqrt{xyz}=0$，求$\frac{\partial z}{\partial x}, \frac{\partial z}{\partial y}$.

【详解】 方法一：隐函数求导公式.

令 $F(x, y, z)=x+2y+z-2\sqrt{xyz}$，

则 $F_x=1-\dfrac{yz}{\sqrt{xyz}}$，$F_y=2-\dfrac{xz}{\sqrt{xyz}}$，$F_z=1-\dfrac{xy}{\sqrt{xyz}}$，

故 $\dfrac{\partial z}{\partial x}=-\dfrac{F_x}{F_z}=\dfrac{yz-\sqrt{xyz}}{\sqrt{xyz}-xy}$，$\dfrac{\partial z}{\partial y}=-\dfrac{F_y}{F_z}=\dfrac{xz-2\sqrt{xyz}}{\sqrt{xyz}-xy}$.

方法二：隐函数求导法.

设方程 $x+2y+z-2\sqrt{xyz}=0$ 确定的二元隐函数为 $z=z(x, y)$.

方程两边对自变量 x 求导得

$$1+0+\frac{\partial z}{\partial x}-\frac{1}{\sqrt{xyz}}\left(yz+xy\frac{\partial z}{\partial x}\right)=0,\text{解得}\frac{\partial z}{\partial x}=\frac{yz-\sqrt{xyz}}{\sqrt{xyz}-xy}.$$

方程两边对自变量 y 求导得

$$0+2+\frac{\partial z}{\partial y}-\frac{1}{\sqrt{xyz}}\left(xz+xy\frac{\partial z}{\partial y}\right)=0,\text{解得}\frac{\partial z}{\partial y}=\frac{xz-2\sqrt{xyz}}{\sqrt{xyz}-xy}.$$

（七）多元函数微分学的几何应用

1. 空间曲线的切线方程和法平面方程

（1）若空间曲线的方程为 $\begin{cases}x=\varphi(t),\\ y=\psi(t),\\ z=\omega(t),\end{cases}$ 则对应于 $t=t_0$ 的一点 $M(x_0, y_0, z_0)$ 切线的一个方向向量为 $\boldsymbol{T}=\{\varphi'(t_0), \psi'(t_0), \omega'(t_0)\}$.

切线方程为　$\dfrac{x-x_0}{\varphi'(t_0)}=\dfrac{y-y_0}{\psi'(t_0)}=\dfrac{z-z_0}{\omega'(t_0)}$.

法平面方程为　$\varphi'(t_0)(x-x_0)+\psi'(t_0)(y-y_0)+\omega'(t_0)(z-z_0)=0$.

（2）空间曲线的方程以 $\begin{cases}y=\varphi(x),\\ z=\psi(x)\end{cases}$ 的形式给出，取 x 为参数，它就可以表为参数方程的形式 $\begin{cases}x=x,\\ y=\varphi(x),\\ z=\psi(x).\end{cases}$ 因此曲线 Γ 在点 $M(x_0, y_0, z_0)$ 处的切线方程为 $\dfrac{x-x_0}{1}=\dfrac{y-y_0}{\varphi'(x_0)}=\dfrac{z-z_0}{\psi'(x_0)}$.

法平面方程为　$(x-x_0)+\varphi'(x_0)(y-y_0)+\psi'(x_0)(z-z_0)=0$.

（3）对于空间曲线方程为 $\begin{cases}F(x, y, z)=0,\\ G(x, y, z)=0,\end{cases}$ 确定了 $z=\varphi(x)$ 和 $y=\psi(x)$，于是对方程组两边用隐函数求导法对 x 求导得

$$\begin{cases}F_x+F_y\dfrac{\mathrm{d}y}{\mathrm{d}x}+F_z\dfrac{\mathrm{d}z}{\mathrm{d}x}=0,\\ G_x+G_y\dfrac{\mathrm{d}y}{\mathrm{d}x}+G_z\dfrac{\mathrm{d}z}{\mathrm{d}x}=0.\end{cases}$$

曲线在点 $M(x_0, y_0, z_0)$ 处的切线方程为 $\dfrac{x-x_0}{\begin{vmatrix} F_y & F_z \\ G_y & G_z \end{vmatrix}_0}=\dfrac{y-y_0}{\begin{vmatrix} F_z & F_x \\ G_z & G_x \end{vmatrix}_0}=\dfrac{z-z_0}{\begin{vmatrix} F_x & F_y \\ G_x & G_y \end{vmatrix}_0}$,

法平面方程为 $\begin{vmatrix} F_y & F_z \\ G_y & G_z \end{vmatrix}_0 (x-x_0)+\begin{vmatrix} F_z & F_x \\ G_z & G_x \end{vmatrix}_0 (y-y_0)+\begin{vmatrix} F_x & F_y \\ G_x & G_y \end{vmatrix}_0 (z-z_0)=0.$

2. 空间曲面的切平面和法线方程

设空间曲面方程为 $F(x, y, z)=0$ 在 $M(x_0, y_0, z_0)$ 处切平面的一个法向量为

$$\boldsymbol{n}=\{F_x(x_0,y_0,z_0),F_y(x_0,y_0,z_0),F_z(x_0,y_0,z_0)\}.$$

故切平面方程为 $F_x(x_0,y_0,z_0)(x-x_0)+F_y(x_0,y_0,z_0)(y-y_0)+F_z(x_0,y_0,z_0)(z-z_0)=0$,

法线方程为 $\dfrac{x-x_0}{F_x(x_0, y_0, z_0)}=\dfrac{y-y_0}{F_y(x_0, y_0, z_0)}=\dfrac{z-z_0}{F_z(x_0, y_0, z_0)}.$

【注】 若空间曲面方程形为 $z=f(x, y)$，曲面在 $M(x_0, y_0, z_0)$ 处的切平面方程为

$$f_x(x_0, y_0)(x-x_0)+f_y(x_0, y_0)(y-y_0)=z-z_0,$$

曲面在 $M(x_0, y_0, z_0)$ 处的法线方程为

$$\frac{x-x_0}{f_x(x_0, y_0)}=\frac{y-y_0}{f_y(x_0, y_0)}=\frac{z-z_0}{-1}.$$

（八）多元函数的极值和最值

1. 极值的概念

在点 $M_0(x_0, y_0)$ 的某邻域 $U(M_0, \delta)$ 内，使得

$$f(x,y)\leqslant f(x_0,y_0)\quad (f(x,y)\geqslant f(x_0,y_0)),(\forall (x,y)\in U(M_0,\delta)),$$

则称函数 $f(x, y)$ 在点 (x_0, y_0) 处取得**极大值**（或**极小值**）$f(x_0, y_0)$，极大值与极小值统称为**极值**. M_0 称为 $f(x, y)$ 的极值点.

2. 驻点

凡是 $f_x(x, y)=0$, $f_y(x, y)=0$ 同时成立的点 (x, y) 称为 $z=f(x, y)$ 的驻点.

3. 多元函数取得极值的必要条件

设函数 $z=f(x, y)$ 在点 (x_0, y_0) 处的一阶偏导数存在，且 (x_0, y_0) 为该函数的极值点，则必有 $f_x(x_0, y_0)=0$, $f_y(x_0, y_0)=0$.

【注】 具有偏导数的极值点必然是极值点，但驻点不一定是极值点，如 $z=xy$ 的驻点为 $(0, 0)$，但 $(0, 0)$ 不是它的极值点.

4. 多元函数极值的充分条件

函数 $z=f(x, y)$ 在点 (x_0, y_0) 的某邻域内连续且存在二阶连续偏导数，且

$$f_x(x_0,y_0)=f_y(x_0,y_0)=0,$$

令 $A=f_{xx}(x_0, y_0)$, $B=f_{xy}(x_0, y_0)$, $C=f_{yy}(x_0, y_0)$, $H=AC-B^2$，则

(1) 当 $H>0$ 时，(x_0, y_0)为极值点. 且 $A<0$ 时为极大值点，$A>0$ 时为极小值点；

(2) 当 $H<0$ 时，(x_0, y_0)不是极值点；

(3) 当 $H=0$ 时，(x_0, y_0)是否为极值点需另行讨论

【注】 若 $z=f(x, y)$有连续的二阶偏导数，可按如下的方法求它的极值点.

第一步，解方程组 $f_x(x, y)=0$, $f_y(x, y)=0$ 求得所有驻点；

第二步，对每个驻点求出二阶偏导数值

$$A = f_{xx}(x_0,y_0),\ B = f_{xy}(x_0,y_0),\ C = f_{yy}(x_0,y_0);$$

第三步，定出 $AC-B^2$ 的符号，判定 $f(x_0, y_0)$是否取极值，是极大值还是极小值.

5. 条件极值

(1) 代入法

求函数 $z=f(x, y)$在满足约束条件 $\varphi(x, y)=0$ 时的极值，如果可由 $\varphi(x, y)=0$ 解出 $y=\varphi(x)$再代入 $z=f(x, y)$即可转化为无条件极值问题.

(2) 拉格朗日乘数法

求函数 $z=f(x, y)$在满足约束条件 $\varphi(x, y)=0$ 时的极值，构造辅助函数(称为拉格朗日函数) $L=L(x, y, \lambda)=f(x, y)+\lambda\varphi(x, y)$化为求 $L(x, y, \lambda)$的无条件极值问题，其必要条件是

$$\begin{cases} F_x = f_x + \lambda\varphi_x = 0, \\ F_y = f_y + \lambda\varphi_y = 0, \\ F_\lambda = \varphi(x, y) = 0, \end{cases}$$

求解此方程组，解出 $L(x, y, \lambda)$的驻点(x_0, y_0)即为函数 $z=f(x, y)$在满足约束条件 $\varphi(x, y)=0$ 时的可能极值点，在实际问题中往往由问题本身的性质来判定其是否为极值点.

(九)多元函数微分学的经济应用

主要应用是多元经济函数求最值的问题，比如利润最大值问题、成本最小值问题，等等，主要的方法是多元函数求极值的方法和有条件极值的拉格朗日乘数法；具体参考典型例题.

二、练习题与解答

习题 8.1　二元函数的概念、极限与连续性

1. 求下列函数的定义域：

(1) $z=\ln(y^2-2x+1)$；　　(2) $z=\dfrac{1}{\sqrt{x+y}}+\dfrac{1}{\sqrt{x-y}}$；

(3) $z=\arcsin\dfrac{x^2+y^2}{4}$；　　(4) $z=\sqrt{x-\sqrt{y}}$；

(5) $z=x^2+y^2$;　　(6) $z=\sqrt{xy}$;

(7) $z=\arcsin\dfrac{x}{y}$;

(8) $u=\sqrt{R^2-x^2-y^2-z^2}+\dfrac{1}{\sqrt{x^2+y^2+z^2-r^2}}\ (R>r>0)$.

【解】 (1) 对数函数的真数大于零，即 $y^2-2x+1>0$，于是函数的定义域为点集

$$\{(x,y)\mid y^2-2x+1>0\};$$

(2) 函数中含有根式，故 $x+y>0$，$x-y>0$，解得 $x>-y$，$x>y$，即函数定义域为点集

$$\{(x,y)\mid x>-y,x>y\};$$

(3) 反三角函数的定义域为$[-1,1]$，故 $x^2+y^2\leqslant 4$，即函数定义域为点集

$$\{(x,y)\mid x^2+y^2\leqslant 4\};$$

(4) 函数的定义域满足$\begin{cases}x-\sqrt{y}\geqslant 0,\\ y\geqslant 0\end{cases}$解得 $x^2\geqslant y$ 且 $y\geqslant 0$，于是函数定义域为点集

$$\{(x,y)\mid x^2\geqslant y\geqslant 0,x\geqslant 0\};$$

(5) 函数定义域为点集$\{(x,y)\mid -\infty<x,y<+\infty\}$;

(6) 函数中含有根式，故 $xy\geqslant 0$，即函数定义域为点集$\{(x,y)\mid xy\geqslant 0\}$，即$\{(x,y)\mid x\geqslant 0,y\geqslant 0$ 或 $x\leqslant 0,y\leqslant 0\}$;

(7) 函数的定义域满足 $-1\leqslant\dfrac{x}{y}\leqslant 1$ 且 $y\neq 0$，即函数定义域为点集$\{(x,y)\mid |x|\leqslant|y|,y\neq 0\}$;

(8) 函数的定义域满足$\begin{cases}R^2-x^2-y^2-z^2\geqslant 0,\\ x^2+y^2+z^2-r^2>0\end{cases}$解得 $x^2+y^2+z^2\leqslant R^2$ 且 $r^2<x^2+y^2+z^2$，于是函数定义域为点集$\{(x,y,z)\mid r^2<x^2+y^2+z^2\leqslant R^2\}$.

2. 若$f(x,y)=\dfrac{x-2y}{2x-y}$，求$f(2,1)$和$f(3,-1)$.

【解】 $f(2,1)=\dfrac{2-2\times 1}{2\times 2-1}=0,f(3,-1)=\dfrac{3-2\times(-1)}{2\times 3+1}=\dfrac{5}{7}$.

3. 已知$f(x,y)=\ln x\ln y$，试证：$f(xy,uv)=f(x,u)+f(x,v)+f(y,u)+f(y,v)$.

【证】

$$\begin{aligned}f(xy,uv)&=\ln(xy)\ln(uv)\\&=(\ln x+\ln y)(\ln u+\ln v)\\&=\ln x\ln u+\ln x\ln v+\ln y\ln u+\ln y\ln v\\&=f(x,u)+f(x,v)+f(y,u)+f(y,v).\end{aligned}$$

4. 求下列极限.

(1) $\lim\limits_{\substack{x\to 0\\ y\to 0}}\dfrac{x^2+y^2}{\sqrt{x^2+y^2}-1}$;　　(2) $\lim\limits_{\substack{x\to 0\\ y\to 1}}\dfrac{1-xy}{x^2+y^2}$;

(3) $\lim\limits_{\substack{x\to 0\\ y\to 2}}\dfrac{\sin(xy)}{x}$;

(4) $\lim\limits_{\substack{x\to \infty\\ y\to k}}\left(1+\dfrac{y}{x}\right)^{x}$ $(k\neq 0)$;

(5) $\lim\limits_{\substack{x\to 1\\ y\to 0}}\dfrac{\ln(x+e^{y})}{\sqrt{x^2+y^2}}$;

(6) $\lim\limits_{\substack{x\to 0\\ y\to 0}}\dfrac{2-\sqrt{xy+4}}{xy}$.

【解】 (1) 将(0, 0)代入得$\lim\limits_{\substack{x\to 0\\ y\to 0}}\dfrac{x^2+y^2}{\sqrt{x^2+y^2}-1}=0$;

(2) 将(0, 1)代入得$\lim\limits_{\substack{x\to 0\\ y\to 1}}\dfrac{1-xy}{x^2+y^2}=1$;

(3) $\lim\limits_{\substack{x\to 0\\ y\to 2}}\dfrac{\sin(xy)}{x}=\lim\limits_{\substack{x\to 0\\ y\to 2}}\dfrac{\sin(xy)}{xy}y=2$;

(4) $\lim\limits_{\substack{x\to \infty\\ y\to k}}\left(1+\dfrac{y}{x}\right)^{x}=e^{\lim\limits_{\substack{x\to \infty\\ y\to k}}\frac{y}{x}\cdot x}=e^{k}$;

(5) 将(1, 0)代入得$\lim\limits_{\substack{x\to 1\\ y\to 0}}\dfrac{\ln(x+e^{y})}{\sqrt{x^2+y^2}}=\ln 2$;

(6) $\lim\limits_{\substack{x\to 0\\ y\to 0}}\dfrac{2-\sqrt{xy+4}}{xy}=\lim\limits_{\substack{x\to 0\\ y\to 0}}\dfrac{(2-\sqrt{xy+4})(2+\sqrt{xy+4})}{xy(2+\sqrt{xy+4})}=\lim\limits_{\substack{x\to 0\\ y\to 0}}\dfrac{-xy}{xy(2+\sqrt{xy+4})}=-\dfrac{1}{4}$.

5. 证明下列极限不存在.

(1) $\lim\limits_{\substack{x\to 0\\ y\to 0}}\dfrac{x+y}{x-y}$;

【证】 当点(x, y)沿着$y=kx$ $(k\neq 0)$趋向于(0, 0)时,

$\lim\limits_{\substack{x\to 0\\ y\to 0}}\dfrac{x+y}{x-y}=\lim\limits_{\substack{x\to 0\\ y=kx}}\dfrac{x+kx}{x-kx}=\dfrac{1+k}{1-k}$，极限值随着$k$的变化而变化，故极限不存在.

(2) $\lim\limits_{\substack{x\to 0\\ y\to 0}}\dfrac{x^3y}{x^6+y^2}$.

【证】 当点(x, y)沿着$y=kx^3$ $(k\neq 0)$趋向于(0, 0)时,

$$\lim\limits_{\substack{x\to 0\\ y\to 0}}\dfrac{x^3y}{x^6+y^2}=\lim\limits_{\substack{x\to 0\\ y\to 0}}\dfrac{x^3kx^3}{x^6+(kx^3)^2}=\dfrac{k}{1+k^2},$$

极限值随着k的变化而变化，故极限不存在.

6. 讨论函数$f(x, y)=\dfrac{y^2+2x}{y^2-2x}$的连续性.

【解】 由初等函数的连续性可知该函数除在点集$\{(x, y) \mid y^2 = 2x\}$外都是连续的.

习题 8.2　多元函数的偏导数

1. 求下列函数的偏导数.

(1) $z = xy + \dfrac{x}{y}$;　　(2) $z = x^2\ln(x^2 + y^2)$;

(3) $z = (1 + xy)^y$;　　(4) $z = xe^{-xy}$;

(5) $z = \arctan\dfrac{y}{x}$;　　(6) $s = \dfrac{u^2 + v^2}{uv}$;

(7) $z = \int_0^{xy} e^{-t^2}\,dt$;　　(8) $z = \sqrt{\ln(xy)}$;

(9) $z = \sin(xy) + \cos^2(xy)$;　　(10) $z = \ln\tan\dfrac{x}{y}$;

(11) $u = x^{\frac{y}{z}}$;　　(12) $u = \arctan(x - y)^z$.

【解】 (1) $\dfrac{\partial z}{\partial x} = y + \dfrac{1}{y}$, $\dfrac{\partial z}{\partial y} = x - \dfrac{x}{y^2}$;

(2) $\dfrac{\partial z}{\partial x} = 2x\ln(x^2 + y^2) + \dfrac{2x^3}{x^2 + y^2}$,

$$\frac{\partial z}{\partial y} = \frac{2x^2 y}{x^2 + y^2};$$

(3) 由对数求导法 $\ln z = y\ln(1 + xy)$,

$$\frac{1}{z}\frac{\partial z}{\partial x} = \frac{y^2}{1 + xy},\ \frac{\partial z}{\partial x} = (1 + xy)^y\frac{y^2}{1 + xy},$$

$$\frac{1}{z}\frac{\partial z}{\partial y} = \ln(1 + xy) + \frac{xy}{1 + xy},\ \frac{\partial z}{\partial y} = (1 + xy)^y\left[\ln(1 + xy) + \frac{xy}{1 + xy}\right];$$

(4) $\dfrac{\partial z}{\partial x} = e^{-xy} - xye^{-xy}$, $\dfrac{\partial z}{\partial y} = -x^2e^{-xy}$;

(5) $$\frac{\partial z}{\partial x} = \frac{-\dfrac{y}{x^2}}{1 + \left(\dfrac{y}{x}\right)^2} = -\frac{y}{x^2 + y^2},$$

$$\frac{\partial z}{\partial y} = \frac{\dfrac{1}{x}}{1 + \left(\dfrac{y}{x}\right)^2} = \frac{x}{x^2 + y^2};$$

(6) $\frac{\partial s}{\partial u}=\frac{1}{v}-\frac{v}{u^2}$, $\frac{\partial s}{\partial v}=-\frac{u}{v^2}+\frac{1}{u}$;

(7) 由变上限求导公式得

$$\frac{\partial z}{\partial x}=ye^{-x^2y^2},\ \frac{\partial z}{\partial y}=xe^{-x^2y^2};$$

(8) $\frac{\partial z}{\partial x}=\frac{1}{2}\frac{1}{\sqrt{\ln(xy)}}\cdot\frac{1}{xy}\cdot y=\frac{1}{2x\sqrt{\ln(xy)}}$,

$$\frac{\partial z}{\partial y}=\frac{1}{2}\frac{1}{\sqrt{\ln(xy)}}\cdot\frac{1}{xy}\cdot x=\frac{1}{2y\sqrt{\ln(xy)}};$$

(9) $\frac{\partial z}{\partial x}=y\cos(xy)-2y\cos(xy)\sin(xy)$,

$$\frac{\partial z}{\partial y}=x\cos(xy)-2x\cos(xy)\sin(xy);$$

(10) $\frac{\partial z}{\partial x}=\frac{1}{\tan\frac{x}{y}}\frac{\frac{1}{y}}{\cos^2\frac{x}{y}}=\frac{1}{y\sin\frac{x}{y}\cos\frac{x}{y}}$,

$$\frac{\partial z}{\partial y}=\frac{1}{\tan\frac{x}{y}}\frac{-\frac{x}{y^2}}{\cos^2\frac{x}{y}}=-\frac{x}{y^2\sin\frac{x}{y}\cos\frac{x}{y}};$$

(11) $\frac{\partial u}{\partial x}=\frac{y}{z}x^{\frac{y}{z}-1}$, $\frac{\partial u}{\partial y}=\frac{x^{\frac{y}{z}}}{z}\ln x$, $\frac{\partial u}{\partial z}=-x^{\frac{y}{z}}\frac{y}{z^2}\ln x$;

(12) $\frac{\partial u}{\partial x}=\frac{z(x-y)^{z-1}}{1+(x-y)^{2z}}$, $\frac{\partial u}{\partial y}=\frac{-z(x-y)^{z-1}}{1+(x-y)^{2z}}$, $\frac{\partial u}{\partial z}=\frac{(x-y)^z\ln(x-y)}{1+(x-y)^{2z}}$.

2. 设 $f(x,y)=x^2y^2-2y$，求 $f_x(2,3)$.

【解】 因为 $f_x=2xy^2$，所以 $f_x(2,3)=36$.

3. 设 $f(x,y)=x+(y-1)\arcsin\sqrt{\frac{x}{y}}$，求 $f_x(x,1)$.

【解】 因为 $f(x,1)=x$，所以 $f_x(x,1)=1$.

4. 设 $z=\ln(\sqrt{x}+\sqrt{y})$，证明：$x\frac{\partial z}{\partial x}+y\frac{\partial z}{\partial y}=\frac{1}{2}$.

【证】 因为 $\frac{\partial z}{\partial x}=\frac{\frac{1}{2}x^{-\frac{1}{2}}}{\sqrt{x}+\sqrt{y}}$, $\frac{\partial z}{\partial y}=\frac{\frac{1}{2}y^{-\frac{1}{2}}}{\sqrt{x}+\sqrt{y}}$,

所以 $$x\frac{\partial z}{\partial x}+y\frac{\partial z}{\partial y}=\frac{\frac{1}{2}x^{\frac{1}{2}}}{\sqrt{x}+\sqrt{y}}+\frac{\frac{1}{2}y^{\frac{1}{2}}}{\sqrt{x}+\sqrt{y}}=\frac{1}{2},$$ 证毕.

5. 求下列函数的二阶偏导数.

(1) $z=x^4+y^4-4x^2y^2$;　(2) $z=4x^3+3x^2y-3xy^2-x+y$;

(3) $z=y^x$;　(4) $z=\sin^2(ax+by)$;

(5) $z=x\ln(x+y)$;　(6) $z=x\sin(x+y)+y\cos(x+y)$.

【解】 (1) $\frac{\partial z}{\partial x}=4x^3-8xy^2$, $\frac{\partial z}{\partial y}=4y^3-8x^2y$,

$$\frac{\partial^2 z}{\partial x^2}=12x^2-8y^2,\ \frac{\partial^2 z}{\partial x\partial y}=\frac{\partial^2 z}{\partial y\partial x}=-16xy,\ \frac{\partial^2 z}{\partial y^2}=12y^2-8x^2;$$

(2) $\frac{\partial z}{\partial x}=12x^2+6xy-3y^2-1$, $\frac{\partial z}{\partial y}=3x^2-6xy+1$,

$$\frac{\partial^2 z}{\partial x^2}=24x+6y,\ \frac{\partial^2 z}{\partial x\partial y}=\frac{\partial^2 z}{\partial y\partial x}=6x-6y,\ \frac{\partial^2 z}{\partial y^2}=-6x;$$

(3) $\frac{\partial z}{\partial x}=y^x\ln y$, $\frac{\partial z}{\partial y}=xy^{x-1}$,

$$\frac{\partial^2 z}{\partial x^2}=y^x\ln^2 y,\ \frac{\partial^2 z}{\partial x\partial y}=\frac{\partial^2 z}{\partial y\partial x}=xy^{x-1}\ln y+y^{x-1},\ \frac{\partial^2 z}{\partial y^2}=x(x-1)y^{x-2};$$

(4) $$\frac{\partial z}{\partial x}=2a\sin(ax+by)\cos(ax+by)=a\sin(2ax+2by),$$

$$\frac{\partial z}{\partial y}=2b\sin(ax+by)\cos(ax+by)=b\sin(2ax+2by),$$

$$\frac{\partial^2 z}{\partial x^2}=2a^2\cos(2ax+2by),$$

$$\frac{\partial^2 z}{\partial x\partial y}=\frac{\partial^2 z}{\partial y\partial x}=2ab\cos(2ax+2by),$$

$$\frac{\partial^2 z}{\partial y^2}=2b^2\cos(2ax+2by);$$

(5) $\frac{\partial z}{\partial x}=\ln(x+y)+\frac{x}{x+y}$, $\frac{\partial z}{\partial y}=\frac{x}{x+y}$,

$$\frac{\partial^2 z}{\partial x^2}=\frac{1}{x+y}+\frac{y}{(x+y)^2},\ \frac{\partial^2 z}{\partial x\partial y}=\frac{\partial^2 z}{\partial y\partial x}=\frac{y}{(x+y)^2},\ \frac{\partial^2 z}{\partial y^2}=-\frac{x}{(x+y)^2};$$

(6) $$\frac{\partial z}{\partial x}=\sin(x+y)+x\cos(x+y)-y\sin(x+y),$$

$$\frac{\partial z}{\partial y}=x\cos(x+y)+\cos(x+y)-y\sin(x+y),$$

$$\frac{\partial^2 z}{\partial x^2}=2\cos(x+y)-x\sin(x+y)-y\cos(x+y),$$

$$\frac{\partial^2 z}{\partial x\partial y}=\frac{\partial^2 z}{\partial y\partial x}=(1-y)\cos(x+y)-(1+x)\sin(x+y),$$

$$\frac{\partial^2 z}{\partial y^2}=-x\sin(x+y)-2\sin(x+y)-y\cos(x+y).$$

6. 验证 $z=\ln\sqrt{x^2+y^2}$满足方程$\frac{\partial^2 z}{\partial x^2}+\frac{\partial^2 z}{\partial y^2}=0$.

【证】 因为 $\frac{\partial z}{\partial x}=\frac{x}{x^2+y^2},\ \frac{\partial^2 z}{\partial x^2}=\frac{y^2-x^2}{(x^2+y^2)^2},$

$$\frac{\partial z}{\partial y}=\frac{y}{x^2+y^2},\ \frac{\partial^2 z}{\partial y^2}=\frac{x^2-y^2}{(x^2+y^2)^2},$$

所以 $\frac{\partial^2 z}{\partial x^2}+\frac{\partial^2 z}{\partial y^2}=\frac{y^2-x^2}{(x^2+y^2)^2}+\frac{x^2-y^2}{(x^2+y^2)^2}=0$,证毕.

7. 验证 $z=2\cos^2\left(x-\frac{t}{2}\right)$满足方程 $2\frac{\partial^2 z}{\partial t^2}+\frac{\partial^2 z}{\partial x\partial t}=0$.

【证】 因为 $\frac{\partial z}{\partial t}=2\cos\left(x-\frac{t}{2}\right)\sin\left(x-\frac{t}{2}\right)=\sin(2x-t),$

$$\frac{\partial^2 z}{\partial t^2}=-\cos(2x-t),\ \frac{\partial^2 z}{\partial x\partial t}=2\cos(2x-t),$$

所以 $2\frac{\partial^2 z}{\partial t^2}+\frac{\partial^2 z}{\partial x\partial t}=-2\cos(2x-t)+2\cos(2x-t)=0.$

习题 8.3　全微分

1. 求下列函数的全微分.

(1) $z=xy+\frac{x}{y}$;　　(2) $z=\sin(x^2+y)$;

(3) $f(x,y)=\frac{y}{\sqrt{x^2+y^2}}$;　　(4) $f(x,y,z)=x^{yz}$;

(5) $u=x^{y^2}$;　　(6) $z=a^y-\sqrt{a^2-x^2-y^2}$　$(a>0)$;

(7) $u=\left(\frac{x}{y}\right)^z$;　　(8) $z=\mathrm{e}^{ax^2+by^2}$　(a,b 为常数).

【解】 (1) $\frac{\partial z}{\partial x}=y+\frac{1}{y},\ \frac{\partial z}{\partial y}=x-\frac{x}{y^2},$

$\mathrm{d}z=\left(y+\frac{1}{y}\right)\mathrm{d}x+\left(x-\frac{x}{y^2}\right)\mathrm{d}y$;

(2) $\frac{\partial z}{\partial x}=2x\cos(x^2+y)$, $\frac{\partial z}{\partial y}=\cos(x^2+y)$,

$\mathrm{d}z=2x\cos(x^2+y)\mathrm{d}x+\cos(x^2+y)\mathrm{d}y$;

(3) $f'_x=-xy(x^2+y^2)^{-\frac{3}{2}}$, $f'_y=(x^2+y^2)^{-\frac{1}{2}}\left(1-\frac{y^2}{x^2+y^2}\right)$,

$\mathrm{d}z=-xy(x^2+y^2)^{-\frac{3}{2}}\mathrm{d}x+(x^2+y^2)^{-\frac{1}{2}}\left(1-\frac{y^2}{x^2+y^2}\right)\mathrm{d}y$;

(4) $f'_x=yzx^{yz-1}$, $f'_y=zx^{yz}\ln x$, $f'_z=x^{yz}y\ln x$,

$\mathrm{d}f=yzx^{yz-1}\mathrm{d}x+zx^{yz}\ln x\mathrm{d}y+x^{yz}y\ln x\mathrm{d}z$;

(5) $\frac{\partial u}{\partial x}=\frac{y^2}{x}x^{y^2}$, $\frac{\partial u}{\partial y}=2yx^{y^2}\ln x$,

$\mathrm{d}u=\frac{y^2}{x}x^{y^2}\mathrm{d}x+2yx^{y^2}\ln x\mathrm{d}y$;

(6) $\frac{\partial z}{\partial x}=x(a^2-x^2-y^2)^{-\frac{1}{2}}$, $\frac{\partial z}{\partial y}=a^y\ln a+y(a^2-x^2-y^2)^{-\frac{1}{2}}$,

$\mathrm{d}z=x(a^2-x^2-y^2)^{-\frac{1}{2}}\mathrm{d}x+\left[a^y\ln a+y(a^2-x^2-y^2)^{-\frac{1}{2}}\right]\mathrm{d}y$;

(7) $\frac{\partial u}{\partial x}=\frac{z}{x}\left(\frac{x}{y}\right)^z$, $\frac{\partial u}{\partial y}=-\frac{z}{y}\left(\frac{x}{y}\right)^z$, $\frac{\partial u}{\partial z}=(\ln x-\ln y)\left(\frac{x}{y}\right)^z$,

$\mathrm{d}u=\frac{z}{x}\left(\frac{x}{y}\right)^z\mathrm{d}x-\frac{z}{y}\left(\frac{x}{y}\right)^z\mathrm{d}y+(\ln x-\ln y)\left(\frac{x}{y}\right)^z\mathrm{d}z$;

(8) $\frac{\partial z}{\partial x}=2axe^{ax^2+by^2}$, $\frac{\partial z}{\partial y}=2bye^{ax^2+by^2}$,

$\mathrm{d}z=2axe^{ax^2+by^2}\mathrm{d}x+2bye^{ax^2+by^2}\mathrm{d}y$.

2. 求函数 $z=\ln(1+x^2+y^2)$ 当 $x=1,y=2$ 时的全微分.

【解】 $\frac{\partial z}{\partial x}=\frac{2x}{1+x^2+y^2}$, $\frac{\partial z}{\partial y}=\frac{2y}{1+x^2+y^2}$,

$\mathrm{d}z=\frac{2x}{1+x^2+y^2}\mathrm{d}x+\frac{2y}{1+x^2+y^2}\mathrm{d}y$,

$\mathrm{d}z=\frac{1}{3}\mathrm{d}x+\frac{2}{3}\mathrm{d}y$.

3. 求函数 $u=z^4-3xz+x^2+y^2$ 在点(1,1,1)处的全微分.

【解】 $\frac{\partial u}{\partial x}=-3z+2x$, $\frac{\partial u}{\partial y}=2y$, $\frac{\partial u}{\partial z}=4z^3-3x$,

$$du=(-3z+2x)dx+2ydy+(4z^3-3x)dz,$$

$$du=-dx+2dy+dz.$$

4. 设 $u(x,y)=\dfrac{x+y}{1+y}$,求 $du(-1,2)$.

【解】 $\dfrac{\partial u}{\partial x}=\dfrac{1}{1+y}$, $\dfrac{\partial u}{\partial y}=\dfrac{1-x}{(1+y)^2}$,

$$du=\frac{1}{1+y}dx+\frac{1-x}{(1+y)^2}dy,$$

$$du=\frac{1}{3}dx+\frac{2}{9}dy.$$

5. 求函数 $z=\dfrac{y}{x}$ 当 $x=2,y=1,\Delta x=0.1,\Delta y=-0.2$ 时的全增量和全微分.

【解】 $\dfrac{\partial z}{\partial x}=-\dfrac{y}{x^2}$, $\dfrac{\partial z}{\partial y}=\dfrac{1}{x}$, $dz=-\dfrac{y}{x^2}dx+\dfrac{1}{x}dy$,

$$\Delta z=f(x+\Delta x,y+\Delta y)-f(x,y)=\frac{y+\Delta y}{x+\Delta x}-\frac{y}{x}=\frac{1-0.2}{2+0.1}-\frac{1}{2}=-\frac{5}{42},$$

$$dz=-\frac{1}{2^2}\cdot 0.1+\frac{1}{2}\cdot(-0.2)=-\frac{5}{40}=-\frac{1}{8}.$$

6. 证明函数 $f(x,y)=\sqrt{|xy|}$ 在点 $(0,0)$ 处的两个偏导数都存在,但函数 $f(x,y)$ 在点 $(0,0)$ 处不可微.

【证】 因为 $f_x(0,0)=\lim\limits_{x\to 0}\dfrac{\sqrt{|x\cdot 0|}-0}{x}=0$,

同理 $f_y(0,0)=f_x(0,0)=0.$

又 $\Delta z=f(x+\Delta x,y+\Delta y)-f(x,y)=\sqrt{|\Delta x\Delta y|}$,

所以 $\lim\limits_{\substack{\Delta x\to 0\\ \Delta y\to 0}}\dfrac{\Delta z-dz}{\rho}=\lim\limits_{\substack{\Delta x\to 0\\ \Delta y\to 0}}\dfrac{\sqrt{|\Delta x\Delta y|}}{\sqrt{(\Delta x)^2+(\Delta y)^2}}\neq 0$, 故函数 $f(x,y)$ 在点 $(0,0)$ 处不可微.

习题 8.4 多元复合函数的求导法则

1. 求下列复合函数的导数.

(1) $z=u^2\ln v,u=\dfrac{y}{x},v=x^2+y^2$,求 $\dfrac{\partial z}{\partial x},\dfrac{\partial z}{\partial y}$;

【解】 $\dfrac{\partial z}{\partial x}=\dfrac{\partial z}{\partial u}\dfrac{\partial u}{\partial x}+\dfrac{\partial z}{\partial v}\dfrac{\partial v}{\partial x}=2u\ln v\cdot\left(-\dfrac{y}{x^2}\right)+\dfrac{u^2}{v}\cdot 2x$

$$= -\frac{2yu\ln v}{x^2} + \frac{2xu^2}{v} = \frac{2y^2}{x^3}\left[\frac{x^2}{x^2+y^2} - \ln(x^2+y^2)\right],$$

$$\frac{\partial z}{\partial y} = \frac{\partial z}{\partial u}\frac{\partial u}{\partial y} + \frac{\partial z}{\partial v}\frac{\partial v}{\partial y} = \frac{2u\ln v}{x} + \frac{u^2}{v}\cdot 2y = \frac{2y}{x^2}\left[\frac{y^2}{x^2+y^2} + \ln(x^2+y^2)\right];$$

（2）$z = \mathrm{e}^{uv}, u = \ln\sqrt{x^2+y^2}, v = \arctan\frac{y}{x}$，求$\frac{\partial z}{\partial x},\frac{\partial z}{\partial y}$；

【解】 $$\frac{\partial z}{\partial x} = \frac{\partial z}{\partial u}\frac{\partial u}{\partial x} + \frac{\partial z}{\partial v}\frac{\partial v}{\partial x} = v\mathrm{e}^{uv}\frac{1}{2}\frac{2x}{x^2+y^2} + u\mathrm{e}^{uv}\frac{-\frac{y}{x^2}}{1+\frac{y^2}{x^2}}$$

$$= \frac{xv\mathrm{e}^{uv}}{x^2+y^2} - \frac{yu\mathrm{e}^{uv}}{x^2+y^2},$$

$$\frac{\partial z}{\partial y} = \frac{\partial z}{\partial u}\frac{\partial u}{\partial y} + \frac{\partial z}{\partial v}\frac{\partial v}{\partial y} = v\mathrm{e}^{uv}\frac{1}{2}\frac{2y}{x^2+y^2} + u\mathrm{e}^{uv}\frac{\frac{1}{x}}{1+\frac{y^2}{x^2}}$$

$$= \frac{yv\mathrm{e}^{uv}}{x^2+y^2} + \frac{xu\mathrm{e}^{uv}}{x^2+y^2};$$

（3）$z = \mathrm{e}^{x-2y}, x = \sin t, y = t^3$，求$\frac{\mathrm{d}z}{\mathrm{d}t}$；

【解】 $$\frac{\mathrm{d}z}{\mathrm{d}t} = \frac{\partial z}{\partial x}\frac{\mathrm{d}x}{\mathrm{d}t} + \frac{\partial z}{\partial y}\frac{\mathrm{d}y}{\mathrm{d}t} = \mathrm{e}^{x-2y}\cos t - 2\mathrm{e}^{x-2y}3t^2$$

$$= \mathrm{e}^{x-2y}(\cos t - 6t^2) = \mathrm{e}^{\sin t - 2t^3}(\cos t - 6t^2);$$

（4）$z = u^3, u = y^x$，求$\frac{\partial z}{\partial x},\frac{\partial z}{\partial y}$；

【解】 $$\frac{\partial z}{\partial x} = \frac{\partial z}{\partial u}\frac{\partial u}{\partial x} = 3u^2y^x\ln y,\quad \frac{\partial z}{\partial y} = \frac{\partial z}{\partial u}\frac{\partial u}{\partial y} = 3u^2y^x\frac{x}{y};$$

（5）设 $z = u\mathrm{e}^v$，其中，$u = x^2+y^2, v = \frac{x^2+y^2}{xy}$，求$\frac{\partial z}{\partial x}$；

【解】 $$\frac{\partial z}{\partial x} = \frac{\partial z}{\partial u}\frac{\partial u}{\partial x} + \frac{\partial z}{\partial v}\frac{\partial v}{\partial x} = \mathrm{e}^v 2x + u\mathrm{e}^v\left(\frac{1}{y} - \frac{y}{x^2}\right)$$

$$= 2x\mathrm{e}^v + \frac{x^2u\mathrm{e}^v - y^2u\mathrm{e}^v}{x^2y};$$

（6）设 $z = \arctan(xy)$，而 $y = \mathrm{e}^x$，求$\frac{\mathrm{d}z}{\mathrm{d}x}$；

【解】 $\frac{\mathrm{d}z}{\mathrm{d}x}=\frac{\partial z}{\partial y}\frac{\mathrm{d}y}{\mathrm{d}x}=\frac{y+xe^x}{1+x^2y^2}$;

(7) 设 $u=e^{x^2+y^2+z^2}$,而 $z=x^2\sin y$,求$\frac{\partial u}{\partial x},\frac{\partial u}{\partial y}$;

【解】 $\frac{\partial u}{\partial x}=\frac{\partial u}{\partial z}\frac{\partial z}{\partial x}=e^{x^2+y^2+z^2}(2x+2z2x\sin y)=2xe^{x^2+y^2+z^2}(1+2z\sin y)$,

$$\frac{\partial u}{\partial y}=\frac{\partial u}{\partial z}\frac{\partial z}{\partial y}=e^{x^2+y^2+z^2}(2y+2zx^2\cos y);$$

(8) 设 $z=\frac{x}{y},x=ct,y=\ln t$,求$\frac{\mathrm{d}z}{\mathrm{d}t}$ (c 为常数).

【解】 $\frac{\mathrm{d}z}{\mathrm{d}t}=\frac{\partial z}{\partial x}\frac{\mathrm{d}x}{\mathrm{d}t}+\frac{\partial z}{\partial y}\frac{\mathrm{d}y}{\mathrm{d}t}=\frac{c}{y}-\frac{x}{y^2}\frac{1}{t}=\frac{cty-x}{ty^2}$.

2. 设 f 可微,求下列函数的一阶偏导数:

(1) $w=f(x^2-y^2,e^{xy})$;　　(2) $w=f\left(\frac{x}{y},\frac{y}{z}\right)$;

(3) $z=f\left(x+\frac{1}{y},y+\frac{1}{x}\right)$;　　(4) $z=f\left(xy+\frac{y}{x}\right)$;

【解】 (1) $\frac{\partial w}{\partial x}=2xf_1'+ye^{xy}f_2',\frac{\partial w}{\partial y}=-2yf_1'+xe^{xy}f_2'$;

(2) $\frac{\partial w}{\partial x}=\frac{1}{y}f_1'$, $\frac{\partial w}{\partial y}=-\frac{x}{y^2}f_1'+\frac{1}{z}f_2'$, $\frac{\partial w}{\partial z}=-\frac{y}{z^2}f_2'$;

(3) $\frac{\partial z}{\partial x}=f_1'-\frac{1}{x^2}f_2'$, $\frac{\partial z}{\partial y}=-\frac{1}{y^2}f_1'+f_2'$;

(4) $\frac{\partial z}{\partial x}=f'\cdot\left(y-\frac{y}{x^2}\right)$, $\frac{\partial z}{\partial y}=f'\cdot\left(x+\frac{1}{x}\right)$.

3. 设 $f(u,v)$ 具有二阶连续偏导数, 求下列函数的偏导数$\frac{\partial^2 z}{\partial x^2},\frac{\partial^2 z}{\partial x\partial y},\frac{\partial^2 z}{\partial y^2}$;

(1) $z=f(xy,y)$;　　(2) $z=x^2f\left(\frac{y}{x}\right)$;

【解】 (1) $\frac{\partial z}{\partial x}=yf_1'$, $\frac{\partial^2 z}{\partial x^2}=y^2f_{11}''$, $\frac{\partial z}{\partial y}=xf_1'+f_2'$,

$$\frac{\partial^2 z}{\partial x\partial y}=f_1'+y(xf_{11}''+f_{12}''),\frac{\partial^2 z}{\partial y^2}=x(xf_{11}''+f_{12}'')+xf_{21}''+f_{22}'';$$

(2) $\frac{\partial z}{\partial x}=2xf+x^2f'\cdot\left(-\frac{y}{x^2}\right)=2x\cdot f-y\cdot f'$,$\frac{\partial z}{\partial y}=x^2f'\cdot\frac{1}{x}=x\cdot f'$,

$$\frac{\partial^2 z}{\partial x^2}=2f-\frac{2y}{x}f'+\frac{y^2}{x^2}f'',\ \frac{\partial^2 z}{\partial x\partial y}=2x\cdot f'\cdot\frac{1}{x}-f'-yf''\cdot\frac{1}{x}=f'-f''\cdot\frac{y}{x},$$

$$\frac{\partial^2 z}{\partial y^2}=f'';$$

4. 设 $z=xy+xf(u)$，$u=\frac{y}{x}$，$f(u)$可导，试证 $x\frac{\partial z}{\partial x}+y\frac{\partial z}{\partial y}=xy+z$.

【证】 $\frac{\partial z}{\partial x}=y+f-\frac{y}{x}f_u'$，$\frac{\partial z}{\partial y}=x+f_u'$，

$$x\frac{\partial z}{\partial x}+y\frac{\partial z}{\partial y}=xy+xf-yf_u'+xy+yf_u'=2xy+xf=xy+z.$$

5. 设 $z=\arctan\frac{x}{y}$，而 $x=u+v$，$y=u-v$，验证$\frac{\partial z}{\partial u}+\frac{\partial z}{\partial v}=\frac{u-v}{u^2+v^2}$.

【证】 $$\frac{\partial z}{\partial u}=\frac{\partial z}{\partial x}\frac{\partial x}{\partial u}+\frac{\partial z}{\partial y}\frac{\partial y}{\partial u}=\frac{\frac{1}{y}}{1+\frac{x^2}{y^2}}+\frac{-\frac{x}{y^2}}{1+\frac{x^2}{y^2}}=\frac{y-x}{x^2+y^2},$$

$$\frac{\partial z}{\partial v}=\frac{\partial z}{\partial x}\frac{\partial x}{\partial v}+\frac{\partial z}{\partial y}\frac{\partial y}{\partial v}=\frac{\frac{1}{y}}{1+\frac{x^2}{y^2}}+\frac{\frac{x}{y^2}}{1+\frac{x^2}{y^2}}=\frac{y+x}{x^2+y^2},$$

故 $$\frac{\partial z}{\partial u}+\frac{\partial z}{\partial v}=\frac{u-v}{u^2+v^2}.$$

6. 设 $z=f(u,v,w)+g(u,w)$，其中，f,g 均有连续偏导数，而 $u=\varphi(x,y)$，$v=\psi(x,y)$，$w=F(x)$均可导，求$\frac{\partial z}{\partial x}$.

【解】 $$\frac{\partial z}{\partial x}=f_u'\varphi_x'+f_v'\psi_x'+f_w'F'+g_u'\varphi_x'+g_w'F'.$$

7. 设$f(u,v)$有连续偏导数，$z=e^xf(u,v)$，$u=x^3+y^3$，$v=xe^y$，求$\frac{\partial z}{\partial x},\frac{\partial z}{\partial y}$.

【解】 $\frac{\partial z}{\partial x}=e^xf+e^x(f_u'3x^2+f_v'e^y)$，$\frac{\partial z}{\partial y}=e^x(f_u'3y^2+f_v'xe^y)$.

8. 设 $z=[f(x)]^{g(y)}$，其中，$f>0$，g 都可导，求$\frac{\partial z}{\partial x},\frac{\partial z}{\partial y}$.

【解】 由对数求导法：$\ln z=g(y)\ln f(x)$，

$$\frac{1}{z}\frac{\partial z}{\partial x}=g(y)\frac{f'}{f(x)},\ \frac{\partial z}{\partial x}=g(y)\frac{f'}{f(x)}[f(x)]^{g(y)},$$

$$\frac{\partial z}{\partial y}=[f(x)]^{g(y)}g'(y)\ln f(x).$$

9. 设$f(1,1)=1,f_1(1,1)=a,f_2(1,1)=b,\varphi(x)=f[x,f(x,f(x,x))]$,求$\varphi(1),\varphi'(1)$.

【解】 $\varphi(1)=1,u=f(x,f(x,x)),v=f(x,x),\varphi(x)=f(x,u)$,

$\varphi'(x)=f_1'+f_2'u',u'=f_1'+f_2'(f_1'+f_2')=a+b(a+b)$,

$\varphi'(x)=f_1'+f_2'u'=a+b[a+b(a+b)]=a+ab+ab^2+b^3$.

习题 8.5　隐函数的求导公式

1. 设$\frac{x}{z}=\ln\frac{z}{y}$,求$\frac{\partial z}{\partial x},\frac{\partial z}{\partial y}$.

【解】 原方程可化为$x=z(\ln z-\ln y)$,方程两边分别对x,y求导得

$$1=\frac{\partial z}{\partial x}\ln z+\frac{\partial z}{\partial x}-\frac{\partial z}{\partial x}\ln y,\ \frac{\partial z}{\partial x}=\frac{1}{\ln z-\ln y+1}=\frac{z}{x+z},$$

$$\frac{\partial z}{\partial y}(\ln z-\ln y)+z\left(\frac{1}{z}\frac{\partial z}{\partial y}-\frac{1}{y}\right)=0,\ \frac{\partial z}{\partial y}(\ln z-\ln y)+\frac{\partial z}{\partial y}-\frac{z}{y}=0,$$

$$\frac{\partial z}{\partial y}=\frac{\frac{z}{y}}{\ln z-\ln y+1}=\frac{z^2}{y(x+z)}.$$

2. 设函数$z=z(x,y)$由$\sin(y-z)+e^{x-z}=2$所确定,试求$\frac{\partial z}{\partial x},\frac{\partial z}{\partial y}$.

【解】 方程两边分别对x,y求导

$$-\cos(y-z)\frac{\partial z}{\partial x}+e^{x-z}\left(1-\frac{\partial z}{\partial x}\right)=0,\ 所以\frac{\partial z}{\partial x}=\frac{e^{x-z}}{\cos(y-z)+e^{x-z}}.$$

$$\cos(y-z)\cdot\left(1-\frac{\partial z}{\partial y}\right)+e^{x-z}\left(-\frac{\partial z}{\partial y}\right)=0,\ 所以\frac{\partial z}{\partial y}=\frac{\cos(y-z)}{\cos(y-z)+e^{x-z}}.$$

3. 设$y=y(x,z)$由方程$e^x+e^y+e^z=3xyz$所确定,试求$\frac{\partial y}{\partial x},\frac{\partial y}{\partial z}$.

【解】 方程两边分别对x,z求导

$$e^x+e^y\frac{\partial y}{\partial x}=3yz+3xz\frac{\partial y}{\partial x},\ 所以\frac{\partial y}{\partial x}=\frac{3yz-e^x}{e^y-3xz}.$$

$$e^y\frac{\partial y}{\partial z}+e^z=3xy+3xz\frac{\partial y}{\partial z},\ 所以\frac{\partial y}{\partial z}=\frac{3xy-e^z}{e^y-3xz}.$$

4. 设$z=z(x,y)$由方程$x+y^2+z^3-xy=2z$所确定,试求$\frac{\partial z}{\partial x},\frac{\partial z}{\partial y}$.

【解】 方程两边分别对x,y求导,

$$1+3z^2\frac{\partial z}{\partial x}-y=2\frac{\partial z}{\partial x},得\frac{\partial z}{\partial x}=\frac{y-1}{3z^2-2}.$$

$$2y+3z^2\frac{\partial z}{\partial y}-x=2\frac{\partial z}{\partial y},得\frac{\partial z}{\partial y}=\frac{x-2y}{3z^2-2}.$$

5. 设 $z=z(x,y)$ 由 $2z+y^2=\int_0^{z+y-x}\cos t^2\mathrm{d}t$ 所确定,试求 $\frac{\partial z}{\partial x}$.

【解】 由变上限求导公式,方程两边对 x 求导

$$2\frac{\partial z}{\partial x}=\cos(z+y-x)^2\cdot\left(\frac{\partial z}{\partial x}-1\right),\ \frac{\partial z}{\partial x}=-\frac{\cos(z+y-x)^2}{2-\cos(z+y-x)^2}.$$

6. 设 $z=z(x,y)$ 由 $x=\mathrm{e}^{yz}+z^2$ 所确定,试求 $\mathrm{d}z$.

【解】 方程两边分别对 x,y 求导,

$$1=\mathrm{e}^{yz}y\frac{\partial z}{\partial x}+2z\frac{\partial z}{\partial x},\ 得\frac{\partial z}{\partial x}=\frac{1}{y\mathrm{e}^{yz}+2z}.$$

$$0=2z\frac{\partial z}{\partial y}+\mathrm{e}^{yz}\left(z+y\frac{\partial z}{\partial y}\right),\ 得\frac{\partial z}{\partial y}=-\frac{z\mathrm{e}^{yz}}{2z+y\mathrm{e}^{yz}},$$

所以　$$\mathrm{d}z=\frac{1}{y\mathrm{e}^{yz}+2z}\mathrm{d}x-\frac{z\mathrm{e}^{yz}}{2z+y\mathrm{e}^{yz}}\mathrm{d}y.$$

7. 设 $z=z(x,y)$ 由方程 $xy\sin z=2z$ 所确定,求全微分 $\mathrm{d}z$.

【解】 方程两边分别对 x,y 求导

$$y\sin z+xy\cos z\cdot\frac{\partial z}{\partial x}=2\frac{\partial z}{\partial x},\ 得\frac{\partial z}{\partial x}=\frac{y\sin z}{2-xy\cos z}.$$

$$x\sin z+xy\cos z\cdot\frac{\partial z}{\partial y}=2\frac{\partial z}{\partial y},\ 得\frac{\partial z}{\partial y}=\frac{x\sin z}{2-xy\cos z}.$$

所以　$$\mathrm{d}z=\frac{y\sin z}{2-xy\cos z}\mathrm{d}x+\frac{x\sin z}{2-xy\cos z}\mathrm{d}y.$$

8. 设 $u=u(x,y)$ 由方程 $\frac{x}{u}=\ln(yu)$ 所确定,求 $\frac{\partial u}{\partial x},\frac{\partial u}{\partial y}$.

【解】 原方程可化为 $x=u(\ln y+\ln u)$

$$1=\frac{\partial u}{\partial x}(\ln y+\ln u)+\frac{\partial u}{\partial x},\ 所以\frac{\partial u}{\partial x}=\frac{1}{1+\ln y+\ln u}.$$

$$0=\frac{\partial u}{\partial y}(\ln y+\ln u)+u\left(\frac{1}{y}+\frac{1}{u}\frac{\partial u}{\partial y}\right),\ 所以\frac{\partial u}{\partial y}=-\frac{\frac{u}{y}}{1+\ln y+\ln u}.$$

9. 设 $z=z(x,y)$ 由方程 $\mathrm{e}^z-xy^2z^3=1$ 所确定,试求 $z_x\big|_{(1,1,0)},z_y\big|_{(1,1,0)}$.

【解】 方程两边分别对 x,y 求导:

因为 $e^z \dfrac{\partial z}{\partial x} - y^2z^3 - 3xy^2z^2 \dfrac{\partial z}{\partial x} = 0$，$\dfrac{\partial z}{\partial x} = \dfrac{y^2z^3}{e^z - 3xy^2z^2}$，

所以 $\left.\dfrac{\partial z}{\partial x}\right|_{(1,1,0)} = \left.\dfrac{y^2z^3}{e^z - 3xy^2z^2}\right|_{(1,1,0)} = 0.$

又因为 $e^z \dfrac{\partial z}{\partial y} - 2xyz^3 - 3xy^2z^2 \dfrac{\partial z}{\partial y} = 0, \dfrac{\partial z}{\partial y} = \dfrac{2xyz^3}{e^z - 3xy^2z^2}$，

所以 $\left.\dfrac{\partial z}{\partial y}\right|_{(1,1,0)} = \left.\dfrac{2xyz^3}{e^z - 3xy^2z^2}\right|_{(1,1,0)} = 0.$

10. 设 $z = z(x,y)$ 由方程 $x^2 + 2xy - z^2 = 2z$ 所确定，求$\dfrac{\partial z}{\partial x}, \dfrac{\partial z}{\partial y}$.

【解】 方程两边分别对 x,y 求导：

$$2x + 2y - 2z \frac{\partial z}{\partial x} = 2 \frac{\partial z}{\partial x},\ 得\frac{\partial z}{\partial x} = \frac{x+y}{1+z}.$$

$$2x - 2z \frac{\partial z}{\partial y} = 2 \frac{\partial z}{\partial y},\ 得\frac{\partial z}{\partial y} = \frac{x}{1+z}.$$

11. 证明由 $2\sin(x+2y-3z) = x+2y-3z$ 确定的隐函数 z 满足$\dfrac{\partial z}{\partial x} + \dfrac{\partial z}{\partial y} = 1$.

【证】 方程两边分别对 x,y 求导：

$$2\cos(x+2y-3z) \cdot \left(1 - 3\frac{\partial z}{\partial x}\right) = 1 - 3\frac{\partial z}{\partial x},$$

得 $$\frac{\partial z}{\partial x} = \frac{2\cos(x+2y-3z) - 1}{6\cos(x+2y-3z) - 3} = \frac{1}{3}.$$

$$2\cos(x+2y-3z) \cdot \left(2 - 3\frac{\partial z}{\partial y}\right) = 2 - 3\frac{\partial z}{\partial y},$$

得 $$\frac{\partial z}{\partial y} = \frac{4\cos(x+2y-3z) - 2}{6\cos(x+2y-3z) - 3} = \frac{2}{3}.$$

故 $\dfrac{\partial z}{\partial x} + \dfrac{\partial z}{\partial y} = 1$，证毕.

12. 设 $z = z(x,y)$ 是由 $F\left(\dfrac{1}{x} - \dfrac{1}{y} - \dfrac{1}{z}\right) = \dfrac{1}{z}$确定的隐函数，其中，$F$ 可微，试证 $x^2\dfrac{\partial z}{\partial x} + y^2\dfrac{\partial z}{\partial y} = 0$.

【证】 方程两边分别对 x,y 求导，

$$F' \cdot \left(-\frac{1}{x^2} + \frac{1}{z^2}\frac{\partial z}{\partial x}\right) = -\frac{1}{z^2}\frac{\partial z}{\partial x},\quad \frac{\partial z}{\partial x} = \frac{z^2F'}{(1+F')x^2},$$

$$F' \cdot \left(\frac{1}{y^2}+\frac{1}{z^2}\frac{\partial z}{\partial y}\right)=-\frac{1}{z^2}\frac{\partial z}{\partial y},\quad \frac{\partial z}{\partial y}=-\frac{z^2F'}{y^2(1+F')},$$

故　$x^2\frac{\partial z}{\partial x}+y^2\frac{\partial z}{\partial y}=0$,证毕.

13. 设 $F(u,v)$ 具有连续偏导数,$z=z(x,y)$ 是由 $F(cx-az,cy-bz)=0$ 确定的隐函数,试证 $a\frac{\partial z}{\partial x}+b\frac{\partial z}{\partial y}=c$.

【证】 方程两边分别对 x,y 求导:

$$F_1' \cdot \left(c-a\frac{\partial z}{\partial x}\right)+F_2' \cdot (-b)\frac{\partial z}{\partial x}=0,\quad 得\frac{\partial z}{\partial x}=\frac{cF_1'}{bF_2'+aF_1'}.$$

$$F_1' \cdot (-a)\frac{\partial z}{\partial y}+F_2' \cdot \left(c-b\frac{\partial z}{\partial y}\right)=0,\quad 得\frac{\partial z}{\partial y}=\frac{cF_2'}{bF_2'+aF_1'}.$$

故　$a\frac{\partial z}{\partial x}+b\frac{\partial z}{\partial y}=c$,证毕.

习题 8.6　多元微分学在几何上的应用

1. 求曲线 $x=2t^3-3t,y=-3t^2+2,z=4t-1$ 在点 $(-1,-1,3)$ 处的切线方程和法平面方程.

【解】 因为 $\frac{dx}{dt}=6t^2-3$, $\frac{dy}{dt}=-6t$, $\frac{dz}{dt}=4$,

$$\left.\frac{dx}{dt}\right|_{t=1}=3,\ \left.\frac{dy}{dt}\right|_{t=1}=-6,\ \left.\frac{dz}{dt}\right|_{t=1}=4,$$

所以切线的方向向量为 $\boldsymbol{T}=\{3,-6,4\}$.

即切线方程为 $\frac{x+1}{3}=\frac{y+1}{-6}=\frac{z-3}{4}$,

法平面方程为 $3(x+1)-6(y+1)+4(z-3)=0$,即 $3x-6y+4z-15=0$.

2. 求曲线 $x=\tan^2 t,y=\cot^2 t,z=\sin 2t$ 在对应于点 $t=\frac{\pi}{3}$ 处的切线方程和法平面方程.

【解】　因为 $\frac{dx}{dt}=2\tan t \cdot \frac{1}{\cos^2 t}$, $\frac{dy}{dt}=-2\cot t \cdot \frac{1}{\sin^2 t}$, $\frac{dz}{dt}=2\cos 2t$,

$$\left.\frac{dx}{dt}\right|_{t=\frac{\pi}{3}}=2\tan t \cdot \left.\frac{1}{\cos^2 t}\right|_{t=\frac{\pi}{3}}=8\sqrt{3},$$

$$\left.\frac{dy}{dt}\right|_{t=\frac{\pi}{3}}=-2\cot t \cdot \left.\frac{1}{\sin^2 t}\right|_{t=\frac{\pi}{3}}=-\frac{8\sqrt{3}}{9},$$

$$\left.\frac{\mathrm{d}z}{\mathrm{d}t}\right|_{t=\frac{\pi}{3}}=2\cos 2t\left.\right|_{t=\frac{\pi}{3}}=-1,$$

所以切线方程为$\dfrac{x-3}{8\sqrt{3}}=\dfrac{y-\frac{1}{3}}{-\frac{8\sqrt{3}}{9}}=\dfrac{z-\frac{\sqrt{3}}{2}}{-1}$.

法平面方程为 $8\sqrt{3}x-\dfrac{8\sqrt{3}}{9}y-z-\dfrac{1253\sqrt{3}}{54}=0$.

3. 求曲线 $x=a\cos t,y=b\sin t,z=c$ 在对应于点 $t=\dfrac{\pi}{6}$处的切线方程和法平面方程($a\neq0$,$b\neq0,c\neq0$).

【解】 因为 $\dfrac{\mathrm{d}x}{\mathrm{d}t}=-a\sin t,\ \dfrac{\mathrm{d}y}{\mathrm{d}t}=b\cos t,\ \dfrac{\mathrm{d}z}{\mathrm{d}t}=0$,

$$\left.\frac{\mathrm{d}x}{\mathrm{d}t}\right|_{t=\frac{\pi}{6}}=-\frac{a}{2},\ \left.\frac{\mathrm{d}y}{\mathrm{d}t}\right|_{t=\frac{\pi}{6}}=\frac{\sqrt{3}}{2}b,\left.\frac{\mathrm{d}z}{\mathrm{d}t}\right|_{t=\frac{\pi}{6}}=0,$$

所以切线方程为$\dfrac{x-\frac{\sqrt{3}}{2}a}{-\frac{a}{2}}=\dfrac{y-\frac{b}{2}}{\frac{\sqrt{3}}{2}b}=\dfrac{z-c}{0}$,

法平面方程为 $-\dfrac{a}{2}x+\dfrac{\sqrt{3}}{2}by+\dfrac{\sqrt{3}}{4}(a^2-b^2)=0$.

4. 求曲线 $x=\cos(t-1),y=(t-1)^2,z=\sqrt{1+3t^2}$在点(1,0,2)处的切线方程和法平面方程.

【解】 因为 $\dfrac{\mathrm{d}x}{\mathrm{d}t}=-\sin(t-1),\dfrac{\mathrm{d}y}{\mathrm{d}t}=2(t-1),\ \dfrac{\mathrm{d}z}{\mathrm{d}t}=3t(1+3t^2)^{-\frac{1}{2}}$,

$$\left.\frac{\mathrm{d}x}{\mathrm{d}t}\right|_{t=1}=0,\ \left.\frac{\mathrm{d}y}{\mathrm{d}t}\right|_{t=1}=0,\ \left.\frac{\mathrm{d}z}{\mathrm{d}t}\right|_{t=1}=3t(1+3t^2)^{-\frac{1}{2}}=\frac{3}{2},$$

所以切线方程为$\dfrac{x-1}{0}=\dfrac{y}{0}=\dfrac{z-2}{3/2}$,法平面方程 $z=2$.

5. 求曲线 $x=\mathrm{e}^{2t},y=2t,z=-\mathrm{e}^{-3t}$在对应于点 $t=0$ 处的切线及法平面方程.

【解】 因为 $\dfrac{\mathrm{d}x}{\mathrm{d}t}=2\mathrm{e}^{2t},\ \dfrac{\mathrm{d}y}{\mathrm{d}t}=2,\ \dfrac{\mathrm{d}x}{\mathrm{d}t}=3\mathrm{e}^{-3t}$,

$$\left.\frac{\mathrm{d}x}{\mathrm{d}t}\right|_{t=0}=2,\ \left.\frac{\mathrm{d}y}{\mathrm{d}t}\right|_{t=0}=2,\ \left.\frac{\mathrm{d}x}{\mathrm{d}t}\right|_{t=0}=3,$$

所以切线方程为$\dfrac{x-1}{2}=\dfrac{y}{2}=\dfrac{z+1}{3}$,法平面方程为 $2x+2y+3z+1=0$.

6. 求曲面 $2x^3-ye^z=\ln(z+1)$ 在点$(1,2,0)$处的切平面和法线方程.

【解】 令 $f(x,y,z)=2x^3-ye^z-\ln(z+1)$，因为

$$\frac{\partial f}{\partial x}=6x^2,\ \frac{\partial f}{\partial y}=-e^z,\ \frac{\partial f}{\partial z}=-ye^z-\frac{1}{z+1},$$

即切线的方向向量为 $\boldsymbol{T}=\{6,-1,-3\}$.

所以法线方程$\frac{x-1}{6}=\frac{y-2}{-1}=\frac{z}{-3}$，切平面方程 $6x-y-3z-4=0$.

7. 求旋转抛物面 $z=2x^2+2y^2$ 在点$\left(-1,\frac{1}{2},\frac{5}{2}\right)$处的切平面和法线方程.

【解】 令 $f(x,y,z)=z-2x^2-2y^2$，因为

$$\frac{\partial f}{\partial x}=-4x,\ \frac{\partial f}{\partial y}=-4y,\ \frac{\partial f}{\partial z}=1,$$

所以法线方程为$\frac{x+1}{4}=\frac{y-\frac{1}{2}}{-2}=\frac{z-\frac{5}{2}}{1}$，切平面方程为 $4x-2y+z+\frac{5}{2}=0$.

8. 求曲面 $x^2z^3+2y^2z+4=0$ 在点$(2,0,-1)$处的切平面和法线方程.

【解】 令 $f(x,y,z)=x^2z^3+2y^2z+4$，因为

$$\frac{\partial f}{\partial x}=2xz^3,\ \frac{\partial f}{\partial y}=4yz,\ \frac{\partial f}{\partial z}=3x^2z^2+2y^2,$$

所以法线方程为$\frac{x-2}{-4}=\frac{y}{0}=\frac{z+1}{12}$，切平面方程为 $x-3z-5=0$.

9. 求曲面$\frac{x^2}{a^2}+\frac{y^2}{b^2}-\frac{z^2}{c^2}=1$ 在点(x_0,y_0,z_0)处的切平面方程.

【解】 令 $f(x,y,z)=\frac{x^2}{a^2}+\frac{y^2}{b^2}-\frac{z^2}{c^2}-1$，因为

$$\frac{\partial f}{\partial x}=\frac{2x}{a^2},\ \frac{\partial f}{\partial y}=\frac{2y}{b^2},\ \frac{\partial f}{\partial z}=-\frac{2z}{c^2},$$

所以切平面方程　$\frac{x_0}{a^2}(x-x_0)+\frac{y_0}{b^2}(y-y_0)-\frac{z_0}{c^2}(z-z_0)=0$，

即
$$\frac{x_0}{a^2}x+\frac{y_0}{b^2}y-\frac{z_0}{c^2}z=1.$$

10. 求曲面 $x^2-y^2-z^2+6=0$ 垂直于直线$\frac{x-3}{2}=y-1=\frac{z-2}{-3}$的切平面方程.

【解】 令 $f(x,y,z)=x^2-y^2-z^2+6$，$\frac{\partial f}{\partial x}=2x$，$\frac{\partial f}{\partial y}=-2y$，$\frac{\partial f}{\partial z}=-2z$.

设曲面的点为(x_0,y_0,z_0),因为切平面与已知直线垂直,所以有

$$\frac{2x_0}{2}=\frac{-2y_0}{1}=\frac{-2z_0}{-3},$$

解得 $x_0=\pm 2$,即所求切平面方程的法向量为 $\boldsymbol{n}=\{4,2,-6\}$ 或 $\boldsymbol{n}=\{-4,-2,6\}$.

故切平面的方程为　　$2x+y-3z+6=0$ 或 $2x+y-3z-6=0$.

11. 求曲面 $z=x^2+y^2$ 上与直线$\begin{cases}x+2y=2,\\2y-z=4\end{cases}$垂直的切平面方程.

【解】　直线$\begin{cases}x+2y=2,\\2y-z=4\end{cases}$的对称式方程为$\dfrac{x}{1}=\dfrac{y-1}{-\frac{1}{2}}=\dfrac{z+2}{-1}$.

设(x_0,y_0,z_0)为曲面上的切点,则切平面方程为

$$2x_0(x-x_0)+2y_0(y-y_0)-(z-z_0)=0,$$

由题意得$\dfrac{2x_0}{1}=\dfrac{2y_0}{-\frac{1}{2}}=\dfrac{-1}{-1}\Rightarrow x_0=\dfrac{1}{2},\ y_0=-\dfrac{1}{4},\ z_0=\dfrac{5}{16}$,

故切平面方程为　　$2x-y-2z-\dfrac{5}{8}=0$.

12. 在椭圆抛物面 $z=x^2+2y^2$ 上求一点,使曲面在该点处的切平面垂直于直线$\begin{cases}2x+y=0,\\y+3z=0,\end{cases}$并写出曲面在该点处的法线方程.

【解】　设椭圆抛物面 $z=x^2+2y^2$ 上一点为(x_0,y_0,z_0),

$$令 f(x,y,z)=x^2+2y^2-z,\ f_x'=2x,\ f_y'=4y,\ f_z'=-1.$$

椭圆抛物面 $z=x^2+2y^2$ 的法向量为 $\boldsymbol{n}=\{2x_0,4y_0,-1\}$,

直线$\begin{cases}2x+y=0,\\y+3z=0\end{cases}$的一个方向向量为$\left\{1,-2,\dfrac{2}{3}\right\}$,由已知直线和平面的位置关系得

$$\frac{2x_0}{1}=\frac{4y_0}{-2}=\frac{-1}{2/3}\Rightarrow x_0=-\frac{3}{4},\ y_0=\frac{3}{4},\ z_0=\frac{27}{16},$$

故所求平面的法线方程为$\dfrac{x+\frac{3}{4}}{1}=\dfrac{y-\frac{3}{4}}{-2}=\dfrac{z-27/16}{2/3}$.

习题 8.7　二元函数的极值与最值

1. 求下列函数的极值:

(1) $f(x,y)=x^2+xy+y^2-4x-2y+5$;　　(2) $f(x,y)=x^3-4x^2+2xy-y^2$;

(3) $f(x,y)=e^{2x}(x+y^2+2y)$;　　(4) $f(x,y)=(6x-x^2)(4y-y^2)$;

(5) $z=x(y^3-3y-2x)$.

【解】 (1) $f_x'=2x+y-4$, $f_y'=x+2y-2$, $f_{xx}''=2$, $f_{xy}''=1$, $f_{yy}''=2$,

令 $f_x'=2x+y-4=0$, $f_y'=x+2y-2=0$ 得驻点$(2,0)$.

$$A=f_{xx}''=2>0,\ C=f_{yy}''=2,\ B=f_{xy}''=1,$$

$$H=AC-B^2=3>0,\text{有极小值}f(2,0)=4-2\times4+5=1.$$

(2) $f_x'=3x^2-8x+2y$, $f_y'=2x-2y$, $f_{xx}''=6x-8$, $f_{yy}''=-2$, $f_{xy}''=2$,

令 $f_x'=3x^2-8x+2y=0$, $f_y'=2x-2y=0$ 得驻点$(0,0)$,$(2,2)$.

对于点$(0,0)$有

$$A=f_{xx}''=6x-8=-8<0,\ C=f_{yy}''=-2,\ B=f_{xy}''=2,\ H=AC-B^2=12>0,$$

故有极大值$f(0,0)=0$.

对于点$(2,2)$有

$$A=f_{xx}''=6x-8=4>0,\ C=f_{yy}''=-2,\ B=f_{xy}''=2,\ H=AC-B^2=-12<0,$$

故在点$(2,2)$处无极值.

(3) $f_x'=e^{2x}(2x+2y^2+4y+1)$, $f_y'=2e^{2x}(y+1)$, $f_{xx}''=4e^{2x}(x+y^2+2y+1)$,

$f_{xy}''=4e^{2x}(y+1)$, $f_{yy}''=2e^{2x}$.

令 $f_x'=e^{2x}(2x+2y^2+4y+1)=0$, $f_y'=2e^{2x}(y+1)=0$ 得驻点$\left(\frac{1}{2},-1\right)$.

$$A=f_{xx}''=4e^{2x}(x+y^2+2y+1)=2e>0,\ B=f_{xy}''=0,\ C=f_{yy}''=2e,$$

$$H=AC-B^2=4e^2>0,$$

故有极小值$f\left(\frac{1}{2},1\right)=e\left(\frac{1}{2}+1-2\right)=-\frac{1}{2}e$.

(4) $f_x'=(6-2x)(4y-y^2)$, $f_y'=(6x-x^2)(4-2y)$, $f_{xx}''=-2(4y-y^2)$

$f_{xy}''=(6-2x)(4-2y)$, $f_{yy}''=-2(6x-x^2)$,

$f_x'=(6-2x)(4y-y^2)=0$, $f_y'=(6x-x^2)(4-2y)=0\Rightarrow$

$$\begin{cases}x=3,\\y=2,\end{cases}\quad\begin{cases}x=6,\\y=0,\end{cases}\quad\begin{cases}x=0,\\y=0,\end{cases}\quad\begin{cases}x=0,\\y=4,\end{cases}\quad\begin{cases}x=6,\\y=4,\end{cases}$$

$H=AC-B^2=144>0$,故有极大值$f(3,2)=9\times4=36$.

同理,点$(0,0)$,$(6,0)$,$(0,4)$,$(6,4)$也无极值.

(5) $z_x'=y^3-3y-4x$, $z_{xx}''=-4$, $z_y'=x(3y^2-3)$, $z_{yy}''=6xy$, $z_{xy}''=3y^2-3$,

$z_x'=y^3-3y-4x=0$, $z_y'=x(3y^2-3)=0\Rightarrow$

$$\begin{cases}x=0,\\y=0,\end{cases}\quad\begin{cases}x=0,\\y=3,\end{cases}\quad\begin{cases}x=-\dfrac{1}{2},\\y=1,\end{cases}\quad\begin{cases}x=\dfrac{1}{2},\\y=-1,\end{cases}$$

$$A=z_{xx}''=-4<0,\ B=z_{xy}''=3y^2-3=-3,\ C=z_{yy}''=6xy=0,$$

$$H=AC-B^2=-9<0.$$

所以在点(0,0)无极值,同理可证在点(0,3)也无极值.

$$A=z_{xx}''=-4<0,\ B=z_{xy}''=3y^2-3=0,\ C=z_{yy}''=6xy=-3,$$

$$H=AC-B^2=12>0.$$

所以在点$\left(-\dfrac{1}{2},1\right)$有极大值,同理在点$\left(\dfrac{1}{2},-1\right)$也有极大值.

即极大值为$f\left(-\dfrac{1}{2},1\right)=\dfrac{1}{2}$, $f\left(\dfrac{1}{2},-1\right)=\dfrac{1}{2}$

2. 求在给定条件$\dfrac{1}{x}+\dfrac{1}{y}=1,x>0,y>0$下函数$z=x+y$的条件极值.

【解】 构造拉格朗日函数$f(x,y,\lambda)=x+y+\lambda\left(\dfrac{1}{x}+\dfrac{1}{y}-1\right)$,则

$$f_x'=1-\frac{\lambda}{x^2},\ f_y'=1-\frac{\lambda}{y^2},\ f_\lambda'=\frac{1}{x}+\frac{1}{y}-1,$$

$$f_x'=0,\ f_y'=0,\ f_\lambda'=0\Rightarrow\lambda=x^2=y^2,\ x+y=xy\Rightarrow x=y=2,$$

即极小值点为(2,2),极小值为$f(2,2)=4$.

3. 求$z=x^2+y^2-xy-x-y$在区域$D:x\geqslant0,y\geqslant0,x+y\leqslant3$上的最值.

【解】 先求区域内部的驻点

$$z_x'=2x-y-1=0,\ z_y'=2y-x-1=0\Rightarrow\begin{cases}x=1,\\y=1,\end{cases}f(1,1)=-1.$$

再求边界上的最值,在$y=0(0\leqslant x\leqslant3)$上$f(x,0)=x^2-x$,$f\left(\dfrac{1}{2},0\right)=-\dfrac{1}{4}$,$f(0,0)=0$.

同理在$x=0(0\leqslant y\leqslant3)$上$f(0,y)=y^2-y$,$f\left(0,\dfrac{1}{2}\right)=-\dfrac{1}{4}$.

在$x+y=3$上,即$y=3-x$上

$$z=x^2+(3-x)^2-x(3-x)-x-(3-x)=3x^2-9x+6,$$

$$z_x'=6x-9=0\Rightarrow x=\frac{3}{2},\ y=\frac{3}{2}$$

所以

$$f\left(\frac{3}{2},\frac{3}{2}\right)=-\frac{3}{4},\ f(0,3)=f(3,0)=6.$$

比较得最大值为 6，最小值为 -1.

4. 从斜边长为 a 的直角三角形中求有最大周长的直角三角形.

【**解**】 设边长为 a 的直角三角形的两直角边为 x,y 则由勾股定理得 $x^2+y^2=a^2$，则直角三角形的周长为 $c=x+y+a$，构造拉格朗日函数

$$f(x,y,\lambda)=x+y+a+\lambda(x^2+y^2-a^2),$$

$$f_x'=1+2\lambda x,\ f_y'=1+2\lambda y,f_\lambda'=x^2+y^2-a^2,$$

$$f_x'=1+2\lambda x=0,\ f_y'=1+2\lambda y=0,\ f_\lambda'=x^2+y^2-a^2=0\Rightarrow$$

$x=y=-\dfrac{1}{2\lambda}$，$\lambda=-\dfrac{\sqrt{2}}{2a}$，由问题可知最大值一定存在，而且驻点唯一，所以当 $x=y=\dfrac{\sqrt{2}}{2}a$ 时有最大周长.

5. 求内接于椭圆 $x^2+3y^2=12$，底边平行于长轴的等腰三角形的最大面积.

【**解**】 设椭圆上点的坐标为 (x,y)，构造拉格朗日函数

$$f(x,y,\lambda)=x(2-y)+\lambda(x^2+3y^2-12),$$

$$f_x'=(2-y)+2\lambda x,\ f_y'=-x+6\lambda y,\ f_\lambda'=x^2+3y^2-12$$

令 $f_x'=(2-y)+2\lambda x=0,\ f_y'=-x+6\lambda y=0,\ f_\lambda'=x^2+3y^2-12=0$，

得驻点 $\begin{cases}x=3,\\y=-1,\end{cases}$ $\begin{cases}x=-3,\\y=-1,\end{cases}$ $\begin{cases}x=0,\\y=2,\end{cases}$

则面积最大为

$$z=(2+1)\times 3=9.$$

6. 求内接于半径为 a 的球且有最大体积的长方体.

【**解**】 设长方体的长、宽、高分别为 x,y,z，问题转化为 xyz 在 $x^2+y^2+z^2=4a^2$ 下的条件极值问题，构造拉格朗日函数

$$f(x,y,\lambda)=xyz+\lambda(x^2+y^2+z^2-4a^2),$$

由于 $f_x'=yz+2\lambda x,\ f_y'=xz+2\lambda y,\ f_z'=xy+2\lambda z,\ f_\lambda'=x^2+y^2+z^2-4a^2$，

令 $f_x'=yz+2\lambda x=0,\ f_y'=xz+2\lambda y=0,\ f_z'=xy+2\lambda z=0,\ f_\lambda'=x^2+y^2+z^2-4a^2=0$，

解方程组得 $x=y=z=\dfrac{2\sqrt{3}}{3}a$.

由问题可知最大值一定存在，而且驻点唯一，故当长、宽、高都为 $\dfrac{2\sqrt{3}}{3}a$ 时体积最大.

习题 8.8　多元函数最值在经济学上的应用

1. 某厂生产 A 产品需要两种原料，其单位价格分别为 2 万元/kg 和 1 万元/kg，当这两种原料的投入量分别为 Xkg 和 Ykg 时，可以生产出 A 产品 Zkg，且有

$$Z = 20 - X^2 + 10X - 2Y^2 + 5Y.$$

若 A 产品的单位价格为 5 万元/kg,试确定投入量使得利润最大.

【解】 根据题意知利润为 $S = 5Z - 2X - Y$,即

$$S = -5X^2 - 10Y^2 + 48X + 24Y + 100,$$

$$\frac{\partial S}{\partial X} = -10X + 48,\ \frac{\partial S}{\partial Y} = -20Y + 24,$$

令 $\frac{\partial S}{\partial X} = -10X + 48 = 0$, $\frac{\partial S}{\partial Y} = -20Y + 24 = 0 \Rightarrow X = 4.8$, $Y = 1.2$,

$A = S''_{XX} = -10 < 0$, $B = S''_{XY} = 0$, $C = S''_{YY} = -20$,则

$$H = AC - B^2 = 200 > 0,$$

故在点(4.8,1.2)有极大值 $Z(4.8,1.2) = 229.6$.

2. 设某厂生产两种产品,产量为 X 和 Y,总成本函数为

$$C = 8X^2 + 6Y^2 - 2XY - 40X - 42Y + 180,$$

求最小成本.

【解】 根据题意知

$$C = 8X^2 + 6Y^2 - 2XY - 40X - 42Y + 180,$$

则 $C'_X = 16X - 2Y - 40$, $C'_Y = 12Y - 2X - 42$,

令 $C'_X = 16X - 2Y - 40 = 0$, $C'_Y = 12Y - 2X - 42 = 0 \Rightarrow X = 3, Y = 4$,

$$A = C''_{XX} = 16 > 0,\ B = C''_{XY} = -2,\ C = C''_{YY} = 12,$$

即 $H = AC - B^2 = 188 > 0$,故在点(3,4)有极小值,最小值为 $C(3,4) = 36$.

3. 设有需求函数

$$D_1 = 26 - P_1,\ D_2 = 10 - \frac{1}{4}P_2,$$

其中,D_1, D_2 分别是对两种商品的需求量,P_1, P_2 是相应的价格,生产两种商品的总成本函数为

$$K = D_1^2 + 2D_1D_2 + D_2^2,$$

问两种商品生产多少时可获得最大利润?

【解】 根据题意知

$$P_1D_1 + P_2D_2 = P_1(26 - P_1) + P_2\left(10 - \frac{1}{4}P_2\right) = 26P_1 - P_1^2 + 10P_2 - \frac{1}{4}P_2^2,$$

$$K = D_1^2 + 2D_1D_2 + D_2^2 = \left(36 - P_1 - \frac{1}{4}P_2\right)^2,$$

$$S = 26P_1 - P_1^2 + 10P_2 - \frac{1}{4}P_2^2 - \left(36 - P_1 - \frac{1}{4}P_2\right)^2,$$

则 $S'_{P_1} = -4P_1 - \frac{1}{2}P_2 + 98$, $S'_{P_2} = 28 - \frac{1}{2}P_1 - \frac{5}{8}P_2$,

$$S_{P_1}' = -4P_1 - \frac{1}{2}P_2 + 98 = 0,\ S_{P_2}' = 28 - \frac{1}{2}P_1 - \frac{5}{8}P_2 = 0 \Rightarrow P_1 = 21, P_2 = 28,$$

$$A = S_{P_1P_1}'' = -4 < 0,\ B = S_{P_1P_2}'' = -\frac{1}{2},\ C = S_{P_2P_2}'' = -\frac{5}{8},$$

即 $H = AC - B^2 = \frac{9}{4} > 0$,故在点(21,28)有极大值,即有最大值 $S(21,28) = 125$.

4. 某厂为促销某种产品需要作两种手段的广告宣传,当广告费分别为 X,Y 时,销售量

$$Q = \frac{200X}{X+5} + \frac{100Y}{Y+10},$$

若销售产品所得利润

$$L = \frac{1}{5}Q - (X+Y),$$

两种手段的广告费共25(千元),问如何安排分配两种手段的广告费才能使得利润最大?

【解】　根据题意知

$$L = \frac{1}{5}Q - (X+Y) = \frac{1}{5}\left(\frac{200X}{X+5} + \frac{100Y}{Y+10}\right) - (X+Y)$$

$$= \frac{40X}{X+5} + \frac{20Y}{Y+10} - 25 = \frac{40X}{X+5} + \frac{20(25-X)}{35-X} - 25,$$

则　$L_X' = \frac{200}{(X+5)^2} - \frac{200}{(35-X)^2} = 0 \Rightarrow X = 15$,故 $Y = 10$.

5. 某公司生产甲、乙两种产品,生产 x 单位的甲产品与生产 y 单位的乙产品的总成本为

$$C(x,y) = 20\,000 + 30x + 20y + x^2 + xy + 2y^2,$$

产品甲、乙的销售单价分别为350元和600元

(1) 如果生产的产品全部售出,那么两种产品的产量定为多少时,总利润最大?

(2) 若已知每单位的甲产品消耗原材料60kg. 每单位的乙产品消耗原材料100kg,现有该原材料14 800kg,问两种产品各生产多少单位时,总利润最大?

【解】　(1) 根据题意知

$$C(x,y) = 20\,000 + 30x + 20y + x^2 + xy + 2y^2,$$

$$S = 350x + 600y - C(x,y)$$

$$= 350x + 600y - (20\,000 + 30x + 20y + x^2 + xy + 2y^2)$$

$$= -x^2 - 2y^2 - xy + 320x + 580y - 20\,000,$$

$$S_x' = -2x - y + 320,\ S_y' = -4y - x + 580,$$

令 $S_x' = -2x - y + 320 = 0,\ S_y' = -4y - x + 580 = 0 \Rightarrow x = 100, y = 120,$

$$A = S_{xx}'' = -2 < 0,\ B = S_{xy}'' = -1,\ C = S_{yy}'' = -4,$$

即 $H = AC - B^2 = 7 > 0$,故在点(100,120)有极大值,即有最大值 $S(100,120) = 30\,800$.

(2) $60x+100y=14\ 800$,

$$
\begin{aligned}
S &= 350x+600y-C(x,y)\\
&= 350x+600y-(20\ 000+30x+20y+x^2+xy+2y^2)\\
&= -x^2-2y^2-xy+320x+580y-20\ 000\\
&= -x^2-\frac{2}{25}(740-3x)^2-\frac{740x-3x^2}{5}+320x+116(740-3x)-20\ 000,
\end{aligned}
$$

$$
\begin{aligned}
S_x' &= -2x+\frac{12}{25}(740-3x)-\frac{740-6x}{5}+320-116\times 3\\
&= -2x+\frac{12}{25}(740-3x)-\frac{740-6x}{5}-28,
\end{aligned}
$$

令 $S_x'=0\Rightarrow x=80$, $y=100$,此时 $S=29\ 200$

6. 某市工商银行统计出去年各个营业所储蓄人数 X 和存款额 Y 的数据如下表:

营业所	储蓄人数 X/人	存款额 Y/万元	营业所	储蓄人数 X/人	存款额 Y/万元
1	2 900	270	7	722	64
2	5 100	490	8	1 100	171
3	1 200	135	9	476	60
4	1 300	119	10	780	103
5	1 250	140	11	5 300	515
6	920	84			

试用最小二乘法建立储蓄人数 X 和存款额 Y 的经验公式

$$Y=a+bX.$$

【解】 由题意可知,设经验公式为 $Y=a+bX$.

根据题目中的数据算出相关数据,结果如下:

i	X_i	Y_i	X_iY_i	X_i^2
1	2 900	270	783 000	8 410 000
2	5 100	490	2 499 000	26 010 000
3	1 200	135	162 000	1 440 000
4	1 300	119	154 700	1 690 000
5	1 250	140	175 000	1 562 500
6	920	84	77 280	846 400
7	722	64	46 208	521 284
8	1 100	171	188 100	1 210 000
9	476	60	28 560	226 576
10	780	103	80 340	608 400
11	5 300	515	2 729 500	28 090 000
$\sum$	21 048	2 151	6 923 688	70 615 160

代入数据得

$$a=\frac{1}{n}\sum_{i=1}^{n}Y_i-b\frac{1}{n}\sum_{i=1}^{n}X_i=18.5,$$

$$b=\frac{\sum_{i=1}^{n}X_iY_i-\frac{1}{n}\sum_{i=1}^{n}X_i\sum_{i=1}^{n}Y_i}{\sum_{i=1}^{n}X_i^2-\frac{1}{n}\left(\sum_{i=1}^{n}X_i\right)^2}=0.925$$

所以经验公式为　　$Y=18.5X+0.925.$

三、自测题 AB 卷与答案

自测题 A

1. 选择题：

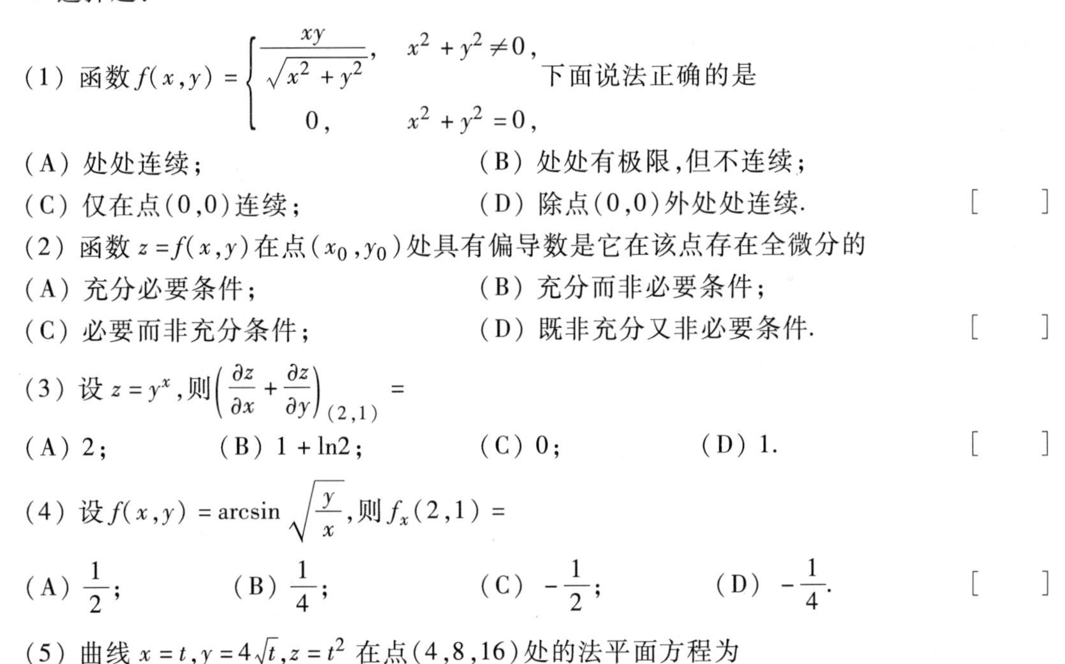

(1) 函数 $f(x,y)=\begin{cases}\dfrac{xy}{\sqrt{x^2+y^2}}, & x^2+y^2\neq 0,\\ 0, & x^2+y^2=0,\end{cases}$ 下面说法正确的是

(A) 处处连续；　(B) 处处有极限，但不连续；

(C) 仅在点(0,0)连续；　(D) 除点(0,0)外处处连续.　[　　]

(2) 函数 $z=f(x,y)$ 在点 (x_0,y_0) 处具有偏导数是它在该点存在全微分的

(A) 充分必要条件；　(B) 充分而非必要条件；

(C) 必要而非充分条件；　(D) 既非充分又非必要条件.　[　　]

(3) 设 $z=y^x$，则 $\left(\dfrac{\partial z}{\partial x}+\dfrac{\partial z}{\partial y}\right)_{(2,1)}=$

(A) 2；　(B) $1+\ln 2$；　(C) 0；　(D) 1.　[　　]

(4) 设 $f(x,y)=\arcsin\sqrt{\dfrac{y}{x}}$，则 $f_x(2,1)=$

(A) $\dfrac{1}{2}$；　(B) $\dfrac{1}{4}$；　(C) $-\dfrac{1}{2}$；　(D) $-\dfrac{1}{4}$.　[　　]

(5) 曲线 $x=t,y=4\sqrt{t},z=t^2$ 在点(4,8,16)处的法平面方程为

(A) $x-y-8z=-132$；　(B) $x+y+8z=140$；

(C) $x-y+8z=124$；　(D) $x+y-8z=116$.　[　　]

2. 填空题：

(1) 函数 $z=\dfrac{\ln(x+y)}{\sqrt{x}}$ 的定义域为__________.

(2) 极限 $\lim\limits_{\substack{x\to 0\\ y\to\pi}}\dfrac{\sin(xy)}{x}=$________.

(3) 设 $f(x,y)=\begin{cases}\dfrac{\tan(x^2+y^2)}{x^2+y^2}, & (x,y)\neq(0,0),\\ A, & (x,y)=(0,0),\end{cases}$ 要使 $f(x,y)$ 在点 $(0,0)$ 处连续，则 $A=$________.

(4) 设 $f(x,y)=\sqrt{x^2+y^2}$，则 $f_y(0,1)=$________.

3. 设函数 $f(x,y)=|x-y|\varphi(x,y)$，其中，$\varphi(x,y)$ 在点 $(0,0)$ 处连续，问：

(1) $\varphi(x,y)$ 应满足什么条件，才能使偏导数 $f_x(0,0)$，$f_y(0,0)$ 存在.

(2) 在上述条件下，$f(x,y)$ 在点 $(0,0)$ 处是否可微？

4. 求下列函数的一阶偏导数.

(1) $z=\ln(x+\ln y)$；　　(2) $z=\sqrt{x^2+y^2}$；

(3) $u=\ln(x^a+y^a+z^a)\quad(a>0)$；　　(4) $z=\cos e^{x+y}$；

(5) $z=\sin\dfrac{x}{y}+xe^{-xy}$；　　(6) $u=\arccos\dfrac{x}{\sqrt{x^2+y^2}}$.

5. 求下列函数的全微分.

(1) 已知 $z=\ln(2x-3y)$，求 dz；

(2) 已知 $z=\dfrac{y}{x}$，$x=2$，$y=3$，$\Delta x=0.1$，$\Delta y=-0.2$，求 dz；

(3) 已知 $z=e^{xy}$，求 $dz\big|_{\substack{x=1\\ y=2}}$；

6. 某厂生产容积为 $0.176\pi m^3$，形状为圆柱体的盒子，其顶部、底部和侧面用不同的材料制成，它们的价格分别为 4 元/m^2，1.5 元/m^2 和 2 元/m^2，问应如何设计才能使盒子成本最小？

7. 求曲面 $z=3+\sqrt{x^2+y^2}$ 在点 $(3,4,8)$ 处的切平面方程.

8. 函数 $z=z(x,y)$ 由方程 $x-az=\varphi(y-bz)$ 所确定，其中，$\varphi(u)$ 具有连续导数，a,b 是不全为零的常数，试证 $a\dfrac{\partial z}{\partial x}+b\dfrac{\partial z}{\partial y}=1$.

自测题 B

1. 选择题：

(1) 函数 $f(x,y)=\begin{cases}\dfrac{\sin(xy)}{x}, & x\neq 0,\\ y, & x=0,\end{cases}$ 不连续的点集为

(A) y 轴上的所有点；　　(B) 空集；

(C) $x>0$ 且 $y=0$ 的点集；　　(D) $x<0$ 且 $y=0$ 的点集.　　[　　]

(2) 曲线 $x=e^{2t},y=\ln t$,$z=t^2$ 在对应于点 $t=2$ 处的切线方程是

(A) $\dfrac{x-e^4}{2e^4}=\dfrac{y-\ln 2}{1}=\dfrac{z-4}{4}$;　　(B) $\dfrac{x-e^4}{2e^4}=\dfrac{y-\ln 2}{\frac{1}{2}}=\dfrac{z-4}{2}$;

(C) $\dfrac{x+e^4}{2e^4}=\dfrac{y+\frac{1}{2}-\ln 2}{\frac{1}{2}}=\dfrac{z}{4}$;　　(D) $\dfrac{x+e^4}{e^4}=\dfrac{y+\frac{1}{2}-\ln 2}{\frac{1}{2}}=\dfrac{z}{4}$.　　[　　]

(3) 设函数 $z=2x^2-3y^2$,则

(A) 函数 z 在点 $(0,0)$ 处取得极大值;

(B) 函数 z 在点 $(0,0)$ 处取得极小值;

(C) 点 $(0,0)$ 不是函数 z 的极值点;

(D) 点 $(0,0)$ 是函数 z 的最大值点或最小值点,但不是极值点.　　[　　]

(4) $z_x(x_0,y_0)=0$ 和 $z_y(x_0,y_0)=0$ 是函数 $z=z(x,y)$ 在点 (x_0,y_0) 处取得极大值或极小值的

(A) 必要条件但非充分条件;　　(B) 充分条件但非必要条件;

(C) 充要条件;　　(D) 既非必要条件也非充分条件.　　[　　]

(5) 设函数 $F(u,v)$ 具有一阶连续偏导数,且 $F_u(0,1)=2,F_v(0,1)=-3$,则曲面 $F(x-y+z,xy-yz+zx)=0$ 在点 $(2,1,-1)$ 处的切平面方程为

(A) $2x+y-z+6=0$;　　(B) $2x-11y-z+8=0$;

(C) $2x+y-z+8=0$;　　(D) $2x-11y-z+6=0$.　　[　　]

2. 填空题:

(1) 设函数 $f(x,y)=x^2+y^2,\varphi(x,y)=xy$,则 $f\big(f(x,y),\varphi(x,y)\big)=$________.

(2) 设 $z=\sin(3x-y)+y$,则 $\left.\dfrac{\partial z}{\partial x}\right|_{\substack{x=2\\y=1}}=$________.

(3) 设函数 $z=z(x,y)$ 由方程 $xy^2z=x+y+z$ 所确定,则 $\dfrac{\partial z}{\partial y}=$________.

(4) 函数 $z=x^2+4xy-y^2+6x-8y+12$ 的驻点是________.

3. 讨论函数 $f(x,y)=\begin{cases}\sqrt{x^2+y^2}\sin\dfrac{1}{x^2+y^2}, & (x,y)\neq(0,0),\\ 0, & (x,y)=(0,0)\end{cases}$ 在点 $(0,0)$ 处的连续性,可导性和可微性.

4. 求下列复合函数的导数:

(1) 设 $z=u^3,u=y^x$,求 $\dfrac{\partial z}{\partial x},\dfrac{\partial z}{\partial y}$;

(2) 设 $z=f(x,u,v)$, $u=2x+y,v=xy,f$ 具有一阶连续偏导数,求 $\dfrac{\partial z}{\partial x},\dfrac{\partial z}{\partial y}$.

5. 求下列隐函数的导数:

(1) 设 $z=z(x, y)$ 由方程 $z^2+2\ln z=xy^2$ 所确定，求 $\frac{\partial z}{\partial x}$，$\frac{\partial z}{\partial y}$;

(2) 设 $y=y(x)$ 由方程 $\arctan(xy)-2y=0$ 所确定，求 $\frac{\mathrm{d}y}{\mathrm{d}x}$;

(3) 设函数 $z=z(x, y)$ 由方程 $2x+\cos(x+z)=y+2z$ 所确定，求 $\frac{\partial z}{\partial x}$，$\frac{\partial z}{\partial y}$.

6. 求曲线 $x=t^3+t^2+t$，$y=t^3-t^2+t$，$z=t^3$ 在点 $(-1, -3, -1)$ 处的切线及法平面方程.

7. 修建一座形状为长方体的仓库，已知仓库顶的造价为 300 元/m^2，墙壁的造价为 200 元/m^2，地面的造价为 100 元/m^2，其他的固定费为 2 万元，现投资 14 万元，问如何设计方能使仓库的容积最大?

自测题 A 答案

1.【解】 (1) 应选(A)

当一点 P 沿直线 $y=kx$ 趋向于原点时，即当 $y=0$，$x\to0$ 时，有

$\lim\limits_{\substack{x\to0\\y=0}}f(x, y)=\lim\limits_{x\to0}f(x, 0)=0$，同理当 $x=0$，$y\to0$ 时，有 $\lim\limits_{\substack{y\to0\\x=0}}f(x, y)=\lim\limits_{y\to0}f(0, y)=0$.

它们的极限均存在且相等，故知函数 $f(x, y)$ 处处连续.

(2) 应选(C)

(3) 应选(A)

对 $z=y^x$ 两边取对数，则有 $\ln z=x\ln y$，故 $\frac{\partial z}{\partial x}=z\ln y$，$\frac{\partial z}{\partial y}=\frac{xz}{y}$，所以 $\left(\frac{\partial z}{\partial x}+\frac{\partial z}{\partial y}\right)_{(2,1)}=2$.

(4) 应选(D)

$$f_x(x, 1)=\frac{-\frac{1}{2}x^{-\frac{3}{2}}}{\sqrt{1-\frac{1}{x}}}=-\frac{1}{2\sqrt{x^3-x^2}}，故 f_x(2, 1)=-\frac{1}{4}.$$

(5) 应选(B)

$x_t'=1$，$y_t'=2t^{-\frac{1}{2}}$，$z_t'=2t$，故曲线在点 $(4, 8, 16)$ 处的切向量为 $\{1, 1, 8\}$，

即曲线在点 $(4, 8, 16)$ 处的法平面方程为 $x+y+8z=140$.

2.【解】 (1) 应填 $\{(x, y)\mid x>0, x+y>0\}$

函数的定义域满足 $\begin{cases}x+y>0,\\x>0,\end{cases}$ 故函数的定义域为 $\{(x, y)\mid x>0, x+y>0\}$.

(2) 应填 π

极限 $\lim\limits_{\substack{x\to0\\y\to\pi}}\frac{\sin(xy)}{x}=\lim\limits_{x\to0}\frac{\sin\pi x}{x}=\pi$.

(3) 应填 1

函数 $\lim\limits_{\substack{x\to 0\\ y=kx}}\dfrac{\tan(x^2+y^2)}{x^2+y^2}=\lim\limits_{x\to 0}\dfrac{\tan((1+k^2)x^2)}{(1+k^2)x^2}=1$，故 $A=1$.

(4) 应填 1

因为 $f_y=\dfrac{y}{\sqrt{x^2+y^2}}$，所以 $f_y(0,1)=1$.

3.【解】 (1) $f_x(0,0)=\lim\limits_{x\to 0}\dfrac{f(x,0)-f(0,0)}{x-0}=\lim\limits_{x\to 0}\dfrac{|x|\varphi(x,0)}{x}$,

$$f_y(0,0)=\lim_{y\to 0}\frac{f(0,y)-f(0,0)}{y-0}=\lim_{x\to 0}\frac{|y|\varphi(0,y)}{y},$$

故 $\varphi(0,0)=0$.

(2) 可微.

4.【解】 (1) $\dfrac{\partial z}{\partial x}=\dfrac{1}{x+\ln y}$，$\dfrac{\partial z}{\partial y}=\dfrac{1}{y(x+\ln y)}$;

(2) $\dfrac{\partial z}{\partial x}=\dfrac{x}{\sqrt{x^2+y^2}}$，$\dfrac{\partial z}{\partial y}=\dfrac{y}{\sqrt{x^2+y^2}}$;

(3) $\dfrac{\partial u}{\partial x}=\dfrac{ax^{a-1}}{x^a+y^a+z^a}$，$\dfrac{\partial u}{\partial y}=\dfrac{ay^{a-1}}{x^a+y^a+z^a}$，$\dfrac{\partial u}{\partial z}=\dfrac{az^{a-1}}{x^a+y^a+z^a}$;

(4) $\dfrac{\partial z}{\partial x}=-\mathrm{e}^{x+y}\sin\mathrm{e}^{x+y}$，$\dfrac{\partial z}{\partial y}=-\mathrm{e}^{x+y}\sin\mathrm{e}^{x+y}$;

(5) $\dfrac{\partial z}{\partial x}=\dfrac{1}{y}\cos\dfrac{x}{y}+\mathrm{e}^{-xy}-xy\mathrm{e}^{-xy}$，$\dfrac{\partial z}{\partial y}=-\dfrac{x}{y^2}\cos\dfrac{x}{y}-x^2\mathrm{e}^{-xy}$;

(6) $$\frac{\partial u}{\partial x}=-\frac{\dfrac{\sqrt{x^2+y^2}-x\dfrac{x}{\sqrt{x^2+y^2}}}{x^2+y^2}}{\sqrt{1-\dfrac{x^2}{x^2+y^2}}}=-\frac{|y|}{x^2+y^2},$$

$$\frac{\partial u}{\partial y}=\frac{\dfrac{1}{2}x(x^2+y^2)^{-\frac{3}{2}}2y}{\sqrt{1-\dfrac{x^2}{x^2+y^2}}}=\frac{x\operatorname{sgn}y}{x^2+y^2}.$$

5.【解】 (1) $\dfrac{\partial z}{\partial x}=\dfrac{2}{2x-3y}$，$\dfrac{\partial u}{\partial y}=-\dfrac{3}{2x-3y}$,

$$\mathrm{d}z=\frac{2}{2x-3y}\mathrm{d}x-\frac{3}{2x-3y}\mathrm{d}y;$$

(2) $\dfrac{\partial z}{\partial x}=-\dfrac{y}{x^2}$，$\dfrac{\partial z}{\partial y}=\dfrac{1}{x}$，$\mathrm{d}z=-\dfrac{y}{x^2}\Delta x+\dfrac{1}{x}\Delta y$,

$$dz=-\frac{y}{x^2}\Delta x+\frac{1}{x}\Delta y=-0.75\times0.1+0.5\times(-0.2)=-0.175;$$

(3) $\frac{\partial z}{\partial x}=ye^{xy}$，$\frac{\partial z}{\partial y}=xe^{xy}$，$dz=ye^{xy}dx+xe^{xy}dy$，

$$dz\Big|_{\substack{x=1\\y=2}}=2e^2dx+e^2dy.$$

6.【解】 假设圆柱的底圆半径是 x(单位 m)，高为 y(单位 m)，则由题意 $x^2y=0.176$，总价格为

$$S=\pi x^2(4+1.5)+4\pi xy=5.5\pi x^2+4\pi\frac{0.176}{x},$$

问题转化为 $S=\pi x^2(4+1.5)+4\pi xy$ 在条件 $x^2y=0.176$ 下的极值问题，构造拉格朗日函数

$$F(x,y,\lambda)=5.5\pi x^2+4\pi xy+\lambda(x^2y-0.176),$$

令 $F_x=F_y=F_\lambda=0$，得到唯一驻点(0.4，1.1)，即当底圆半径为0.4m，高为1.1m，其成本最小.

7.【解】 令 $f(x, y, z)=3+\sqrt{x^2+y^2}-z$，由

$$f'_x=\frac{x}{\sqrt{x^2+y^2}},f'_y=\frac{y}{\sqrt{x^2+y^2}},f'_z=-1$$

得到切平面的法向量为$\left\{\frac{3}{5},\ \frac{4}{5},\ -1\right\}$，

故切平面方程为

$$\frac{3}{5}(x-3)+\frac{4}{5}(y-4)-(z-8)=0,$$

即 $3x+4y-5z+15=0$.

8.【证】 方程 $x-az=\varphi(y-bz)$两边分别对 x，y 求导得

$$1-a\frac{\partial z}{\partial x}=\varphi'\cdot(-b)\frac{\partial z}{\partial x}\Rightarrow\frac{\partial z}{\partial x}=\frac{1}{a-b\varphi'},$$

$$-a\frac{\partial z}{\partial y}=\varphi'\cdot\left(1-b\frac{\partial z}{\partial y}\right)\Rightarrow\frac{\partial z}{\partial y}=\frac{\varphi'}{b\varphi'-a},$$

所以

$$a\frac{\partial z}{\partial x}+b\frac{\partial z}{\partial y}=\frac{a}{a-b\varphi'}+\frac{b\varphi'}{b\varphi'-a}=1.$$

自测题 B 答案

1.【解】 (1) 应选(B)

因为$\lim\limits_{x\to0}\frac{\sin xy}{x}=y$，所以函数处处连续.

(2) 应选(B)

因为 $x_t=2e^{2t}$，$y_t=\frac{1}{t}$，$z_t=2t$，故在点 $t=2$ 处的切向量为$\left\{2e^4,\ \frac{1}{2},\ 4\right\}$，

即曲线在点 $t=2$ 处的切线方程为$\dfrac{x-e^4}{2e^4}=\dfrac{y-\ln 2}{\frac{1}{2}}=\dfrac{z-4}{4}$.

(3) 应选(C)

$z_x=4x$，$z_y=-6y$，令 $z_x=z_y=0$，解得 $x=y=0$，

则 $z_{xx}=4$，$z_{xy}=0$，$z_{yy}=-6$，即 $A=4$，$B=0$，$C=-6$.

故有 $H=AC-B^2=-24<0$，所以点(0，0)不是函数 z 的极值点.

(4) 应选(D)

(5) 应选(D)

【解】 $F_u u_x+F_v v_x=0\Rightarrow F_u(0,1)\cdot 1+F_v(0,1)\cdot 0=2$，

同理$F_u u_y+F_v v_y=0\Rightarrow F_u(0,1)\cdot(-1)+F_v(0,1)\cdot 3=-11$，

$F_u u_z+F_v v_z=0\Rightarrow F_u(0,1)\cdot 1+F_v(0,1)\cdot 1=-1$，

故函数在点(2，1，-1)处的切平面方程为 $2x-11y-z+6=0$.

2.【解】 (1) 应填$(x^2+y^2)^2+(xy)^2$

因为函数$f(x,y)=x^2+y^2$，$\varphi(x,y)=xy$，则$f(f(x,y),\varphi(x,y))=(x^2+y^2)^2+(xy)^2$.

(2) 应填 $3\cos 5$

因为 $z_x=3\cos(3x-y)$，则$\left.\dfrac{\partial z}{\partial x}\right|_{\substack{x=2\\y=1}}=3\cos 5$.

(3) 应填$\dfrac{2xyz-1}{1-xy^2}$

方程 $xy^2z=z+y+z$ 两边对 y 求导，有 $2xyz+xy^2z_y=1+z_y\Rightarrow z_y=\dfrac{2xyz-1}{1-xy^2}$.

(4) 应填(1，-2)

因为函数 $z=x^2+4xy-y^2+6x-8y+12$，则有 $z_x=2x+4y+6$，$z_y=4x-2y-8$，

令 $z_x=z_y=0$，解得 $x=1$，$y=-2$.

3.【解】 因为$0\leqslant\left|\sqrt{x^2+y^2}\sin\dfrac{1}{x^2+y^2}\right|\leqslant\sqrt{x^2+y^2}\to 0\quad(x\to 0,\ y\to 0)$

以及$\lim\limits_{(x,y)\to(0,0)}f(x,y)=\lim\limits_{(x,y)\to(0,0)}\sqrt{x^2+y^2}\sin\dfrac{1}{x^2+y^2}=0=f(0,0)$.

$f(x,y)=\sqrt{x^2+y^2}\sin\dfrac{1}{x^2+y^2}$在点(0，0)处的连续性，

$$f_x(0,0)=\lim_{\Delta x\to 0}\frac{f(\Delta x,0)-f(0,0)}{\Delta x}=\lim_{\Delta x\to 0}\frac{\sqrt{(\Delta x)^2}\sin\dfrac{1}{(\Delta x)^2}}{\Delta x}=\lim_{\Delta x\to 0}\frac{|\Delta x|\sin\dfrac{1}{(\Delta x)^2}}{\Delta x},$$

$$f_y(0,0)=\lim_{\Delta y\to 0}\frac{f(0,\Delta y)-f(0,0)}{\Delta y}=\lim_{\Delta y\to 0}\frac{\sqrt{(\Delta y)^2}\sin\dfrac{1}{(\Delta y)^2}}{\Delta y}=\lim_{\Delta y\to 0}\frac{|\Delta y|\sin\dfrac{1}{(\Delta y)^2}}{\Delta y}$$

极限均不存在，所以在点(0，0)不可导，故也不可微.

4.【解】 (1) $\frac{\partial z}{\partial x}=\frac{\partial z}{\partial u}\frac{\partial u}{\partial x}=3u^2y^x\ln y$，$\frac{\partial z}{\partial y}=\frac{\partial z}{\partial u}\frac{\partial u}{\partial y}=3u^2y^x\ \frac{x}{y}$；

(2) $\frac{\partial z}{\partial x}=f_1'+2f_2'+yf_3'$，$\frac{\partial z}{\partial y}=f_2'+xf_3'$.

5.【解】 (1) 由隐函数求导法则

方程 $z^2+2\ln z=xy^2$ 两边分别对 x 和 y 求导有

$$2z\frac{\partial z}{\partial x}+2\frac{1}{z}\ \frac{\partial z}{\partial x}=y^2\Rightarrow\frac{\partial z}{\partial x}=\frac{y^2}{2z+\frac{2}{z}}=\frac{zy^2}{2(z^2+1)},$$

$$2z\frac{\partial z}{\partial y}+2\frac{1}{z}\ \frac{\partial z}{\partial y}=2xy\Rightarrow\frac{\partial z}{\partial y}=\frac{xy}{z+\frac{1}{z}}=\frac{xyz}{z^2+1};$$

(2) 由隐函数求导法则得 $\frac{y+x\frac{\mathrm{d}y}{\mathrm{d}x}}{1+(xy)^2}-2\frac{\mathrm{d}y}{\mathrm{d}x}=0$,

$$\frac{\mathrm{d}y}{\mathrm{d}x}=-\frac{\frac{y}{1+(xy)^2}}{\frac{x}{1+(xy)^2}-2}=-\frac{y}{x-2-2(xy)^2};$$

(3) 由隐函数求导法则得

$$2-\left(1+\frac{\partial z}{\partial x}\right)\sin(x+z)=2\frac{\partial z}{\partial x}\Rightarrow\frac{\partial z}{\partial x}=\frac{2-\sin(x+z)}{2+\sin(x+z)},$$

$$-\frac{\partial z}{\partial y}\sin(x+z)=1+2\frac{\partial z}{\partial y}\Rightarrow\frac{\partial z}{\partial y}=-\frac{1}{2+\sin(x+z)}.$$

6.【解】 因为 $\frac{\partial x}{\partial t}=3t^2+2t+1$，$\frac{\partial y}{\partial t}=3t^2-2t+1$，$\frac{\partial z}{\partial t}=3t^2$，$t=-1$，

所以切线的一个方向向量为$\{2，6，3\}$，故切线方程为

$$\frac{x+1}{2}=\frac{y+3}{6}=\frac{z+1}{3},$$

法平面方程为 $2(x+1)+6(y+3)+3(z+1)=0\Rightarrow 2x+6y+3z+23=0$.

7.【解】 设长方体的长，宽，高分别为 x，y，z，长方体的造价为 S，则有目标函数 $V=xyz$，限制条件为 $S=300xy+400(yz+xz)+100xy$，构造拉格朗日函数

令 $$f(x,y,z,\lambda)=xyz+\lambda[300xy+400(yz+xz)+100xy-12\times10^4]$$

$$f_x'=yz+300\lambda y+400\lambda z+100\lambda y=0,$$

$$f_y'=xz+300\lambda x+400\lambda z+100\lambda x=0,$$

$$f_z'=xy+400\lambda y+400\lambda x=0,$$

$$f_\lambda'=300xy+400(yz+xz)+100xy-12\times10^4=0,$$

得唯一驻点 $x=y=z=10$，所以当仓库的长、宽、高都取相同值，即 10m 时，仓库的容积最大.

四、本章典型例题分析

本章内容是多元函数(主要是二元函数)的偏导数、全微分等概念，计算它们的各种方法以及其应用.

(一) 多元函数微分学中的若干基本概念以及其联系

例1　求二元函数$f(x, y)=\dfrac{\arcsin(3-x^2-y^2)}{\sqrt{x-y^2}}$的定义域.

【分析】　利用多元初等函数定义域得到不等式，然后取交集.

【详解】　要使表达式有意义，必须满足

$$\begin{cases}|3-x^2-y^2| \leqslant 1,\\ x-y^2>0,\end{cases} \quad 即 \quad \begin{cases}2 \leqslant x^2+y^2 \leqslant 4,\\ x>y^2,\end{cases}$$

故所求定义域为$D=\{(x, y) \mid 2 \leqslant x^2+y^2 \leqslant 4, x>y^2\}$.

例2　已知函数$f(x+y, x-y)=\dfrac{x^2-y^2}{x^2+y^2}$，求$f(x, y)$.

【分析】　此题属于多元复合函数的问题，解决方法有配变量法和换元法两种.

【详解】　设$u=x+y$，$v=x-y$，则$x=\dfrac{u+v}{2}$，$y=\dfrac{u-v}{2}$，

代入得
$$f(u,v)=\frac{\left(\frac{u+v}{2}\right)^2-\left(\frac{u-v}{2}\right)^2}{\left(\frac{u+v}{2}\right)^2+\left(\frac{u-v}{2}\right)^2}=\frac{2uv}{u^2+v^2},$$

即
$$f(x,y)=\frac{2xy}{x^2+y^2}.$$

例3　求下列极限:

(1) $\lim\limits_{\substack{x \to \infty \\ y \to a}}\left(1+\dfrac{1}{xy}\right)^{\frac{x^2}{x+y}}(a \neq 0)$;　　(2) $\lim\limits_{\substack{x \to 0 \\ y \to 0}}\dfrac{x^2|y|^{\frac{3}{2}}}{x^4+y^2}$.

【分析】　求二元函数的极限的常用方法：直接用极限运算法则，或通过适当放大缩小法、变量替换法转化为求简单的极限或一元函数的极限.

【详解】　(1) $\lim\limits_{\substack{x \to \infty \\ y \to a}}\left(1+\dfrac{1}{xy}\right)^{\frac{x^2}{x+y}}(1^{\infty}型)=\lim\limits_{\substack{x \to \infty \\ y \to a}}\left[\left(1+\dfrac{1}{xy}\right)^{xy}\right]^{\frac{x^2}{(x+y)xy}}$,

又$\lim\limits_{\substack{x \to \infty \\ y \to a}}\left(1+\dfrac{1}{xy}\right)^{xy}=\lim\limits_{t \to \infty}\left(1+\dfrac{1}{t}\right)^{t}=\mathrm{e}$(令$t=xy$),

$$\lim_{\substack{x\to\infty\\y\to a}}\frac{x^2}{xy(x+y)}=\lim_{\substack{x\to\infty\\y\to a}}\frac{1}{y\left(1+\frac{y}{x}\right)}=\frac{1}{a}，因此\lim_{\substack{x\to\infty\\y\to a}}\left(1+\frac{1}{xy}\right)^{\frac{x^2}{x+y}}=e^{\frac{1}{a}}.$$

(2) 由 $x^4+y^2\geqslant 2x^2|y|\Rightarrow 0\leqslant\frac{x^2|y|^{\frac{3}{2}}}{x^4+y^2}\leqslant\frac{x^2|y|^{\frac{3}{2}}}{2x^2|y|}=\frac{1}{2}|y|^{\frac{1}{2}}$，

又 $\lim\limits_{\substack{x\to0\\y\to0}}\frac{1}{2}|y|^{\frac{1}{2}}=0$，因此由夹逼定理得原极限为0.

例4　证明极限 $\lim\limits_{\substack{x\to0\\y\to0}}\frac{x^2+y^2}{x^2+y^2-xy}$ 不存在.

【分析】　先考查 (x,y) 沿不同的直线趋于 $(0,0)$ 时 $f(x,y)$ 的极限. 若不同，则题目得证；若相同，再考查 (x,y) 沿其他特殊的路径(曲线)趋于 $(0,0)$ 时 $f(x,y)$ 的极限.

【证】　令 $y=kx$（(x,y) 沿不同的直线趋于 $(0,0)$），则

$$\lim_{\substack{x\to0\\y\to0}}\frac{x^2+y^2}{x^2+y^2-xy}=\lim_{\substack{y=kx\\x\to0}}\frac{x^2+y^2}{x^2+y^2-xy}=\lim_{\substack{y=kx\\x\to0}}\frac{x^2+(kx)^2}{x^2+(kx)^2-x(kx)}=\lim_{\substack{y=kx\\x\to0}}\frac{1+k^2}{1+k^2-k}.$$

它随 k 而变，如 $k=0$ 时该极限为1，$k=1$ 时该极限为 $\frac{1}{2}$. 因此该极限不存在.

例5　求二元函数 $f(x,y)=\begin{cases}\frac{xy}{x^2+y^2}, & (x,y)\neq(0,0),\\ 0, & (x,y)=(0,0)\end{cases}$ 在点 $(0,0)$ 的偏导数 $f_x(0,0)$，$f_y(0,0)$.

【分析】　对于多元分段函数在分段点处的偏导数应用偏导数的定义去求.

【详解】　$f_x(0,0)=\lim\limits_{\Delta x\to0}\frac{f(0+\Delta x,0)-f(0,0)}{\Delta x}=\lim\limits_{\Delta x\to0}\frac{0}{\Delta x}=0$，

$f_y(0,0)=\lim\limits_{\Delta y\to0}\frac{f(0+\Delta x,0)-f(0,0)}{\Delta y}=\lim\limits_{\Delta x\to0}\frac{0}{\Delta y}=0.$

【典型错误】　先求出 $(x,y)\neq(0,0)$ 的偏导函数，然后将 $(0,0)$ 代入得到两个偏导数均不存在的错误结论.

例6　设 $f(x,y)=\begin{cases}\frac{x^2y^2}{x^2+y^2}, & (x,y)\neq(0,0),\\ 0, & (x,y)=(0,0),\end{cases}$ 求(1)求 $\frac{\partial f}{\partial x}$，$\frac{\partial f}{\partial y}$；(2)讨论 $f(x,y)$ 在 $(0,0)$ 处的可微性，若可微求 $\mathrm{d}f|_{(0,0)}$.

【分析】　此题属于分段函数在一点的偏导数存在性与可微性的重要题型，考察读者对概念的理解，有一定的难度.

【详解】　(1) 当 $(x,y)\neq(0,0)$ 时，$\frac{\partial f}{\partial x}=\frac{2xy^2}{x^2+y^2}-\frac{2x^3y^2}{(x^2+y^2)^2}$；

当 $(x,y)=(0,0)$ 时，$\left.\frac{\partial f}{\partial x}\right|_{(0,0)}=\lim\limits_{\Delta x\to0}\frac{f(0+\Delta x,0)-f(0,0)}{\Delta x}=\lim\limits_{\Delta x\to0}\frac{0}{\Delta x}=0$，

当$(x,y) \neq (0,0)$时，$\left.\dfrac{\partial f}{\partial y}\right| = \dfrac{2x^2y}{x^2+y^2} - \dfrac{2x^2y^3}{(x^2+y^2)^2}$，

当$(x,y) = (0,0)$时，$\left.\dfrac{\partial f}{\partial y}\right|_{(0,0)} = \lim\limits_{\Delta y \to 0} \dfrac{f(0+\Delta x,0)-f(0,0)}{\Delta y} = \lim\limits_{\Delta x \to 0} \dfrac{0}{\Delta y} = 0.$

(2) 因为$\left.\dfrac{\partial f}{\partial x}\right|_{(0,0)} = \left.\dfrac{\partial f}{\partial y}\right|_{(0,0)} = 0$，考察$f(x, y)$在$(0, 0)$处是否可微，考察下式是否成立

$$f(\Delta x,\Delta y) - f(0,0) = \left.\frac{\partial f}{\partial x}\right|_{(0,0)} \Delta x + \left.\frac{\partial f}{\partial y}\right|_{(0,0)} \Delta y + o(\rho) \quad (\rho = \sqrt{\Delta x^2 + \Delta y^2} \to 0),$$

即$\dfrac{\Delta x^2 \Delta y^2}{\Delta x^2 + \Delta y^2} = o(\rho)\ (\rho \to 0)$，亦即当$\rho \to 0$时$\dfrac{\Delta x^2 \Delta y^2}{(\Delta x^2 + \Delta y^2)^{3/2}}$是否是无穷小量.

因为$\left|\dfrac{\Delta x^2 \Delta y^2}{(\Delta x^2 + \Delta y^2)^{3/2}}\right| = \dfrac{\Delta x^2}{\Delta x^2 + \Delta y^2} \cdot \dfrac{|\Delta y|}{\sqrt{\Delta x^2 + \Delta y^2}} \cdot |\Delta y| \leqslant |\Delta y|$，由夹逼准则，所以当$\rho \to 0$时$\dfrac{\Delta x^2 \Delta y^2}{(\Delta x^2 + \Delta y^2)^{3/2}}$是无穷小量，因此，$f(x, y)$在点$(0, 0)$处可微，且$\mathrm{d}f|_{(0,0)} = 0$.

(二) 求二元、三元初等函数或者变限积分的多元函数的偏导数或全微分

例 7　求二元函数$u = \sin(x + y^2 - \mathrm{e}^z)$的偏导数.

【分析】　求二元及以上函数的偏导数就是利用一元函数求导方法和求导法则求解即可.

【详解】　把y和z看做常数，对x求导得

$$\frac{\partial u}{\partial x} = \cos(x + y^2 - \mathrm{e}^z),$$

把x和z看做常数，对y求导得

$$\frac{\partial u}{\partial y} = 2y\cos(x + y^2 - \mathrm{e}^z),$$

把x和y看做常数，对z求导得

$$\frac{\partial u}{\partial z} = -\mathrm{e}^z\cos(x + y^2 - \mathrm{e}^z).$$

例 8　已知$f(x, y) = x^y y^x + (x-1)^2(y-2)^3 \arctan\sqrt{\dfrac{\mathrm{e}^x+4}{y^2+1}}$，求$f_x(1, 2)$，$f_y(1, 2)$.

【分析】　求二元函数在点(x_0, y_0)的偏导数常用方法有两种：先求偏导函数然后将(x_0, y_0)代入；或者将二元函数变成一元函数，然后求一元函数在一点的导数. 此题选第二种方法较为简单.

【详解】　$f_x(1, 2) = [f(x, 2)]'\big|_{x=1} = [x^2 2^x + 0]'\big|_{x=1} = [2x2^x + x^2 \ln 2 \cdot 2^x]\big|_{x=1} = 4 + \ln 4$，

$$f_y(1, 2) = [f(1, y)]'\big|_{y=2} = (y)'\big|_{y=2} = 1.$$

例 9　设 $z=u\cdot\arctan(uv)$，$u=x^2$，$v=ye^x$，求 $\frac{\partial z}{\partial x},\frac{\partial z}{\partial y}$.

【分析】　对于多元复合函数的偏导数问题，要分清变量之间的关系，恰当地选择中间变量并理清因变量，在计算过程中，要注意链式求导法则与求导四则运算法则要交替使用，必要时画出变量之间关系的树形图．

【详解】　由复合函数链式求导法则，得

$$\frac{\partial z}{\partial x}=\frac{\partial z}{\partial u}\frac{\partial u}{\partial x}+\frac{\partial z}{\partial v}\frac{\partial v}{\partial x}=\left[\frac{uv}{1+u^2v^2}+\arctan(uv)\right]\cdot 2x+\frac{u^2}{1+u^2v^2}\cdot ye^x,$$

$$\frac{\partial z}{\partial y}=\frac{\partial z}{\partial u}\frac{\partial u}{\partial y}+\frac{\partial z}{\partial v}\frac{\partial v}{\partial y}=\frac{\partial z}{\partial v}\frac{\partial v}{\partial y}=\frac{u^2}{1+u^2v^2}\cdot e^x.$$

【注】　结果中也可以将 $u=x^2$，$v=ye^x$ 分别代入．

例 10　设函数 $F(x,y)=\int_0^{xy}\frac{\sin t}{1+t^2}dt$，求$\left.\frac{\partial^2 F}{\partial x^2}\right|_{(0,2)}$.

【详解】　因为 $F(x,y)=\int_0^{xy}\frac{\sin t}{1+t^2}dt$，所以由变上限积分求导公式得

$$\frac{\partial F}{\partial x}=y\frac{\sin(xy)}{1+x^2y^2},\ \frac{\partial^2 F}{\partial x^2}=y\frac{y\cos(xy)(1+x^2y^2)-2xy^2\sin(xy)}{(1+x^2y^2)^2},$$

于是
$$\left.\frac{\partial^2 F}{\partial x^2}\right|_{(0,2)}=4.$$

【注】　本题主要考查变上限定积分函数的导数公式、二阶偏导数的计算，是一道基本题目．

例 11　设函数 $z=\left(1+\frac{x}{y}\right)^{\frac{x}{y}}$，求 $dz\mid_{(1,1)}$.

【详解】　由对数求导法，两边取对数得

$$\ln z=\frac{x}{y}\ln\left(1+\frac{x}{y}\right),$$

故
$$\frac{1}{z}\frac{\partial z}{\partial x}=\frac{1}{y}\left[\ln\left(1+\frac{x}{y}\right)+\frac{x}{x+y}\right],\ \frac{1}{z}\frac{\partial z}{\partial y}=-\frac{x}{y^2}\left[\ln\left(1+\frac{x}{y}\right)+\frac{x}{x+y}\right]$$

令 $x=1$，$y=1$，得

$$\left.\frac{\partial z}{\partial x}\right|_{(1,1)}=2\ln 2+1,\ \left.\frac{\partial z}{\partial y}\right|_{(1,1)}=-(2\ln 2+1),$$

从而
$$dz\mid_{(1,1)}=(2\ln 2+1)dx-(2\ln 2+1)dy.$$

【注】　①本题主要考查二元复合函数的计算和全微分的概念．

②有的读者的答案是 $2\ln 2+1$，但这只是 $\left.\frac{\partial z}{\partial x}\right|_{(1,1)}$，说明其对全微分的概念还没有弄清楚．

(三)复合函数微分法——求带有抽象函数记号的复合函数的偏导数或全微分

例 12 设 $z=f(x^2-y^2,\ e^{xy})$，求 $\frac{\partial z}{\partial x}$，$\frac{\partial z}{\partial y}$.

【分析】 带有抽象符号的多元复合函数的偏导数问题，可以引入中间变量，然后用编号 1，2 代替 .

【详解】 令 $u=x^2-y^2$，$v=e^{xy}$，则 $z=f(u,\ v)$.

$$\frac{\partial z}{\partial x}=\frac{\partial z}{\partial u}\frac{\partial u}{\partial x}+\frac{\partial z}{\partial v}\frac{\partial v}{\partial x}=\frac{\partial z}{\partial u}\cdot 2x+\frac{\partial z}{\partial v}ye^{xy}\xrightarrow{\text{用编号 1,2 代替}}2xf_1+ye^{xy}f_2,$$

$$\frac{\partial z}{\partial y}=\frac{\partial z}{\partial u}\frac{\partial u}{\partial y}+\frac{\partial z}{\partial v}\frac{\partial v}{\partial y}=\frac{\partial z}{\partial u}\cdot(-2y)+\frac{\partial z}{\partial v}xe^{xy}\xrightarrow{\text{用编号 1,2 代替}}-2yf_1+xe^{xy}f_2.$$

例 13 设 $z=\frac{1}{x}\cdot f(xy)+y\varphi(x+y)$，求 $\frac{\partial^2 z}{\partial x\partial y}$.

【分析】 多元复合函数的混合偏导数 $\frac{\partial^2 z}{\partial x\partial y}$，可以先求 $\frac{\partial z}{\partial x}$ 或 $\frac{\partial z}{\partial y}$，在与求导次序无关的情况下按照哪种次序结果都一样 .

【详解】 $\frac{\partial z}{\partial y}=\frac{1}{x}\cdot f'(xy)\frac{\partial}{\partial y}(xy)+\varphi(x+y)+y\cdot\varphi'(x+y)\frac{\partial}{\partial y}(x+y)$

$$=f'(xy)+\varphi(x+y)+y\cdot\varphi'(x+y),$$

$$\frac{\partial^2 z}{\partial x\partial y}=\frac{\partial^2 z}{\partial y\partial x}=\frac{\partial}{\partial x}\left(\frac{\partial z}{\partial y}\right)=y\cdot f''(xy)+\varphi'(x+y)+y\cdot\varphi''(x+y).$$

【注】 若先求 $\frac{\partial z}{\partial x}$，则

$$\frac{\partial z}{\partial x}=-\frac{1}{x^2}\cdot f(xy)+\frac{1}{x}\cdot f'(xy)\cdot\frac{\partial}{\partial x}(xy)+y\cdot\varphi'(x+y)\frac{\partial}{\partial x}(x+y)$$

$$=-\frac{1}{x^2}\cdot f(xy)+\frac{y}{x}\cdot f'(xy)+y\cdot\varphi'(x+y),$$

$$\frac{\partial^2 z}{\partial x\partial y}=\frac{\partial}{\partial y}\left(\frac{\partial z}{\partial x}\right)=-\frac{1}{x^2}\cdot f'(xy)\cdot x+\frac{1}{x}\cdot f'(xy)+\frac{y}{x}\cdot f''(xy)\cdot x+\varphi'(x+y)+y\cdot\varphi''(x+y)$$

$$=y\cdot f''(xy)+\varphi'(x+y)+y\cdot\varphi''(x+y).$$

这说明对混合偏导数，不同的求导次序可能影响计算的繁简 .

例 14 设函数 $z=f(x,\ y)$ 在点 $(1,\ 1)$ 处可微，且 $f(1,\ 1)=1$，$\left.\frac{\partial f}{\partial x}\right|_{(1,1)}=2$，$\left.\frac{\partial f}{\partial y}\right|_{(1,1)}=3$，$\varphi(x)=f(x,\ f(x,\ x))$，求 $\left.\frac{d}{dx}\varphi^3(x)\right|_{x=1}$.

【分析】 此题是多层复合函数的求导问题，在对复合函数进行求导时，要注意正确使用恰当的记号 .

【详解】 先求 $\varphi(1)=f(1,\ f(1,\ 1))=f(1,\ 1)=1$.

求$\dfrac{d}{dx}\varphi^3(x)\Big|_{x=1}=3\varphi^2(1)\varphi'(1)=3\varphi'(1)$，归结为求 $\varphi'(1)$. 由复合函数求导法

$$\varphi'(x)=f_1'(x,f(x,x))+f_2'(x,f(x,x))\frac{d}{dx}f(x,x),$$

$$\varphi'(1)=f_1'(1,1)+f_2'(1,1)[f_1'(1,1)+f_2'(1,1)].$$

因为 $$f_1'(1,1)=\frac{\partial f(1,1)}{\partial x}=2,\ f_2'(1,1)=\frac{\partial f(1,1)}{\partial y}=3.$$

于是 $\varphi'(1)=2+3(2+3)=17$，$\dfrac{d}{dx}\varphi^3(x)\Big|_{x=1}=3\varphi^2(1)\varphi'(1)=3\times17=51.$

例 15 设函数 $u(x,y)=\varphi(x+y)+\varphi(x-y)+\int_{x-y}^{x+y}\psi(t)dt$，其中，函数 φ 具有二阶导数，ψ 具有一阶导数，则必有

(A) $\dfrac{\partial^2u}{\partial x^2}=-\dfrac{\partial^2u}{\partial y^2}$;　　(B) $\dfrac{\partial^2u}{\partial x^2}=\dfrac{\partial^2u}{\partial y^2}$;

(C) $\dfrac{\partial^2u}{\partial x\partial y}=\dfrac{\partial^2u}{\partial y^2}$;　　(D) $\dfrac{\partial^2u}{\partial x^2}=\dfrac{\partial^2u}{\partial x^2}$.

【详解】 因为$\dfrac{\partial u}{\partial x}=\varphi'(x+y)+\varphi'(x-y)+\psi(x+y)-\psi(x-y)$,

$$\frac{\partial^2u}{\partial x^2}=\varphi''(x+y)+\varphi''(x-y)+\psi'(x+y)-\psi'(x-y),$$

$$\frac{\partial u}{\partial y}=\varphi'(x+y)-\varphi'(x-y)+\psi(x+y)+\psi(x-y),$$

$$\frac{\partial^2u}{\partial y^2}=\varphi''(x+y)+\varphi''(x-y)+\psi'(x+y)-\psi'(x-y),$$

由此看到 $\dfrac{\partial^2u}{\partial x^2}=\dfrac{\partial^2u}{\partial y^2}$，故应选(B).

(四) 复合函数微分法——求隐函数的导数、偏导数或全微分

例 16 设方程$\dfrac{x}{z}=\ln\dfrac{z}{y}$确定了隐函数 $z=z(x,y)$，求 $\dfrac{\partial z}{\partial x},\dfrac{\partial z}{\partial y}$.

【分析】 隐函数的求导问题可以用两种方法：隐函数求导法以及隐函数求导公式.

【详解】 方法一：隐函数求导法(直接法)

方程两边同时对 x 求偏导，注意 y 为常数，z 是关于 x，y 的函数，得

$$\frac{z-x\dfrac{\partial z}{\partial x}}{z^2}=(\ln z-\ln y)_x'=\frac{1}{z}\cdot\frac{\partial z}{\partial x}-0,$$

整理并解得 $\dfrac{\partial z}{\partial x}=\dfrac{z}{x+z}$，同理可得$\dfrac{\partial z}{\partial y}=\dfrac{z^2}{y(x+z)}$.

方法二：隐函数求导公式

令
$$F(x,y,z)=\ln\frac{z}{y}-\frac{x}{z}=\ln z-\ln y-\frac{x}{z},$$
$$\frac{\partial F}{\partial x}=-\frac{1}{z},\ \frac{\partial F}{\partial y}=-\frac{1}{y},\ \frac{\partial F}{\partial z}=\frac{1}{z}-x\left(-\frac{1}{z^2}\right)=\frac{x+z}{z^2},$$
故
$$\frac{\partial z}{\partial x}=-\frac{\frac{\partial F}{\partial x}}{\frac{\partial F}{\partial z}}=\frac{z}{x+z},\ \frac{\partial z}{\partial y}=-\frac{\frac{\partial F}{\partial y}}{\frac{\partial F}{\partial z}}=\frac{z^2}{y(x+z)}.$$

例 17　设 $y=y(x)$，$z=z(x)$是由方程 $z=xf(x+y)$和 $F(x,\ y,\ z)=0$ 所确定的函数，其中，f 和 F 分别具有一阶连续导数和一阶连续偏导数，求$\frac{\mathrm{d}z}{\mathrm{d}x}$.

【详解】　这是由两个方程式组成的方程组
$$\begin{cases}z=xf(x+y),\\ F(x,y,z)=0,\end{cases}$$
它确定隐函数 $y=y(x)$和 $z=z(x)$.

为求$\frac{\mathrm{d}z}{\mathrm{d}x}$，将上述每个方程对 x 求导，由复合函数求导法则并注意 y 是因变量，$y=y(x)$得
$$\begin{cases}\frac{\mathrm{d}z}{\mathrm{d}x}-f(x+y)+xf'(x+y)\left(1+\frac{\mathrm{d}y}{\mathrm{d}x}\right),\\ \frac{\partial F}{\partial x}+\frac{\partial F}{\partial y}\frac{\mathrm{d}y}{\mathrm{d}x}+\frac{\partial F}{\partial z}\frac{\mathrm{d}z}{\mathrm{d}x}=0,\end{cases}$$
改写成
$$\begin{cases}\frac{\mathrm{d}z}{\mathrm{d}x}=f(x+y)+xf'(x+y)\left(1+\frac{\mathrm{d}y}{\mathrm{d}x}\right),\\ \frac{\partial F}{\partial y}\frac{\mathrm{d}y}{\mathrm{d}x}+\frac{\partial F}{\partial z}\frac{\mathrm{d}z}{\mathrm{d}x}=-\frac{\partial F}{\partial x},\end{cases}$$
这是以$\frac{\mathrm{d}z}{\mathrm{d}x}$，$\frac{\mathrm{d}y}{\mathrm{d}x}$为未知数的二元一次方程组，解得
$$\frac{\mathrm{d}z}{\mathrm{d}x}=\frac{[f(x+y)+xf'(x+y)]\frac{\partial F}{\partial y}-xf'(x+y)\frac{\partial F}{\partial x}}{\frac{\partial F}{\partial y}+xf'(x+y)\frac{\partial F}{\partial z}}.$$

【典型错误】　有些读者把 $z=xf(x+y)$中的$f(x+y)$误认为是二元复合函数，错误地得出
$$\frac{\mathrm{d}z}{\mathrm{d}x}=f(x+y)+x\left(f'_x\cdot 1+f'_y\frac{\mathrm{d}y}{\mathrm{d}x}\right).$$

例 18　设 $u=f(x,\ y,\ z)$有连续的一阶偏导数，又函数 $y=y(x)$及 $z=z(x)$分别由下列两式确定：
$$\mathrm{e}^{xy}-xy=2\text{ 和 }\mathrm{e}^{x}=\int_0^{x-z}\frac{\sin t}{t}\mathrm{d}t,$$

求$\dfrac{du}{dx}$.

【详解】 $\dfrac{du}{dx}=\dfrac{\partial f}{\partial x}+\dfrac{\partial f}{\partial y}\dfrac{dy}{dx}+\dfrac{\partial f}{\partial z}\dfrac{dz}{dx}$. (*)

由 $e^{xy}-xy=2$ 两边对 x 求导，得

$$e^{xy}\left(y+x\frac{dy}{dx}\right)-\left(y+x\frac{dy}{dx}\right)=0\Rightarrow\frac{dy}{dx}=-\frac{y}{x}. \tag{①}$$

又由 $e^x=\int_0^{x-z}\frac{\sin t}{t}dt$ 两边对 x 求导，得

$$e^x=\frac{\sin(x-z)}{x-z}\cdot\left(1-\frac{dz}{dx}\right)\Rightarrow\frac{dz}{dx}=1-\frac{e^x(x-z)}{\sin(x-z)}. \tag{②}$$

将式①、式②两式代入式(*)，得

$$\frac{du}{dx}=\frac{\partial f}{\partial x}-\frac{y}{x}\frac{\partial f}{\partial y}+\left[1-\frac{e^x(x-z)}{\sin(x-z)}\right]\frac{\partial f}{\partial z}.$$

(五) 多元函数微分学的几何应用

例 19 求曲线$\begin{cases}x^2+y^2+z^2=6,\\ z=x^2+y^2\end{cases}$在点$(-1,1,2)$处的切线方程.

【分析】 本题属于由方程组所确定的隐函数组的求导问题，要求切线的方向向量.

【详解】 方程组两边对 x 求导得

$$\begin{cases}2x+2y\dfrac{dy}{dx}+2z\dfrac{dz}{dx}=0,\\ \dfrac{dz}{dx}=2x+2y\dfrac{dy}{dx},\end{cases}$$

整理得

$$\begin{cases}2y\dfrac{dy}{dx}+2z\dfrac{dz}{dx}=-2x,\\ 2y\dfrac{dy}{dx}-\dfrac{dz}{dx}=-2x,\end{cases}$$

解得 $\dfrac{dy}{dx}=-\dfrac{x}{y}$，$\dfrac{dz}{dx}=0$，所以在点$(-1,1,2)$处切向量为

$$T=\left(1,\frac{dy}{dx},\frac{dz}{dx}\right)_{(-1,1,2)}=(1,1,0),$$

切线方程为

$$\frac{x+1}{1}=\frac{y-1}{1}=\frac{z-2}{0}.$$

例 20 求曲面 $e^x-z+xy=3$ 在点$(2,1,0)$处的切平面方程和法线方程.

【详解】　令 $F(x, y, z)=e^z-z+xy-3$，
则曲面 $e^z-z+xy=3$ 在点(2，1，0)处的切平面方程的法向量为

$$\boldsymbol{n}=\{F_x,F_y,F_z\}\big|_{(2,1,0)}=\{y,x,e^z-1\}\big|_{(2,1,0)}=\{1,2,0\}.$$

点(2，1，0)处的切平面方程为

$$1\cdot(x-2)+2\cdot(y-1)+0\cdot(z-0)=0,$$

即

$$x+2y-4=0.$$

法线方程为

$$\frac{x-2}{1}=\frac{y-1}{2}=\frac{z}{0}.$$

(六) 多元函数的极值与最值及其应用问题

例 21　求二元函数 $f(x, y)=x^2(2+y^2)+y\ln y$ 的极值.

【详解】　为求函数 $f(x, y)$ 的驻点，解如下方程组：

$$\begin{cases}f'_x=2x(2+y^2)=0,\\ f'_y=2x^2y+\ln y+1=0,\end{cases}$$

得到函数 $f(x, y)$ 有唯一驻点 $\left(0, \dfrac{1}{e}\right)$，下面计算

$$A=f''_{xx}\left(0,\frac{1}{e}\right)=2(2+y^2)\big|_{y=\frac{1}{e}}=2\left(2+\frac{1}{e^2}\right)>0,$$

$$B=f''_{xy}\left(0,\frac{1}{e}\right)=4xy\big|_{\left(0,\frac{1}{e}\right)}=0,$$

$$C=f''_{yy}\left(0,\frac{1}{e}\right)=\left(2x^2+\frac{1}{y}\right)\bigg|_{\left(0,\frac{1}{e}\right)}=e>0,$$

由于在驻点 $\left(0, \dfrac{1}{e}\right)$ 处 $AC-B^2>0$ 且 A，$C>0$，故 $f(x, y)$ 在 $\left(0, \dfrac{1}{e}\right)$ 处取得极小值

$$f\left(0,\frac{1}{e}\right)=-\frac{1}{e}.$$

例 22　某厂要用铁板做成一个体积为 2m^3 的有盖长方体水箱，问当长、宽、高各取怎样的尺寸时，才能使用料最省.

【详解】　设水箱的长为 xm，宽为 ym，则高应为 $\dfrac{2}{xy}$m. 此木箱所用材料的面积

$$S=2\left(xy+y\cdot\frac{2}{xy}+x\cdot\frac{2}{xy}\right)=2\left(xy+\frac{2}{x}+\frac{2}{y}\right)\quad(x>0,y>0).$$

可见材料面积 S 是关于 x 和 y 的二元函数(目标函数). 下面求此函数的最小值点 (x, y)，

解方程组　$\dfrac{\partial S}{\partial x}=2\left(y-\dfrac{2}{x^2}\right)=0, \dfrac{\partial S}{\partial y}=2\left(x-\dfrac{2}{y^2}\right)=0,$

得唯一的驻点 $x=\sqrt[3]{2}, y=\sqrt[3]{2}$.

由题意得，水箱所用材料面积的最小值一定存在，并在区域 $D=\{(x, y)\mid x>0, y>0\}$

内取得．又函数在D内只有唯一的驻点，因此该驻点即为所求最小值点．从而当水箱的长为$\sqrt[3]{2}m$，宽为$\sqrt[3]{2}m$，高为$\frac{2}{\sqrt[3]{2}\sqrt[3]{2}}=\sqrt[3]{2}\mathrm{m}$时，水箱所用的材料最省．

【注】 本例的结论表明：体积一定的长方体中，立方体的表面积最小．

例 23 在经济学中有个 Cobb-Douglas 生产函数模型

$$f(x,y) = cx^{a}y^{1-a},$$

式中，x代表劳动力的数量，y为资本数量(确切地说是y个单位资本)，c与a $(0<a<1)$是常数，由各工厂的具体情况而定．函数值表示生产量．

现在已知某制造商的 Cobb-Douglas 生产函数是

$$f(x,y) = 100x^{3/4}y^{1/4},$$

每个劳动力与每个单位资本的成本分别是 150 元及 250 元．该制造商的总预算是 50000 元．问他该如何分配这笔钱用于雇佣劳动力与资本，以使生产量最高．

【详解】 这是个条件极值问题．求函数$f(x,y)=100x^{3/4}y^{1/4}$在条件$150x+250y=50000$下的最大值．

令$L(x,y,\lambda)=100x^{3/4}y^{1/4}+\lambda(50000-150x-250y)$，

由方程组
$$\begin{cases} L_x = 75x^{-1/4}y^{1/4} - 150\lambda = 0, \\ L_y = 25x^{3/4}y^{-3/4} - 250\lambda = 0, \\ L_\lambda = 50000 - 150x - 250y = 0 \end{cases}$$

中的第一个方程解得$\lambda=\frac{1}{2}x^{-1/4}y^{1/4}$，将其代入第二个方程中得

$$25x^{3/4}y^{-3/4} - 125x^{-1/4}y^{1/4} = 0,$$

即$25x-125y=0$.

解得$x=250$，$y=50$，即该制造商应该雇佣 250 个劳动力而把其余的部分作为资本投入，这时可获得最大产量$f(250,50)=16719$.

例 24 设某公司的销售收入R(单位：万元)与花费在两种广告宣传的费用x，y(单位：万元)之间的关系为

$$R = \frac{200x}{x+5} + \frac{100y}{10+y},$$

利润额相当五分之一的销售收入，并要扣除广告费用．已知广告费用总预算金是 25 万元，试问如何分配两种广告费用使利润最大?

【详解】 设利润为L，有

$$L = \frac{1}{5}R - x - y = \frac{40x}{x+5} + \frac{20y}{10+y} - x - y,$$

限制条件为$x+y=25$，这是条件极值问题．令

$$L(x,y,\lambda) = \frac{40x}{x+5} + \frac{20y}{10+y} - x - y + \lambda(x+y-25),$$

由方程组
$$\begin{cases} L_x = \dfrac{200}{(5+x)^2} - 1 + \lambda = 0, \\ L_y = \dfrac{200}{(10+y)^2} - 1 + \lambda = 0, \\ L_\lambda = x + y - 25 = 0 \end{cases}$$
解得 $x=15$，$y=10$. 根据问题本身的意义及驻点的唯一性可知，当投入两种广告的费用分别为 15 万元和 10 万元时，可使利润最大.

第九章　二 重 积 分

本章知识结构图

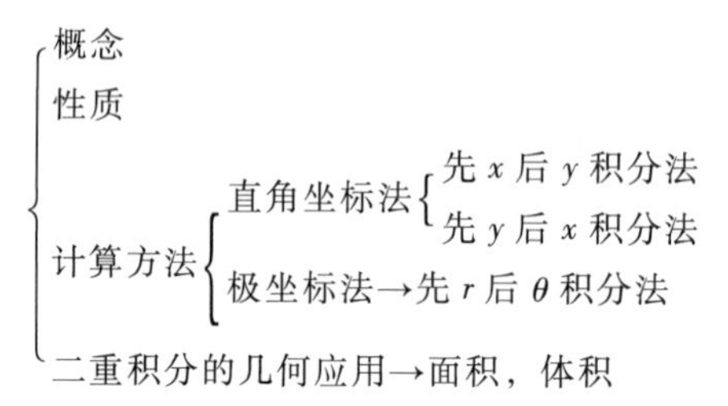

一、内容精要

二重积分是一元函数积分的推广，更确切地说，是定积分的推广．从定义方式上讲，这些积分与定积分是相似的，都是某种和式的极限；而其计算也都要化为定积分，由此可见定积分是基础，学习二重积分的关键是要掌握它们与定积分的关系，以及它们之间的相互关系．

（一）二重积分的定义

定义　平面上有界闭区域 D 上二元函数 $z=f(x,\ y)$ 的二重积分

$$I = \iint\limits_D f(x,y)\,\mathrm{d}\sigma = \lim_{d\to 0}\sum_{i=1}^{n} f(\xi_i,\eta_i)\Delta\sigma_i,$$

其中，$d=\max\limits_{1\leqslant i\leqslant n}\{d_i\}$，$d_i$ 为小区域 $\Delta\sigma_i$ 的直径，$\Delta\sigma_i$ 的面积也记为 $\Delta\sigma_i$.

几何意义　当连续函数 $z=f(x,\ y)\geqslant 0$ 时，二重积分 I 表示以区域 D 为底，曲面 $z=f(x,\ y)$为顶，侧面是以 D 的边界为准线，母线平行于 z 轴的柱面的曲顶柱体的体积．

一般情形，

$$\iint\limits_D f(x,y)\,\mathrm{d}\sigma = xOy$$

平面上方的曲顶柱体体积 $-\,xOy$ 平面下方的曲顶柱体体积．

（二）二重积分的性质

设 $f(x,\ y)$，$g(x,\ y)$在有界区域 D 上可积，则

1. 线性性质

对任意常数 λ，μ，有

$$\iint_D[\lambda f(x,y)\pm\mu g(x,y)]\mathrm{d}\sigma=\lambda\iint_D f(x,y)\mathrm{d}\sigma\pm\mu\iint_D g(x,y)\mathrm{d}\sigma.$$

2. 对区域的可加性质

$$\iint_D f(x,y)\mathrm{d}\sigma=\iint_{D_1}f(x,y)\mathrm{d}\sigma+\iint_{D_2}f(x,y)\mathrm{d}\sigma,$$

其中，$D=D_1\cup D_2$，而且区域 D_1 与 D_2 没有重叠的部分.

3. 比较定理

若 $f(x,y)$，$g(x,y)$ 在 D 上连续且 $f(x,y)\leqslant g(x,y)$（不恒等），则

$$\iint_D f(x,y)\mathrm{d}\sigma<\iint_D g(x,y)\mathrm{d}\sigma.$$

4. 积分中值定理

若 $f(x,y)$ 在有界区域 D 上连续，则在 D 上存在一点 (ξ,η)，使得

$$\iint_D f(x,y)\mathrm{d}\sigma=f(\xi,\eta)A.$$

其中，A 表示区域 D 的面积.

5. 连续非负函数的积分性质

若 $f(x,y)$ 在 D 上连续且非负，若 $D_0\subset D$，则有

$$\iint_{D_0}f(x,y)\mathrm{d}\sigma\leqslant\iint_D g(x,y)\mathrm{d}\sigma.$$

设 $f(x,y)$ 在 D 上连续且非负，又 $\iint_D f(x,y)\mathrm{d}\sigma=0$，则 $f(x,y)\equiv0$，$(x,y)\in D$.

6. 对称性和奇偶性

设 $f(x,y)$ 在积分域 D 上连续

（1）如果积分域 D 关于 x 轴对称，对于任意点 $(x,y)\in D$，有

① 当 $f(x,-y)=-f(x,y)$，称函数 $f(x,y)$ 是关于变量 y 的奇函数，且 $I=0$；

② 当 $f(x,-y)=f(x,y)$，称函数 $f(x,y)$ 是关于变量 y 的偶函数，且

$$I=\iint_D f(x,y)\mathrm{d}x\mathrm{d}y=2\iint_{D_1}f(x,y)\mathrm{d}x\mathrm{d}y,$$

其中，$D_1=\{(x,y)\in D\mid y\geqslant0\}$.

（2）如果积分域 D 关于 y 轴对称，对于任意点 $(x,y)\in D$，有

① 当 $f(-x,y)=-f(x,y)$，称函数 $f(x,y)$ 是关于变量 x 的奇函数，且 $I=0$；

② 当 $f(-x,y)=f(x,y)$，称函数 $f(x,y)$ 是关于变量 x 的偶函数，且

$$I=\iint_D f(x,y)\mathrm{d}x\mathrm{d}y=2\iint_{D_2}f(x,y)\mathrm{d}x\mathrm{d}y,$$

其中，$D_2=\{(x,y)\in D\mid x\geqslant0\}$.

（3）如果积分域 D 关于原点对称，且对称部分分别为 D_1，D_2，对于任意点 $(x,y)\in D$，

有

① 当$f(-x,-y)=-f(x,y)$，称函数$f(x,y)$是关于变量x，y的奇函数，且$I=0$；

② 当$f(-x,-y)=f(x,y)$，称函数$f(x,y)$是关于变量x，y的偶函数，且

$$I=\iint\limits_{D}f(x,y)\,\mathrm{d}x\mathrm{d}y=2\iint\limits_{D_1}f(x,y)\,\mathrm{d}x\mathrm{d}y=2\iint\limits_{D_2}f(x,y)\,\mathrm{d}x\mathrm{d}y.$$

(4) 如果积分域D关于$y=x$轴对称，则

$$I=\iint\limits_{D}f(x,y)\,\mathrm{d}x\mathrm{d}y=\iint\limits_{D}f(y,x)\,\mathrm{d}x\mathrm{d}y.$$

(三) 二重积分的计算

1. 直角坐标

(1) X型区域

形如$D=\{(x,y)\mid a\leqslant x\leqslant b,\ \varphi_1(x)\leqslant y\leqslant\varphi_2(x)\}$，这种区域称为$X$型区域(如图9-1).

(2) Y型区域

形如$D=\{(x,y)\mid c\leqslant y\leqslant d,\ \psi_1(y)\leqslant x\leqslant\psi_2(y)\}$，这种区域称为$Y$型区域(如图9-2).

(3) 区域D为复合型区域

如果区域D为复合型区域，这时可作辅助直线把区域D分成有限个子区域(如图9-3)，使每个子区域满足前述条件，从而这些子区域上的积分可用以上两个公式计算．根据二重积分的性质，这些子区域上二重积分的和就是区域D上的二重积分．

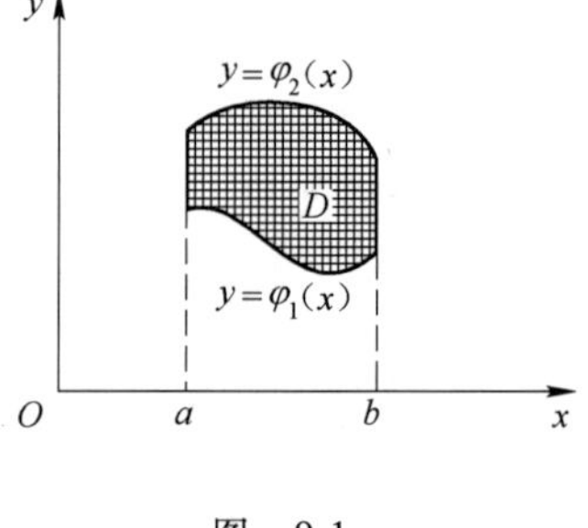

图　9-1

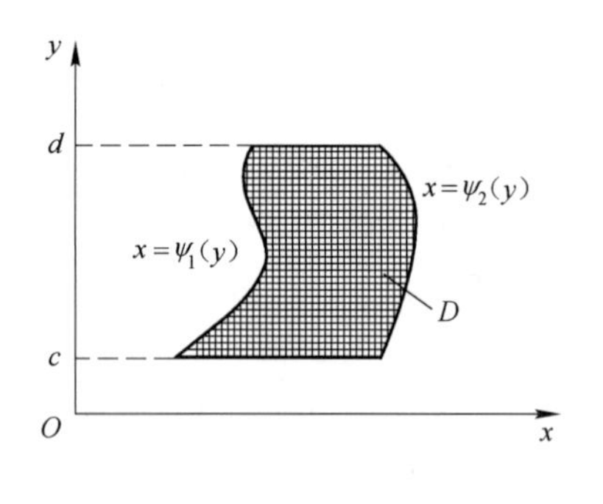

图　9-2

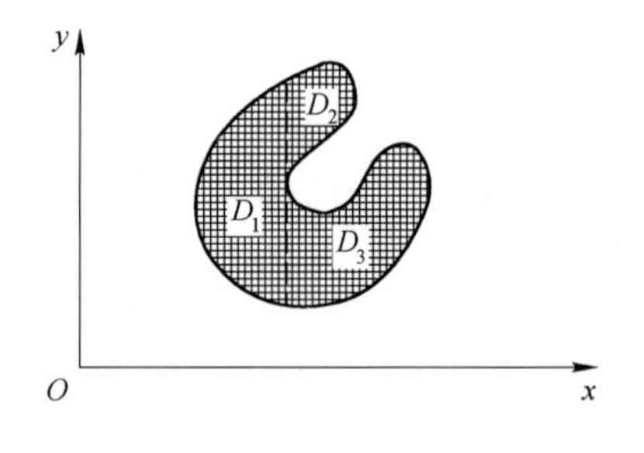

图　9-3

【注】 计算二重积分的关键是配置积分限，为此要画好积分区域D的图形或写出D的不等式表示，这两个公式都是将二重积分化为累次积分即二次积分．不同的是，X型区域先对y积分后对x积分，其特点是：穿过D内部与y轴平行的直线交D的边界不多于两点，是适用于先对y积分后对x积分类型的区域．Y型区域的特点是：穿过D内部与x轴平行的直线交D的边界不多于两点，是适用于先对x积分后对y积分类型的区域．

2. 极坐标

(1) 如果极点在区域 D 的边界上，D 可表示为 $\alpha\leqslant\theta\leqslant\beta$，$r_1(\theta)\leqslant r\leqslant r_2(\theta)$ (如图 9-4)

则
$$\iint\limits_D f(r\cos\theta, r\sin\theta) r\mathrm{d}r\mathrm{d}\theta = \int_\alpha^\beta \mathrm{d}\theta \int_{r_1(\theta)}^{r_2(\theta)} f(r\cos\theta, r\sin\theta) r\mathrm{d}r.$$

(2) 如果极点在区域 D 的内部，D 可表示为 $0\leqslant\theta\leqslant 2\pi$，$0\leqslant r\leqslant r(\theta)$ (如图 9-5).

则
$$\iint\limits_D f(r\cos\theta, r\sin\theta) r\mathrm{d}r\mathrm{d}\theta = \int_0^{2\pi} \mathrm{d}\theta \int_0^{r(\theta)} f(r\cos\theta, r\sin\theta) r\mathrm{d}r.$$

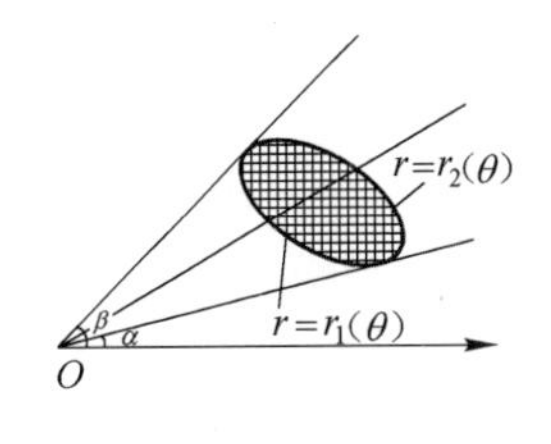

图　9-4

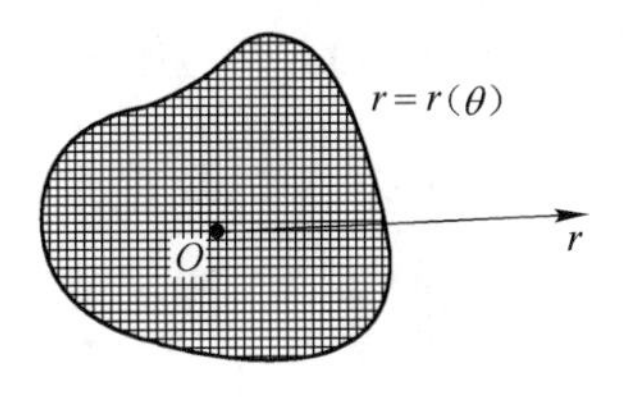

图　9-5

【注】 1. 利用极坐标计算二重积分一般有以下两个特点

(1) 被积函数中含有 x^2+y^2 项

(2) 积分区域是圆域或者部分圆域

2. 极坐标下二重积分的计算步骤

(1) 把被积函数 $f(x, y)$ 中的 x，y 分别用 $x=r\cos\theta$，$y=r\sin\theta$ 代替，得到

$$f(r\cos\theta, r\sin\theta);$$

(2) 把面积元素 $\mathrm{d}\sigma=\mathrm{d}x\mathrm{d}y$ 用 $r\mathrm{d}r\mathrm{d}\theta$ 代替；

(3) 把积分区域用极坐标形式表示，并将二重积分化为二次积分.

二、练习题与解答

习题 9.1　二重积分的概念与性质

1. 不经过计算，确定下列二重积分的符号.

(1) $\iint\limits_{x^2+y^2\leqslant 1} x^2\mathrm{d}\sigma$；　　(2) $\iint\limits_{|x|+|y|\leqslant 1} \ln(x^2+y^2)\mathrm{d}\sigma$；

(3) $\iint\limits_{1\leqslant x^2+y^2\leqslant 4} \sqrt[3]{1-x^2-y^2}\mathrm{d}\sigma$；　　(4) $\iint\limits_{0\leqslant x+y\leqslant 1} \arcsin(x+y)\mathrm{d}\sigma$.

【解】 (1) 因为 $f(x, y)=x^2\geqslant 0$，所以 $\iint\limits_{x^2+y^2\leqslant 1} x^2\mathrm{d}\sigma\geqslant 0$；

(2) 因为 $f(x, y)=\ln(x^2+y^2)\leqslant 0$　$(|x|+|y|\leqslant 1)$，所以 $\iint\limits_{|x|+|y|\leqslant 1} \ln(x^2+$

$y^2)\mathrm{d}\sigma \leqslant 0$；

(3) 因为$f(x, y)=\sqrt[3]{1-x^2-y^2} \geqslant 0 \quad (1 \leqslant x^2+y^2 \leqslant 4)$，所以 $\iint\limits_{1 \leqslant x^2+y^2 \leqslant 4} \sqrt[3]{1-x^2-y^2}\mathrm{d}\sigma \leqslant 0$；

(4) 因为$f(x, y)=\arcsin(x+y) \geqslant 0 \quad (0 \leqslant x+y \leqslant 1)$所以 $\iint\limits_{0 \leqslant x+y \leqslant 1} \arcsin(x+y)\mathrm{d}\sigma \geqslant 0$.

2. 根据二重积分的性质，比较下列二重积分的大小.

(1) $I_1=\iint\limits_D (x+y)^2\mathrm{d}\sigma, I_2=\iint\limits_D (x+y)^3\mathrm{d}\sigma$,

其中，D 是由 x 轴、y 轴以及直线 $x+y=1$ 所围成的三角形；

【解】 $I_1=\iint\limits_D (x+y)^2\mathrm{d}\sigma \geqslant I_2=\iint\limits_D (x+y)^3\mathrm{d}\sigma$；

(2) $I_1=\iint\limits_D (x+y)^2\mathrm{d}\sigma, I_2=\iint\limits_D (x+y)^3\mathrm{d}\sigma$,

其中，$D=\{(x, y) \mid (x-2)^2+(y-2)^2 \leqslant 2\}$；

【解】 $I_1=\iint\limits_D (x+y)^2\mathrm{d}\sigma \leqslant I_2=\iint\limits_D (x+y)^3\mathrm{d}\sigma$；

(3) $I_1=\iint\limits_D \ln(x+y)\mathrm{d}\sigma, I_2=\iint\limits_D \ln^2(x+y)\mathrm{d}\sigma$,

其中，D 为以点(1, 0)，(1, 1)，(2, 0)为顶点的三角形；

【解】 $I_1=\iint\limits_D \ln(x+y)\mathrm{d}\sigma \geqslant I_2=\iint\limits_D \ln^2(x+y)\mathrm{d}\sigma$；

(4) $I_1=\iint\limits_D \ln(x+y)\mathrm{d}\sigma, I_2=\iint\limits_D \ln^2(x+y)\mathrm{d}\sigma$,

其中，$D=\{(x, y) \mid 3 \leqslant x \leqslant 5, 0 \leqslant y \leqslant 1\}$.

【解】 $I_1=\iint\limits_D \ln(x+y)\mathrm{d}\sigma \leqslant I_2=\iint\limits_D \ln^2(x+y)\mathrm{d}\sigma$.

3. 利用二重积分的性质，估计下列积分值.

(1) $I=\iint\limits_D xy(x+y)\mathrm{d}\sigma$, 其中，$D=\{(x, y) \mid 0 \leqslant x \leqslant 1, 0 \leqslant y \leqslant 1\}$；

【解】 $0 \leqslant x \leqslant 1, 0 \leqslant y \leqslant 1 \Rightarrow 0 \leqslant x+y \leqslant 2, 0 \leqslant xy \leqslant 1 \Rightarrow 0 \leqslant xy(x+y) \leqslant 2$,

$$0 \leqslant I=\iint\limits_D xy(x+y)\mathrm{d}\sigma \leqslant 2;$$

(2) $I=\iint\limits_D \sin^2 x \sin^2 y \mathrm{d}\sigma$, 其中，$D=\{(x, y) \mid 0 \leqslant x \leqslant \pi, 0 \leqslant y \leqslant \pi\}$；

【解】 $0 \leqslant \sin^2 x \sin^2 y \leqslant 1$，$D$ 的面积 $\sigma=\pi^2 \Rightarrow 0 \leqslant I \leqslant \pi^2$；

(3) $I = \iint\limits_D e^{x^2+y^2}d\sigma$, 其中, $D = \left\{(x, y) \mid x^2+y^2 \leqslant \frac{1}{4}\right\}$;

【解】 D 的面积 $\sigma = \pi r^2 = \frac{\pi}{4} \Rightarrow \frac{\pi}{4} \leqslant I = \iint\limits_D e^{x^2+y^2}d\sigma \leqslant \frac{\pi}{4}e^{\frac{1}{4}}$;

(4) $I = \iint\limits_D (x+y+1)d\sigma$, 其中, $D = \{(x, y) \mid 0 \leqslant x \leqslant 1, 0 \leqslant y \leqslant 2\}$;

【解】 D 的面积 $\sigma = 1 \cdot 2 = 2$, 由于 $1 \leqslant x+y+1 \leqslant 4 \Rightarrow 2 \leqslant I \leqslant 8$;

(5) $I = \iint\limits_D \frac{1}{100+\cos^2 x+\cos^2 y}d\sigma$, 其中, $D = \{(x, y) \mid |x|+|y| \leqslant 10\}$;

【解】 D 的面积 $\sigma = 2 \cdot 10^2 = 200$, 由于 $100 \leqslant 100+\cos^2 x+\cos^2 y \leqslant 102 \Rightarrow \frac{1}{102} \leqslant \frac{1}{100+\cos^2 x+\cos^2 y} \leqslant \frac{1}{100} \Rightarrow \frac{200}{102} \leqslant I \leqslant 2$;

(6) $I = \iint\limits_D (x^2+4y^2+9)d\sigma$, 其中, $\{(x, y) \mid x^2+y^2 \leqslant 4\}$.

【解】 $x = 2\cos t$, $y = 2\sin t$,

$$x^2+4y^2+9 = 4\cos^2 t+16\sin^2 t+9 = 19-6\cos 2t,$$

$$13 \leqslant 19-6\cos 2t \leqslant 25 \Rightarrow 9 \leqslant x^2+4y^2+9 \leqslant 25,$$

D 的面积 $\sigma = 4\pi$, $36\pi \leqslant I \leqslant 100\pi$.

习题 9.2　直角坐标系下二重积分的计算

1. 画出下列积分区域 D, 并将 $I = \iint\limits_D f(x,y)d\sigma$ 化为不同顺序的累次积分.

(1) $D = \{(x, y) \mid x+y \leqslant 1, x-y \leqslant 1, 0 \leqslant x \leqslant 1\}$;

(2) $D = \{(x, y) \mid x^2 \leqslant y \leqslant 1\}$;

(3) $D = \{(x, y) \mid x^2+y^2 \leqslant y\}$;

(4) $D = \{(x, y) \mid 0 \leqslant y \leqslant x^2, 2y \leqslant 3-x, 0 \leqslant x \leqslant 3\}$;

(5) $D = \{(x, y) \mid y \leqslant x, y \geqslant a, x \leqslant b \quad (0 \leqslant a \leqslant b)\}$;

(6) $D = \{(x, y) \mid x^2+y^2 \leqslant a^2, x+y \geqslant a \quad (a>0)\}$.

【解】 (1) $I = \int_0^1 dx \int_{x-1}^{1-x} f(x,y)dy = \int_{-1}^0 dy \int_0^{1+y} f(x,y)dx + \int_0^1 dy \int_0^{1-y} f(x,y)dx$;

(2) $I = \int_{-1}^1 dx \int_{x^2}^1 f(x,y)dy = \int_0^1 dy \int_{-\sqrt{y}}^{\sqrt{y}} f(x,y)dx$;

(3) $I = \int_{-\frac{1}{2}}^{\frac{1}{2}} dx \int_{\frac{1}{2}-\sqrt{\frac{1}{4}-x^2}}^{\frac{1}{2}+\sqrt{\frac{1}{4}-x^2}} f(x,y)dy = \int_0^1 dy \int_{-\sqrt{\frac{1}{4}-\left(y-\frac{1}{2}\right)^2}}^{\sqrt{\frac{1}{4}-\left(y-\frac{1}{2}\right)^2}} f(x,y)dx$;

(4) $I = \int_0^1 dx \int_0^{x^2} f(x,y)dy + \int_1^3 dx \int_0^{\frac{3-x}{2}} f(x,y)dy = \int_0^1 dy \int_{\sqrt{y}}^{3-2y} f(x,y)dx$;

(5) $I = \int_a^b dx \int_a^x f(x,y)dy = \int_a^b dy \int_y^b f(x,y)dx$;

(6) $I = \int_0^a dx \int_{a-x}^{\sqrt{a^2-x^2}} f(x,y)dy = \int_0^a dy \int_{a-y}^{\sqrt{a^2-y^2}} f(x,y)dx$.

2. 计算下列二次积分.

(1) $\int_1^3 dy \int_1^2 (x^2-1)dx$;　　(2) $\int_2^4 dx \int_x^{2x} \frac{y}{x}dy$;

(3) $\int_1^2 dy \int_0^{\ln y} e^x dx$;　　(4) $\int_1^2 dx \int_0^{\frac{1}{x}} \sqrt{xy}dy$;

(5) $\int_0^a dx \int_0^{\sqrt{x}} dy$;　　(6) $\int_0^2 dy \int_0^2 xydx$;

(7) $\int_1^9 dx \int_0^4 \sqrt{xy}dy$;　　(8) $\int_0^{\frac{\pi}{2}} dx \int_{\cos x}^1 y^4 dy$;

(9) $\int_0^{\pi} dx \int_0^{1+\cos x} y^2 \sin x dy$;　　(10) $\int_{-\frac{\pi}{2}}^{\frac{\pi}{2}} dy \int_0^{3\cos y} x^2 \sin^2 y dx$.

【解】 (1) $\int_1^3 dy \int_1^2 (x^2-1)dx = \int_1^3 \left(\frac{1}{3}x^3 - x\right)\Big|_1^2 dy = \left(\frac{8}{3} - 2 - \frac{1}{3} + 1\right)2 = \frac{8}{3}$;

(2) $\int_2^4 dx \int_x^{2x} \frac{y}{x}dy = \int_2^4 \frac{1}{2x}y^2 \Big|_x^{2x} dx = \frac{3}{2}\int_2^4 xdx = 9$;

(3) $\int_1^2 dy \int_0^{\ln y} e^x dx = \int_1^2 e^x \Big|_0^{\ln y} dy = \int_1^2 (y-1)dy = \frac{1}{2}$;

(4) $\int_1^2 dx \int_0^{\frac{1}{x}} \sqrt{xy}dy = \int_1^2 \frac{2\sqrt{x}}{3}y^{\frac{3}{2}} \Big|_0^{\frac{1}{x}} dx = \frac{2}{3}\int_1^2 \frac{1}{x}dx = \frac{2}{3}\ln 2$;

(5) $\int_0^a dx \int_0^{\sqrt{x}} dy = \int_0^a \sqrt{x}dx = \frac{2}{3}x^{\frac{3}{2}} \Big|_0^a = \frac{2}{3}a^{\frac{3}{2}}$;

(6) $\int_0^2 dy \int_0^2 xydx = \int_0^2 \frac{1}{2}yx^2 \Big|_0^2 dy = \int_0^2 2ydy = 4$;

(7) $\int_1^9 dx \int_0^4 \sqrt{xy}dy = \int_1^9 \frac{2\sqrt{x}}{3}y^{\frac{3}{2}} \Big|_0^4 dx = \frac{16}{3}\int_1^9 \sqrt{x}dx = \frac{832}{9}$;

(8) $\int_0^{\frac{\pi}{2}} dx \int_{\cos x}^1 y^4 dy = \int_0^{\frac{\pi}{2}} \frac{1}{5}y^5 \Big|_{\cos x}^1 dx = \frac{1}{5}\int_0^{\frac{\pi}{2}} (1-\cos^5 x)dx = \frac{\pi}{10} - \frac{8}{75}$;

(9) $\int_0^{\pi} dx \int_0^{1+\cos x} y^2 \sin x dy = \int_0^{\pi} \sin x \cdot \frac{1}{3}y^3 \Big|_0^{1+\cos x} dx = \frac{1}{3}\int_0^{\pi} \sin x \cdot (1+\cos x)^3 dx$

$$= -\frac{1}{3}\int_0^{\pi} (1+\cos x)^3 d(1+\cos x) = \frac{4}{3};$$

(10) $\int_{-\frac{\pi}{2}}^{\frac{\pi}{2}} dy \int_0^{3\cos y} x^2 \sin^2 y dx = \int_{-\frac{\pi}{2}}^{\frac{\pi}{2}} \sin^2 y \cdot \frac{1}{3}x^3 \Big|_0^{3\cos y} dy = 9\int_{-\frac{\pi}{2}}^{\frac{\pi}{2}} \sin^2 y \cdot \cos^3 y dy$

$$= 9\int_{-\frac{\pi}{2}}^{\frac{\pi}{2}} \sin^2 y \cdot (1-\sin^2 y)\,\mathrm{d}\sin y = \frac{12}{5}.$$

3. 计算下列二重积分.

(1) $\iint\limits_D x\mathrm{e}^{xy}\,\mathrm{d}\sigma$，其中，$D=\{(x,\ y)\mid 0\leqslant x\leqslant 1,\ -1\leqslant y\leqslant 0\}$；

(2) $\iint\limits_D \frac{\mathrm{d}\sigma}{(x-y)^2}$，其中，$D=\{(x,\ y)\mid 1\leqslant x\leqslant 2,\ 3\leqslant y\leqslant 4\}$；

(3) $\iint\limits_D (x+6y)\,\mathrm{d}\sigma$，其中，$D$ 是 $y=x$，$y=5x$，$x=1$ 所围成的区域；

(4) $\iint\limits_D x^2y\cos(xy^2)\,\mathrm{d}\sigma$，其中，$D=\left\{(x,\ y)\,\middle|\, 0\leqslant x\leqslant \frac{\pi}{2},\ 0\leqslant y\leqslant 2\right\}$；

(5) $\iint\limits_D (x^2+y^2-y)\,\mathrm{d}\sigma$，其中，$D=\{(x,\ y)\mid 1\leqslant x\leqslant 3,\ x\leqslant y\leqslant x+1\}$；

(6) $\iint\limits_D x\cos(x+y)\,\mathrm{d}\sigma$，其中，$D$ 是以 $(0,\ 0)$，$(\pi,\ 0)$，$(\pi,\ \pi)$ 为顶点的三角形闭区域.

【解】 (1) $\iint\limits_D x\mathrm{e}^{xy}\,\mathrm{d}\sigma = \int_0^1 \mathrm{d}x\int_{-1}^0 x\mathrm{e}^{xy}\,\mathrm{d}y = \int_0^1 \mathrm{e}^{xy}\Big|_{-1}^0 \mathrm{d}x = \int_0^1 (1-\mathrm{e}^{-x})\,\mathrm{d}x = \mathrm{e}^{-1}$；

(2) $\iint\limits_D \frac{\mathrm{d}\sigma}{(x-y)^2} = \int_1^2 \mathrm{d}x\int_3^4 \frac{\mathrm{d}y}{(x-y)^2} = -\int_1^2 \frac{1}{x-y}\Big|_3^4 \mathrm{d}x = \int_1^2\left(\frac{1}{x-3}-\frac{1}{x-4}\right)\mathrm{d}x = \ln 3-\ln 4$；

(3) $\iint\limits_D (x+6y)\,\mathrm{d}\sigma = \int_0^1 \mathrm{d}x\int_x^{5x}(x+6y)\,\mathrm{d}y = \int_0^1 (xy+3y^2)\Big|_x^{5x}\mathrm{d}x = \int_0^1 76x^2\,\mathrm{d}x = \frac{76}{3}$；

(4) $\iint\limits_D x^2y\cos(xy^2)\,\mathrm{d}\sigma = \int_0^{\frac{\pi}{2}}\mathrm{d}x\int_0^2 x^2y\cos(xy^2)\,\mathrm{d}y = \int_0^{\frac{\pi}{2}}\mathrm{d}x\int_0^2 \frac{1}{2}x\cos(xy^2)\,\mathrm{d}(xy^2)$

$$= \frac{1}{2}\int_0^{\frac{\pi}{2}} x\sin 4x\,\mathrm{d}x = -\frac{\pi}{16};$$

(5) $\iint\limits_D (x^2+y^2-y)\,\mathrm{d}\sigma = \int_1^3 \mathrm{d}x\int_x^{x+1}(x^2+y^2-y)\,\mathrm{d}y = \int_1^3\left(x^2y+\frac{1}{3}y^3-\frac{1}{2}y^2\right)\Big|_x^{x+1}\mathrm{d}x$

$$= \int_1^3\left(2x^2-\frac{1}{6}\right)\mathrm{d}x = 17;$$

(6) $\iint\limits_D x\cos(x+y)\,\mathrm{d}\sigma = \int_0^{\pi}\mathrm{d}x\int_0^x x\cos(x+y)\,\mathrm{d}y = \int_0^{\pi} x\sin(x+y)\Big|_0^x \mathrm{d}x$

$$= \int_0^{\pi} x(\sin 2x-\sin x)\,\mathrm{d}x = \int_0^{\pi} x\sin 2x\,\mathrm{d}x - \int_0^{\pi} x\sin x\,\mathrm{d}x$$

$$= -\frac{\pi}{2}-\pi = -\frac{3}{2}\pi.$$

4. 画出下列积分区域，并改变各累次积分的次序．

(1) $\int_0^1 dy \int_{-\sqrt{1-y^2}}^{\sqrt{1-y^2}} f(x,y)\,dx$；　(2) $\int_1^2 dx \int_{2-x}^{\sqrt{2x-x^2}} f(x,y)\,dy$；

(3) $\int_0^1 dx \int_x^{2-x} f(x,y)\,dy$；　(4) $\int_1^3 dx \int_0^{\frac{3-x}{2}} f(x,y)\,dy$；

(5) $\int_0^2 dy \int_{y^2}^{2y} f(x,y)\,dx$；　(6) $\int_0^1 dx \int_0^{x^2} f(x,y)\,dy$；

(7) $\int_0^1 dy \int_y^{\sqrt{y}} f(x,y)\,dx$；　(8) $\int_1^e dx \int_0^{\ln x} f(x,y)\,dy$；

(9) $\int_0^1 dy \int_{y^2}^{\sqrt{y}} f(x,y)\,dx$；　(10) $\int_{\frac{1}{2}}^1 dy \int_{\frac{1}{y}}^2 f(x,y)\,dx + \int_1^{\sqrt{2}} dy \int_{y^2}^2 f(x,y)\,dx$.

【解】 (1) $\int_0^1 dy \int_{-\sqrt{1-y^2}}^{\sqrt{1-y^2}} f(x,y)\,dx = \int_{-1}^1 dx \int_0^{\sqrt{1-x^2}} f(x,y)\,dy$；

(2) $\int_1^2 dx \int_{2-x}^{\sqrt{2x-x^2}} f(x,y)\,dy = \int_0^1 dy \int_{2-y}^{1+\sqrt{1-y^2}} f(x,y)\,dx$；

(3) $\int_0^1 dx \int_x^{2-x} f(x,y)\,dy = \int_0^1 dy \int_0^y f(x,y)\,dx + \int_1^2 dy \int_0^{2-y} f(x,y)\,dx$；

(4) $\int_1^3 dx \int_0^{\frac{3-x}{2}} f(x,y)\,dy = \int_0^1 dy \int_1^{3-2y} f(x,y)\,dx$；

(5) $\int_0^2 dy \int_{y^2}^{2y} f(x,y)\,dx = \int_0^4 dx \int_{\frac{x}{2}}^{\sqrt{x}} f(x,y)\,dy$；

(6) $\int_0^1 dx \int_0^{x^2} f(x,y)\,dy = \int_0^1 dy \int_{\sqrt{y}}^1 f(x,y)\,dx$；

(7) $\int_0^1 dy \int_y^{\sqrt{y}} f(x,y)\,dx = \int_0^1 dx \int_{x^2}^x f(x,y)\,dy$；

(8) $\int_1^e dx \int_0^{\ln x} f(x,y)\,dy = \int_0^1 dy \int_{e^y}^e f(x,y)\,dx$；

(9) $\int_0^1 dy \int_{y^2}^{\sqrt{y}} f(x,y)\,dx = \int_0^1 dx \int_{x^2}^{\sqrt{x}} f(x,y)\,dy$；

(10) $\int_{\frac{1}{2}}^1 dy \int_{\frac{1}{y}}^2 f(x,y)\,dx + \int_1^{\sqrt{2}} dy \int_{y^2}^2 f(x,y)\,dx = \int_1^2 dx \int_{\frac{1}{x}}^{\sqrt{x}} f(x,y)\,dy$.

5. 求下列曲线所围成区域的面积．

(1) $y=x^2$，$y=4x-x^2$；　(2) $x+y=1$，$x+y=3$，$y=5x$，$y=2x$.

【解】 (1) $S = \int_0^2 dx \int_{x^2}^{4x-x^2} dy = \int_0^2 (4x-2x^2)\,dx = \frac{8}{3}$；

(2) $S = S_1 + S_2 + S_3$，

$$S_1 = \int_{\frac{1}{6}}^{\frac{1}{3}} dx \int_{1-x}^{5x} dy = \int_{\frac{1}{6}}^{\frac{1}{3}} (6x-1)\,dx = \frac{1}{12},$$

$$S_2 = \int_{\frac{1}{3}}^{\frac{1}{2}} dx \int_{2x}^{5x} dy = \int_{\frac{1}{3}}^{\frac{1}{2}} 3x dx = \frac{5}{24},$$

$$S_3 = \int_{\frac{1}{2}}^{1} dx \int_{2x}^{3-x} dy = \int_{\frac{1}{2}}^{1} (3 - 3x) dx = \frac{3}{8},$$

$$S = S_1 + S_2 + S_3 = \frac{2}{3}.$$

6. 设 $f(x)$ 在 $[0, a]$ 上连续，证明：$\int_0^a dy \int_0^y f(x) dx = \int_0^a (a-x) f(x) dx$.

【证】 $\int_0^a dy \int_0^y f(x) dx = \int_0^a dx \int_x^a f(x) dy = \int_0^a (a-x) f(x) dx.$

7. 计算 $\int_1^4 dy \int_{\sqrt{y}}^2 \frac{\ln x}{x^2 - 1} dx$.

【解】 $\int_1^4 dy \int_{\sqrt{y}}^2 \frac{\ln x}{x^2-1} dx = \int_1^2 dx \int_1^{x^2} \frac{\ln x}{x^2-1} dy = \int_1^2 \frac{\ln x}{x^2-1}(x^2-1) dx$

$$= \int_1^2 \ln x dx = 2\ln 2 - 1.$$

习题 9.3　极坐标系下二重积分的计算

1. 化下列二次积分为极坐标形式的二次积分.

(1) $\int_0^1 dx \int_0^1 f(x,y) dy$；

【解】 $\int_0^1 dx \int_0^1 f(x,y) dy$

$= \int_0^{\pi/4} d\theta \int_0^{\sec\theta} f(r\cos\theta, r\sin\theta) r dr + \int_{\pi/4}^{\pi/2} d\theta \int_0^{\csc\theta} f(r\cos\theta, r\sin\theta) r dr$；

(2) $\int_0^1 dx \int_0^{x^2} f(x,y) dy$；

【解】 $\int_0^1 dx \int_0^{x^2} f(x,y) dy = \int_0^{\pi/4} d\theta \int_{\sec\theta\tan\theta}^{\sec\theta} f(r\cos\theta, r\sin\theta) r dr$；

(3) $\int_0^R dx \int_0^{\sqrt{R^2-x^2}} f(x^2+y^2) dy$；

【解】 $\int_0^R dx \int_0^{\sqrt{R^2-x^2}} f(x^2+y^2) dy = \int_0^{\pi/2} d\theta \int_0^R f(r^2) r dr$；

(4) $\int_0^{2R} dx \int_0^{\sqrt{2Ry-y^2}} f(x,y) dy$.

【解】 $\int_0^{2R} dx \int_0^{\sqrt{2Ry-y^2}} f(x,y) dy = \int_0^{\pi/2} d\theta \int_0^{2R\sin\theta} f(r\cos\theta, r\sin\theta) r dr$.

2. 用极坐标计算下列二重积分.

(1) $\iint\limits_D y d\sigma$，D 是圆 $x^2+y^2=a^2$ 所围成的第一象限中的区域；

【解】 设 $x=r\cos\theta$, $y=r\sin\theta$, 则

$$\int_0^{\frac{\pi}{2}}\mathrm{d}\theta\int_0^a r^2\sin\theta\mathrm{d}r=\frac{1}{3}\int_0^{\frac{\pi}{2}}a^3\sin\theta\mathrm{d}\theta=\frac{a^3}{3};$$

(2) $\iint\limits_D\sqrt{x^2+y^2}\mathrm{d}\sigma$, D 是圆域 $x^2+y^2\leqslant a^2$;

【解】 设 $x=r\cos\theta$, $y=r\sin\theta$, $r=a$, 则

$$\iint\limits_D\sqrt{x^2+y^2}\mathrm{d}\sigma=\int_0^{2\pi}\mathrm{d}\theta\int_0^a r^2\mathrm{d}r=\frac{2\pi a^3}{3};$$

(3) $\iint\limits_D\sin\sqrt{x^2+y^2}\mathrm{d}\sigma$, D 是环形区域 $\pi^2\leqslant x^2+y^2\leqslant 4\pi^2$;

【解】 设 $x=r\cos\theta$, $y=r\sin\theta$, 则

$$\iint\limits_D\sin\sqrt{x^2+y^2}\mathrm{d}\sigma=\int_0^{2\pi}\mathrm{d}\theta\int_{\pi}^{2\pi}r\sin r\mathrm{d}r=-6\pi^2;$$

(4) $\iint\limits_D(4-x-y)\mathrm{d}\sigma$, D 是圆域 $x^2+y^2\leqslant 2y$;

【解】 设 $x=r\cos\theta$, $y=r\sin\theta$, 则

$$r^2\leqslant 2r\sin\theta\Rightarrow r\leqslant 2\sin\theta,$$

$$\begin{aligned}\iint\limits_D(4-x-y)\mathrm{d}\sigma&=\int_0^{\pi}\mathrm{d}\theta\int_0^{2\sin\theta}(4-r\cos\theta-r\sin\theta)r\mathrm{d}r\\&=\int_0^{\pi}\left[2r^2-\frac{1}{3}(\sin\theta+\cos\theta)r^3\right]\Bigg|_0^{2\sin\theta}\mathrm{d}\theta\\&=\int_0^{\pi}\left[8\sin^2\theta-\frac{8}{3}(\sin\theta+\cos\theta)\sin^3\theta\right]\mathrm{d}\theta\\&=8\int_0^{\pi}\sin^2\theta\mathrm{d}\theta-\frac{8}{3}\int_0^{\pi}\sin^3\theta(\sin\theta+\cos\theta)\mathrm{d}\theta=3\pi;\end{aligned}$$

(5) $\iint\limits_D\ln(1+x^2+y^2)\mathrm{d}x\mathrm{d}y$, D 是 $x^2+y^2\leqslant 1$, $x\geqslant 0$, $y\geqslant 0$ 围成的区域.

【解】 设 $x=r\cos\theta$, $y=r\sin\theta$, 则

$$\iint\limits_D\ln(1+x^2+y^2)\mathrm{d}x\mathrm{d}y=\int_0^{\frac{\pi}{2}}\mathrm{d}\theta\int_0^1 r\ln(1+r^2)\mathrm{d}r=\frac{1}{2}\int_0^{\frac{\pi}{2}}\mathrm{d}\theta\int_0^1\ln(1+r^2)\mathrm{d}(1+r^2),$$

其中, $\int r\ln(1+r^2)\mathrm{d}r=\frac{1}{2}\int\ln(1+r^2)\mathrm{d}(1+r^2)=\frac{1}{2}(1+r^2)\ln(1+r^2)-\int r\mathrm{d}r$

$$=\frac{1}{2}(1+r^2)\ln(1+r^2)-\frac{1}{2}r^2+C(C\text{ 为常数}),$$

$$\iint\limits_D\ln(1+x^2+y^2)\mathrm{d}x\mathrm{d}y=\int_0^{\frac{\pi}{2}}\left(\ln 2-\frac{1}{2}\right)\mathrm{d}\theta=\left(2\ln 2-\frac{1}{2}\right)\frac{\pi}{2}=\left(\ln 2-\frac{1}{4}\right)\pi.$$

(6) $\iint\limits_D \arctan\frac{y}{x}\mathrm{d}x\mathrm{d}y$, D 是 $1\leqslant x^2+y^2\leqslant 4$，$y\geqslant 0$，$y\leqslant x$ 围成的区域．

【解】 设　$x=r\cos\theta$，$y=r\sin\theta$，则

$$\iint\limits_D \arctan\frac{y}{x}\mathrm{d}x\mathrm{d}y=\int_0^{\frac{\pi}{4}}\mathrm{d}\theta\int_1^2 r\arctan(\tan\theta)\mathrm{d}r$$

$$=\int_0^{\frac{\pi}{4}}\arctan(\tan\theta)\cdot\frac{1}{2}r^2\Big|_1^2\mathrm{d}\theta$$

$$=\frac{3}{2}\int_1^{\frac{\pi}{4}}\arctan(\tan\theta)\mathrm{d}\theta$$

$$=\frac{3}{2}\left[\theta\arctan(\tan\theta)\Big|_0^{\frac{\pi}{4}}-\int_0^{\frac{\pi}{4}}\theta\frac{1}{1+\tan^2\theta}\frac{1}{\cos^2\theta}\mathrm{d}\theta\right]$$

$$=\frac{3}{2}\left(\frac{\pi^2}{16}-\frac{1}{2}\frac{\pi^2}{16}\right)=\frac{3}{2}\frac{\pi^2}{32}=\frac{3\pi^2}{64}.$$

习题 9.4　曲面的面积

1. 锥面 $z=\sqrt{x^2+y^2}$ 被柱面 $z^2=2x$ 所截下部分曲面的面积．

【解】 $\frac{\partial z}{\partial x}=\frac{x}{\sqrt{x^2+y^2}}$，$\frac{\partial z}{\partial y}=\frac{y}{\sqrt{x^2+y^2}}$，

$$\iint\limits_D\sqrt{1+(z_x')^2+(z_y')^2}\mathrm{d}\sigma=\iint\limits_D\sqrt{2}\mathrm{d}\sigma,$$

设　$x=r\cos\theta$，$y=r\sin\theta$，则

$$\iint\limits_D\sqrt{2}\mathrm{d}\sigma=\int_{-\frac{\pi}{2}}^{\frac{\pi}{2}}\mathrm{d}\theta\int_0^{2\cos\theta}\sqrt{2}r\mathrm{d}r$$

$$=\frac{\sqrt{2}}{2}\int_{-\frac{\pi}{2}}^{\frac{\pi}{2}}r^2\Big|_0^{2\cos\theta}\mathrm{d}\theta$$

$$=2\sqrt{2}\int_{-\frac{\pi}{2}}^{\frac{\pi}{2}}\frac{1+\cos 2\theta}{2}\mathrm{d}\theta$$

$$=\sqrt{2}\left(\theta+\frac{1}{2}\sin 2\theta\right)\Big|_{-\frac{\pi}{2}}^{\frac{\pi}{2}}=\sqrt{2}\pi.$$

2. 求底半径相同的两个直交圆柱面 $x^2+y^2=R^2$，$x^2+z^2=R^2$ 所围立体的表面积．

【解】 $z^2=R^2-x^2$，$z=\sqrt{R^2-x^2}$，

$$\frac{\partial z}{\partial x}=-\frac{x}{\sqrt{R^2-x^2}},$$

$$S=16\int_0^R dx\int_0^{\sqrt{R^2-x^2}}\sqrt{1+(z_x')^2}dy$$

$$=16\int_0^R dx\int_0^{\sqrt{R^2-x^2}}\sqrt{1+\frac{x^2}{R^2-x^2}}dy$$

$$=16\int_0^R dx\int_0^{\sqrt{R^2-x^2}}\frac{R}{\sqrt{R^2-x^2}}dy=16R^2.$$

3. 求平面$\frac{x}{a}+\frac{y}{b}+\frac{z}{c}=1$被三个坐标面所割出部分的面积($a>0$, $b>0$, $c>0$).

【解】 $\frac{\partial z}{\partial x}=-\frac{c}{a}$, $\frac{\partial z}{\partial y}=-\frac{c}{b}$,

$$S=\int_0^a dx\int_0^{b-\frac{b}{a}x}\sqrt{1+\frac{c^2}{a^2}+\frac{c^2}{b^2}}dy=\int_0^a\sqrt{1+\frac{c^2}{a^2}+\frac{c^2}{b^2}}\left(b-\frac{b}{a}x\right)dx$$

$$=\sqrt{1+\frac{c^2}{a^2}+\frac{c^2}{b^2}}\left(bx-\frac{b}{2a}x^2\right)\Big|_0^a=\frac{ab}{2}\sqrt{1+\frac{c^2}{a^2}+\frac{c^2}{b^2}}$$

$$=\frac{1}{2}\sqrt{a^2b^2+a^2c^2+b^2c^2}.$$

三、自测题 AB 卷与答案

自测题 A

1. 选择题:

(1) 二重积分$\iint\limits_D f(x,y)dxdy$的值与

(A) 函数f及变量x, y有关;　　(B) 区域D及变量x, y有关;

(C) 函数f及区域D有关;　　(D) 函数f无关, 区域D有关.

[　　]

(2) 二重积分$\iint\limits_D xydxdy$(其中, D: $0\leqslant y\leqslant x^2$, $0\leqslant x\leqslant 1$)的值为

(A) $\frac{1}{6}$;　　(B) $\frac{1}{12}$;　　(C) $\frac{1}{2}$;　　(D) $\frac{1}{4}$.　　[　　]

(3) 设函数$f(x, y)$在$x^2+y^2\leqslant 1$上连续, 使

$$\iint\limits_{x^2+y^2\leqslant 1}f(x,y)dxdy=4\int_0^1 dx\int_0^{\sqrt{1-x^2}}f(x,y)dy$$

成立的充分条件是

(A) $f(-x, y)=f(x, y)$, $f(x, -y)=-f(x, y)$;

（B）$f(-x, y)=f(x, y)$，$f(x, -y)=f(x, y)$；

（C）$f(-x, y)=-f(x, y)$，$f(x, -y)=-f(x, y)$；

（D）$f(-x, y)=-f(x, y)$，$f(x, -y)=f(x, y)$.　　[　　]

（4）设 D_1 是由 x 轴，y 轴及直线 $x+y=1$ 所围成的有界闭域，f 是区域 D：$|x|+|y|\leqslant 1$ 上的连续函数，则二重积分 $\iint\limits_D f(x^2,y^2)\mathrm{d}x\mathrm{d}y=$ 　　$\iint\limits_{D_1} f(x^2,y^2)\mathrm{d}x\mathrm{d}y$

（A）4；　　（B）2；　　（C）8；　　（D）$\frac{1}{2}$.　　[　　]

（5）设 $f(x, y)$ 是连续函数，交换二次积分

$$\int_1^{\mathrm{e}}\mathrm{d}x\int_0^{\ln x}f(x,y)\mathrm{d}y$$

积分次序的结果为

（A）$\int_1^{\mathrm{e}}\mathrm{d}y\int_0^{\ln x}f(x,y)\mathrm{d}x$；　　（B）$\int_{\mathrm{e}^y}^{\mathrm{e}}\mathrm{d}y\int_0^1 f(x,y)\mathrm{d}x$；

（C）$\int_0^{\ln x}\mathrm{d}y\int_1^{\mathrm{e}}f(x,y)\mathrm{d}x$；　　（D）$\int_0^1\mathrm{d}y\int_{\mathrm{e}^y}^{\mathrm{e}}f(x,y)\mathrm{d}x$.　　[　　]

2. 填空题：

（1）设积分区域 D 的面积为 S，则 $\iint\limits_D 2\mathrm{d}\sigma=$ 　　　　.

（2）若 D 是以(0，0)，(1，0)及(0，1)为顶点的三角形区域，由二重积分的几何意义知 $\iint\limits_D(1-x-y)\mathrm{d}x\mathrm{d}y=$ ____________.

（3）设 $D:x^2+y^2\leqslant a^2,y\geqslant 0$，$\iint\limits_D xy^8\mathrm{d}x\mathrm{d}y=$ ____________.

（4）根据二重积分的几何意义，$\iint\limits_D\sqrt{4-x^2-y^2}\mathrm{d}x\mathrm{d}y=$ ____________.

其中，D：$x^2+y^2\leqslant 4$，$x\geqslant 0$，$y\geqslant 0$.

3. 计算下列二重积分：

（1）计算二重积分 $\iint\limits_D \mathrm{e}^{x+y}\mathrm{d}x\mathrm{d}y$，其中，$D$：$-1\leqslant x\leqslant 1$，$-1\leqslant y\leqslant 1$.

（2）计算二重积分 $\iint\limits_D\frac{y}{x}\mathrm{d}x\mathrm{d}y$，其中，$D$ 是由直线 $y=2x$，$y=x$，$x=2$ 及 $x=4$ 所围成的区域.

（3）计算二重积分 $\iint\limits_D(x+6y)\mathrm{d}x\mathrm{d}y$，其中，$D$ 是由直线 $y=x$，$y=5x$ 及 $x=1$ 所围成的区域.

（4）计算二重积分 $\iint\limits_D(x-y^2)\mathrm{d}x\mathrm{d}y$，其中，$D$ 是由 $0\leqslant y\leqslant\sin x$，$0\leqslant x\leqslant\frac{\pi}{2}$ 确定的区域.

（5）计算二重积分 $\iint\limits_D (x^2+y^2)\mathrm{d}x\mathrm{d}y$，其中，$D$ 是由 $x^2+y^2\geqslant 2x$，$x^2+y^2\leqslant 4x$ 确定的区域．

（6）利用极坐标计算二重积分 $\iint\limits_D \sqrt{a^2-x^2-y^2}\mathrm{d}x\mathrm{d}y$，其中，$D$ 是由 $x^2+y^2\leqslant ax$　$(a>0)$ 确定的区域．

自测题 B

1. 选择题：

（1）若区域 D 为 $0\leqslant y\leqslant x^2$，$|x|\leqslant 2$，则 $\iint\limits_D xy^2\mathrm{d}x\mathrm{d}y=$

（A）0；　（B）$\dfrac{32}{3}$；　（C）$\dfrac{64}{3}$；　（D）256.　[　　]

（2）设 $f(x,y)$ 是连续函数，交换二次积分 $\int_0^1\mathrm{d}x\int_0^{1-x}f(x,y)\mathrm{d}y$ 的积分次序后的结果为

（A）$\int_0^{1-x}\mathrm{d}y\int_0^1 f(x,y)\mathrm{d}x$；　（B）$\int_0^1\mathrm{d}y\int_0^{1-x}f(x,y)\mathrm{d}x$；

（C）$\int_0^1\mathrm{d}y\int_0^1 f(x,y)\mathrm{d}x$；　（D）$\int_0^1\mathrm{d}y\int_0^{1-y}f(x,y)\mathrm{d}x$.　[　　]

（3）若区域 D 为 $x^2+y^2\leqslant 2x$，则二重积分 $\iint\limits_D (x+y)\sqrt{x^2+y^2}\mathrm{d}x\mathrm{d}y$ 化成累次积分为

（A）$\int_{-\frac{\pi}{2}}^{\frac{\pi}{2}}\mathrm{d}\theta\int_0^{2\cos\theta}(\cos\theta+\sin\theta)\sqrt{2r\cos\theta}\,r\mathrm{d}r$；　（B）$\int_0^{\pi}(\cos\theta+\sin\theta)\mathrm{d}\theta\int_0^{2\cos\theta}r^3\mathrm{d}r$；

（C）$2\int_0^{\frac{\pi}{2}}(\cos\theta+\sin\theta)\mathrm{d}\theta\int_0^{2\cos\theta}r^3\mathrm{d}r$；　（D）$\int_{-\frac{\pi}{2}}^{\frac{\pi}{2}}(\cos\theta+\sin\theta)\mathrm{d}\theta\int_0^{2\cos\theta}r^3\mathrm{d}r$.

[　　]

（4）设 $I_1=\iint\limits_D \ln(x+y)\mathrm{d}\sigma$，$I_2=\iint\limits_D (x+y)^2\mathrm{d}\sigma$，$I_3=\iint\limits_D (x+y)\mathrm{d}\sigma$，其中，$D$ 是由直线 $x=0$，$y=0$，$x+y=\dfrac{1}{2}$ 及 $x+y=1$ 所围成的区域，则 I_1，I_2，I_3 的大小顺序为

（A）$I_3<I_2<I_1$；　（B）$I_1<I_2<I_3$；

（C）$I_1<I_3<I_2$；　（D）$I_3<I_1<I_2$.　[　　]

（5）设有界闭域 D_1 与 D_2 关于 y 轴对称，且 $D_1\cap D_2=\varnothing$，$f(x,y)$ 是定义在 $D_1\cup D_2$ 上的连续函数，则二重积分 $\iint\limits_D f(x^2,y)\mathrm{d}x\mathrm{d}y=$

（A）$2\iint\limits_{D_1} f(x^2,y)\mathrm{d}x\mathrm{d}y$；　（B）$4\iint\limits_{D_2} f(x^2,y)\mathrm{d}x\mathrm{d}y$；

（C）$4\iint\limits_{D_1} f(x^2,y)\mathrm{d}x\mathrm{d}y$；　（D）$\dfrac{1}{2}\iint\limits_{D_2} f(x^2,y)\mathrm{d}x\mathrm{d}y$.　[　　]

2. 计算下列二重积分：

（1）计算二重积分 $\iint\limits_D xe^{xy}\mathrm{d}x\mathrm{d}y$，其中，$D$：$0\leqslant x\leqslant 1$，$-1\leqslant y\leqslant 0$.

（2）计算二重积分 $\iint\limits_D |y|\mathrm{d}x\mathrm{d}y$，其中，$D$：$|x|+|y|\leqslant 1$.

（3）计算二重积分 $\iint\limits_D xy\mathrm{d}x\mathrm{d}y$，其中，$D$ 是由 $y=x$，$xy=1$，$x=3$ 所围成的区域.

（4）计算二重积分 $\iint\limits_D \sqrt[3]{x^2+y^2}\mathrm{d}x\mathrm{d}y$，其中，$D$：$x^2+y^2\leqslant 1$.

（5）利用极坐标计算二重积分 $\iint\limits_D y\mathrm{d}x\mathrm{d}y$，其中，$D$：$x^2+y^2\leqslant a^2$，$x\geqslant 0$，$y\geqslant 0$.

（6）计算二重积分 $\iint\limits_D xy\mathrm{d}x\mathrm{d}y$，其中，$D$：$x^2+y^2\geqslant 1$，$x^2+y^2\leqslant 2x$，$y\geqslant 0$.

3. 计算下列二次积分：

（1）$\int_1^3\mathrm{d}x\int_{x-1}^2 \sin y^2\mathrm{d}y$.

（2）$\int_0^1 x^2\mathrm{d}x\int_x^1 e^{-y^2}\mathrm{d}y$.

（3）$\int_0^1\mathrm{d}y\int_y^1 e^{x^2}\mathrm{d}x$.

（4）$\int_0^1\mathrm{d}x\int_y^1 x\sin y^3\mathrm{d}y$.

自测题 A 答案

1.【解】（1）应选（C）

（2）应选（B）

$$\iint\limits_D xy\mathrm{d}x\mathrm{d}y=\int_0^1\int_0^{x^2}xy\mathrm{d}x\mathrm{d}y=\int_0^1\frac{1}{2}x^5\mathrm{d}x=\frac{1}{12}.$$

（3）应选（B）

因为
$$\iint\limits_{x^2+y^2\leqslant 1}f(x,y)\mathrm{d}x\mathrm{d}y=\int_0^1\mathrm{d}x\int_0^{\sqrt{1-x^2}}f(x,y)\mathrm{d}y+\int_0^1\mathrm{d}x\int_{-\sqrt{1-x^2}}^0 f(x,y)\mathrm{d}y+$$
$$\int_{-1}^0\mathrm{d}x\int_0^{\sqrt{1-x^2}}f(x,y)\mathrm{d}y+\int_{-1}^0\mathrm{d}x\int_{-\sqrt{1-x^2}}^0 f(x,y)\mathrm{d}y,$$

要使 $\iint\limits_{x^2+y^2\leqslant 1}f(x,y)\mathrm{d}x\mathrm{d}y=4\int_0^1\mathrm{d}x\int_0^{\sqrt{1-x^2}}f(x,y)\mathrm{d}y$，即使

$$\int_0^1 dx\int_0^{\sqrt{1-x^2}} f(x,y)\,dy = \int_0^1 dx\int_{-\sqrt{1-x^2}}^0 f(x,y)\,dy$$
$$= \int_{-1}^0 dx\int_0^{\sqrt{1-x^2}} f(x,y)\,dy$$
$$= \int_{-1}^0 dx\int_{-\sqrt{1-x^2}}^0 f(x,y)\,dy.$$

因此，$f(x,\ -y)=f(x,\ y)$.

（4）应选(A)

$$\iint_D f(x^2,y^2)\,dxdy = 4\int_0^1 dx\int_0^{1-x} f(x^2,y^2)\,dy = 4\iint_{D_1} f(x^2,y^2)\,dxdy.$$

（5）应选(D)

$$\int_1^e dx\int_0^{\ln x} f(x,y)\,dy = \int_0^1 dy\int_{e^y}^e f(x,y)\,dx.$$

2.【解】（1）应填 $2S$

因为 $\iint_D d\sigma = S$ 是积分区域 D 的面积，所以 $\iint 2d\sigma = 2S$.

（2）应填$\frac{1}{6}$

$$\iint_D (1-x-y)\,dxdy = \int_0^1 dx\int_0^{1-x}(1-x-y)\,dy = \frac{1}{6}.$$

（3）应填 0

$$\iint_D xy^8\,dxdy = \int_{-a}^a dx\int_0^{\sqrt{a^2-x^2}} xy^8\,dy = 0.$$

（4）应填$\frac{4}{3}\pi$

$$\iint_D \sqrt{4-x^2-y^2}\,dxdy = \int_0^{\frac{\pi}{2}} d\theta\int_0^2 \sqrt{4-r^2}\,r\,dr = \frac{4}{3}\pi.$$

3.【解】（1）$\iint_D e^{x+y}\,dxdy = \int_{-1}^1 e^x dx\int_{-1}^1 e^y dy = e^x\big|_{-1}^1\cdot e^y\big|_{-1}^1 = (e-e^{-1})^2.$

（2）$\iint_D \frac{y}{x}\,dxdy = \int_2^4 dx\int_x^{2x}\frac{y}{x}\,dy = \int_2^4 \frac{y^2}{2x}\Big|_x^{2x} dx = \int_2^4 \frac{3}{2}x\,dx = 9.$

（3）$\iint_D (x+6y)\,dxdy = \int_0^1 dx\int_x^{5x}(x+6y)\,dy = \int_0^1 (xy+3y^2)\big|_x^{5x} dx$

$$= \int_0^1 76x^2\,dx = \frac{76}{3}.$$

(4) $\iint\limits_D (x-y^2)\mathrm{d}x\mathrm{d}y = \int_0^{\frac{\pi}{2}}\mathrm{d}x\int_0^{\sin x}(x-y^2)\mathrm{d}y = \int_0^{\frac{\pi}{2}}\left(xy-\frac{1}{3}y^3\right)\Big|_0^{\sin x}\mathrm{d}x$

$$= \int_0^{\frac{\pi}{2}}\left(x\sin x-\frac{1}{3}\sin^3 x\right)\mathrm{d}x,$$

其中，$\int x\sin x\mathrm{d}x = -x\cos x+\sin x + C$ （C 为任意常数），

$$\int\frac{1}{3}\sin^3 x\mathrm{d}x = -\frac{1}{3}\cos x+\frac{1}{9}\cos^3 x + C \quad (C\text{ 为任意常数}),$$

所以 $\int_0^{\frac{\pi}{2}}\left(x\sin x-\frac{1}{3}\sin^3 x\right)\mathrm{d}x = \frac{7}{9}$.

(5) 设 $x=r\cos\theta$，$y=r\sin\theta$，则

$$\iint\limits_D (x^2+y^2)\mathrm{d}x\mathrm{d}y = \int_{-\frac{\pi}{2}}^{\frac{\pi}{2}}\mathrm{d}\theta\int_{2\cos t}^{4\cos t}r^3\mathrm{d}r = \int_{-\frac{\pi}{2}}^{\frac{\pi}{2}}\frac{1}{4}r^4\Big|_{2\cos t}^{4\cos t}\mathrm{d}\theta$$

$$=60\int_{-\frac{\pi}{2}}^{\frac{\pi}{2}}\cos^4\theta\mathrm{d}\theta = 15\int_{-\frac{\pi}{2}}^{\frac{\pi}{2}}\left(1+2\cos 2\theta+\frac{1+\cos 4\theta}{2}\right)\mathrm{d}\theta$$

$$=15\left(\frac{3}{2}\theta+\sin 2\theta+\frac{1}{8}\sin 4\theta\right)\Big|_{-\frac{\pi}{2}}^{\frac{\pi}{2}} = \frac{45\pi}{2}$$

(6) 设 $x=r\cos\theta$，$y=r\sin\theta$，则

$$\iint\limits_D \sqrt{a^2-x^2-y^2}\mathrm{d}x\mathrm{d}y = \int_{-\frac{\pi}{2}}^{\frac{\pi}{2}}\mathrm{d}\theta\int_0^{a\cos\theta}\sqrt{a^2-r^2}r\mathrm{d}r$$

$$=\int_{-\frac{\pi}{2}}^{\frac{\pi}{2}}\mathrm{d}\theta\int_0^{a\cos\theta}\left(-\frac{1}{2}\right)\sqrt{a^2-r^2}d(a^2-r^2)$$

$$=-\frac{1}{3}\int_{-\frac{\pi}{2}}^{\frac{\pi}{2}}a^3(|\sin^3\theta|-1)\mathrm{d}\theta$$

$$=\frac{2a^3}{3}\left(\frac{\pi}{2}-\frac{2}{3}\right).$$

自测题 B 答案

1.【解】 (1) 应选(A)

$$\iint\limits_D xy^2\mathrm{d}x\mathrm{d}y = \int_{-2}^{2}\mathrm{d}x\int_0^{x^2}xy^2\mathrm{d}y = 0.$$

(2) 应选(D)

$$\int_0^1\mathrm{d}x\int_0^{1-x}f(x,y)\mathrm{d}y = \int_0^1\mathrm{d}y\int_0^{1-y}f(x,y)\mathrm{d}x.$$

(3) 应选 (D)

设 $x=r\cos\theta$，$y=r\sin\theta$，则 $\iint\limits_D (x+y)\sqrt{x^2+y^2}\mathrm{d}x\mathrm{d}y=\int_{-\frac{\pi}{2}}^{\frac{\pi}{2}}\mathrm{d}\theta\int_0^{2\cos\theta}r(\cos\theta+\sin\theta)r^2\mathrm{d}r.$

(4) 应选(B)

$$I_1=\iint\limits_D \ln(x+y)\mathrm{d}\sigma=\int_0^{\frac{1}{2}}\mathrm{d}x\int_{\frac{1}{2}-x}^{1-x}\ln(x+y)\mathrm{d}y+\int_{\frac{1}{2}}^{1}\mathrm{d}x\int_0^{1-x}\ln(x+y)\mathrm{d}y,$$

$$I_2=\iint\limits_D (x+y)^2\mathrm{d}\sigma=\int_0^{\frac{1}{2}}\mathrm{d}x\int_{\frac{1}{2}-x}^{1-x}(x+y)^2\mathrm{d}y+\int_{\frac{1}{2}}^{1}\mathrm{d}x\int_0^{1-x}(x+y)^2\mathrm{d}y,$$

$$I_3=\iint\limits_D (x+y)\mathrm{d}\sigma=\int_0^{\frac{1}{2}}\mathrm{d}x\int_{\frac{1}{2}-x}^{1-x}(x+y)\mathrm{d}y+\int_{\frac{1}{2}}^{1}\mathrm{d}x\int_0^{1-x}(x+y)\mathrm{d}y,$$

计算得 $I_1<I_2<I_3$.

(5) 应选(A)

因为有界闭域 D_1 与 D_2 关于 y 轴对称，且 $D_1\cap D_2=\varnothing$，$f(x,y)$ 是定义在 $D_1\cup D_2$ 上的连续函数

所以 $\iint\limits_D f(x^2,y)\mathrm{d}x\mathrm{d}y=2\iint\limits_{D_1} f(x^2,y)\mathrm{d}x\mathrm{d}y.$

2.【解】 (1) $\iint\limits_D xe^{xy}\mathrm{d}x\mathrm{d}y=\int_0^1\mathrm{d}x\int_{-1}^0 xe^{xy}\mathrm{d}y=\int_0^1 e^{xy}\Big|_{-1}^0\mathrm{d}x=\int_0^1(1-e^{-x})\mathrm{d}x=e^{-1}.$

(2) $\iint\limits_D |y|\mathrm{d}x\mathrm{d}y=4\int_0^1\mathrm{d}x\int_0^{1-x}y\mathrm{d}y=4\int_0^1\frac{1}{2}y^2\Big|_0^{1-x}\mathrm{d}x=2\int_0^1(1-x)^2\mathrm{d}x=\frac{2}{3}.$

(3) $\iint\limits_D xy\mathrm{d}x\mathrm{d}y=\int_1^3\mathrm{d}x\int_{\frac{1}{x}}^{x}xy\mathrm{d}y=\int_1^3\frac{xy^2}{2}\Big|_{\frac{1}{x}}^{x}\mathrm{d}x=\frac{1}{2}\int_1^3\left(x^3-\frac{1}{x}\right)\mathrm{d}x$

$$=\frac{1}{2}\left(\frac{1}{4}x^4-\ln x\right)\Big|_1^3=10-\frac{\ln 3}{2}.$$

(4) 设 $x=r\cos\theta$，$y=r\sin\theta$，则

$$\iint\limits_D \sqrt[3]{x^2+y^2}\mathrm{d}x\mathrm{d}y=\int_0^{2\pi}\mathrm{d}\theta\int_0^1 r^{\frac{2}{3}}r\mathrm{d}r=\int_0^{2\pi}\frac{3}{8}r^{\frac{8}{3}}\Big|_0^1\mathrm{d}\theta=\frac{3\pi}{4}.$$

(5) 设 $x=r\cos\theta$，$y=r\sin\theta$，则

$$\iint\limits_D y\mathrm{d}x\mathrm{d}y=\int_0^{\frac{\pi}{2}}\mathrm{d}\theta\int_0^a r^2\sin\theta\mathrm{d}r=\int_0^{\frac{\pi}{2}}\frac{\sin\theta}{3}r^3\Big|_0^a\mathrm{d}\theta=\int_0^{\frac{\pi}{2}}\frac{\sin\theta}{3}a^3\mathrm{d}\theta=\frac{a^3}{3}.$$

(6) 设 $x=r\cos\theta$，$y=r\sin\theta$，则

$$\iint\limits_D xy\mathrm{d}x\mathrm{d}y=\int_0^{\frac{\pi}{3}}\mathrm{d}\theta\int_1^{2\cos t}r^3\sin\theta\cos\theta\mathrm{d}r=\int_0^{\frac{\pi}{3}}\frac{1}{8}\sin 2\theta\cdot r^4\Big|_1^{2\cos t}\mathrm{d}\theta$$

$$=\frac{1}{8}\int_0^{\frac{\pi}{3}}(32\cos^5\theta\sin\theta-\sin 2\theta)\mathrm{d}\theta$$

$$=\frac{1}{8}\left(-\frac{32}{6}\cos^6\theta+\frac{1}{2}\cos 2\theta\right)\Big|_0^{\frac{\pi}{3}}=\frac{9}{16}.$$

3.【解】 (1) $\int_1^3\mathrm{d}x\int_{x-1}^2\sin y^2\mathrm{d}y=\int_0^2\mathrm{d}y\int_1^{y+1}\sin y^2\mathrm{d}x=\int_0^2\sin y^2\cdot x\Big|_1^{y+1}\mathrm{d}y$

$$=\int_0^2 y\sin y^2\mathrm{d}y=\frac{1-\cos 4}{2}.$$

(2) $\int_0^1 x^2\mathrm{d}x\int_x^1\mathrm{e}^{-y^2}\mathrm{d}y=\int_0^1\mathrm{d}y\int_0^y x^2\mathrm{e}^{-y^2}\mathrm{d}x=\int_0^1\mathrm{e}^{-y^2}\frac{1}{3}x^3\Big|_0^y\mathrm{d}y$

$$=\frac{1}{3}\int_0^1 y^3\mathrm{e}^{-y^2}\mathrm{d}y=\frac{1-2\mathrm{e}^{-1}}{6}.$$

(3) $\int_0^1\mathrm{d}y\int_y^1\mathrm{e}^{x^2}\mathrm{d}x=\int_0^1\mathrm{d}x\int_0^x\mathrm{e}^{x^2}\mathrm{d}y=\int_0^1 y\mathrm{e}^{x^2}\Big|_0^x\mathrm{d}x=\int_0^1 x\mathrm{e}^{x^2}\mathrm{d}x$

$$=\frac{1}{2}\int_0^1\mathrm{e}^{x^2}\mathrm{d}x^2=\frac{\mathrm{e}-1}{2}.$$

(4) $\int_0^1\mathrm{d}x\int_y^1 x\sin y^3\mathrm{d}y=\int_0^1\mathrm{d}y\int_0^y x\sin y^3\mathrm{d}x=\int_0^1\frac{1}{2}x^2\sin y^3\Big|_0^y\mathrm{d}x$

$$=\frac{1}{2}\int_0^1 y^2\sin y^3\mathrm{d}y=\frac{1}{6}(1-\cos 1).$$

四、本章典型例题分析

本章的重点是掌握将二重积分转化为定积分的有关公式.

(一) 二重积分的概念和性质

例 1　比较下列积分值的大小:

(Ⅰ) $I_1=\iint\limits_D\ln^3(x+y)\mathrm{d}x\mathrm{d}y, I_2=\iint\limits_D(x+y)^3\mathrm{d}x\mathrm{d}y, I_3=\iint\limits_D[\sin(x+y)]^3\mathrm{d}x\mathrm{d}y$,

其中, D 是由 $x=0$, $y=0$, $x+y=\frac{1}{2}$, $x+y=1$ 围成, 则 I_1, I_2, I_3 之间的大小顺序为

(A) $I_1<I_2<I_3$; (B) $I_3<I_2<I_1$; (C) $I_1<I_3<I_2$; (D) $I_3<I_1<I_2$.　[　　]

(Ⅱ) $J_i=\iint\limits_{D_i}\mathrm{e}^{-(x^2+y^2)}\mathrm{d}x\mathrm{d}y, i=1,2,3$, 其中,

$$D_1=\{(x,y)\mid x^2+y^2\leqslant R^2\},\ D_2=\{(x,y)\mid x^2+y^2\leqslant 2R^2\},$$

$$D_3=\{(x,y)\mid |x|\leqslant R,|y|\leqslant R\}.$$

则 J_1，J_2，J_3 之间的大小顺序为

(A) $J_1<J_2<J_3$；(B) $J_2<J_3<J_1$；(C) $J_1<J_3<J_2$；(D) $J_3<J_2<J_1$.　　[　　]

【分析】 题(Ⅰ)中，积分区域相同，被积函数连续，可通过比较被积函数来判断；题(Ⅱ)中被数相同，连续且是正的，可通过比较积分区域来判断积分值的大小.

【详解】 (Ⅰ)在区域 D 上，$\frac{1}{2}\leqslant x+y\leqslant 1$. 此时 $\ln(x+y)\leqslant\sin(x+y)\leqslant x+y$，故 $(x,y)\in D$ 时，

$$\ln^3(x+y)\leqslant\sin^3(x+y)\leqslant(x+y)^3\quad(\text{且不恒等}).$$

由二重积分性质有

$$\iint_D\ln^3(x+y)\mathrm{d}\sigma<\iint_D\sin^3(x+y)\mathrm{d}\sigma<\iint_D(x+y)^3\mathrm{d}\sigma.$$

因此选(C).

(Ⅱ) D_1，D_2 是以原点为圆心，半径分别为 R，$\sqrt{2}R$ 的圆，D_3 是边长为 R 的正方形，显然有 $D_1\subset D_3\subset D_2$. 因此选(C).

(二) 在直角坐标系与极坐标系中计算二重积分

例 2 计算二重积分 $\iint_D xy\mathrm{d}\sigma$，其中，$D$ 是由直线 $y=1$，$x=2$ 及 $y=x$ 所围成的闭区域.

【详解】 区域 D 如图 9-6 所示，可以将它看成一个 X 型区域，

即
$$D=\{(x,y)\mid 1\leqslant x\leqslant 2,1\leqslant y\leqslant x\}.$$

有
$$\iint_D xy\mathrm{d}\sigma=\int_1^2\mathrm{d}x\int_1^x xy\mathrm{d}y=\int_1^2 x\cdot\frac{1}{2}y^2\Big|_{y=1}^{y=x}\mathrm{d}x=\int_1^2\left(\frac{1}{2}x^3-\frac{1}{2}x\right)\mathrm{d}x=\frac{9}{8},$$

也可以将 D 看成是 Y 型区域，$D=\{(x,y)\mid 1\leqslant y\leqslant 2,\ y\leqslant x\leqslant 2\}$，于是

$$\iint_D xy\mathrm{d}\sigma=\int_1^2\mathrm{d}y\int_y^2 xy\mathrm{d}x=\int_1^2 y\frac{1}{2}x^2\Big|_{x=y}^{2}\mathrm{d}y=\int_1^2\left(2y-\frac{1}{2}y^3\right)\mathrm{d}y=\frac{9}{8}.$$

例 3 计算二重积分 $\iint_D xy\mathrm{d}\sigma$，其中，$D$ 是由抛物线 $y^2=x$ 及直线 $y=x-2$ 所围成的有界闭区域.

【详解】 如图 9-7 所示，区域 D 可以看成是 Y 型区域，它表示为 $D=\{(x,y)\mid -1\leqslant y\leqslant 2,\ y^2\leqslant x\leqslant y+2\}$，所以

$$\iint_D xy\mathrm{d}\sigma=\int_{-1}^2\mathrm{d}y\int_{y^2}^{y+2}xy\mathrm{d}x=\int_{-1}^2 y\cdot\frac{1}{2}x^2\Big|_{y^2}^{y+2}\mathrm{d}y=\frac{45}{8}.$$

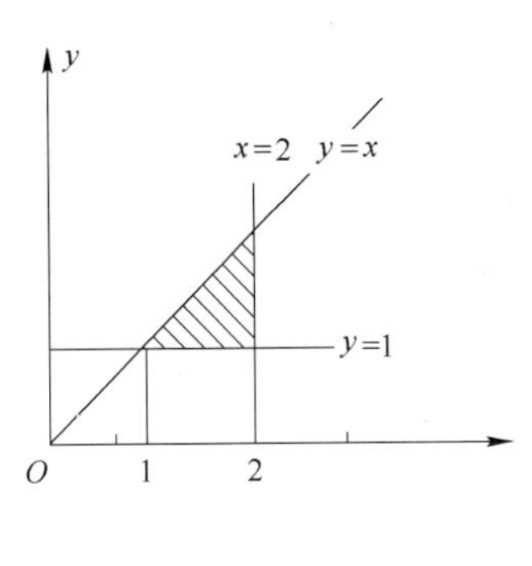

图　9-6

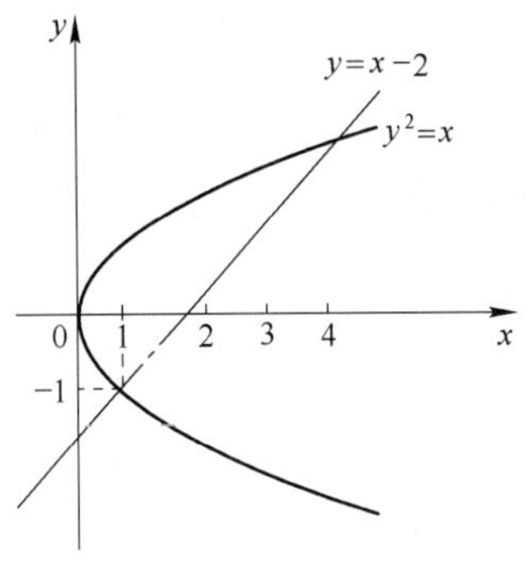

图　9-7

我们也可以将 D 看成是两个 X 型区域 D_1，D_2 的并集．其中

$$D_1 = \{(x,y) \mid 0 \leqslant x \leqslant 1, -\sqrt{x} \leqslant y \leqslant \sqrt{x}\},$$

$$D_2 = \{(x,y) \mid 1 \leqslant x \leqslant 4, x-2 \leqslant y \leqslant \sqrt{x}\},$$

所以积分可以写为两个二次积分的和，即

$$\iint_D xy\mathrm{d}\sigma = \int_0^1 \mathrm{d}x \int_{-\sqrt{x}}^{\sqrt{x}} xy\mathrm{d}y + \int_1^4 \mathrm{d}x \int_{x-2}^{\sqrt{x}} xy\mathrm{d}y.$$

最后可以算出同样的结果，当然这样计算可能要麻烦一点．

例 4　设 $f(x,y)$ 连续，且 $f(x,y) = xy + \iint_D f(u,v)\mathrm{d}u\mathrm{d}v$，其中，$D$ 是由 $y=0$，$y=x^2$，$x=1$ 所围区域，则 $f(x,y)$ 等于

(A) xy；　(B) $2xy$；　(C) $xy+\dfrac{1}{8}$；　(D) $xy+1$.　[　　]

【详解】　因 $f(x,y)$ 连续，从而二重积分 $\iint_D f(u,v)\mathrm{d}u\mathrm{d}v$ 存在，令 $A = \iint_D f(u,v)\mathrm{d}u\mathrm{d}v = \iint_D f(x,y)\mathrm{d}x\mathrm{d}y$，于是 $f(x,y) = xy + A$，进而得

$$A = \iint_D (xy+A)\mathrm{d}x\mathrm{d}y = \int_0^1 \mathrm{d}x \int_0^{x^2} (xy+A)\mathrm{d}y = \int_0^1 \left(\frac{xy^2}{2} + Ay\right)\Big|_0^{x^2} \mathrm{d}x$$

$$= \int_0^1 \left(\frac{x^5}{2} + Ax^2\right)\mathrm{d}x = \frac{1}{12} + \frac{A}{3}.$$

于是 $A = \dfrac{1}{8}$，故应选(C).

例 5　设 $a>0$，$f(x) = g(x) = \begin{cases} a, & 若\ 0 \leqslant x \leqslant 1, \\ 0, & 其他, \end{cases}$ 而 D 表示全平面，求

$$I = \iint_D f(x)g(y-x)\mathrm{d}x\mathrm{d}y.$$

【详解】 $g(y-x)=\begin{cases}a, & 若\ 0\leqslant y-x\leqslant 1,\\ 0, & 其他,\end{cases}$

所以 $f(x)g(y-x)=\begin{cases}a, & 若\ 0\leqslant x\leqslant 1,且\ 0\leqslant y-x\leqslant 1,\\ 0, & 其他,\end{cases}$

于是，令 $D_1=\{(x,y)\mid 0\leqslant x\leqslant 1,0\leqslant y-x\leqslant 1\}=\{(x,y)\mid 0\leqslant x\leqslant 1,x\leqslant y\leqslant x+1\}$，

故 $I=\iint\limits_D f(x)g(y-x)\mathrm{d}x\mathrm{d}y=\iint\limits_{D_1}a^2\mathrm{d}x\mathrm{d}y=a^2\int_0^1\mathrm{d}x\int_x^{x+1}\mathrm{d}y=a^2.$

例 6 计算二重积分 $\iint\limits_D\sqrt{y^2-xy}\,\mathrm{d}x\mathrm{d}y$，其中，$D$ 是由直线 $y=x$，$y=1$，$x=0$ 所围成的平面区域．

【详解】 画出积分区域 D 如图 9-8，D 的不等式是

$$D=\{(x,y)\mid 0\leqslant y\leqslant 1,0\leqslant x\leqslant y\},$$

故

$$\iint\limits_D\sqrt{y^2-xy}\,\mathrm{d}x\mathrm{d}y=\int_0^1\mathrm{d}y\int_0^y\sqrt{y^2-xy}\,\mathrm{d}x=\int_0^1\sqrt{y}\,\mathrm{d}y\int_0^y\sqrt{y-x}\,\mathrm{d}x,$$

令 $t=\sqrt{y-x}$，用第二类积分换元法计算内层积分，得 $x=y-t^2$，

$x:0\to y\Leftrightarrow t:\sqrt{y}\to 0$，且 $\mathrm{d}x=-2t\mathrm{d}t$，于是

$$\int_0^y\sqrt{y-x}\,\mathrm{d}x=-2\int_{\sqrt{y}}^0 t^2\mathrm{d}t=2\int_0^{\sqrt{y}}t^2\mathrm{d}t=\frac{2}{3}y\sqrt{y}.$$

代入即得 $\iint\limits_D\sqrt{y^2-xy}\,\mathrm{d}x\mathrm{d}y=\frac{2}{3}\int_0^1 y^2\mathrm{d}y=\frac{2}{9}.$

例 7 画出积分区域，把二重积分 $\iint\limits_D f(x,y)\mathrm{d}x\mathrm{d}y$ 表示为极坐标形式的二次积分，其中区域 D 是：(1) $x^2+y^2\leqslant 2x$；(2) $0\leqslant y\leqslant 1-x$，$0\leqslant x\leqslant 1$.

【详解】 (1) 积分区域 D 如图 9-9 所示．

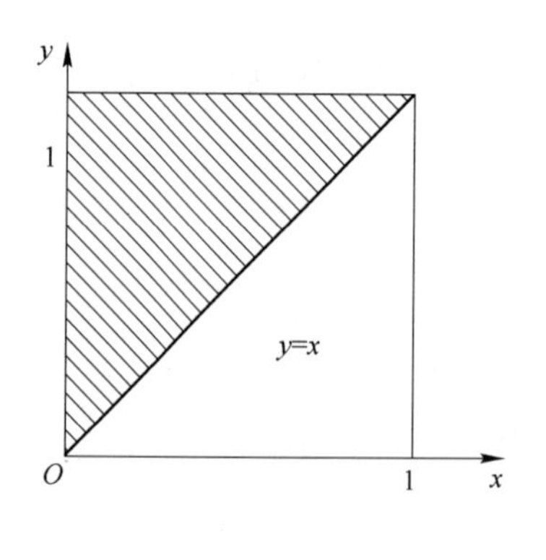

图 9-8

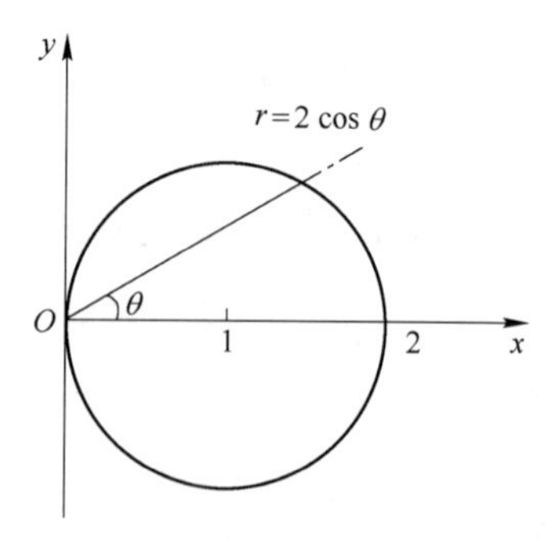

图 9-9

则 D 可表示为 $0\leqslant r\leqslant 2\cos\theta$，$-\dfrac{\pi}{2}\leqslant\theta\leqslant\dfrac{\pi}{2}$. 故

$$\iint\limits_{D} f(x,y)\,\mathrm{d}x\mathrm{d}y=\int_{-\frac{\pi}{2}}^{\frac{\pi}{2}}\mathrm{d}\theta\int_{0}^{2\cos\theta}f(r\cos\theta,r\sin\theta)r\mathrm{d}r.$$

（2）区域 D 如图 9-10 所示.

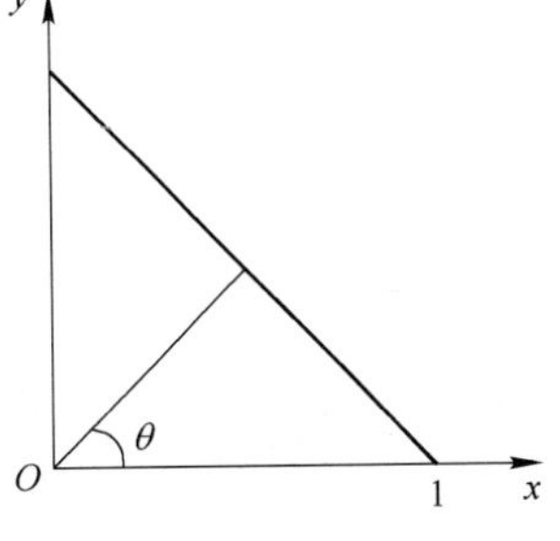

图　9-10

D 可以表示为 $0\leqslant r\leqslant\dfrac{1}{\cos\theta+\sin\theta}$，$0\leqslant\theta\leqslant\dfrac{\pi}{2}$，故：

$$\iint\limits_{D} f(x,y)\,\mathrm{d}x\mathrm{d}y=\int_{0}^{\frac{\pi}{2}}\mathrm{d}\theta\int_{0}^{\frac{1}{\cos\theta+\sin\theta}}f(r\cos\theta,r\sin\theta)r\mathrm{d}r.$$

例 8　计算下列二重积分：

（1）$I=\iint\limits_{D}xy\mathrm{d}x\mathrm{d}y$，其中，$D$ 为 $x^2+y^2\leqslant 2ax$，$x^2+y^2\geqslant a^2$，$y\geqslant 0$，

（2）$\iint\limits_{D}(x^2+y^2)\mathrm{d}x\mathrm{d}y$，其中，$D$ 为 $\sqrt{2x-x^2}\leqslant y\leqslant\sqrt{4-x^2}$.

【详解】　（1）积分区域 D 的草图如图 9-11 所示.

此题选用极坐标比较方便(积分区域为部分圆域)

则 D 可表示为 $a\leqslant r\leqslant 2a\cos\theta$，$0\leqslant\theta\leqslant\dfrac{\pi}{3}$，故

$$I=\int_{0}^{\frac{\pi}{3}}\mathrm{d}\theta\int_{a}^{2a\cos\theta}r\cos\theta\cdot r\sin\theta\cdot r\mathrm{d}r=\int_{0}^{\frac{\pi}{3}}\cos\theta\sin\theta\mathrm{d}\theta\int_{a}^{2a\cos\theta}r^3\mathrm{d}r$$

$$=\frac{a^4}{4}\int_{0}^{\frac{\pi}{3}}\cos\theta\sin\theta(16\cos^4\theta-1)\mathrm{d}\theta=-4a^4\int_{0}^{\frac{\pi}{3}}\cos^5\theta\mathrm{d}(\cos\theta)$$

$$=\frac{9}{16}a^4.$$

（2）积分区域草图如图 9-12 所示：

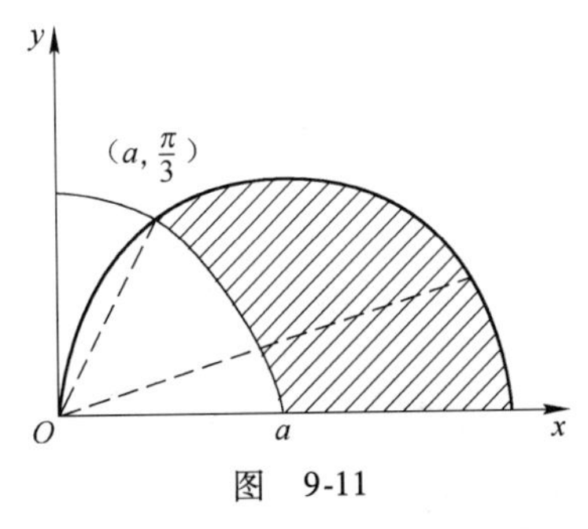

图　9-11

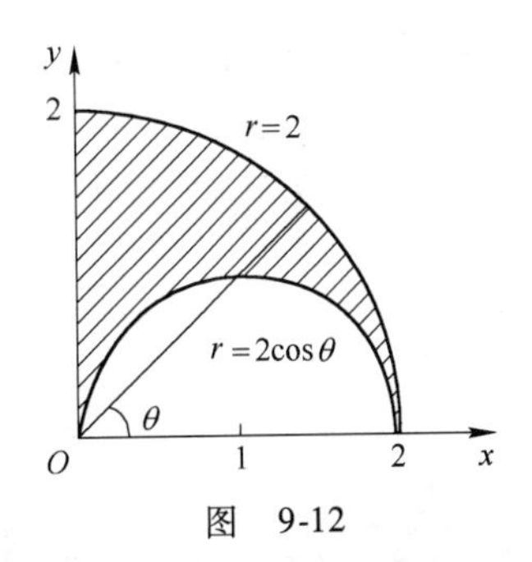

图　9-12

根据积分区域 D 边界曲线及被积函数是 x^2+y^2 的特点，选取极坐标比较方便.

区域 D 可表示为 $2\cos\theta\leqslant r\leqslant 2$，$0\leqslant\theta\leqslant\dfrac{\pi}{2}$. 故

$$I=\int_0^{\frac{\pi}{2}}\int_{2\cos\theta}^{2}r^2\cdot r\mathrm{d}r=\int_0^{\frac{\pi}{2}}\frac{1}{4}(2^4-2^4\cos^4\theta)\mathrm{d}\theta$$

$$=4\int_0^{\frac{\pi}{2}}(1-\cos^4\theta)\mathrm{d}\theta=4\left(\frac{\pi}{2}-\frac{3}{4}\cdot\frac{1}{2}\cdot\frac{\pi}{2}\right)=\frac{5}{4}\pi.$$

例 9　计算下列二重积分

（1）$\iint\limits_D\ln(x^2+y^2)\mathrm{d}x\mathrm{d}y$，其中，$D$ 为闭区域：$\mathrm{e}^2\leqslant x^2+y^2\leqslant\mathrm{e}^4$，$y\geqslant0$；

（2）$\iint\limits_D\sqrt{\dfrac{1-(x^2-y^2)}{1+x^2+y^2}}\mathrm{d}x\mathrm{d}y$，其中，$D$ 为闭区域：$x^2+y^2\leqslant1$，$x\geqslant0$.

【详解】（1）D 的极坐标可表示为 $\mathrm{e}\leqslant r\leqslant\mathrm{e}^2$，$0\leqslant\theta\leqslant\pi$，故

$$\iint\limits_D\ln(x^2+y^2)\mathrm{d}x\mathrm{d}y=\int_0^{\pi}\mathrm{d}\theta\int_{\mathrm{e}}^{\mathrm{e}^2}\ln r^2\cdot r\mathrm{d}r=\pi\cdot\frac{1}{2}\int_{\mathrm{e}}^{\mathrm{e}^2}\ln r^2\mathrm{d}r^2$$

$$=\frac{\pi}{2}[r^2\ln r^2-r^2]_{\mathrm{e}}^{\mathrm{e}^2}=\frac{\pi}{2}\mathrm{e}^2(3\mathrm{e}^2-1).$$

（2）被积函数 $f(x^2+y^2)=\sqrt{\dfrac{1-(x^2-y^2)}{1+x^2+y^2}}$ 关于 y 是偶函数，积分区域 D 关于 x 轴对称，故原积分 D 是第一象限部分 D_1 上的积分的 2 倍，其中，D_1 的极坐标表示为 $0\leqslant r\leqslant1$，$0\leqslant\theta\leqslant\dfrac{\pi}{2}$，故

$$\iint\limits_D\sqrt{\frac{1-(x^2-y^2)}{1+x^2+y^2}}\mathrm{d}x\mathrm{d}y=2\iint\limits_{D_1}\sqrt{\frac{1-(x^2-y^2)}{1+x^2+y^2}}\mathrm{d}x\mathrm{d}y=2\int_0^{\frac{\pi}{2}}\mathrm{d}\theta\int_0^1\sqrt{\frac{1-r^2}{1+r^2}}r\mathrm{d}r$$

$$=\frac{\pi}{2}\left[\int_0^1\frac{(1-r^2)\mathrm{d}r^2}{\sqrt{1-r^4}}\right]=\frac{\pi}{2}\left[\arcsin r^2+\sqrt{1-r^4}\right]_0^1$$

$$=\frac{\pi}{4}(\pi-2).$$

（三）交换累次积分的次序

例 10　计算二次积分 $\int_0^1\mathrm{d}y\int_y^1\frac{\sin x}{x}\mathrm{d}x$.

【分析】　直接按照这个顺序是计算不出来的，尽管 $\frac{\sin x}{x}$ 的原函数是存在的，但是还是无法求出其表达式．我们可以考虑将这个积分先化为二重积分，再换成另外一种二次积分来计算．

【详解】　$\int_0^1\mathrm{d}y\int_y^1\frac{\sin x}{x}\mathrm{d}x=\iint\limits_D\frac{\sin x}{x}\mathrm{d}\sigma$，其中，$D$ 是如图9-13所示的区域，将它看成是 X 型区域，有 $D=\{(x,\ y)\mid0\leqslant x\leqslant1,\ 0\leqslant y\leqslant x\}$，所以

$$\iint_D \frac{\sin x}{x}\mathrm{d}\sigma = \int_0^1 \mathrm{d}x\int_0^x \frac{\sin x}{x}\mathrm{d}y = \int_0^1 \frac{\sin x}{x}[y]_0^x \mathrm{d}x$$

$$= \int_0^1 \sin x\mathrm{d}x = -[\cos x]_0^1 = 1-\cos 1.$$

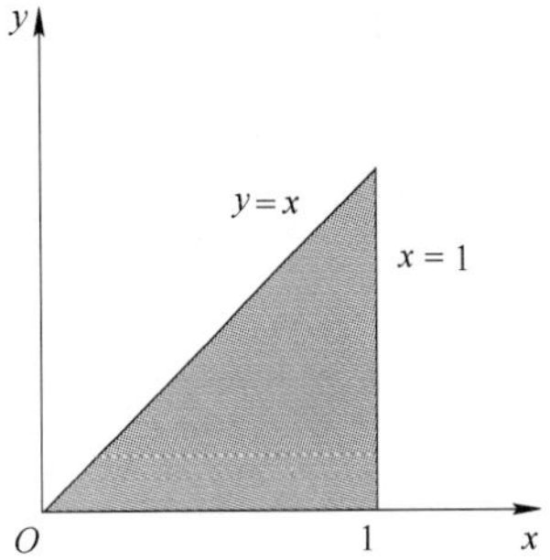

上面例子中所用的方法常称为交换积分次序．可以看出，有时候计算时需要交换二次积分的积分次序，使得计算简单，有时候如不交换次序，是难以计算出结果的．

图　9-13

例 11　更换 $\int_0^{\frac{1}{2}}\mathrm{d}x\int_x^{1-x}f(x,y)\mathrm{d}y$ 的积分次序．

【**详解**】　把先对 y 积分更换为先对 x 积分，由原累次积分的上、下限可得

$$D:\begin{cases} x=\varphi_1(x)\leqslant y\leqslant \varphi_2(x)=1-x, \\ 0=a\leqslant x\leqslant b=\dfrac{1}{2}, \end{cases}\quad 即\begin{cases} x\leqslant y\leqslant 1-x, \\ 0\leqslant x\leqslant \dfrac{1}{2}. \end{cases}$$

画出域 D 的图形，如图 9-14 所示．

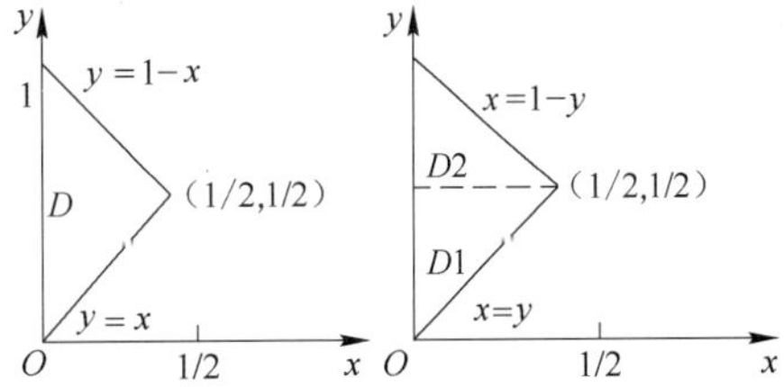

$$D_1:\begin{cases} 0\leqslant x\leqslant y, \\ 0\leqslant y\leqslant \dfrac{1}{2}, \end{cases}\quad D_2:\begin{cases} 0\leqslant x\leqslant 1-y, \\ \dfrac{1}{2}\leqslant y\leqslant 1, \end{cases}$$

则　$$I=\int_0^{\frac{1}{2}}\mathrm{d}x\int_x^{1-x}f(x,y)\mathrm{d}y$$

$$=\int_0^{\frac{1}{2}}\mathrm{d}y\int_0^y f(x,y)\mathrm{d}x+\int_{\frac{1}{2}}^1\mathrm{d}y\int_0^{1-y}f(x,y)\mathrm{d}x.$$

图　9-14

例 12　设 $f(x)$ 在 $[a,b]$ 上连续，证明 $\int_a^b\mathrm{d}x\int_a^x f(y)\mathrm{d}y=\int_a^b(b-x)f(x)\mathrm{d}x$.

【**证**】　改变积分顺序得：

$$\int_a^b\mathrm{d}x\int_a^x f(y)\mathrm{d}y=\int_a^b\mathrm{d}y\int_y^b f(y)\mathrm{d}x=\int_a^b(b-y)f(y)\mathrm{d}y=\int_a^b(b-x)f(x)\mathrm{d}x.$$

【**注**】　更换积分次序的一般步骤：

(1) 由原累次积分的上、下限列出表示积分域 D 的联立不等式；

(2) 根据上述联立双边不等式画出区域 D 的图形；

(3) 按新的累次积分次序，列出与之相应的区域 D 的联立不等式；

(4) 按不等式组写出新的累次积分的表达式．

例 13　交换二次积分

$$I=\int_0^1\mathrm{d}x\int_0^{\sqrt{2x-x^2}}f(x,y)\mathrm{d}y+\int_1^2\mathrm{d}x\int_0^{2-x}f(x,y)\mathrm{d}y$$

的积分次序．

【**详解**】　题设二次积分的积分区域不等式为

$$\begin{cases}0\leqslant x\leqslant 1,\\0\leqslant y\leqslant \sqrt{2x-x^2},\end{cases}\quad\begin{cases}1\leqslant x\leqslant 2,\\0\leqslant y\leqslant 2-x,\end{cases}$$

画出积分区域 D 如图 9-15 所示．重新确定积分区域 D 的积分限

$$0\leqslant y\leqslant 1, 1-\sqrt{1-y^2}\leqslant x\leqslant 2-y$$

所以 $$I=\int_0^1 \mathrm{d}y\int_{1-\sqrt{1-y^2}}^{2-y} f(x,y)\,\mathrm{d}x.$$

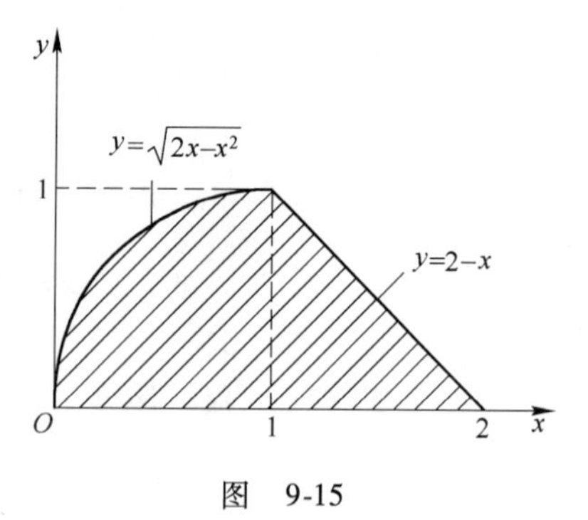

图　9-15

(四)二重积分的简化计算

例 14　计算 $\iint\limits_D y[1+xf(x^2+y^2)]\mathrm{d}x\mathrm{d}y$, 其中，积分区域 D 是由曲线 $y=x^2$ 与 $y=1$ 所围成．

【详解】　积分区域 D 如图 9-16 所示．令 $g(x,\ y)=xf(x^2+y^2)$，因为 D 关于 y 轴对称，且 $g(-x,\ y)=-g(x,\ y)$，所以

$$\iint\limits_D xyf(x^2+y^2)]\mathrm{d}x\mathrm{d}y=0.$$

从而 $$\iint\limits_D y[1+xf(x^2+y^2)]\mathrm{d}x\mathrm{d}y=\iint\limits_D y\mathrm{d}x\mathrm{d}y=\int_{-1}^1 \mathrm{d}x\int_{x^2}^1 y\mathrm{d}y=\frac{1}{2}\int_{-1}^1 (1-x^4)\mathrm{d}x=\frac{4}{5}.$$

例 15　计算二重积分 $\iint\limits_D y\mathrm{d}x\mathrm{d}y$, 其中，$D$ 是由直线 $x=-2$，$y=0$，$y=2$ 以及曲线 $x=-\sqrt{2y-y^2}$ 所围成的平面区域．

【详解】　区域 D 和 D_1 如图 9-17 所示，有

$$\iint\limits_D y\mathrm{d}x\mathrm{d}y=\iint\limits_{D+D_1} y\mathrm{d}x\mathrm{d}y-\iint\limits_{D_1} y\mathrm{d}x\mathrm{d}y,$$

$$\iint\limits_{D+D_1} y\mathrm{d}x\mathrm{d}y=\int_{-2}^0 \mathrm{d}x\int_0^2 y\mathrm{d}y=4,$$

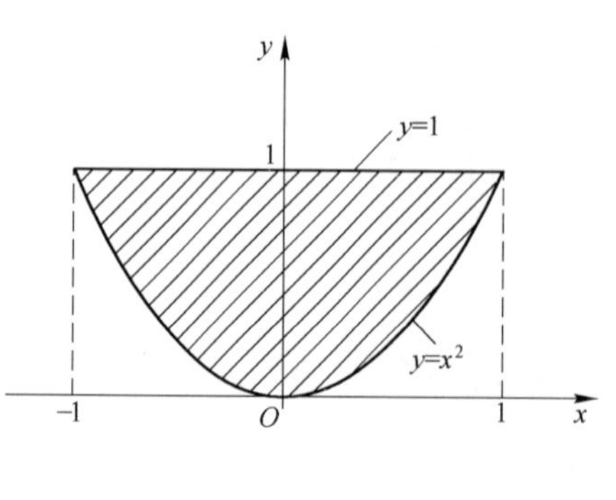

图　9-16

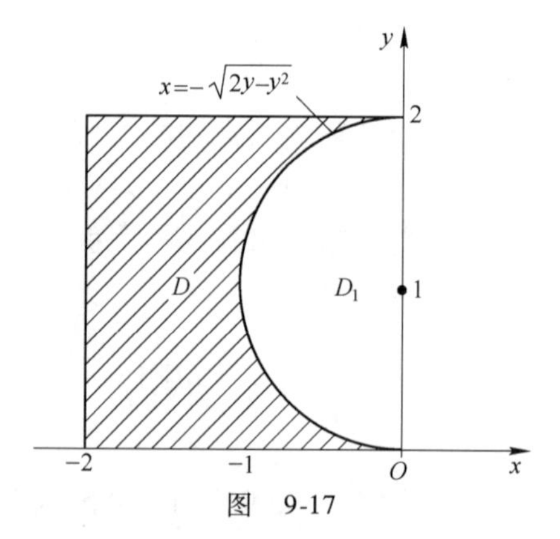

图　9-17

在极坐标系下 $x=r\cos\theta$，$y=r\sin\theta$，有 $D_1=\left\{(r,\theta)\middle|0\leqslant r\leqslant 2\sin\theta,\ \frac{\pi}{2}\leqslant\theta\leqslant\pi\right\}$，

因此
$$\iint\limits_{D_1} y\mathrm{d}x\mathrm{d}y=\int_{\frac{\pi}{2}}^{\pi}\mathrm{d}\theta\int_0^{2\sin\theta}r\sin\theta\cdot r\mathrm{d}r=\frac{8}{3}\int_{\frac{\pi}{2}}^{\pi}\sin^4\theta\mathrm{d}\theta$$
$$=\frac{8}{3}\int_{\frac{\pi}{2}}^{\pi}\left(1-2\cos\theta+\frac{1+\cos 4\theta}{2}\right)\mathrm{d}\theta=\frac{\pi}{2},$$

于是
$$\iint\limits_{D} y\mathrm{d}x\mathrm{d}y=4-\frac{\pi}{2}.$$

例 16　求二重积分 $\iint\limits_{D} y\left[1+x\mathrm{e}^{\frac{1}{2}(x^2+y^2)}\right]\mathrm{d}x\mathrm{d}y$ 的值，其中，D 是由直线 $y=x$，$y=-1$ 及 $x=1$ 围成的平面区域．

【详解】　用直线 $y=-x$，x 轴和 y 轴可将区域 D 分成四块，分别记为 D_1，D_2，D_3 和 D_4，如图 9-18 所示，由于被积函数关于 y 是奇函数，D_1 与 D_2 关于 x 轴对称，从而
$$\iint\limits_{D_1+D_2} y\left[1+x\mathrm{e}^{\frac{1}{2}(x^2+y^2)}\right]\mathrm{d}x\mathrm{d}y=0,$$

类似地，由于 $x\mathrm{e}^{\frac{1}{2}(x^2+y^2)}$ 关于 x 是奇函数，D_3 与 D_4 关于 y 轴对称，从而
$$\iint\limits_{D_3+D_4} xy\mathrm{e}^{\frac{1}{2}(x^2+y^2)}\mathrm{d}x\mathrm{d}y=0,$$

由于 y 关于 x 是偶函数，D_3 与 D_4 关于 y 轴对称，又有
$$\iint\limits_{D_3+D_4} y\mathrm{d}x\mathrm{d}y=2\iint\limits_{D_3} y\mathrm{d}x\mathrm{d}y.$$

将这些结果代入原积分，即得
$$原式=2\iint\limits_{D_3} y\mathrm{d}x\mathrm{d}y=2\int_{-1}^{0}y\mathrm{d}y\int_0^{-y}\mathrm{d}x=-2\int_{-1}^{0}y^2\mathrm{d}y=-\frac{2}{3}.$$

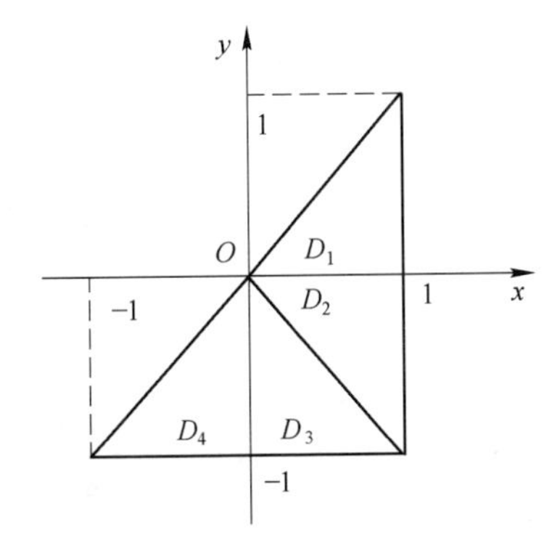

图　9-18

【注】 此题如果直接计算会非常麻烦，充分利用函数和积分区域的对称性，可以大大简化二重积分的计算．

(五) 二重积分的几何应用

例 17 求由曲面 $z=x^2+y^2$ 与 $z=1$ 所围的体积 V.

【详解】 此立体如图 9-19 所示，它的体积可以看成是一个圆柱体体积减去一个曲顶柱体体积．圆柱体的体积是 $V_1=\pi\cdot 1^2=\pi$. 曲顶柱体的顶是 $z=x^2+y^2$，底为区域 $D=\{(x,y)\mid x^2+y^2\leqslant 1\}$. 所以其体积为

$$V_2=\iint_D (x^2+y^2)\,\mathrm{d}\sigma \xlongequal{\text{极坐标}} \int_0^{2\pi}\mathrm{d}\theta\int_0^1 r^2 r\mathrm{d}r=\frac{\pi}{2}.$$

所以此立体体积为 $\pi-\frac{\pi}{2}=\frac{\pi}{2}$.

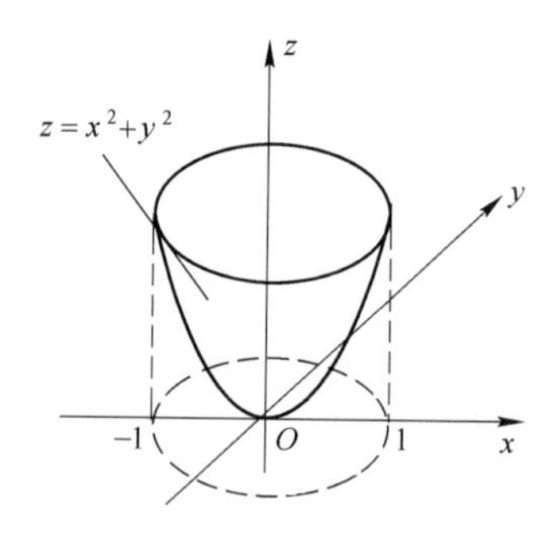

图 9-19

第十章　微分方程与差分方程

本章知识结构图

- 微分方程基本概念
  - 微分方程：含有未知函数的导数或微分的方程
  - 微分方程的阶：微分方程中的未知函数的导数的最高阶数
  - 微分方程的解：满足微分方程的函数
  - 通解：微分方程中带有独立的任意常数的个数与方程的阶数相同的解
  - 特解：利用定解条件，确定通解中任意常数的解
  - 初始条件：用来确定通解中的任意常数的条件
- 一阶微分方程
  - 可分离变量方程：$\frac{dy}{dx}=f(x)f(y)$
  - 齐次方程：$\frac{dy}{dx}=\varphi\left(\frac{y}{x}\right)$
  - 一阶线性方程：$y'+P(x)y=Q(x)$
- 可降阶的二阶微分方程
  - $y''=f(x)$
  - $y''=f(x,y')$　（不含 y）
  - $y''=f(y,y')$　（不含 x）
- 二阶线性微分方程解的性质：四个定理
- 二阶常系数线性微分方程
  - 二阶常系数齐次线性微分方程：$y''+py'+qy=0$
  - 二阶常系数非齐次线性微分方程：$y''+py'+qy=f(x)$
- 差分方程
  - 差分
    - 一阶差分：函数 $y_t=y(t)$ 的改变量 $y_{t+1}-y_t$，记为 Δy_t
    - 二阶差分：一阶差分的差分 $\Delta^2 y_t$
    - n 阶差分：函数 y_t 的 $n-1$ 阶差分的差分 $\Delta^n y_t$
    - 差分的性质
  - 差分方程
    - 概念：含有未知函数 y_t 的差分的方程
    - 差分方程的阶：差分方程中所含未知函数差分的最高阶数
    - 差分方程的解：满足差分方程的函数
  - 一阶常系数线性差分方程
    - 一阶常系数线性齐次差分方程：$y_{t+1}-Py_t=0$
    - 一阶常系数线性非齐次差分方程：$y_{t+1}-Py_t=f(t)$
- 微分方程在经济管理分析中的应用

一、内容精要

(一) 微分方程的基本概念

1. 微分方程的概念

一般地，把未知函数、未知函数的导数及自变量之间的关系方程，称为微分方程.

2. 微分方程的阶

微分方程中所出现的未知函数导数的最高阶数，称为微分方程的阶.

注：在微分方程中自变量及未知函数可以不出现，但未知函数的导数必须出现.

一阶微分方程的形式为

$$y' = f(x,y) \quad 或 \quad F(x,y,y') = 0.$$

二阶微分方程的一般形式为

$$y'' = f(x,y,y') \quad 或 \quad F(x,y,y',y'') = 0.$$

n 阶微分方程的一般形式为

$$y^{(n)} = f(x,y,y',\cdots,y^{(n-1)}) \quad 或 \quad F(x,y,y',\cdots,y^{(n)}) = 0.$$

3. 微分方程的解

使微分方程成为恒等式的函数，称为该微分方程的解.

(1) 通解

如果微分方程的解中含有独立的任意常数，且任意常数的个数与微分方程的阶数相同，这样的解称为微分方程的通解.

(2) 特解

不含任意常数的解称为微分方程的特解.

注：微分方程有既不是通解又不是特解的解.

(3) 初始条件

用来确定任意常数的条件称为微分方程的初始条件.

如，一阶微分方程初始条件：$y|_{x=x_0}=y_0$；

二阶微分方程初始条件：$y|_{x=x_0}=y_0$，$y'|_{x=x_0}=y_0'$

(4) 初值问题

求一阶微分方程 $F(x, y, y')=0$ 满足初始条件 $y|_{x=x_0}=y_0$ 的特解的问题，称为一阶微分方程的初值问题，记作

$$\begin{cases} F(x,y,y') = 0, \\ y|_{x=x_0} = y_0. \end{cases}$$

(二) 一阶微分方程

1. 可分离变量的微分方程

一阶微分方程形如$\frac{\mathrm{d}y}{\mathrm{d}x}=\frac{f(x)}{g(y)}$称该方程为可分离变量的微分方程.

解法步骤：

(1) 分离变量，即将原方程化为$g(y)\mathrm{d}y=f(x)\mathrm{d}x$；

(2) 两边积分，求解方程$\int g(y)\mathrm{d}y=\int f(x)\mathrm{d}x$.

设$g(y)$及$f(x)$的原函数依次为$G(y)$及$F(x)$，得$G(y)=F(x)+C$，即为该可分离变量方程的通解(隐式通解).

2. 一阶齐次微分方程

如果一阶微分方程可化为$y'=\varphi\left(\frac{y}{x}\right)$的形式，那么称该方程为齐次微分方程.

解法步骤：

(1) 变量代换：令$\frac{y}{x}=u$，即$y=xu$，则$\frac{\mathrm{d}y}{\mathrm{d}x}=u+x\frac{\mathrm{d}u}{\mathrm{d}x}$，故$u+x\frac{\mathrm{d}u}{\mathrm{d}x}=\varphi(u)$；

(2) 解新微分方程：分离变量$\frac{\mathrm{d}u}{\varphi(u)-u}=\frac{\mathrm{d}x}{x}$，两边积分$\int\frac{\mathrm{d}u}{\varphi(u)-u}=\int\frac{\mathrm{d}x}{x}$；

(3) 代回原变量：用$\frac{y}{x}$代替u，即得所给齐次方程的通解.

3. 一阶线性微分方程

形如$\frac{\mathrm{d}y}{\mathrm{d}x}+P(x)y=Q(x)$的方程称为一阶线性微分方程.

注：所谓线性是指未知函数及其导数都是一次的.

当$Q(x)\equiv0$时，方程$\frac{\mathrm{d}y}{\mathrm{d}x}+P(x)y=0$，又称为一阶齐次线性微分方程.

解法一：常数变易法

(1) 求出对应的齐次线性方程的通解$y=C\mathrm{e}^{-\int P(x)\mathrm{d}x}$；

(2) 把$y=C\mathrm{e}^{-\int P(x)\mathrm{d}x}$中的任意常数$C$换成关于$x$的未知函数$C(x)$，即$y=C(x)\mathrm{e}^{-\int P(x)\mathrm{d}x}$；

(3) 把$y=C(x)\mathrm{e}^{-\int P(x)\mathrm{d}x}$代入原方程求出$C(x)$，即得通解

$$y=\mathrm{e}^{-\int P(x)\mathrm{d}x}\left[\int Q(x)\mathrm{e}^{\int P(x)\mathrm{d}x}\mathrm{d}x+C\right].$$

解法二：直接代公式$y=\mathrm{e}^{-\int P(x)\mathrm{d}x}\left[\int Q(x)\mathrm{e}^{\int P(x)\mathrm{d}x}\mathrm{d}x+C\right]$.

(三) 可降阶的二阶微分方程

1. $y''=f(x)$型的微分方程

解法步骤：

（1）两边积分 $y' = \int f(x)\mathrm{d}x + C_1$；

（2）再积分一次 $y = \int(\int f(x)\mathrm{d}x + C_1)\mathrm{d}x + C_2$，其中，$C_1,C_2$ 为任意常数．

2. $f''=f(x,\ y')$ 型的微分方程（不含 y）

解法步骤：

（1）变量代换：令 $y'=p(x)$，则 $y''=\dfrac{\mathrm{d}p}{\mathrm{d}x}$，得到一阶微分方程 $\dfrac{\mathrm{d}p}{\mathrm{d}x}=f(x,\ p)$；

（2）解方程得　$p=\varphi(x,\ C_1)$，即 $\dfrac{\mathrm{d}y}{\mathrm{d}x}=\varphi(x,\ C_1)$；

（3）积分得　$y = \int\varphi(x,C_1)\mathrm{d}x + C_2$.

3. $y''=f(y,\ y')$ 型的微分方程（不含 x）

解法步骤：

（1）变量代换：令 $y'=p(y)$，则 $y''=\dfrac{\mathrm{d}p}{\mathrm{d}x}=\dfrac{\mathrm{d}p}{\mathrm{d}y}\cdot\dfrac{\mathrm{d}y}{\mathrm{d}x}=p\dfrac{\mathrm{d}p}{\mathrm{d}y}$，得到 $p\dfrac{\mathrm{d}p}{\mathrm{d}y}=f(y,\ p)$；

（2）解一阶微分方程得 $p=\varphi(y,\ C_1)$，即 $\dfrac{\mathrm{d}y}{\mathrm{d}x}=\varphi(y,\ C_1)$；

（3）分离变量得 $\mathrm{d}x=\dfrac{\mathrm{d}y}{\varphi(y,\ C_1)}$，两边积分得 $x = \int\dfrac{\mathrm{d}y}{\varphi(y,C_1)} + C_2$.

（四）二阶线性微分方程解的性质

1. 二阶线性微分方程的一般形式

（1）形如 $y''+P(x)y'+Q(x)y=f(x)$，$f(x)\neq0$ 的方程称为二阶非齐次线性微分方程，其中，$P(x)$，$Q(x)$ 称为方程的系数，而函数 $f(x)$ 称为自由项．

（2）线性微分方程 $y''+P(x)y'+Q(x)y=0$ 称为二阶齐次线性微分方程．

2. 二阶齐次线性方程解的性质

（1）线性相关与线性无关

设 $y_1(x)$，$y_2(x)$，…，$y_n(x)$ 为定义在区间 I 上的 n 个函数，如果存在 n 个不全为零的常数 k_1，k_2，…，k_n，使得当 $x\in I$ 时有恒等式 $k_1y_1+k_2y_2+\cdots+k_ny_n\equiv0$ 成立，那么称这 n 个函数在区间 I 上线性相关，否则称线性无关．

（2）两个函数相关性判别

① $y_1(x)$，$y_2(x)$ 线性相关 $\Leftrightarrow\dfrac{y_1(x)}{y_2(x)}\equiv$ 常数；

② $y_1(x)$，$y_2(x)$ 线性无关 $\Leftrightarrow\dfrac{y_1(x)}{y_2(x)}\neq$ 常数．

定理 1　如果函数 $y_1(x)$，$y_2(x)$ 是齐次方程 $y''+P(x)y'+Q(x)y=0$ 的两个解，则它们

的线性组合 $y=C_1y_1+C_2y_2$ 也是该方程的解，其中，C_1，C_2 是任意常数.

定理 2 如果 $y_1(x)$，$y_2(x)$ 是齐次方程 $y''+P(x)y'+Q(x)y=0$ 的两个线性无关的特解，则 $y=C_1y_1+C_2y_2$ 是该方程的通解，其中，C_1，C_2 是任意常数.

3. 二阶非齐次线性方程解的性质

定理 3 如果 y^* 是非齐次方程 $y''+P(x)y'+Q(x)y=f(x)$ 的一个特解，Y 是对应的齐次方程 $y''+P(x)y'+Q(x)y=0$ 的通解，则 $y=Y+y^*$ 是该方程的通解.

定理 4 若 $y_1(x)$，$y_2(x)$ 是非齐次线性微分方程 $y''+P(x)y'+Q(x)y=f(x)$ 的两个相异的解，则 $y(x)=y_1(x)-y_2(x)$ 是对应的齐次线性微分方程 $y''+P(x)y'+Q(x)y=0$ 的解.

（五）二阶常系数线性微分方程

1. 二阶常系数齐次线性微分方程

$$y''+py'+qy=0,\text{其中},p,q\text{ 为常数}.$$

解法步骤：特征方程法

(1) 写出特征方程为 $r^2+pr+q=0$；

(2) 求出特征方程的两个根 r_1，r_2；

(3) 根据两个根 r_1，r_2 的不同情况，对应地写出微分方程的通解：

① 若 r_1，r_2 为两个不相等的实根，则通解为 $y=C_1e^{r_1x}+C_2e^{r_2x}$；

② 若 r_1，r_2 为两个相等的实根，则通解为 $y=(C_1+C_2x)e^{r_1x}$，

③ 若 $r_{1,2}=\alpha\pm\beta i$ 是一对共轭复根，则通解为 $y=e^{\alpha x}(C_1\cos\beta x+C_2\sin\beta x)$.

2. 二阶常系数非齐次线性微分方程

$y''+py'+qy=f(x)$，其中 p，q 为常数，$f(x)$ 为给定的连续函数.

根据第四节定理 3，求出非齐次方程的一个特解 $y^*(x)$，再求出对应的齐次方程的通解 $Y(x)$，那么该方程的通解就是 $y=Y(x)+y^*(x)$.

(1) $f(x)=P_m(x)e^{\lambda x}$

特解形式 $y^*=x^kQ_m(x)e^{\lambda x}$，其中，$Q_m(x)$ 是与 $P_m(x)$ 同次（m 次）的多项式，而 k 的取法如下

$$k=\begin{cases}0,\text{当 }\lambda\text{ 不是特征方程的根},\\1,\text{当 }\lambda\text{ 是特征方程的单根},\\2,\text{当 }\lambda\text{ 是特征方程的重根}.\end{cases}$$

(2) $f(x)=e^{\lambda x}[P_l(x)\cos\omega x+P_n(x)\sin\omega x]$

特解形式 $y^*=x^ke^{\lambda x}[Q_m(x)\cos\omega x+R_m(x)\sin\omega x]$，其中，$Q_m(x)$，$R_m(x)$ 是待定的 m 次多项式，$m=\max\{l,n\}$，当 $\lambda+i\omega$ 不是特征方程的根时，$k=0$；当 $\lambda+i\omega$ 是特征方程的根时，$k=1$.

（六）差分方程

1. 差分的概念与性质

(1) 概念

设函数 $y_t=y(t)$，称改变量 $y_{t+1}-y_t$ 为函数 y_t 的差分，也称为函数 y_t 的一阶差分，记为 Δy_t，即 $\Delta y_t=y_{t+1}-y_t$ 或 $\Delta y(t)=y(t+1)-y(t)$.

一阶差分的差分 $\Delta^2 y_t$ 称为二阶差分，即

$\Delta^2 y_t=\Delta(\Delta y_t)=\Delta y_{t+1}-\Delta y_t=(y_{t+2}-y_{t+1})-(y_{t+1}-y_t)=y_{t+2}-2y_{t+1}+y_t$.

类似地，可定义三阶差分，四阶差分，等等. $\Delta^3 y_t=\Delta(\Delta^2 y_t)$，$\Delta^4 y_t=\Delta(\Delta^3 y_t)$，…

一般地，函数 y_t 的 $n-1$ 阶差分的差分称为 n 阶差分，记为 $\Delta^n y_t$，即

$$\Delta^n y_t=\Delta^{n-1}y_{t+1}-\Delta^{n-1}y_t=\sum_{i=0}^{n}(-1)^i C_n^i y_{t+n-i}.$$

二阶及二阶以上的差分统称为高阶差分.

(2) 性质

① $\Delta(Cy_t)=C\Delta y_t$　(C 为常数)；

② $\Delta(y_t\pm z_t)=\Delta y_t\pm\Delta z_t$；

③ $\Delta(y_t\cdot z_t)=z_t\Delta y_t+y_{t+1}\Delta z_t$；

④ $\Delta\left(\dfrac{y_t}{z_t}\right)=\dfrac{z_t\Delta y_t-y_t\Delta z_t}{z_{t+1}\cdot z_t}$　($z_t\neq0$).

2. 差分方程的概念

(1) 含有未知函数 y_t 的差分的方程称为差分方程.

差分方程的一般形式：$F(t, y_t, \Delta y_t, \Delta^2 y_t, \cdots, \Delta^n y_t)=0$ 或 $G(t, y_t, y_{t+1}, y_{t+2}, \cdots, y_{t+n})=0$.

(2) 差分方程中所含未知函数差分的最高阶数称为该差分方程的阶.

(3) 满足差分方程的函数称为该差分方程的解.

(4) 如果差分方程的解中含有相互独立的任意常数的个数恰好等于方程的阶数，则称这个解是差分方程的通解.

注：差分方程的不同形式可以相互转化.

3. 一阶常系数线性差分方程

(1) 一阶常系数线性齐次差分方程

$y_{t+1}-Py_t=0$，其中，P 为非零常数.

解法步骤：迭代法，通解为 $y_t=AP^t$，A 为任意常数.

(2) 一阶常系数线性非齐次差分方程

$y_{t+1}-Py_t=f(t)$，其中，P 为非零常数，$f(t)$ 为已知函数.

定理　设 $\overline{y_t}$ 为方程 $y_{t+1}-Py_t=0$ 的通解，y_t^* 为方程 $y_{t+1}-Py_t=f(t)$ 的一个特解，则 $y_t=\overline{y_t}+y_t^*$ 为该方程的通解.

1) $f(t)=C$　(C 为非零常数)

通解形式：$y_t=\overline{y_t}+y_t^*=\begin{cases}AP^t+\dfrac{C}{1-P}, & P\neq1,\\ A+Ct, & P=1.\end{cases}$

2) $f(t)=Cb^t$ （其中，C，b 为非零常数且 $b\neq 1$）

① 当 $b\neq P$ 时，通解为 $y_t=AP^t+\dfrac{C}{b-P}b^t$；

② 当 $b=P$ 时，通解为 $y_t=AP^t+Ctb^{t-1}$.

3) $f(t)=Ct^n$ （C 为非零常数，n 为正整数）.

当 $P\neq 1$ 时，设特解 $y_t^*=B_0+B_1t+\cdots+B_nt^n$，其中，$B_0$，$B_1$，…，$B_n$ 为待定系数，将其代入方程 $y_{t+1}-Py_t=f(t)$，求出系数 B_0，B_1，…，B_n，得到方程的特解 y_t^*，通解为 $y_t=AP^t+y_t^*$.

二、练习题与解答

习题 10.1　微分方程的基本概念

1. 试指出下列各微分方程的阶数.

(1) $y''+y=0$；　(2) $x(y')^2+y+2x=0$；

(3) $xy''-xy'+y=0$；　(4) $\dfrac{d^2\theta}{dt^2}+3\dfrac{d\theta}{dt}+\theta=0$.

【解】　微分方程中所出现的未知函数导数的最高阶数，称为微分方程的阶

(1) 二阶；(2) 一阶；(3) 二阶；(4) 二阶.

2. 指出下列各题中的函数是否为所给微分方程的解，若是，则区分出通解与特解.

(1) $y''+y=0$，$y=3\sin x-4\cos x$；

【解】　把 $y'=3\cos x+4\sin x$，$y''=-3\sin x+4\cos x$ 代入方程左端得

$$y''+y=-3\sin x+4\cos x+3\sin x-4\cos x=0=\text{右端},$$

所以 $y=3\sin x-4\cos x$ 是所给微分方程的解，又因为不含任意常数，所以是特解.

(2) $y''-2y'+y=0$，$y=x^2e^x$；

【解】　把 $y'=(x^2+2x)e^x$，$y''=(2x+2)e^x+(x^2+2x)e^x=(x^2+4x+2)e^x$，代入方程左端得，

$$y''-2y'+y=(x^2+4x+2)e^x-2(x^2+2x)e^x+x^2e^x=2e^x\neq 0,$$

所以 $y=x^2e^x$ 不是所给微分方程的解.

(3) $y''+y\sin x=x, y=e^{\cos x}\int_0^x te^{-\cos t}dt.$

【解】

$$y'=-e^{\cos x}\sin x\int_0^x te^{-\cos t}dt+e^{\cos x}xe^{-\cos x}$$

$$=-e^{\cos x}\sin x\int_0^x te^{-\cos t}dt+x,$$

$$y''=e^{\cos x}(\sin x)^2\int_0^x te^{-\cos t}dt-e^{\cos x}\cos x\int_0^x te^{-\cos t}dt-e^{\cos x}\sin x\cdot xe^{-\cos x}+1$$

$$=\mathrm{e}^{\cos x}(\sin x)^2\int_0^x t\mathrm{e}^{-\cos t}\mathrm{d}t-\mathrm{e}^{\cos x}\cos x\int_0^x t\mathrm{e}^{-\cos t}\mathrm{d}t-x\sin x+1,$$

代入方程左端得

$$y''+y\sin x=\mathrm{e}^{\cos x}(\sin x)^2\int_0^x t\mathrm{e}^{-\cos t}\mathrm{d}t-\mathrm{e}^{\cos x}\cos x\int_0^x t\mathrm{e}^{-\cos t}\mathrm{d}t-x\sin x+1+\mathrm{e}^{\cos x}\sin x\int_0^x t\mathrm{e}^{-\cos t}\mathrm{d}t$$

$$=\mathrm{e}^{\cos x}\int_0^x t\mathrm{e}^{-\cos t}\mathrm{d}t(\sin^2 x-\cos x+\sin x)-x\sin x+1\neq x,$$

所以 $y=\mathrm{e}^{\cos x}\int_0^x t\mathrm{e}^{-\cos t}\mathrm{d}t$ 不是所给微分方程的解.

(4) $xy'=x^2+y^2+y$，$y=x\tan\left(x+\frac{\pi}{6}\right)$；

【解】 $y'=\tan\left(x+\frac{\pi}{6}\right)+\frac{x}{\cos^2\left(x+\frac{\pi}{6}\right)}$，$xy'=x\tan\left(x+\frac{\pi}{6}\right)+\frac{x^2}{\cos^2\left(x+\frac{\pi}{6}\right)}$，

$$x^2+y^2+y=x^2+x^2\tan^2\left(x+\frac{\pi}{6}\right)+x\tan\left(x+\frac{\pi}{6}\right)$$

$$=x\tan\left(x+\frac{\pi}{6}\right)+\frac{x^2}{\cos^2\left(x+\frac{\pi}{6}\right)}=xy',$$

所以 $y=x\tan\left(x+\frac{\pi}{6}\right)$ 是所给微分方程的解，且为特解.

(5) $y''+2y'-3y=0$，$y=x^2+x$；

【解】 $y'=2x+1$，$y''=2$，则

$$y''+2y'-3y=2+2(2x+1)-3(x^2+x)=-3x^2+x+4\neq 0,$$

所以 $y=x^2+x$ 不是所给微分方程的解.

(6) $y''-5y'+6y=0$，$y=C_1\mathrm{e}^{2x}+C_2\mathrm{e}^{3x}$；

【解】 $y'=2C_1\mathrm{e}^{2x}+3C_2\mathrm{e}^{3x}$，$y''=4C_1\mathrm{e}^{2x}+9C_2\mathrm{e}^{3x}$，

$$y''-5y'+6y=4C_1\mathrm{e}^{2x}+9C_2\mathrm{e}^{3x}-5(2C_1\mathrm{e}^{2x}+3C_2\mathrm{e}^{3x})+6(C_1\mathrm{e}^{2x}+C_2\mathrm{e}^{3x})$$

$$=4C_1\mathrm{e}^{2x}+9C_2\mathrm{e}^{3x}-10C_1\mathrm{e}^{2x}-15C_2\mathrm{e}^{3x}+6C_1\mathrm{e}^{2x}+6C_2\mathrm{e}^{3x}=0,$$

所以 $y=C_1\mathrm{e}^{2x}+C_2\mathrm{e}^{3x}$ 是所给微分方程的解，且为通解.

3. 验证函数 $y=(C_1+C_2x)\mathrm{e}^{-x}$ （C_1，C_2 是常数）是微分方程 $y''+2y'+y=0$ 的通解，并求出满足初始条件 $y|_{x=0}=4$，$y'|_{x=0}=-2$ 的特解.

【证】 $y'=C_2\mathrm{e}^{-x}-(C_1+C_2x)\mathrm{e}^{-x}=(C_2-C_1-C_2x)\mathrm{e}^{-x}$，

$$y''=-C_2\mathrm{e}^{-x}-(C_2-C_1-C_2x)\mathrm{e}^{-x}=(C_1-2C_2+C_2x)\mathrm{e}^{-x},$$

$$y''+2y'+y=(C_1-2C_2+C_2x)\mathrm{e}^{-x}+2(C_2-C_1-C_2x)\mathrm{e}^{-x}+(C_1+C_2x)\mathrm{e}^{-x}=0,$$

又因为 C_1，C_2 是两个独立的任意常数，所以 $y=(C_1+C_2x)\mathrm{e}^{-x}$（$C_1$，$C_2$ 是常数）是微分方程 $y''+2y'+y=0$ 的通解.

$$y|_{x=0}=4, y'|_{x=0}=-2 \Rightarrow C_1=4, C_2=2,$$

所以所求特解为 $y=(4+2x)e^{-x}$.

4. 求下列微分方程或其初值问题的解：

（1）$\dfrac{ds}{dt}=te^t$；

【解】 $ds=te^t dt$,

$$s=\int te^t dt=te^t-\int e^t dt=te^t-e^t+C.$$

（2）$y''=2\sin kx$, $y|_{x=0}=0$, $y'|_{x=0}=\dfrac{1}{k}$；

【解】 $y'=\int 2\sin kx dx=-\dfrac{2}{k}\cos kx+C$,

$$y=\int\left(-\frac{2}{k}\cos kx+C\right)dx=-\frac{2}{k^2}\sin kx+Cx+C_1,$$

$$y|_{x=0}=0, y'|_{x=0}=\frac{1}{k}\Rightarrow C_1=0, C=\frac{3}{k},$$

$$y=-\frac{2}{k^2}\sin kx+\frac{3}{k}x.$$

（3）$\dfrac{d^2s}{dt^2}=\dfrac{1}{t^2}$；

【解】 $s'=\int\dfrac{1}{t^2}dt=-\dfrac{1}{t}+C$,

$$s=-\ln|t|+Ct+C_1.$$

（4）$\begin{cases} y''=2\sin\omega x, \\ y(0)=0, \ y'(0)=\dfrac{1}{\omega}. \end{cases}$

【解】 $y'=\int 2\sin\omega x dx=-\dfrac{2}{\omega}\cos\omega x+C$,

$$y'=-\frac{2}{\omega}\cos\omega x+C\Rightarrow y=\int\left(-\frac{2}{\omega}\cos\omega x+C\right)dx=-\frac{2}{\omega^2}\sin\omega x+Cx+C_1,$$

$$y(0)=0, y'(0)=\frac{1}{\omega}\Rightarrow C_1=0, C=\frac{3}{\omega},$$

$$y=-\frac{2}{\omega^2}\sin\omega x+\frac{3}{\omega}x.$$

5. 写出由下列条件确定的曲线所满足的微分方程：

（1）曲线在点(x, y)处的切线斜率等于该点的横坐标的平方；

【解】 设曲线方程为 $y=y(x)$，则$\dfrac{dy}{dx}=x^2$,

$$y = \int x^2 \mathrm{d}x = \frac{1}{3}x^3 + C.$$

(2) 曲线上点 $P(x, y)$ 处的法线与 x 轴的交点为 Q，而线段 PQ 被 y 轴平分.

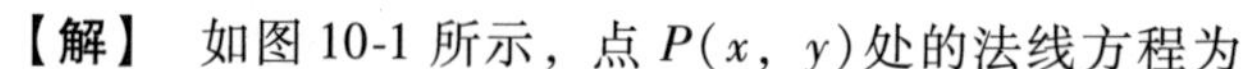

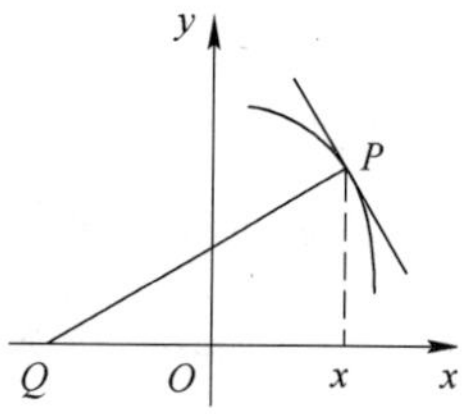

【解】 如图 10-1 所示，点 $P(x, y)$ 处的法线方程为

$$Y - y = -\frac{1}{y'}(X - x),$$

图 10-1

令 $Y=0$，$X = x + yy'$，所以

$$x + yy' = -x,$$

即 $yy' + 2x = 0$.

习题 10.2　一阶微分方程

1. 求下列微分方程的通解.

(1) $\dfrac{\mathrm{d}y}{\mathrm{d}x} = 10^{x+y}$；

【解】 分离变量得，$\dfrac{\mathrm{d}y}{10^y} = 10^x \mathrm{d}x$，

两边积分，$\int 10^{-y}\mathrm{d}y = \int 10^x \mathrm{d}x$

$$-10^{-y}\frac{1}{\ln 10} = 10^x \frac{1}{\ln 10} + C_1,$$

$$-10^{-y} = 10^x + C_1 \ln 10, \text{即 } 10^{-y} + 10^x = C \quad (C = -C_1 \ln 10).$$

(2) $\sec^2 x \tan y \mathrm{d}x + \sec^2 y \tan x \mathrm{d}y = 0$；

【解】 $\dfrac{\mathrm{d}y}{\mathrm{d}x} = -\dfrac{\sec^2 x \cdot \tan y}{\sec^2 y \cdot \tan x}$，

分离变量得，$\dfrac{\sec^2 y \mathrm{d}y}{\tan y} = -\dfrac{\sec^2 x \mathrm{d}x}{\tan x}$，

两边积分，$\int \dfrac{\sec^2 y \mathrm{d}y}{\tan y} = -\int \dfrac{\sec^2 x \mathrm{d}x}{\tan x}$，即 $\int \dfrac{\mathrm{d}\tan y}{\tan y} = -\int \dfrac{\mathrm{d}\tan x}{\tan x}$，

$$\ln|\tan y| = -\ln|\tan x| + C_1 \Rightarrow \ln|\tan x \cdot \tan y| = C_1 \Rightarrow \tan x \cdot \tan y = C.$$

(3) $y' = \sqrt{\dfrac{1-y^2}{1-x^2}}$；

【解】 $\dfrac{\mathrm{d}y}{\mathrm{d}x} = \dfrac{\sqrt{1-y^2}}{\sqrt{1-x^2}}$，

分离变量得，$\dfrac{\mathrm{d}y}{\sqrt{1-y^2}} = \dfrac{\mathrm{d}x}{\sqrt{1-x^2}}$，

两边积分得，$\arcsin y = \arcsin x + C$.

(4) $y' - xy' = a(y^2 + y')$；

【解】 $y'-xy'=ay^2+ay'$，$y'=\dfrac{-ay^2}{x+a-1}\Rightarrow\dfrac{dy}{y^2}=-\dfrac{adx}{x+a-1}$，

$$-\frac{1}{y}=-a\ln|x+a-1|+C_1\Rightarrow\frac{1}{y}=a\ln|x+a-1|+C.$$

(5) $(e^{x+y}-e^x)dx+(e^{x+y}+e^y)dy=0$；

【解】 $\dfrac{dy}{dx}=-\dfrac{e^{x+y}-e^x}{e^{x+y}+e^y}=-\dfrac{(e^y-1)e^x}{(e^x+1)e^y}$，

$$\frac{e^y}{e^y-1}dy=-\frac{e^x}{e^x+1}dx\Rightarrow\ln|e^y-1|=-\ln|e^x+1|+C_1$$

$$\Rightarrow\ln|(e^x+1)(e^y-1)|=C_1\Rightarrow(e^x+1)(e^y-1)=C.$$

(6) $(y+1)^2y'+x^3=0$；

【解】 $(y+1)^2y'=-x^3$，$(y+1)^2dy=-x^3dx\Rightarrow\dfrac{1}{3}(y+1)^3=-\dfrac{1}{4}x^4+C.$

(7) $\dfrac{dy}{dx}=y^2\cos x$；

【解】 $\dfrac{dy}{y^2}=\cos x dx\Rightarrow-\dfrac{1}{y}=\sin x+C\Rightarrow y=-\dfrac{1}{\sin x+C}.$

(8) $xy'=y\ln y$；

【解】 $\dfrac{dy}{y\ln y}=\dfrac{dx}{x}$，$\ln|\ln y|=\ln|x|+C_1\Rightarrow\ln y=e^{\ln|x|+C_1}\Rightarrow\ln y=Cx\Rightarrow y=e^{Cx}.$

(9) $y^2+x^2\dfrac{dy}{dx}=xy\dfrac{dy}{dx}$；

【解】 $(xy-x^2)\dfrac{dy}{dx}=y^2$，$\dfrac{dy}{dx}=\dfrac{y^2}{xy-x^2}=\dfrac{\left(\dfrac{y}{x}\right)^2}{\dfrac{y}{x}-1}$，

设 $u=\dfrac{y}{x}$，$y=ux$，$\dfrac{dy}{dx}=u+x\dfrac{du}{dx}$，

原方程变为　$u+x\dfrac{du}{dx}=\dfrac{u^2}{u-1}$，

分离变量得，$\dfrac{u-1}{u}du=\dfrac{dx}{x}$，即$\left(1-\dfrac{1}{u}\right)du=\dfrac{dx}{x}$，

$$u-\ln|u|=\ln|x|+C,\text{即 }u=\ln|xu|+C\Rightarrow\frac{y}{x}=\ln|y|+C.$$

(10) $x\dfrac{dy}{dx}=y\ln\dfrac{y}{x}$；

【解】 原方程变为$\dfrac{dy}{dx}=\dfrac{y}{x}\ln\dfrac{y}{x}$

设 $u=\frac{y}{x}$，$y=ux$，$\frac{\mathrm{d}y}{\mathrm{d}x}=u+x\frac{\mathrm{d}u}{\mathrm{d}x}$，

则 $u+x\frac{\mathrm{d}u}{\mathrm{d}x}=u\ln u$，即$\frac{\mathrm{d}u}{u(\ln u-1)}=\frac{\mathrm{d}x}{x}$，

$$\ln|\ln u-1|=\ln|x|+C_1\Rightarrow\ln u-1=\mathrm{e}^{\ln|x|+C_1}\Rightarrow\ln u=1+Cx,$$

$$\ln\frac{y}{x}=1+Cx\Rightarrow y=x\mathrm{e}^{1+Cx}.$$

(11) $xy'=x\sin\frac{y}{x}+y$；

【解】 原方程变为$\frac{\mathrm{d}y}{\mathrm{d}x}=\sin\frac{y}{x}+\frac{y}{x}$，

设 $u=\frac{y}{x}$，$y=ux$，$\frac{\mathrm{d}y}{\mathrm{d}x}=u+x\frac{\mathrm{d}u}{\mathrm{d}x}$，

则 $u+x\frac{\mathrm{d}u}{\mathrm{d}x}=\sin u+u$，即$\frac{\mathrm{d}u}{\sin u}=\frac{\mathrm{d}x}{x}$

$$\ln|\csc u-\cot u|=\ln|x|+C_1\Rightarrow\csc u-\cot u=\mathrm{e}^{\ln|x|+C_1},$$

$$\frac{1}{\sin\frac{y}{x}}-\cot\frac{y}{x}=Cx\Rightarrow 1-\cos\frac{y}{x}=Cx\sin\frac{y}{x}.$$

(12) $(1+2\mathrm{e}^{\frac{x}{y}})\mathrm{d}x+2\mathrm{e}^{\frac{x}{y}}\left(1-\frac{x}{y}\right)\mathrm{d}y=0$；

【解】 原方程变为$\frac{\mathrm{d}x}{\mathrm{d}y}=-\frac{2\mathrm{e}^{\frac{x}{y}}\left(1-\frac{x}{y}\right)}{1+2\mathrm{e}^{\frac{x}{y}}}$，

设$\frac{x}{y}=u$，$x=uy$，$\frac{\mathrm{d}x}{\mathrm{d}y}=u+y\frac{\mathrm{d}u}{\mathrm{d}y}$，

$$u+y\frac{\mathrm{d}u}{\mathrm{d}y}=\frac{2\mathrm{e}^u(u-1)}{1+2\mathrm{e}^u},\text{即 } y\frac{\mathrm{d}u}{\mathrm{d}y}=-\frac{u+2\mathrm{e}^u}{1+2\mathrm{e}^u},$$

分离变量得，$\frac{1+2\mathrm{e}^u}{u+2\mathrm{e}^u}\mathrm{d}u=-\frac{\mathrm{d}y}{y}\Rightarrow\ln|u+2\mathrm{e}^u|=-\ln|y|+C_1$，

$$u+2\mathrm{e}^u=\frac{C}{y},\Rightarrow\frac{x}{y}+2\mathrm{e}^{\frac{x}{y}}=\frac{C}{y},\text{即}\Rightarrow x+y2\mathrm{e}^{\frac{x}{y}}=C.$$

(13) $y'-\frac{2y}{x+1}=(x+1)^{\frac{5}{2}}$；

【解】 $P(x)=-\frac{2}{x+1}$，$Q(x)=(x+1)^{\frac{5}{2}}$，

$$y=e^{-\int P(x)dx}\left[\int Q(x)e^{\int P(x)dx}dx+C\right]$$

$$=e^{\int\frac{2}{x+1}dx}\left[\int(x+1)^{\frac{5}{2}}e^{-\int\frac{2}{x+1}dx}dx+C\right]$$

$$=e^{2\ln|x+1|}\left[\int(x+1)^{\frac{5}{2}}e^{-2\ln|x+1|}dx+C\right]$$

$$=(x+1)^2\left[\int(x+1)^{\frac{5}{2}}\frac{1}{(x+1)^2}dx+C\right]$$

$$=(x+1)^2\left[\int(x+1)^{\frac{1}{2}}dx+C\right]=(x+1)^2\left[\frac{2}{3}(x+1)^{\frac{3}{2}}+C\right].$$

(14) $y'+y\cos x=e^{-\sin x}$;

【解】 $P(x)=\cos x$, $Q(x)=e^{-\sin x}$,

$$y=e^{-\int\cos x dx}\left(\int e^{-\sin x}e^{\int\cos x dx}dx+C\right)$$

$$=e^{-\sin x}\left(\int e^{-\sin x}e^{\sin x}dx+C\right)=e^{-\sin x}(x+C).$$

(15) $y+y\tan x=\sin 2x$;

【解】 $P(x)=\tan x$, $Q(x)=\sin 2x$,

$$y=e^{-\int\tan x dx}\left(\int\sin 2x e^{\int\tan x dx}dx+C\right)$$

$$=e^{\ln|\cos x|}\left(\int\sin 2x\cdot e^{-\ln|\cos x|}dx+C\right)$$

$$=\cos x\left(\int\sin 2x\cdot\frac{1}{\cos x}dx+C\right)=\cos x(-2\cos x+C).$$

(16) $\frac{ds}{dt}+s\cos t=\frac{1}{2}\sin 2t$;

【解】

$$s=e^{-\int\cos t dt}\left(\int\frac{1}{2}\sin 2t\cdot e^{\int\cos t dt}dt+C\right)$$

$$=e^{-\sin t}\left(\int\frac{1}{2}\sin 2t\cdot e^{\sin t}dt+C\right)$$

$$=e^{-\sin t}\left(\int\sin t\cdot\cos t\cdot e^{\sin t}dt+C\right).$$

$$\int\sin t\cdot\cos t\cdot e^{\sin t}dt=\int\sin t\cdot e^{\sin t}d\sin t=\int\sin t de^{\sin t}$$

$$=\sin t\cdot e^{\sin t}-\int e^{\sin t}d\sin t$$

$$=\sin t\cdot e^{\sin t}-e^{\sin t}+C,$$

$$s=e^{-\sin t}(\sin t\cdot e^{\sin t}-e^{\sin t}+C)=Ce^{-\sin t}+\sin t-1.$$

(17) $y'+2xy=4x$;

【解】 $y = e^{-\int 2x\mathrm{d}x}\left(\int 4x \cdot e^{\int 2x\mathrm{d}x}\mathrm{d}x + C\right) = e^{-x^2}\left(\int 4xe^{x^2}\mathrm{d}x + C\right)$

$= e^{-x^2}\left(\int 2e^{x^2}\mathrm{d}x^2 + C\right)$

$= e^{-x^2}(2e^{x^2} + C) = 2 + Ce^{-x^2}$.

(18) $(x-2)y' - y = 2(x-2)^3$.

【解】 原方程可变为 $y' - \frac{1}{x-2}y = 2(x-2)^2$,

$$y = e^{\int \frac{1}{x-2}\mathrm{d}x}\left[\int 2(x-2)^2 \cdot e^{-\int \frac{1}{x-2}\mathrm{d}x}\mathrm{d}x + C\right]$$

$$= e^{\ln|x-2|}\left[\int 2(x-2)^2 \frac{1}{x-2}\mathrm{d}x + C\right]$$

$$= (x-2)\left[\int 2(x-2)\mathrm{d}x + C\right]$$

$$= (x-2)[(x-2)^2 + C]$$

$$= (x-2)^3 + C(x-2).$$

2. 求下列微分方程满足所给初始条件的特解.

(1) $(1+x^2)y' = \arctan x$, $y|_{x=0} = 0$;

【解】 分离变量得, $\mathrm{d}y = \frac{\arctan x}{1+x^2}\mathrm{d}x$,

$$y = \int \frac{\arctan x}{1+x^2}\mathrm{d}x = \frac{1}{2}(\arctan x)^2 + C,$$

由 $y|_{x=0} = 0 \Rightarrow C = 0$, 得 $y = \frac{1}{2}(\arctan x)^2$.

(2) $\cos x\sin y\mathrm{d}y = \cos y\sin x\mathrm{d}x$, $y|_{x=0} = \frac{\pi}{4}$;

【解】 分离变量得, $\frac{\sin y}{\cos y}\mathrm{d}y = \frac{\sin x}{\cos x}\mathrm{d}x$,

$-\ln|\cos y| = -\ln|\cos x| + C_1$,即 $\ln\left|\frac{\cos x}{\cos y}\right| = C_1 \Rightarrow \frac{\cos x}{\cos y} = C \quad (C = \pm e^{C_1})$,

$$y|_{x=0} = \frac{\pi}{4} \Rightarrow C = \sqrt{2},\text{所以}\frac{\cos x}{\cos y} = \sqrt{2},\text{即} \cos x - \sqrt{2}\cos y = 0.$$

(3) $(x^2-4)y' = 2xy$, $y|_{x=0} = 1$;

【解】 分离变量得, $\frac{\mathrm{d}y}{y} = \frac{2x}{x^2-4}\mathrm{d}x$,

$$\ln|y| = \ln|x^2-4| + C_1 \Rightarrow y = e^{\ln|x^2-4|+C_1},\text{即} y = C(x^2-4),$$

$$y|_{x=0} = 1 \Rightarrow C = -\frac{1}{4},\text{所以} y = -\frac{1}{4}(x^2-4).$$

(4) $\cos y\mathrm{d}x+(1+\mathrm{e}^{-x})\sin y\mathrm{d}y=0$，$y\big|_{x=0}=\dfrac{\pi}{4}$；

【解】　分离变量得，$-\dfrac{\sin y}{\cos y}\mathrm{d}y=\dfrac{\mathrm{d}x}{1+\mathrm{e}^{-x}}=\dfrac{\mathrm{e}^{x}}{1+\mathrm{e}^{x}}\mathrm{d}x$，

两边积分得，$\ln|\cos y|=\ln|1+\mathrm{e}^{x}|+C_1$，即 $\cos y=C(1+\mathrm{e}^{x})$

$$y\big|_{x=0}=\frac{\pi}{4}\Rightarrow C=\frac{\sqrt{2}}{4}\text{，所以 }\cos y=\frac{\sqrt{2}}{4}(1+\mathrm{e}^{x}).$$

(5) $(y^2-3x^2)\mathrm{d}y+2xy\mathrm{d}x=0$，$y\big|_{x=0}=1$；

【解】　原方程可变为$\dfrac{\mathrm{d}x}{\mathrm{d}y}=\dfrac{3x^2-y^2}{2xy}=\dfrac{3x}{2y}-\dfrac{y}{2x}$，

设$\dfrac{x}{y}=u$，$x=yu$，$\dfrac{\mathrm{d}x}{\mathrm{d}y}=u+y\dfrac{\mathrm{d}u}{\mathrm{d}y}$，

则 $u+y\dfrac{\mathrm{d}u}{\mathrm{d}y}=\dfrac{3}{2}u-\dfrac{1}{2u}$，即 $y\dfrac{\mathrm{d}u}{\mathrm{d}y}=\dfrac{u^2-1}{2u}$，

分离变量得，$\dfrac{2u}{u^2-1}\mathrm{d}u=\dfrac{1}{y}\mathrm{d}y\Rightarrow\ln|u^2-1|=\ln|y|+C_1$，

$$u^2-1=Cy\text{，即}\frac{x^2}{y^2}-1=Cy,$$

$$y\big|_{x=0}=1\Rightarrow C=-1\text{，所以}\frac{x^2}{y^2}-1=-y\text{，即 }x^2-y^2+y^3=0.$$

(6) $y'=\dfrac{x}{y}+\dfrac{y}{x}$，$y\big|_{x=1}=2$；

【解】　设$\dfrac{y}{x}=u$，$\dfrac{\mathrm{d}y}{\mathrm{d}x}=u+x\dfrac{\mathrm{d}u}{\mathrm{d}x}$，

则 $u+x\dfrac{\mathrm{d}u}{\mathrm{d}x}=\dfrac{1}{u}+u$，即 $u\mathrm{d}u=\dfrac{\mathrm{d}x}{x}$，

$$\frac{1}{2}u^2=\ln|x|+C\text{，即}\frac{y^2}{2x^2}=\ln|x|+C,$$

$$y\big|_{x=1}=2\Rightarrow C=2\text{，所以}\frac{y^2}{2x^2}=\ln|x|+2\text{，即 }y^2=2x^2(\ln|x|+2).$$

(7) $y'-2y=\mathrm{e}^{x}-x$，$y\big|_{x=0}=\dfrac{5}{4}$；

【解】　$y=\mathrm{e}^{\int 2\mathrm{d}x}\left[\int(\mathrm{e}^{x}-x)\mathrm{e}^{-\int 2\mathrm{d}x}\mathrm{d}x+C\right]$

$$=\mathrm{e}^{2x}\left[\int(\mathrm{e}^{x}-x)\mathrm{e}^{-2x}\mathrm{d}x+C\right]=\mathrm{e}^{2x}\left[\int(\mathrm{e}^{-x}-x\mathrm{e}^{-2x})\mathrm{d}x+C\right],$$

$$\int x\mathrm{e}^{-2x}\mathrm{d}x=-\frac{1}{2}\int x\mathrm{d}(\mathrm{e}^{-2x})=-\frac{1}{2}\left(x\mathrm{e}^{-2x}-\int\mathrm{e}^{-2x}\mathrm{d}x\right)=-\frac{1}{2}x\mathrm{e}^{-2x}-\frac{1}{4}\mathrm{e}^{-2x}+C_1,$$

$$y=e^{2x}\left(-e^{-x}+\frac{1}{2}xe^{-2x}+\frac{1}{4}e^{-2x}+C\right),$$

$$y\big|_{x=0}=\frac{5}{4}\Rightarrow C=2,\text{所以 } y=e^{2x}\left(-e^{-x}+\frac{1}{2}xe^{-2x}+\frac{1}{4}e^{-2x}+2\right),$$

即

$$y=2e^{2x}-e^{x}+\frac{1}{2}x+\frac{1}{4}.$$

(8) $y'+\frac{2-3x^2}{x^3}y=1\quad y\big|_{x=1}=0$;

【解】 $y=e^{-\int\frac{2-3x^2}{x^3}dx}\left(\int e^{\int\frac{2-3x^2}{x^3}dx}dx+C\right)=e^{3\ln|x|+x^{-2}}\left(\int e^{-3\ln|x|-x^{-2}}dx+C\right)$

$$=x^3e^{x^{-2}}\left(\int\frac{1}{x^3}e^{-x^{-2}}dx+C\right)=x^3e^{x^{-2}}\left[\frac{1}{2}\int e^{-x^{-2}}d(-x^{-2})+C\right]$$

$$=x^3e^{x^{-2}}\left(\frac{1}{2}e^{-x^{-2}}+C\right),$$

$$y\big|_{x=1}=0\Rightarrow C=-\frac{1}{2e},\text{所以 } y=x^3e^{x^{-2}}\left(\frac{1}{2}e^{-x^{-2}}-\frac{1}{2e}\right).$$

(9) $y'-y\tan x=\sec x$, $y\big|_{x=0}=0$;

【解】 $y=e^{\int\tan x dx}\left(\int\sec x\cdot e^{-\int\tan x dx}dx+C\right)$

$$=e^{-\ln|\cos x|}\left(\int\frac{1}{\cos x}e^{\ln|\cos x|}dx+C\right)=\frac{x+C}{\cos x}$$

$$y\big|_{x=0}=0\Rightarrow C=0,\text{所以 } y=\frac{x}{\cos x}.$$

(10) $y'+\frac{y}{x}=\frac{\sin x}{x}$, $y\big|_{x=\pi}=1$;

【解】 $y=e^{-\int\frac{1}{x}dx}\left(\int\frac{\sin x}{x}\cdot e^{\int\frac{1}{x}dx}dx+C\right)$

$$=e^{-\ln|x|}\left(\int\frac{\sin x}{x}\cdot e^{\ln|x|}dx+C\right)=\frac{1}{x}(-\cos x+C),$$

$$y\big|_{x=\pi}=1\Rightarrow C=\pi-1,\text{所以 } y=\frac{1}{x}(-\cos x+\pi-1).$$

(11) $y'+y\cot x=5e^{\cos x}$, $y\big|_{x=\frac{\pi}{2}}=-4$;

【解】 $y=e^{-\int\cot x dx}\left(\int 5e^{\cos x}\cdot e^{\int\cot x dx}dx+C\right)$

$$=e^{-\ln|\sin x|}\left(\int 5e^{\cos x}\cdot e^{\ln|\sin x|}dx+C\right)=\frac{1}{\sin x}(-5e^{\cos x}+C),$$

$$y\big|_{x=\frac{\pi}{2}}=-4\Rightarrow C=1,\text{所以 } y=\frac{1}{\sin x}(-5e^{\cos x}+1),\text{即 } y\sin x+5e^{\cos x}=1.$$

(12) $y'+3y=8$, $y\big|_{x=0}=2$.

【解】 $y = e^{-\int 3dx}\left(\int 8 \cdot e^{\int 3dx}dx + C\right)$

$= e^{-3x}\left(\int 8e^{3x}dx + C\right) = e^{-3x}\left(\frac{8}{3}e^{3x} + C\right)$,

$y|_{x=0} = 2 \Rightarrow C = -\frac{2}{3}$,所以 $y = e^{-3x}\left(\frac{8}{3}e^{3x} - \frac{2}{3}\right) = \frac{2}{3}(4 - e^{-3x})$.

习题 10.3　可降阶的二阶微分方程

1. 求下列微分方程的通解：

(1) $y''' = xe^x$;

【解】 $y'' = \int xe^x dx = xe^x - e^x + C$,

$y' = \int (xe^x - e^x + C)dx = xe^x - e^x - e^x + Cx + C_2 = xe^x - 2e^x + Cx + C_2$,

$y = xe^x - e^x - 2e^x + \frac{1}{2}Cx^2 + C_2x + C_3 = xe^x - 3e^x + C_1x^2 + C_2x + C_3$.

(2) $(1+x^2)y'' + (y')^2 + 1 = 0$;

【解】 设 $y' = p$, $y'' = \frac{dp}{dx}$,

则原方程变为$(1+x^2)\frac{dp}{dx} + p^2 + 1 = 0$,

即
$$\frac{dp}{p^2+1} = -\frac{dx}{x^2+1} \Rightarrow \arctan p = -\arctan x + C,$$

则
$$y' = p = \tan(-\arctan x + C) = \frac{\tan C - x}{1 + x\tan C},$$

$$y = \int \frac{\tan C - x}{1 + x\tan C}dx = \ln|1 + x\tan C| - \frac{x}{\tan C} + \frac{1}{(\tan C)^2}\ln|1 + x\tan C| + C_2$$

即
$$y = (1 + C_1^2)\ln\left|1 + \frac{x}{C_1}\right| - C_1x + C_2 \quad \left(C_1 = \frac{1}{\tan C}\right).$$

(3) $1 + (y')^2 = 2yy''$;

【解】 设 $y' = p(y)$，则 $y'' = \frac{dp}{dy}\frac{dy}{dx} = p\frac{dp}{dy}$,

则原方程变为 $p^2 + 1 = 2py\frac{dp}{dy}$,

即$\frac{2p}{p^2+1}dp = \frac{1}{y}dy \Rightarrow \ln(p^2+1) = \ln|y| + C$，即 $p^2 + 1 = C_1y$,

所以 $y' = p = \pm\sqrt{C_1y - 1}$,即$\frac{dy}{\pm\sqrt{C_1y-1}} = dx \Rightarrow \int \frac{1}{\pm C_1}(C_1y - 1)^{-\frac{1}{2}}d(C_1y - 1) = \int dx$,

$\frac{2}{\pm C_1}(C_1y - 1)^{\frac{1}{2}} = x + C_2 \Rightarrow 4(C_1y - 1) = C_1^2(x + C_2)^2$.

(4) $y''=(y')^3+y'$.

【解】 设 $y'=p(y), y''=\frac{dp}{dy}\frac{dy}{dx}=p\frac{dp}{dy}$,

则 $p\frac{dp}{dy}=p^3+p \Rightarrow \frac{1}{1+p^2}dp=dy$,

$$\arctan p=y+C_1 \Rightarrow \frac{dy}{dx}=p=\tan(y+C_1),$$

$$\frac{dy}{\tan(y+C_1)}=dx \Rightarrow \ln|\sin(y+C_1)|=x+C, \text{即} \sin(y+C_1)=C_2e^x.$$

(5) $y^3y''-1=0$;

【解】 设 $y'=p(y), y''=\frac{dp}{dy}\frac{dy}{dx}=p\frac{dp}{dy}$,

则 $y^3p\frac{dp}{dy}=1$，即 $pdp=\frac{dy}{y^3}$,

$$\frac{1}{2}p^2=-\frac{1}{2}y^{-2}+C \Rightarrow \frac{dy}{dx}=p=\pm\sqrt{-\frac{1}{y^2}+C_1},$$

$$\pm\frac{y}{\sqrt{-1+C_1y^2}}dy=dx \Rightarrow \pm\frac{1}{C_1}\sqrt{C_1y^2-1}=x+C_2,$$

即
$$C_1y^2-1=C_1^2(x+C_2)^2.$$

2. 求微分方程满足所给初始条件的特解:

$$y''-a(y')^2=0, y|_{x=0}=0, y'|_{x=0}=-1.$$

【解】 设 $y'=p(y), y''=\frac{dp}{dy}\frac{dy}{dx}=p\frac{dp}{dy}$,

则 $p\frac{dp}{dy}=ap^2$，即$\frac{1}{p}dp=ady \Rightarrow \ln|p|=ay+C$,

所以$\frac{dy}{dx}=p=C_1e^{ay} \Rightarrow \frac{dy}{e^{ay}}=C_1dx$，即 $-\frac{1}{a}e^{-ay}=C_1x+C_2$,

$y|_{x=0}=0, y'|_{x=0}=-1 \Rightarrow C_2=-\frac{1}{a}, C_1=-1$,所以 $e^{-ay}=ax+1$,即 $y=-\frac{1}{a}\ln(ax+1)$.

3. 已知某曲线，它的方程满足 $yy''+(y')^2=1$，且与另一曲线 $y=e^{-x}$相切于点(0, 1)，求此曲线的方程.

【解】 由已知条件得所求曲线方程满足 $y|_{x=0}=1$，$y'|_{x=0}=-1$,

设 $y'=p(y), y''=\frac{dp}{dy}\frac{dy}{dx}=p\frac{dp}{dy}$,

则原方程变为 $py\frac{dp}{dy}+p^2=1$,

即$\frac{p}{1-p^2}dp=\frac{1}{y}dy \Rightarrow \frac{1}{2}\ln|p^2-1|=-\ln|y|+C$，即 $p^2=1+\frac{C_1}{y^2}$,

所以$\frac{dy}{dx}=p=\pm\sqrt{1+\frac{C_1}{y^2}}$.

由 $y|_{x=0}=1$，$y'|_{x=0}=-1<0$ 得，$C_1=0$，

所以$\frac{dy}{dx}=-1\Rightarrow y=-x+C_2$，

再由 $y|_{x=0}=1$，得 $C_2=1\Rightarrow y=1-x$.

习题 10.4　二阶线性微分方程解的结构

1. 下列函数组哪些是线性无关的：

(1) x，x^2，x^3；　　(2) e^{-x}，e^x；

(3) $\sin 2x$，$\sin x\cos x$；　　(4) $\ln x$，$x\ln x$.

【解】 (1) 线性无关；

(2) 因为$\frac{e^x}{e^{-x}}=e^{2x}\neq$常数，所以 e^{-x}，e^x线性无关；

(3) 因为$\frac{\sin 2x}{\sin x\cos x}=2$，所以 $\sin 2x$，$\sin x\cos x$ 线性相关；

(4) 因为$\frac{x\ln x}{\ln x}=x\neq$常数，所以 $\ln x$，$x\ln x$ 线性无关.

2. 验证 $y_1=\cos 2x$ 及 $y_2=\sin 2x$ 是方程 $y''+4y=0$ 的两个解，并写出该方程的通解.

【证】 因为 $y_1'=-2\sin 2x$，$y_1''=-4\cos 2x$，$y_1''+4y_1=-4\cos 2x+4\cos 2x=0$，

$y_2'=2\cos 2x, y_2''=-4\sin 2x, y_2''+4y_2=-4\sin 2x+4\sin 2x=0$，

所以 $y_1=\cos 2x$ 及 $y_2=\sin 2x$ 是方程 $y''+4y=0$ 的两个解，

又因为 $y_1=\cos 2x$，$y_2=\sin 2x$ 线性无关，所以该方程的通解为 $y=C_1\cos 2x+C_2\sin 2x$.

3. 证明函数 $y=C_1e^x+C_2e^{2x}+\frac{1}{12}e^{5x}$($C_1$，$C_2$ 是任意常数)是方程 $y''-3y'+2y=e^{5x}$的通解.

【证】 把 $y'=C_1e^x+2C_2e^{2x}+\frac{5}{12}e^{5x}$，$y''=C_1e^x+4C_2e^{2x}+\frac{25}{12}e^{5x}$，代入方程左端得，

$C_1e^x+4C_2e^{2x}+\frac{25}{12}e^{5x}-3\left(C_1e^x+2C_2e^{2x}+\frac{5}{12}e^{5x}\right)+2\left(C_1e^x+C_2e^{2x}+\frac{1}{12}e^{5x}\right)=e^{5x}=$右端，

所以 $y=C_1e^x+C_2e^{2x}+\frac{1}{12}e^{5x}$是方程 $y''-3y'+2y=e^{5x}$的解，

又因为 C_1，C_2 是两个独立的任意常数，所以 $y=C_1e^x+C_2e^{2x}+\frac{1}{12}e^{5x}$是通解.

4. 设 y_1^*，y_2^*，y_3^* 是二阶非齐次线性微分方程的三个解，且它们是线性无关的，证明方程的通解为

$$y=C_1y_1^*+C_2y_2^*+(1-C_1-C_2)y_3^*.$$

【证】　因为 y_1^*，y_2^*，y_3^* 是二阶非齐次线性微分方程的三个解，
所以 $y_1^*-y_3^*$，$y_2^*-y_3^*$ 是相应的二阶齐次线性微分方程的两个解，且线性无关，
故 $Y=C_1(y_1^*-y_3^*)+C_2(y_2^*-y_3^*)$ 是相应的二阶齐次线性微分方程的通解，
则 $y=C_1(y_1^*-y_3^*)+C_2(y_2^*-y_3^*)+y_3^*$ 是二阶非齐次线性微分方程的通解，
即方程的通解为 $y=C_1y_1^*+C_2y_2^*+(1-C_1-C_2)y_3^*$.

5. 设方程 $y''+p(x)y'+q(x)y=0$ 的系数满足

(1) $p(x)+xq(x)=0$，证明方程有特解 $y=x$；

(2) $1+p(x)+q(x)=0$，证明方程有特解 $y=\mathrm{e}^x$.

【证】　(1) 把 $y=x$，$y'=1$，$y''=0$ 代入方程左端得，$p(x)+xq(x)=0=$ 右端，所以方程有特解 $y=x$；

(2) 把 $y=\mathrm{e}^x$，$y'=\mathrm{e}^x$，$y''=\mathrm{e}^x$ 代入方程左端得，

$$\mathrm{e}^x+\mathrm{e}^xp(x)+\mathrm{e}^xq(x)=\mathrm{e}^x[1+p(x)+q(x)]=0=\text{右端},$$

所以方程有特解 $y=\mathrm{e}^x$.

6. 利用上题结论求方程 $(x-1)y''-xy'+y=0$ 的通解.

【解】　原方程可变为 $y''-\dfrac{x}{x-1}y'+\dfrac{1}{x-1}y=0$，

$$p(x)=-\frac{x}{x-1},q(x)=\frac{1}{x-1},$$

故 $p(x)+xq(x)=0$，$1+p(x)+q(x)=1-\dfrac{x}{x-1}+\dfrac{1}{x-1}=0$，

由题5知，$y=x$，$y=\mathrm{e}^x$ 是原方程的特解，
又因为 $y=x$，$y=\mathrm{e}^x$ 线性无关，所以原方程的通解为 $y=C_1x+C_2\mathrm{e}^x$.

习题 10.5　二阶常系数线性微分方程

1. 下列微分方程的通解：

(1) $y''+8y'+15y=0$；

【解】　特征方程为 $r^2+8r+15=0$，
即 $(r+3)(r+5)=0$，$r_1=-3$，$r_2=-5$，
所以原方程的通解为 $y=C_1\mathrm{e}^{-3x}+C_2\mathrm{e}^{-5x}$.

(2) $y''+6y'+9y=0$；

【解】　特征方程为 $r^2+6r+9=0$，
即 $(r+3)^2=0$，$r_1=r_2=-3$，
所以原方程的通解为 $y=(C_1+C_2x)\mathrm{e}^{-3x}$.

(3) $y''+4y'+5y=0$；

【解】　特征方程为 $r^2+4r+5=0$，即 $r=-2\pm\mathrm{i}$，

所以原方程的通解为 $y=\mathrm{e}^{-2x}(C_1\cos x+C_2\sin x)$.

(4) $4\dfrac{\mathrm{d}^2s}{\mathrm{d}t^2}-20\dfrac{\mathrm{d}s}{\mathrm{d}t}+25s=0$;

【解】 特征方程为 $4r^2-20r+25=0$，即 $r_1=r_2=\dfrac{5}{2}$，

故 $s=(C_1+C_2t)\mathrm{e}^{\frac{5}{2}t}$.

(5) $3y''-2y'+8y=0$;

【解】 特征方程为 $3r^2-2r+8=0$，

即 $r=\dfrac{1}{3}\pm\dfrac{\sqrt{23}}{3}\mathrm{i}$，

故　$y=\mathrm{e}^{\frac{1}{3}x}\left(C_1\cos\dfrac{\sqrt{23}}{3}x+C_2\sin\dfrac{\sqrt{23}}{3}x\right)$.

(6) $y'''-y=0$.

【解】 特征方程为 $r^3-1=0$，

即 $r_1=1$，$r=\dfrac{-1\pm\sqrt{3}\mathrm{i}}{2}$，

故 $y=C_1\mathrm{e}^x+\mathrm{e}^{-\frac{1}{2}x}\left(C_2\cos\dfrac{\sqrt{3}}{2}x+C_3\sin\dfrac{\sqrt{3}}{2}x\right)$.

(7) $y''-7y'+12y=x$;

【解】 特征方程为 $r^2-7r+12=0$，

即 $(r-3)(r-4)=0\Rightarrow r_1=3$，$r_2=4$，

对应齐次方程的通解为 $Y=C_1\mathrm{e}^{3x}+C_2\mathrm{e}^{4x}$.

已知 $\lambda=0$ 不是特征方程的根，则设特解 $y^*=ax+b$，

$y^{*\prime}=a$，$y^{*\prime\prime}=0$，代入原方程得，$-7a+12ax+12b=x\Rightarrow a=\dfrac{1}{12}$，$b=\dfrac{7}{144}$，

故 $y^*=\dfrac{1}{12}x+\dfrac{7}{144}$，

所以原方程的通解为 $y=C_1\mathrm{e}^{3x}+C_2\mathrm{e}^{4x}+\dfrac{1}{12}x+\dfrac{7}{144}$.

(8) $y''-3y'=2-6x$;

【解】 特征方程为 $r^2-3r=0$，即 $r_1=0$，$r_2=3$，

对应齐次方程的通解为 $Y=C_1+C_2\mathrm{e}^{3x}$，

已知 $\lambda=0$ 是特征方程的单根，则设特解 $y^*=x(ax+b)$，

$y^{*\prime}=2ax+b$，$y^{*\prime\prime}=2a$ 代入原方程得，$2a-6ax-3b=2-6x\Rightarrow a=1$，$b=0$，

故 $y^*=x^2$，所以原方程的通解为 $y=C_1+C_2\mathrm{e}^{3x}+x^2$.

(9) $y''+a^2y=\mathrm{e}^x$;

【解】　特征方程为 $r^2+a^2=0$，即 $r=\pm a\mathrm{i}$，
对应齐次方程的通解为 $Y=C_1\cos ax+C_2\sin ax$，
已知 $\lambda=1$ 不是特征方程的根，则设特解 $y^*=b\mathrm{e}^x$，
$y^{*\prime}=b\mathrm{e}^x$，$y^{*\prime\prime}=b\mathrm{e}^x$，代入原方程得，$b\mathrm{e}^x+a^2b\mathrm{e}^x=\mathrm{e}^x\Rightarrow b=\dfrac{1}{1+a^2}$，
故 $y^*=\dfrac{1}{1+a^2}\mathrm{e}^x$，
所以原方程的通解为 $y=C_1\cos ax+C_2\sin ax+\dfrac{1}{1+a^2}\mathrm{e}^x$.

(10) $y''-3y'+2y=3\mathrm{e}^{2x}$；

【解】　特征方程为 $r^2-3r+2=0$，即 $r_1=1$，$r_2=2$，
对应齐次方程的通解为 $Y=C_1\mathrm{e}^x+C_2\mathrm{e}^{2x}$，
已知 $\lambda=2$ 是特征方程的单根，则设特解 $y^*=bx\mathrm{e}^{2x}$，
$y^{*\prime}=b\mathrm{e}^{2x}(1+2x)$，$y^{*\prime\prime}=4b(1+x)\mathrm{e}^{2x}$，代入原方程得，

$$4b(1+x)\mathrm{e}^{2x}-3b\mathrm{e}^{2x}(1+2x)+2bx\mathrm{e}^{2x}=3\mathrm{e}^{2x}\Rightarrow b=3,$$

故 $y^*=3x\mathrm{e}^{2x}$，
所以原方程的通解为 $y=C_1\mathrm{e}^x+C_2\mathrm{e}^{2x}+3x\mathrm{e}^{2x}$.

(11) $y''+y=\cos 2x$；

【解】　特征方程为 $r^2+1=0$，即 $r=\pm\mathrm{i}$，
对应齐次方程的通解为 $Y=C_1\cos x+C_2\sin x$，
已知 $\lambda\pm\mathrm{i}\omega=\pm2\mathrm{i}$ 不是特征方程的根，则设特解 $y^*=a\cos 2x+b\sin 2x$，
$y^{*\prime}=-2a\sin 2x+2b\cos 2x$，$y^{*\prime\prime}=-4a\cos 2x-4b\sin 2x$，代入原方程得，

$$-4a\cos 2x-4b\sin 2x+a\cos 2x+b\sin 2x=\cos 2x\Rightarrow a=-\frac{1}{3},b=0,$$

故 $y^*=-\dfrac{1}{3}\cos 2x$，
所以原方程的通解为 $y=C_1\cos x+C_2\sin x-\dfrac{1}{3}\cos 2x$.

(12) $y''+y=\sin x$；

【解】　特征方程为 $r^2+1=0$，即 $r=\pm\mathrm{i}$，
对应齐次方程的通解为 $Y=C_1\cos x+C_2\sin x$，
已知 $\lambda=\pm\mathrm{i}\omega=\pm\mathrm{i}$ 是特征方程的根，则设特解 $y^*=x(a\cos x+b\sin x)$，

$$y^{*\prime}=a\cos x+b\sin x+x(-a\sin x+b\cos x),$$

$$y^{*\prime\prime}=-a\sin x+b\cos x+x(-a\cos x-b\sin x)-a\sin x+b\cos x,$$

代入原方程得，

$$-2a\sin x+2b\cos x=\sin x\Rightarrow a=-\frac{1}{2},b=0,$$

故 $y^*=-\frac{1}{2}x\cos x$,

所以原方程的通解为 $y=C_1\cos x+C_2\sin x-\frac{1}{2}x\cos x$.

2. 求下列微分方程满足所给初始条件的特解:

(1) $4y''+4y'+y=0$, $y|_{x=0}=2$, $y'|_{x=0}=0$;

【解】 特征方程为 $4r^2+4r+1=0$, 即 $r_1=r_2=-\frac{1}{2}$,

所以原方程的通解为 $y=(C_1+C_2x)\mathrm{e}^{-\frac{1}{2}x}$

$$y|_{x=0}=2\Rightarrow C_1=2,\text{故 } y=(2+C_2x)\mathrm{e}^{-\frac{1}{2}x},$$

$$y'=C_2\mathrm{e}^{-\frac{1}{2}x}-\frac{1}{2}(2+C_2x)\mathrm{e}^{-\frac{1}{2}x},$$

$$y'|_{x=0}=0\Rightarrow C_2=1,$$

所以满足所给初始条件的特解为 $y=(2+x)\mathrm{e}^{-\frac{1}{2}x}$.

(2) $y''-3y'-4y=0$, $y|_{x=0}=0$, $y'|_{x=0}=-5$;

【解】 特征方程为 $r^2-3r-4=0$, 即 $r_1=-1$, $r_2=4$,

所以原方程的通解为 $y=C_1\mathrm{e}^{-x}+C_2\mathrm{e}^{4x}$,

$$y|_{x=0}=0,y'|_{x=0}=-5\Rightarrow C_1=1,C_2=-1,$$

所以所求满足所给初始条件的特解为 $y=\mathrm{e}^{-x}-\mathrm{e}^{4x}$.

(3) $y''+4y'+29y=0$, $y|_{x=0}=0$, $y'|_{x=0}=15$;

【解】 特征方程为 $r^2+4r+29=0$, 即 $r=-2\pm5\mathrm{i}$,

所以原方程的通解为 $y=\mathrm{e}^{-2x}(C_1\cos 5x+C_2\sin 5x)$,

$y|_{x=0}=0\Rightarrow C_1=0$, 故 $y=C_2\mathrm{e}^{-2x}\sin 5x$,

$y'=-2C_2\mathrm{e}^{-2x}\sin 5x+5C_2\mathrm{e}^{-2x}\cos 5x$,

$y'|_{x=0}=15\Rightarrow C_2=3$,

所以特解为 $y=3\mathrm{e}^{-2x}\sin 5x$.

(4) $y'''-y'=0$, $y|_{x=0}=4$, $y'|_{x=0}=-1$, $y''|_{x=0}=1$.

【解】 特征方程为 $r^3-r=0$,

即 $r(r+1)(r-1)=0\Rightarrow r_1=0$, $r_2=-1$, $r_3=1$,

所以原方程的通解为 $y=C_1+C_2\mathrm{e}^{-x}+C_3\mathrm{e}^{x}$,

$y'=-C_2\mathrm{e}^{-x}+C_3\mathrm{e}^{x}$, $y''=C_2\mathrm{e}^{-x}+C_3\mathrm{e}^{x}$,

$y|_{x=0}=4$, $y'|_{x=0}=-1$, $y''|_{x=0}=1\Leftrightarrow C_1=3$, $C_2=1$, $C_3=0$,

所以特解为 $y=3+\mathrm{e}^{-x}$.

(5) $y''-y=4xe^{x}$，$y|_{x=0}=0$，$y'|_{x=0}=1$；

【解】 特征方程为 $r^2-1=0$，即 $r_1=-1$，$r_2=1$，

对应齐次方程的通解为 $Y=C_1e^{-x}+C_2e^{x}$，

已知 $\lambda=1$ 是特征方程的单根，则设特解 $y^*=(ax+b)xe^{x}$，

$y^{*\prime}=(ax^2+2ax+bx+b)e^{x}, y^{*\prime\prime}=(2ax+2a+b)e^{x}+(ax^2+2ax+bx+b)e^{x}$

代入原方程得，

$$(ax^2+4ax+bx+2a+2b-ax^2-bx)e^{x}=4xe^{x}\Rightarrow a=1,b=-1,$$

故
$$y^*=(x-1)xe^{x},$$

所以原方程的通解为 $y=C_1e^{-x}+C_2e^{x}+(x-1)xe^{x}$，

$$y'=-C_1e^{-x}+C_2e^{x}+(x-1)e^{x}+xe^{x}+(x-1)xe^{x},$$

$$y|_{x=0}=0,y'|_{x=0}=1\Rightarrow C_1=-1,C_2=1,$$

所以所求特解为 $y=-e^{-x}+e^{x}+(x-1)xe^{x}$.

(6) $y''-4y'=5$，$y|_{x=0}=1$，$y'|_{x=0}=0$；

【解】 特征方程为 $r^2-4r=0$，即 $r_1=0$，$r_2=4$，

对应齐次方程的通解为 $Y=C_1+C_2e^{4x}$，

已知 $\lambda=0$ 是特征方程的单根，则设特解 $y^*=ax$，

$y^{*\prime}=a$，$y^{*\prime\prime}=0$，代入原方程得，$0-4a=5\Rightarrow a=-\dfrac{5}{4}$，故 $y^*=-\dfrac{5}{4}x$，

所以原方程的通解为 $y=C_1+C_2e^{4x}-\dfrac{5}{4}x$，

$$y'=4C_2e^{4x}-\frac{5}{4},$$

$$y|_{x=0}=1,y'|_{x=0}=0\Rightarrow C_1=\frac{11}{16},C_2=\frac{5}{16}.$$

所以所求特解为 $y=\dfrac{11}{16}+\dfrac{5}{16}e^{4x}-\dfrac{5}{4}x$.

(7) $\dfrac{d^2x}{dt^2}-2\dfrac{dx}{dt}+2x=4e^{t}\cos t$，$x|_{t=\pi}=0$，$x'|_{t=\pi}=-2\pi e^{\pi}$.

【解】 特征方程为 $r^2-2r+2=0$，即 $r=1\pm i$，

对应齐次方程的通解为 $X=e^{t}(C_1\cos t+C_2\sin t)$，

已知 $\lambda\pm i\omega=1\pm i$ 是特征方程的根，则设特解 $x^*=t(a\cos t+b\sin t)e^{t}$，代入原方程得，

$$(2b\cos t-2a\sin t)e^{t}=4e^{t}\cos t\Rightarrow a=0,b=2,\text{故 } x^*=2te^{t}\sin t,$$

所以原方程的通解为 $x=e^{t}(C_1\cos t+C_2\sin t)+2te^{t}\sin t$，

由 $x|_{t=\pi}=0$，$x'|_{t=\pi}=-2\pi e^{\pi}$ 得，$C_1=0$，$C_2=0$，

所以特解为 $x=2te^{t}\sin t$.

3. 设函数$f(x)$连续，且有

$$f(x)=e^{x}+\int_{0}^{x}tf(t)\,dt-x\int_{0}^{x}f(t)\,dt,$$

求函数$f(x)$.

【解】　$f'(x)=e^{x}+xf(x)-\int_{0}^{x}f(t)\,dt-xf(x)=e^{x}-\int_{0}^{x}f(t)\,dt,$

$$f''(x)=e^{x}-f(x),\text{即}f''(x)+f(x)=e^{x},$$

由于它是二阶线性非齐次微分方程，且$f(0)=1$，$f'(0)=1$.

特征方程为$r^{2}+1=0\Rightarrow r=\pm i$,

设$y^{*}=be^{x}$，代入方程得，$be^{x}+be^{x}=e^{x}\Rightarrow b=\frac{1}{2}$,

故$y=C_{1}\cos x+C_{2}\sin x+\frac{1}{2}e^{x}$,

$$y'=-C_{1}\sin x+C_{2}\cos x+\frac{1}{2}e^{x},$$

$$x=0,f(0)=1,f'(0)=1\Rightarrow C_{1}=\frac{1}{2},C_{2}=\frac{1}{2},$$

故$y=\frac{1}{2}\cos x+\frac{1}{2}\sin x+\frac{1}{2}e^{x}$.

4. 已知某二阶非齐次线性微分方程具有下列三个解：

$$y_{1}=xe^{x}+e^{2x},y_{2}=xe^{x}+e^{-x},y_{3}=xe^{x}+e^{2x}-e^{-x},$$

求此微分方程及其通解.

【解】　$y_{3}-y_{1}=-e^{-x}$，$y_{2}-y_{1}=e^{-x}-e^{2x}$是对应齐次方程的解，

且$\frac{y_{2}-y_{1}}{y_{3}-y_{1}}=\frac{e^{-x}-e^{2x}}{-e^{-x}}\neq$常数，即$y_{3}-y_{1}$，$y_{2}-y_{1}$线性无关，

故原方程的通解为$y=-C_{1}e^{-x}+C_{2}(e^{-x}-e^{2x})+xe^{x}$.

习题 10.6　差分方程

1. 求下列函数的一阶和二阶差分：

(1) $y=1-2t^{2}$;

【解】

$$\Delta y=y(t+1)-y(t)=1-2(t+1)^{2}-1+2t^{2}$$
$$=-2t^{2}-4t-2+2t^{2}=-4t-2,$$
$$\Delta^{2}y=-4(t+1)-2+4t+2=-4.$$

(2) $y=\frac{1}{t^{2}}$;

【解】

$$\Delta y=\frac{1}{(t+1)^{2}}-\frac{1}{t^{2}}=\frac{t^{2}-(t+1)^{2}}{t^{2}(t+1)^{2}}=\frac{-2t-1}{t^{2}(t+1)^{2}},$$

$$\Delta^2 y=\frac{-2(t+1)-1}{(t+1)^2(t+2)^2}-\frac{-2t-1}{t^2(t+1)^2}=\frac{6t^2+12t+4}{t^2(t+1)^2(t+2)^2}.$$

（3）$y=3t^2-t+2$；

【解】
$$\Delta y=3(t+1)^2-(t+1)+2-(3t^2-t+2)=6t+2,$$
$$\Delta^2 y=6(t+1)+2-6t-2=6.$$

（4）$y=t^2(2t-1)$；

【解】
$$\Delta y=(t+1)^2[2(t+1)-1]-t^2(2t-1)=6t^2+4t+1,$$
$$\Delta^2 y=6(t+1)^2+4(t+1)+1-(6t^2+4t+1)=12t+10.$$

（5）$y=e^{2t}$.

【解】
$$\Delta y=e^{2(t+1)}-e^{2t}=e^{2t}(e^2-1),$$
$$\Delta^2 y=e^{2(t+1)}(e^2-1)-e^{2t}(e^2-1)=e^{2t}(e^2-1)^2.$$

2. 确定下列方程的阶：

（1）$y_{t+3}-x^2y_{t+1}+3y_t=2$；　　（2）$y_{t-2}-y_{t-4}=y_{t+2}$

【解】（1）三阶；（2）六阶.

3. 求下列差分方程的通解：

（1）$y_{t+1}-2y_t=0$；

【解】因为 $P=2$，所以 $y_t=AP^t=A2^t$.

（2）$y_{t+1}+y_t=0$；

【解】$y_t=A(-1)^t$.

（3）$y_{t+1}-2y_t=6t^2$；

【解】这里 $P=2$，$C=6$，

设方程的特解为 $y_t^*=B_0+B_1t+B_2t^2$，将 y_t^* 的形式代入该方程，得
$$B_0+B_1(t+1)+B_2(t+1)^2-2B_0-2B_1t-2B_2t^2=6t^2,$$
即
$$B_0+B_1+B_2-2B_0+(B_1+2B_2-2B_1)t+(B_2-2B_2)t^2=6t^2,$$
故
$$B_0+B_1+B_2-2B_0=0,B_1+2B_2-2B_1=0,B_2=-6$$
$$\Rightarrow B_0=-18,B_1=-12,y_t^*=-18-12t-6t^2,$$
故
$$y_t=-6(3+2t+t^2)+A2^t.$$

（4）$y_{t+1}+y_t=2^t$；

【解】这里 $P=-1$，$C=1$，$b=2\neq P$，利用公式 $y_t=AP^t+\dfrac{C}{b-P}b^t$，

所求通解为 $y_t=A(-1)^t+\dfrac{2^t}{3}$.

（5）$y_{t+1}+y_t=t$.

【解】这里 $P=-1$，$C=1$，

设方程的特解为 $y_t^*=B_0+B_1t$，将 y_t^* 的形式代入该方程，得
$$B_0+B_1(t+1)+B_0+B_1t=t,\text{即 }2B_1t+2B_0+B_1=t,$$

$$\Rightarrow 2B_1=1, 2B_0+B_1=0 \Rightarrow B_0=-\frac{1}{4}, B_1=\frac{1}{2},$$

$$y_t^*=-\frac{1}{4}+\frac{1}{2}t, \text{故 } y_t=-\frac{1}{4}+\frac{1}{2}t+A(-1)^t.$$

4. 求下列差分方程在给定初始条件下的特解：

（1）$4y_{t+1}+2y_t=1$，$y_0=1$；

【解】 $y_{t+1}+\frac{1}{2}y_t=\frac{1}{4}$.

由于 $P=-\frac{1}{2}$，$C=\frac{1}{4}$，利用公式 $y_t=AP^t+\frac{C}{1-P}$ $(P\neq 1)$，

故原方程的通解为 $y_t=A\left(-\frac{1}{2}\right)^t+\frac{1}{6}$，

由 $y_0=1\Rightarrow A=\frac{5}{6}$，所以特解为 $y_t=\frac{5}{6}\left(-\frac{1}{2}\right)^t+\frac{1}{6}$.

（2）$y_{t+1}-y_t=3$，$y_0=2$；

【解】 由于 $P=1$，$C=3$，利用公式 $y_t=A+Ct$ $(P=1)$，

故原方程的通解为 $y_t=A+3t$，

由 $y_0=2\Rightarrow A=2$，所以特解为 $y_t=2+3t$.

（3）$2y_{t+1}+y_t=0$，$y_0=3$；

【解】 $y_{t+1}+\frac{1}{2}y_t=0$，

故原方程的通解为 $y_t=A\left(-\frac{1}{2}\right)^t$，

由 $y_0=3\Rightarrow A=3$，所以特解为 $y_y=3\left(-\frac{1}{2}\right)^t$.

（4）$y_t=-7y_{t-1}+16$，$y_0=5$.

【解】 $y_t+7y_{t-1}=16$，

由于 $P=-7$，$C=16$，利用公式 $y_t=AP^t+\frac{C}{1-P}$ $(P\neq 1)$，

故原方程的通解为 $y_t=A(-7)^t+2$，

由 $y_0=5\Rightarrow A=3$，所以特解为 $y_t=3(-7)^t+2$.

习题 10.7　微分方程在经济管理分析中的应用

1. 某商品的需求量 D 价格 P 的弹性为 $-P\ln 3$. 已知该商品的最大需求量为 1500（即当 $P=0$ 时，$D=1500$），求需求量 D 对价格 P 的函数关系式.

【解】 由题意得 $-P\ln 3=\frac{P}{D}\frac{dD}{dP}$，即 $\frac{dD}{D}=-\ln 3\,dP$，

两边积分得，$\ln D=-\ln 3\cdot P+C$，

由 $P=0$ 时，$D=1500$ 得，$C=\ln 1500$，故 $D=1500\cdot 3^{-P}$.

2. 某国的国民收入 y 随时间 t 的变化率为 $-0.003y+0.00304$，假定 $y(0)=0$，求国民收入 y 与时间 t 的函数关系．

【解】 由题意得 $\frac{dy}{dt}=-0.003y+0.00304$，即 $\frac{dy}{dt}+0.003y=0.00304$，

$$
\begin{aligned}
y &= e^{-\int 0.003dt}\left(\int 0.00304e^{\int 0.003dt}dt+C\right)\\
&= e^{-0.003t}\left(\int 0.00304e^{0.003t}dt+C\right)\\
&= e^{-0.003t}(1.013e^{0.003t}+C)\\
&= 1.013+Ce^{-0.003t},
\end{aligned}
$$

由 $y(0)=0\Rightarrow C=-1.013$，$y=1.013(1-e^{-0.003t})$．

3. 已知储存在仓库中汽油的数量 x 与支付仓库管理费 y 之间的关系是

$$
\begin{cases}\frac{dy}{dx}=ax+b,\\ y|_{x=0}=y_0.\end{cases}
$$

其中，a，b 为常数，试求 y 与 x 的函数关系．

【解】 $y=\int(ax+b)dx=\frac{ax^2}{2}+bx+C$，由 $y|_{x=0}=y_0\Rightarrow C=y_0$，故 $y=\frac{ax^2}{2}+bx+y_0$.

4. 某种商品的消费量 X 随收入 I 的变化满足方程

$$
\frac{dX}{dI}=X+ae^I\text{（}a\text{ 为常数），}
$$

当 $I=0$ 时，$X=X_0$，求函数 $X=X(I)$ 的表达式．

【解】 原方程可变为 $\frac{dX}{dI}-X=ae^I$，

$$
\begin{aligned}
X &= e^{-\int(-1)dI}\left[\int ae^Ie^{\int(-1)dI}dI+C\right]\\
&= e^I\left(\int adI+C\right)=e^I(aI+C),
\end{aligned}
$$

由 $I=0$ 时，$X=X_0$ 得，$C=X_0$，故 $X=e^I(aI+X_0)$．

***5.**（伯努利方程）某企业办公室平均月费用 y 与办公室工作人数之间的关系满足方程

$$
\frac{dy}{dx}+2y=y^2e^{-x},
$$

已知 $x=0$ 时，$y=3$，求 $y=y(x)$．

【解】 变量代换，设 $z=y^{-1}$，$\frac{dz}{dx}=-\frac{1}{y^2}\cdot\frac{dy}{dx}$，

则原方程变为 $\frac{dz}{dx}-2z=-e^{-x}$，

$$
z=e^{-\int(-2)dx}\left[\int(-e^{-x})e^{\int(-2)dx}dx+C\right]=e^{2x}\left(\frac{1}{3}e^{-3x}+C\right)=\frac{1+3Ce^{3x}}{3e^x},
$$

故 $y=\dfrac{3e^x}{1+3Ce^{3x}}$，由 $x=0$ 时，$y=3$ 得，$C=0$，故 $y=3e^x$.

6. 设市场上某商品的需求和供给函数分别为

$$D_1=10-P-4P'+P'',D_2=-2+2P+5P'+10P'',$$

初始条件 $P|_{t=0}=5$，$P'|_{t=0}=\dfrac{1}{2}$. 试求在市场均衡条件 $D_1=D_2$ 下，该商品的价格函数 $P=P(t)$.

【解】　由 $D_1=D_2$ 得，$3P''+3P'+P=4$，

特征方程为 $3r^2+3r+1=0$，即 $r_1=-\dfrac{1}{2}\pm\dfrac{\sqrt{3}}{6}i$，

对应齐次方程的通解为 $P=e^{-\frac{1}{2}t}\left(C_1\cos\dfrac{\sqrt{3}}{6}t+C_2\sin\dfrac{\sqrt{3}}{6}t\right)$，

已知 $\lambda=0$，不是特征方程的根，则设特解 $P^*=a$，代入原方程得，$a=4$，$P^*=4$，

所以通解为 $P=e^{-\frac{1}{2}t}\left(C_1\cos\dfrac{\sqrt{3}}{6}t+C_2\sin\dfrac{\sqrt{3}}{6}t\right)+4$，

由 $P|_{t=0}=5$，$P|_{t=0}=\dfrac{1}{2}$得，$C_1=1$，$C_2=2\sqrt{3}$，

所以 $P=e^{-\frac{1}{2}t}\left(\cos\dfrac{\sqrt{3}}{6}t+2\sqrt{3}\sin\dfrac{\sqrt{3}}{6}t\right)+4$.

三、自测题 AB 卷与答案

自测题 A

1. 填空题：

（1）微分方程 $xy''+2x^2(y')^3+x^3y=x^4+1$ 是________阶微分方程.

（2）微分方程 $x^2dy+(3xy-y)dx=0$ 的通解为________.

（3）通解为 $y=C_1e^x+C_2e^{-2x}$的微分方程是________.

2. 选择题：

（1）下列微分方程是线性微分方程的是________.

（A）$y'+y^3=0$；　　（B）$y'-y\cos y=x$；

（C）$y'+xy=x^2$；　　（D）$y'-\cos y+y=x$.

[　　]

（2）满足方程 $\int_0^1 f(tx)dt=nf(x)$　（n 为大于 1 的自然数）的可导函数 $f(x)$ 为________

（A）$Cx^{\frac{1-n}{n}}$；　　（B）C（C 为常数）；

（C）$C\sin nx$；　　（D）$C\cos nx$.

[ ]

(3) 方程 $y\mathrm{d}x+(y+2x)\mathrm{d}y=0$ ________

(A) 可化为齐次方程；　　(B) 可化为线性方程；

(C) A 和 B 都正确；　　(D) A 和 B 都不正确.

[ ]

(4) $x^2y+(x^3-y^3)y'=0$ 是________

(A) 可分离变量的微分方程；　　(B) 一阶齐次微分方程；

(C) 一阶齐次线性微分方程；　　(D) 一阶非齐次线性微分方程.

[ ]

(5) 若 $y_1(x)$ 与 $y_2(x)$ 是某个二阶齐次线性方程的解，则 $C_1y_1(x)+C_2y_2(x)$ (C_1，C_2 为任意常数)必是该方程的________

(A) 通解；　　(B) 特解；　　(C) 解；　　(D) 全部解.

[ ]

3. 求下列一阶微分方程的通解：

(1) $\dfrac{\mathrm{d}y}{\mathrm{d}x}=2xy$；　　(2) $(1+x^2)\mathrm{d}y+xy\mathrm{d}x=0$；

(3) $y'=\mathrm{e}^{2x-y}$；　　(4) $(xy-y^2)\mathrm{d}x-(x^2-2xy)\mathrm{d}y=0$；

(5) $y'+y=\mathrm{e}^{-x}$；　　(6) $y\mathrm{d}x+\sqrt{1+x^2}\mathrm{d}y=0$；

(7) $y'=1+x+y^2+xy^2$；　　(8) $(x^2+y^2)\mathrm{d}y-xy\mathrm{d}x=0$.

4. 求下列二阶微分方程的通解：

(1) $y''=\mathrm{e}^x$；　　(2) $y''+y'=x^2$；

(3) $x^3y''+x^2y'=1$；　　(4) $y''+2y'+y=0$；

(5) $y''+2y'-3=0$；　　(6) $y''+y=0$.

5. 求下列微分方程满足初始条件的特解：

(1) $\dfrac{\mathrm{d}y}{\mathrm{d}x}=y^2\sin x$，$y|_{x=0}=-1$；　　(2) $2xy'=y$，$y|_{x=1}=2$；

(3) $y'=\mathrm{e}^{y-2x}$，$y|_{x=0}=1$；　　(4) $y'\sin x=y\ln y$，$y|_{x=\frac{\pi}{2}}=\mathrm{e}$；

(5) $\dfrac{\mathrm{d}y}{\mathrm{d}x}=\dfrac{y^2}{x^2+xy}$，$y|_{x=-1}=1$；

(6) $2(y')^2=y''(y-1)$，$y|_{x=1}=2$，$y'|_{x=1}=-1$.

自测题 B

1. 填空题：

(1) 设 $y=y(x, C_1, C_2, \cdots, C_n)$ 是微分方程 $y'''-xy'+2y=1$ 的通解，则任意常数的个数 $n=$________；

(2) 设 $y^*(x)$ 是 $y'+p(x)y=Q(x)$ 的一个特解，$y(x)$ 是该方程对应的齐次线性方程 $y'+p(x)y=0$ 的通解，则该方程的通解为________；

(3) 已知 $y_1=\sin x$ 和 $y_2=\cos x$ 是 $y''+py'+qy=0$ (p、q 均为实常数)的两个解，则该方程的通解为________；

(4) 设二阶常系数齐次线性微分方程的特征方程的两个根为 $r_1=1+2\mathrm{i}$，$r_2=1-2\mathrm{i}$，则该二阶常系数齐次线性微分方程为________；

2. 求下列一阶微分方程的通解：

(1) $xy'+(1-x)y=\mathrm{e}^{2x}$；　(2) $\left(x+y\cos\dfrac{y}{x}\right)\mathrm{d}x-x\cos\dfrac{y}{x}\mathrm{d}y=0$；

(3) $x\mathrm{d}y+(2xy^2-y)\mathrm{d}x=0$；　(4) $\cos^2x\dfrac{\mathrm{d}y}{\mathrm{d}x}+y=\tan x$；

(5) $(x^2+1)\dfrac{\mathrm{d}y}{\mathrm{d}x}+2xy=4x^2$；　(6) $xy\mathrm{d}y+\mathrm{d}x=y^2\mathrm{d}x+y\mathrm{d}y$；

(7) $3\mathrm{e}^x\tan y\mathrm{d}x+(1+\mathrm{e}^x)\sec^2y\mathrm{d}y=0$；

(8) $\dfrac{\mathrm{d}y}{\mathrm{d}x}=\dfrac{2(\ln x-y)}{x}$；　(9) $y'=2xy-x^3+x$；

(10) $xy'+y=2\sqrt{xy}$.

3. 求下列微分方程满足初始条件的特解：

(1) $xy\dfrac{\mathrm{d}y}{\mathrm{d}x}=x^2+y^2$，$y|_{x=\mathrm{e}}=2\mathrm{e}$；

(2) $4y''+4y'+y=0$，$y|_{x=0}=2$，$y'|_{x=0}=0$；

(3) $y''+3y'=0$，$y|_{x=0}=1$，$y'|_{x=0}=-1$；

(4) $y''+2y'+3y=0$，$y|_{x=0}=1$，$y'|_{x=0}=1$；

(5) $(1-x^2)y''-xy'=0$，$y|_{x=0}=0$，$y'|_{x=0}=1$.

自测题 A 答案

1. (1)【解】 二

(2)【解】 分离变量得，$\dfrac{\mathrm{d}y}{y}=\left(\dfrac{1}{x^2}-\dfrac{3}{x}\right)\mathrm{d}x$，

两边积分得 $\ln|y|=-\dfrac{1}{x}-3\ln x+C_1\Rightarrow y=Cx^{-3}\mathrm{e}^{-\frac{1}{x}}$.

(3)【解】 由通解知特征根为 $r_1=1$，$r_2=-2$，特征方程为 $(r-1)(r+2)=0$，即 $r^2+r-2=0$，所以所求微分方程是 $y''+y'-2y=0$.

2.【解】 (1) 应选(C)

线性微分方程是指未知函数及其导数都是一次的，

选项 A 中含有 y^3；选项 B、D 中含有 $\cos y$ 都不是一次的.

(2) 应选(A)

$\int_0^1 f(tx)\mathrm{d}t=\dfrac{1}{x}\int_0^1 f(tx)\mathrm{d}(tx)$，令 $u=tx$，$t=0$ 时，$u=0$；$t=1$ 时，$u=x$，

故$\int_0^1 f(tx)\,\mathrm{d}t = \frac{1}{x}\int_0^x f(u)\,\mathrm{d}u = nf(x)$,即$\int_0^x f(u)\,\mathrm{d}u = nxf(x)$,

两边求导得,$f(x) = nf(x) + nxf'(x)$,即$\frac{f'(x)}{f(x)} = \frac{1-n}{n}\cdot\frac{1}{x}$,

两边积分得, 即$\int\frac{f'(x)}{f(x)}\mathrm{d}x = \frac{1-n}{n}\int\frac{1}{x}\mathrm{d}x$,即$\ln f(x) = \frac{1-n}{n}\ln x + C_1$,所以$f(x) = Cx^{\frac{1-n}{n}}$.

(3) 应选(C)

原方程可变为$\frac{\mathrm{d}x}{\mathrm{d}y} = -\frac{y+2x}{y} = -1-2\frac{x}{y}$, 齐次方程; 或$\frac{\mathrm{d}x}{\mathrm{d}y} + \frac{2}{y}x = -1$ 线性方程.

(4) 应选(B)

原方程可变为$\frac{\mathrm{d}y}{\mathrm{d}x} = -\frac{x^2y}{x^3-y^3} = -\frac{\frac{y}{x}}{1-\left(\frac{y}{x}\right)^3}$, 一阶齐次微分方程.

(5) 应选(C)

$C_1y_1(x) + C_2y_2(x)$是二阶齐次线性方程的解, 又因为任意常数 C_1, C_2 不确定是独立的, 所以不一定是通解.

3. (1)【**解**】 分离变量得, $\frac{\mathrm{d}y}{y} = 2x\mathrm{d}x$,

两边积分,$\int\frac{\mathrm{d}y}{y} = \int 2x\mathrm{d}x$,

即 $\ln|y| = x^2 + C_1 \Rightarrow y = C\mathrm{e}^{x^2}$.

(2)【**解**】 分离变量得, $\frac{\mathrm{d}y}{y} = -\frac{x}{1+x^2}\mathrm{d}x$,

两边积分,$\int\frac{\mathrm{d}y}{y} = -\int\frac{x}{1+x^2}\mathrm{d}x$,

即 $\ln|y| = -\frac{1}{2}\ln(1+x^2) + C_1 \Rightarrow y = \frac{C}{\sqrt{1+x^2}}$.

(3)【**解**】 分离变量得, $\mathrm{e}^y\mathrm{d}y = \mathrm{e}^{2x}\mathrm{d}x$,

两边积分,$\int\mathrm{e}^y\mathrm{d}y = \int\mathrm{e}^{2x}\mathrm{d}x$,

即 $\mathrm{e}^y = \frac{1}{2}\mathrm{e}^{2x} + C \Rightarrow y = \ln\left(\frac{1}{2}\mathrm{e}^{2x} + C\right)$.

(4)【**解**】 原方程可变为$\frac{\mathrm{d}y}{\mathrm{d}x} = \frac{\frac{y}{x} - \left(\frac{y}{x}\right)^2}{1-2\frac{y}{x}}$,

设 $u = \frac{y}{x}$, $y = ux$, $\frac{\mathrm{d}y}{\mathrm{d}x} = u + x\frac{\mathrm{d}u}{\mathrm{d}x}$,

则 $$u+x\frac{\mathrm{d}u}{\mathrm{d}x}=\frac{u-u^2}{1-2u},\text{ 即}\frac{1-2u}{u^2}\mathrm{d}u=\frac{\mathrm{d}x}{x},$$

$$-\frac{1}{u}-2\ln u=\ln x+C_1\Rightarrow\ln xu^2=-\frac{1}{u}-C_1,$$

即 $xu^2=\mathrm{e}^{-\frac{1}{u}C_1}\Rightarrow\frac{y^2}{x}=C\mathrm{e}^{-\frac{x}{y}}$.

(5)【解】 $P(x)=1$，$Q(x)=\mathrm{e}^{-x}$.

$$\begin{aligned}y&=\mathrm{e}^{-\int P(x)\mathrm{d}x}\left[\int Q(x)\mathrm{e}^{\int P(x)\mathrm{d}x}\mathrm{d}x+C\right]\\&=\mathrm{e}^{-\int\mathrm{d}x}\left(\int\mathrm{e}^{-x}\mathrm{e}^{\int\mathrm{d}x}\mathrm{d}x+C\right)=\mathrm{e}^{-x}\left(\int\mathrm{d}x+C\right)\\&=\mathrm{e}^{-x}(x+C).\end{aligned}$$

(6)【解】 分离变量得，$\frac{\mathrm{d}y}{y}=-\frac{1}{\sqrt{1+x^2}}\mathrm{d}x$，

两边积分得，$\ln|y|=-\ln(x+\sqrt{1+x^2})+C_1$，

即 $y=\frac{C}{x+\sqrt{1+x^2}}$.

(7)【解】 分离变量得，$\frac{\mathrm{d}y}{1+y^2}=(1+x)\mathrm{d}x$，

两边积分得，$\arctan y=x+\frac{x^2}{2}+C$.

(8)【解】 原方程可变为$\frac{\mathrm{d}y}{\mathrm{d}x}=\frac{\frac{y}{x}}{1+\left(\frac{y}{x}\right)^2}$，

设 $u=\frac{y}{x}$，$y=ux$，$\frac{\mathrm{d}y}{\mathrm{d}x}=u+x\frac{\mathrm{d}u}{\mathrm{d}x}$，

则 $u+x\frac{\mathrm{d}u}{\mathrm{d}x}=\frac{u}{1+u^2}$，即 $-\frac{1+u^2}{u^3}\mathrm{d}u=\frac{\mathrm{d}x}{x}$

$$\frac{1}{2u^2}-\ln|u|=\ln|x|+C\Rightarrow\ln|xu|=\frac{1}{2u^2}-C,$$

即 $x^2-2y^2\ln|y|=2Cy^2$.

4. (1)【解】 $y'=\int\mathrm{e}^x\mathrm{d}x=\mathrm{e}^x+C_1$，

$$y''=\int(\mathrm{e}^x+C_1)\mathrm{d}x=\mathrm{e}^x+C_1x+C_2,$$

(2)【解】 特征方程为 $r^2+r=0$，即 $r_1=0$，$r_2=-1$，

对应齐次方程的通解为 $Y=C_1+C_2\mathrm{e}^{-x}$，

已知 $\lambda=0$ 是特征方程的根，则设特解 $y^*=x(ax^2+bx+c)$，

$y^{*\prime}=3ax^2+2bx+c$，$y^{*\prime\prime}=6ax+2b$ 代入原方程得

$$3ax^2+2bx+c+6ax+2b=x^2 \Rightarrow a=\frac{1}{3},\ b=-1,\ c=2,$$

故

$$y^*=\frac{1}{3}x^3-x^2+2x,$$

所以原方程的通解为 $y=C_1+C_2\mathrm{e}^{-x}+\frac{1}{3}x^3-x^2+2x.$

(3)【解】 设 $y'=p$，$y''=\frac{\mathrm{d}p}{\mathrm{d}x}$，

则原方程变为 $x^3\frac{\mathrm{d}p}{\mathrm{d}x}+x^2p=1$，即

$$\frac{\mathrm{d}p}{\mathrm{d}x}+\frac{1}{x}p=\frac{1}{x^3},$$

则 $y'=p=\mathrm{e}^{-\int\frac{1}{x}\mathrm{d}x}\left(\int\frac{1}{x^3}\mathrm{e}^{\int\frac{1}{x}\mathrm{d}x}\mathrm{d}x+C_1\right)=\frac{1}{x}\left(\int\frac{1}{x^2}\mathrm{d}x+C_1\right)=-\frac{1}{x^2}+\frac{C_1}{x}$，

$$y=\int\left(-\frac{1}{x^2}+\frac{C_1}{x}\right)\mathrm{d}x=\frac{1}{x}+C_1\ln|x|+C_2.$$

(4)【解】 特征方程为 $r^2+2r+1=0$，即 $r_1=r_2=-1$，
所以原方程的通解为 $y=(C_1+C_2x)\mathrm{e}^{-x}.$
(5)【解】 特征方程为 $r^2+2r-3=0$，
即 $(r-1)(r+3)=0 \Rightarrow r_1=1$，$r_2=-3$，
所以原方程的通解为 $y=C_1\mathrm{e}^{x}+C_2\mathrm{e}^{-3x}.$
(6)【解】 特征方程为 $r^2+1=0$，即 $r=\pm\mathrm{i}$，
所以原方程的通解为 $y=C_1\cos x+C_2\sin x.$

5. (1)【解】 分离变量得 $\frac{\mathrm{d}y}{y^2}=\sin x\mathrm{d}x$，

两边积分得 $-\frac{1}{y}=-\cos x+C$，

由 $y|_{x=0}=-1 \Rightarrow C=2$，故 $y=\frac{1}{\cos x-2}.$

(2)【解】 分离变量得 $\frac{\mathrm{d}y}{y}=\frac{\mathrm{d}x}{2x}$，

两边积分得 $\ln|y|=\frac{1}{2}\ln|x|+C$，

由 $y|_{x=1}=2 \Rightarrow C=\ln 2$，故 $y^2=4x.$
(3)【解】 分离变量得 $\mathrm{e}^{-y}\mathrm{d}y=\mathrm{e}^{-2x}\mathrm{d}x$，

两边积分得 $-\mathrm{e}^{-y}=-\frac{1}{2}\mathrm{e}^{-2x}+C$，

由 $y\big|_{x=0}=1\Rightarrow C=\dfrac{1}{2}-\mathrm{e}^{-1}$，

故 $-\mathrm{e}^{-y}=-\dfrac{1}{2}\mathrm{e}^{-2x}+\dfrac{1}{2}-\mathrm{e}^{-1}$，即 $y=-\ln\left|\dfrac{1}{2}\mathrm{e}^{-2x}+\mathrm{e}^{-1}-\dfrac{1}{2}\right|$.

(4)【解】　分离变量得 $\dfrac{\mathrm{d}y}{y\ln y}=\dfrac{\mathrm{d}x}{\sin x}$，

两边积分得 $\ln|\ln y|=\ln\left|\tan\dfrac{x}{2}\right|+C$，故 $y=\mathrm{e}^{\tan\frac{x}{2}}$.

由 $y\big|_{x=\frac{\pi}{2}}=\mathrm{e}\Rightarrow C=0$，故 $y=\mathrm{e}^{\tan\frac{x}{2}}$

(5)【解】　原方程可变为 $\dfrac{\mathrm{d}y}{\mathrm{d}x}=\dfrac{\left(\dfrac{y}{x}\right)^2}{1+\dfrac{y}{x}}$，

设 $u=\dfrac{y}{x}$，$y=ux$，$\dfrac{\mathrm{d}y}{\mathrm{d}x}=u+x\dfrac{\mathrm{d}u}{\mathrm{d}x}$，

则 $u+x\dfrac{\mathrm{d}u}{\mathrm{d}x}=\dfrac{u^2}{1+u}$，即 $\dfrac{1+u}{u}\mathrm{d}u=-\dfrac{\mathrm{d}x}{x}$，

$\ln|u|+u=-\ln|x|+C$，即 $\ln|xu|=C-u\Rightarrow\ln|y|=C-\dfrac{y}{x}$，

由 $y\big|_{x=-1}=1\Rightarrow C=-1$，故 $1+\ln|y|+\dfrac{y}{x}=0$.

(6)【解】　设 $y'=p(y)$，则 $y''=\dfrac{\mathrm{d}p\mathrm{d}y}{\mathrm{d}y\mathrm{d}x}=p\dfrac{\mathrm{d}p}{\mathrm{d}y}$，

则原方程变为 $2p^2=p\dfrac{\mathrm{d}p}{\mathrm{d}y}(y-1)$，

即 $\dfrac{\mathrm{d}p}{p}=\dfrac{2}{y-1}\mathrm{d}y\Rightarrow\ln|p|=2\ln|y-1|+C$，即 $y'=p=C_1(y-1)^2$，由 $y\big|_{x=1}=2$，$y'\big|_{x=1}=-1\Rightarrow C_1=-1$，

故 $y'=-(y-1)^2$，即 $-\dfrac{\mathrm{d}y}{(y-1)^2}=\mathrm{d}x\Rightarrow\dfrac{1}{y-1}=x+C_2$，

由 $y\big|_{x=1}=2\Rightarrow C_2=0$，故 $y=\dfrac{1}{x}+1$.

自测题 B 答案

1. (1)【解】　因为 $y'''-xy'+2y=1$ 是三阶微分方程，所以通解中含有三个独立的任意常数，所以 $n=3$.

(2) 因为 $y'+p(x)y=Q(x)$ 是线性方程，由第四节定理 3 得 $y=y(x)+y^*(x)$.

(3) $y_1=\sin x$ 和 $y_2=\cos x$ 是 $y''+py'+qy=0$ 的两个解，且 $\dfrac{\sin x}{\cos x}=\tan x$，即 $\sin x$，$\cos x$

线性无关，所以该方程的通解是 $y=C_1\sin x+C_2\cos x$.

(4) 由已知得特征方程为 $(r-1)^2=-4$，即 $r^2-2r+5=0$，

所以该方程为 $y''-2y'+5y=0$.

2. (1)【解】 原方程可变为 $y'+\dfrac{1-x}{x}y=\dfrac{e^{2x}}{x}$,

$$y=e^{-\int\frac{1-x}{x}dx}\left(\int\frac{e^{2x}}{x}\cdot e^{\int\frac{1-x}{x}dx}dx+C\right)$$

$$=\frac{e^x}{x}\left(\int\frac{e^{2x}}{x}\cdot xe^{-x}dx+C\right)=\frac{e^x}{x}(e^x+C).$$

(2)【解】 原方程变为 $\dfrac{dy}{dx}=\dfrac{1+\dfrac{y}{x}\cos\dfrac{y}{x}}{\cos\dfrac{y}{x}}$,

设 $u=\dfrac{y}{x}$，$y=ux$，$\dfrac{dy}{dx}=u+x\dfrac{du}{dx}$,

则 $u+x\dfrac{du}{dx}=\dfrac{1+u\cos u}{\cos u}$，即 $\cos u du=\dfrac{dx}{x}$,

$$\sin u=\ln|x|+C\Rightarrow\sin\frac{y}{x}=\ln|x|+C.$$

(3)【解】 原方程变为 $\dfrac{dy}{dx}=\dfrac{y}{x}-2x^2\left(\dfrac{y}{x}\right)^2$,

设 $u=\dfrac{y}{x}$，$y=ux$，$\dfrac{dy}{dx}=u+x\dfrac{du}{dx}$,

则 $u+x\dfrac{du}{dx}=u-2x^2u^2$，即 $-\dfrac{du}{u^2}=2xdx$

故 $\dfrac{1}{u}=x^2+C\Rightarrow\dfrac{x}{y}=x^2+C$，即 $y=\dfrac{x}{x^2+C}$.

(4)【解】 原方程变为 $\dfrac{dy}{dx}+\sec^2x\cdot y=\tan x\cdot\sec^2x$,

$$y=e^{-\int\sec^2xdx}\left(\int\tan x\cdot\sec^2x\cdot e^{\int\sec^2xdx}dx+C\right)$$

$$=e^{-\tan x}\left(\int\tan x\cdot\sec^2x\cdot e^{\tan x}dx+C\right)=e^{-\tan x}\left(\int\tan x de^{\tan x}+C\right)$$

$$=e^{-\tan x}(\tan xe^{\tan x}-e^{\tan x}+C)=\tan x-1+Ce^{-\tan x}.$$

(5)【解】 原方程变为 $\dfrac{dy}{dx}+\dfrac{2x}{x^2+1}y=\dfrac{4x^2}{x^2+1}$,

$$y=e^{-\int\frac{2x}{x^2+1}dx}\left(\int\frac{4x^2}{x^2+1}e^{\int\frac{2x}{x^2+1}dx}dx+C\right)$$

$$=\frac{1}{x^2+1}\left(\int4x^2dx+C\right)=\frac{1}{x^2+1}\left(\frac{4}{3}x^3+C\right).$$

(6)【解】　分离变量得$\frac{y}{y^2-1}\mathrm{d}y=\frac{1}{x-1}\mathrm{d}x$,

两边积分得$\frac{1}{2}\ln|y^2-1|=\ln|x-1|+C_1$,

即 $y^2-1=C(x-1)^2$.

(7)【解】　分离变量得$\frac{\sec^2 y}{\tan y}\mathrm{d}y=-\frac{3\mathrm{e}^x}{1+\mathrm{e}^x}\mathrm{d}x$,

两边积分得 $\ln|\tan y|=-3\ln(1+\mathrm{e}^x)+C_1$,

即 $\tan y=C(1+\mathrm{e}^x)^{-3}$.

(8)【解】　原方程变为$\frac{\mathrm{d}y}{\mathrm{d}x}+\frac{2}{x}y=\frac{2\ln x}{x}$,

$$y=\mathrm{e}^{-\int\frac{2}{x}\mathrm{d}x}\left(\int\frac{2\ln x}{x}\mathrm{e}^{\int\frac{2}{x}\mathrm{d}x}\mathrm{d}x+C\right)=\frac{1}{x^2}\left(\int 2x\ln x\mathrm{d}x+C\right)$$

$$=\frac{1}{x^2}\left(x^2\ln x-\frac{x^2}{2}+C\right)=\ln x-\frac{1}{2}+\frac{C}{x^2}.$$

(9)【解】　原方程变为 $y'-2xy=-x^3+x$,

$$y=\mathrm{e}^{-\int(-2x)\mathrm{d}x}\left[\int(-x^3+x)\mathrm{e}^{-\int(-2x)\mathrm{d}x}\mathrm{d}x+C\right]$$

$$=\mathrm{e}^{x^2}\left[\int(-x^3+x)\mathrm{e}^{-x^2}\mathrm{d}x+C\right]$$

$$=\mathrm{e}^{x^2}\left\{\frac{1}{2}\left[\int x^2\mathrm{d}\mathrm{e}^{-x^2}-\int\mathrm{e}^{-x^2}\mathrm{d}(-x^2)\right]+C\right\}$$

$$=\mathrm{e}^{x^2}\left(\frac{1}{2}x^2\mathrm{e}^{-x^2}+C\right)=\frac{1}{2}x^2+C\mathrm{e}^{x^2}.$$

(10)【解】　原方程变为$\frac{\mathrm{d}y}{\mathrm{d}x}=-\frac{y}{x}+2\sqrt{\frac{y}{x}}$,

设 $u=\frac{y}{x}$, $y=ux$, $\frac{\mathrm{d}y}{\mathrm{d}x}=u+x\frac{\mathrm{d}u}{\mathrm{d}x}$,

则 $u+x\frac{\mathrm{d}u}{\mathrm{d}x}=-u+2\sqrt{u}$,即$\frac{\mathrm{d}u}{2(\sqrt{u}-u)}=\frac{\mathrm{d}x}{x}\Rightarrow\int\frac{\mathrm{d}u}{2\sqrt{u}(1-\sqrt{u})}=\int\frac{\mathrm{d}x}{x}$,

$$\Rightarrow-\ln|1-\sqrt{u}|=\ln|x|+C_1,\text{ 即 }1-\sqrt{u}=\frac{C}{x},$$

故 $1-\sqrt{\frac{y}{x}}=\frac{C}{x}$, 即 $x-\sqrt{xy}=C$.

3. (1)【解】　原方程变为$\frac{\mathrm{d}y}{\mathrm{d}x}=\frac{x}{y}+\frac{y}{x}$,

设 $u=\frac{y}{x}$, $y=ux$, $\frac{\mathrm{d}y}{\mathrm{d}x}=u+x\frac{\mathrm{d}u}{\mathrm{d}x}$,

则 $u+x\frac{\mathrm{d}u}{\mathrm{d}x}=\frac{1}{u}+u$, 即 $u\mathrm{d}u=\frac{\mathrm{d}x}{x}$,

$$\frac{u^2}{2} = \ln|x| + C \Rightarrow \frac{1}{2}\left(\frac{y}{x}\right)^2 = \ln|x| + C,$$

由 $y|_{x=e} = 2e \Rightarrow C = 1 \Rightarrow y^2 = 2x^2(\ln|x| + 1)$.

（2）【解】 特征方程为 $4r^2 + 4r + 1 = 0$，即 $r_1 = r_2 = -\frac{1}{2}$，

所以原方程的通解为 $y = (C_1 + C_2x)e^{-\frac{1}{2}x}$，

$$y|_{x=0} = 2 \Rightarrow C_1 = 2，故\ y = (2 + C_2x)e^{-\frac{1}{2}x},$$

$$y' = C_2e^{-\frac{1}{2}x} - \frac{1}{2}(2 + C_2x)e^{-\frac{1}{2}x},$$

$$y'|_{x=0} = 0 \Rightarrow C_2 = 1,$$

所以所求满足所给初始条件的特解为 $y = (2 + x)e^{-\frac{1}{2}x}$.

（3）【解】 特征方程为 $r^2 + 3r = 0$，即 $r_1 = 0$，$r_2 = -3$，

所以原方程的通解为 $y = C_1 + C_2e^{-3x}$，

$$y|_{x=0} = 1, y'|_{x=0} = -1 \Rightarrow C_1 = \frac{2}{3},\ C_2 = \frac{1}{3},$$

所以特解为 $y = \frac{2}{3} + \frac{1}{3}e^{-3x}$.

（4）【解】 特征方程为 $r^2 + 2r + 3 = 0$，即 $r = -1 \pm \sqrt{2}i$，

所以原方程的通解为 $y = e^{-x}(C_1\cos\sqrt{2}x + C_2\sin\sqrt{2}x)$，

$y|_{x=0} = 1 \Rightarrow C_1 = 1$，故 $y = e^{-x}(\cos\sqrt{2}x + C_2\sin\sqrt{2}x)$，

$y'|_{x=0} = 1 \Rightarrow C_2 = \sqrt{2}$，

所以特解为 $y = e^{-x}(\cos\sqrt{2}x + \sqrt{2}\sin\sqrt{2}x)$.

（5）【解】 设 $y' = p$，$y'' = \frac{dp}{dx}$，则原方程变为

$$(1 - x^2)\frac{dp}{dx} - xp = 0,$$

即 $\frac{dp}{p} = \frac{xdx}{1 - x^2} \Rightarrow \ln|p| = -\frac{1}{2}\ln|1 - x^2| + C$，

则 $y' = p = \frac{C_1}{\sqrt{1 - x^2}}$，

由 $y'|_{x=0} = 1 \Rightarrow C_1 = 1$，$y' = \frac{1}{\sqrt{1 - x^2}}$，

故 $y = \int \frac{1}{\sqrt{1 - x^2}}dx = \arcsin x + C_2$，

由 $y|_{x=0} = 0 \Rightarrow C_2 = 0$，所以特解为 $y = \arcsin x$.

四、本章典型例题分析

例 1　下列函数只有______可能是方程$f(x, y, y'')=0$的通解．

(A) $C_1y=C_2e^{C_3x}$;　　(B) $y-C_1=e^x+C_2$;

(C) $C_1x+C_2y=0$;　　(D) $y=C_1\ln x+C_2x+C_3$.

[　　]

【分析】　含有独立的任意常数，且任意常数的个数与微分方程的阶数相同的解是通解，此题是二阶微分方程，因此只需判断哪个选项含有两个独立的任意常数．

【详解】　应选(A)

选项 B、C 中虽都含有两个任意常数，但不是独立的，即可以合并成一个常数，选项 B 可以变为$y=e^x+C$　$(C=C_1+C_2)$，选项 C 可以变为 $y=Cx$　$\left(C=-\dfrac{C_1}{C_2},\ C_2\neq 0\right)$，

所以选项 B、C 中只有一个常数，不可能是该方程的通解；

选项 D 中含有三个独立的任意常数，也不可能是该方程的通解；

选项 A 可以变为 $y=Ce^{C_3x}$　$\left(C=\dfrac{C_2}{C_1},\ C_1\neq 0\right)$含有两个独立的任意常数，

因此只有选项 A 可能是该方程的通解．

【典型错误】　通解中的任意常数是独立的，是不能合并的，并不是只要含有任意常数的个数与阶数相同，就是通解．

【注】　通解不一定是全部解．

例如，微分方程$(x+y)y'=0$有解 $y=-x$ 及 $y=C$，后者是通解，但不包含前一个解．

例 2　求微分方程$\dfrac{dy}{dx}=3x^2y$的通解．

【分析】　此方程是一阶方程，且为可分离变量的微分方程，因此只需分离变量求解．

【详解】　分离变量得$\dfrac{dy}{y}=3x^2dx$，

两边积分$\displaystyle\int\frac{dy}{y}=\int 3x^2dx$，得 $\ln|y|=x^3+C_1$，

即 $y=\pm e^{x^3+C_1}=\pm e^{C_1}e^{x^3}$，故 $y=Ce^{x^3}$（令 $\pm e^{C_1}=C$，C 为任意常数）．

【典型错误】　在分离变量的过程中，虽然已经分开变量 x，y，但是把 dy，dx 放在分母上了，不能再继续求解下去．

【注】　(1) 在求解过程中每一步不一定是同解变形，因此可能增、减解．

此题分离变量为$\dfrac{dy}{y}=3x^2dx$，此式 $y\neq 0$，但 $y=0$ 是原方程的解，因此在求解的过程中丢失了解 $y=0$，但在最后，解得通解 $y=Ce^{x^3}$，因为令 $\pm e^{C_1}=C$，故 $C\neq 0$，而当 $C=0$ 时，$y\equiv 0$，因此只要 C 为任意常数，就能找回丢失的解 $y=0$；

(2) 微分方程的通解只是含有任意常数的解，并非方程的一切解，因此 $\ln|y| = x^3 + C_1$ 与 $y = Ce^{x^3}$ 都可以理解为微分方程 $\frac{dy}{dx} = 3x^2y$ 的通解；

(3) 有时为了使结果简明，在分离变量积分后，把“$\ln|y| = x^3 + C_1$”写成“$\ln|y| = x^3 + \ln|C|$”，因此可以直接写出通解 $y = Ce^{x^3}$，不再令 $\pm e^{C_1} = C$；

(4) 求微分方程的通解时，通解中的 C 不能被省略，但“C 为任意常数”可以省略.

例 3　解微分方程 $(xy^2 + x)dx + (y - x^2y)dy = 0$.

【分析】　此方程是一阶微分方程，需要判断属于哪种类型的一阶微分方程，通过因式分解判断出是可分离变量的微分方程，因此只需分离变量求解.

【详解】　原方程可变为 $(y^2 + 1)xdx + (1 - x^2)ydy = 0$，

分离变量得
$$\frac{ydy}{y^2 + 1} = \frac{xdx}{x^2 - 1},$$

两边积分 $\int \frac{ydy}{y^2 + 1} = \int \frac{xdx}{x^2 - 1}$，得 $\ln(y^2 + 1) = \ln|x^2 - 1| + \ln|C|$，

即 $y^2 + 1 = C(x^2 - 1)$　(C 为任意常数).

【典型错误】　对复杂的可分离变量的微分方程，有时候不能完全分离变量，需要进行因式分解才能把变量分离.

例 4　解微分方程 $(y^2 - 2xy)dx + x^2dy = 0$.

【分析】　此方程为一阶微分方程，通过恒等变形可知它是一阶齐次方程.

【详解】　原方程变形为 $\frac{dy}{dx} = 2\frac{y}{x} - \left(\frac{y}{x}\right)^2$，

令 $u = \frac{y}{x}$，即 $y = xu$，则 $\frac{dy}{dx} = u + x\frac{du}{dx}$，

则有
$$u + x\frac{du}{dx} = 2u - u^2,$$

分离变量
$$\frac{du}{u^2 - u} = -\frac{dx}{x}，即 \left(\frac{1}{u-1} - \frac{1}{u}\right)du = -\frac{dx}{x},$$

积分得 $\ln\left|\frac{u-1}{u}\right| = -\ln|x| + \ln|C|$，$\frac{x(u-1)}{u} = C$，

代回原变量得通解 $x(y - x) = Cy$　(C 为任意常数).

【典型错误】　(1) 进行变量代换后，由于没有弄明白 x，y，u 三者的关系，错把“$\frac{dy}{dx} = u + x\frac{du}{dx}$”写成“$\frac{dy}{dx} = x\frac{du}{dx}$”或“$\frac{dy}{dx} = u + \frac{du}{dx}$”；

(2) 求出解后，忘记代回原变量.

例 5　求微分方程 $x^2dy + (2xy - x + 1)dx = 0$ 满足 $y|_{x=1} = 0$ 的特解.

【分析】　此题是求微分方程满足初始条件的特解，因此需要先求出通解，再由初始条件确定任意常数，从而得到特解. 此方程为一阶线性微分方程.

【详解】 原方程变形为$\frac{\mathrm{d}y}{\mathrm{d}x}+\frac{2}{x}y=\frac{x-1}{x^2}$，

方法一：常数变易法，相应齐次方程为$\frac{\mathrm{d}y}{\mathrm{d}x}+\frac{2}{x}y=0$，即$\frac{\mathrm{d}y}{y}=-\frac{2}{x}\mathrm{d}x$，

解得，$y=\frac{C}{x^2}$.

由常数变易法得，$y=\frac{C(x)}{x^2}$，则$\frac{\mathrm{d}y}{\mathrm{d}x}=\frac{C'(x)}{x^2}-\frac{2C(x)}{x^3}$，

将 y 及$\frac{\mathrm{d}y}{\mathrm{d}x}$代入原方程得 $\frac{C'(x)}{x^2}-\frac{2C(x)}{x^3}+\frac{2}{x}\cdot\frac{C(x)}{x^2}=\frac{x-1}{x^2}$，

即 $C'(x)=x-1$，故 $C(x)=\int(x-1)\mathrm{d}x=\frac{x^2}{2}-x+C$，

原方程的通解为 $y=\frac{1}{x^2}\left(\frac{x^2}{2}-x+C\right)$，由 $y\big|_{x=1}=0$ 得 $C=\frac{1}{2}$，

因此该方程满足初始条件的特解为 $y=\frac{1}{2}-\frac{1}{x}+\frac{1}{2x^2}$.

方法二：直接代公式，

其中，$P(x)-\frac{2}{x}$，$Q(x)-\frac{x-1}{x^2}$，

$$y=\mathrm{e}^{-\int\frac{2}{x}\mathrm{d}x}\left(\int\frac{x-1}{x^2}\cdot\mathrm{e}^{\int\frac{2}{x}\mathrm{d}x}\mathrm{d}x+C\right)=\mathrm{e}^{-2\ln x}\left(\int\frac{x-1}{x^2}\cdot\mathrm{e}^{2\ln x}\mathrm{d}x+C\right)$$

$$=\frac{1}{x^2}\left[\int(x-1)\mathrm{d}x+C\right]=\frac{1}{x^2}\left(\frac{x^2}{2}-x+C\right)=\frac{1}{2}-\frac{1}{x}+\frac{C}{x^2}.$$

由 $y\big|_{x=1}=0$ 得 $C=\frac{1}{2}$，因此方程满足初始条件的特解为 $y=\frac{1}{2}-\frac{1}{x}+\frac{1}{2x^2}$.

【典型错误】 在用公式求解时，用公式 $\mathrm{e}^{\ln\varphi(x)}=\varphi(x)$化简时，常把“$\mathrm{e}^{-\int\frac{2}{x}\mathrm{d}x}$”错写成“$-\frac{2}{x}$”或“$-2x$”.

【注】 (1)在公式 $y=\mathrm{e}^{-\int P(x)\mathrm{d}x}\left[\int Q(x)\mathrm{e}^{\int P(x)\mathrm{d}x}\mathrm{d}x+C\right]$ 中，$\int P(x)\mathrm{d}x$ 只是表示 $P(x)$ 的一个原函数,不需要再加任意常数；

(2) 在求解一阶线性方程时一定要化成标准形式，使得$\frac{\mathrm{d}y}{\mathrm{d}x}$的系数为 1；

(3) 在求一阶微分方程的时候，关键是判断它属于哪种类型的方程，可以先恒等变形，把$\frac{\mathrm{d}y}{\mathrm{d}x}=?$ 表示出来，然后判断其能否通过因式分解分离变量，或者化成 $\varphi\left(\frac{y}{x}\right)$的形式，或者化成$\frac{\mathrm{d}y}{\mathrm{d}x}+P(x)y=Q(x)$的形式，最后再去求解.

例 6　求微分方程 $y^3y''+1=0$ 满足 $y|_{x=1}=1$，$y'|_{x=1}=0$ 的特解．

【分析】　此方程是可降阶的二阶微分方程，且不含 x，进行变量代换 $y'=p(y)$．

【详解】　设 $y'=p$，$y''=\frac{\mathrm{d}p\mathrm{d}y}{\mathrm{d}y\mathrm{d}x}=p\frac{\mathrm{d}p}{\mathrm{d}y}$，

则 $y^3p\frac{\mathrm{d}p}{\mathrm{d}y}=-1$，即 $p\mathrm{d}p=-\frac{\mathrm{d}y}{y^3}\Rightarrow\frac{1}{2}p^2=\frac{1}{2}y^{-2}+C_1$，

利用初始条件得，$C_1=-\frac{1}{2}$，故$\frac{\mathrm{d}y}{\mathrm{d}x}=\pm\frac{\sqrt{1-y^2}}{y}$，

即 $\pm\frac{y\mathrm{d}y}{\sqrt{1-y^2}}=\mathrm{d}x$，积分得 $\pm\sqrt{1-y^2}=x+C_2$，

再由 $y|_{x=1}=1$，得 $C_2=-1$，故所求特解为 $\pm\sqrt{1-y^2}=x-1$，即 $y=\sqrt{2x-x^2}$.

【典型错误】（1）在求解过程中，遇到开方的，容易忽略负号；

（2）在变量代换 $y'=p(y)$ 中，易错写成 $y''=\frac{\mathrm{d}p}{\mathrm{d}y}$.

【注】　在求特解的时候，需要确定若干常数，不需要把所有常数都放在求出通解表达式后再确定，这样往往比较麻烦，可以边求解边应用初始条件来确定任意常数的值．

例 7　解微分方程 $y''=1+(y')^2$.

【分析】　此方程为二阶方程，且含有$(y')^2$，不是线性方程，因此此方程是可降阶的二阶微分方程，既不含 x 也不含 y，两种变量代换都可以．

【详解】　方法一：设 $y'=p(x)$，$y''=\frac{\mathrm{d}p}{\mathrm{d}x}\Rightarrow\frac{\mathrm{d}p}{\mathrm{d}x}=1+p^2\Rightarrow\frac{\mathrm{d}p}{1+p^2}=\mathrm{d}x$

即 $\arctan p=x+C_1$，

则
$$\frac{\mathrm{d}y}{\mathrm{d}x}=p=\tan(x+C_1),$$

所以
$$y=\int\tan(x+C_1)\mathrm{d}x=-\ln|\cos(x+C_1)|+C_2.$$

方法二：设 $y'=p(y)$，$y''=\frac{\mathrm{d}p\mathrm{d}y}{\mathrm{d}y\mathrm{d}x}=p\frac{\mathrm{d}p}{\mathrm{d}y}$，$p\frac{\mathrm{d}p}{\mathrm{d}y}=p^2+1$，$\frac{p}{p^2+1}\mathrm{d}p=\mathrm{d}y$，

$$\frac{1}{2}\ln(p^2+1)=y+C_1\Rightarrow p^2+1=Ce^{2y}\Rightarrow p=\pm\sqrt{Ce^{2y}-1},$$

$$\frac{\mathrm{d}y}{\pm\sqrt{Ce^{2y}-1}}=\mathrm{d}x,\text{即}\int\frac{\mathrm{d}y}{\pm\sqrt{Ce^{2y}-1}}=\int\mathrm{d}x$$

令 $\sqrt{Ce^{2y}-1}=t$，$Ce^{2y}-1=t^2$，$e^{2y}=\frac{t^2+1}{C}$，$2y=\ln(t^2+1)-\ln C$，则 $2\mathrm{d}y=\frac{2t}{t^2+1}\mathrm{d}t$，

$$\int\frac{\mathrm{d}y}{\sqrt{Ce^{2y}-1}}=\int\frac{1}{t}\frac{t}{t^2+1}\mathrm{d}t=\arctan t+C_2,$$

故 $\pm\arctan\sqrt{Ce^{2y}-1}=x+C_1$.

【注】 此题在进行变量代换时若设 $y'=p(x)$ 则比较简单.

如一方程既属于不含 x 型，又属于不含 y 型，则一般而言，

若两边可消去 p，作为不含 x 型，即设 $y'=p(y)$，求解较简单；

若两边不可消去 p，作为不含 y 型，即设 $y'=p(x)$ 求解较简单.

例 8 已知微分方程 $y''+P(x)y'+Q(x)y=f(x)$ 有三个解 $y_1=x$，$y_2=e^x$，$y_3=e^{2x}$，求此方程满足初始条件 $y(0)=1$，$y'(0)=3$ 的特解.

【分析】 想求满足初始条件的特解，需要先求该方程的通解，此方程是二阶线性方程，由第四节定理 3 可知，只要求出相应齐次方程的通解和非齐次的一个特解，齐次方程的通解可以由两个线性无关特解组合而成，非齐次方程的特解之差是相应齐次方程的特解.

【详解】 y_2-y_1 与 y_3-y_1 是对应齐次方程的解，

且$\dfrac{y_2-y_1}{y_3-y_1}=\dfrac{e^x-x}{e^{2x}-x}\neq$常数，因而线性无关，

故原方程通解为 $y=C_1(e^x-x)+C_2(e^{2x}-x)+x$，

代入初始条件 $y(0)=1$，$y'(0)=3$，得 $C_1=-1$，$C_2=2$，

故所求特解为 $y=2e^{2x}-e^x$.

【注】 齐次线性方程的解具有叠加性，但非齐次线性方程的解不具有叠加性，即 y_1，y_2 是非齐次线性方程的特解，但 y_1+y_2 一般不再是特解.

例 9 求下列微分方程的通解.

(1) $4y''+4y'+y=0$；

(2) $y''-4y=0$；

(3) $y''+2y'+4y=0$.

【分析】 上述方程都是二阶常系数齐次线性微分方程，用特征方程法去求通解.

【详解】 (1) 特征方程为 $4r^2+4r+1=0$，

即 $(2r+1)^2=0$，$r_1=r_2=-\dfrac{1}{2}$，

所以原方程的通解为 $y=(C_1+C_2x)e^{-\frac{1}{2}x}$.

(2) 特征方程为 $r^2-4=0$，即 $r_1=-2$，$r_2=2$，

所以原方程的通解为 $y=C_1e^{-2x}+C_2e^{2x}$.

(3) 特征方程为 $r^2+2r+4=0$，

即 $(r+1)^2=-3$，$r_{1,2}=-1\pm\sqrt{3}i$，

所以原方程的通解为 $y=e^{-x}(C_1\cos\sqrt{3}x+C_2\sin\sqrt{3}x)$.

【典型错误】

(1) 求特征方程易犯错，若特征方程中 r^2 的系数不是 1 时，可根据一元二次方程 $ax^2+bx+c=0$ 解的公式 $x_{1,2}=\dfrac{-b\pm\sqrt{b^2-4ac}}{2a}$求解；

(2) 当 y'的系数为 0 时，易把特征方程写错，

如本例第(2)问，易把特征方程“$r^2-4=0$”错写成“$r^2-4r=0$”；

(3) 特征方程有复数解的时候，可以利用公式 $\alpha=-\frac{p}{2}$，$\beta=\frac{\sqrt{4q-p^2}}{2}$求解，

或者通过配方去求复数解.

例 10　求以 $y=C_1\mathrm{e}^{-x}+C_2\mathrm{e}^{2x}$为通解的微分方程.

【分析】　此题为二阶常系数齐次线性微分方程的逆问题，可以根据所给通解以及二阶常系数齐次线性方程的通解类型得到特征根(设为 r_1，r_2 可以是不同的或者是相同的实数，也可以是一对共轭复数)，依此写出特征方程，从而可得原未知方程.

【详解】　由通解 $y=C_1\mathrm{e}^{-x}+C_2\mathrm{e}^{2x}$得 $r_1=-1$，$r_2=2$，

特征方程为$(r+1)(r-2)=0$，即 $r^2-r-2=0$，

因此所求微分方程为 $y''-y'-2y=0$.

例 11　求方程 $y''+ay=0$ 的通解.

【分析】　此方程是二阶常系数齐次线性微分方程，用特征方程法求解，但方程中有一个常数 a，a 的值对特征根有影响，因此需要分情况讨论.

【详解】　特征方程为 $r^2+a=0$，即 $r^2=-a$，

当 $a=0$ 时，特征根 $r_{1,2}=0$，通解为 $y=C_1+C_2x$，

当 $a>0$ 时，特征根 $r_{1,2}=\pm\sqrt{a}\mathrm{i}$，通解为 $y=C_1\cos\sqrt{a}x+C_2\sin\sqrt{a}x$，

当 $a<0$ 时，特征根 $r_{1,2}=\pm\sqrt{-a}$，通解为 $y=C_1\mathrm{e}^{\sqrt{-a}x}+C_2\mathrm{e}^{-\sqrt{-a}x}$.

【典型错误】　不知道特征方程如何去解，不知道分情况讨论.

例 12　求微分方程 $y''-4y'+3y=5\mathrm{e}^{2x}$的通解.

【分析】　此方程是二阶常系数非齐次线性微分方程，非齐次项为 $5\mathrm{e}^{2x}$，属 $P_m(x)\mathrm{e}^{\lambda x}$型.

需要求出相应齐次方程的通解和非齐次特解.

【详解】　先求相应齐次通解 Y：特征方程为 $r^2-4r+3=0$，特征根 $r_1=1$，$r_2=3$，

相应齐次方程通解为 $Y=C_1\mathrm{e}^x+C_2\mathrm{e}^{3x}$，

再求特解 y^*，$\lambda=2$ 不是特征方程的根，且 $P_m(x)=5$，$m=0$，

设 $y^*=A\mathrm{e}^{2x}$，则 $y^{*\prime}=2A\mathrm{e}^{2x}$，$y^{*\prime\prime}=4A\mathrm{e}^{2x}$，

把 y^*，$y^{*\prime}$，$y^{*\prime\prime}$代入方程得$(4A-8A+3A)\mathrm{e}^{2x}=5\mathrm{e}^{2x}$，

比较系数，得 $A=-5$，

于是所求特解为 $y^*=-5\mathrm{e}^{2x}$，

通解为 $y=Y+y^*=C_1\mathrm{e}^x+C_2\mathrm{e}^{3x}-5\mathrm{e}^{2x}$.

【典型错误】　(1) 特解 $y^*=x^kQ_m(x)\mathrm{e}^{\lambda x}$中的形式易设错；

(2) 设出特解却不知如何确定未知系数的值.

【注】　求二阶常系数非齐次线性微分方程的通解，关键是求其一个特解.

若非齐次项属 $P_m(x)\mathrm{e}^{\lambda x}$型，写对 λ，m，判断 λ 是不是特征方程的根，根据特解的三种类型，设出特解，用待定系数法确定系数，得出特解.

例 13 求满足方程 $y''-6y'+9y=xe^{3x}$ 且在原点处与直线 $y=x$ 相切的曲线表达式.

【分析】 此题实际是求二阶常系数非齐次线性微分方程满足所给条件的特解，只需先求通解再确定任意常数的值.

【详解】 先求相应齐次通解 Y：特征方程为 $r^2-6r+9=0$，特征根 $r_1=r_2=3$，

相应齐次方程通解为 $Y=(C_1+C_2x)e^{3x}$，

再求特解 y^*：$\lambda=3$ 是特征方程的重根，且 $P_m(x)=x$，$m=1$，

设 $y^*=x^2(ax+b)e^{3x}$，则 $y^{*\prime}=[3ax^3+3(a+b)x^2+2bx]e^{3x}$，

$$y^{*\prime\prime}=[9ax^3+9(2a+b)x^2+6(a+2b)x+2b]e^{3x},$$

把 y^*，$y^{*\prime}$，$y^{*\prime\prime}$代入方程整理得 $6ax+2b=x$，比较系数，得 $a=\dfrac{1}{6}$，$b=0$，

于是所求特解为 $y^*=\dfrac{x^3}{6}e^{3x}$，所以原方程的通解为

$$y=Y+y^*=\left(C_1+C_2x+\frac{x^3}{6}\right)e^{3x},$$

由题意可得初始条件：$y|_{x=0}=0$，$y'|_{x=0}=1$，

由 $y|_{x=0}=0$ 得 $C_1=0$，$y'=\left(C_2x+\dfrac{x^3}{6}+C_2+\dfrac{1}{2}x^2\right)e^{3x}$

由 $y'|_{x=0}=1$ 得 $C_2=1$，所求曲线方程为 $y=\left(x+\dfrac{x^3}{6}\right)e^{3x}$

【典型错误】 (1)设出特解 y^*，y^* 的式子比较复杂，求 $y^{*\prime}$，$y^{*\prime\prime}$易出错，

代入原方程化简也易犯错，因此要细心；

(2) 本题求的是特解，容易忽略特解，只是求出通解.

例 14 已知二阶常微分方程 $y''+ay'+by=ce^x$ 有特解 $y=e^{-x}(1+xe^{2x})$，求微分方程的通解.

【分析】 此方程是二阶常系数非齐次线性微分方程，但方程的系数待定，求通解需要求出系数，已知该方程的一个特解，就可以由这个特解来确定系数 a，b，c 的值.

【详解】 将特解 y 以及 $y'=-e^{-x}+(1+x)e^x$，$y''=e^{-x}+(2+x)e^x$，

代入方程得恒等式$(1-a+b)e^{-x}+(2+a)e^x+(1+a+b)xe^x=ce^x$，

比较系数得$\begin{cases}1-a+b=0,\\2+a=c,\\1+a+b=0,\end{cases}$ 解得 $a=0$，$b=-1$，$c=2$，

故原方程为 $y''-y=2e^x$，

对应齐次方程通解为 $Y=C_1e^x+C_2e^{-x}$，

原方程通解为 $y=C_1e^x+C_2e^{-x}+xe^x$.

【典型错误】 a，b，c 易求错；

【注】 本题已经给出一个特解，不需要再求特解.

例 15 设$f(x)=\cos x-\int_0^x(x-t)f(t)dt$，其中，$f(x)$为连续函数，求$f(x)$.

【分析】 此题为含积分上限函数的方程，且被积函数中含有自变量 x，需要去掉积分号，转变成一般的微分方程再求解．

解法：(1) 可以将原方程变形或变量代换，使得被积函数中不含有自变量 x；

(2) 再对方程两边求导，转化成一般微分方程；

(3) 求出通解，从原方程中得出函数所需满足的条件，从而求出特解．

【详解】 原方程可变为 $f(x)=\cos x-x\int_0^x f(t)\,\mathrm{d}t+\int_0^x tf(t)\,\mathrm{d}t$，

两边求导得 $f'(x)=-\sin x-\int_0^x f(t)\,\mathrm{d}t-xf(x)+xf(x)$，

即 $f'(x)=-\sin x-\int_0^x f(t)\,\mathrm{d}t$，

两边再求导得 $f''(x)=-\cos x-f(x)$，即 $f''(x)+f(x)=-\cos x$，

设 $y=f(x)$，从而得到一个二阶常系数非齐次线性微分方程 $y''+y=-\cos x$，

非齐次项为 $-\cos x$，属于 $f(x)=\mathrm{e}^{\lambda x}[P_l(x)\cos\omega x+P_n(x)\sin\omega x]$ 类型，

其中，$\lambda=0$，$\omega=1$，$P_l(x)=-1$，$P_n(x)=0$.

特征方程为 $r^2+1=0$，特征根 $r_{1,2}=\pm\mathrm{i}$，

对应齐次方程的通解为 $Y=C_1\cos x+C_2\sin x$，

其中，$\lambda\pm\mathrm{i}\omega=\pm\mathrm{i}$ 是特征方程的根，设特解为 $y^*=x(a\sin x+b\cos x)$，

$$y^{*\prime}=a\sin x+b\cos x+x(a\cos x-b\sin x),$$

$$y^{*\prime\prime}=2a\cos x-2b\sin x+x(-a\sin x-b\cos x),$$

代入方程得

$$2a\cos x-2b\sin x=-\cos x,$$

比较系数得，$a=-\dfrac{1}{2}$，$b=0$，

故通解为

$$y=C_1\cos x+C_2\sin x-\frac{x}{2}\sin x,$$

即

$$f(x)=C_1\cos x+C_2\sin x-\frac{x}{2}\sin x,$$

令 $x=0$，得 $f(0)=1$，$f'(0)=0$，

由此得

$$C_1=1,\ C_2=0,$$

故

$$f(x)=\cos x-\frac{x}{2}\sin x.$$

【典型错误】 (1) 积分上限函数求导易犯错，要先使被积函数中不含有自变量 x，再求导；

(2) 对 $x\int_0^x f(t)\,\mathrm{d}t$ 求导，不知道用导数的乘法法则；

(3) 得到方程 $f''(x)+f(x)=-\cos x$，判断不出是哪种类型的微分方程；

(4) 写不出 λ，ω，从而设不出特解；

(5) 不知如何去求初始条件．

例 16　某公司每年的工资总额在比上一年增加 20% 的基础上再追加 3 百万元，若以 w_t 表示第 t 年工资总额(单位：百万元)，写出 w_t 满足的差分方程，并求出 w_t.

【分析】　根据题意用 w_t 表示第 $t+1$ 年工资总额 w_{t+1} 从而建立差分方程，再去求通解.

【详解】　依题意可有 $w_{t+1}=w_t+0.2w_t+3$,

故差分方程是 $w_{t+1}-\frac{6}{5}w_t=3$，其中，$P=\frac{6}{5}\neq 1$，$C=3$,

因此通解为 $w_t=A\cdot\left(\frac{6}{5}\right)^t+\frac{3}{1-\frac{6}{5}}$，即 $w_t=A\cdot\left(\frac{6}{5}\right)^t-15$.

例 17　求差分方程 $4y_{t+1}-y_t=2\cdot 3^t$ 的通解.

【分析】　此方程是一阶常系数线性非齐次差分方程，y_{t+1} 的系数不是 1，需要转化成标准形式.

【详解】　原方程转化为 $y_{t+1}-\frac{1}{4}y_t=\frac{1}{2}\cdot 3^t$,

这里 $P=\frac{1}{4}$，$C=\frac{1}{2}$，$b=3\neq P$，利用公式 $y_t=AP^t+\frac{C}{b-P}b^t$,

所求通解为 $y_t=A\left(\frac{1}{4}\right)^t+\frac{\frac{1}{2}}{3-\frac{1}{4}}3^t=A\left(\frac{1}{4}\right)^t+\frac{2}{11}\cdot 3^t$.

【典型错误】　(1) 没把该方程化为标准形式，即 y_{t+1} 的系数是 1;

(2) 易写错 P 的值，写成"$P=-\frac{1}{4}$".

例 18　求差分方程 $2y_{t+1}+6y_t=2t^2$ 的通解.

【分析】　此方程是一阶常系数线性非齐次差分方程，根据非齐次项的形式去求通解.

【详解】　原方程转化为 $y_{t+1}+3y_t=t^2$，其中，$P=-3$,

设方程的特解为 $y_t^*=B_0+B_1t+B_2t^2$，将 y_t^*，y_{t+1}^* 的形式代入该方程，得

$$B_0+B_1(t+1)+B_2(t+1)^2+3B_0+3B_1t+3B_2t^2=t^2,$$

即

$$B_1+B_2+4B_0+(2B_0+4B_1)t+4B_2t^2=t^2,$$

所以 $B_1+B_2+4B_0=0$，$2B_2+4B_1=0$，$B_2=\frac{1}{4}$,

$\Rightarrow B_0=-\frac{1}{32}$，$B_1=-\frac{1}{8}$，故 $y_t^*=-\frac{1}{32}-\frac{1}{8}t+\frac{1}{4}t^2$,

所以 $y_t=-\frac{1}{32}(1+4t-8t^2)+A(-3)^t$.

【典型错误】　设出 y_t^*，要把 y_t^*，y_{t+1}^* 代入方程通过比较系数求待定系数，易求错.

第十一章　无 穷 级 数

本章知识结构图

- 常数项级数概念
  - 概念：无限多个数项的和
  - 敛散性：
    - 部分和：前 n 个数项的和
    - 收敛：部分和数列极限存在
    - 发散：部分和数列极限不存在
- 收敛级数的性质
  - 必要性：一般项极限为零
  - 收敛级数
    - 一般项乘以常数仍收敛
    - 级数和与差仍收敛
    - 任意加括号仍收敛
    - 删除、改变、添加有限项仍收敛
- 正项级数
  - 概念：所有项均为正数的级数
  - 审敛法
    - 方法一：部分和数列有上界
    - 方法二：比较审敛法（放缩法与 p-级数或是等比级数比较）
      - 一般项的比较
      - 极限形式
    - 方法三：比值审敛法
    - 方法四：极值审敛法
- 一般项级数
  - 交错级数
    - 概念：一般项正、负交错
    - 审敛法：莱布尼茨审敛法
  - 敛散性
    - 条件收敛：级数收敛，但是加绝对值后级数发散
    - 绝对收敛：级数加绝对值后收敛
- 幂级数
  - 概念：一般项为幂函数
  - 敛散性
    - Abel 定理：幂级数存在收敛半径
    - 收敛半径：R
    - 收敛区间：$(-R, R)$
    - 收敛域：所有收敛点全体，包括端点处的收敛点
  - 性质
    - 收敛域中存在和函数
    - 收敛域中有逐项求导和逐项积分的性质
    - 收敛域中级数有四则运算
- 函数的幂级数展开
  - 直接法：利用公式展开
  - 间接法：通过求导或是积分化为常见函数的幂级数形式

一、内容精要

（一）无穷级数的概念

1. 无穷级数

设数列 $\{u_n\}$，$(n=1, 2, \cdots)$，称

$$u_1 + u_2 + \cdots + u_n + \cdots$$

为无穷级数，简称级数，也可记为 $\sum_{n=1}^{\infty} u_n$，即

$$\sum_{n=1}^{\infty} u_n = u_1 + u_2 + \cdots + u_n + \cdots,$$

其中，u_n 叫做级数的一般项或通项．因为级数中每一项都是常数，所以也叫常数项级数，简称为数项级数．

2. 级数敛散性

（1）级数的部分和

级数的前 n 项和 $S_n = u_1 + u_2 + \cdots + u_n$，称 S_n 为级数的部分和，称由部分和组成的数列为部分和数列，记为 $\{S_n\}$，（$n=1, 2, \cdots$）．

（2）敛散性

如果当 $n \to \infty$ 时，数列 $\{S_n\}$ 有极限 S，即 $\lim_{n\to\infty} S_n = S$，则称级数是收敛的（或收敛级数），极限 S 叫做级数的和，记作

$$S = u_1 + u_2 + \cdots + u_n + \cdots;$$

如果当 $n \to \infty$ 时，数列 $\{S_n\}$ 没有极限，则称级数是发散的（或发散级数），这时级数就没有和．

（二）收敛级数的性质

性质 1：如果级数 $\sum_{n=1}^{\infty} u_n$ 收敛，则它的一般项 u_n 趋于零，即 $\lim_{n\to\infty} u_n = 0$. 此性质为级数收敛的必要条件．

【注】 该性质为判断级数发散的依据，即若级数的一般项 u_n 的极限不趋向零，则级数 $\sum_{n=1}^{\infty} u_n$ 必为发散级数．

性质 2：如果级数 $\sum_{n=1}^{\infty} u_n$ 收敛于和 S，而 c 为常数，则级数 $\sum_{n=1}^{\infty} cu_n$ 也收敛，且其和为 cS. 如果级数 $\sum_{n=1}^{\infty} u_n$ 发散，且常数 $c \neq 0$，则级数 $\sum_{n=1}^{\infty} cu_n$ 也发散．

性质 3：设有两个收敛级数：$\sum_{n=1}^{\infty} u_n$ 与 $\sum_{n=1}^{\infty} v_n$ 分别收敛于 S, σ，则级数 $\sum_{n=1}^{\infty} (u_n \pm v_n)$ 也收敛，且其和为 $S \pm \sigma$.

性质 4：在级数的前面部分去掉或加上有限项，不会影响级数的收敛性或发散性，不过在收敛时，一般说来级数的和是要改变的．

性质 5：收敛级数加括弧后所得的级数仍收敛于原级数的和．

(三) 正项级数审敛法

1. 正项级数的概念

设级数 $\sum_{n=1}^{\infty} u_n$ 的一般项 $u_n \geqslant 0(n=1,2,3,\cdots)$，则称此级数为正项级数.

2. 审敛法

方法 1:定义法

设 $\sum_{n=1}^{\infty} u_n$ 为正项级数，则 $\sum_{n=1}^{\infty} u_n$ 收敛的充分必要条件是它的部分和数列有上界.

方法 2:比较判别法

设 $\sum_{n=1}^{\infty} u_n$ 和 $\sum_{n=1}^{\infty} v_n$ 都是正项级数，且 $u_n \leqslant v_n(n=1,2,3,\cdots)$

(1) 若 $\sum_{n=1}^{\infty} v_n$ 收敛，则 $\sum_{n=1}^{\infty} u_n$ 收敛;

(2) 若 $\sum_{n=1}^{\infty} u_n$ 发散，则 $\sum_{n=1}^{\infty} v_n$ 发散.

方法 3:比较判别法的极限形式

设正项级数 $\sum_{n=1}^{\infty} u_n$ 与 $\sum_{n=1}^{\infty} v_n(v_n>0)$ 满足 $\lim_{n\to\infty}\frac{u_n}{v_n}=l$，$l$ 为正的常数，则 $\sum_{n=1}^{\infty} u_n$ 与 $\sum_{n=1}^{\infty} v_n$ 具有相同的敛散性.

方法 4:比值判别法

设正项级数 $\sum_{n=1}^{\infty} u_n$ 的后项与前项之比值的极限等于 ρ，即

$$\lim_{n\to\infty}\frac{u_{n+1}}{u_n}=\rho,$$

则当 $\rho<1$ 时级数收敛; $\rho>1$(或 $\rho=\infty$)时级数发散; $\rho=1$ 时级数可能收敛也可能发散.

方法 5: 根值判别法

设正项级数 $\sum_{n=1}^{\infty} u_n$ 的一般项的 n 次根值的极限等于 ρ，即

$$\lim_{n\to\infty}\sqrt[n]{u_n}=\rho,$$

则当 $\rho<1$ 时级数收敛; $\rho>1$(或 $\rho=\infty$)时级数发散; $\rho=1$ 时级数可能收敛也可能发散.

(四) 一般项常数级数的审敛法

1. 交错级数及其审敛法

交错级数是指各项的符号正负相间的级数，从而可表示成

$$u_1-u_2+u_3-u_4+\cdots \text{或} \sum_{n=1}^{\infty}(-1)^{n-1}u_n,$$

其中，$u_n>0(n=1, 2, \cdots)$.

对于交错级数有下面的莱布尼茨(Leibniz)判别法.

方法6：莱布尼茨判别法

设交错级数 $\sum_{n=1}^{\infty}(-1)^{n-1}u_n$ 满足：

(1) $u_n \geqslant u_{n+1}(n=1, 2, \cdots)$,

(2) $\lim_{n\to\infty} u_n=0$.

则该交错级数收敛，且级数的和 $S\leqslant u_1$，n 项之后的余项 $r_n=S-S_n$ 还满足 $|r_n|\leqslant u_{n+1}$.

2. 条件收敛与绝对收敛

若 $\sum_{n=1}^{\infty}|u_n|$ 收敛,则称 $\sum_{n=1}^{\infty}u_n$ 为绝对收敛;若级数 $\sum_{n=1}^{\infty}u_n$ 收敛而 $\sum_{n=1}^{\infty}|u_n|$ 发散,则称级数 $\sum_{n=1}^{\infty}u_n$ 是条件收敛的.

3. 判断级数敛散性的流程图

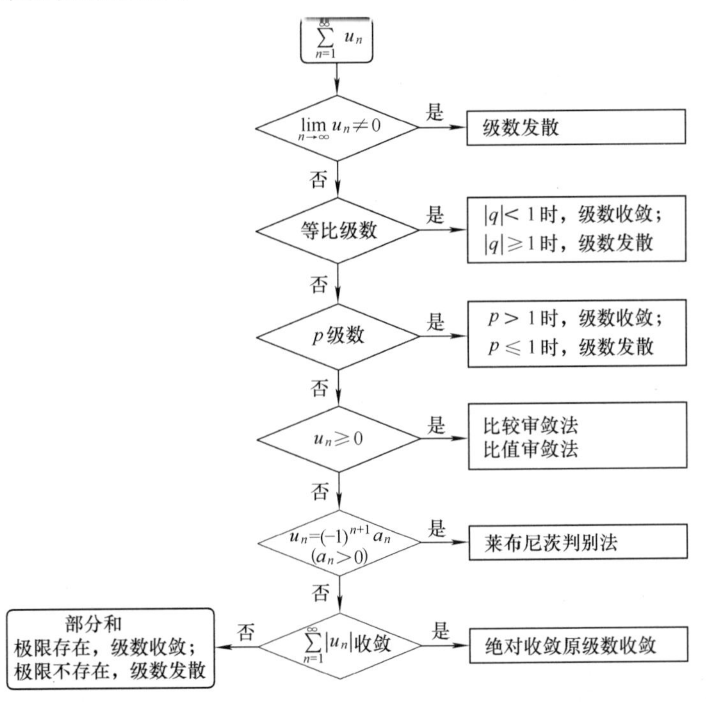

(五) 函数项无穷级数

1. 概念

每一项都是函数的级数称为函数项级数，其一般形式为 $\sum_{n=0}^{\infty} u_n(x)$，称为函数项无穷级数。

2. 收敛域

如果对某点 x_0，常数项级数 $\sum_{n=0}^{\infty} u_n(x_0)$ 收敛．则称函数项级数 $\sum_{n=0}^{\infty} u_n(x)$ 在点 x_0 处收敛，x_0 为该函数项级数的收敛点：如果常数项级数 $\sum_{n=0}^{\infty} u_n(x_0)$ 发散，则称函数项级数 $\sum_{n=0}^{\infty} u_n(x)$ 在点 x_0 处发散，x_0 为该函数项级数的发散点．

函数项级数 $\sum_{n=0}^{\infty} u_n(x)$ 所有收敛点组成的集合，称为该函数项级数的收敛域；所有发散点组成的集合，称为该函数项级数的发散域．

3. 和函数

对于收敛域中的每一个 x，函数项级数 $\sum_{n=0}^{\infty} u_n(x)$ 都有唯一确定的和（记为 $S(x)$）与之对应，因此 $\sum_{n=0}^{\infty} u_n(x)$ 是定义在收敛域上的一个函数，即

$$\sum_{n=0}^{\infty} u_n(x) = S(x) \quad (x\text{ 属于收敛域}),$$

称 $S(x)$ 为函数项级数 $\sum_{n=0}^{\infty} u_n(x)$ 的和函数．

（六）幂级数

1. 概念

形如

$$a_0 + a_1x + a_2x^2 + \cdots + a_nx^n + \cdots$$

的幂级数，其中，常数 a_0，a_1，a_2，…，a_n…叫做幂级数的系数，幂级数常记成 $\sum_{n=0}^{\infty} a_nx^n$.

一般幂级数的形式为 $\sum_{n=0}^{\infty} a_n(x-x_0)^n$，级数可以理解为由幂级数 $\sum_{n=0}^{\infty} a_nx^n$ 平移得到的，两个级数的收敛性质相似．

2. 收敛半径

（1）Abel 定理

如果级数 $\sum_{n=0}^{\infty} a_nx^n$ 当 $x = x_0(x_0 \neq 0)$ 时收敛，则适合不等式 $|x| < |x_0|$ 的一切 x 使该幂

级数绝对收敛. 反之,如果级数 $\sum_{n=0}^{\infty} a_n x^n$ 当 $x = x_0$ 时发散,则适合不等式 $|x| > |x_0|$ 的一切 x 使该幂级数发散.

(2) 收敛半径

如果幂级数 $\sum_{n=0}^{\infty} a_n x^n$ 不是仅在 $x = 0$ 一点收敛,也不是在整个数轴上都收敛,则必有一个确定的正数 R 存在,使得当 $|x| < R$ 时,幂级数绝对收敛;当 $|x| > R$ 时,幂级数发散. 当 $x = R$ 或 $x = -R$ 时,幂级数可能收敛也可能发散.

对于幂级数 $\sum_{n=0}^{\infty} a_n x^n$,若 $a_n \neq 0$ 且

$$\lim_{n\to\infty}\left|\frac{a_{n+1}}{a_n}\right| = \rho,$$

则有(1)若 $0<\rho<\infty$, 则 $R=\frac{1}{\rho}$; (2)若 $\rho=0$, 则 $R=\infty$; (3)若 $\rho=\infty$, 则 $R=0$.

3. 幂级数的运算

两个幂级数之间可进行四则运算, 比如两个幂级数相加减而得一个新的幂级数. 但这里我们不讨论幂级数的四则运算, 只介绍幂级数的逐项求导和逐项积分运算:

(1) 幂级数 $\sum_{n=0}^{\infty} a_n x^n$ 在 $(-R,R)$ 内收敛于和函数 $S(x)$,则有

$$S'(x) = \sum_{n=0}^{\infty}(a_n x^n)' = \sum_{n=1}^{\infty} n a_n x^{n-1}.$$

且求导后幂级数收敛半径不变.

(2) 设幂级数 $\sum_{n=0}^{\infty} a_n x^n$ 在 $(-R,R)$ 内收敛于和函数 $S(x)$,则对 $x \in (-R,R)$ 有

$$\int_0^x S(x)\,dx = \sum_{n=0}^{\infty}\int_0^x a_n x^n\,dx = \sum_{n=0}^{\infty}\frac{a_n}{n+1}x^{n+1}.$$

且积分后幂级数收敛半径不变.

(七) 函数的泰勒级数展开

1. 泰勒级数

设函数 $f(x)$ 在 x_0 的某邻域具有无穷阶可导, 称级数

$$\sum_{n=0}^{\infty}\frac{f^{(n)}(x_0)}{n!}(x-x_0)^n$$

为函数在点 $x=x_0$ 处泰勒级数.

2. 函数的泰勒级数的展开

若函数$f(x)$在点$x=x_0$处的n阶余项$R_n=\dfrac{f^{(n)}(\xi)}{(n+1)!}(x-x_0)^{n+1}$，$\xi$在$x_0$与$x$之间，当$n\to\infty$时,$R_n\to 0$，则函数

$$f(x)=\sum_{n=0}^{\infty}\frac{f^{(n)}(x_0)}{n!}(x-x_0)^n.$$

3. 常见函数的泰勒级数展开

(1) 指数函数

$$e^x=\sum_{n=0}^{\infty}\frac{x^n}{n!}\quad(-\infty<x<+\infty).$$

(2) 正弦函数

$$\sin x=\sum_{n=1}^{\infty}(-1)^{n-1}\frac{x^{2n-1}}{(2n-1)!}\quad(-\infty<x<+\infty).$$

(3) 余弦函数

$$\cos x=\sum_{n=0}^{\infty}(-1)^n\frac{x^{2n}}{(2n)!}\quad(-\infty<x<+\infty).$$

(4) 对数函数

$$\ln(1+x)=\sum_{n=0}^{\infty}(-1)^n\frac{x^{n+1}}{n+1}\quad(-1<x<1).$$

(5) 幂函数

$$(1+x)^m=1+mx+\frac{m(m-1)}{2!}x^2+\cdots+\frac{m(m-1)\cdots(m-n+1)}{n!}x^n+\cdots\quad(-1<x<1).$$

二、练习题与解答

习题 11.1　常数项级数的基本概念和性质

1. 写出下列级数的前3项：

(1) $\sum_{n=1}^{\infty}\dfrac{1\cdot 3\cdot\cdots\cdot(2n-1)}{2\cdot 4\cdot\cdots\cdot 2n}$；　　(2) $\sum_{n=0}^{\infty}(-1)^{n+1}\dfrac{1}{3^n}$.

【解】 (1) $u_1=\dfrac{1}{2}$，$u_2=\dfrac{3}{8}$，$u_3=\dfrac{5}{16}$；

(2) $u_0=-1$，$u_1=\dfrac{1}{3}$，$u_2=-\dfrac{1}{9}$.

2. 写出下列级数的一般项：

(1) $1+\dfrac{1}{3}+\dfrac{1}{5}+\cdots$；　　(2) $\dfrac{1}{2}-\dfrac{2}{3}+\dfrac{3}{4}-\dfrac{5}{4}+\cdots$.

【解】（1）$1+\frac{1}{3}+\frac{1}{5}+\cdots=\sum_{n=1}^{\infty}\frac{1}{2n-1}$，一般项 $u_n=\frac{1}{2n-1}$；

（2）$\frac{1}{2}-\frac{2}{3}+\frac{3}{4}-\frac{5}{4}+\cdots=\sum_{n=1}^{\infty}(-1)^{n+1}\frac{n}{n+1}$，一般项 $u_n=(-1)^{n+1}\frac{n}{n+1}$.

3. 已知级数的部分和 $s_n=\frac{2n}{n+1}$，求 u_1，u_2，u_n.

【解】 $u_1=s_1=1$，$s_2=u_1+u_2=\frac{4}{3}$，$u_2=\frac{1}{3}$，

$$u_n=s_n-s_{n-1}=\frac{2n}{n+1}-\frac{2(n-1)}{n}=\frac{2}{n(n+1)}.$$

4. 根据级数收敛与发散的定义，判别下列级数的敛散性：

（1）$\sum_{n=1}^{\infty}(\sqrt{n+2}+\sqrt{n}-2\sqrt{n+1})$；

（2）$\frac{1}{1\cdot3}+\frac{1}{3\cdot5}+\frac{1}{5\cdot7}+\cdots+\frac{1}{(2n-1)(2n+1)}+\cdots$.

【解】（1）
$$\begin{aligned}S_n&=\sum_{k=1}^{n}(\sqrt{k+2}+\sqrt{k}-2\sqrt{k+1})\\&=\sum_{k=1}^{n}[(\sqrt{k+2}-\sqrt{k+1})-(\sqrt{k+1}-\sqrt{k})]\\&=(\sqrt{3}-\sqrt{2}+\sqrt{4}-\sqrt{3}+\cdots+\sqrt{n+2}-\sqrt{n+1})-\\&\quad(\sqrt{2}-1+\sqrt{3}-\sqrt{2}+\cdots+\sqrt{n+1}-\sqrt{n})\\&=\sqrt{n+2}-\sqrt{n+1}+1-\sqrt{2}=\frac{1}{\sqrt{n+2}+\sqrt{n+1}}+1-\sqrt{2},\end{aligned}$$

$\lim_{n\to\infty}S_n=\lim_{n\to\infty}\left(\frac{1}{\sqrt{n+2}+\sqrt{n+1}}+1-\sqrt{2}\right)=1-\sqrt{2}$，所以原级数收敛.

（2）
$$\begin{aligned}S_n&=\sum_{k=1}^{n}\frac{1}{(2k-1)(2k+1)}=\sum_{k=1}^{n}\frac{1}{2}\left(\frac{1}{2k-1}-\frac{1}{2k+1}\right)\\&=\frac{1}{2}\left(1-\frac{1}{3}+\frac{1}{3}-\frac{1}{5}+\cdots+\frac{1}{2n-1}-\frac{1}{2n+1}\right)\\&=\frac{1}{2}\left(1-\frac{1}{2n+1}\right)\end{aligned}$$

$$\lim_{n\to\infty}S_n=\lim_{n\to\infty}\frac{1}{2}\left(1-\frac{1}{2n+1}\right)=\frac{1}{2},$$

所以原级数收敛.

5. 判断下列级数的敛散性.

（1）$-\frac{8}{9}+\frac{8^2}{9^2}-\frac{8^3}{9^3}+\cdots$；

【解】 $-\frac{8}{9}+\frac{8^2}{9^2}-\frac{8^3}{9^3}+\cdots=\sum_{n=1}^{\infty}\left(-\frac{8}{9}\right)^n$,是等比级数,公比为 $q=-\frac{8}{9}$,所以原级数收敛.

(2) $\frac{1}{2}+\frac{2}{3}+\frac{1}{4}-\frac{4}{9}+\cdots+\left[\frac{1}{2^n}-\frac{(-1)^n2^n}{3^n}\right]+\cdots$;

【解】 $\frac{1}{2}+\frac{2}{3}+\frac{1}{4}-\frac{4}{9}+\cdots+\left[\frac{1}{2^n}-\frac{(-1)^n2^n}{3^n}\right]+\cdots=\sum_{n=1}^{\infty}\frac{1}{2^n}-\sum_{n=1}^{\infty}\left(-\frac{2}{3}\right)^n$,所以原级数收敛.

(3) $\sqrt{2}+\sqrt{\frac{3}{2}}+\cdots+\sqrt{\frac{n+1}{n}}+\cdots$.

【解】 $u_n=\sqrt{\frac{n+1}{n}}$, $\lim_{n\to\infty}\sqrt{\frac{n+1}{n}}=1\neq 0$,
所以原级数发散.

习题 11.2　常数项级数敛散性的判别法

1. 利用比较法或其极限形式判别下列级数的敛散性.

(1) $\sum_{n=1}^{\infty}\frac{1}{\sqrt{4n^2-3}}$;

【解】 因为$\frac{1}{\sqrt{4n^2-3}}>\frac{1}{2n}$,且$\sum_{n=1}^{\infty}\frac{1}{2n}$发散,所以原级数发散.

(2) $\sum_{n=1}^{\infty}\frac{3}{n^2-\sqrt{n}}$;

【解】 因为$\lim_{n\to\infty}\frac{\frac{3}{n^2-\sqrt{n}}}{\frac{1}{n^2}}=3$,且$\sum_{n=1}^{\infty}\frac{1}{n^2}$收敛,所以原级数收敛.

(3) $\sum_{n=1}^{\infty}\sin\frac{\pi}{2^n}$;

【解】 因为$\lim_{n\to\infty}\frac{\sin\frac{\pi}{2^n}}{\frac{\pi}{2^n}}=1$,且$\sum_{n=1}^{\infty}\frac{\pi}{2^n}$收敛,所以原级数收敛.

(4) $\sum_{n=1}^{\infty}\frac{1}{1+a^n}\quad(a>0)$;

【解】 当 $a>1$ 时,因为$\frac{1}{1+a^n}<\frac{1}{a^n}$,且$\sum_{n=1}^{\infty}\frac{1}{a^n}$收敛,所以原级数收敛;

当 $0 < a \leqslant 1$ 时,因为 $\lim\limits_{n\to\infty}\dfrac{1}{1+a^n}=1\neq 0$,所以原级数发散.

(5) $\sum\limits_{n=1}^{\infty}\dfrac{1}{n\sqrt[n]{n}}$;

【解】 因为 $\lim\limits_{n\to\infty}\dfrac{\dfrac{1}{n\sqrt[n]{n}}}{\dfrac{1}{n}}=\lim\limits_{n\to\infty}\dfrac{1}{\sqrt[n]{n}}=1$,且 $\sum\limits_{n=1}^{\infty}\dfrac{1}{n}$ 发散,所以原级数发散.

$\left(\text{其中}, \lim\limits_{n\to\infty}\sqrt[n]{n}=\lim\limits_{x\to+\infty}x^{\frac{1}{x}}=\lim\limits_{x\to+\infty}e^{\frac{1}{x}\ln x}=1.\right)$

(6) $\sum\limits_{n=1}^{\infty}\left(1-\cos\dfrac{1}{n}\right)$;

【解】 因为 $\lim\limits_{n\to\infty}\dfrac{1-\cos\dfrac{1}{n}}{\left(\dfrac{1}{2n}\right)^2}=2$,且 $\sum\limits_{n=1}^{\infty}\left(\dfrac{1}{2n}\right)^2=\sum\limits_{n=1}^{\infty}\dfrac{1}{4n^2}$ 收敛,所以原级数收敛.

(7) $\sum\limits_{n=1}^{\infty}\dfrac{n+2}{n^2(n+1)}$;

【解】 $\lim\limits_{n\to\infty}\dfrac{\dfrac{n+2}{n^2(n+1)}}{\dfrac{1}{n^2}}=1$,且 $\sum\limits_{n=1}^{\infty}\dfrac{1}{n^2}$ 收敛, 所以原级数收敛.

(8) $\sum\limits_{n=1}^{\infty}\dfrac{2}{n}\tan\dfrac{\pi}{n}$.

【解】 因为 $\lim\limits_{n\to\infty}\dfrac{\dfrac{2}{n}\tan\dfrac{\pi}{n}}{\dfrac{\pi}{n^2}}=2$,且 $\sum\limits_{n=1}^{\infty}\dfrac{\pi}{n^2}$ 收敛,所以原级数收敛.

2. 利用比值判别法判别下列级数的敛散性.

(1) $\sum\limits_{n=1}^{\infty}\dfrac{(n+1)!}{2^n}$;

【解】 $\lim\limits_{n\to\infty}\dfrac{\dfrac{(n+2)!}{2^{n+1}}}{\dfrac{(n+1)!}{2^n}}=+\infty$,所以原级数发散.

(2) $\sum\limits_{n=1}^{\infty}\dfrac{n^2}{3^n}$;

【解】 $\lim\limits_{n\to\infty}\dfrac{\dfrac{(n+1)^2}{3^{n+1}}}{\dfrac{n^2}{3^n}}=\dfrac{1}{3}<1$,所以原级数收敛.

(3) $\sum\limits_{n=1}^{\infty}\dfrac{1\cdot3\cdot5\cdot\cdots(2n-1)}{3^n\cdot n!}$;

【解】 $\lim\limits_{n\to\infty}\dfrac{\dfrac{1\cdot3\cdot5\cdot\cdots\cdot(2n-1)(2n+1)}{3^{n+1}\cdot(n+1)!}}{\dfrac{1\cdot3\cdot5\cdot\cdots\cdot(2n-1)}{3^n\cdot n!}}=\dfrac{2}{3}<1$,所以原级数收敛.

(4) $\sum\limits_{n=1}^{\infty}\dfrac{1\cdot5\cdot9\cdot\cdots\cdot(4n-3)}{2\cdot5\cdot8\cdot\cdots\cdot(3n-1)}$;

【解】 $\lim\limits_{n\to\infty}\dfrac{\dfrac{1\cdot5\cdot9\cdot\cdots\cdot(4n-3)(4n+1)}{2\cdot5\cdot8\cdot\cdots\cdot(3n-1)(3n+2)}}{\dfrac{1\cdot5\cdot9\cdot\cdots\cdot(4n-3)}{2\cdot5\cdot8\cdot\cdots\cdot(3n-1)}}=\dfrac{4}{3}>1$,所以原级数发散.

(5) $\sum\limits_{n=1}^{\infty}n^2\sin\dfrac{\pi}{2^n}$;

【解】 $\lim\limits_{n\to\infty}\dfrac{(n+1)^2\sin\dfrac{\pi}{2^{n+1}}}{n^2\sin\dfrac{\pi}{2^n}}=\dfrac{1}{2}<1$,所以原级数收敛.

(6) $\sum\limits_{n=1}^{\infty}2^{n+1}\tan\dfrac{\pi}{4n^2}$;

【解】 $\lim\limits_{n\to\infty}\dfrac{2^{n+2}\tan\dfrac{\pi}{4(n+1)^2}}{2^{n+1}\tan\dfrac{\pi}{4n^2}}=2>1$,所以原级数发散.

(7) $\sum\limits_{n=1}^{\infty}\dfrac{n!}{10^n}$;

【解】 $\lim\limits_{n\to\infty}\dfrac{\dfrac{(n+1)!}{10^{n+1}}}{\dfrac{n!}{10^n}}=\infty$,所以原级数发散.

(8) $\sum\limits_{n=1}^{\infty}\dfrac{2n-1}{2^n}$;

【解】 $\lim\limits_{n\to\infty}\dfrac{\dfrac{2n+1}{2^{n+1}}}{\dfrac{2n-1}{2^n}}=\dfrac{1}{2}<1$,所以原级数收敛.

3. 判别下列级数是绝对收敛,条件收敛,还是发散?

(1) $\sum\limits_{n=1}^{\infty}\dfrac{(-1)^{n-1}}{\ln(1+n)}$;

【解】 因为$\dfrac{1}{\ln(1+n)}>\dfrac{1}{\ln[1+(1+n)]}$,$\lim\limits_{n\to\infty}\dfrac{1}{\ln(1+n)}=0$,所以原级数收敛.

又因为$0<\ln(1+n)<n+1$,即$\dfrac{1}{\ln(1+n)}>\dfrac{1}{n+1}$,且$\sum\limits_{n=1}^{\infty}\dfrac{1}{n+1}$发散,故$\sum\limits_{n=1}^{\infty}\dfrac{1}{\ln(n+1)}$发散,所以原级数条件收敛.

(2) $\sum\limits_{n=1}^{\infty}\dfrac{1}{2^n}\sin\dfrac{n\pi}{7}$;

【解】 $\left|\dfrac{1}{2^n}\sin\dfrac{n\pi}{7}\right|\leqslant\dfrac{1}{2^n}$,且$\sum\limits_{n=1}^{\infty}\dfrac{1}{2^n}$收敛,

故$\sum\limits_{n=1}^{\infty}\left|\dfrac{1}{2^n}\sin\dfrac{n\pi}{7}\right|$收敛,所以原级数绝对收敛.

(3) $\sum\limits_{n=1}^{\infty}(-1)^{n+1}\dfrac{n}{n+1}$;

【解】 $\lim\limits_{n\to\infty}\dfrac{n}{n+1}=1\neq0$,所以原级数发散.

(4) $\sum\limits_{n=2}^{\infty}\dfrac{(-1)^{n-1}n^3}{2^n}$.

【解】 $\lim\limits_{n\to\infty}\dfrac{\dfrac{(n+1)^3}{2^{n+1}}}{\dfrac{n^3}{2^n}}=\dfrac{1}{2}<1$,所以原级数绝对收敛.

习题 11.3　幂级数

1. 求下列幂级数的收敛半径和收敛域:

(1) $x+2x^2+3x^3+\cdots$;

【解】 $x+2x^2+3x^3+\cdots=\sum\limits_{n=1}^{\infty}nx^n$,

由于$\lim\limits_{n\to\infty}\dfrac{n+1}{n}=1$,所以收敛半径$R=1$,当$x=1$,$x=-1$时,级数都发散,收敛域为$(-1,1)$.

(2) $\frac{x}{2}+\frac{x^2}{2\cdot 4}+\frac{x^3}{2\cdot 4\cdot 6}+\cdots$;

【解】 $\frac{x}{2}+\frac{x^2}{2\cdot 4}+\frac{x^3}{2\cdot 4\cdot 6}+\cdots=\sum_{n=1}^{\infty}\frac{x^n}{2\cdot 4\cdot 6\cdot\cdots\cdot 2n}$,

$\lim_{n\to\infty}\frac{2\cdot 4\cdot 6\cdot\cdots\cdot 2n}{2\cdot 4\cdot 6\cdot\cdots\cdot 2n\cdot(2n+2)}=0$,故 $R=\infty$,收敛域为$(-\infty,+\infty)$.

(3) $\sum_{n=1}^{\infty}(-1)^n\frac{x^{2n+1}}{2n+1}$;

【解】 $\lim_{n\to\infty}\left|\frac{\frac{x^{2n+2}}{2n+3}}{\frac{x^{2n+1}}{2n+1}}\right|=x^2$,

$|x|<1$ 时,级数收敛;$|x|>1$ 时,级数发散,故 $R=1$,

$x=1$ 时,级数为$\sum_{n=1}^{\infty}(-1)^n\frac{1}{2n+1}$,收敛;

$x=-1$ 时,级数为$\sum_{n=1}^{\infty}(-1)^{n+1}\frac{1}{2n+1}$,收敛.

综上所述,收敛域为$[-1,1]$.

(4) $\sum_{n=1}^{\infty}\frac{2^n}{n^2+1}x^n$;

【解】 $\lim_{n\to\infty}\frac{\frac{2^{n+1}}{(n+1)^2+1}}{\frac{2^n}{n^2+1}}=2$,所以 $R=\frac{1}{2}$,

$x=\frac{1}{2}$ 时,级数为$\sum_{n=1}^{\infty}\frac{1}{n^2+1}$,收敛;

$x=-\frac{1}{2}$ 时,级数为$\sum_{n=1}^{\infty}\frac{(-1)^n}{n^2+1}$,收敛.

综上所述,收敛域为$\left[-\frac{1}{2},\frac{1}{2}\right]$.

(5) $\sum_{n=1}^{\infty}\frac{x^n}{2n(2n-1)}$;

【解】 $\lim_{n\to\infty}\frac{\frac{1}{2(n+1)(2n+1)}}{\frac{1}{2n(2n-1)}}=1$,所以 $R=1$,

$x=1$ 时,级数为$\sum_{n=1}^{\infty}\frac{1}{2n(2n-1)}$,收敛;

$x=-1$ 时,级数为 $\sum_{n=1}^{\infty}\frac{(-1)^n}{2n(2n-1)}$,收敛.

综上所述,收敛域为 $[-1,1]$.

(6) $\sum_{n=1}^{\infty}(-1)^n\frac{x^n}{3^n\sqrt{n}}$;

【解】 $\lim_{n\to\infty}\frac{\frac{1}{3^{n+1}\sqrt{n+1}}}{\frac{1}{3^n\sqrt{n}}}=\frac{1}{3}$,所以 $R=3$,

$x=3$ 时,级数为 $\sum_{n=1}^{\infty}(-1)^n\frac{1}{\sqrt{n}}$,收敛;

$x=-3$ 时,级数为 $\sum_{n=1}^{\infty}\frac{1}{\sqrt{n}}$,发散.

综上所述,收敛域为 $(-3,3]$.

(7) $\sum_{n=1}^{\infty}2^{n-1}x^{2n-2}$;

【解】 $\lim_{n\to\infty}\left|\frac{2^n x^{2n}}{2^{n-1}x^{2n-2}}\right|=2x^2$,

$|2x^2|<1$,即 $|x|<\frac{\sqrt{2}}{2}$ 时,级数收敛;

$|2x^2|>1$,即 $|x|>\frac{\sqrt{2}}{2}$ 时,级数发散,所以 $R=\frac{\sqrt{2}}{2}$,

$x=\frac{\sqrt{2}}{2}$ 时,级数为 $\sum_{n=1}^{\infty}1$,发散;

$x=-\frac{\sqrt{2}}{2}$ 时,级数为 $\sum_{n=1}^{\infty}(-1)$,发散.

综上所述,收敛域为 $\left(-\frac{\sqrt{2}}{2},\frac{\sqrt{2}}{2}\right)$.

(8) $\sum_{n=1}^{\infty}\frac{x^n}{n(n+1)}$.

【解】 $\lim_{n\to\infty}\frac{\frac{1}{(n+1)(n+2)}}{\frac{1}{n(n+1)}}=1$,所以 $R=1$,

$x=1$ 时,级数为 $\sum_{n=1}^{\infty}\frac{1}{n(n+1)}$,收敛;

$x=-1$ 时,级数为 $\sum\limits_{n=1}^{\infty}\dfrac{(-1)^n}{n(n+1)}$,收敛.

综上所述,收敛域为$[-1,1]$.

2. 利用逐项求导或逐项积分,求下列级数在收敛域内的和函数.

(1) $\sum\limits_{n=1}^{\infty}\dfrac{n}{2^n}x^n \quad (-2<x<2)$;

【解】 $\sum\limits_{n=1}^{\infty}\dfrac{n}{2^n}x^n = x\sum\limits_{n=1}^{\infty}\dfrac{n}{2^n}x^{n-1} = x\left(\sum\limits_{n=1}^{\infty}\dfrac{x^n}{2^n}\right)' = x\left(\dfrac{\frac{x}{2}}{1-\frac{x}{2}}\right)' = \dfrac{2x}{(2-x)^2}.$

(2) $\sum\limits_{n=1}^{\infty}\dfrac{1}{n(n+1)}x^{n+1} \quad (-1<x<1)$;

【解】 $s(x)=\sum\limits_{n=1}^{\infty}\dfrac{1}{n(n+1)}x^{n+1}, s(0)=0,$

$$s'(x)=\sum_{n=1}^{\infty}\frac{1}{n}x^n=\sum_{n=1}^{\infty}\int_0^x x^{n-1}\mathrm{d}x=\int_0^x\sum_{n=1}^{\infty}x^{n-1}\mathrm{d}x$$

$$=\int_0^x\frac{1}{1-x}\mathrm{d}x=-\ln(1-x),$$

故
$$s(x)=-\int_0^x\ln(1-x)\mathrm{d}x=(1-x)\ln(1-x)+x.$$

(3) $\sum\limits_{n=1}^{\infty}n(n+1)x^n \quad (-1<x<1)$.

【解】 $s(x)=\sum\limits_{n=1}^{\infty}n(n+1)x^n=\sum\limits_{n=1}^{\infty}n(x^{n+1})'=\left(\sum\limits_{n=1}^{\infty}nx^{n+1}\right)',$

$$t(x)=\sum_{n=1}^{\infty}nx^{n+1}=x^2+2x^3+3x^4+\cdots+nx^{n+1}+\cdots,$$

$$xt(x)=x^3+2x^4+3x^5+\cdots+nx^{n+2}+\cdots,$$

$$(1-x)t(x)=x^2+x^3+x^4+\cdots+x^{n+1}+\cdots=\frac{x^2}{1-x},$$

故
$$t(x)=\frac{x^2}{(1-x)^2},\ s(x)=\left[\frac{x^2}{(1-x)^2}\right]'=\frac{2x}{(1-x)^3}.$$

(4) $\sum\limits_{n=1}^{\infty}\left(\dfrac{x^2}{2}\right)^n \quad (-\sqrt{2}<x<\sqrt{2})$

【解】 $s(x)=\sum\limits_{n=1}^{\infty}\left(\dfrac{x^2}{2}\right)^n=\dfrac{\frac{x^2}{2}}{1-\frac{x^2}{2}}=\dfrac{x^2}{2-x^2}.$

习题 11.4　函数展开成幂级数

1. 将下列函数展开成 x 的幂级数：

(1) $\dfrac{1}{2+x}$;

【解】 因为$\dfrac{1}{1+x}=\sum\limits_{n=0}^{\infty}(-1)^n x^n=1-x+x^2-\cdots+(-1)^n x^n+\cdots$, $|x|<1$,

所以$\dfrac{1}{2+x}=\dfrac{1}{2}\dfrac{1}{1+\dfrac{x}{2}}=\dfrac{1}{2}\left[1-\dfrac{x}{2}+\left(\dfrac{x}{2}\right)^2-\cdots+(-1)^n\left(\dfrac{x}{2}\right)^2+\cdots\right]$

$$=\sum_{n=0}^{\infty}\frac{(-1)^n}{2^{n+1}}x^n,$$

$$\left|\frac{x}{2}\right|<1\Rightarrow -2<x<2.$$

(2) $\dfrac{1}{x^2+3x+2}$;

【解】 $$\frac{1}{x^2+3x+2}=\frac{1}{1+x}-\frac{1}{x+2}$$

$$=[1-x+x^2-\cdots+(-1)^n x^n+\cdots]-\frac{1}{2}\left[1-\frac{x}{2}+\left(\frac{x}{2}\right)^2-\cdots+(-1)^n\left(\frac{x}{2}\right)^2+\cdots\right]$$

$$=\sum_{n=0}^{\infty}(-1)^n\frac{2^{n+1}-1}{2^{n+1}}x^n,$$

$$|x|<1,\left|\frac{x}{2}\right|<1\Rightarrow -1<x<1.$$

(3) a^x;

【解】 令$f(x)=a^x$,则$f'(x)=a^x\ln a$,$f''(x)=a^x\ln^2 a$, $f^{(n)}(x)=a^x\ln^n a$,

$$a^x=1+\ln a\cdot x+\frac{\ln^2 a}{2!}x^2+\cdots+\frac{\ln^n a}{n!}x^n+\cdots$$

$$=\sum_{n=0}^{\infty}\frac{(\ln a)^n}{n!}x^n,\ x\in(-\infty,+\infty).$$

(4) $\ln(2+x)$;

【解】 $$\ln(2+x)=\ln 2+\ln\left(1+\frac{x}{2}\right)$$

$$=\ln 2+\left[\frac{x}{2}-\frac{1}{2}\left(\frac{x}{2}\right)^2+\frac{1}{3}\left(\frac{x}{2}\right)^3+\cdots+(-1)^{n-1}\frac{1}{n}\left(\frac{x}{2}\right)^n+\cdots\right]$$

$$= \ln 2 + \sum_{n=1}^{\infty} (-1)^{n-1} \frac{1}{2^n n} x^n,$$

$-1 < \frac{x}{2} \leqslant 1 \Rightarrow -2 < x \leqslant 2.$

(5) $\sin^2 x$;

【解】 $\sin^2 x = \frac{1 - \cos 2x}{2}$

$$= \frac{1}{2}\left\{1 - \left[1 - \frac{1}{2!}(2x)^2 + \frac{1}{4!}(2x)^4 + \cdots + (-1)^n \frac{1}{(2n)!}(2x)^{2n} + \cdots\right]\right\}$$

$$= \frac{1}{2}\left[\frac{1}{2!}(2x)^2 - \frac{1}{4!}(2x)^4 + \cdots + (-1)^{n+1} \frac{1}{(2n)!}(2x)^{2n} + \cdots\right]$$

$$= \sum_{n=1}^{\infty} (-1)^{n-1} \frac{2^{2n-1} x^{2n}}{(2n)!}, \ x \in (-\infty, +\infty).$$

(6) $(1+x)\ln(1+x)$.

【解】 $(1+x)\ln(1+x) = (1+x)\left[x - \frac{x^2}{2} + \frac{x^3}{3} - \cdots + (-1)^n \frac{x^n}{n} + \cdots\right]$

$$= \left[x - \frac{x^2}{2} + \frac{x^3}{3} - \cdots + (-1)^n \frac{x^n}{n} + \cdots\right]$$

$$+ \left[x^2 - \frac{x^3}{2} + \frac{x^4}{3} - \cdots + (-1)^{n-1} \frac{x^n}{n-1} + \cdots\right]$$

$$= x + \frac{x^2}{1 \times 2} - \frac{x^3}{2 \times 3} + \cdots + (-1)^n \frac{x^n}{(n-1)n} + \cdots$$

$$= x + \sum_{n=2}^{\infty} (-1)^n \frac{x^n}{n(n-1)} \quad (-1 < x < 1).$$

2. 将 $f(x) = \mathrm{e}^x$ 展开成 $x-1$ 的幂级数.

【解】 因为 $\mathrm{e}^x = 1 + x + \frac{1}{2!}x^2 + \cdots + \frac{1}{n!}x^n + \cdots$,

所以 $f(x) = \mathrm{e}^x = \mathrm{e} \cdot \mathrm{e}^{x-1} = \mathrm{e}\left[1 + (x-1) + \frac{1}{2!}(x-1)^2 + \cdots + \frac{1}{n!}(x-1)^n + \cdots\right]$

$$= \sum_{n=0}^{\infty} \frac{\mathrm{e}}{n!}(x-1)^n, \ x \in (-\infty, +\infty).$$

3. 将 $f(x) = \frac{1}{x}$ 展开成 $x-3$ 的幂级数.

【解】 $f(x) = \frac{1}{x} = \frac{1}{3 + x - 3} = \frac{1}{3} \frac{1}{1 + \frac{x-3}{3}}$

$$= \frac{1}{3}\left[1 - \frac{x-3}{3} + \left(\frac{x-3}{3}\right)^2 - \cdots + (-1)^n \left(\frac{x-3}{3}\right)^n + \cdots\right]$$

$$= \sum_{n=0}^{\infty}(-1)^n \frac{1}{3^{n+1}}(x-3)^n,$$

$$-1 < \frac{x-3}{3} < 1 \Rightarrow 0 < x < 6.$$

4. 将 $f(x) = \dfrac{1}{x^2+4x+3}$ 展开为 $x-1$ 的幂级数.

【解】 $f(x) = \dfrac{1}{x^2+4x+3} = \dfrac{1}{2}\left(\dfrac{1}{x+1} - \dfrac{1}{x+3}\right)$

$$= \frac{1}{4}\frac{1}{1+\frac{x-1}{2}} - \frac{1}{8}\frac{1}{1+\frac{x-1}{4}}$$

$$= \frac{1}{4}\left[1 - \frac{x-1}{2} + \left(\frac{x-1}{2}\right)^2 - \cdots + (-1)^n\left(\frac{x-1}{2}\right)^n + \cdots\right] -$$

$$\frac{1}{8}\left[1 - \frac{x-1}{4} + \left(\frac{x-1}{4}\right)^2 - \cdots + (-1)^n\left(\frac{x-1}{4}\right)^n + \cdots\right]$$

$$= \sum_{n=0}^{\infty}(-1)^n\left(\frac{1}{2^{n+2}} - \frac{1}{2^{2n+3}}\right)(x-1)^n,$$

$$-1 < \frac{x-1}{2} < 1,\ -1 < \frac{x-1}{4} < 1 \Rightarrow -1 < x < 3.$$

三、自测题 AB 卷与答案

自测题 A

1. 判别下列级数的收敛性：

(1) $\sum\limits_{n=1}^{\infty}(\sqrt{n+1} - \sqrt{n})$；　(2) $\sin\frac{\pi}{6} + \sin\frac{2\pi}{6} + \cdots + \sin\frac{n\pi}{6} + \cdots$；

(3) $\frac{1}{3} + \frac{1}{6} + \frac{1}{9} + \cdots + \frac{1}{3n} + \cdots$；　(4) $\frac{1}{3} + \frac{1}{\sqrt{3}} + \frac{1}{\sqrt[3]{3}} + \cdots + \frac{1}{\sqrt[n]{3}} + \cdots$；

(5) $\frac{3}{2} + \frac{3^2}{2^2} + \cdots + \frac{3^n}{2^n} + \cdots$；　(6) $1 + \frac{1+2}{1+2^2} + \frac{1+3}{1+3^2}\cdots + \frac{1+n}{1+n^2} + \cdots$；

(7) $\frac{1}{2\cdot 5} + \frac{1}{3\cdot 6} + \cdots + \frac{1}{(n+1)(n+4)} + \cdots$；

(8) $\sin\frac{\pi}{2} + \sin\frac{\pi}{2^2} + \cdots + \sin\frac{\pi}{2^n} + \cdots$；

(9) $\sum\limits_{n=1}^{\infty}2^n\sin\frac{\pi}{3^n}$；　(10) $\frac{3}{1\cdot 2} + \frac{3^2}{2\cdot 2^2} + \frac{3^3}{3\cdot 2^3} + \cdots + \frac{3^n}{n\cdot 2^n} + \cdots$；

(11) $\sum_{n=1}^{\infty}\frac{2^n \cdot n!}{n^n}$;

(12) $\sum_{n=1}^{\infty} n\tan\frac{\pi}{2^{n+1}}$;

(13) $\sum_{n=1}^{\infty}\left(\frac{n}{3n-1}\right)^{2n-1}$;

(14) $\sum_{n=1}^{\infty}(-1)^{n-1}\frac{n}{3^{n-1}}$;

(15) $\sum_{n=1}^{\infty} n\left(\frac{3}{4}\right)^n$;

(16) $\sum_{n=1}^{\infty}\sqrt{\frac{n+1}{n}}$.

2. 求下列幂级数的收敛域.

(1) $x+2x^2+3x^3+\cdots+nx^n+\cdots$;

(2) $1-x+\frac{x^2}{2^2}+\cdots+(-1)^n\frac{x^n}{n^2}+\cdots$;

(3) $\frac{x}{2}+\frac{x^2}{2\cdot 4}+\frac{x^3}{2\cdot 4\cdot 6}+\cdots+\frac{x^n}{2\cdot 4\cdot 6\cdot\cdots\cdot(2n)}+\cdots$;

(4) $\frac{x}{1\cdot 3}+\frac{x^2}{2\cdot 3^2}+\frac{x^3}{3\cdot 3^3}+\cdots+\frac{x^n}{n\cdot 3^n}+\cdots$;

(5) $\frac{2}{2}x+\frac{2^2}{5}x^2+\frac{2^3}{10}x^3+\cdots+\frac{2^n}{n^2+1}x^n+\cdots$;

(6) $\sum_{n=1}^{\infty}(-1)^n\frac{x^{2n+1}}{2n+1}$;

(7) $\sum_{n=1}^{\infty}\frac{2n-1}{2^n}x^{2n-2}$;

(8) $\sum_{n=1}^{\infty}\frac{(x-5)^n}{\sqrt{n}}$.

3. 求下列级数的和函数.

(1) $\sum_{n=1}^{\infty} nx^{n-1}$;

(2) $\sum_{n=1}^{\infty}\frac{x^{4n+1}}{4n+1}$;

(3) $x+\frac{x^3}{3}+\frac{x^5}{5}+\cdots+\frac{x^{2n-1}}{2n-1}+\cdots$.

4. 将数 $f(x)=\cos x$ 展开成 $\left(x+\frac{\pi}{3}\right)$ 的幂级数.

5. 将函数 $f(x)=\frac{1}{x^2+3x+2}$ 展开成 $(x+4)$ 的幂级数.

自测题 B

1. 判定下列各级数的敛散性:

(1) $1+\sum_{n=1}^{\infty}\frac{1}{e^n}$;

(2) $\sum_{n=1}^{\infty}\frac{1}{8n-6}$;

(3) $\sum_{n=1}^{\infty}\frac{2n}{[(2n-1)+2]^3}$;

(4) $\sum_{n=1}^{\infty}\frac{n!}{9^n}$;

(5) $\sum_{n=2}^{\infty}\frac{n^2+1}{n^3+1}$;　　(6) $\sum_{n=2}^{\infty}\frac{n^2+1}{n^4+1}$;

(7) $\sum_{n=1}^{\infty}\frac{1}{3^n-2}$;　　(8) $\sum_{n=1}^{\infty}n\left(\frac{2}{3}\right)^n$.

2. 求下列级数的收敛域：

(1) $\sum_{n=1}^{\infty}\frac{x^n}{2^{n-1}(n+1)}$;　　(2) $\sum_{n=1}^{\infty}n^n(x-2)^n$;

(3) $\sum_{n=1}^{\infty}\frac{3^n}{n!}\left(\frac{x-1}{2}\right)^n$;　　(4) $\sum_{n=1}^{\infty}(-1)^n\frac{x^{2n}}{n\cdot 2^n}$;

(5) $\sum_{n=1}^{\infty}[1-(-2)^n]x^n$;　　(6) $\sum_{n=0}^{\infty}\frac{(-1)^n(x+1)^n}{n^2+1}$.

3. 确定级数的收敛域,并求出它的和函数.

(1) $\sum_{n=0}^{\infty}(1-x)x^n$;　　(2) $\sum_{n=0}^{\infty}(-1)^n(n+1)x^n$;

(3) $\sum_{n-1}^{\infty}(-1)^{n-1}\frac{x^{2n-1}}{2n-1}$;　　(4) $\sum_{n=1}^{\infty}nx^n$;

(5) $\sum_{n=1}^{\infty}n(n+1)x^n$.

4. 应用幂级数性质求下列级数的和：

(1) $\sum_{n=1}^{\infty}(-1)^{n-1}\frac{n}{2^n}$;　　(2) $\sum_{n=1}^{\infty}\frac{1}{n\cdot 2^n}$;

(3) $\sum_{n=1}^{\infty}\frac{n(n+2)}{4^{n+1}}$;　　(4) $\sum_{n=0}^{\infty}\frac{(n+1)^2}{2^n}$.

5. 将下列函数展开成 x 的幂级数：

(1) $f(x)=\frac{x}{x^2+9}$;　　(2) $f(x)=\arctan\frac{1+x}{1-x}$.

自测题 A 答案

1. (1)【解】 $S_n=\sqrt{2}-\sqrt{1}+\sqrt{3}-\sqrt{2}+\cdots+\sqrt{n+1}-\sqrt{n}=\sqrt{n+1}-1$,

$\lim\limits_{n\to\infty}S_n=\lim\limits_{n\to\infty}(\sqrt{n+1}-1)=\infty$, 所以原级数发散.

(2)【解】 $\sin\frac{\pi}{6}+\sin\frac{2\pi}{6}+\cdots+\sin\frac{n\pi}{6}+\cdots=\sum_{n=1}^{\infty}\sin\frac{n\pi}{6}$,

$\lim\limits_{n\to\infty}\sin\frac{n\pi}{6}\neq 0$, 所以原级数发散.

(3)【解】 $\frac{1}{3}+\frac{1}{6}+\frac{1}{9}+\cdots+\frac{1}{3n}+\cdots=\sum_{n=1}^{\infty}\frac{1}{3n}$,原级数发散.

(4)【解】 $\frac{1}{3}+\frac{1}{\sqrt{3}}+\frac{1}{\sqrt[3]{3}}+\cdots+\frac{1}{\sqrt[n]{3}}+\cdots=\sum_{n=1}^{\infty}\frac{1}{\sqrt[n]{3}}$,

$\lim\limits_{n\to\infty}\frac{1}{\sqrt[n]{3}}=1\neq 0$,所以原级数发散.

(5)【解】 $\frac{3}{2}+\frac{3^2}{2^2}+\cdots+\frac{3^n}{2^n}+\cdots=\sum_{n=1}^{\infty}\left(\frac{3}{2}\right)^n$为等比级数,公比$|q|=\frac{3}{2}>1$,因此级数发散.

(6)【解】 $1+\frac{1+2}{1+2^2}+\frac{1+3}{1+3^2}\cdots+\frac{1+n}{1+n^2}+\cdots=\sum_{n=1}^{\infty}\frac{1+n}{1+n^2}$,

因为$\lim\limits_{n\to\infty}\frac{\frac{1+n}{1+n^2}}{\frac{1}{n}}=1$,且$\sum_{n=1}^{\infty}\frac{1}{n}$发散,所以原级数发散.

(7)【解】 $\frac{1}{2\cdot 5}+\frac{1}{3\cdot 6}+\cdots+\frac{1}{(n+1)(n+4)}=\sum_{n=1}^{\infty}\frac{1}{(n+1)(n+4)}$,

因为$\frac{1}{(n+1)(n+4)}\leqslant\frac{1}{n^2}$,且$\sum_{n=1}^{\infty}\frac{1}{n^2}$收敛,所以原级数收敛.

(8)【解】 $\sin\frac{\pi}{2}+\sin\frac{\pi}{2^2}+\cdots+\sin\frac{\pi}{2^n}+\cdots=\sum_{n=1}^{\infty}\sin\frac{\pi}{2^n}$,

$\left|\sin\frac{\pi}{2^n}\right|\leqslant\frac{\pi}{2^n}$,且$\sum_{n=1}^{\infty}\frac{\pi}{2^n}$收敛,所以原级数收敛.

(9)【解】 $\left|2^n\sin\frac{\pi}{3^n}\right|\leqslant\frac{2^n\pi}{3^n}$,且$\sum_{n=1}^{\infty}\frac{2^n\pi}{3^n}$收敛,所以原级数收敛.

(10)【解】 $\frac{3}{1\cdot 2}+\frac{3^2}{2\cdot 2^2}+\frac{3^3}{3\cdot 2^3}+\cdots+\frac{3^n}{n\cdot 2^n}+\cdots=\sum_{n=1}^{\infty}\frac{3^n}{n\cdot 2^n}$,

$\lim\limits_{n\to\infty}\frac{\frac{3^{n+1}}{(n+1)\cdot 2^{n+1}}}{\frac{3^n}{n\cdot 2^n}}=\frac{3}{2}>1$,所以原级数发散.

(11)【解】 $\lim\limits_{n\to\infty}\frac{\frac{2^{n+1}(n+1)!}{(n+1)^{n+1}}}{\frac{2^n n!}{n^n}}=\frac{2}{\mathrm{e}}<1$,所以原级数收敛.

(12)【解】 $\lim\limits_{n\to\infty}\dfrac{(n+1)\tan\dfrac{\pi}{2^{n+2}}}{n\tan\dfrac{\pi}{2^{n+1}}}=\dfrac{1}{2}<1$,所以原级数收敛.

(13)【解】 $\lim\limits_{n\to\infty}\sqrt[n]{\left(\dfrac{n}{3n-1}\right)^{2n-1}}=\dfrac{1}{9}<1$,所以原级数收敛.

(14)【解】 因为$\dfrac{n}{3^{n-1}}>\dfrac{n+1}{3^n}$, $\lim\limits_{n\to\infty}\dfrac{n}{3^{n-1}}=0$,所以原级数收敛.

(15)【解】 $\lim\limits_{n\to\infty}\dfrac{(n+1)\left(\dfrac{3}{4}\right)^{n+1}}{n\left(\dfrac{3}{4}\right)^{n}}=\dfrac{3}{4}<1$,所以原级数收敛.

(16)【解】 $u_n=\sqrt{\dfrac{n+1}{n}}$, $\lim\limits_{n\to\infty}\sqrt{\dfrac{n+1}{n}}=1\neq 0$,所以原级数发散.

或$\sqrt{\dfrac{n+1}{n}}>\dfrac{1}{n^{\frac{1}{2}}}$,且$\sum\limits_{n=1}^{\infty}\dfrac{1}{n^{\frac{1}{2}}}$发散，所以原级数发散.

2. (1)【解】 $x+2x^2+3x^3+\cdots=\sum\limits_{n=1}^{\infty}nx^n$,

$\lim\limits_{n\to\infty}\dfrac{n+1}{n}=1$,所以收敛半径 $R=1$,

当 $x=1$, $x=-1$ 时,级数都发散,

因此,收敛域为$(-1,1)$.

(2)【解】 $\lim\limits_{n\to\infty}\dfrac{\dfrac{1}{(n+1)^2}}{\dfrac{1}{n^2}}=1$，所以 $R=1$,

$x=1$ 时,级数为$\sum\limits_{n=1}^{\infty}\dfrac{(-1)^n}{n^2}$,收敛;$x=-1$ 时,级数为$\sum\limits_{n=1}^{\infty}\dfrac{1}{n^2}$,收敛.

因此,收敛域为$[-1,1]$.

(3)【解】 $\dfrac{x}{2}+\dfrac{x^2}{2\cdot 4}+\dfrac{x^3}{2\cdot 4\cdot 6}+\cdots+\dfrac{x^n}{2\cdot 4\cdot 6\cdot\cdots\cdot(2n)}+\cdots$

$$=\sum_{n=1}^{\infty}\frac{x^n}{2\cdot 4\cdot 6\cdot\cdots\cdot(2n)},\ \lim_{n\to\infty}\frac{\dfrac{1}{2\cdot 4\cdot 6\cdot\cdots\cdot(2n)(2n+2)}}{\dfrac{1}{2\cdot 4\cdot 6\cdot\cdots\cdot(2n)}}=0,$$

故 $R=\infty$,收敛域为$(-\infty,+\infty)$.

(4)【解】 $\dfrac{x}{1\cdot 3}+\dfrac{x^2}{2\cdot 3^2}+\dfrac{x^3}{3\cdot 3^3}+\cdots+\dfrac{x^n}{n\cdot 3^n}+\cdots=\sum\limits_{n=1}^{\infty}\dfrac{x^n}{n\cdot 3^n}$,

$$\lim_{n\to\infty}\frac{\dfrac{1}{(n+1)\cdot 3^{n+1}}}{\dfrac{1}{n\cdot 3^{n}}}=\frac{1}{3},\text{ 故 } R=3,$$

$x=3$ 时,级数为 $\sum\limits_{n=1}^{\infty}\dfrac{1}{n}$,发散;$x=-3$ 时,级数为 $\sum\limits_{n=1}^{\infty}\dfrac{(-1)^n}{n}$,收敛.
故收敛域为$[-3,3)$.

(5)【解】 $\dfrac{2}{2}x+\dfrac{2^2}{5}x^2+\dfrac{2^3}{10}x^3+\cdots+\dfrac{2^n}{n^2+1}x^n+\cdots=\sum\limits_{n=1}^{\infty}\dfrac{2^n}{n^2+1}x^n$,

$$\lim_{n\to\infty}\frac{\dfrac{2^{n+1}}{(n+1)^2+1}}{\dfrac{2^n}{n^2+1}}=2,\text{故 } R=\frac{1}{2},$$

$x=\dfrac{1}{2}$ 时,级数为 $\sum\limits_{n=1}^{\infty}\dfrac{1}{n^2+1}$,收敛;$x=-\dfrac{1}{2}$ 时,级数为 $\sum\limits_{n=1}^{\infty}\dfrac{(-1)^n}{n^2+1}$,收敛.
故收敛域为$\left[-\dfrac{1}{2},\dfrac{1}{2}\right]$.

(6)【解】 $\lim\limits_{n\to\infty}\dfrac{\dfrac{x^{2n+2}}{2n+3}}{\dfrac{x^{2n+1}}{2n+1}}=x^2$,

$|x|<1$ 时,级数收敛;$|x|>1$ 时,级数发散,所以 $R=1$,

$x=1$ 时,级数为 $\sum\limits_{n=1}^{\infty}(-1)^n\dfrac{1}{2n+1}$,收敛;

$x=-1$ 时,级数为 $\sum\limits_{n=1}^{\infty}(-1)^{n+1}\dfrac{1}{2n+1}$,收敛.
故收敛域为$[-1,1]$.

(7)【解】 $\lim\limits_{n\to\infty}\left|\dfrac{\dfrac{2n+1}{2^{n+1}}x^{2n}}{\dfrac{2n-1}{2^n}x^{2n-2}}\right|=\dfrac{x^2}{2}$,

$\left|\dfrac{x^2}{2}\right|<1$,即 $|x|<\sqrt{2}$ 时,级数收敛;

$\left|\dfrac{x^2}{2}\right|>1$,即 $|x|>\sqrt{2}$ 时,级数发散,故 $R=\sqrt{2}$,

$x=\sqrt{2}$,$x=-\sqrt{2}$,级数都为 $\sum\limits_{n=1}^{\infty}\dfrac{2n-1}{2}$,发散,

因此,收敛域为$(-\sqrt{2},\sqrt{2})$.

(8)【解】 $\lim\limits_{n\to\infty}\left|\dfrac{\dfrac{(x-5)^{n+1}}{\sqrt{n+1}}}{\dfrac{(x-5)^{n}}{\sqrt{n}}}\right| = |x-5|$,

$|x-5|<1$,即 $4<x<6$ 时,级数收敛;

$x=4$ 时,级数为 $\sum\limits_{n=1}^{\infty}(-1)^n\dfrac{1}{\sqrt{n}}$,收敛;$x=6$ 时,级数为 $\sum\limits_{n=1}^{\infty}\dfrac{1}{\sqrt{n}}$,发散,

因此,收敛域为$[4,6)$.

3. (1)【解】 $s(x)=\sum\limits_{n=1}^{\infty}nx^{n-1}=\left(\sum\limits_{n=1}^{\infty}x^n\right)'=\left(\dfrac{x}{1-x}\right)'=\dfrac{1}{(1-x)^2}\quad(-1<x<1)$.

(2)【解】 $s(x)=\sum\limits_{n=1}^{\infty}\dfrac{x^{4n+1}}{4n+1}=\sum\limits_{n=1}^{\infty}\int_0^x x^{4n}\mathrm{d}x$

$$=\int_0^x\sum_{n=1}^{\infty}x^{4n}\mathrm{d}x=\int_0^x\frac{x^4}{1-x^4}\mathrm{d}x,$$

$$=-x-\frac{1}{4}\ln\left|\frac{x-1}{x+1}\right|+\frac{1}{2}\arctan x\quad(-1<x<1).$$

(3)【解】 $x+\dfrac{x^3}{3}+\dfrac{x^5}{5}+\cdots+\dfrac{x^{2n-1}}{2n-1}+\cdots=\sum\limits_{n=1}^{\infty}\dfrac{x^{2n-1}}{2n-1}$,

$$s(x)=\sum_{n=1}^{\infty}\frac{x^{2n-1}}{2n-1}=\sum_{n=1}^{\infty}\int_0^x x^{2n-2}\mathrm{d}x=\int_0^x\sum_{n=1}^{\infty}x^{2n-2}\mathrm{d}x$$

$$=\int_0^x\frac{1}{1-x^2}\mathrm{d}x=\frac{1}{2}\ln\frac{1+x}{1-x}\quad(-1<x<1).$$

4.【解】 $f(x)=\cos x=\cos\left(\left(x+\dfrac{\pi}{3}\right)-\dfrac{\pi}{3}\right)$

$$=\cos\frac{\pi}{3}\cos\left(x+\frac{\pi}{3}\right)+\sin\frac{\pi}{3}\sin\left(x+\frac{\pi}{3}\right)$$

$$=\frac{1}{2}\left[\cos\left(x+\frac{\pi}{3}\right)+\sqrt{3}\sin\left(x+\frac{\pi}{3}\right)\right]$$

$$=\frac{1}{2}\left\{\left[1-\frac{1}{2!}\left(x+\frac{\pi}{3}\right)^2+\cdots+(-1)^n\frac{1}{(2n)!}\left(x+\frac{\pi}{3}\right)^{2n}+\cdots\right]+\right.$$
$$\left.\sqrt{3}\left[\left(x+\frac{\pi}{3}\right)-\frac{1}{3!}\left(x+\frac{\pi}{3}\right)^3+\cdots+(-1)^n\frac{1}{(2n+1)!}\left(x+\frac{\pi}{3}\right)^{2n+1}+\cdots\right]\right\}$$

$$=\frac{1}{2}\sum_{n=0}^{\infty}(-1)^n\left[\frac{1}{(2n)!}\left(x+\frac{\pi}{3}\right)^{2n}+\frac{\sqrt{3}}{(2n+1)!}\left(x+\frac{\pi}{3}\right)^{2n+1}\right]$$

$x\in(-\infty,+\infty)$.

5.【解】 $f(x)=\dfrac{1}{x^2+3x+2}=\dfrac{1}{x+1}-\dfrac{1}{x+2}$

$$= \frac{1}{2}\frac{1}{1-\frac{x+4}{2}}-\frac{1}{3}\frac{1}{1-\frac{x+4}{3}}$$

$$= \frac{1}{2}\left[1+\frac{x+4}{2}+\left(\frac{x+4}{2}\right)^2+\cdots+\left(\frac{x+4}{2}\right)^n+\cdots\right]-$$

$$\frac{1}{3}\left[1+\frac{x+4}{3}+\left(\frac{x+4}{3}\right)^2+\cdots+\left(\frac{x+4}{3}\right)^n+\cdots\right]$$

$$= \sum_{n=0}^{\infty}\left(\frac{1}{2^{n+1}}-\frac{1}{3^{n+1}}\right)(x+4)^n,$$

$$-1<\frac{x+4}{2}<1,\ -1<\frac{x+4}{3}<1 \Rightarrow -6<x<-2.$$

自测题 B 答案

1. (1)【解】 $\sum_{n=1}^{\infty}\frac{1}{e^n}$ 为等比级数,公比 $|q|=\frac{1}{e}<1$,因此级数 $\sum_{n=1}^{\infty}\frac{1}{e^n}$ 收敛,所以原级数收敛.

(2)【解】 $\lim_{n\to\infty}\frac{\frac{1}{8n-6}}{\frac{1}{n}}=\frac{1}{8}$,且 $\sum_{n=1}^{\infty}\frac{1}{n}$ 发散,所以原级数发散.

(3)【解】 $\frac{2n}{[(2n-1)+2]^3}<\frac{1}{4n^2}$,且 $\sum_{n=1}^{\infty}\frac{1}{4n^2}$ 收敛,所以原级数收敛.

(4)【解】 $\lim_{n\to\infty}\frac{\frac{(n+1)!}{9^{n+1}}}{\frac{n!}{9^n}}=\infty$,所以原级数发散.

(5)【解】 $\lim_{n\to\infty}\frac{\frac{n^2+1}{n^3+1}}{\frac{1}{n}}=1$,且 $\sum_{n=1}^{\infty}\frac{1}{n}$ 发散,所以原级数发散.

(6)【解】 $\lim_{n\to\infty}\frac{\frac{n^2+1}{n^4+1}}{\frac{1}{n^2}}=1$,且 $\sum_{n=1}^{\infty}\frac{1}{n^2}$ 收敛,所以原级数收敛.

(7)【解】 $\lim_{n\to\infty}\frac{\frac{1}{3^{n+1}-2}}{\frac{1}{3^n-2}}=\frac{1}{3}<1$,所以原级数收敛.

(8)【解】 $\lim\limits_{n\to\infty}\dfrac{(n+1)\left(\dfrac{2}{3}\right)^{n+1}}{n\left(\dfrac{2}{3}\right)^{n}}=\dfrac{2}{3}<1$,所以原级数收敛.

2. (1)【解】 $\lim\limits_{n\to\infty}\dfrac{\dfrac{1}{2^{n}(n+2)}}{\dfrac{1}{2^{n-1}(n+1)}}=\dfrac{1}{2}$,所以 $R=2$,

$x=2$ 时,级数为 $\sum\limits_{n=1}^{\infty}\dfrac{2}{n+1}$,发散;

$x=-2$ 时,级数为 $\sum\limits_{n=1}^{\infty}(-1)^{n}\dfrac{2}{n+1}$,收敛.

综上所述,收敛域为$[-2,2)$.

(2)【解】 $\lim\limits_{n\to\infty}\left|\dfrac{(n+1)^{n+1}(x-2)^{n+1}}{n^{n}(x-2)^{n}}\right|=\lim\limits_{n\to\infty}\left[\left(\dfrac{n+1}{n}\right)^{n}(n+1)\,|x-2|\right]=\infty\quad(x\neq 2)$,所以级数只在 $x=2$ 收敛.

(3)【解】 $\lim\limits_{n\to\infty}\left|\dfrac{\dfrac{3^{n+1}}{(n+1)!}\left(\dfrac{x-1}{2}\right)^{n+1}}{\dfrac{3^{n}}{n!}\left(\dfrac{x-1}{2}\right)^{n}}\right|=0$,

故 $R=\infty$,收敛域为$(-\infty,+\infty)$.

(4)【解】 $\lim\limits_{n\to\infty}\left|\dfrac{(-1)^{n+1}\dfrac{x^{2n+2}}{(n+1)\cdot 2^{n+1}}}{(-1)^{n}\dfrac{x^{2n}}{n\cdot 2^{n}}}\right|=\dfrac{x^{2}}{2}$,

$\left|\dfrac{x^{2}}{2}\right|<1$,即 $|x|<\sqrt{2}$ 时,级数收敛;

$\left|\dfrac{x^{2}}{2}\right|>1$,即 $|x|>\sqrt{2}$ 时,级数发散, 故 $R=\sqrt{2}$,

$x=\sqrt{2}$ 或 $x=-\sqrt{2}$ 时,级数都为 $\sum\limits_{n=1}^{\infty}(-1)^{n}\dfrac{1}{n}$,且收敛.

所以收敛域为$[-\sqrt{2},\sqrt{2}]$.

(5)【解】 $\lim\limits_{n\to\infty}\left|\dfrac{1-(-2)^{n+1}}{1-(-2)^{n}}\right|=2$,所以 $R=\dfrac{1}{2}$,

$x=\dfrac{1}{2}$ 时,级数为 $\sum\limits_{n=1}^{\infty}\dfrac{1-(-2)^{n}}{2^{n}}$,发散;

$x=-\dfrac{1}{2}$ 时,级数为 $\sum\limits_{n=1}^{\infty}(-1)^{n}\dfrac{1-(-2)^{n}}{2^{n}}$,发散.

综上所述,收敛域为$\left(-\frac{1}{2},\frac{1}{2}\right)$.

(6)【解】 $\lim\limits_{n\to\infty}\left|\dfrac{\dfrac{(-1)^{n+1}(x+1)^{n+1}}{(n+1)^2+1}}{\dfrac{(-1)^n(x+1)^n}{n^2+1}}\right| = |x+1|$,

$|x+1|<1$,即$-2<x<0$时,级数收敛;

$x=-2$时,级数为$\sum\limits_{n=1}^{\infty}\frac{1}{n^2+1}$,收敛;$x=0$时,级数为$\sum\limits_{n=1}^{\infty}\frac{(-1)^n}{n^2+1}$,收敛,

综上所述,收敛域为$[-2,0]$.

3. (1)【解】 $\lim\limits_{n\to\infty}\left|\dfrac{(1-x)x^{n+1}}{(1-x)x^n}\right| = |x|$,

$x=1$时级数收敛;$x=-1$时级数发散,所以收敛域为$(-1,1]$.

$x\neq 1$时,$s(x)=\sum\limits_{n=0}^{\infty}(1-x)x^n=(1-x)\sum\limits_{n=0}^{\infty}x^n=(1-x)\cdot\frac{1}{1-x}=1$,

$x=1$时,$s(x)=0$,

所以$\sum\limits_{n=0}^{\infty}(1-x)x^n=\begin{cases}1,-1<x<1,\\0,x=1.\end{cases}$

(2)【解】 $\lim\limits_{n\to\infty}\left|\dfrac{(-1)^{n+1}(n+2)}{(-1)^n(n+1)}\right|=1$,$x=\pm1$时级数发散,所以收敛域为$(-1,1)$,

$$s(x)=\sum_{n=0}^{\infty}(-1)^n(n+1)x^n=\left[\sum_{n=0}^{\infty}(-1)^nx^{n+1}\right]'=\left(\frac{x}{1+x}\right)'=\frac{1}{(1+x)^2}.$$

(3)【解】 $\lim\limits_{n\to\infty}\left|\dfrac{(-1)^n\dfrac{x^{2n+1}}{2n+1}}{(-1)^{n-1}\dfrac{x^{2n-1}}{2n-1}}\right|=x^2$,$x=\pm1$时级数收敛,所以收敛域为$[-1,1]$.

$$s(x)=\sum_{n=1}^{\infty}(-1)^{n-1}\frac{x^{2n-1}}{2n-1}=\sum_{n=1}^{\infty}(-1)^{n-1}\int_0^x x^{2n-2}\mathrm{d}x$$

$$=\int_0^x\sum_{n=1}^{\infty}(-1)^{n-1}x^{2n-2}\mathrm{d}x=\int_0^x\frac{1}{1+x^2}\mathrm{d}x=\arctan x.$$

(4)【解】 $\lim\limits_{n\to\infty}\left|\dfrac{n+1}{n}\right|=1$,$x=\pm1$时级数发散,所以收敛域为$(-1,1)$,

$$s(x)=\sum_{n=1}^{\infty}nx^n=x+2x^2+3x^3+\cdots+nx^n+\cdots,$$

$$xs(x)=x^2+2x^3+\cdots+nx^{n+1}+\cdots,$$

$$(1-x)s(x)=x+x^2+x^3+\cdots+x^n+\cdots=\frac{x}{1-x},$$

所以 $s(x)=\dfrac{x}{(1-x)^2}$,

或 $s(x)=\sum\limits_{n=1}^{\infty}nx^n=x\sum\limits_{n=1}^{\infty}nx^{n-1}=x\sum\limits_{n=1}^{\infty}(x^n)'=x\left(\sum\limits_{n=1}^{\infty}x^n\right)'=x\left(\dfrac{x}{1-x}\right)'=\dfrac{x}{(1-x)^2}$.

(5)【解】 $\lim\limits_{n\to\infty}\left|\dfrac{(n+1)(n+2)}{n(n+1)}\right|=1$, $x=\pm1$ 时级数发散,所以收敛域为 $(-1,1)$,

$$s(x)=\sum_{n=1}^{\infty}n(n+1)x^n=\sum_{n=1}^{\infty}n(x^{n+1})'=\left(\sum_{n=1}^{\infty}nx^{n+1}\right)',$$

$$t(x)=\sum_{n=1}^{\infty}nx^{n+1}=x^2+2x^3+3x^4+\cdots+nx^{n+1}+\cdots,$$

$$xt(x)=x^3+2x^4+3x^5+\cdots+nx^{n+2}+\cdots,$$

$$(1-x)t(x)=x^2+x^3+x^4+\cdots+x^{n+1}+\cdots=\frac{x^2}{1-x},$$

所以 $t(x)=\dfrac{x^2}{(1-x)^2}$, $s(x)=\left[\dfrac{x^2}{(1-x)^2}\right]'=\dfrac{2x}{(1-x)^3}$.

4. (1)【解】 $s(x)=\sum\limits_{n=1}^{\infty}(-1)^{n-1}nx^n$, $x\in(-1,1)$,

$$s(x)=\sum_{n=1}^{\infty}(-1)^{n-1}nx^n=x\sum_{n=1}^{\infty}(-1)^{n-1}nx^{n-1}=x\left(\sum_{n=1}^{\infty}(-1)^{n-1}x^n\right)'$$

$$=x\left(\frac{x}{1+x}\right)'=\frac{x}{(1+x)^2},$$

故 $\sum\limits_{n=1}^{\infty}(-1)^{n-1}\dfrac{n}{2^n}=s\left(\dfrac{1}{2}\right)=\dfrac{2}{9}$.

(2)【解】 $s(x)=\sum\limits_{n=1}^{\infty}\dfrac{1}{n}x^n=\sum\limits_{n=1}^{\infty}\int_0^x x^{n-1}\mathrm{d}x=\int_0^x\sum\limits_{n=1}^{\infty}x^{n-1}\mathrm{d}x=\int_0^x\dfrac{1}{1-x}\mathrm{d}x$
$=-\ln|1-x|$,

故 $\sum\limits_{n=1}^{\infty}\dfrac{1}{n\cdot 2^n}=s\left(\dfrac{1}{2}\right)=\ln 2$.

(3)【解】 $s(x)=\sum\limits_{n=1}^{\infty}n(n+2)x^{n+1}=\left(\sum\limits_{n=1}^{\infty}nx^{n+2}\right)'=\left(x^3\sum\limits_{n=1}^{\infty}nx^{n-1}\right)'$

$$=\left[x^3\left(\sum_{n=1}^{\infty}x^n\right)'\right]'=\left[x^3\left(\frac{1}{1-x}\right)'\right]'=\frac{3x^2-x^3}{(1-x)^3},$$

所以 $\sum\limits_{n=1}^{\infty}\dfrac{n(n+2)}{4^{n+1}}=s\left(\dfrac{1}{4}\right)=\dfrac{11}{27}$.

(4)【解】 $s(x)=\sum\limits_{n=0}^{\infty}(n+1)^2x^n=\left[\sum\limits_{n=0}^{\infty}(n+1)x^{n+1}\right]'=\left[x\sum\limits_{n=0}^{\infty}(n+1)x^n\right]'$

$$= \left[x\left(\sum_{n=0}^{\infty}x^{n+1}\right)'\right]' = \left[x\left(\frac{x}{1-x}\right)'\right]' = \frac{1+x}{(1-x)^3},$$

所以 $\sum\limits_{n=0}^{\infty}\frac{(n+1)^2}{2^n} = s\left(\frac{1}{2}\right) = 12.$

5.（1）**【解】** $\int\frac{x}{x^2+9}\mathrm{d}x = \frac{1}{2}\ln(x^2+9)+C,$

$$\ln(x^2+9) = \ln 9 + \ln\left(1+\frac{x^2}{9}\right)$$

$$= 2\ln 3 + \frac{x^2}{9} - \frac{1}{2}\left(\frac{x^2}{9}\right)^2 + \frac{1}{3}\left(\frac{x^2}{9}\right)^3 - \cdots + (-1)^{n-1}\frac{1}{n}\left(\frac{x^2}{9}\right)^n + \cdots,$$

$$\frac{1}{2}\ln(x^2+9) = \frac{1}{2}\left[2\ln 3 + \frac{x^2}{9} - \frac{1}{2}\left(\frac{x^2}{9}\right)^2 + \frac{1}{3}\left(\frac{x^2}{9}\right)^3 - \cdots + (-1)^{n-1}\frac{1}{n}\left(\frac{x^2}{9}\right)^n + \cdots\right],$$

所以 $\frac{x}{x^2+9} = \left[\frac{1}{2}\ln(x^2+9)\right]' = \frac{x}{9} - \frac{x^3}{9^2} + \frac{x^5}{9^3} - \cdots + (-1)^{n-1}\frac{x^{2n-1}}{9^n} + \cdots,$

$$= \sum_{n=1}^{\infty}(-1)^{n-1}\frac{x^{2n-1}}{3^{2n}},\quad x\in(-3,3).$$

（2）**【解】** $f'(x) = \frac{1}{1+x^2} = 1 - x^2 + x^4 - x^6 + \cdots + (-1)^n x^{2n} + \cdots = \sum\limits_{n=0}^{\infty}(-1)^n x^{2n},$

因为 $\int_0^x f'(x)\mathrm{d}x = f(x) - f(0) = \sum\limits_{n=0}^{\infty}(-1)^n\int_0^x x^{2n}\mathrm{d}x = \sum\limits_{n=0}^{\infty}\frac{(-1)^n}{2n+1}x^{2n+1},$

且 $x=-1$ 时，此级数条件收敛，$f(0) = \frac{\pi}{4},$

所以 $\arctan\frac{1+x}{1-x} = \frac{\pi}{4} + \sum\limits_{n=0}^{\infty}\frac{(-1)^n}{2n+1}x^{2n+1},\quad x\in[-1,1).$

四、本章典型例题分析

无穷级数有常数项级数和函数项级数，常数项级数主要考查敛散性，函数项级数主要考查的是幂级数的收敛半径、和函数及运算．

1. 判定常数项级数的敛散性

（1）具体的正项级数的敛散性

例 1　判别级数 $\sum\limits_{n=0}^{\infty}n^2\sin\frac{\pi}{2^n}$ 的敛散性．

【分析】　利用比值极限形式判断．

【详解】　记 $x_n = n^2\sin\frac{\pi}{2^n}$，于是

$$\lim_{n\to\infty}\frac{x_{n+1}}{x_n}=\lim_{n\to\infty}\frac{(n+1)^2\sin\dfrac{\pi}{2^{n+1}}}{n^2\sin\dfrac{\pi}{2^n}}=\lim_{n\to\infty}\frac{(n+1)^2}{n^2}\cdot\frac{\dfrac{\pi}{2^{n+1}}}{\dfrac{\pi}{2^n}}=\frac{1}{2}<1.$$

所以利用比值审敛法可得级数 $\sum_{n=0}^{\infty}n^2\sin\frac{\pi}{2^n}$ 为收敛级数.

【注】 比值审敛法是判断级数敛散性的一种常用的方法.

例 2 设常数 $a>0$,判别级数 $\sum_{n=1}^{\infty}\frac{n!a^n}{n^n}$ 的敛散性.

【分析】 级数中含有阶乘和方幂,利用比值审敛法判断.

【详解】 记 $x_n=\frac{n!a^n}{n^n}$,于是

$$\lim_{n\to\infty}\frac{x_{n+1}}{x_n}=\lim_{n\to\infty}\frac{\dfrac{(n+1)!a^{n+1}}{(n+1)^{n+1}}}{\dfrac{n!a^n}{n^n}}=\lim_{n\to\infty}\frac{a}{\left(1+\dfrac{1}{n}\right)^n}=\frac{a}{e}.$$

当 $0<a<e$ 时, $\lim_{n\to\infty}\frac{x_{n+1}}{x_n}<1$, 级数收敛; 当 $a>e$ 时, $\lim_{n\to\infty}\frac{x_{n+1}}{x_n}>1$, 级数发散;

当 $a=e$ 时, $\lim_{n\to\infty}\frac{x_{n+1}}{x_n}=1$, 方法失效, 事实上, 数列 $\left(1+\frac{1}{n}\right)^n$ 为单调递增函数, 对于任意的 $n\in\mathbf{N}$, 有 $\left(1+\frac{1}{n}\right)^n<e$, 所以级数 $\sum_{n=0}^{\infty}\frac{n!e^n}{n^n}$ 发散.

【注】 当 $a=e$ 时, $\lim_{n\to\infty}\frac{x_{n+1}}{x_n}=1$,方法失效,但是若对于任意的 $n\in\mathbf{N}$,均有 $\frac{x_{n+1}}{x_n}>1$ 成立,则级数 $\sum_{n=1}^{\infty}x_n$ 发散.

例 3 判断级数(1) $\sum_{n=1}^{\infty}\left(\frac{1}{n}-\sin\frac{1}{n}\right)$ 和(2) $\sum_{n=1}^{\infty}\left(\frac{1}{n^2}-\sin\frac{1}{n}\right)$ 的敛散性.

【分析】 将函数的一般项化为 $\left(\frac{1}{n}\right)^p$ 的无穷小或是高阶无穷小的形式,然后再进行判断.

【详解】 (1) 记 $u_n=\left(\frac{1}{n}-\sin\frac{1}{n}\right)$,于是

$$u_n=\frac{1}{n}-\sin\frac{1}{n}=\frac{1}{n}-\left[\frac{1}{n}-\frac{1}{3!}\cdot\frac{1}{n^3}+o\left(\frac{1}{n^3}\right)\right]$$
$$=\frac{1}{6n^3}+o\left(\frac{1}{n^3}\right),$$

所以 $\lim\limits_{n\to\infty}\dfrac{u_n}{\dfrac{1}{n^3}}=\dfrac{1}{6}$,由比较审敛法可得,$\sum\limits_{n=1}^{\infty}\left(\dfrac{1}{n}-\sin\dfrac{1}{n}\right)$与级数$\sum\limits_{n=1}^{\infty}\dfrac{1}{n^3}$敛散性相同都收敛.

(2) 记 $v_n=\left(\dfrac{1}{n^2}-\sin\dfrac{1}{n}\right)$,于是

$$v_n=\frac{1}{n^2}-\sin\frac{1}{n}=\frac{1}{n^2}-\left[\frac{1}{n}-\frac{1}{3!}\cdot\frac{1}{n^3}+o\left(\frac{1}{n^3}\right)\right]$$
$$=-\frac{1}{n}+\frac{1}{n^2}+\frac{1}{6n^3}+o\left(\frac{1}{n^3}\right),$$

所以 $\lim\limits_{n\to\infty}\dfrac{u_n}{\dfrac{1}{n}}=-1$,由比较审敛法可得,$\sum\limits_{n=0}^{\infty}\left(\dfrac{1}{n^2}-\sin\dfrac{1}{n}\right)$与级数$\sum\limits_{n=1}^{\infty}\dfrac{1}{n}$敛散性相同都发散.

【注】　将级数敛散性与 p 级数敛散性对比是常用的方法,其中利用等价无穷小或是泰勒公式的目的就是找出正项级数一般项的等价 p 级数,进而判断原级数的敛散性,如级数 $\sum\limits_{n=1}^{\infty}\left(1-\cos\dfrac{1}{n}\right)$,一般项为 $u_n=1-\cos\dfrac{1}{n}$,易知 u_n 的等价无穷小为 $u_n\sim\dfrac{1}{2}\cdot\dfrac{1}{n^2}(n\to\infty)$,因为级数$\sum\limits_{n=1}^{\infty}\dfrac{1}{n^2}$收敛,所以级数$\sum\limits_{n=1}^{\infty}\left(1-\cos\dfrac{1}{n}\right)$收敛. 但是,读者要注意的是级数$\sum\limits_{n=1}^{\infty}\dfrac{1}{n^{1+\frac{1}{n}}}$的敛散性,部分读者认为此时级数为 p 级数,且 $p=1+\dfrac{1}{n}>1$,所以级数$\sum\limits_{n=1}^{\infty}\dfrac{1}{n^{1+\frac{1}{n}}}$收敛. 事实上,$\sum\limits_{n=1}^{\infty}\dfrac{1}{n^{1+\frac{1}{n}}}$为发散级数,原因是级数并非为 p 级数,且

$$\lim_{n\to\infty}\frac{\dfrac{1}{n^{1+\frac{1}{n}}}}{\dfrac{1}{n}}=\frac{1}{n^{\frac{1}{n}}}=1,$$

利用比较审敛法可得$\sum\limits_{n=1}^{\infty}\dfrac{1}{n^{1+\frac{1}{n}}}$与级数$\sum\limits_{n=1}^{\infty}\dfrac{1}{n}$敛散性相同都是发散的.

例 4　讨论级数$\sum\limits_{n=1}^{\infty}\left(\cos\dfrac{1}{\sqrt{n}}\right)^{n^2}$的敛散性.

【分析】　利用根值审敛法判断.

【详解】　记 $u_n=\left(\cos\dfrac{1}{\sqrt{n}}\right)^{n^2}$,于是

$$\lim_{n\to\infty}\sqrt[n]{u_n}=\lim_{n\to\infty}\left(\cos\frac{1}{\sqrt{n}}\right)^{n}=\mathrm{e}^{\lim\limits_{n\to\infty}\left(\cos\frac{1}{\sqrt{n}}-1\right)\cdot n}=\mathrm{e}^{-\frac{1}{2}}<1.$$

所以根据根值审敛法可得级数 $\sum\limits_{n=1}^{\infty}\left(\cos\frac{1}{\sqrt{n}}\right)^{n^2}$ 收敛.

【注】 级数的一般项中若含有方幂，判断该类级数的敛散性的方法是根值审敛法；若一般项中既含有方幂又含有阶乘时，常用比值审敛法判断.

(2) 交错级数的敛散性

例 5 判断交错级数 $\sum\limits_{n=2}^{\infty}(-1)^n\frac{1}{\ln n}$ 为条件收敛还是绝对收敛.

【分析】 首先验证级数是否为绝对收敛,然后再利用莱布尼茨审敛法判断级数的敛散性.

【详解】 首先,判断级数 $\sum\limits_{n=2}^{\infty}\frac{1}{\ln n}$ 的敛散性.

因为,当 n 充分大时,对于任意的 $0<\varepsilon<1$,有不等式 $\ln n<n^{\varepsilon}$ 成立,即

$$\frac{1}{\ln n}>\frac{1}{n^{\varepsilon}}.$$

根据正项级数的比较审敛法可知，当 $0<\varepsilon<1$ 时，级数 $\sum\limits_{n=1}^{\infty}\frac{1}{n^{\varepsilon}}$ 为发散级数,所以级数 $\sum\limits_{n=2}^{\infty}\frac{1}{\ln n}$ 发散；

下面将判断级数 $\sum\limits_{n=2}^{\infty}(-1)^n\frac{1}{\ln n}$ 的敛散性. 因为一般项中 $\frac{1}{\ln n}$ 单调递减趋于零,所以级数 $\sum\limits_{n=2}^{\infty}(-1)^n\frac{1}{\ln n}$ 收敛.

综上所述，$\sum\limits_{n=2}^{\infty}(-1)^n\frac{1}{\ln n}$ 为条件收敛级数.

【注】 在判断交错级数时,莱布尼茨审敛法是十分有效的方法. 这里读者要注意对于数项 $\frac{1}{\ln n}$ 与 $\frac{1}{n^{\varepsilon}}(0<\varepsilon<1)$ 的大小关系. 还要说明一点,级数 $\sum\limits_{n=2}^{\infty}\frac{1}{n\ln n}$ 发散,事实上,由积分中值定理可得

$$\int_n^{n+1}\frac{1}{x\ln x}\mathrm{d}x=\frac{1}{\xi\ln\xi}<\frac{1}{n\ln n}\quad(n<\xi<n+1).$$

所以

$$\sum_{k=2}^{n}\frac{1}{k\ln k}>\int_2^3\frac{1}{x\ln x}\mathrm{d}x+\int_3^4\frac{1}{x\ln x}\mathrm{d}x+\cdots+\int_n^{n+1}\frac{1}{x\ln x}\mathrm{d}x=\int_2^{n+1}\frac{1}{x\ln x}\mathrm{d}x,\tag{1}$$

其中积分

$$\int_2^{n+1}\frac{1}{x\ln x}\mathrm{d}x=\int_2^{n+1}\frac{1}{\ln x}\mathrm{d}(\ln x)=\ln(\ln x)\Big|_2^{n+1}=\ln(\ln(n+1))-\ln\ln 2.$$

令不等式(1)中的 n 趋向无穷大，则不等式右边积分区域无穷大，所以级数 $\sum_{n=2}^{\infty}\frac{1}{n\ln n}$ 发散.

例 6　判断交错级数 $\sum_{n=1}^{\infty}(-1)^n\ln\left(1+\frac{1}{\sqrt{n}}\right)$ 为条件收敛还是绝对收敛。

【详解】　交错级数中数项取绝对值后得级数 $\sum_{n=1}^{\infty}\ln\left(1+\frac{1}{\sqrt{n}}\right)$，易知级数 $\sum_{n=1}^{\infty}\ln\left(1+\frac{1}{\sqrt{n}}\right)$ 与级数 $\sum_{n=1}^{\infty}\frac{1}{\sqrt{n}}$ 同发散，事实上，当 $n\to\infty$ 时，由比较审敛法可知 $\ln\left(1+\frac{1}{\sqrt{n}}\right)\sim\frac{1}{\sqrt{n}}$.

利用莱布尼茨审敛法可知级数 $\sum_{n=1}^{\infty}(-1)^n\ln\left(1+\frac{1}{\sqrt{n}}\right)$ 收敛，故而级数 $\sum_{n=1}^{\infty}(-1)^n\ln\left(1+\frac{1}{\sqrt{n}}\right)$ 为条件 收敛级数.

(3) 抽象的常数项级数的敛散性

例 7　若级数 $\sum_{n=1}^{\infty}a_n$ 收敛，则级数

(A) $\sum_{n=1}^{\infty}|a_n|$ 收敛;　　(B) $\sum_{n=1}^{\infty}(-1)^n a_n$ 收敛;

(C) $\sum_{n=1}^{\infty}a_n a_{n+1}$ 收敛;　　(D) $\sum_{n=1}^{\infty}\frac{a_n+a_{n+1}}{2}$ 收敛.

[　　]

【分析】　利用反证法判断四个级数的敛散性.

【详解】　应选(D)

设 $a_n=(-1)^n\cdot\frac{1}{n}$，于是可得 $\sum_{n=1}^{\infty}|a_n|=\sum_{n=1}^{\infty}\frac{1}{n}$ 为发散的；同时，$\sum_{n=1}^{\infty}(-1)^n a_n=\sum_{n=1}^{\infty}\frac{1}{n}$ 为发散级数，排除了选项 A 和 B；

若设 $a_n=(-1)^n\cdot\frac{1}{\sqrt{n}}$，则 $\sum_{n=1}^{\infty}a_n a_{n+1}=\sum_{n=1}^{\infty}-\frac{1}{\sqrt{n(n+1)}}$ 为发散级数，所以排除选项 C；所以选 D；事实上，选项 D 中

$$\sum_{n=1}^{\infty}\frac{a_n+a_{n+1}}{2}=\frac{1}{2}\sum_{n=1}^{\infty}(a_n+a_{n+1})=\frac{1}{2}\left(\sum_{n=1}^{\infty}a_n+\sum_{n=1}^{\infty}a_{n+1}\right)$$

为收敛级数.

【注】　反证法是判断抽象常数项级数敛散性的行之有效的方法，这里需要读者熟悉一些常见级数.

(1) 级数 $\sum\limits_{n=1}^{\infty}\frac{1}{n^p}$,当 $p>1$ 时,级数收敛;若 $p\leqslant 1$ 时,级数发散;

(2) $\sum\limits_{n=1}^{\infty}(-1)^n\frac{1}{n^p}$,当 $p>1$ 时,级数绝对收敛;若 $0<p\leqslant 1$ 时,级数条件收敛;当 $p\leqslant 0$ 时,级数发散;

下面是一道类似的题,将利用反证法判断级数的敛散性.

例 8　设级数 $\sum\limits_{n=1}^{\infty}u_n$ 收敛,则必收敛的级数为

(A) $\sum\limits_{n=1}^{\infty}(-1)^n\frac{u_n}{n}$;　　(B) $\sum\limits_{n=1}^{\infty}u_n^2$;

(C) $\sum\limits_{n=1}^{\infty}(u_{2n-1}-u_{2n})$;　　(D) $\sum\limits_{n=1}^{\infty}(u_n+u_{n+1})$.

[　　]

【详解】　应选(D)

设 $u_n=(-1)^n\frac{1}{\ln n}$,于是利用莱布尼茨审敛法判断级数 $\sum\limits_{n=1}^{\infty}(-1)^n\frac{1}{\ln n}$ 收敛,而级数

$$\sum_{n=1}^{\infty}(-1)^n\frac{u_n}{n}=\sum_{n=1}^{\infty}\frac{1}{n\ln n}$$

发散,故排除选项 A;

设 $u_n=(-1)^n\frac{1}{\sqrt{n}}$,于是 $\sum\limits_{n=1}^{\infty}\frac{1}{n}$ 发散,故排除选项 B;$\sum\limits_{n=1}^{\infty}(u_{2n-1}-u_{2n})=-\sum\limits_{n=1}^{\infty}\frac{1}{\sqrt{n}}$ 发散.

例 9　设有以下命题:

① $\sum\limits_{n=1}^{\infty}(u_{2n-1}+u_{2n})$ 收敛,则 $\sum\limits_{n=1}^{\infty}u_n$ 收敛;② 若 $\sum\limits_{n=1}^{\infty}u_n$ 收敛,则 $\sum\limits_{n=1}^{\infty}u_{n+2013}$ 收敛;

③ 若 $\lim\limits_{n\to\infty}\frac{u_{n+1}}{u_n}>1$,则 $\sum\limits_{n=1}^{\infty}u_n$ 发散;④ $\sum\limits_{n=1}^{\infty}(u_n+v_n)$ 收敛,则 $\sum\limits_{n=1}^{\infty}u_n$,$\sum\limits_{n=1}^{\infty}v_n$ 都收敛.

则以上命题中正确的是

(A)①②;　　(B)②③;　　(C)③④;　　(D)①④.

[　　]

【分析】　对于级数敛散性的判断,若不能直接验证命题的正确性,最好的方法是列举反例来排除错误的选项.

【详解】　应选(B)

针对选项命题①,令 $u_n=(-1)^{n-1}$,易知 $\sum\limits_{n=1}^{\infty}(u_{2n-1}+u_{2n})$ 收敛,而级数 $\sum\limits_{n=1}^{\infty}u_n$ 发散;

命题②是正确的,因为级数 $\sum_{n=1}^{\infty} u_{n+2013}$ 相当于删除级数 $\sum_{n=1}^{\infty} u_n$ 中的前2013项得到的,收敛级数改变、增减或是减少级数中的有限项时级数的敛散性不变;

对于命题③,因为 $\lim\limits_{n\to\infty} \dfrac{u_{n+1}}{u_n} > 1$,于是存在 $N > 0$,当 $n > N$ 时,$u_{n+1} > u_n$,所以级数中的一般项 $\{u_n\}$ 为单调递增数列,即一般项 u_n 不趋向于零,由收敛级数的必要条件可知,若一般项不趋于零,则级数一定发散;

对于命题④,令 $u_n = \dfrac{1}{n}, v_n = -\dfrac{1}{n}$,于是 $\sum_{n=1}^{\infty}(u_n + v_n)$ 收敛,但 $\sum_{n=1}^{\infty} \dfrac{1}{n}$ 为发散级数.

例 10　设 $u_n > 0, n = 1,2,\cdots$,若 $\sum_{n=1}^{\infty} u_n$ 发散,$\sum_{n=1}^{\infty}(-1)^{n-1}u_n$ 收敛,则下列命题正确的是

(A) $\sum_{n=1}^{\infty} u_{2n-1}$ 收敛, $\sum_{n=1}^{\infty} u_{2n}$ 发散;　　(B) $\sum_{n=1}^{\infty} u_{2n-1}$ 发散, $\sum_{n=1}^{\infty} u_{2n}$ 收敛;

(C) $\sum_{n=1}^{\infty}(u_{2n-1} + u_{2n})$ 收敛;　　(D) $\sum_{n=1}^{\infty}(u_{2n-1} - u_{2n})$ 收敛.

[　　]

【分析】　利用举反例的方法排除错误的选项.

【详解】　应选(D)

令 $u_n = \dfrac{1}{n}$, $\sum_{n=1}^{\infty} u_n$ 发散, $\sum_{n=1}^{\infty}(-1)^{n-1}u_n$ 收敛,则 $\sum_{n=1}^{\infty} u_{2n-1}$ 发散, $\sum_{n=1}^{\infty} u_{2n}$ 发散,且级数 $\sum_{n=1}^{\infty}(u_{2n-1} + u_{2n})$ 发散,又 $\sum_{n=1}^{\infty}(-1)^{n-1}u_n$ 收敛,则任意加括号仍为收敛级数,

$$\sum_{n=1}^{\infty}(-1)^{n-1}u_n = (u_1 - u_2) + (u_3 - u_4) + \cdots$$

即 $\sum_{n=1}^{\infty}(u_{2n-1} - u_{2n})$ 收敛.

【注】　值得读者注意的是交错级数的敛散性与奇数项级数和偶数项的级数敛散性相关,下面将给出一般项数项级数中的两个子级数,设级数 $\sum_{n=1}^{\infty} a_n$,令

$$p_n = \frac{a_n + |a_n|}{2},\ q_n = \frac{a_n - |a_n|}{2},\ n = 1,2,\cdots,$$

于是存在着两个子级数 $\sum_{n=1}^{\infty} p_n$, $\sum_{n=1}^{\infty} q_n$ 其中两个级数的含义分别为取原级数中正项级数和负项级数,这里给读者总结一下三个级数之间的联系.

(1) $\sum_{n=1}^{\infty} a_n$ 绝对收敛的充要条件为 $\sum_{n=1}^{\infty} p_n$, $\sum_{n=1}^{\infty} q_n$ 收敛;

(2) 若 $\sum_{n=1}^{\infty} a_n$ 为条件收敛,则 $\sum_{n=1}^{\infty} p_n$, $\sum_{n=1}^{\infty} q_n$ 为发散级数;

(3) 若 $\sum_{n=1}^{\infty} p_n$, $\sum_{n=1}^{\infty} q_n$ 一个收敛一个发散,则级数 $\sum_{n=1}^{\infty} a_n$ 必为发散级数;

例 11　设 $u_n \neq 0,(n=1,2,\cdots)$,且 $\lim\limits_{n\to\infty} \frac{n}{u_n}=1$,则级数 $\sum_{n=1}^{\infty}(-1)^{n+1}\left(\frac{1}{u_n}+\frac{1}{u_{n+1}}\right)$

(A) 发散;　　(B) 绝对收敛;

(C) 条件收敛;　　(D) 收敛性根据所给的条件不能判定.

[　　]

【分析】　根据条件首先判断级数是否为绝对收敛,然后再确定级数的敛散性.

【详解】　应选(C)

首先,判断交错级数是否为绝对收敛级数.

级数 $\sum_{n=1}^{\infty}\left(\frac{1}{u_n}+\frac{1}{u_{n+1}}\right)$ 中的一般项 $\frac{1}{u_n}+\frac{1}{u_{n+1}}$ 满足

$$\lim_{n\to\infty}\frac{\frac{1}{u_n}+\frac{1}{u_{n+1}}}{\frac{1}{n}}=\lim_{n\to\infty}\left[\frac{n}{u_n}+\frac{n+1}{u_{n+1}}\cdot\frac{n}{n+1}\right]=2,$$

所以 $\sum_{n=1}^{\infty}\left(\frac{1}{u_n}+\frac{1}{u_{n+1}}\right)$ 与 $\sum_{n=1}^{\infty}\frac{1}{n}$ 敛散性相同都发散.

其次,判断级数 $\sum_{n=1}^{\infty}(-1)^{n+1}\left(\frac{1}{u_n}+\frac{1}{u_{n+1}}\right)$ 的敛散性.

记 S_n 为级数的部分和,即

$$S_n=\left(\frac{1}{u_1}+\frac{1}{u_2}\right)-\left(\frac{1}{u_2}+\frac{1}{u_3}\right)+\left(\frac{1}{u_3}+\frac{1}{u_4}\right)+\cdots+(-1)^{n+1}\left(\frac{1}{u_n}+\frac{1}{u_{n+1}}\right)$$

$$=\frac{1}{u_1}+(-1)^{n+1}\cdot\frac{1}{u_{n+1}},$$

因为 $\lim\limits_{n\to\infty}\frac{n}{u_n}=1$, 当 $n\to\infty$ 时, $\lim\limits_{n\to\infty} u_n=\infty$, 故 $S_n\to\frac{1}{u_1}$, 所以级数收敛.

综上所述, $\sum_{n=1}^{\infty}(-1)^{n+1}\left(\frac{1}{u_n}+\frac{1}{u_{n+1}}\right)$ 为条件收敛.

例 12　设 $\sum_{n=1}^{\infty} a_n$ 为正项级数,下列结论正确的是

(A) 若 $\lim\limits_{n\to\infty} na_n=0$,则级数 $\sum_{n=1}^{\infty} a_n$ 收敛;

(B) 若存在非零常数 λ,使得 $\lim\limits_{n\to\infty} na_n=\lambda$,则级数 $\sum_{n=1}^{\infty} a_n$ 发散;

(C) 若级数 $\sum_{n=1}^{\infty} a_n$ 收敛,则 $\lim_{n\to\infty} n^2 a_n = 0$;

(D) 若级数 $\sum_{n=1}^{\infty} a_n$ 发散,则存在非零常数 λ,使得 $\lim_{n\to\infty} na_n = \lambda$.

[　　]

【详解】 应选(B)

设级数 $a_n = \frac{1}{n\ln n}$,于是满足

$$\lim_{n\to\infty} na_n = \lim_{n\to\infty} n \cdot \frac{1}{n\ln n} = \lim_{n\to\infty} \frac{1}{\ln n} = 0,$$

所以级数 $\sum_{n=2}^{\infty} \frac{1}{n\ln n}$ 为发散的,排除选项 A 和 D;

若取 $a_n = \frac{1}{n^{\frac{3}{2}}}$,级数 $\sum_{n=1}^{\infty} \frac{1}{n^{\frac{3}{2}}}$ 为收敛的,而 $\lim_{n\to\infty} n^2 a_n = \lim_{n\to\infty} n^2 \cdot \frac{1}{n^{\frac{3}{2}}} = \lim_{n\to\infty} n^{\frac{1}{2}} = \infty$,所以排除选项 C;

选项 B,若 $\lim_{n\to\infty} na_n = \lim_{n\to\infty} \frac{a_n}{\frac{1}{n}} = \lambda$,其中 λ 为非零常数,所以 $\sum_{n=1}^{\infty} a_n$ 与 $\sum_{n=1}^{\infty} \frac{1}{n}$ 敛散性相同都发散.

2. 幂级数收敛域与和函数

(1) 求幂级数的收敛半径、收敛区间及收敛域

例 13 幂级数 $\sum_{n=1}^{\infty} \frac{e^n - (-1)^n}{n^2} x^n$ 的收敛半径为________.

【分析】 利用收敛半径公式求解.

【详解】 应填$\frac{1}{e}$

记 $a_n = \frac{e^n - (-1)^n}{n^2}$,于是幂级数的收敛半径为

$$\lim_{n\to\infty} \frac{a_n}{a_{n+1}} = \lim_{n\to\infty} \frac{\frac{e^n - (-1)^n}{n^2}}{\frac{e^{n+1} - (-1)^{n+1}}{(n+1)^2}} = \lim_{n\to\infty} \frac{e^n - (-1)^n}{e^{n+1} - (-1)^{n+1}} \cdot \frac{(n+1)^2}{n^2} = \frac{1}{e}.$$

【注】 收敛半径公式为 $\lim_{n\to\infty} \left|\frac{a_n}{a_{n+1}}\right|$ 或是 $\lim_{n\to\infty} \frac{1}{\sqrt[n]{|a_n|}}$.

例 14 幂级数 $\sum_{n=1}^{\infty} (-1)^{n-1} \left[1 + \frac{1}{n(2n-1)}\right] x^{2n}$ 的收敛域为________.

【分析】 幂级数中缺少奇次幂项,利用比值审敛法求解收敛区间.

【详解】　应填$(-1,1)$

记$u_n=(-1)^{n-1}\left[1+\dfrac{1}{n(2n-1)}\right]x^{2n}$，若级数收敛，则根据比值审敛法可知，$x$满足

$$\lim_{n\to\infty}\left|\frac{u_{n+1}}{u_n}\right|=\lim_{n\to\infty}\left|\frac{(-1)^n\left[1+\dfrac{1}{(n+1)(2n+1)}\right]x^{2n+2}}{(-1)^{n-1}\left[1+\dfrac{1}{n(2n-1)}\right]x^{2n}}\right|$$

$$=\lim_{n\to\infty}\frac{n(2n-1)}{(n+1)(2n+1)}\cdot\frac{(n+1)(2n+1)+1}{n(2n-1)+1}x^2$$

$$=|x|^2<1,$$

即当$|x|<1$时，级数$\sum\limits_{n=1}^{\infty}(-1)^{n-1}\left[1+\dfrac{1}{n(2n-1)}\right]x^{2n}$收敛；当$|x|=1$时，级数发散．所以级数的收敛域为$(-1,1)$．

【注】　下面有两个问题需要读者注意．

（1）幂级数$\sum\limits_{n=1}^{\infty}a_nx^n$的收敛域求解步骤：

首先，根据收敛半径公式求解收敛半径$R>0$，即得幂级数的收敛区间为$(-R,R)$；其次，判断两端点$x=\pm R$处级数敛散性；最后根据前两步，写出幂级数的所有收敛点，即收敛域．

（2）若幂级数中缺少奇次幂项或是偶次幂项，利用常数项级数比值审敛法确定级数的收敛区间，然后再判断区间的两端点的敛散性，最后写出收敛域．

例15　设级数$\sum\limits_{n=1}^{\infty}a_nx^n$的收敛半径为3，则幂级数$\sum\limits_{n=1}^{\infty}na_n(x-1)^{n+1}$收敛区间为______．

【分析】　根据原级数的收敛半径确定平移幂级数的收敛区间．

【详解】　应填$(-2,4)$

因为$\sum\limits_{n=1}^{\infty}a_nx^n$的收敛半径为3，即$\lim\limits_{n\to\infty}\left|\dfrac{a_n}{a_{n+1}}\right|=3$，而幂级数$\sum\limits_{n=1}^{\infty}na_n(x-1)^{n+1}$的收敛半径为

$$\lim_{n\to\infty}\left|\frac{na_n}{(n+1)a_{n+1}}\right|=\lim_{n\to\infty}\left|\frac{n}{(n+1)}\cdot\frac{a_n}{a_{n+1}}\right|=3,$$

而级数$\sum\limits_{n=1}^{\infty}na_n(x-1)^{n+1}$的收敛区间的中心为$x=1$，所以幂级数$\sum\limits_{n=1}^{\infty}na_n(x-1)^{n+1}$的收敛区间为$(-2,4)$．

【注】　下面给出几个幂级数(1)　$\sum\limits_{n=1}^{\infty}a_nx^n$；(2)　$\sum\limits_{n=1}^{\infty}a_n(x-x_0)^n$；(3)$\sum\limits_{n=1}^{\infty}\dfrac{a_n}{n+1}x^{n+1}$；(4)　$\sum\limits_{n=1}^{\infty}na_nx^{n-1}$，讨论四个幂级数的收敛半径和收敛区间（域）的关系．

结论一:设幂级数 $\sum_{n=1}^{\infty} a_n x^n$ 的收敛半径为 R,于是其余三个幂级数的收敛半径都为 R,即上述四个幂级数的收敛半径相同;

结论二:幂级数(2)为幂级数(1)的平移结果,幂级数(2)的收敛域为幂级数(1)的收敛域向右平移 x_0 而得;而幂级数(3)和(4)的收敛区间和幂级数(1)的收敛区间一致,而端点的敛散性由具体幂级数的形式确定.

例 16　已知幂级数 $\sum_{n=1}^{\infty} a_n (x+2)^n$ 在 $x=0$ 处收敛,在 $x=-4$ 处发散,则幂级数 $\sum_{n=1}^{\infty} a_n (x-3)^n$ 的收敛域为__________.

【分析】　根据 Abel 定理来确定幂级数 $\sum_{n=1}^{\infty} a_n (x+2)^n$ 的收敛半径,然后再利用平移变换求解 $\sum_{n=1}^{\infty} a_n (x-3)^n$ 收敛域.

【详解】　应填(1,5]

幂级数 $\sum_{n=1}^{\infty} a_n (x+2)^n$ 的收敛区间的中心为 $x=-2$,而点 $x=0$ 和点 $x=-4$ 关于 $x=-2$ 对称,又幂级数 $\sum_{n=1}^{\infty} a_n (x+2)^n$ 在 $x=0$ 处收敛,根据 Abel 定理可得,当 $|x+2|<2$ 时,即 $-4<x<0$ 时,级数收敛;另一方面,幂级数在 $x=-4$ 处发散,所以当 $|x+2|>2$ 时,即 $x>0$ 或 $x<-4$ 时,级数发散,即得幂级数的收敛半径为 $R=2$;再根据条件可得幂级数 $\sum_{n=1}^{\infty} a_n (x+2)^n$ 的收敛域为 $(-4,0]$,于是 $\sum_{n=1}^{\infty} a_n (x-3)^n$ 的收敛域向右平移可得(1,5].

例 17　设级数 $\sum_{n=1}^{\infty} a_n x^n$ 与 $\sum_{n=1}^{\infty} b_n x^n$ 的收敛半径分别为 $\frac{\sqrt{5}}{3}, \frac{1}{3}$,则幂级数 $\sum_{n=1}^{\infty} \frac{a_n^2}{b_n^2} x^n$ 的收敛半径为__________.

【分析】　直接利用收敛半径的公式,将欲求收敛半径转化为原级数的半径.

【详解】　应填 5

因为级数 $\sum_{n=1}^{\infty} a_n x^n$ 与 $\sum_{n=1}^{\infty} b_n x^n$ 的收敛半径分别为 $\frac{\sqrt{5}}{3}, \frac{1}{3}$,即得

$$\lim_{n\to\infty} \left| \frac{a_n}{a_{n+1}} \right| = \frac{\sqrt{5}}{3},\ \lim_{n\to\infty} \left| \frac{b_n}{b_{n+1}} \right| = \frac{1}{3},$$

而幂级数 $\sum_{n=1}^{\infty} \frac{a_n^2}{b_n^2} x^n$ 的收敛半径为

$$\lim_{n\to\infty}\left|\frac{a_n^2/b_n^2}{a_{n+1}^2/b_{n+1}^2}\right|=\lim_{n\to\infty}\left|\frac{a_n^2}{a_{n+1}^2}\cdot\frac{b_{n+1}^2}{b_n^2}\right|=\lim_{n\to\infty}\left|\frac{a_n^2}{a_{n+1}^2}\right|\cdot\left|\frac{b_{n+1}^2}{b_n^2}\right|=5.$$

例 18　求幂级数 $\sum_{n=1}^{\infty}\frac{1}{3^n+(-2)^n}\cdot\frac{x^n}{n}$ 的收敛区间，并讨论区间端点处的收敛性.

【分析】　首先利用公式求解幂级数的收敛半径，然后判断在端点处级数的敛散性.

【详解】　令 $a_n=\frac{1}{3^n+(-2)^n}\cdot\frac{1}{n}$，于是幂级数的收敛半径为

$$\lim_{n\to\infty}\left|\frac{a_n}{a_{n+1}}\right|=\lim_{n\to\infty}\left|\frac{\frac{1}{3^n+(-2)^n}\cdot\frac{1}{n}}{\frac{1}{3^{n+1}+(-2)^{n+1}}\cdot\frac{1}{n+1}}\right|=\lim_{n\to\infty}\left|\frac{3^{n+1}+(-2)^{n+1}}{3^n+(-2)^n}\cdot\frac{n+1}{n}\right|=3.$$

于是级数的收敛区间为$(-3,\ 3)$；

当 $x=3$ 时，级数为 $\sum_{n=1}^{\infty}\frac{3^n}{3^n+(-2)^n}\cdot\frac{1}{n}$，其一般项为

$$u_n=\frac{3^n}{3^n+(-2)^n}\cdot\frac{1}{n}=\frac{1}{1+\left(-\frac{2}{3}\right)^n}\cdot\frac{1}{n}\sim\frac{1}{n},$$

所以级数 $\sum_{n=1}^{\infty}\frac{3^n}{3^n+(-2)^n}\cdot\frac{1}{n}$ 与 $\sum_{n=1}^{\infty}\frac{1}{n}$ 敛散性相同都发散；

当 $x=-3$ 时，级数为 $\sum_{n=1}^{\infty}\frac{(-3)^n}{3^n+(-2)^n}\cdot\frac{1}{n}$，其一般项为

$$\begin{aligned}u_n&=\frac{(-3)^n}{3^n+(-2)^n}\cdot\frac{1}{n}=\frac{(-1)^n[3^n+(-2)^n]}{3^n+(-2)^n}\cdot\frac{1}{n}-\frac{2^n}{3^n+(-2)^n}\cdot\frac{1}{n}\\&=(-1)^n\cdot\frac{1}{n}-\frac{2^n}{3^n+(-2)^n}\cdot\frac{1}{n}\\&=(-1)^n\cdot\frac{1}{n}-\frac{1}{1+\left(-\frac{2}{3}\right)^n}\cdot\frac{1}{n}\cdot\left(\frac{2}{3}\right)^n;\end{aligned}$$

其中，级数 $\sum_{n=1}^{\infty}(-1)^n\cdot\frac{1}{n}$ 收敛，而 $\frac{1}{1+\left(-\frac{2}{3}\right)^n}\cdot\frac{1}{n}\cdot\left(\frac{2}{3}\right)^n\sim\frac{1}{n}\cdot\left(\frac{2}{3}\right)^n$，级数 $\sum_{n=1}^{\infty}\frac{1}{n}\cdot\left(\frac{2}{3}\right)^n$ 收敛，所以级数 $\sum_{n=1}^{\infty}\frac{(-3)^n}{3^n+(-2)^n}\cdot\frac{1}{n}$ 收敛.

【注】　$\sum_{n=1}^{\infty}\frac{(-3)^n}{3^n+(-2)^n}\cdot\frac{1}{n}$ 虽然是交错级数，但是并非满足莱布尼茨审敛法，所以无法判断其敛散性.

（2）求幂级数的和函数

例 19　求幂级数$\sum\limits_{n=1}^{\infty}\left(\frac{1}{2n+1}-1\right)x^{2n}$在区间$(-1,1)$内的和函数$S(x)$.

【分析】　将幂级数分解为$\sum\limits_{n=1}^{\infty}\left(\frac{1}{2n+1}-1\right)x^{2n}=\sum\limits_{n=1}^{\infty}\frac{1}{2n+1}x^{2n}-\sum\limits_{n=1}^{\infty}x^{2n}$,然后分别求解两个幂级数的和函数.

【详解】　因为$\sum\limits_{n=1}^{\infty}\left(\frac{1}{2n+1}-1\right)x^{2n}=\sum\limits_{n=1}^{\infty}\frac{1}{2n+1}x^{2n}-\sum\limits_{n=1}^{\infty}x^{2n}$,其中,

$$\sum_{n=1}^{\infty}x^{2n}=\frac{x^2}{1-x^2},\quad |x|<1;$$

而当$x\in(-1,\ 1)$时,

$$\begin{aligned}S_1(x)&=\sum_{n=1}^{\infty}\frac{1}{2n+1}x^{2n}=\frac{1}{x}\sum_{n=1}^{\infty}\frac{1}{2n+1}x^{2n+1}=\frac{1}{x}\sum_{n=1}^{\infty}\left(\int_0^x t^{2n}\mathrm{d}t\right)=\frac{1}{x}\int_0^x\left(\sum_{n=1}^{\infty}t^{2n}\right)\mathrm{d}t\\&=\frac{1}{x}\int_0^x\frac{t^2}{1-t^2}\mathrm{d}t=\frac{1}{x}\int_0^x\left(\frac{1}{1-t^2}-1\right)\mathrm{d}t\\&=\frac{1}{2x}\ln\left|\frac{1+x}{1-x}\right|-1,\end{aligned}$$

又因为$S_1(0)=0$,所以综上所述,和函数

$$S(x)=\begin{cases}\dfrac{1}{2x}\ln\left|\dfrac{1+x}{1-x}\right|-\dfrac{1}{1-x^2}, & 0<|x|<1,\\0, & x=0.\end{cases}$$

【注】　本例中设计两个幂级数的和函数,其中,级数$\sum\limits_{n=1}^{\infty}x^{2n}$为等比级数,等比级数的和函数为$\sum\limits_{n=1}^{\infty}x^{2n}=\frac{\text{首项}}{1-\text{公比}}$,另一个幂级数$\sum\limits_{n=1}^{\infty}\frac{1}{2n+1}x^{2n}$的和函数求解方法为利用逐项求导或是逐项积分的性质.

例 20　求幂级数$\sum\limits_{n=1}^{\infty}(-1)^{n-1}\frac{x^{2n+1}}{n(2n-1)}$的收敛域及和函数$S(x)$.

【分析】　级数中缺少偶数项级数,利用比值审敛法求解收敛域;然后,利用逐项求导或是逐项积分的性质求解和函数.

【详解】　令$u_n=(-1)^{n-1}\frac{x^{2n+1}}{n(2n-1)}$,于是级数收敛区间满足

$$\lim_{n\to\infty}\left|\frac{u_{n+1}}{u_n}\right|=\lim_{n\to\infty}\left|\frac{\dfrac{x^{2n+3}}{(n+1)(2n+1)}}{\dfrac{x^{2n+1}}{n(2n-1)}}\right|=|x|^2<1,$$

即幂级数的收敛区间为$(-1,\ 1)$;

当 $x=-1$ 时，$\sum\limits_{n=1}^{\infty}(-1)^{n}\dfrac{1}{n(2n-1)}$ 为收敛级数；当 $x=1$ 时，$\sum\limits_{n=1}^{\infty}(-1)^{n-1}\dfrac{1}{n(2n-1)}$ 为收敛级数；所以幂级数的收敛域为 $[-1,1]$.

设当 $x\in[-1,1]$ 时，$\sum\limits_{n=1}^{\infty}(-1)^{n-1}\dfrac{x^{2n+1}}{n(2n-1)}$ 的和函数为 $S(x)$，于是

$$S(x)=\sum_{n=1}^{\infty}(-1)^{n-1}\frac{x^{2n+1}}{n(2n-1)}=2x\sum_{n=1}^{\infty}(-1)^{n-1}\frac{x^{2n}}{2n(2n-1)},$$

令 $S_1(x)=\sum\limits_{n=1}^{\infty}(-1)^{n-1}\dfrac{x^{2n}}{2n(2n-1)}$，下面将计算和函数 $S_1(x)$.

$$S_1'(x)=\sum_{n=1}^{\infty}(-1)^{n-1}\frac{x^{2n-1}}{(2n-1)},\ S_1''(x)=\sum_{n=1}^{\infty}(-1)^{n-1}x^{2n-2}=\frac{1}{1+x^2},$$

所以

$$S_1'(x)-S_1'(0)=\int_0^x S_1''(t)\,\mathrm{d}t=\int_0^x\frac{1}{1+t^2}\mathrm{d}t=\arctan x,$$

其中，$S_1'(0)=0$，即 $S_1'(x)=\arctan x$，再对导函数积分可得

$$\begin{aligned}S_1(x)-S_1(0)&=\int_0^x S_1'(t)\,\mathrm{d}t=\int_0^x\arctan t\,\mathrm{d}t\\&=t\arctan t\Big|_0^x-\int_0^x\frac{t}{1+t^2}\mathrm{d}t\\&=x\arctan x-\frac{1}{2}\ln(1+t^2)\Big|_0^x\\&=x\arctan x-\frac{1}{2}\ln(1+x^2),\end{aligned}$$

其中，$S_1(0)=0$，整理得 $S_1(x)=x\arctan x-\dfrac{1}{2}\ln(1+x^2)$，所以

$$S(x)=2x^2\arctan x-x\ln(1+x^2),\ x\in[-1,1].$$

【注】 下面这个等式成立：$f(x)-f(0)=\int_0^x f'(t)\,\mathrm{d}t$，这里注意 $f(0)$ 可能不是零，因此这样的结论是错误的：$f(x)=\int_0^x f'(t)\,\mathrm{d}t$.

例 21 已知 $f_n(x)$ 满足方程 $f_n'(x)=f_n(x)+x^{n-1}\mathrm{e}^x\quad(n\in\mathbf{Z}_+)$，且 $f_n(1)=\dfrac{\mathrm{e}}{n}$，求函数项级数 $\sum\limits_{n=1}^{\infty}f_n(x)$ 的和.

【分析】 直接求解含有 $f_n(x)$ 的微分方程，然后再求解和函数.

【详解】 方程 $f_n'(x)=f_n(x)+x^{n-1}\mathrm{e}^x\quad(n\in\mathbf{Z}_+)$ 为一阶线性微分方程，其解为

$$f_n(x)=\mathrm{e}^{\int\mathrm{d}x}\left(\int x^{n-1}\mathrm{e}^x\cdot\mathrm{e}^{-\int\mathrm{d}x}\mathrm{d}x+C\right)$$

$$= e^x\left(\int x^{n-1}dx + C\right)$$

$$= e^x\left(\frac{x^n}{n} + C\right),$$

而 $f_n(1)=\frac{e}{n}$，解得 $C=0$，即 $f_n(x)=\frac{x^n}{n}\cdot e^x$；

记函数项级数 $\sum\limits_{n=1}^{\infty} f_n(x)$ 的和函数为 $S(x)$，即 $S(x) = e^x\cdot\sum\limits_{n=1}^{\infty}\frac{x^n}{n}$，且定义域为 $[-1,1)$，

$$S(x) = e^x\cdot\sum_{n=1}^{\infty}\frac{x^n}{n} = e^x\cdot\sum_{n=1}^{\infty}\int_0^x t^{n-1}dt$$

$$= e^x\cdot\int_0^x\sum_{n=1}^{\infty}t^{n-1}dt = e^x\cdot\int_0^x\frac{1}{1-t}dt$$

$$= e^x\cdot[-\ln(1-t)]_0^x = -e^x\ln(1-x).$$

例 22　(1) 验证函数 $y(x)=1+\frac{x^3}{3!}+\frac{x^6}{6!}+\frac{x^9}{9!}+\cdots+\frac{x^{3n}}{(3n)!}+\cdots\quad(-\infty<x<+\infty)$ 满足微分方程 $y''+y'+y=e^x$；

(2) 利用(1)的结论求幂级数 $\sum\limits_{n=0}^{\infty}\frac{x^{3n}}{(3n)!}$ 的和函数．

【分析】　首先，直接验证微分方程；然后，通过求解微分方程来求和函数．

【详解】　设 $y(x) = 1+\frac{x^3}{3!}+\frac{x^6}{6!}+\frac{x^9}{9!}+\cdots+\frac{x^{3n}}{(3n)!}+\cdots\quad(-\infty<x<+\infty)$，

方程两边同时求导得

$$y'(x) = \frac{x^2}{2!}+\frac{x^5}{5!}+\frac{x^8}{8!}+\cdots+\frac{x^{3n-1}}{(3n-1)!}+\cdots\quad(-\infty<x<+\infty),$$

再对上式同时求导得

$$y''(x) = \frac{x}{1!}+\frac{x^4}{4!}+\frac{x^7}{7!}+\cdots+\frac{x^{3n-2}}{(3n-2)!}+\cdots\quad(-\infty<x<+\infty),$$

所以

$$y''(x)+y'(x)+y(x) = \sum_{n=0}^{\infty}\frac{x^n}{n!} = e^x.$$

(2) 因为幂级数的和函数 $y(x)$ 满足方程 $y''+y'+y=e^x$，它是二阶非齐次常系数线性微分方程，其对应的特征方程为 $r^2+r+1=0$，特征根为 $r_{1,2}=-\frac{1}{2}\pm\frac{\sqrt{3}}{2}i$；另一方面，设方程 $y''+y'+y=e^x$ 的特解为 $y^*=Ae^x$，代入方程解得 $A=\frac{1}{3}$，即特解为 $y^*=\frac{1}{3}e^x$，所以方程的通解为

$$y(x)=\mathrm{e}^{-\frac{1}{2}x}\left(C_1\cos\frac{\sqrt{3}}{2}x+C_2\sin\frac{\sqrt{3}}{2}x\right)+\frac{1}{3}\mathrm{e}^{x}.$$

因为 $y'(0)=0$，$y(0)=1$，所以幂级数的和函数为

$$\sum_{n=0}^{\infty}\frac{x^{3n}}{(3n)!}=\frac{2}{3}\mathrm{e}^{-\frac{1}{2}x}\cos\frac{\sqrt{3}}{2}x+\frac{1}{3}\mathrm{e}^{x}\quad(-\infty<x<+\infty).$$

例 23　设 $I_n=\int_0^{\frac{\pi}{4}}\sin^n x\cos x\,\mathrm{d}x$，$n=0,1,2,\cdots$，求 $\sum\limits_{n=0}^{\infty}I_n$.

【分析】　将常数项级数的和理解为幂级数在收敛点处的取值，首先，求解幂级数的和函数，然后再求解常数项级数的和.

【详解】　$I_n=\int_0^{\frac{\pi}{4}}\sin^n x\cos x\,\mathrm{d}x=\int_0^{\frac{\pi}{4}}\sin^n x\,\mathrm{d}(\sin x)$

$$=\frac{1}{n+1}\sin^{n+1}x\Big|_0^{\frac{\pi}{4}}=\frac{1}{n+1}\cdot\left(\frac{\sqrt{2}}{2}\right)^{n+1};$$

记 $\sum\limits_{n=1}^{\infty}\frac{1}{n}x^n$ 的和函数为 $S(x)$，此时幂级数的收敛域为 $[-1,1)$，于是

$$S(x)=\sum_{n=1}^{\infty}\frac{1}{n}x^n=\sum_{n=1}^{\infty}\int_0^x t^n\mathrm{d}t=\int_0^x\left(\sum_{n=1}^{\infty}t^{n-1}\right)\mathrm{d}t$$

$$=\int_0^x\frac{1}{1-t}\mathrm{d}t=-\ln(1-t)\Big|_0^x$$

$$=-\ln(1-x),\ x\in[-1,1);$$

所以

$$\sum_{n=0}^{\infty}I_n=\sum_{n=0}^{\infty}\frac{1}{n+1}\cdot\left(\frac{\sqrt{2}}{2}\right)^{n+1}=\sum_{n=1}^{\infty}\frac{1}{n}\cdot\left(\frac{\sqrt{2}}{2}\right)^{n}=S\left(\frac{\sqrt{2}}{2}\right)$$

$$=S\left(\frac{\sqrt{2}}{2}\right)=-\ln\left(1-\frac{\sqrt{2}}{2}\right)$$

$$=\ln 2-\ln(2-\sqrt{2})=\ln(2+\sqrt{2}).$$

例 24　设有两条抛物线 $y=nx^2+\frac{1}{n}$ 和 $y=(n+1)x^2+\frac{1}{n+1}$，记它们交点的横坐标的绝对值为 a_n.

（1）求这两条抛物线所围成的平面图形的面积 S_n；

（2）求级数 $\sum\limits_{n=1}^{\infty}\frac{S_n}{a_n}$ 的和.

【分析】　根据两条抛物线的方程确定 a_n 和 S_n，然后再求解级数 $\sum\limits_{n=1}^{\infty}\frac{S_n}{a_n}$ 的和.

【详解】　（1）联立两条抛物线的方程

$$\begin{cases} y = nx^2 + \dfrac{1}{n}, \\ y = (n+1)x^2 + \dfrac{1}{n+1}, \end{cases}$$

解得两曲线的交点横坐标的绝对值为 $x_n = \dfrac{1}{\sqrt{n(n+1)}}$，即 $a_n = \dfrac{1}{\sqrt{n(n+1)}}$；

两条抛物线所围成的平面图形关于 y 轴对称，于是

$$\begin{aligned} S_n &= 2\int_0^{x_n}\left\{\left[nx^2 + \frac{1}{n}\right] - \left[(n+1)x^2 + \frac{1}{n+1}\right]\right\}\mathrm{d}x \\ &= 2\int_0^{x_n}\left[\frac{1}{n(n+1)} - x^2\right]\mathrm{d}x \\ &= 2\left[\frac{1}{n(n+1)}x - \frac{x^3}{3}\right]_0^{x_n} \\ &= \frac{4}{3}\frac{1}{[n(n+1)]^{\frac{3}{2}}}; \end{aligned}$$

(2) 由(1)问可得 $\sum\limits_{n=1}^{\infty}\dfrac{S_n}{a_n} = \dfrac{4}{3}\sum\limits_{n=1}^{\infty}\dfrac{1}{n(n+1)}$，设级数 $\sum\limits_{n=1}^{\infty}\dfrac{1}{n(n+1)}$ 部分和为 T_n，所以

$$\begin{aligned} T_n &= \sum_{k=1}^{n} S_k = S_1 + S_2 + \cdots + S_n \\ &= \left(1 - \frac{1}{2}\right) + \left(\frac{1}{2} - \frac{1}{3}\right) + \cdots + \left(\frac{1}{n} - \frac{1}{n+1}\right) \\ &= 1 - \frac{1}{n+1}; \end{aligned}$$

即得 $\sum\limits_{n=1}^{\infty}\dfrac{S_n}{a_n} = \dfrac{4}{3}\sum\limits_{n=1}^{\infty}\dfrac{1}{n(n+1)} = \dfrac{4}{3}$.

【注】 事实上，可以设 $\sum\limits_{n=1}^{\infty}\dfrac{1}{n(n+1)}x^{n+1}$ 的和函数为 $S(x)$，所以 $S(x) = \sum\limits_{n=1}^{\infty}\dfrac{1}{n(n+1)}x^{n+1}$，即 $S'(x) = \sum\limits_{n=1}^{\infty}\dfrac{1}{n}x^n = -\ln(1-x)$，两边同时积分可得

$$\begin{aligned} S(x) &= S(0) + \int_0^x -\ln(1-t)\mathrm{d}t \\ &= -[t\ln(1-t)]_0^x - \int_0^x \frac{t}{1-t}\mathrm{d}t \\ &= -x\ln(1-x) - \int_0^x\left(-1 + \frac{1}{1-t}\right)\mathrm{d}t \\ &= -x\ln(1-x) + x + \ln(1-x); \end{aligned}$$

即 $\sum_{n=1}^{\infty}\frac{1}{n(n+1)}x^{n+1}=-x\ln(1-x)+x+\ln(1-x)$;

若是求解级数 $\sum_{n=1}^{\infty}\frac{1}{n(n+1)}\left(\frac{1}{2}\right)^{n+1}$ 的和,既可以直接将 $x=\frac{1}{2}$ 代入和函数中得

$$\sum_{n=1}^{\infty}\frac{1}{n(n+1)}\left(\frac{1}{2}\right)^{n+1}=\frac{1}{2}-\frac{1}{2}\ln 2.$$

读者要熟练几个幂级数的和函数

(1) $\sum_{n=1}^{\infty}\frac{1}{n}x^{n}=-\ln(1-x),\ -1\leqslant x<1$;

(2) $\sum_{n=1}^{\infty}(-1)^{n-1}\frac{1}{2n-1}x^{2n-1}=\arctan x,\ -1<x\leqslant 1$;

(3) $\sum_{n=1}^{\infty}nx^{n-1}=\frac{1}{(1-x)^{2}},\ -1<x<1$;

(4) $\sum_{n=1}^{\infty}n(n+1)x^{n}=\frac{2x}{(1-x)^{3}},\ -1<x<1$;

(5) $\sum_{n=0}^{\infty}\frac{1}{2n+1}x^{2n+1}=\frac{1}{2}\ln\left|\frac{1+x}{1-x}\right|,\ -1\leqslant x<1$;

3. 求函数的幂级数展开

例 25 设函数 $f(x)=\begin{cases}\frac{1+x^{2}}{x}\arctan x, & x\neq 0,\\ 1, & x=0,\end{cases}$ 试将 $f(x)$ 展开成 x 的幂级数,并求级数 $\sum_{n=1}^{\infty}\frac{(-1)^{n}}{1-4n^{2}}$ 的和.

【分析】 当 $x\neq 0$ 时,函数 $\frac{1+x^{2}}{x}\arctan x$ 中的 $\frac{1+x^{2}}{x}=x^{-1}+x$ 为幂函数形式,然后对函数 $\arctan x$ 展开成幂级数形式.

【详解】 当 $x\neq 0$ 时,函数

$$f(x)=\frac{1+x^{2}}{x}\arctan x=(x^{-1}+x)\arctan x,$$

其中,

$$(\arctan x)'=\frac{1}{1+x^{2}}=\sum_{n=0}^{\infty}(-1)^{n}x^{2n}\quad(-1<x<1).$$

两边同时积分可得

$$\arctan x=\int_{0}^{x}\left[\sum_{n=0}^{\infty}(-1)^{n}t^{2n}\right]\mathrm{d}t=\sum_{n=0}^{\infty}(-1)^{n}\int_{0}^{x}t^{2n}\mathrm{d}t$$

$$=\sum_{n=0}^{\infty}(-1)^n\frac{x^{2n+1}}{2n+1}\quad(-1\leqslant x\leqslant 1),$$

所以

$$f(x)=(x^{-1}+x)\sum_{n=0}^{\infty}\frac{(-1)^n}{2n+1}x^{2n+1}=\sum_{n=0}^{\infty}\frac{(-1)^n}{2n+1}x^{2n}+\sum_{n=0}^{\infty}\frac{(-1)^n}{2n+1}x^{2n+2}$$

$$=1+\sum_{n=1}^{\infty}\frac{(-1)^n}{2n+1}x^{2n}+\sum_{n=1}^{\infty}\frac{(-1)^{n-1}}{2n-1}x^{2n}$$

$$=1+\sum_{n=1}^{\infty}(-1)^n\left(\frac{1}{2n+1}-\frac{1}{2n-1}\right)x^{2n}$$

$$=1+\sum_{n=1}^{\infty}(-1)^n\frac{2}{4n^2-1}x^{2n}\quad(-1\leqslant x\leqslant 1,x\neq 0).$$

又当 $x=0$ 时，$\left[1+\sum_{n=1}^{\infty}(-1)^n\frac{2}{4n^2-1}x^{2n}\right]_{x=0}=1=f(0)$，所以

$$f(x)=1+\sum_{n=1}^{\infty}(-1)^n\frac{2}{4n^2-1}x^{2n}\quad(-1\leqslant x\leqslant 1).$$

当 $x=1$ 时，$f(1)=1+2\sum_{n=1}^{\infty}(-1)^n\frac{1}{4n^2-1}=\frac{\pi}{2}$，解得 $\sum_{n=1}^{\infty}\frac{(-1)^n}{1-4n^2}=-\frac{1}{2}\left(\frac{\pi}{2}-1\right)$.

【注】 $\sum_{n=0}^{\infty}(-1)^n x^{2n}$ 的收敛域为 $(-1,1)$，逐项积分之后幂级数为 $\sum_{n=0}^{\infty}(-1)^n\frac{x^{2n+1}}{2n+1}$，收敛域为 $[-1,1]$.

例 26　将函数 $f(x)=\arctan\left(\frac{1-2x}{1+2x}\right)$ 展开成 x 的幂级数，并求级数 $\sum_{n=1}^{\infty}\frac{(-1)^n}{2n+1}$ 的和.

【分析】　对函数求导转化为幂级数展开式已知的函数.

【详解】　$f'(x)=-\frac{2}{1+4x^2}=-2\cdot\sum_{n=0}^{\infty}(-1)^n4^nx^{2n}\quad\left(-\frac{1}{2}<x<\frac{1}{2}\right)$,

又因为 $f(0)=\frac{\pi}{4}$，所以

$$f(x)=f(0)+\int_0^x f'(t)\,\mathrm{d}t=\frac{\pi}{4}-2\cdot\int_0^x\left[\sum_{n=0}^{\infty}(-1)^n4^nt^{2n}\right]\mathrm{d}t$$

$$=\frac{\pi}{4}-2\cdot\left[\sum_{n=0}^{\infty}(-1)^n\frac{4^n}{2n+1}x^{2n+1}\right]\quad\left(-\frac{1}{2}<x\leqslant\frac{1}{2}\right),$$

当 $x=\frac{1}{2}$ 时，$f\left(\frac{1}{2}\right)=0$，即

$$f\left(\frac{1}{2}\right)=\frac{\pi}{4}-2\cdot\left[\sum_{n=0}^{\infty}(-1)^n\frac{4^n}{2n+1}\left(\frac{1}{2}\right)^{2n+1}\right]=\frac{\pi}{4}-\sum_{n=0}^{\infty}(-1)^n\frac{1}{2n+1},$$

所以 $\sum_{n=0}^{\infty}(-1)^n \frac{1}{2n+1} = \frac{\pi}{4}$.

例 27　将函数 $f(x) = \frac{1}{x^2 - 3x - 4}$ 展开成 $x-1$ 的幂级数,并指出其收敛区间.

【分析】　利用间接法求解幂级数的展开.

【详解】　化简函数

$$
\begin{aligned}
f(x) &= \frac{1}{x^2 - 3x - 4} = \frac{1}{(x-4)(x+1)} \\
&= \frac{1}{5}\left(\frac{1}{x-4} - \frac{1}{x+1}\right) = \frac{1}{5}\left[\frac{1}{(x-1)-3} - \frac{1}{(x-1)+2}\right] \\
&= -\frac{1}{15} \cdot \frac{1}{1 - \frac{x-1}{3}} - \frac{1}{10} \cdot \frac{1}{1 + \frac{x-1}{2}} \\
&= -\frac{1}{15} \cdot \sum_{n=0}^{\infty}\left(\frac{x-1}{3}\right)^n - \frac{1}{10} \cdot \sum_{n=0}^{\infty}(-1)^n\left(\frac{x-1}{2}\right)^n.
\end{aligned}
$$

其中，第一个级数的收敛域为 $|x-1| < 3$，第二个级数的收敛域为 $|x-1| < 2$，所以幂级数的收敛域为 $|x-1| < 2$，即 $-1 < x < 3$.

参 考 文 献

[1] 彭红军，张伟，李媛. 微积分(经济管理)[M]. 北京：机械工业出版社，2008.
[2] 吴建成. 高等数学[M]. 北京：高等教育出版社，2008.
[3] 李心灿. 高等数学学习辅导书[M]. 3版. 北京：高等教育出版社，2008.
[4] 陈仲. 高等数学竞赛题解析教程[M]. 南京：东南大学出版社，2010.
[5] 何希萍. 高等数学[M]. 北京：机械工业出版社，2011.
[6] 陈启浩，等. 考研数学十年真题精解与热点问题[M]. 北京：机械工业出版社，2012.